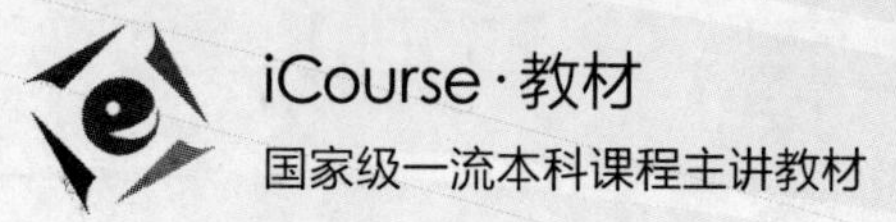

工程图学基础

第三版

主编　李广军　吕金丽　富　威

高等教育出版社·北京

内容提要

本书是根据教育部高等学校工程图学课程教学指导分委员会2019年制订的《高等学校工程图学课程教学基本要求》,在前两版的基础上修订而成的。全书采用最新国家标准的内容。

本书共分11章,其主要内容包括制图的基本知识,点、直线和平面的投影,立体及其表面的交线,组合体,计算机绘图基础,轴测图,图样的基本表示法,标准件和常用件,零件图,装配图,焊接图及附录。

本书附有数字课程资源,包括教学课件、重点难点解析、典型例题解题指导以及装配图拆装三维模型动画等。另外,与本书配套使用的张生坦、张波和张勇主编《工程图学基础习题集》(第三版)由高等教育出版社同时出版,供读者选用。本套教材为哈尔滨工程大学依托中国大学MOOC平台建设的"机械制图"在线开放课程(首批国家级一流本科课程)的主讲教材。

本书可作为高等学校各专业工程图学类课程的教材和参考资料,也可供有关工程技术人员学习参考。

图书在版编目(CIP)数据

工程图学基础 / 李广军,吕金丽,富威主编. -- 3版. -- 北京 : 高等教育出版社,2021.3
ISBN 978-7-04-055446-5

Ⅰ. ①工… Ⅱ. ①李… ②吕… ③富… Ⅲ. ①工程制图-高等学校-教材 Ⅳ. ①TB23

中国版本图书馆CIP数据核字(2021)第025283号

Gongcheng Tuxue Jichu

策划编辑 薛立华　　责任编辑 薛立华　　封面设计 李卫青　　版式设计 张 杰
插图绘制 黄云燕　　责任校对 马鑫蕊　　责任印制 存 怡

出版发行	高等教育出版社	网　　址	http://www.hep.edu.cn
社　　址	北京市西城区德外大街4号		http://www.hep.com.cn
邮政编码	100120	网上订购	http://www.hepmall.com.cn
印　　刷	北京市艺辉印刷有限公司		http://www.hepmall.com
开　　本	787 mm×1092 mm 1/16		http://www.hepmall.cn
印　　张	23.25	版　　次	2010年3月第1版
字　　数	570千字		2021年3月第3版
购书热线	010-58581118	印　　次	2021年3月第1次印刷
咨询电话	400-810-0598	定　　价	49.60元

物 料 号　55446-00

工程图学基础

第三版

李广军
吕金丽
富　威

1 计算机访问http://abook.hep.com.cn/1259341，或手机扫描二维码、下载并安装Abook应用。

2 注册并登录，进入"我的课程"。

3 输入封底数字课程账号（20位密码，刮开涂层可见），或通过Abook应用扫描封底数字课程账号二维码，完成课程绑定。

4 单击"进入课程"按钮，开始本数字课程的学习。

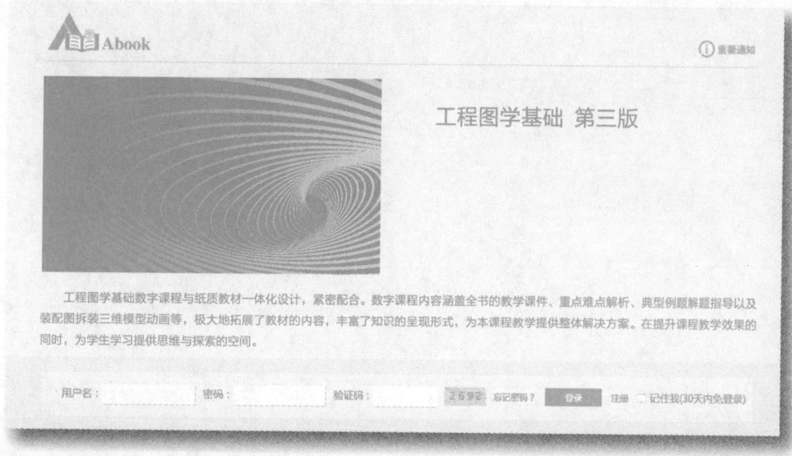

课程绑定后一年为数字课程使用有效期。受硬件限制，部分内容无法在手机端显示，请按提示通过计算机访问学习。

如有使用问题，请发邮件至abook@hep.com.cn。

http://abook.hep.com.cn/1259341

第三版前言

本书根据教育部高等学校工程图学课程教学指导分委员会2019年制订的《高等学校工程图学课程教学基本要求》,结合编者多年来致力于工程图学教学改革和课程建设的成果,广泛参考国内同类教材,在前两版的基础上修订而成的。本书为依托中国大学MOOC平台建设的“机械制图”在线开放课程(首批国家级一流本科课程)的配套教材,体现了编写团队近年来教学实践的相关成果。

本次修订保持了前两版的定位宗旨,并作了较大的调整和改进:

(1) 根据教学基本要求,从利于教学出发,进一步精简了投影基础部分的内容,适当地调整了深度,将投影变换合并到点、直线和平面的投影中。

(2) 增加了计算机绘图的内容。“计算机绘图基础”一章介绍了AutoCAD二维绘图和SOLIDWORKS三维建模基础知识,将常用的绘图命令配合实例进行讲解;提高的内容融合在相应的章节中,以加强计算机绘图应用与知识点的有机结合。

(3) 根据教学内容的需要,插图中的立体图采用线框图和润饰图相结合的形式,使图面更加美观、清晰。另外还根据需要对部分插图进行双色设计,突出说明重要概念和绘图的过程及步骤,便于学生学习和掌握相应的内容。

(4) 本书为新形态教材,配套重点难点解析、典型例题解题指导以及装配图拆装三维模型动画等多种数字教学资源和完整的多媒体教学课件,部分课程资源以二维码链接的形式在书中呈现,为课程教学提供整体解决方案。

(5) 全书采用最新颁布的《技术制图》和《机械制图》国家标准。根据课程内容需要将有关国家标准分别编排在正文或附录中,以培养学生贯彻执行国家标准的意识和查阅国家标准的能力。

本书由李广军、吕金丽、富威主编。参加本书编写的人员还有张生坦、张波、张勇、罗阿妮、宋得宁、王彪、吴艳红、许忠华等。本书在编写过程中得到了哈尔滨工程大学的大力支持,在此表示感谢。

与本书配套使用的张生坦、张波和张勇主编《工程图学基础习题集》(第三版)也进行了全面修订,由高等教育出版社同时出版,可供读者选用。

中国矿业大学江晓红教授审阅了本书,并对本书提出了宝贵的意见和建议,在此表示衷心的感谢。本书在编写过程中,参阅了国内一些同类教材,在此向有关作者表示谢意。同时感谢其他对本书出版给予关心和帮助的人员。

由于编者水平有限,书中难免有疏漏与不当之处,敬请广大读者批评指正。

编者

2020年8月

目录

绪 论

1. 课程的性质和研究对象

图形具有形象性、直观性和简洁性的特点，是人们认识规律、表达信息、探索未知的重要工具之一，是人类的一种信息载体。在工程技术界，工程图样就是能够准确表达物体的形状、大小及技术要求的图形，它是工业生产中的一种重要的技术资料。在机械、建筑、化工、船舶、电子等工程技术领域中，设计人员通过工程图样表达设计思想，制造人员根据工程图样进行加工制造和施工，使用人员按照工程图样进行合理使用。所以说，工程图样是工程界的“语言”，每个工程技术人员都必须能够绘制和阅读工程图样。

工程图学是一门研究绘制和阅读工程图样基本理论和方法的学科，是一门既有系统理论又有较强实践性的技术基础课。本课程以图形表达为核心，以形象思维为主线，通过工程图样与形体建模培养学生工程设计与表达的基本能力和基本素质，为后续课程的学习打下良好的基础。

2. 课程的主要任务

本课程的主要任务是：

(1) 学习正投影法的基本理论及其应用，培养空间想象能力和空间分析能力。

(2) 培养绘制和阅读工程图样的能力和构型设计能力。

(3) 培养尺规绘图、徒手绘图和计算机绘图的能力。

(4) 培养贯彻执行国家标准的意识和查阅国家标准的能力。

(5) 培养耐心细致的工作作风和认真负责的工作态度。

3. 课程的学习方法

(1) 树立理论联系实际的学风。本课程是实践性很强的技术基础课，在学习中除了掌握理论知识外，还必须密切联系实际，更多地注意在具体作图时如何运用这些理论。只有通过画图、读图的反复实践，才能掌握本课程的基本原理和基本方法。

(2) 运用正确的思维方法。在学习中，必须经常注意空间几何图形的分析以及空间几何元素与其投影之间的相互关系。只有经过“从空间到平面，再从平面到空间”的反复研究和思考，才能学好本课程。同时，注意以“图”为中心，始终围绕“图”进行学习和练习。

(3) 认真听课，及时复习，独立思考完成一定数量的习题作业；同时，注意正确使用绘图工具和熟练掌握计算机绘图软件，不断提高绘图技能和绘图速度。

(4) 养成自觉遵守制图国家标准的良好习惯。不断提高查阅国家标准的能力，严格遵守制图相关国家标准中的规定，保证所绘图样的正确性和规范性。

(5) 培养和提高作为工程技术人员应具备的基本素质。工程图样在生产上起着重要作用，任何绘图和读图的差错都会给生产带来重大损失。因此，在学习过程中要注意培养认真负责的工作态度和耐心细致的工作作风。

本课程将为学生的绘图和读图能力打下基础，在后续的课程、生产实习、课程设计和毕业设计中，还要继续培养并提高绘图和读图能力。

第 1 章

制图的基本知识

工程图样是表达设计思想、进行技术交流的重要工具，是产品制造或工程施工的依据，是组织和管理生产的重要技术文件。为了便于生产和技术交流，国家标准对图样的格式、表达方法、符号等制定了统一的规定，绘图时必须严格遵守。

本章主要介绍国家标准《技术制图》与《机械制图》中的一些基本规定，同时介绍常用绘图工具及其使用方法、几何作图、平面图形的分析和画法、绘图方法及步骤等内容。

1.1 国家标准有关制图的基本规定

国家标准《技术制图》对图样做了统一的技术规定，这些规定是绘制和阅读技术图样的准则和依据，是指导各行业制图的通则性的基本规定。国家标准《机械制图》是在不违背国家标准《技术制图》基本规定的前提下，对机械图样做出了一些必要的、技术性的补充。

下面以 GB/T 14689—2008 为例说明国家标准编号的构成。“GB” 表示国家标准代号，“T” 表示推荐性的，“14689” 为标准顺序号，“2008” 表示国家标准的批准年号。

本节简要介绍其中有关图纸幅面和格式、标题栏、比例、字体、图线画法、尺寸注法等内容。

1.1.1 图纸的幅面和格式（GB/T 14689—2008）

1. 图纸幅面

绘制工程图样时，应优先采用表 1-1 中规定的基本幅面尺寸。必要时允许采用加长幅面，加长幅面的尺寸由基本幅面的短边成整数倍增加，需要时可查阅相关标准。

表 1-1 基本幅面及边框尺寸

<table>
<tr><th>幅面代号</th><th>A0</th><th>A1</th><th>A2</th><th>A3</th><th>A4</th></tr>
<tr><td>$B \times L$</td><td>841 × 1 189</td><td>594 × 841</td><td>420 × 594</td><td>297 × 420</td><td>210 × 297</td></tr>
<tr><td>e</td><td colspan="2">20</td><td colspan="3">10</td></tr>
<tr><td>c</td><td colspan="3">10</td><td colspan="2">5</td></tr>
<tr><td>a</td><td colspan="5">25</td></tr>
</table>

2. 图框格式

图纸上必须用粗实线画出图框，其格式分留有装订边和不留装订边两种，但同一产品的图样只能采用同一种格式。

留有装订边的图纸，其图框格式如图 1–1 所示；不留装订边的图纸，其图框格式如图 1–2 所示。基本图幅的图框尺寸 a、c、e 的规定见表 1–1。

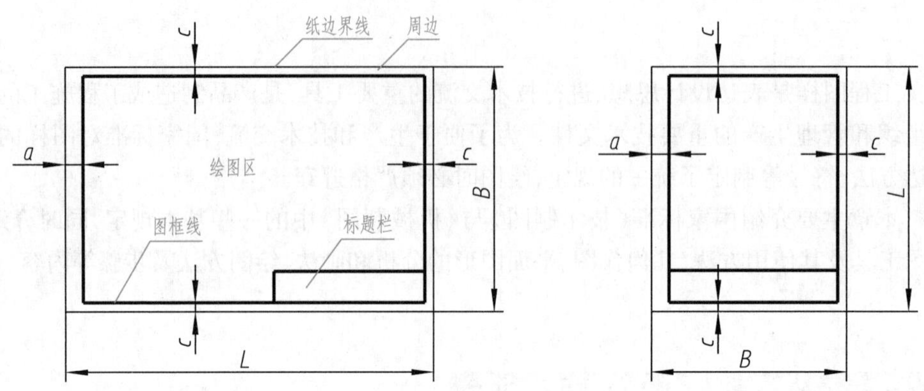

图 1–1 留有装订边的图纸的图框格式

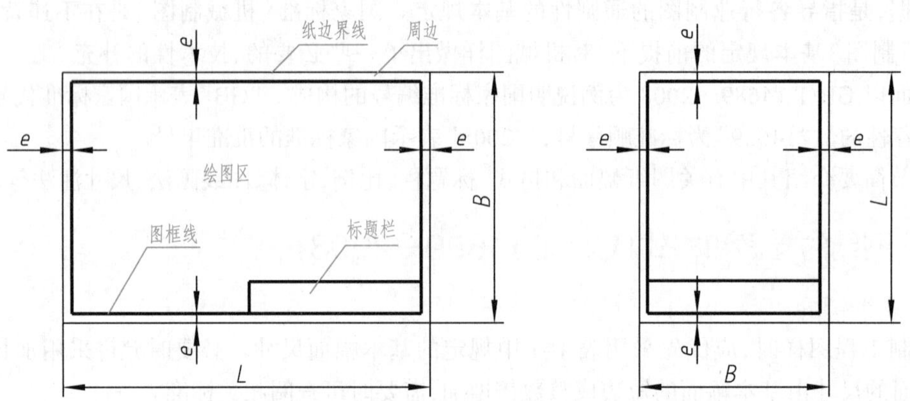

图 1–2 不留装订边的图纸的图框格式

3. 标题栏（GB/T 10609.1—2008）

国家标准规定每张工程图样上均应有标题栏，国家标准推荐的标题栏的内容、格式和各部分的尺寸如图 1–3 所示。学生制图作业可采用图 1–4 所示的简化标题栏。

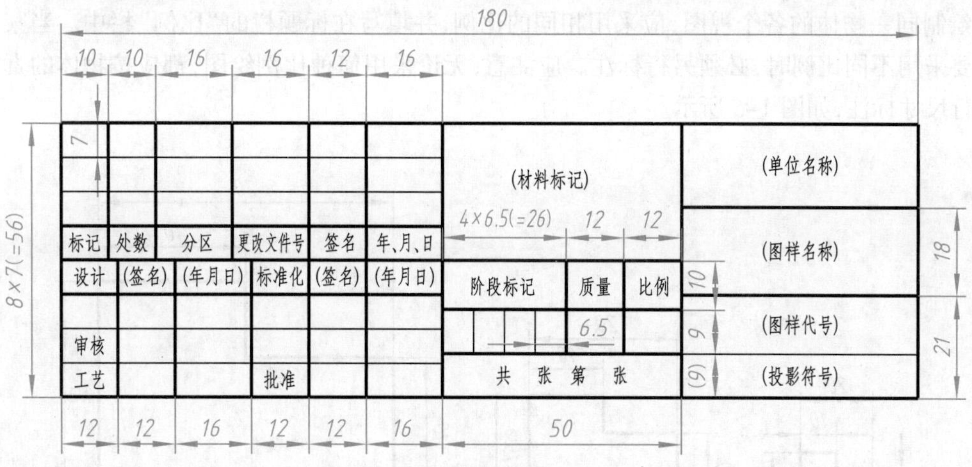

图 1–3　国家标准推荐的标题栏

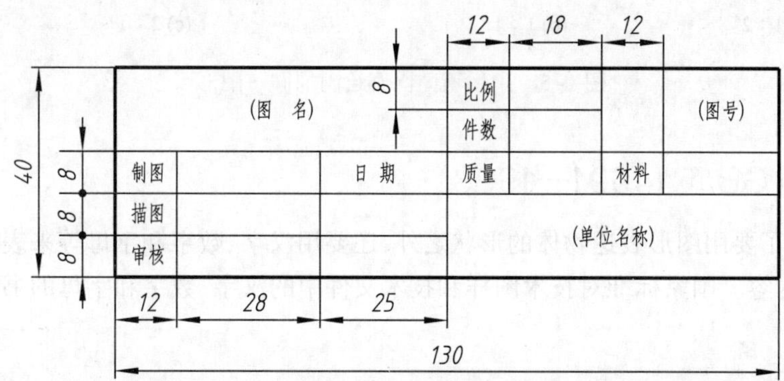

图 1–4　简化标题栏

1.1.2　比例(GB/T 14690—1993)

比例是指图样中图形与其实物相应要素的线性尺寸之比。比例分为原值比例(比值为 1)、放大比例(比值大于 1)和缩小比例(比值小于 1)三种。

绘制图样时,应根据实际需要按表 1–2 中规定的系列选取适当的比例。

表 1–2　比 例 系 列

种类	优先选用比例			允许选用比例				
原值比例	1 : 1							
放大比例	5 : 1 5×10^n : 1	2 : 1 2×10^n : 1	 1×10^n : 1	4 : 1 4×10^n : 1	2.5 : 1 2.5×10^n : 1			
缩小比例	1 : 2 1 : 2×10^n	1 : 5 1 : 5×10^n	1 : 10 1 : 1×10^n	1 : 1.5 1 : 1.5×10^n	1 : 2.5 1 : 2.5×10^n	1 : 3 1 : 3×10^n	1 : 4 1 : 4×10^n	1 : 6 1 : 6×10^n

注:n 为正整数。

绘制同一物体的各个视图，应采用相同的比例，并填写在标题栏的“比例”栏中。当某个视图需要采用不同比例时，必须另行标注。应注意，无论采用何种比例绘图，都应按物体的真实大小进行尺寸标注，如图 1-5 所示。

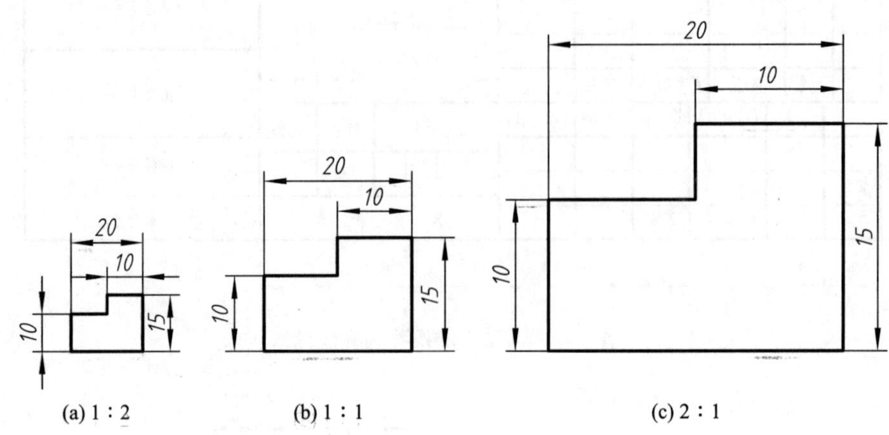

图 1-5 采用不同比例绘制的同一图形

1.1.3 字体（GB/T 14691—1993）

图样中，除了要用图形表达物体的形状之外，还要用汉字、数字和字母等来表达物体的大小和技术要求等内容。国家标准对技术图样和技术文件中的汉字、数字和字母的书写形式都作了统一规定。

1. 基本要求

(1) 图样中的字体书写必须做到：字体工整、笔画清楚、间隔均匀、排列整齐。

(2) 字体高度（用 h 表示，单位为 mm）的公称尺寸系列为：1.8，2.5，3.5，5，7，10，14，20。若书写更大的字，其字体高度应按 $\sqrt{2}$ 倍的比率递增，字体高度代表字的号数。

2. 汉字

国家标准规定，汉字应写成长仿宋体，并采用国家正式公布推行的简体字。汉字只能写成直体，其高度不应小于 3.5 mm，字宽一般为 $h/\sqrt{2}$。

书写长仿宋字要做到：横平竖直、注意起落、结构均匀、填满方格，长仿宋体汉字的书写示例如图 1-6 所示。

3. 数字和字母

数字和字母分为 A 型和 B 型，A 型字体宽度为字高（h）的 1/14，B 型字体宽度为字高的 1/10。在同一图样上只允许采用同一类型的字体。

数字和字母有斜体和直体两种，通常采用斜体，斜体字头向右倾斜，与水平成 75°。

数字及字母的 A 型斜体字的书写形式和综合应用示例见图 1-7。字体的综合应用有以下规定：用作指数、分数、极限偏差、注脚等的数字和字母，一般采用小一号的字体；图样中的数学符号、物理量符号、计算单位符号及其他符号、代号，应符合国家相应规定。

字体端正　笔画清楚

排列整齐　间隔均匀

横平竖直　结构均匀　注意起落　填满方格

剖视图可按剖切范围的大小和剖切平面的不同分类

机械图样是设计和制造机械过程中的重要资料

图 1-6　长仿宋体汉字示例

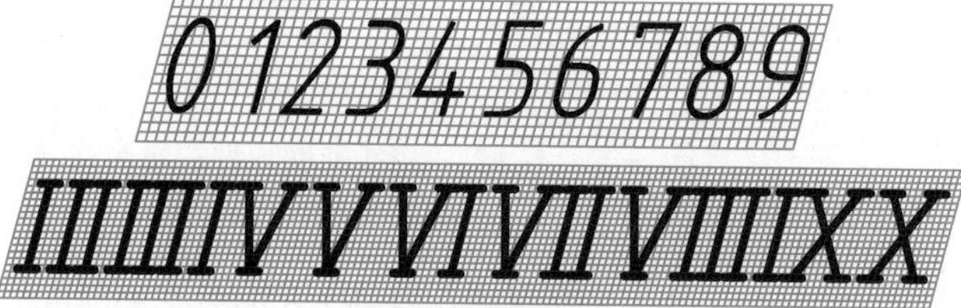

(a) 数字示例(A型斜体)

abcdefghijklmnopq

ABCDEFGHIJKLMNOPQ

(b) 拉丁字母示例(A型斜体)

10^{-1}　8%　$\phi 20^{+0.010}_{-0.023}$　$7^{\circ}{}^{+1^{\circ}}_{-2^{\circ}}$　350 r/min

6 m/kg　M24-6h　10JS5(± 0.03)

$\phi 25\frac{H6}{m5}$　$\frac{\text{II}}{2:1}$　$\frac{A\frown}{5:1}$

(c) 综合应用示例

图 1-7　数字、字母以及综合应用示例

1.1.4 图线(GB/T 17450—1998,GB/T 4457.4—2002)

1. 基本线型

国家标准《技术制图》中规定了 15 种基本线型,并规定可根据需要将基本线型画成不同的粗细,令其变形、组合而派生出更多的图线形式。表 1–3 给出了机械制图中常见的几种线型的名称、形式、宽度及主要用途等。

表 1–3 常用图线及应用

<table>
<tr><th>名称</th><th>线型</th><th>线宽</th><th colspan="2">主要用途及线素长度</th></tr>
<tr><td>细实线</td><td></td><td>0.5d</td><td colspan="2">尺寸线及尺寸界线、剖面线、指引线和基准线、过渡线、重合断面的轮廓线、短中心线等</td></tr>
<tr><td>粗实线</td><td></td><td>d</td><td colspan="2">可见轮廓线、可见棱边线等</td></tr>
<tr><td>细虚线</td><td></td><td>0.5d</td><td>不可见轮廓线、不可见棱边线</td><td rowspan="2">画长 12d
短间隔长 3d</td></tr>
<tr><td>粗虚线</td><td></td><td>d</td><td>允许表面处理的表示线</td></tr>
<tr><td>细点画线</td><td></td><td>0.5d</td><td>轴线、对称中心线等</td><td rowspan="3">长画长 24d
短间隔长 3d
点长 0.5d</td></tr>
<tr><td>粗点画线</td><td></td><td>d</td><td>限定范围表示线</td></tr>
<tr><td>细双点画线</td><td></td><td>0.5d</td><td>相邻辅助零件的轮廓线、轨迹线、中断线等</td></tr>
<tr><td>波浪线</td><td></td><td>0.5d</td><td colspan="2" rowspan="2">断裂处边界线、局部剖切时的分界线。在一张图样上一般采用一种线型,即采用波浪线或双折线</td></tr>
<tr><td>双折线</td><td></td><td>0.5d</td></tr>
</table>

注:d 为细虚线、细点画线或细双点画线的线宽。

2. 图线的宽度

按 GB/T 4457.4—2002《机械制图 图样画法 图线》的规定,在机械图样中采用粗、细两种线宽,它们之间的比值为 2∶1。当粗线宽度为 d 时,细线宽度应为 $d/2$。绘制工程图样时,所有线型的宽度应在下列推荐系列中选择(系数公比为 $1:\sqrt{2}$,单位为 mm):0.13,0.18,0.25,0.35,0.5,0.7,1,1.4,2,粗线宽度优先采用 0.5 mm 和 0.7 mm。同一张图样中,相同线型的宽度应一致。

3. 图线的应用及画法

机械制图中常见图线的应用如图 1–8 所示。

绘图时,应注意以下几点:

(1) 同一图样中,同类图线的宽度应一致。虚线、点画线及双点画线的线段长度和间隔应各自大致相等。

(2) 两条平行线(包括剖面线)间的距离不小于粗线线宽的两倍,其最小距离不得小于 0.7 mm。

(3) 绘制圆的对称中心线时,圆心应为线段的交点。点画线和双点画线的首、末两端应是线段而不是点。

(4) 在较小的图形上绘制点画线时,可用细实线代替。

(5) 绘制轴线、对称中心线和中断处的细双点画线,应超出轮廓线 3~5 mm。

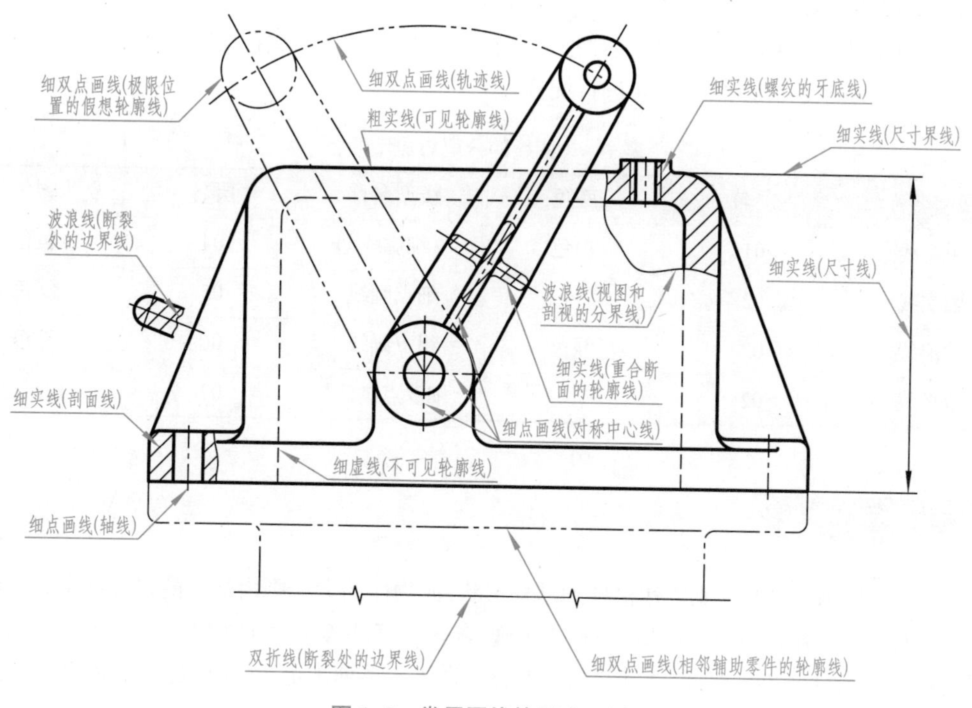

图 1–8 常用图线的用途示例

(6) 当虚线与虚线或与其他图线相交时,应以线段相交;当虚线是粗实线的延长线时,其连接处应留空隙。

以上画法的正误对比如图 1–9 所示。

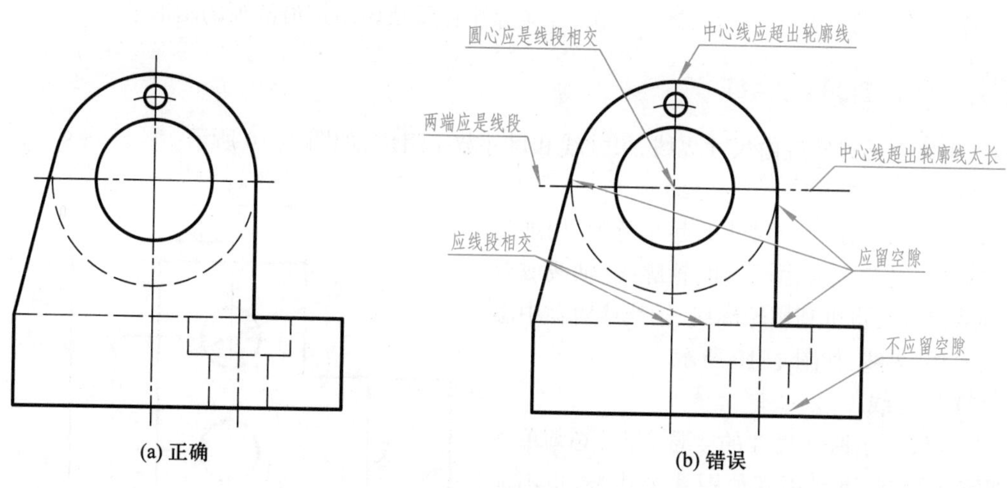

图 1–9 图线的画法正误对比

4. 图线的分层与显示颜色（GB/T 14665—2012）

在用计算机绘制机械图样时，往往把线型相同的图线以相同颜色绘制在相应的图层上。图线的分层与显示颜色可参照表 1-4 进行配置。

表 1-4 图线的分层与显示颜色

<table>
<tr><th>线型名称</th><th>层名</th><th>颜色</th><th>线型名称</th><th>层名</th><th>颜色</th></tr>
<tr><td>粗实线</td><td>01</td><td>白色</td><td>细虚线</td><td>04</td><td>黄色</td></tr>
<tr><td>细实线</td><td>02</td><td rowspan="3">绿色</td><td>细点画线</td><td>05</td><td>红色</td></tr>
<tr><td>波浪线</td><td>02</td><td>粗点画线</td><td>06</td><td>棕色</td></tr>
<tr><td>双折线</td><td>02</td><td>细双点画线</td><td>07</td><td>粉红色</td></tr>
</table>

1.2 尺寸注法

在工程图样中，图形只能表达机件的结构形状，而物体的大小则由标注的尺寸确定。因此，尺寸也是图样的重要组成部分，尺寸标注是否正确、合理，会直接影响生产加工。为了便于交流，国家标准（GB/T 4458.4—2003）对尺寸标注的基本方法做了一系列规定，在绘图过程中必须严格遵守。

1.2.1 基本规则

(1) 图样上所注尺寸数值为物体的真实大小，与图形的大小和绘图的准确度无关。

(2) 图样中（包括技术要求和其他说明）的尺寸以 mm 为单位时，不需标注计量单位的名称或者符号。如采用其他单位，则必须注明相应计量单位的名称或符号。

(3) 图样中所注的尺寸，为该图样所示物体的最后完工尺寸，否则应另加说明。

(4) 物体的每一尺寸一般只标注一次，并应标注在反映该结构最清晰的图形上。

1.2.2 尺寸标注的组成

一个完整的尺寸应由尺寸界线、尺寸线和尺寸数字组成，如图 1-10 所示。

(1) 尺寸界线

尺寸界线表示所注尺寸的起止范围，用细实线绘制。尺寸界线应由图形的轮廓线、轴线或对称中心线引出，也可利用轮廓线、轴线或对称中心线作为尺寸界线，如图 1-10 所示。

(2) 尺寸线

尺寸线表示所注尺寸的度量方向，必须单独用细实线绘制，不能用其他图线来代替，也不能与其他图线重合或画在其延长线上，并应尽量避免与其他的尺寸线或尺寸界线相交，如图 1-11 所示。

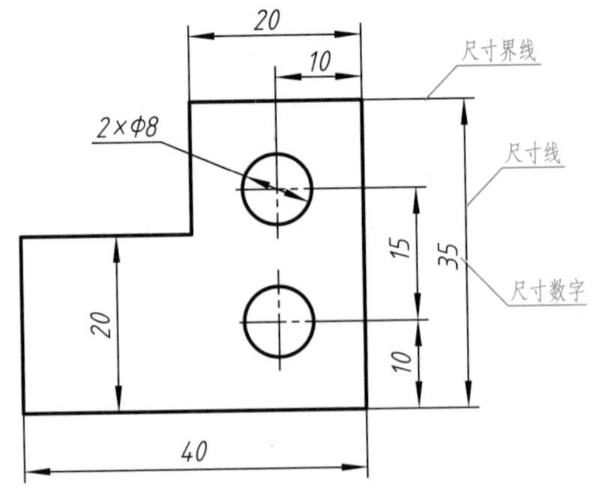

图 1-10 尺寸的组成

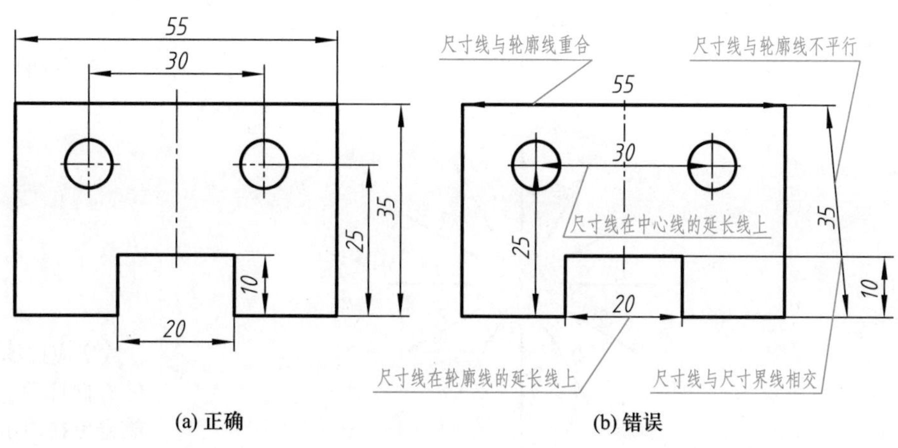

(a) 正确　　(b) 错误

图 1–11　尺寸线标注正误对比

尺寸线终端可以有两种形式：箭头和斜线。箭头的形式如图 1–12a 所示，适用于各种类型的图样，其尖端必须与尺寸界线接触，不应留有间隙，图中 *d* 为粗实线宽度。斜线只适用于尺寸线与尺寸界线相互垂直的情形，斜线采用细实线，其方向以尺寸线为准，逆时针旋转 45°，图中 *h* 为尺寸数字的高度，如图 1–12b 所示。

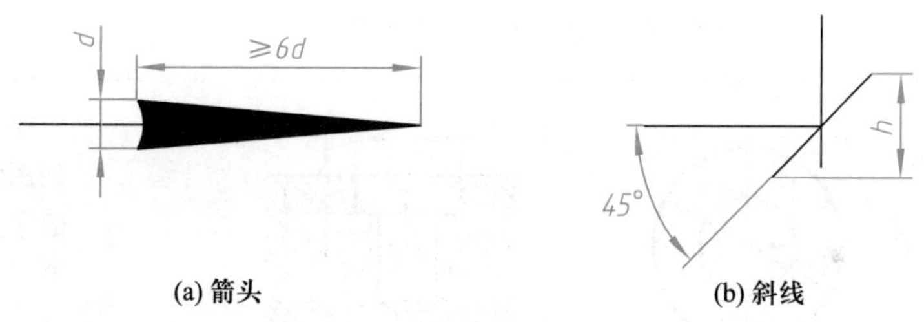

(a) 箭头　　(b) 斜线

图 1–12　尺寸线终端的两种形式

机械图样中一般采用箭头作为尺寸线的终端，同一图样中只能采用一种尺寸线终端形式。

(3) 尺寸数字

尺寸数字表示尺寸的大小，线性尺寸数字一般应写在尺寸线的上方，也允许写在尺寸线的中断处。线性尺寸数字方向一般应按表 1–5 第一项所示方法注写。国家标准还规定了一些标注尺寸的符号及代号，可参阅表 1–5。

1.2.3 尺寸标注示例

表 1–5 中列出了 GB/T 4458.4—2003 规定的一些尺寸注法示例，未详尽处请查阅该标准。

表 1–5 尺寸标注示例

标注内容	示例	说明
线性尺寸的数字方向	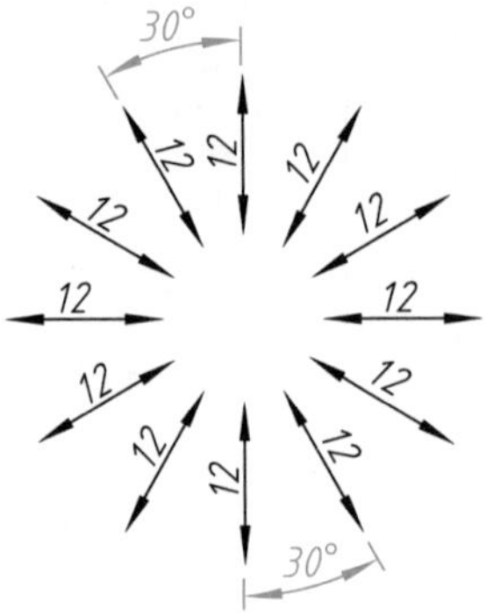 (a) 尺寸数字的注写方向 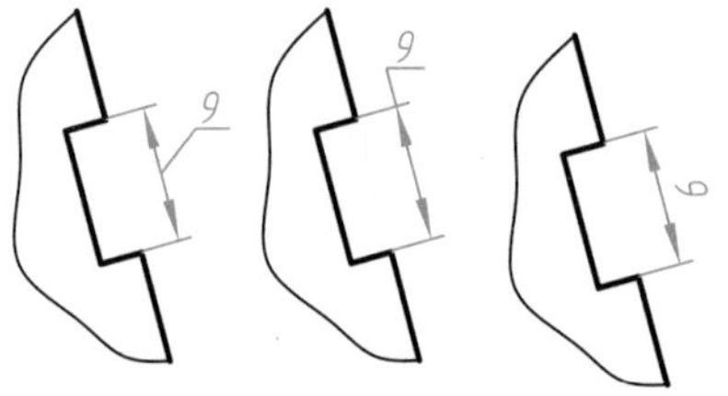 (b) 向左倾斜30°范围内的尺寸数字注写	数字应按图 a 所示的方向注写，并尽可能避免在图示 30° 范围内标注尺寸，当无法避免时可按图 b 的形式标注
图线通过尺寸数字时的处理	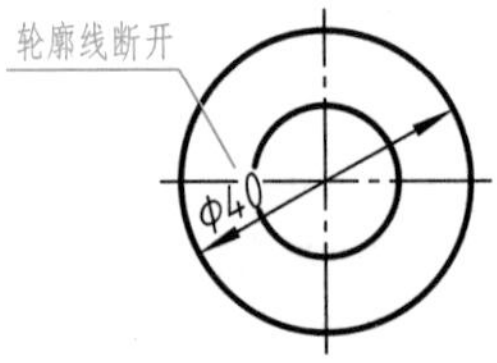 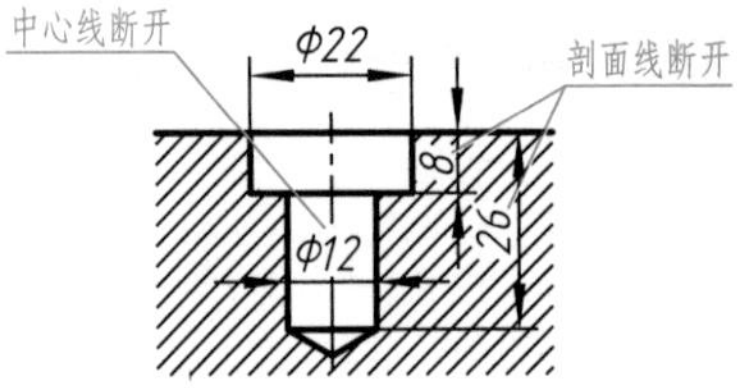 轮廓线断开 中心线断开 剖面线断开	尺寸数字不可被任何图线通过。当尺寸数字无法避免被图线通过时，图线必须断开
光滑过渡处的尺寸允许尺寸线倾斜	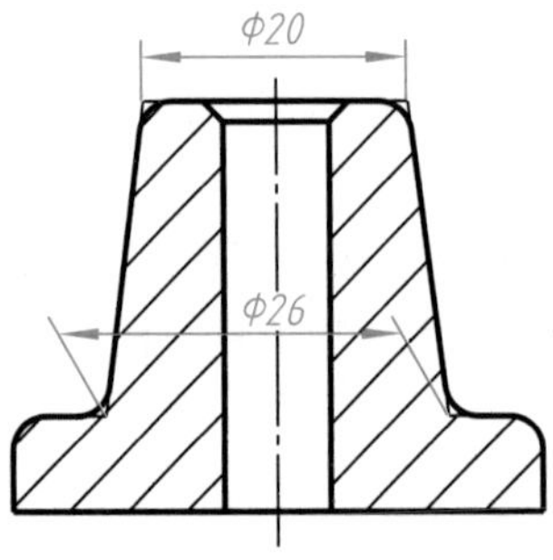 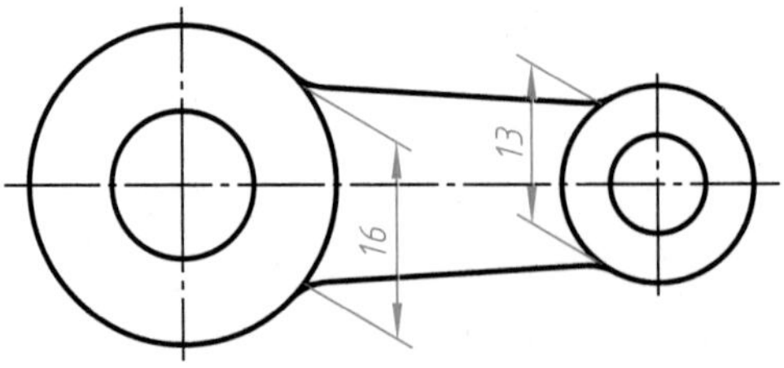	线性尺寸的尺寸界线一般应与尺寸线垂直，必要时允许倾斜。在光滑过渡处标注尺寸时，必须用细实线将轮廓线延长，从它们的交点处引出尺寸界线，如图所示。尺寸界线应超出尺寸线 2~5 mm

续表

标注内容	示例	说明
角度	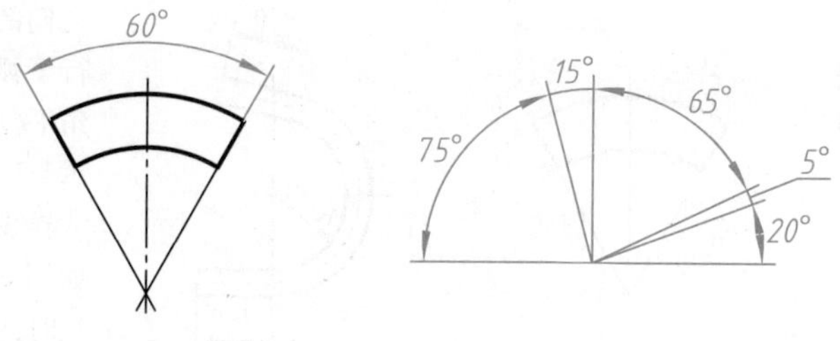 60° 15° 65° 75° 5° 20° (a) (b)	标注角度尺寸时,其尺寸界线应沿径向引出,尺寸线画成圆弧,圆心为该角的顶点。尺寸数字一律水平书写,一般应注写在尺寸线的中断处,必要时可写在尺寸线的上方或外边,也可引出标注,如图 b 所示
直径	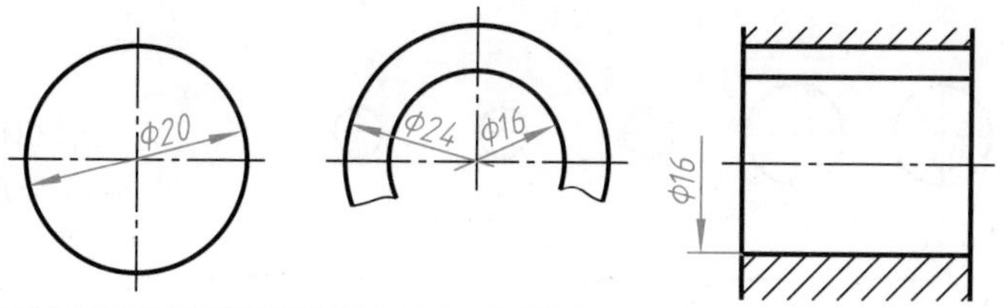 Φ20 Φ24 Φ16 Φ16	标注整圆或大于180°的圆弧直径时,应在尺寸数字前加注符号“ϕ”
半径	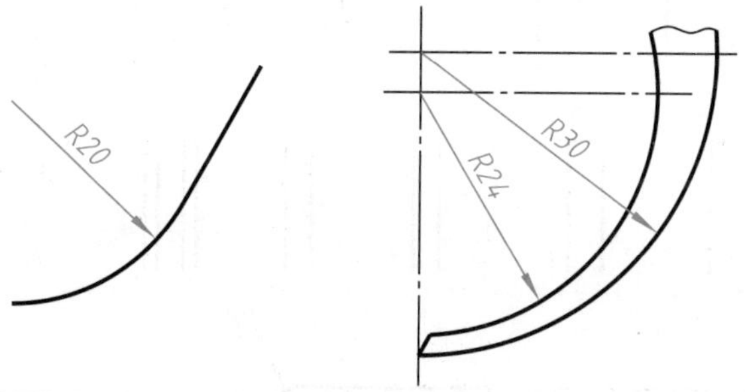 R20 R30 R24	标注小于或等于180°的圆弧半径时,应在尺寸数字前加注符号“R”,半径尺寸线自圆心引向圆弧,只画一个箭头
大圆弧	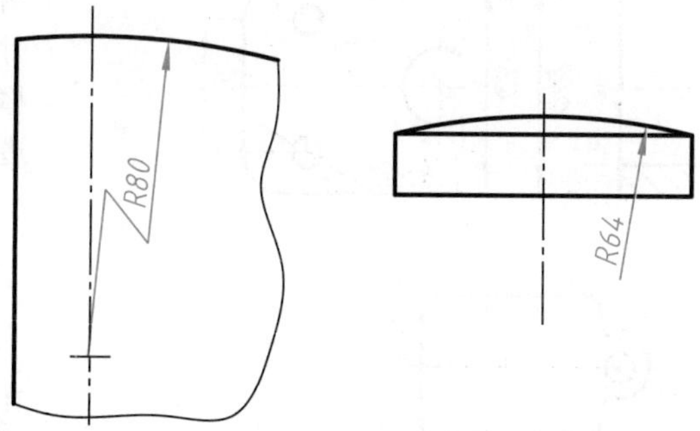 R80 R64 (a) (b)	当圆弧的半径过大或在图纸范围内无法标出其圆心位置时,可按图 a 的标注形式;若不需标出其圆心位置,可按图 b 的形式标注
球面	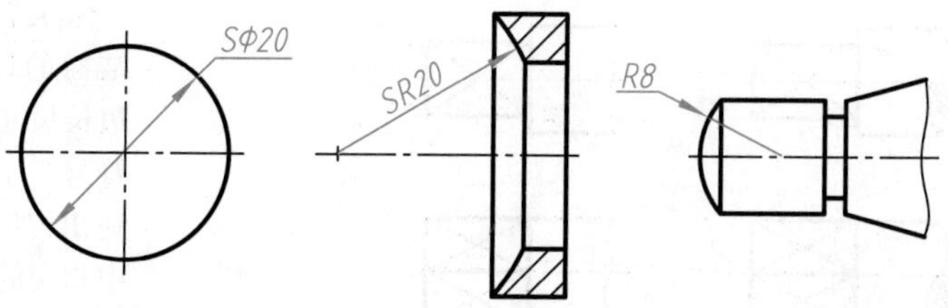 SΦ20 SR20 R8 (a) (b) (c)	标注球面的直径或半径时,应在 ϕ 或 R 前面加符号“S”,如图 a、b 所示。对标准件、轴及手柄的端部,在不引起误解的情况下,允许省略“S”,如图 c 所示

续表

标注内容	示例	说明
弧长和弦长	20　⌒20　150　495　R170　150 (a)　(b)　(c)	标注弦长及弧长时，它们的尺寸界线应平行于弧所对圆心角的角平分线，如图 a、b 所示。当弧度较大时，尺寸界线可沿径向引出，如图 c 所示。标注弧长时，应在尺寸数字的左侧加注符号“⌒”，如图 b、c 所示
小尺寸	Φ10　Φ10　Φ10　Φ5　Φ5　Φ5 R5　R5　R5　R5　R3　R3　R3　R3 3 3 2 3　6　4　3　3　3 6	当没有足够的位置画箭头或注写数字时，箭头可画在外面，尺寸数字也可采用旁注或引出标注；当中间的小间隔尺寸没有足够的位置画箭头时，允许用圆点代替
对称物体	Φ18　Φ30　Φ42　42　54　R8　26　4×Φ6　80	对称机件的图形只画一半或略大于一半时，尺寸线应略超过对称中心线或断裂处的边界线，此时仅在尺寸线的一端画出箭头
板状零件	t2	板状零件可以用一个视图表达其形状，在尺寸数字前加注符号“*t*”表示其厚度
正方形结构	□14　14×14　□14　14×14	标注断面为正方形结构的尺寸时，可在边长尺寸数字前加注符号“□”或用 *B*×*B* 注出，如图所示。图中相交的两细实线是平面符号

标注尺寸时，应尽可能使用符号及缩写词，见表 1–6。

表 1–6　标注尺寸的符号及缩写词

序号	含义	符号或缩写词	序号	含义	符号或缩写词
1	直径	ϕ	8	正方形	□
2	半径	R	9	深度	↧
3	球直径	$S\phi$	10	沉孔或锪平	⌴
4	球半径	SR	11	埋头孔	∨
5	厚度	t	12	弧长	⌒
6	45° 倒角	C	13	斜度	∠
7	均布	EQS	14	锥度	◁
符号的比例画法	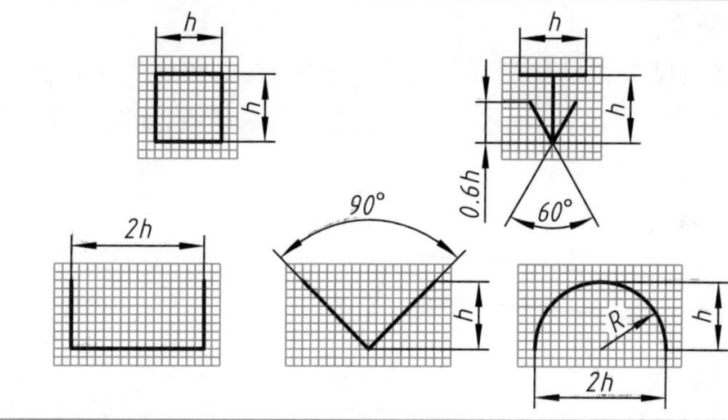				

1.3　常用绘图工具及其使用

正确地使用绘图工具和仪器，可以提高绘图的质量和绘图的速度。因此，应对绘图工具的用途有所了解，并熟练掌握它们的使用方法，养成正确使用、维护绘图工具和仪器的良好习惯。本节主要介绍绘图铅笔、图板、丁字尺、三角板、圆规、分规、比例尺和曲线板、模板等绘图工具及使用方法。

1.3.1　绘图铅笔的选择和使用

铅笔笔芯的硬度由字母 B 和 H 来标识。“B”前数值越大，表示铅芯越软；“H”前数值越大，表示铅芯越硬；“HB”表示铅芯软硬适中。在绘制工程图样时，一般需要准备以下几种型号的铅笔：

B 或 HB——画粗实线；

HB 或 H——画细实线、细点画线、细虚线、写字；

H 或 2H——画底稿。

由于圆规画图时不便用力，因此安装在圆规上的铅芯一般要比绘图铅笔软一级。用于画粗实线的铅笔和铅芯应磨成矩形断面，其余的应磨成圆锥形，如图 1–13 所示。

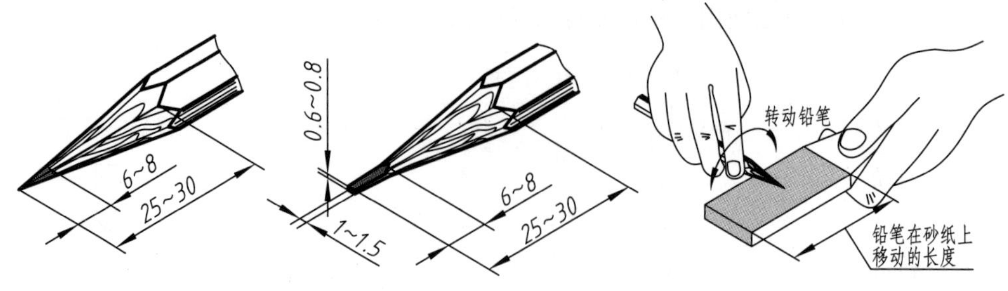

图1-13 铅笔的削法

1.3.2 图板、丁字尺和三角板

图板表面要平坦光滑，左、右两边应平直，画图时用胶带将图纸固定在图板的适当位置上，如图1-14所示。

丁字尺由尺头和尺身两部分组成。画图时，必须将尺头紧靠图板左侧的工作边，左手扶住尺头，上下移动丁字尺，利用尺身的工作边画出水平线，如图1-15所示。

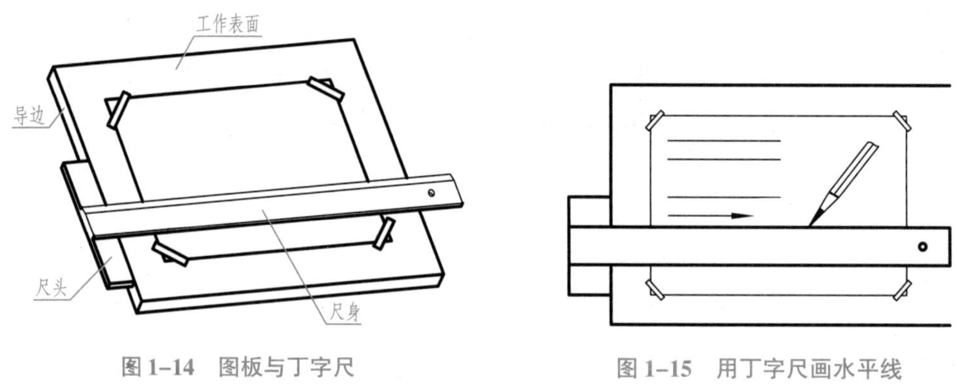

图1-14 图板与丁字尺

图1-15 用丁字尺画水平线

一副三角板包括45°和30°（60°）各一块。除了画直线外，三角板还可与丁字尺配合使用，画竖直线和与水平成15°倍角的斜线，如图1-16所示。

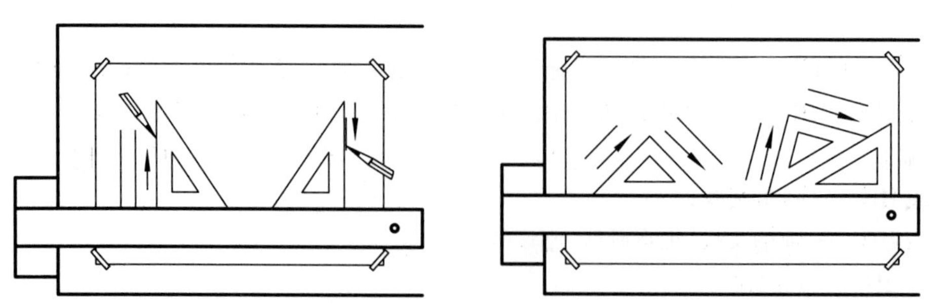

图1-16 三角板的使用方法

用一副三角板还可画互相平行或垂直的直线，如图 1-17 所示。

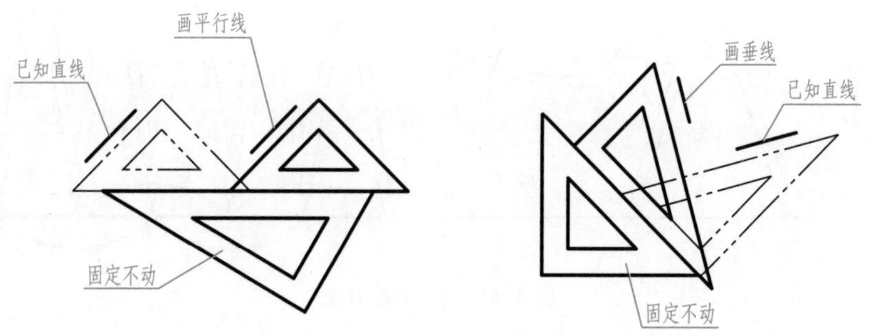

图 1-17 用一副三角板画已知直线的平行线或垂线

1.3.3 圆规和分规

圆规是用来画圆和圆弧的工具。画图时，一般按顺时针方向旋转，且使圆规向运动方向稍微倾斜并尽量使定心针尖和铅芯同时垂直于纸面，定心针尖要比铅芯稍长些，如图 1-18 所示。

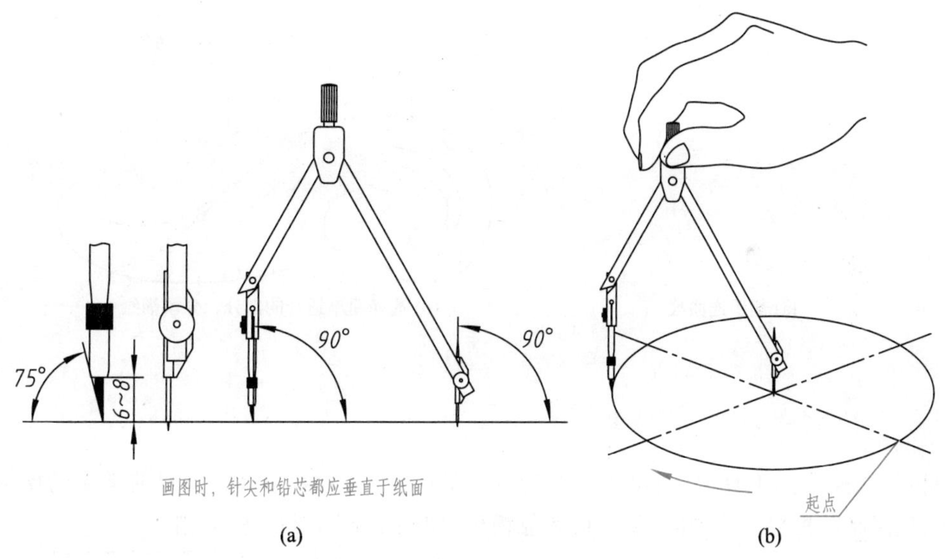

图 1-18 圆规的使用方法

分规主要用于等分线段、量取尺寸等。分规两端部有钢针，两腿合拢时，两针尖应汇交于一点。分割线段时，将分规的两针调整到所需的距离，然后用右手拇指、食指捏住分规手柄，使分规两针沿线段交替作为圆心旋转前进，如图 1-19 所示。

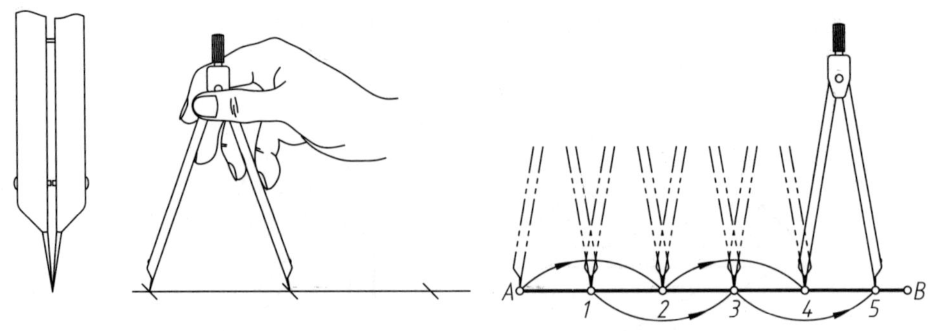

图 1-19 分规的用法

1.3.4 曲线板、模板、擦图片

1. 曲线板

曲线板是绘非圆曲线的常用工具。画线时，应先把已求出的各点徒手轻轻地勾描出来，然后选曲线板上曲率相当的部分，分几段画出。画曲线时，每段至少要有四个吻合点，并与已画出的相邻线段重合一部分，以保证曲线连续光滑，如图 1-20 所示。

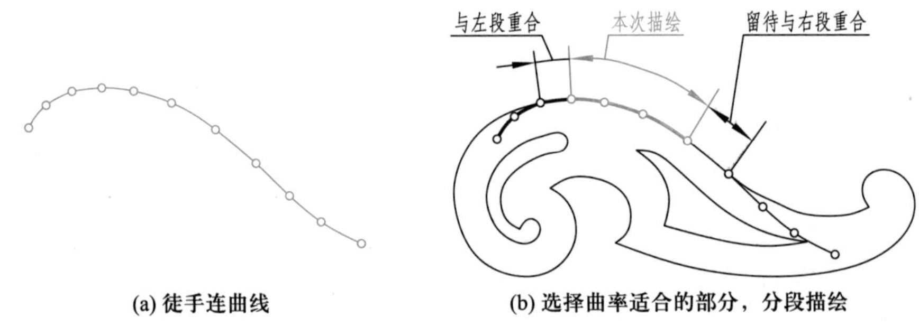

(a) 徒手连曲线 (b) 选择曲率适合的部分，分段描绘

图 1-20 曲线板的用法

2. 模板

模板是快速绘图工具之一，可用于绘制常用的图形、符号和字体等。目前常见的模板有椭圆模板、几何制图板等。绘图时，笔尖应紧靠模板，使画出的图形整齐、光滑。

3. 擦图片

擦图片上具有许多各种形状的小孔，将小孔对准所需擦去的铅笔线，用橡皮进行擦拭，可不污染图面。

1.4 几何作图

虽然物体的轮廓形状多种多样，但大都由各种基本的几何图形组成。因此，熟练掌握基本几何图形的画法，有利于提高绘图质量和绘图速度。下面介绍几种常见几何图形的作图方法。

1.4.1 等分作图

1. 等分线段

如图 1–21 所示，将已知线段 *AB* 五等分。过点 *A* 任作一直线 *AC*，用分规在 *AC* 上量得任意长度的 5 等份，得等分点 *1*、*2*、*3*、*4*、*5*，将点 *5* 与点 *B* 连接，再分别过其余等分点作 *5B* 的平行线，即得 *AB* 上的各等分点 *1′*、*2′*、*3′*、*4′*。用此方法可将线段分成任意比的两段。

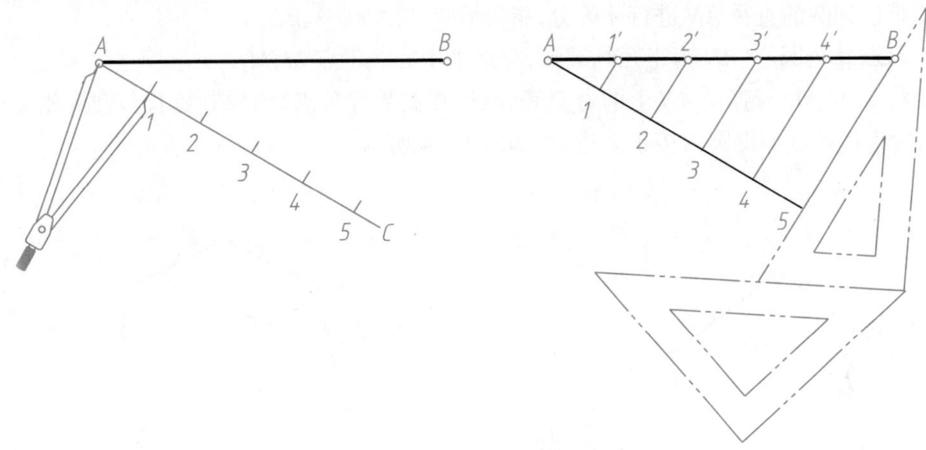

图 1–21　等分已知线段

2. 等分圆周和圆内接正多边形

(1) 圆内接正六边形

已知正六边形外接圆的半径，作正六边形，可有两种作图方法。

方法一：以圆的半径为边长等分圆周，顺次连接各等分点即得圆的内接正六边形，如图 1–22a 所示；

方法二：利用正六边形相邻两边夹角为 120°，通过 30°（60°）三角板与丁字尺配合，作出正六边形，如图 1–22b 所示。

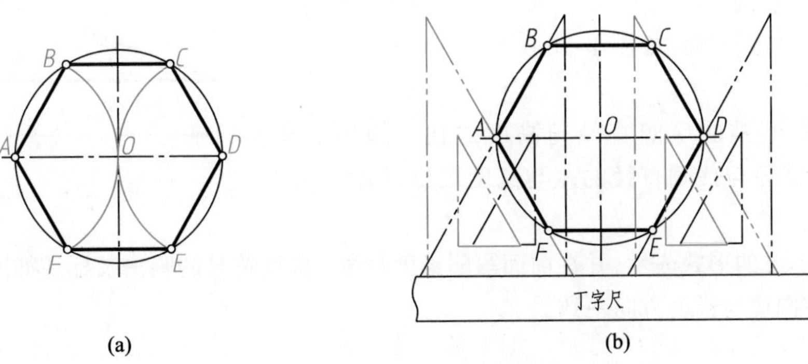

图 1–22　圆内接正六边形的作图方法

(2) 圆内接正五边形

已知正五边形外接圆的半径，作正五边形。其作图方法如下：

1) 平分半径 *ON* 得点 *G*；

2) 以点 *G* 为圆心、*GA* 为半径画圆弧，交 *OM* 于点 *H*，*AH* 即为正五边形的边长；

3) 以 *AH* 等分圆周，依次得 *B*、*C*、*D*、*E* 各点。连接各点，即得已知圆的内接正五边形，如图 1–23 所示。

3. 圆内接正 *n* 边形

(1) 将已知圆的直径 *AN* 进行 *n* 等分，得等分点 *1*、*2*、*3*、…、*n*；

(2) 以点 *A* 为圆心、*AN* 为半径画圆弧，交水平中心线于点 *M*、M_1；

(3) 将点 *M*、M_1 与直径 *AN* 上的奇数等分点（或偶数等分点）连接并延长与圆周相交得各等分点，依次连接各点即得圆内接正 *n* 边形，如图 1–24 所示。

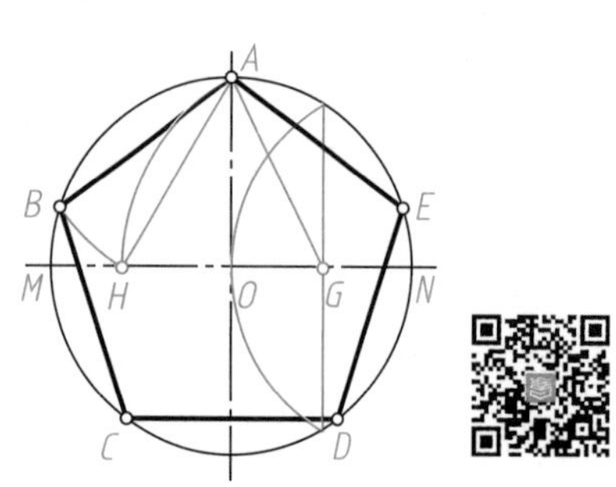

图 1–23 圆内接正五边形的作图方法

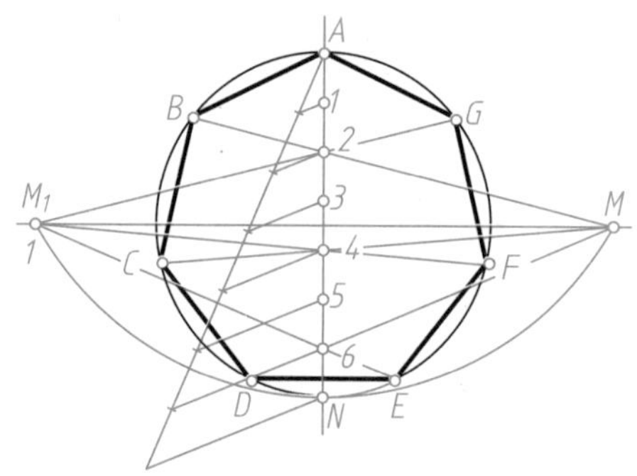

图 1–24 圆内接正 *n* 边形的作图方法

1.4.2 斜度和锥度

1. 斜度

斜度是指一直线或平面对另一直线或平面的倾斜程度，其大小就是它们之间夹角的正切值。如图 1–25 所示，直线 *AC* 对直线 *AB* 的斜度 =*H*/*L*=tan *α*。

斜度符号的线宽为字高 *h* 的 1/10。斜度的大小以 1∶*n* 的形式表示，并在前面加斜度符号“∠”，符号的方向与斜度方向一致。其画法及标注如图 1–26 所示。

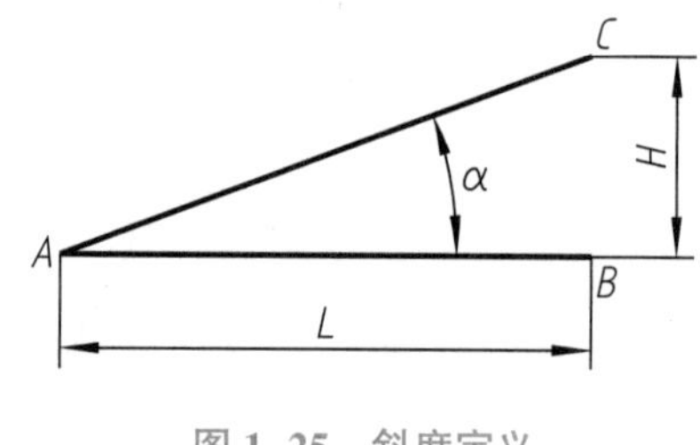

图 1–25 斜度定义

2. 锥度

锥度是指圆锥的底圆直径与高度之比。如果是圆台，则是底圆直径与顶圆直径的差与高度之比，如图 1–27 所示。

锥度以 1∶*n* 的形式表示，并在前面写明锥度符号。锥度符号的画法及标注如图 1–28 所示，符号斜线的方向应与锥度方向一致。

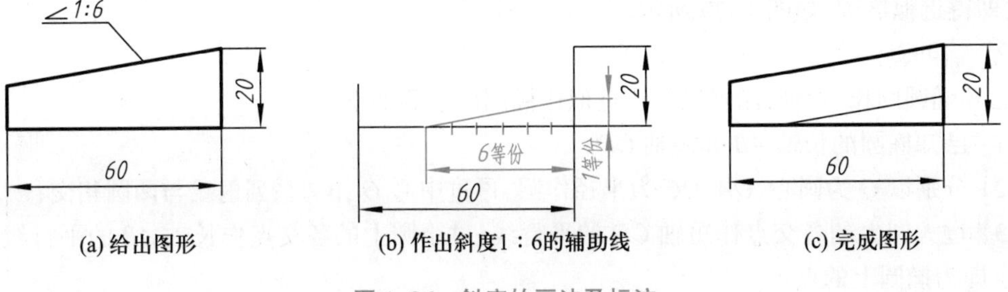

(a) 给出图形 (b) 作出斜度1：6的辅助线 (c) 完成图形

图 1–26 斜度的画法及标注

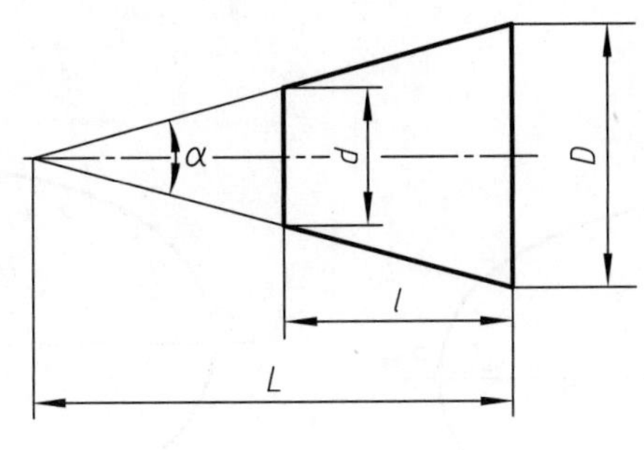

图 1–27 锥度定义

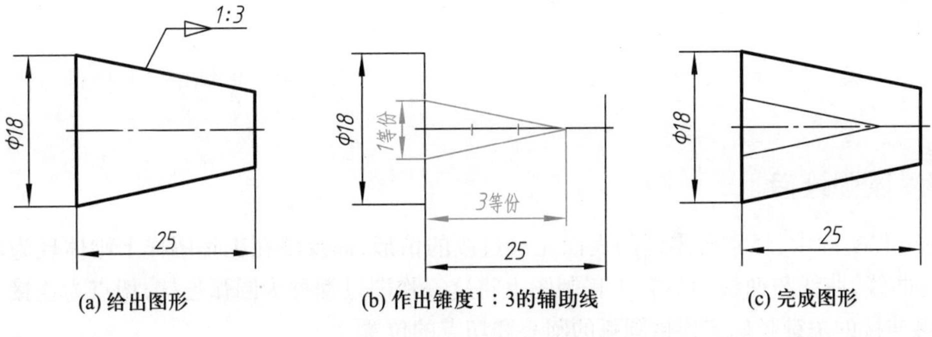

(a) 给出图形 (b) 作出锥度1：3的辅助线 (c) 完成图形

图 1–28 锥度的画法及标注

1.4.3 椭圆的画法

椭圆的画法很多，在此只介绍两种常用的椭圆近似画法。

1. 四心圆法

已知椭圆的长轴、短轴，用四心圆法作近似椭圆的步骤如下：

(1) 已知椭圆的长轴 AB 和短轴 CD。

(2) 连接长、短轴的端点 A、C。以点 O 为圆心、OA 为半径画圆弧交短轴于点 E，再以点 C 为圆心、CE 为半径画圆弧交 AC 于点 F。

(3) 作线段 AF 的垂直平分线，与长、短轴分别相交于 O_1 和 O_2，再取 O_1、O_2 的对称点 O_3 和 O_4。

(4) 连接 O_1O_2、O_2O_3、O_3O_4、O_4O_1，分别以点 O_1、O_2、O_3、O_4 为圆心，以 O_1A 和 O_2C 为半径画

圆弧，即得近似椭圆，如图 1–29 所示。

2. 辅助圆法

已知椭圆的长、短轴，用辅助圆法近似作椭圆的步骤如下：

(1) 已知椭圆的长轴 *AB* 和短轴 *CD*；

(2) 分别以 *O* 为圆心，*OA*、*OC* 为半径作圆，再过中心 *O* 作一系列射线与两圆相交；

(3) 过大圆上的各交点作短轴 *CD* 的平行线，过小圆上的各交点作长轴 *AB* 的平行线，它们的交点即为椭圆上的点；

(4) 用曲线板光滑连接各点，即可作出椭圆，如图 1–30 所示。

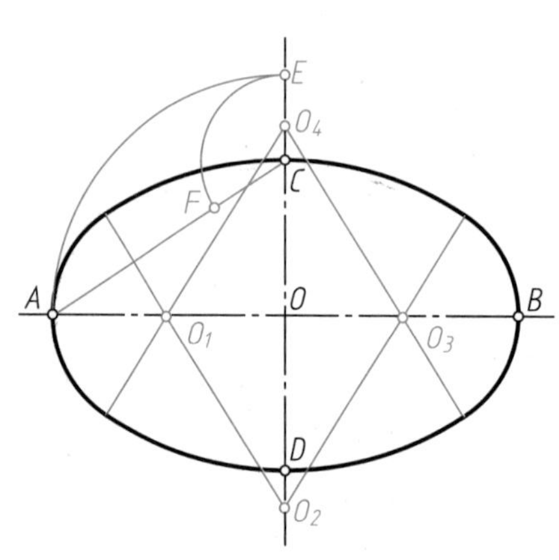

图 1–29 用四心圆法作椭圆

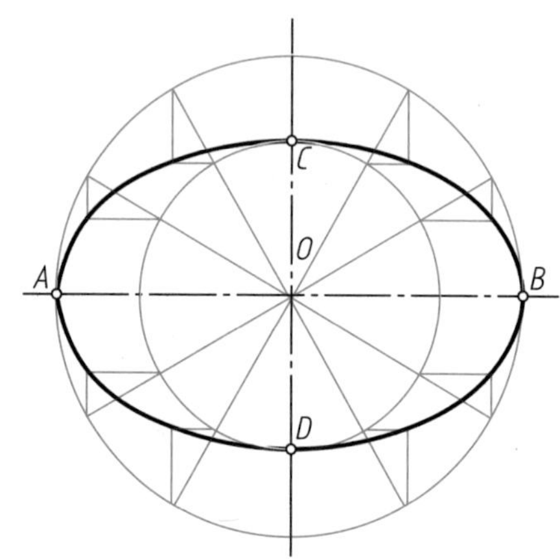

图 1–30 用辅助圆法作椭圆

1.4.4 圆弧连接

在工程实际中，经常有零件的表面光滑过渡的情形，而反映在工程图样上则体现为两线段（直线与曲线，曲线与曲线）相切，工程制图上将这一作图过程称为圆弧连接，切点为连接点。因此，圆弧连接的关键是确定连接圆弧的圆心和切点的位置。

圆弧连接的基本原理：

(1) 当一圆弧（半径为 *R*）与一已知直线相切时，其圆心轨迹是一条与已知直线平行且相距 *R* 的直线。自连接圆弧的圆心向已知直线作垂线，其垂足即为切点，如图 1–31a 所示。

(2) 当一圆弧（半径为 *R*）与一已知圆弧相切时，其圆心轨迹是已知圆弧的同心圆。该圆的半径 *R* 要根据相切的情形而定：当两圆弧外切时，$R_0=R_1+R$，如图 1–31b 所示；当两圆弧内切时，$R_0=R_1-R$，如图 1–31c 所示。其切点必在两圆弧连心线或其延长线上。

圆弧连接有三种情况：用已知半径圆弧连接两条已知直线；用已知半径圆弧连接两已知圆弧；用已知半径圆弧连接一已知直线和一已知圆弧。常见圆弧连接的作图方法和步骤如表 1–7 所示。

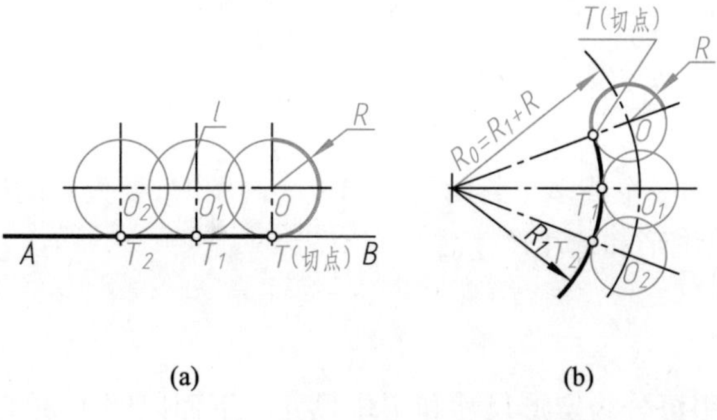

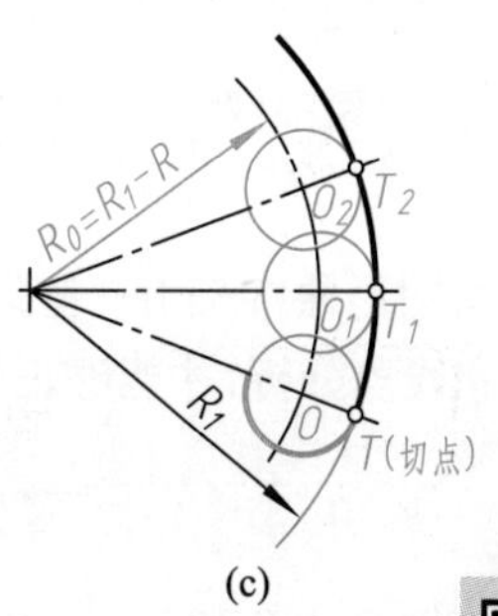

(a) (b) (c)

图 1–31 圆弧连接的作图原理

表 1–7 常见圆弧连接的作图方法和步骤

连接形式	作图方法及步骤		
	求圆心 O	求切点 K_1、K_2	画连接弧
连接两直线			
连接直线与圆弧			
外切两圆弧			
内切两圆弧			
外切圆弧与内切圆弧			

1.5 平面图形的画法和尺寸标注

平面图形通常是由一些线段连成的一个或多个封闭线框构成。画图时，要先对图形进行尺寸分析和线段分析，才能够正确地画出图形和标注尺寸。

1.5.1 平面图形的尺寸分析

平面图形中所注的尺寸，按其作用可分为定形尺寸和定位尺寸。下面以图 1–32 为例介绍平面图形的尺寸分析。

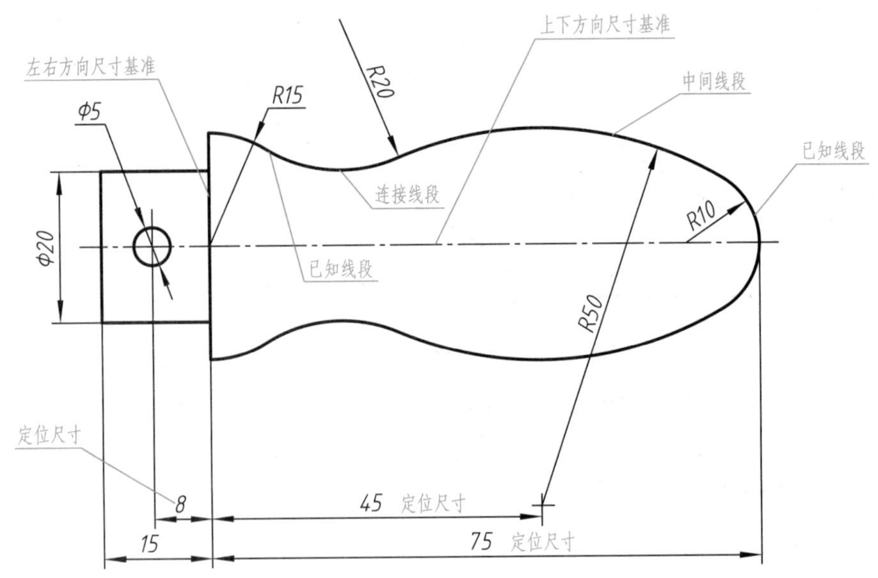

图 1–32　平面图形的尺寸分析

1. 定形尺寸

确定平面图形上几何元素大小的尺寸称为定形尺寸，如线段的长度、圆的直径等。图 1–32 中，$\phi20$、$\phi5$、$R15$、$R20$、$R50$、$R10$ 和 15 都是定形尺寸。

2. 定位尺寸

确定平面图形上几何元素相对位置的尺寸称为定位尺寸，如圆心、线段在图样中的位置等。在标注定位尺寸时要先选定一个基准（即标注定位尺寸的起点）。通常以图形中的对称中心线、较大圆的中心线以及图形的底线和边线等作为尺寸基准。平面图形有竖直和水平两个方向，每个方向至少应有一个尺寸基准。图 1–32 中，8、45 和 75 是定位尺寸。

1.5.2 平面图形的线段分析

确定平面图形中的任一线段，一般需要三个条件：两个定位尺寸，一个定形尺寸。三个条件都具备的线，可直接画出；否则，要利用连接关系找出相关条件来完成作图。

1. 已知线段

定形尺寸和两个方向的定位尺寸都为已知的线段(或圆弧)。绘图时这些线段(或圆弧)可直接画出,如图 1–32 中的 $\phi 5$ 圆,$R15$、$R10$ 的圆弧,矩形的长 15 和 $\phi 20$ 均为已知线段。

2. 中间线段

已知定形尺寸和一个定位尺寸的线段(或圆弧)。中间线段必须根据与相邻已知线段的一个连接关系来确定,如图 1–32 中的 $R50$ 圆弧。

3. 连接线段

只给出定形尺寸,没有定位尺寸的线段(或圆弧)。连接线段可根据与相邻线段的两个连接关系来确定,如图 1–32 中的 $R20$ 圆弧。

1.5.3　平面图形的作图步骤

画平面图形时,应根据图形中所给出的尺寸确定作图步骤。其绘图顺序是:先画出所有已知线段,然后顺次画出中间线段,最后画连接线段。现以图 1–32 所示图形为例,介绍平面图形的作图步骤:

(1) 画出基准线,并根据各个基本图形的定位尺寸,画出定位线,如图 1–33a 所示;

(2) 画出已知线段,即边长为直径 $\phi 20$ 和 15 的矩形,$\phi 5$ 圆及 $R15$、$R10$ 圆弧,如图 1–33b 所示;

(3) 画出中间线段,即半径为 $R50$ 的两连接圆弧,如图 1–33c 所示;

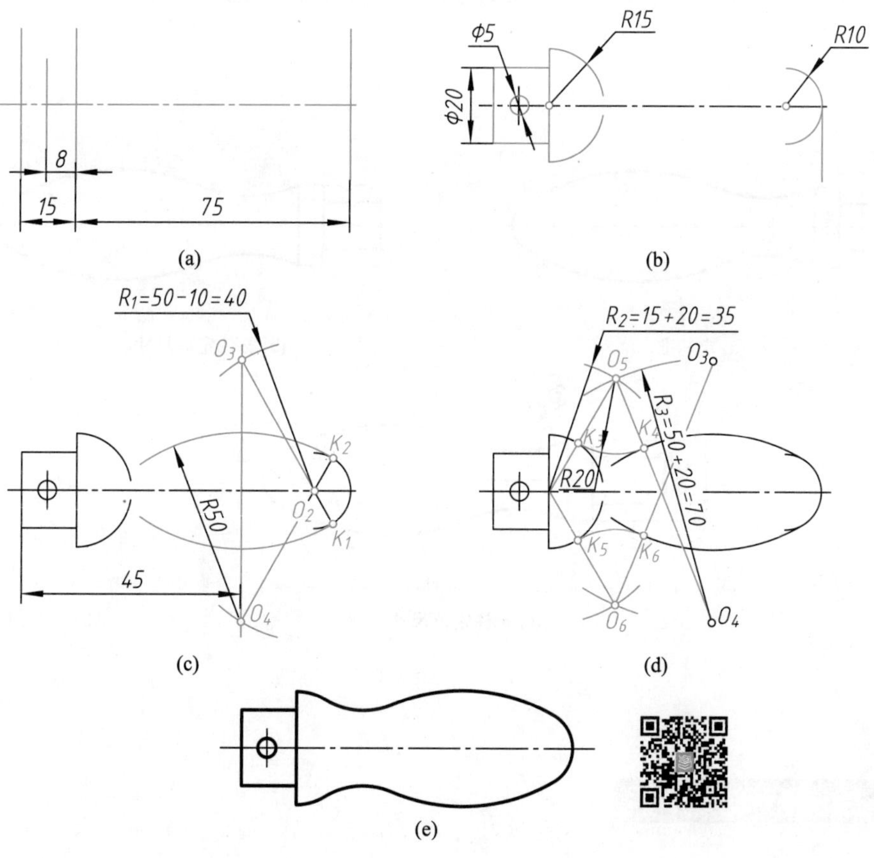

图 1–33　平面图形的作图步骤

(4) 画出连接线段，即半径为 $R20$ 连接圆弧，如图 1–33d 所示；

(5) 擦去多余图线，描深图线即完成作图，如图 1–33e 所示。

1.5.4 平面图形的尺寸标注

标注平面图形尺寸时，首先要对构成图形的线段进行分析，确定哪些为已知线段、中间线段或连接线段。选定尺寸基准，依次注出各部分的定形尺寸和定位尺寸。现以图 1–34 所示的手柄为例，说明标注平面图形尺寸的方法。

1. 分析图形，确定基准

以大圆柱段的左端面作为长度方向的尺寸基准，宽度方向以对称中心线即轴线作为尺寸基准，如图 1–34a 所示。

2. 标注定形尺寸

标注尺寸 $\phi19$、$\phi11$、$R52$、$R30$、$R6$，如图 1–34b 所示。

3. 标注定位尺寸

$\phi19$ 和 $\phi11$ 圆柱轴线与宽度方向尺寸基准重合，故它们在宽度方向的定位尺寸不需标注，长度方向的定位尺寸分别为 14 和 6；圆弧 $R6$ 的圆心在对称中心线上，其宽度方向的定位尺寸也不需标注，而长度方向的定位尺寸为 80；圆弧 $R52$ 为中间线段，只需标注一个定位尺寸 $\phi26$；圆弧 $R30$ 为连接线段，不需标注定位尺寸。完成的尺寸标注如图 1–34c 所示。

图中尺寸 14 和 6 既可看作 $\phi19$ 和 $\phi11$ 圆柱长度方向的定位尺寸，也可视作两段圆柱的定形尺寸。

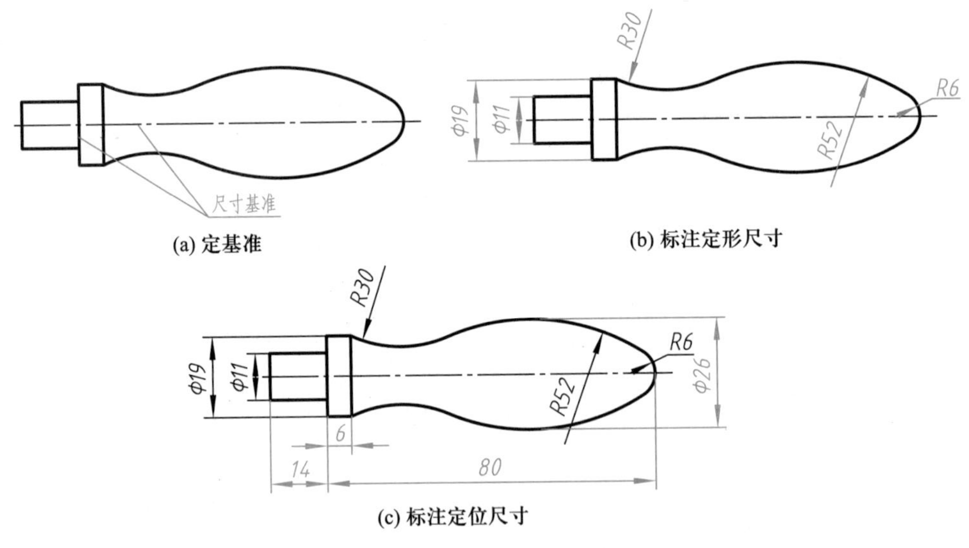

图 1–34 平面图形的尺寸标注

1.6 绘图方法及步骤

绘制工程图样常用的方法有两种：使用绘图工具（尺规）绘图和徒手绘图。

1.6.1 工具绘图

为了使图样画得质量好又速度快，要求设计者不但要正确地使用绘图工具，还必须遵照合理的绘图步骤。具体要求如下：

(1) 准备工作。准备好绘图用的图板、三角板、丁字尺、绘图仪器及其他工具，将铅笔及铅芯按照绘制不同线型的要求削、磨好。

(2) 选择图幅，固定图纸。根据图样的大小和比例选好图幅。将图纸放在图板合适的位置，然后用胶带固定。

(3) 画图框和标题栏。按国家标准规定的幅面，在周边和标题栏位置用细实线画出图框和标题栏底图。

(4) 布置图形的位置。布局要合理、美观。考虑图形的大小，同时要考虑标注尺寸所占位置，确定图形位置。图形位置确定后，画出图形的基准线。

(5) 画底图。按尺寸画出主要轮廓线，再画细节。图线要轻，尺寸要准确。

(6) 加深图形。一般可按下列顺序描深：图形，尺寸界限，尺寸线和箭头，尺寸数字及符号，标题栏及文字说明。描深图形时，先画圆和圆弧，后画直线。

1.6.2 徒手绘图

目测估计物体各部分的相对大小，按一定画法要求徒手绘制的图样称为草图。徒手绘图的技术在生产现场及设计时都很重要。

绘制草图时，最重要的是各部分比例关系应基本一致。

1. 画线段

画线段时，手腕靠着纸面，沿着画线方向移动。眼睛要注视线段终点方向，以便于控制图线。

画水平线时以图 1–35a 中的画线方向最为顺手，这时图纸可以斜放；画竖直线时自上而下运笔，如图 1–35b 所示；画斜线时可以转动图纸，使欲画的斜线正好处于顺手方向，如图 1–35c 所示。为了便于控制图形大小比例和各图形间的关系，可利用方格纸画草图。

画与水平成 30°、45°、60° 等常见角度的线段时，可根据两直角边的近似比例关系 3 : 5、1 : 1、5 : 3 定出两端点，连接斜边即为所画的角度线。

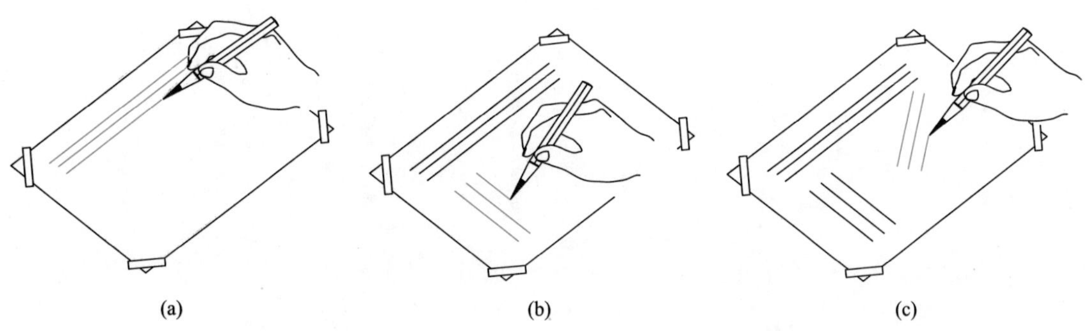

图 1–35 线段的徒手画法

2. 画圆

画圆时，先徒手绘制两条中心线，定出圆心，在对称中心线上目测估计半径的大小，在中心线上截得四个点，徒手将四点连接成圆，如图 1-36a 所示。为了更加准确，可过圆心再画两条 45°斜线，在斜线上截得四个点，这样就可通过八个点连接成圆，如图 1-36b 所示。

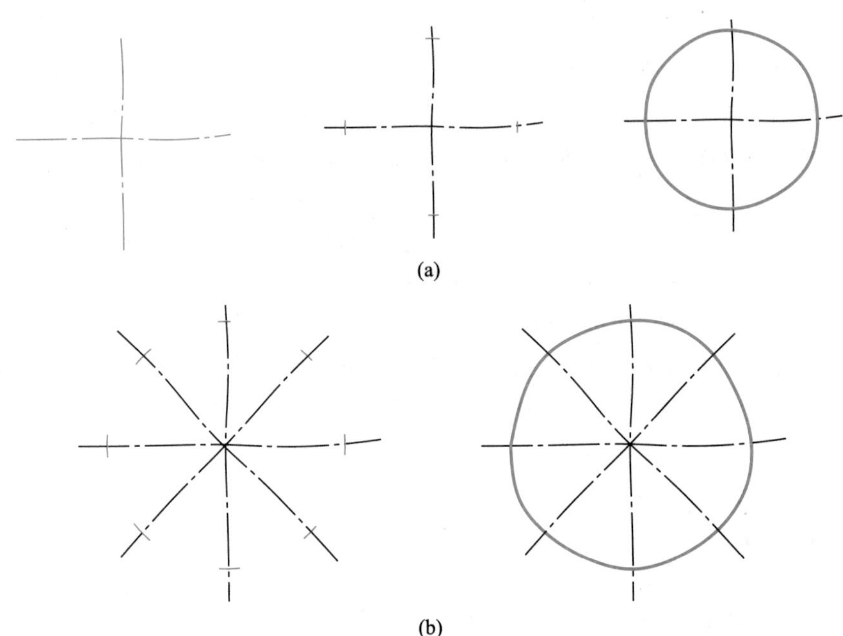

(a)

(b)

图 1-36　圆的徒手画法

第 2 章

点、直线和平面的投影

点、直线和平面是组成物体的基本几何元素，这些几何元素的投影是投影理论最基础的部分。本章将主要学习点、直线和平面在三投影面体系中的投影规律及其投影图的作图方法。同时，逐步引导和培养学生根据点、直线和平面的投影图想象它们在三维空间的位置和相互关系的空间分析和想象能力，以便为学好后续内容打下基础。

2.1 投影法的基本知识

投射线通过物体，向选定的面投射，并在该面上得到图形的方法称为投影法。

如图 2-1 所示，所有投射线的起源点称为投射中心；发自投射中心且通过被表示物体上各点的直线称为投射线；在投影法中得到投影的面称为投影面；投影面中得到的图形称为投影。

2.1.1 投影法的分类

常用的投影法可分为两大类：中心投影法和平行投影法。

1. 中心投影法

光线由一点出发的投影法称为中心投影法，建筑上画透视图采用此方法，故其投影称为透视投影。图 2-1a 表示灯光照射平面三角形的投影情况，其光源 S 为投射中心，光线 SA、SB 和 SC 为投射线，平面 H 为投影面，△abc 为△ABC 在投影面 H 上的投影。

2. 平行投影法

如将光源移到无限远处，例如日光照射，则所有光线都相互平行。光线互相平行的投影法称为平行投影法，其投影称为平行投影，如图 2-1b、c 所示。

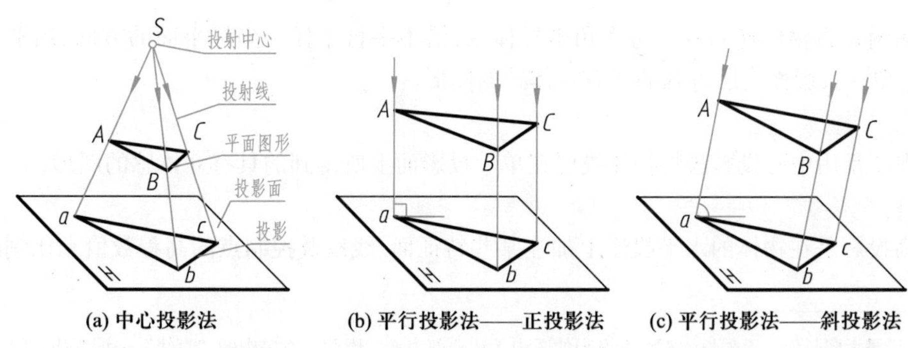

(a) 中心投影法　(b) 平行投影法——正投影法　(c) 平行投影法——斜投影法

图 2-1　投影法的分类

根据投射线与投影面所成角度的不同，平行投影法又分为正投影法和斜投影法。

正投影法是投射线与投影面相垂直的平行投影法，其投影为正投影，如图 2–1b 所示。

斜投影法是投射线与投影面相倾斜的平行投影法，其投影为斜投影，如图 2–1c 所示。

2.1.2　正投影法的基本性质

1. 实形性

当直线[①]或平面平行于投影面时，其投影反映实长或实形，这种投影特性称为实形性（真实性），如图 2–2a 所示。

2. 积聚性

当直线或平面垂直于投影面时，其投影积聚为点或线段，这种投影特性称为积聚性，如图 2–2b 所示。

3. 类似性

当直线或平面倾斜于投影面时，其投影变短或变小，但投影与原来形状相类似，这种投影特性称为类似性，如图 2–2c 所示。

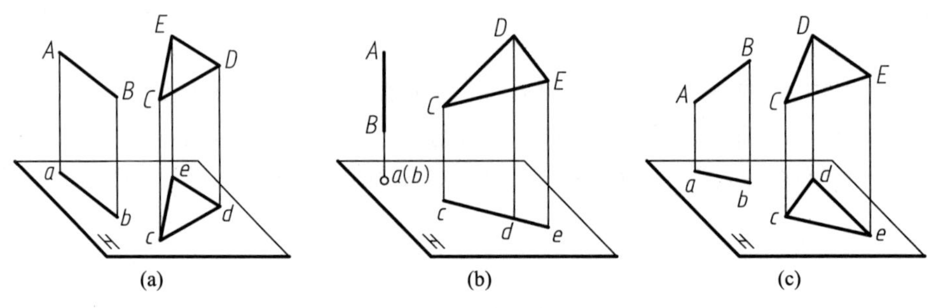

图 2–2　正投影的基本特性

2.1.3　工程上常用的投影图

工程上，常用的投影图有正投影图、轴测图、透视图和标高投影，见表 2–1。

1. 正投影图

正投影图是物体在互相垂直的两个或多个投影面上所得到的正投影。将投影面旋转展开到同一图面上，使该物体的各视图（正投影图）有规则地配置，并相互之间形成对应关系。

2. 轴测图

轴测图是将物体连同其参考直角坐标体系，沿不平行于任一坐标平面的方向，用平行投影法投射在单一投影面上所得到的具有立体感的图形。

3. 透视图

透视图是用中心投影法将物体投射在单一投影面上所得到的具有立体感的图形。

4. 标高投影

标高投影是在物体的水平投影上加注某些特征面、线以及控制点的高程数值和比例的单面

---

① 直线是无限长的，无限长的直线在有限的图中无法全部表示。因此，本书中的“直线”一词既指空间上无限长的直线，也指某一线段，具体所指由语境决定。

表 2-1 工程上常用的投影图

图样名称	特点	图例	应用
正投影图（多面）	优点:能准确表达物体形状和大小,且作图方便。 缺点:缺乏立体感,直观性较差,要运用正投影法对照几个投影才能想象出物体的形状		在工程上,正投影图是最常用的图样,如零件图、装配图
轴测图（单面）	优点:一个图形能同时反映物体的长、宽、高三个维度的形状,富有立体感。 缺点:不能反映物体各表面的实形,作图较复杂		在工程上,常把轴测图作为辅助图样,说明产品的结构和使用方法;在设计和测绘中,帮助进行空间构思和想象物体形状、空间结构和管路布局等,如正等测、斜二测
透视图（单面）	优点:透视投影符合人的视觉映象,自然、逼真。 缺点:作图复杂,度量性差		主要用于建筑设计、工业设计等方面,如绘制效果图或建筑物的外形
标高投影（单面）	优点:能解决物体高度方向的度量问题	50 40 30 50 40 30 50 40 30	主要用于地图以及土建工程图中,表示土木结构或地形

正投影。通常用物体的一系列等高线的水平投影表示。

机械工程上最常用的投影图是正投影图和轴测图,本书主要介绍用正投影法绘制正投影图和轴测图的画法。

2.2 点的投影

点是最基本的几何元素,空间的线、面及立体都是由点集合而成的。学习和掌握点的投影规律是掌握直线、平面及立体投影规律的基础。

2.2.1 点在三投影面体系中的投影

1. 三投影面体系的建立

由三个互相垂直的投影面构成三投影面体系，如图 2-3a 所示。其中水平投影面称为 H 面，正立投影面称为 V 面，侧立投影面称为 W 面，三个投影面的交线 OX、OY、OZ 称为投影轴，三个投影轴的交点 O 称为原点。

如图 2-3a 所示，三个投影面可将空间分成八个分角。我国《技术制图》国家标准规定优先采用第一角画法，必要时(如按合同规定等)才允许使用第三角画法。俄罗斯、英国、德国和法国等国家也采用第一角画法，而美国、日本、加拿大和澳大利亚等国家采用第三角画法。本书主要介绍第一角画法。

2. 点的三面投影

如图 2-3a 所示，将点 A 置于三投影面体系中，分别向三个投影面投射，得到的 H 面投影称为水平投影 a，V 面投影称为正面投影 a'，W 面投影称为侧面投影 a''。

空间点及其投影的标记规定：空间点用大写字母 A、B、C…表示；相应的，H 面投影用 a、b、c…表示，V 面投影用 a'、b'、c'…表示，W 面投影用 a''、b''、c''…表示。

为了使点的三个投影画在同一图面上，需将三个投影面展开成为一个平面。展开时，规定 V 面不动，H 面绕 OX 轴向下旋转 90°，W 面绕 OZ 轴向右后旋转 90°，使 H、V、W 三个投影面共面，如图 2-3b 所示。因为平面无限大，所以不画投影面边框，如图 2-3c 所示。

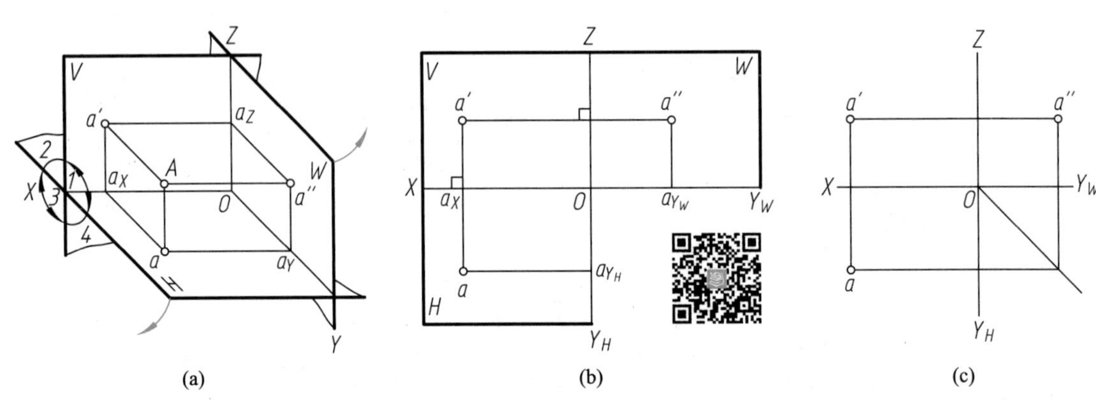

(a) (b) (c)

图 2-3 点在三投影面体系中的投影

3. 点的三面投影规律

表 2-2 列出了图 2-3 所示的点 A 在三投影面体系中的投影关系。

表 2-2 点 A 在三投影面体系中的投影关系

投影名称	两投影连线	投影的尺寸关系
H 面投影 a V 面投影 a' W 面投影 a''	$a'a \perp OX$; $a'a'' \perp OZ$; a 与 a'' 关系的辅助线：过点 O 作与水平线成 45° 的直线或作圆弧线	$a'a_Z = aa_Y$(= 点 A 到 W 面的距离) $a'a_X = a''a_Y$(= 点 A 到 H 面的距离) $a''a_Z = aa_X$(= 点 A 到 V 面的距离)

综上所述，点在三投影面体系中的投影规律如下：

(1) 点的正面投影和水平投影的连线垂直于 OX 轴，且共同反映空间点到 W 面的距离。

(2) 点的正面投影和侧面投影的连线垂直于 OZ 轴，且共同反映空间点到 H 面的距离。

(3) 点的水平投影到 OX 轴的距离等于其侧面投影到 OZ 轴的距离，且共同反映空间点到 V 面的距离。

4. 点的投影与坐标的关系

如果把三投影面体系看作空间直角坐标体系，把 H、V、W 面作为三个直角坐标平面，OX、OY、OZ 轴作为直角坐标轴，原点 O 作为坐标原点，则由图 2-3 可知点的投影与坐标的关系如下：

(1) 点 $A(x,y,z)$ 与其三面投影 a、a'、a'' 相对应：

① 由 x、y 两坐标确定 a；由 x、z 两坐标确定 a'；由 y、z 两坐标确定 a''。

② a 反映空间点的 x、y 坐标；a' 反映空间点的 x、z 坐标；a'' 反映空间点的 y、z 坐标。

(2) 点到 W、V、H 面的距离分别等于直角坐标值 x、y、z。

例 2-1 已知点 A 的坐标(5，15，10)，求作点 A 的三面投影图。

作图步骤(图 2-4)：

(1) 在 OX 轴上量取 Oa_X=5 得 a_X，过 a_X 作 OX 轴的垂线，如图 2-4a 所示。

(2) 量取 aa_X=15 得点 a，量取 $a'a_X$=10 得点 a'。由 a 和 a' 利用 45° 辅助线得点 a''，如图 2-4b 所示。图 2-4c 为点 A 的三面投影图。

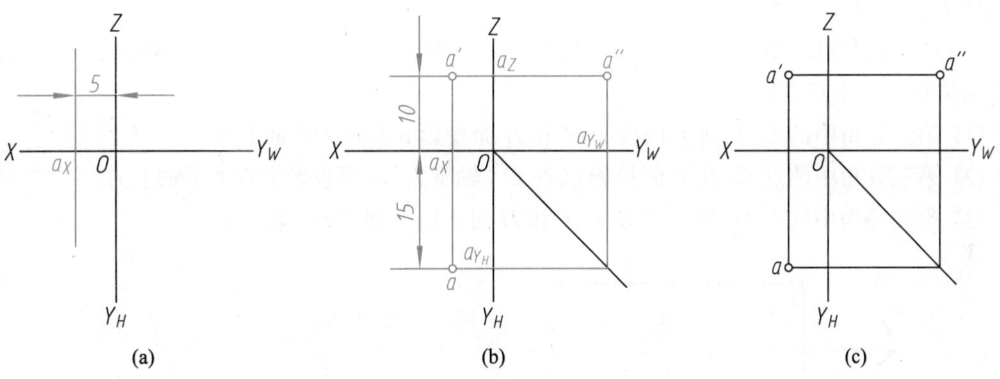

图 2-4 已知点的坐标作其三面投影图

5. 特殊位置点的投影

(1) 投影面上的点

如图 2-5 所示，点 A 在 H 面上，点 B 在 V 面上，点 C 在 W 面上。

空间点 A 在 H 面上，因此其 H 面投影 a 与点 A 重合，V 面投影 a' 在 OX 轴上，W 面投影 a'' 在 OY 轴上；空间点 B 在 V 面上，因此其 V 面投影 b' 与点 B 重合，H 面投影 b 在 OX 轴上，W 面投影 b'' 在 OZ 轴上；空间点 C 在 W 面上，因此其 W 面投影 c'' 与点 C 重合，H 面投影 c 在 OY 轴上，V 面投影 c' 在 OZ 轴上。

(2) 投影轴上的点

如图 2-5 所示，空间点 D 在 OX 轴上，因此 V 面投影 d'、H 面投影 d 与点 D 重合在 OX 轴上，W 面投影 d'' 与 O 点重合。

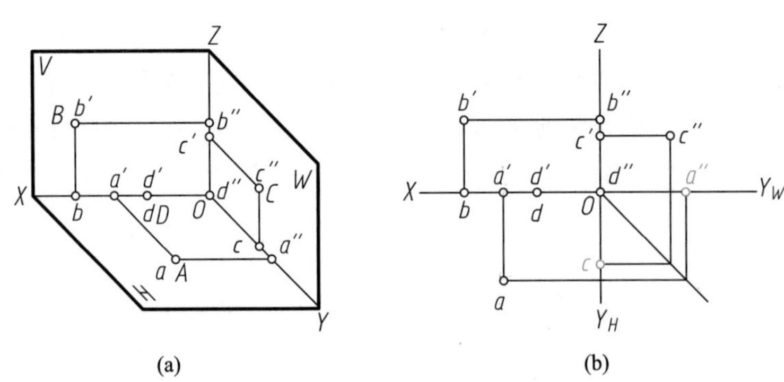

图 2-5 特殊位置点的三面投影

注意：特殊位置点的三面投影的标记也要分别标在规定的投影面上，且点的投影符合点的投影规律。如图 2-5b 所示的点 A 的 W 面投影 a'' 必须画在 W 面的 OY_W 轴上，并与 H 面投影 a 的 y 坐标相等。

6. 点在其他分角中的投影

如图 2-6a 所示，空间点 B、C、D 分别处于第二、三、四分角中，各点分别向相应的投影面投射，即可得到各点的正面投影和水平投影。

在作投影图时，投影面的展开规定不变，即 V 面不动，H 面按如图 2-6a 所示绕 OX 轴旋转 90°，使 H 面与 V 面重合。

各点的两面投影如图 2-6b 所示。显然这些点的投影完全符合点的投影规律，各点在投影图上的位置有如下特点：

(1) 第二分角中的点 B，其 V 面投影 b' 和 H 面投影 b 都在 OX 轴上方。

(2) 第三分角中的点 C，其 V 面投影 c' 在 OX 轴下方，H 面投影 c 在 OX 轴上方。

(3) 第四分角中的点 D，其 V 面投影 d' 和 H 面投影 d 都在 OX 轴下方。

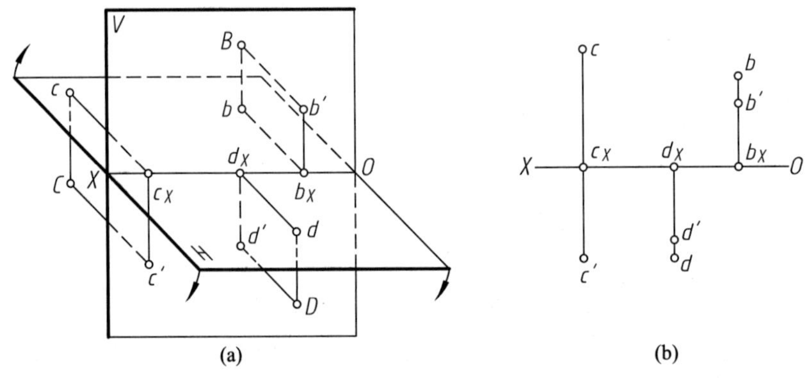

图 2-6 点在其他分角中的投影

2.2.2 两点的相对位置及重影点

1. 两点相对位置的确定

空间两点的上下、左右、前后的相对位置可由两点在投影图中的同面投影（即坐标关系）来判断。

判断方法：x 坐标大者在左，y 坐标大者在前，z 坐标大者在上。

如图 2-7 所示的空间点 A 和点 B，其中 $x_A<x_B$、$y_A<y_B$、$z_A>z_B$，因此由其三面投影或两面投影可以判断出点 A 在点 B 的右、后、上方。

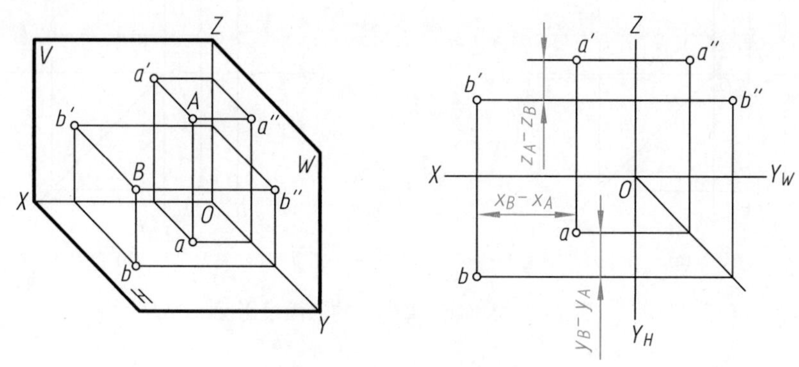

图 2-7 两点的相对位置

2. 重影点

特殊情况下，当两点位于对某投影面的同一条投射线上时，这两点在该投影面上的投影重合为一点，则称这两点为对该投影面的重影点。显然，重影点有两个坐标值对应相等，如图 2-8 所示，A、B 两点的 x 和 y 坐标值相同，则它们的水平投影重合。同理，C、D 两点的正面投影重合。

判别重影点可见性的方法是：比较两点不相同的那个坐标，其中坐标值大的可见，即上遮下、左遮右、前遮后(对不可见点的投影加括号表示)，如图 2-8 所示的重影点标记为 $a(b)$ 和 $c'(d')$。

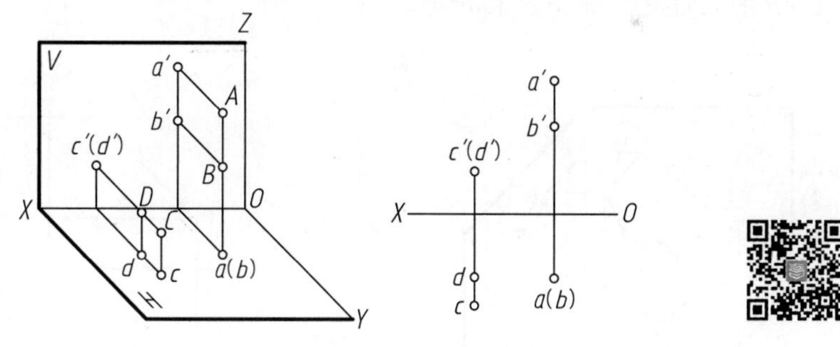

图 2-8 重影点及其可见性

例 2-2 已知点 $A(5,15,10)$、点 B 距 H、V、W 面分别为 10 mm、15 mm、10 mm，点 C 在点 A 正下方 5 mm，求作点 A、B、C 的三面投影图。

作图步骤：

(1) 在 OX 轴上量取 $Oa_X=5$ 得 a_X，过 a_X 作 OX 轴的垂线，量取 $a'a_X=10$ 得点 a'，量取 $aa_X=15$ 得点 a。由 a 和 a' 利用 45° 辅助线得点 a''，完成点 A 的三面投影图，如图 2-9a 所示。

(2) 根据已知条件，可知其余两点坐标应为 $B(10,15,10)$、$C(5,15,5)$，作出两点的三面投影图。

(3) 对重影点判别可见性,完成作图,如图 2-9b 所示。

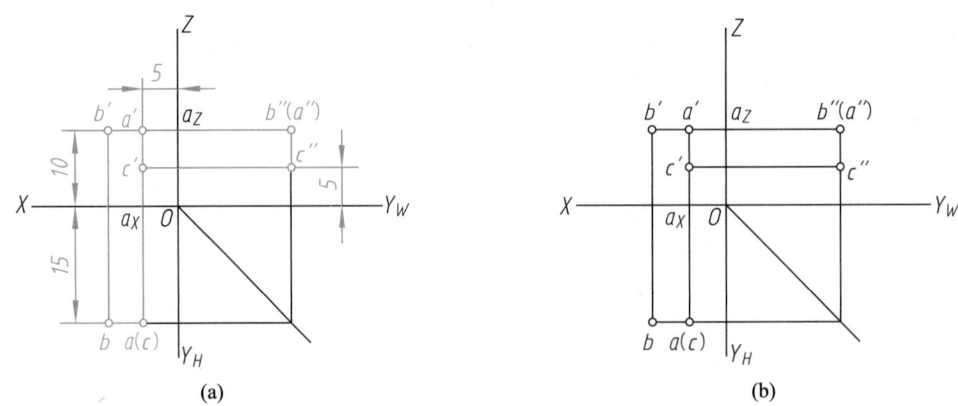

图 2-9 求作点 *A*、*B*、*C* 的三面投影图

2.3 直线的投影

任意两点间的连线确定一条直线。在熟练地掌握点的投影规律基础上,要进一步掌握各种位置直线的投影规律以及点与直线、直线与直线的相对位置在投影图上的特征。

2.3.1 直线的三面投影图

直线的投影一般仍为直线,且两点确定一条直线。因此,可以作出直线上两点的三面投影,并连接两点的同面投影,即得到直线的投影。如图 2-10 所示,作 *A*、*B* 两点的同面投影并连线,即得直线 *AB* 的三面投影 *ab*、*a′b′* 和 *a″b″*。

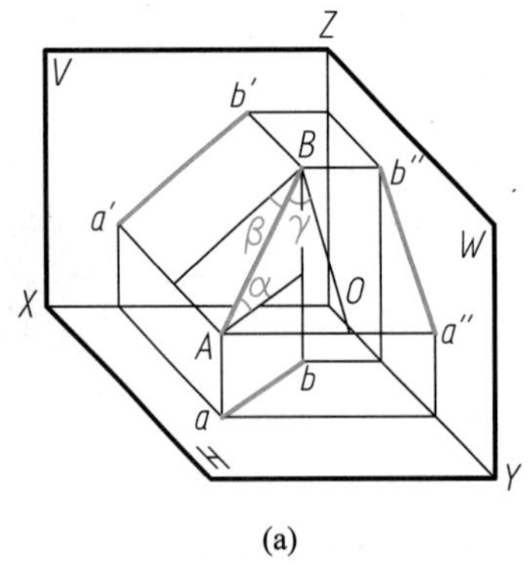

(a)

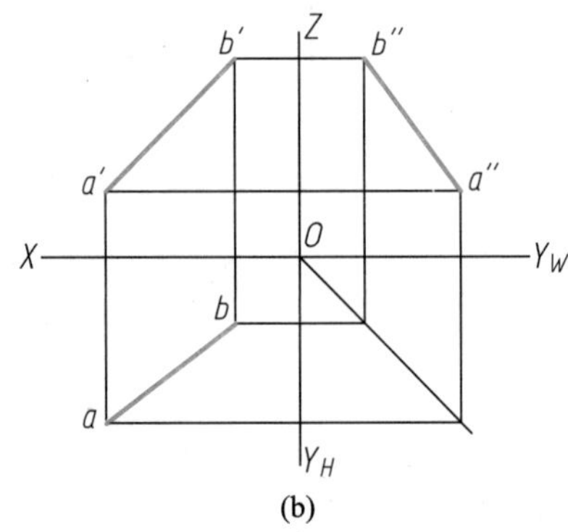

(b)

图 2-10 直线的三面投影

2.3.2 直线与投影面的相对位置及投影特性

根据直线相对于投影面的位置,可以将直线分为三种:投影面平行线、投影面垂直线和投影面倾斜线(一般位置直线)。其中投影面平行线和投影面垂直线统称特殊位置直线。

直线对 H、V、W 面的倾角分别用 α、β、γ 表示。

1. 投影面平行线

平行于一个投影面，与其他两个投影面倾斜的直线，称为投影面平行线。

表 2-3 列出了正平线、水平线、侧平线的立体图、投影图及投影特性。

表 2-3　投影面平行线

名称	正平线（//V 面，倾斜于 H 面及 W 面）	水平线（//H 面，倾斜于 V 面及 W 面）	侧平线（//W 面，倾斜于 H 面及 V 面）
立体图	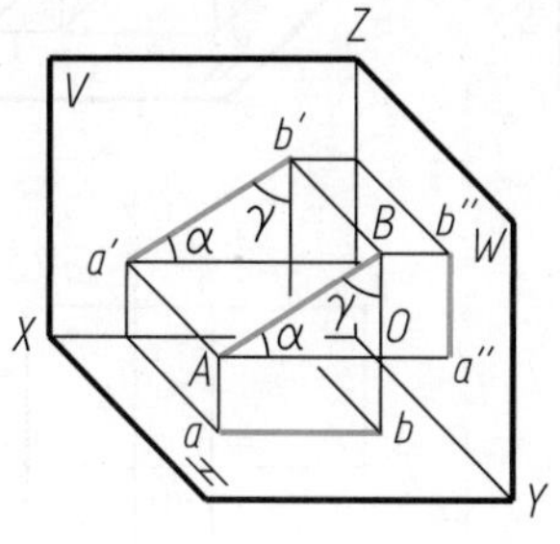	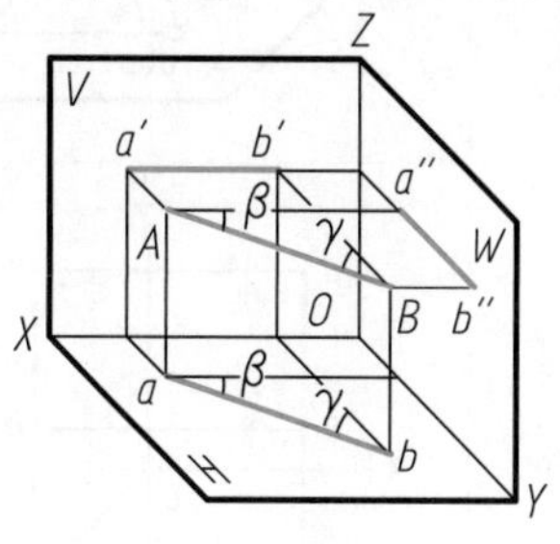	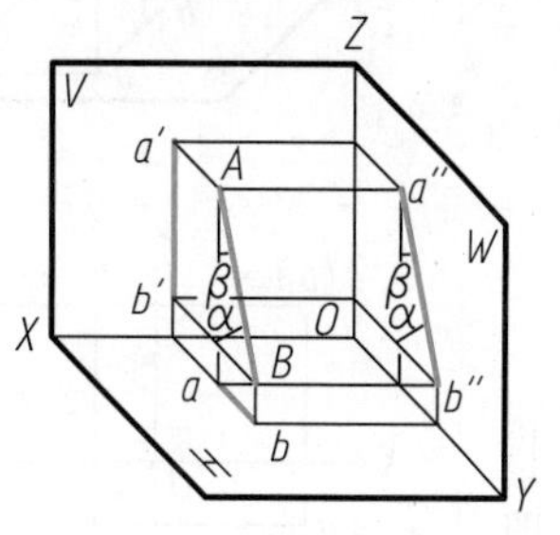
投影图	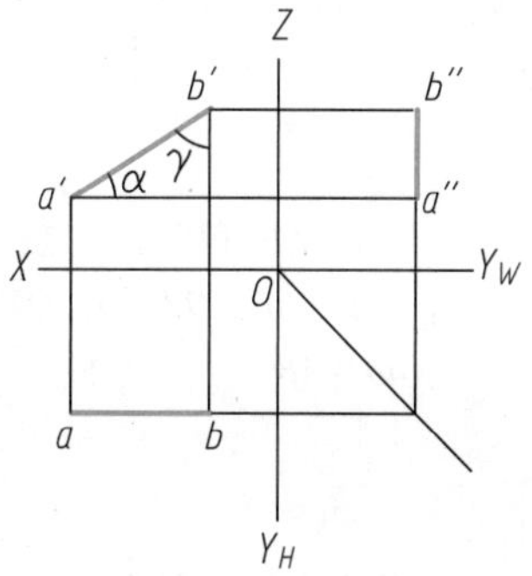	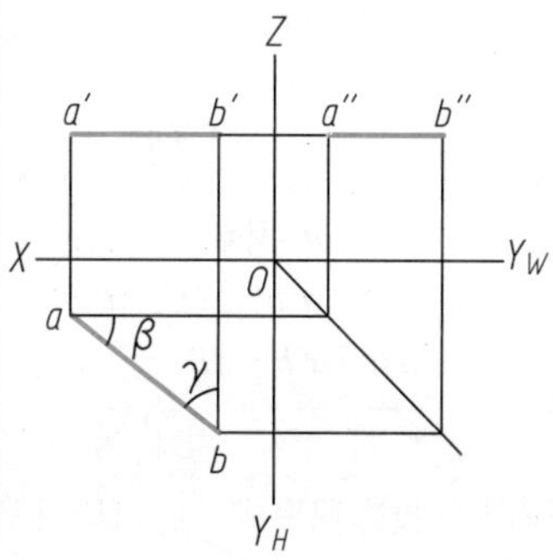	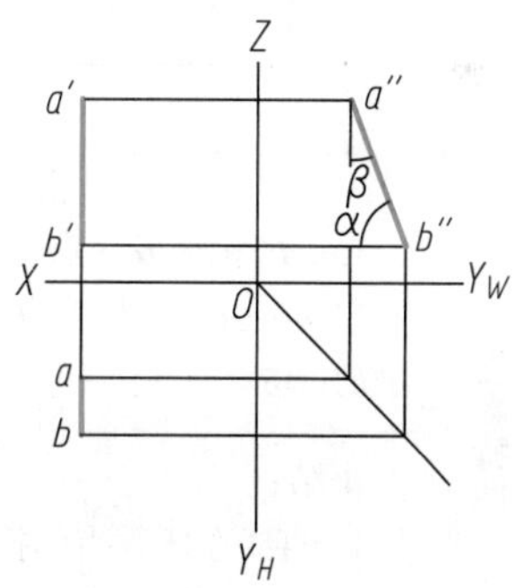
投影特性	1. $a'b'=AB$，反映 α、γ； 2. ab // OX，$a''b''$ // OZ	1. $ab=AB$，反映 β、γ； 2. $a'b'$ // OX，$a''b''$ // OY_W	1. $a''b''=AB$，反映 α、β； 2. $a'b'$ // OZ，ab // OY_H
	小结： 1. 直线在所平行的投影面上的投影，反映其实长和对其他两个投影面的倾角（具有实形性）； 2. 直线在其他两个投影面上的投影分别平行于相应的投影轴，且小于实长（具有类似性）		

2. 投影面垂直线

垂直于一个投影面，与其他两个投影面平行的直线，称为投影面垂直线。

表 2-4 列出了正垂线、铅垂线和侧垂线的立体图、投影图及投影特性。

3. 投影面倾斜线（一般位置直线）

与三投影面既不平行也不垂直而是倾斜的直线，称为一般位置直线。如图 2-10 所示，直线 AB 为一般位置直线。

一般位置直线的投影特性：

①三面投影都倾斜于投影轴；②投影长度都小于直线实长；③投影与投影轴的夹角，不反映直线对投影面的倾角。

表 2–4 投影面垂直线

名称	正垂线（$\perp V$ 面）	铅垂线（$\perp H$ 面）	侧垂线（$\perp W$ 面）
立体图			
投影图			
投影特性	1. $a'b'$ 积聚成一点； 2. $ab \perp OX, a''b'' \perp OZ, ab = a''b''=AB$	1. ab 积聚成一点： 2. $a'b' \perp OX, a''b'' \perp OY_W$, $a'b'= a''b''=AB$	1. $a''b''$ 积聚成一点； 2. $a'b' \perp OZ, ab \perp OY_H, a'b'= ab = AB$
	小结： 1. 直线在所垂直的投影面上的投影积聚成一点（具有积聚性）； 2. 直线在其他两个投影面上的投影分别垂直于相应的投影轴，且反映其实长（具有实形性）		

2.3.3 直线上点的投影

如图 2–11 所示，点 C 在直线 AB 上，由点 C 向 V 面所作的投射线 Cc' 在 $ABb'a'$ 平面上，其与 V 面的交点 c' 必在 $ABb'a'$ 平面与 V 面的交线上，即点 C 的正面投影 c' 在直线 AB 的正面投影 $a'b'$ 上。点 C 的水平投影 c 在 ab 上，点 C 的侧面投影 c'' 在 $a''b''$ 上。

由于投射线 $Aa' /\!/ Cc' /\!/ Bb'$，$Aa /\!/ Cc /\!/ Bb$，$Aa'' /\!/ Cc'' /\!/ Bb''$，所以 $AC : CB=ac : cb=a'c' : c'b'=a''c'' : c''b''$。

由此可知，直线上的点投影有以下两特性：

1. 从属性

点在直线上，则点的各个投影必定在该直线的同面投影上；反之，若点的各个投影在直线的同面投

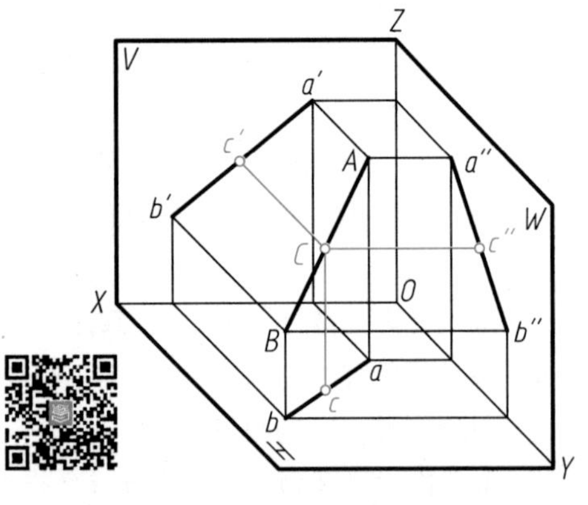

图 2–11 直线上点的投影

影上，则该点一定在直线上。

2. 定比性

点分割线段成定比，则分割线段的各个同面投影长度之比等于其线段长度之比。

利用上述性质，可以在直线上求点或判断点是否在直线上。

例 2-3 如图 2-12a 所示，已知侧平线 AB 的两投影和直线上点 S 的正面投影 s'，求点 S 的水平投影 s。

方法一：利用从属性

分析：AB 是侧平线，因此不能由图 2-12a 所示的两面投影直接作出水平投影 s。利用点在直线上的投影特性的从属性，先作出点 S 的侧面投影 s''，然后即可作出水平投影 s。

作图步骤：

(1) 如图 2-12b 所示，作出 AB 的侧面投影 $a''b''$，由点 s' 直接作出点 s''。

(2) 由点 s'' 在 ab 上作出点 s。

方法二：利用定比性

分析：如图 2-12c 所示。根据点在直线上的投影特性的定比性，有 $a's' : s'b'=as : sb$。

作图步骤：过点 a 作任一辅助线，在该线上量取 $as_0=a's'$，$s_0b_0=s'b'$，连接 b_0b，作 $s_0s // b_0b$ 交 ab 于点 s，即为所求的水平投影 s。

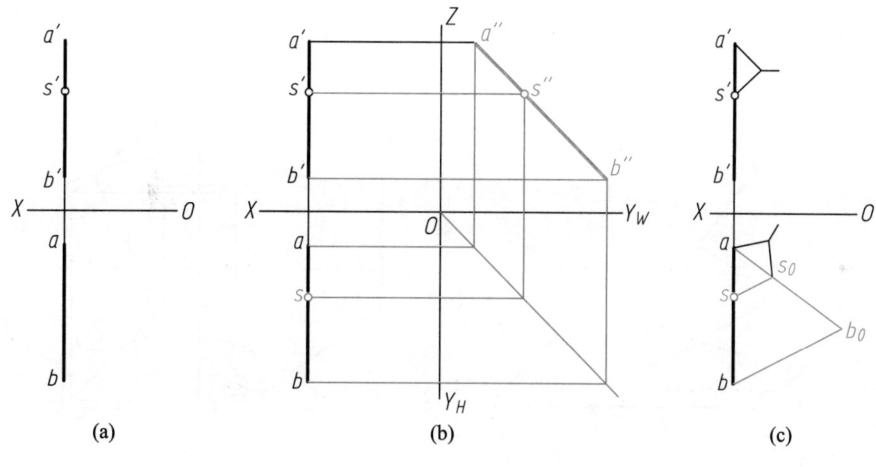

图 2-12 求直线上点的投影

2.3.4 两直线的相对位置

空间两直线的相对位置有三种情况：平行、相交（含垂直相交）和交叉（含垂直交叉）。平行、相交的两直线又称同面直线，交叉的两直线又称异面直线。

1. 平行两直线

平行两直线的投影特性：若空间两直线互相平行，则其各组同面投影必平行。如图 2-13 所示，若 $AB // CD$，则 $ab // cd$，$a'b' // c'd'$，$a''b'' // c''d''$。反之，若两直线的各组同面投影都互相平行，则空间两直线必平行。非投影面平行线只要两面投影平行，就可断定其空间平行，如图 2-13 所示。但投影面平行线有时两面投影平行还不能断定其是否空间平行，还要看第三面投影才能判断，如图 2-16a 所示。

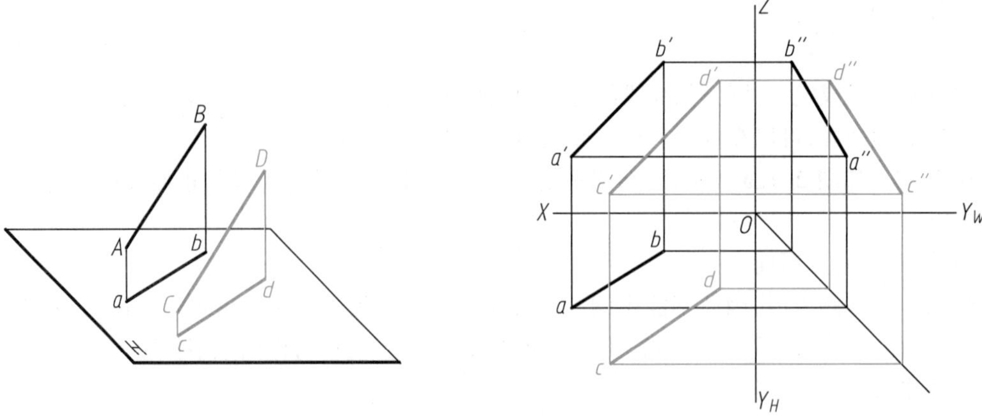

图 2–13 平行两直线

2. 相交两直线

相交两直线的投影特性：若空间两直线相交，则它们的各同面投影也一定相交，且交点符合点的投影规律。反之，若两直线的各同面投影相交，且交点符合点的投影规律，则空间两直线一定相交。相交两直线如图 2–14 所示。

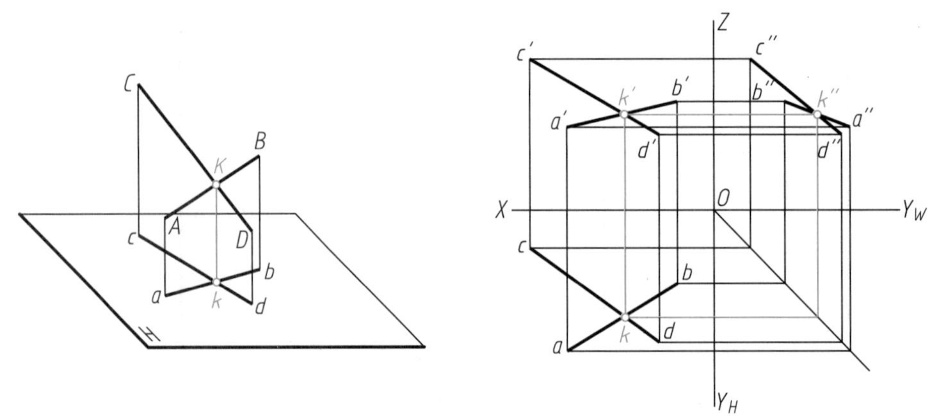

图 2–14 相交两直线

3. 交叉两直线

若空间两直线既不平行也不相交，则为交叉两直线。如图 2–15 所示，*AB* 与 *CD* 即为空间交叉两直线。

由于交叉两直线在空间既不相交也不平行，所以有三种情况：① 它们的同面投影有两对相交，另外一对平行，如图 2–15b 所示；② 它们的同面投影有一对相交，另外两对平行，如图 2–16a 所示；③ 三对同面投影都相交，但交点不符合点的投影规律，如图 2–16b 所示。

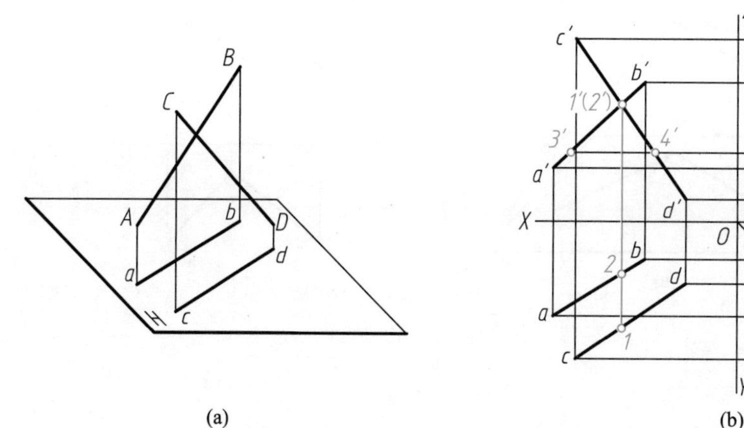

图 2–15 交叉两直线(一)

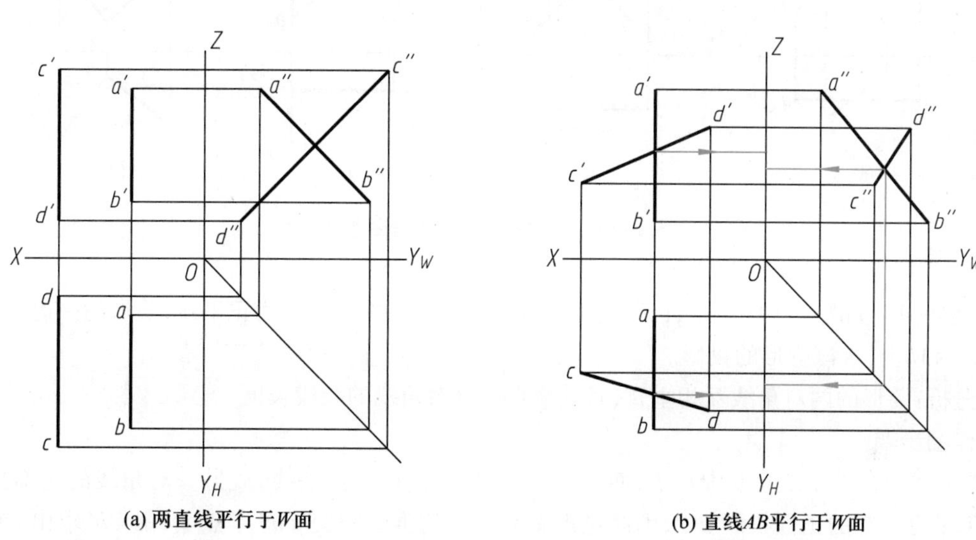

图 2–16 交叉两直线(二)

2.3.5 直角投影定理

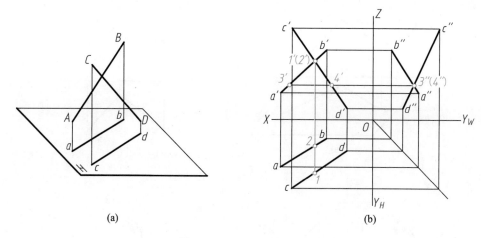

若两直线互相垂直(相交或交叉),且其中有一直线平行于某个投影面,则两直线在该投影面上的投影互相垂直。此投影特性称为直角投影定理。

证明:如图 2–17a 所示,设相交两直线 $AB \perp BC$,且 $AB /\!/ H$ 面,BC 不平行于 H 面。显然,$AB \perp$ 平面 $BbcC$(因 $AB \perp Bb$,$AB \perp BC$)。又由于 $AB /\!/ ab$,所以 $ab \perp$ 平面 $BbcC$,由此得出 $ab \perp bc$,即 $\angle abc = \angle ABC = 90°$。(交叉垂直情况的证明略。)

反之,若相交或交叉的两直线在某个投影面上的投影互相垂直,且其中有一直线平行于该投影面,则空间两直线一定垂直。

根据上述定理,不难判断图 2–18a 所示的两直线是垂直相交的,图 2–18b 所示的两直线是垂直交叉的,而图 2–18c 和图 2–18d 所示的两直线则不垂直。

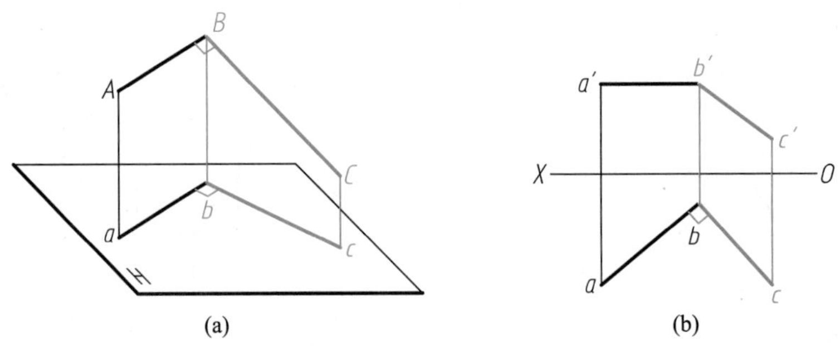

(a)　(b)

图 2–17　空间两直线相交垂直

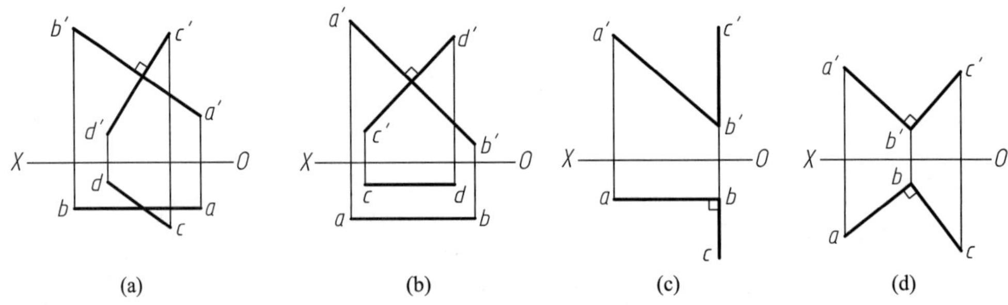

(a)　(b)　(c)　(d)

图 2–18　判断空间两直线是否垂直

例 2–4　如图 2–19a 所示，已知菱形 *ABCD* 的一条对角线 *AC* 为正平线，菱形的一边 *AB* 位于直线 *AM* 上，求该菱形的投影。

分析：菱形的两对角线互相垂直，且其交点平分对角线的线段长度。

作图步骤：

(1) 在对角线 *AC* 上取中点 *K*，使 *a′k′*=*k′c′*，*ak*=*kc*；*AC* 为正平线，故另一对角线的正面投影必定垂直于 *AC* 的正面投影 *a′c′*，因此过点 *k′* 作 *a′c′* 的垂线并交 *a′m′* 于点 *b′*，由 *k′b′* 求出 *kb*，如图 2–19b 所示。

(2) 在对角线 *KB* 的延长线上取一点 *D*，使 *KD*=*KB*，即 *k′d′*= *k′b′*，*kd*= *kb*，则 *b′d′* 和 *bd* 为另一对角线的投影，连接同面投影各点即得菱形 *ABCD* 的投影，如图 2–19c 所示。

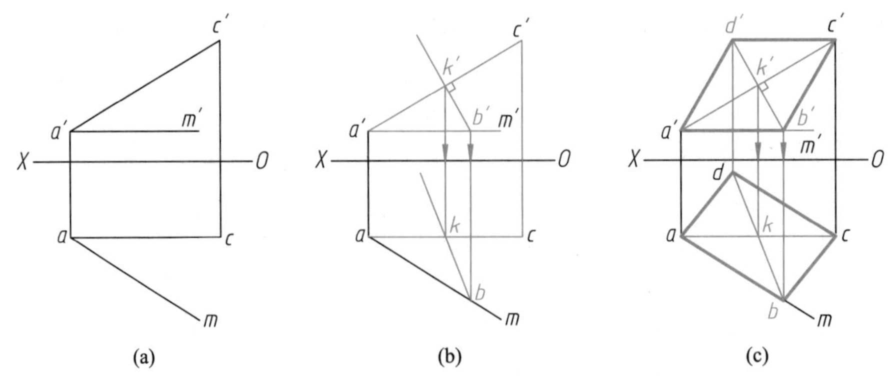

(a)　(b)　(c)

图 2–19　求菱形 *ABCD* 的投影

2.4 平面的投影

在掌握点和直线投影的基础上，本节介绍在投影图上表示平面，各种位置平面的投影特性以及在平面上求点、直线的作图方法。

2.4.1 用几何元素表示平面的方法

不在同一直线的三点可确定一平面。因此，平面可以用下列任何一组几何元素的投影来表示：

(1) 不在同一直线上的三个点，如图 2–20a 所示；

(2) 一直线和直线外一点，如图 2–20b 所示；

(3) 相交两直线，如图 2–20c 所示；

(4) 平行两直线，如图 2–20d 所示；

(5) 任意平面图形，如图 2–20e 所示。

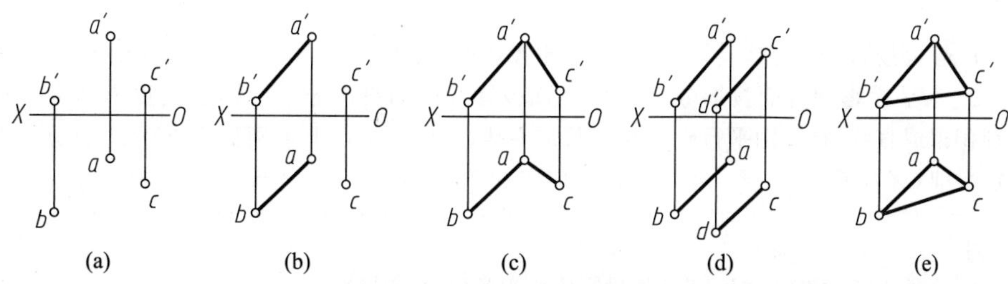

图 2–20 用几何元素表示平面

2.4.2 平面与投影面的相对位置及投影特性

按平面相对于投影面的位置，可将平面分为三种：投影面平行面、投影面垂直面和投影面倾斜面（一般位置平面）。其中投影面平行面和投影面垂直面统称特殊位置平面。

平面对 H、V、W 面的倾角分别用 α、β、γ 表示。

平面与投影面的相对位置不同，其投影特性也不一样。

1. 投影面平行面

平行于一个投影面，与其他两个投影面垂直的平面，称为投影面平行面。表 2–5 列出了正平面、水平面和侧平面的立体图、投影图和投影特性。

2. 投影面垂直面

垂直于一个投影面，与其他两个投影面倾斜的平面，统称为投影面垂直面。表 2–6 列出了正垂面、铅垂面和侧垂面的立体图、投影图和投影特性。

表 2–5　投影面平行面

名称	正平面 （//*V* 面）	水平面 （//*H* 面）	侧平面 （//*W* 面）
立体图	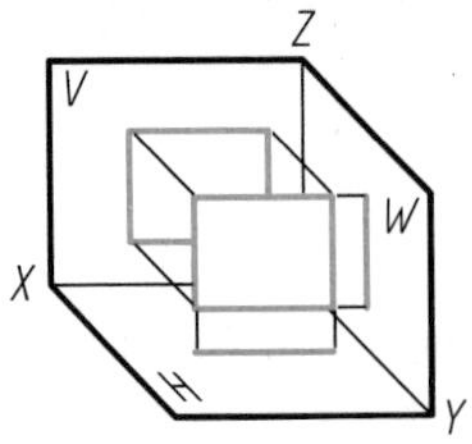	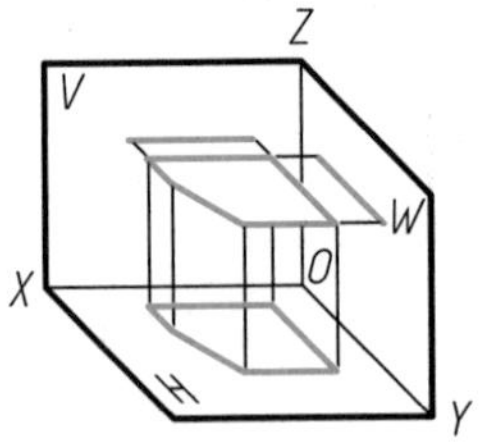	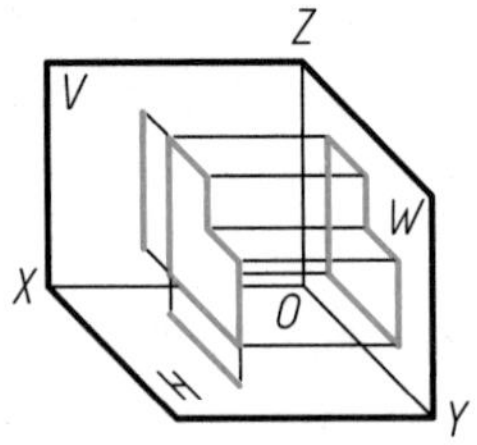
投影图	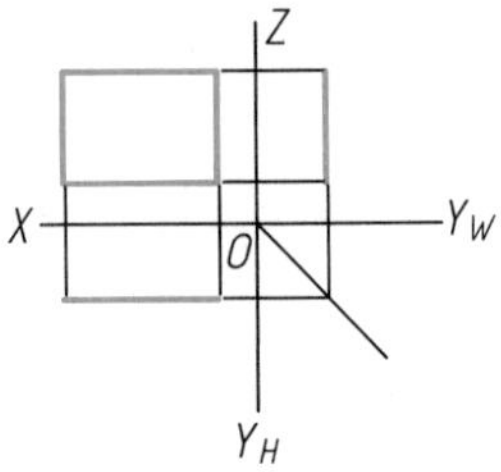	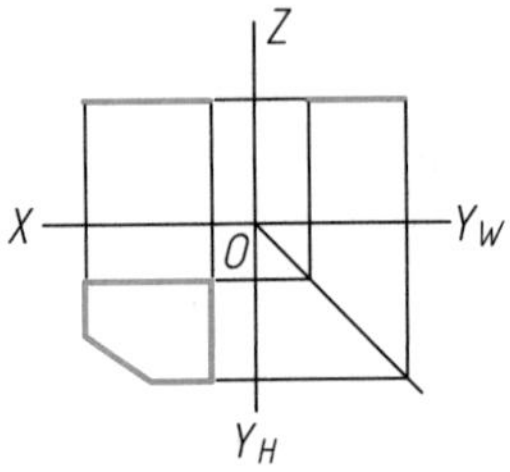	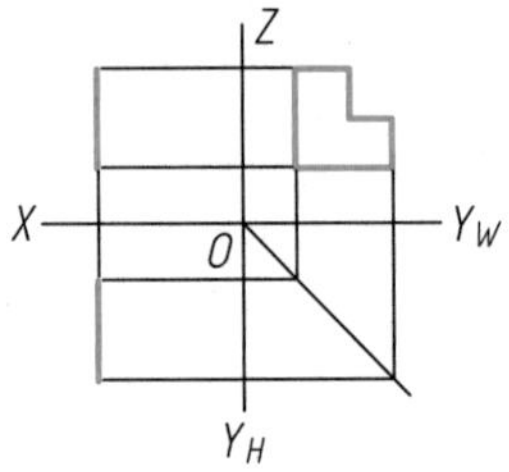
投影特性	1. 正面投影反映实形； 2. 水平投影和侧面投影分别积聚成直线，且分别平行于投影轴 *OX* 和 *OZ*	1. 水平投影反映实形； 2. 正面投影和侧面投影分别积聚成直线，且分别平行于投影轴 *OX* 和 OY_W	1. 侧面投影反映实形； 2. 正面投影和水平投影分别积聚成直线，且分别平行于投影轴 *OZ* 和 OY_H
	小结： 1. 在所平行的投影面上，平面的投影反映实形（具有实形性）； 2. 在其他两个投影面上，平面的投影积聚成直线（具有积聚性）且平行于相应的投影轴		

表 2–6　投影面垂直面

名称	正垂面 （⊥*V* 面，倾斜于 *H* 面及 *W* 面）	铅垂面 （⊥*H* 面，倾斜于 *V* 面及 *W* 面）	侧垂面 （⊥*W* 面，倾斜于 *H* 面及 *V* 面）
立体图	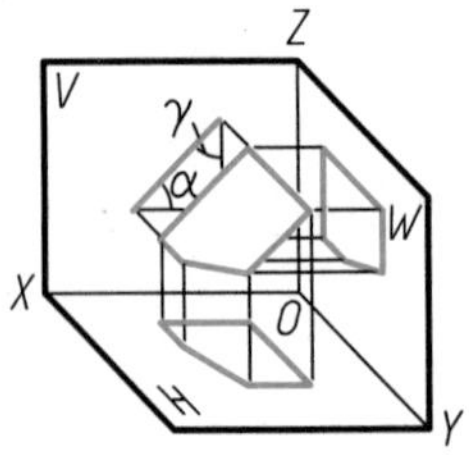	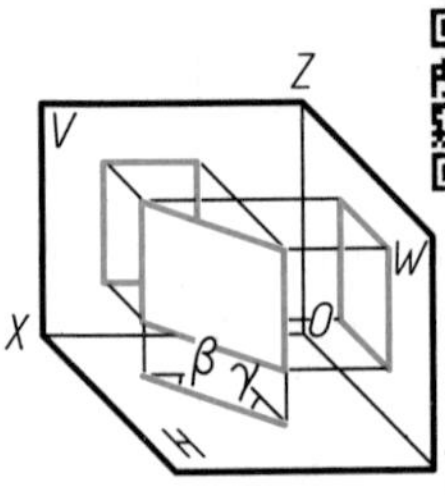	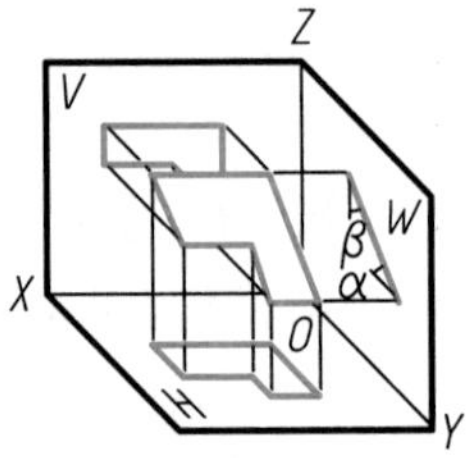

续表

名称	正垂面 （⊥V 面，倾斜于 H 面及 W 面）	铅垂面 （⊥H 面，倾斜于 V 面及 W 面）	侧垂面 （⊥W 面，倾斜于 H 面及 V 面）
投影图			
投影特性	1. 正面投影积聚成直线，并反映真实倾角 α、γ； 2. 水平投影和侧面投影为原图形的类似形	1. 水平投影积聚成直线，并反映真实倾角 β、γ； 2. 正面投影和侧面投影为原图形的类似形	1. 侧面投影积聚成直线，并反映真实倾角 α、β； 2. 正面投影和水平投影为原图形的类似形
	小结： 1. 平面在所垂直的投影面上的投影积聚成倾斜于投影轴的直线（具有积聚性），并反映该平面对其他两个投影面的倾角； 2. 平面的其他两个投影都是小于原图形的类似形（具有类似性）		

3. 投影面倾斜面（一般位置平面）

与三投影面既不平行也不垂直而是倾斜的平面，称为一般位置平面。

如图 2-21 所示，△ABC 即为空间的一般位置平面。投影面倾斜面的投影特性：三个投影均为小于实形的类似形，且不直接反映 α、β、γ。

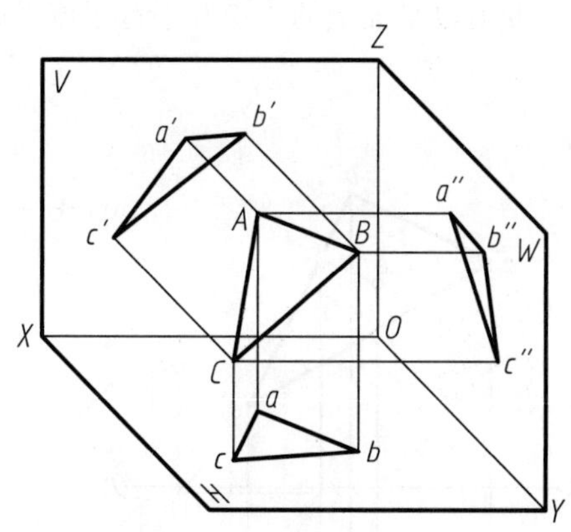

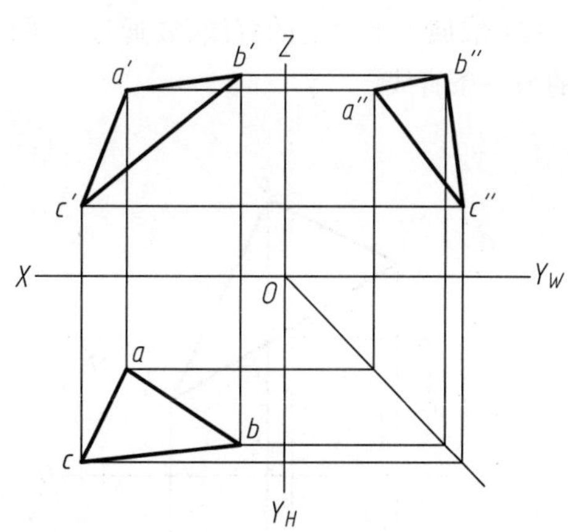

图 2-21 一般位置平面

2.4.3 平面上的点和直线

1. 点和直线在平面上的几何条件

（1）平面上的点，一定在该平面上的一条直线上。如图 2-22a 所示，点 M、N 和 K 均在平面

△*ABC* 上。

(2) 平面上的直线，必定通过该平面上的两个点，或者通过平面上的一点且平行于这个平面上的另一条直线。前者如图 2-22a 所示，直线 *MN* 在平面△*ABC* 上；后者如图 2-22b 所示，直线 *ML* 在平面△*ABC* 上。

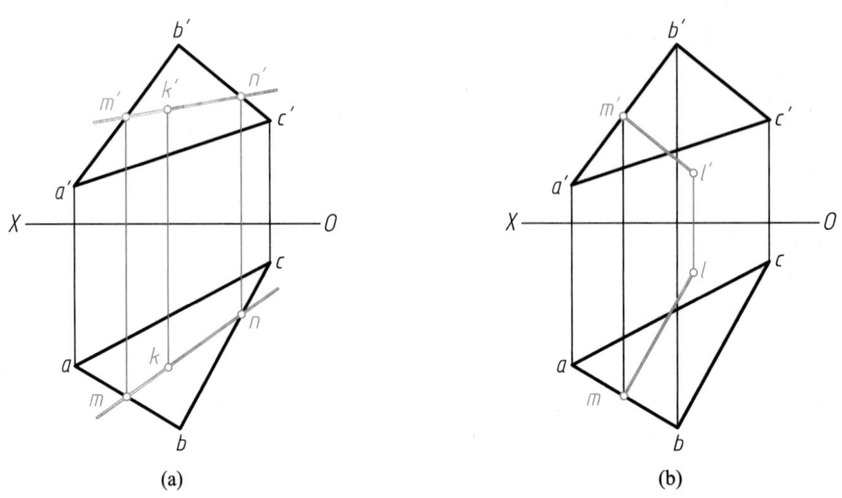

图 2-22 平面上的点和直线

例 2-5 如图 2-23a 所示，已知平面△*ABC*：①判别点 *E* 是否在平面上；②已知平面上点 *F* 的正面投影 *f*′，作出其水平投影 *f*。

分析：

(1) 判别点是否在平面上以及在平面上取点，必须在平面上取直线，即"取点先取线"；

(2) 取属于平面上的直线，要通过该平面上的两个点，或通过平面上的一点并平行于该平面上的另一条直线。

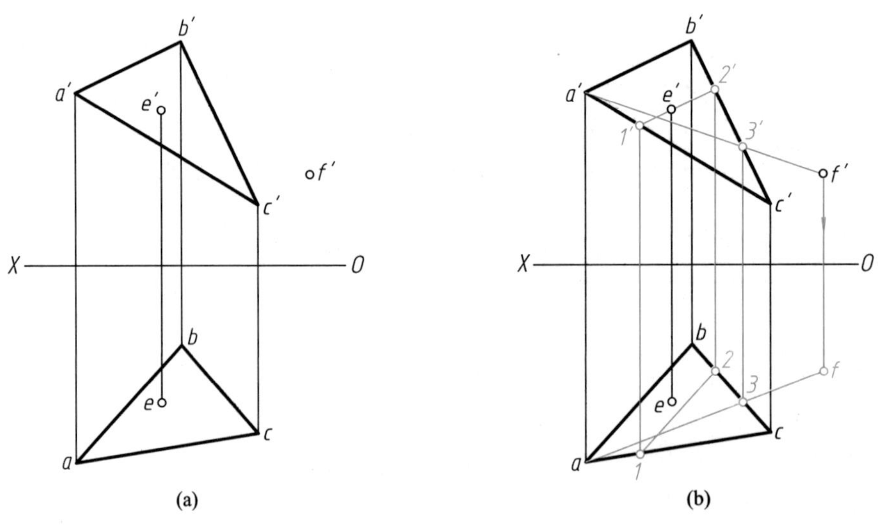

图 2-23 判定点是否在平面上和求平面上点的投影

作图步骤(图 2-23b):

(1) 过点 *e′* 作 *1′2′*∥*a′b′*;

(2) 由 *1′2′* 作出其水平投影 *12*,点 *e* 不在 *12* 上,即可判断点 *E* 不在平面上;

(3) 过点 *f′* 作直线 *AF* 的正面投影 *a′f′*,交 *b′c′* 于点 *3′*,再求出水平投影 *a3*,过点 *f′* 作 *OX* 轴的垂线与 *a3* 的延长线相交,即求得点 *F* 的水平投影 *f*。

例 2-6 补全五边形 *ABCDE* 的正面投影。

分析:五边形 *ABCDE* 是一平面,其对角线 *AC* 和 *BD* 是该平面内的一对相交直线。

作图步骤(图 2-24b):

(1) 连接 *ac*、*bd* 和 *be*,得交点 *1* 和 *2*;

(2) 分别由点 *1*、*2* 作 *OX* 轴的垂线,并与 *a′c′* 相交于点 *1′*、*2′*;

(3) 连接 *b′1′* 和 *b′2′* 并延长,分别与过点 *d* 向 *OX* 轴所作的垂线相交于点 *d′*,与过点 *e* 向 *OX* 轴所作的垂线相交于点 *e′*;

(4) 连接 *c′d′e′a′* 完成作图。

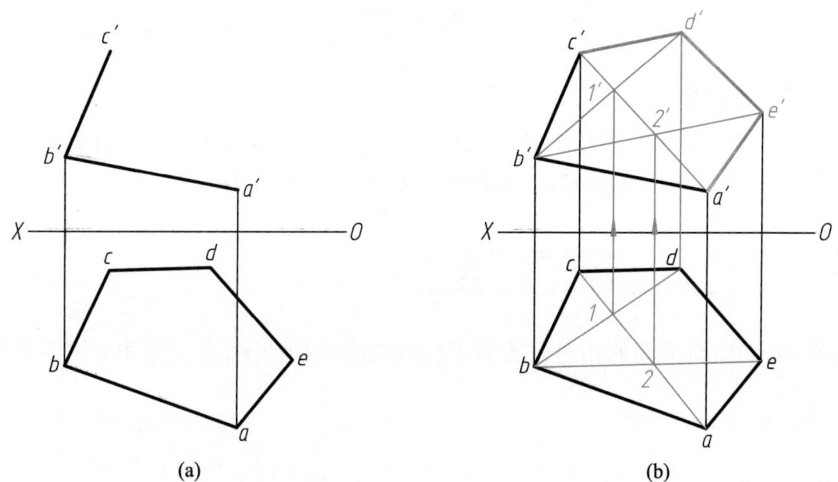

图 2-24 补全五边形 *ABCDE* 的投影

2. 平面上的投影面平行线

在平面上可以作任意直线,为便于解题,常需作平面上的投影面平行线。

在平面上作投影面平行线,须符合两个条件:一是投影面平行线的投影特性,二是直线在平面上的几何条件。

例 2-7 如图 2-25a 所示,已知平面△*ABC*,求作属于平面的点 *K*,使点 *K* 到 *H* 面、*V* 面的距离分别为 12 mm 和 10 mm。

分析:

(1) 若点属于已知平面,且到 *H*、*V* 面为定距离,则点的轨迹分别为已知平面上的水平线和正平线,两条直线的交点即为所求的点;

(2) 在平面上作投影面平行线时,应先作出平行于投影轴的那个投影,再作出其他投影。

作图步骤:

(1) 在 *OX* 轴上方 12 mm 作直线 *1′2′*∥*OX* 轴,分别交 *a′b′* 于点 *1′*,交 *b′c′* 于点 *2′*;再由正面

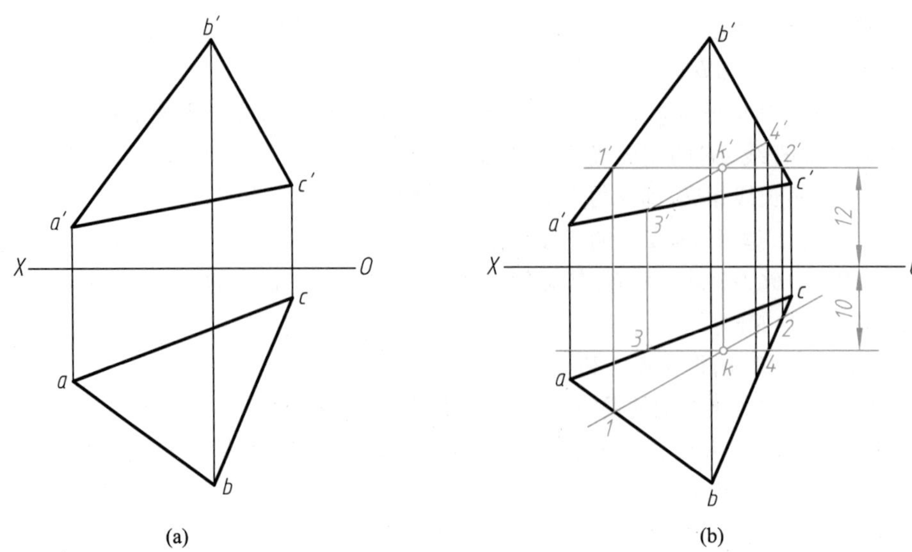

图 2-25　平面上的投影面平行线

投影 *1′2′* 作出其水平投影 *12*。

(2) 在 *OX* 轴下方 10 mm 作直线 *34*∥*OX* 轴，得到与直线 *12* 的交点 *k*，过 *k* 作 *OX* 轴的垂线与 *1′2′* 交于点 *k′*，*k* 和 *k′* 即所求点 *K* 的两面投影，如图 2-25b 所示。

2.5　直线与平面及两平面的相对位置

直线与平面、平面与平面的相对位置有平行和相交两种情况，垂直是相交的特殊情况。

2.5.1　平行问题

1. 直线与平面平行

几何条件：若一直线与平面上的任意一直线平行，则此直线与该平面平行。反之，若平面上不存在与此直线平行的直线，则直线与平面不平行。

当平面垂直于某一投影面时，如果其积聚投影与直线的同面投影平行，则直线平行于该平面。如图 2-26 所示，*ab*∥直线 *p*，则直线 *AB* 与平面 *P* 平行。

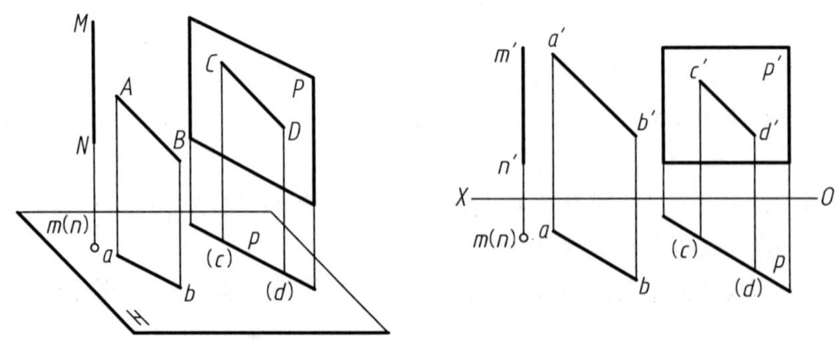

图 2-26　直线与平面平行

当直线和平面同时垂直于某一投影面时，直线平行于该平面。如图 2–26 所示，直线 *MN* 和平面 *P* 都垂直于 *H* 面，直线 *MN* 与平面 *P* 平行。

例 2–8 如图 2–27 所示，过已知点 *K* 作一水平线 *KM* 平行于平面△*ABC*。

分析：

(1) 如果水平线 *KM* 平行于平面△*ABC*，则 *KM* 必平行于△*ABC* 内的水平线；

(2) △*ABC* 内的水平线有无数条，但其方向是确定的，因此过点 *K* 作平行于△*ABC* 的水平线也是唯一的；

(3) 在△*ABC* 内任作一条水平线 *AD*，再过点 *K* 作直线 *KM* 平行于直线 *AD* 即可。

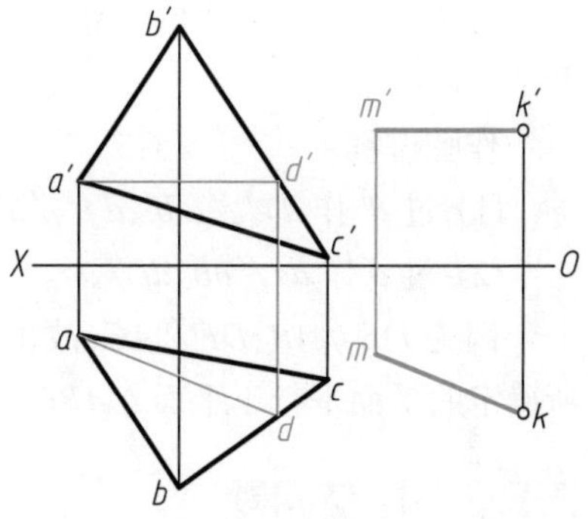

图 2–27 过点 *K* 作水平线平行于平面△*ABC*

作图步骤：

(1) 先作出水平线 *AD* 的正面投影 *a'd'*，再作出其水平投影 *ad*；

(2) 作 *km*∥*ad*，*k'm'*∥*a'd'*，则直线 *KM* 为一水平线且平行于已知平面△*ABC*。

2. 平面与平面平行

几何条件：若一平面上两相交直线对应地平行于另一平面上的两相交直线，则这两平面互相平行。如图 2–28 所示，因为 *AB*∥*DE*、*BC*∥*EF*，故平面 *P* 与平面 *Q* 平行。

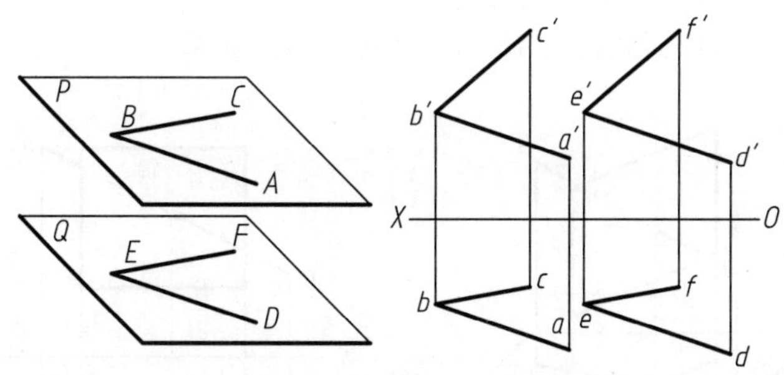

图 2–28 两平面平行

当两平面为同一投影面的垂直面时，若其在该投影面上的积聚性投影平行，则这两平面平行。图 2–29 表示两铅垂面 *P* 与 *Q* 互相平行。

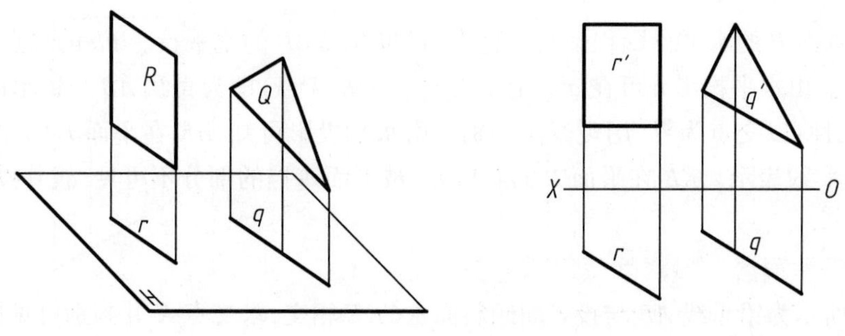

图 2–29 两铅垂面平行

例 2-9 如图 2-30 所示，过点 D 作一个平面与平面 $\triangle ABC$ 平行。

分析：过点 D 可作两条相交直线与平面 $\triangle ABC$ 的两条边对应平行。

作图过程：

(1) 过 d' 作 $d'e' /\!/ a'b'$、$d'f' /\!/ a'c'$；

(2) 过 d 作 $de /\!/ ab$、$df /\!/ ac$。

因为 $DE /\!/ AB$、$DF /\!/ AC$，故由相交两直线 DE、DF 所确定的平面平行于平面 $\triangle ABC$。

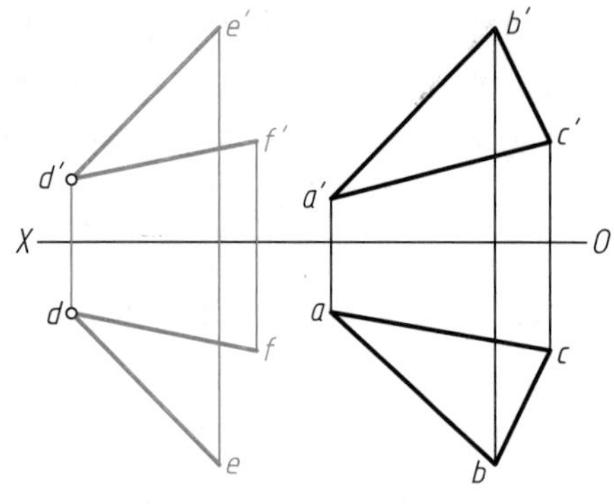

图 2-30 过点 D 作平面与 $\triangle ABC$ 平行

2.5.2 相交问题

直线与平面不平行则一定相交，其交点是直线与平面的共有点；两平面不平行则必相交，其交线是两平面的共有线。为了在投影图上清晰反映两相交几何要素的相互位置关系，在求出交点或交线后，还应判别几何要素投影重叠部分的可见性。并分别用粗实线和细虚线表示其可见与不可见部分。而所求的交点或交线亦是两相交几何要素的可见与不可见部分的分界点或分界线。

当直线或平面的投影具有积聚性时，可利用积聚性的特性直接作出交点或交线的一个投影，然后再利用在直线或平面上取点的方法求出另一投影。

1. 投影面倾斜线与特殊位置平面相交

如图 2-31 所示，求投影面倾斜线 AB 与铅垂面 P 的交点 K。

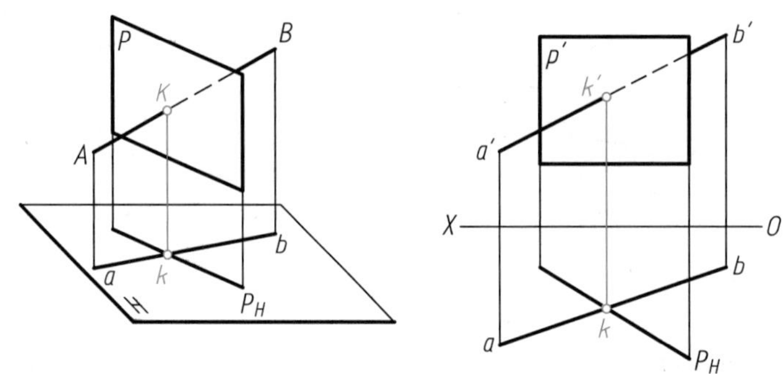

图 2-31 投影面倾斜线与铅垂面相交

分析：铅垂面 P 的水平投影积聚成一直线，它与直线 AB 的水平投影 ab 的交点 k，便是交点 K 的水平投影。由水平投影 k 可在 $a'b'$ 上求得 k'。点 $K(k',k)$ 即为直线 AB 与铅垂面 P 的交点。

判别可见性：以交点为界，用观察法判别。由水平投影可知，AK 在平面 P 的左前方，可见，因此 $a'k'$ 用粗实线表示。KB 在平面 P 的右后方，被平面遮挡的部分不可见，故其投影用细虚线表示。

2. 投影面垂直线与投影面倾斜面相交

图 2-32 所示为铅垂线 AB 与投影面倾斜面 $\triangle CDE$ 相交，求交点 K 并判别可见性。

分析：直线 AB 的水平投影 $a(b)$ 有积聚性，故交点的水平投影 k 一定重合在 $a(b)$ 上。又因交点在△CDE平面上，其正面投影 k' 可利用平面△CDE上的辅助线 CF 确定。

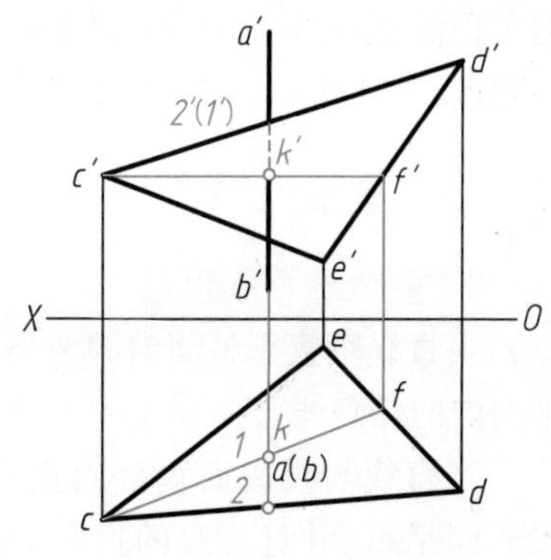

图 2–32　铅垂线与投影面倾斜面相交

作图步骤：

(1) 在 $a(b)$ 处标注出交点 K 的水平投影 k；

(2) 在水平投影上，过点 c 和点 k 作一辅助线，与 de 相交于点 f；

(3) 利用投影关系，求出辅助线的正面投影 $c'f'$，$c'f'$ 与 $a'b'$ 的交点 k' 即为所求。

判别可见性：利用重影点Ⅰ、Ⅱ。点Ⅱ为面上的点，点Ⅰ为线上的点，因 $y_{II}>y_I$，即点Ⅱ在点Ⅰ之前，面遮线，故 KⅠ不可见，$k'1'$ 用细虚线表示。

3. 投影面倾斜面与特殊位置平面相交

通常把求两平面交线的问题看作是求两个面共有点的问题，欲求两平面交线，只要求出属于交线上的任意两点就可以了。

如图 2–33 所示，求铅垂面 $DEFG$ 与投影面倾斜面△ABC 的交线。由于 $DEFG$ 的水平投影具有积聚性，故两平面交线的水平投影即为 kl，再利用投影关系求得交点的正面投影 k' 和 l' 并连接之，$KL(k'l', kl)$ 即为两平面的交线。

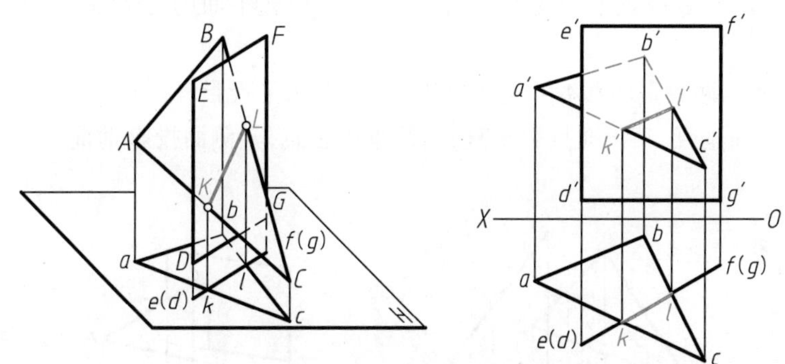

图 2–33　铅垂面与投影面倾斜面相交

判别可见性：对 H 面的可见性不需判别，对 V 面的可见性用观察法判别。从水平投影可知，△ABC 的 KLC 部分在平面 $DEFG$ 之前，故对 V 面可见，正面投影 $k'l'c'$ 用粗实线表示。△ABC 的另一部分在 $DEFG$ 之后，故其对 V 面不可见，正面投影用细虚线表示。两平面的交线总是可见的，并且是可见与不可见部分的分界线。

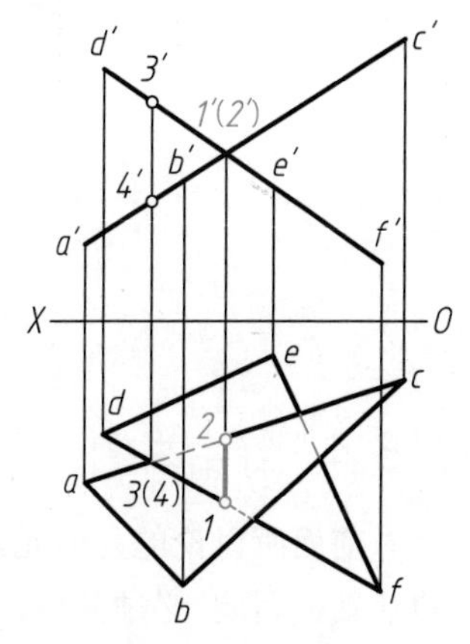

图 2–34　两个垂直于同一投影面的平面相交

4. 两个垂直于同一投影面的平面相交

两个平面同时垂直于某投影面，其交线为该投影面的垂直线。如图 2–34 所示，两正垂面△ABC 与△DEF 相交，交线ⅠⅡ为正垂线。$a'b'c'$ 与 $d'e'f'$ 的交点 $1'(2')$ 即为交线的正面投影，由此在 ac 上求得点 2，在 df 上求得点 1，12 为交线的水平投影。

两平面水平投影重叠的部分，其可见性利用观察法进行判断。

通过正面投影可知，在交线 Ⅰ Ⅱ 的左侧，△*DEF* 高于△*ABC*，右侧相反，因此两平面对 *H* 面的可见性如图 2–34 所示，其中不可见部分可以不画或用细虚线表示。

2.5.3 垂直问题

1. 直线与平面垂直

当直线垂直于平面内的两条相交线时，直线与平面垂直；当直线与平面垂直时，直线垂直于平面内的任意线。

当直线与投影面垂直面垂直时，直线一定与该平面所垂直的投影面平行，并且直线的投影一定与该平面有积聚性的同面投影垂直。图 2–35 所示为与铅垂面 *CDEF* 垂直的直线 *AB* 是水平线。同理，与正垂面垂直的直线是正平线，与侧垂面垂直的直线是侧平线。

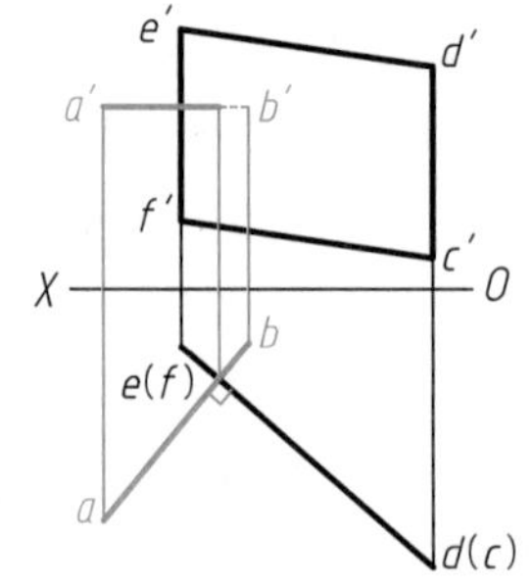

图 2–35 直线与铅垂面垂直

2. 平面与平面垂直

当一个平面包含另一个平面的垂直线时，两平面垂直。

图 2–36a 所示为一般位置平面△*ABC* 与正垂面△*EFG* 垂直。在一般位置平面△*ABC* 内与正垂面△*EFG* 垂直的直线 *AD* 一定是一条正平线，即 *a′d′* ⊥ *e′f′g′*；同理，一般位置平面与铅垂面垂直，在一般位置面内与铅垂面垂直的直线一定是水平线；一般位置平面与侧垂面垂直，一般位置平面内与侧垂面垂直的直线一定是水平线。

图 2–36b 所示为两铅垂面△*ABC* 与 *EFGH* 垂直，其水平投影（两积聚线）垂直，即 *abc* ⊥ *ef*(*g*)(*h*)。同理，两正垂面垂直，其正面投影垂直；两侧垂面垂直，其侧面投影垂直。

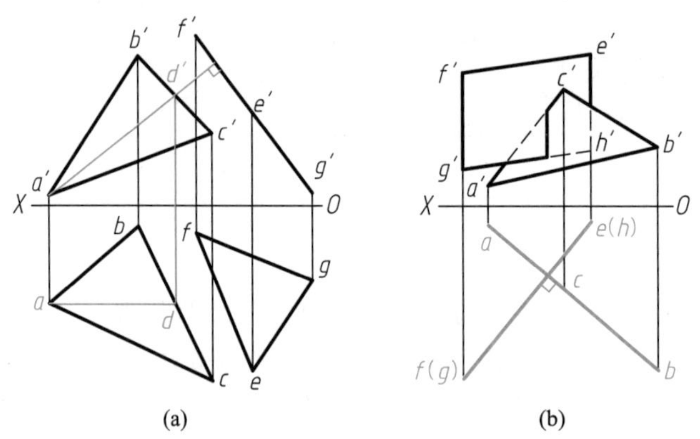

图 2–36 平面与投影面垂直面垂直

2.5.4 综合举例

前面所讨论的几何元素的投影以及它们之间相对位置关系等问题，是解决综合性作图问题的基础。因此，必须熟练地掌握基本作图法。综合问题要受到若干条件的限制，因此所求的解必须同时满足几个条件。

例 2–10 如图 2–37a 所示，作正平线 *EF*，使 *EF* 距 *V* 面 20 mm 且与 *AB*、*CD* 相交。

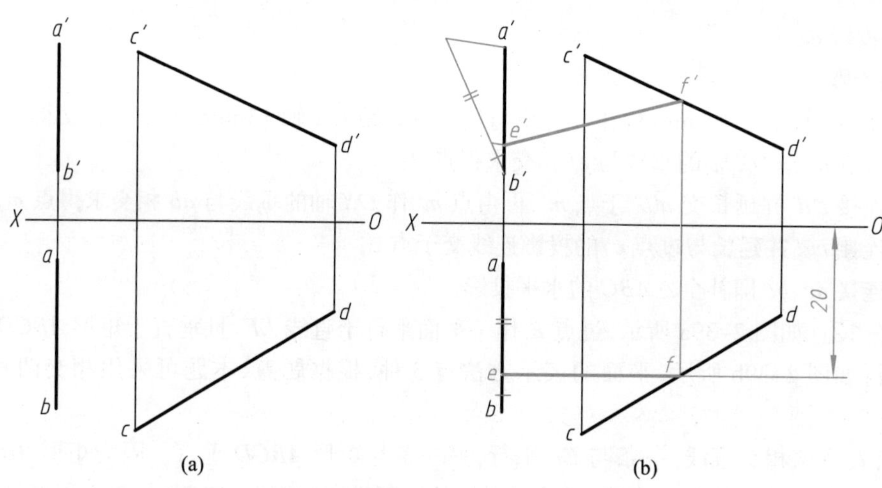

图 2-37 作正平线 *EF* 与 *AB*、*CD* 相交

分析：如图 2-37b 所示，正平线的水平面投影 *ef* 一定与 *OX* 轴平行且距离 *OX* 轴 20 mm，点 *e*、*f* 可直接作出，然后可作出点 *f*′，点 *e*′ 要通过定比性作出。

作图步骤：

(1) 在 *OX* 轴下方作一直线与其平行且到 *OX* 轴的距离为 20 mm，与 *ab* 交于点 *e*，与 *cd* 交于点 *f*；

(2) 过点 *f* 作 *OX* 轴的垂线与 *c*′*d*′ 交于点 *f*′；

(3) 利用定比性作出点 *e*′；

(4) 连线完成作图。

例 2-11 如图 2-38a 所示，点 *D* 距 *H* 面 15 mm 且在△*ABC* 和直线 *EF* 上，求作点 *D* 的两面投影并补全△*ABC* 的水平投影。

分析：如图 2-38b 所示，由已知条件可知点 *d*′ 必在 *e*′*f*′ 上且距 *OX* 轴 15 mm，故可先作出点 *D* 的两面投影。因为点 *D* 也在△*ABC* 上，由点 *A*、*B*、*D* 的两面投影及点 *C* 的正面投影 *c*′ 即可作

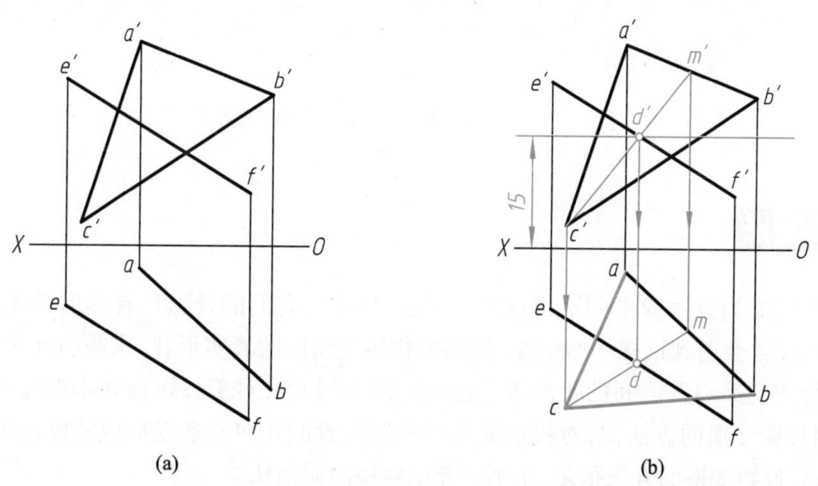

图 2-38 求作点 *D* 的两面投影并补全△*ABC* 的水平投影

出其水平投影 c。

作图步骤：

(1) 在 OX 轴上方 15 mm 处作一直线与其平行且距 OX 轴 15 mm，与 $e'f'$ 相交得点 d'；

(2) 由点 d' 作 OX 轴的垂线与 ef 相交求得点 d；

(3) 连接 $c'd'$ 并延长交 $a'b'$ 于点 m'，再由点 m' 作 OX 轴的垂线与 ab 相交求得点 m；

(4) 连接 md 并延长与过点 c' 的投影连线交于点 c；

(5) 连接 ac、bc 即补全 $\triangle ABC$ 的水平投影。

例 2-12 如图 2-39a 所示，过点 K 作一平面平行于直线 EF，且垂直于矩形 $ABCD$。

分析：如图 2-39b 所示，平面的表示方法有 5 种，根据题意，本题可采用相交两直线表示平面。

过点 K 作两相交直线，一条与 EF 平行，另一条与矩形 $ABCD$ 垂直。因为矩形 $ABCD$ 为正垂面，所以与其垂直的线是正平线，且该正平线的正面投影与矩形 $ABCD$ 的正面积聚投影垂直。

作图步骤：

(1) 作 $kh /\!/ ef$，$k'h' /\!/ e'f'$；

(2) 过点 k' 作 $k'g' \perp a'(b')d'(c')$，过点 k 作 OX 轴的平行线 kg。

两相交直线 KG 与 KH 所表示的平面即为所求平面。

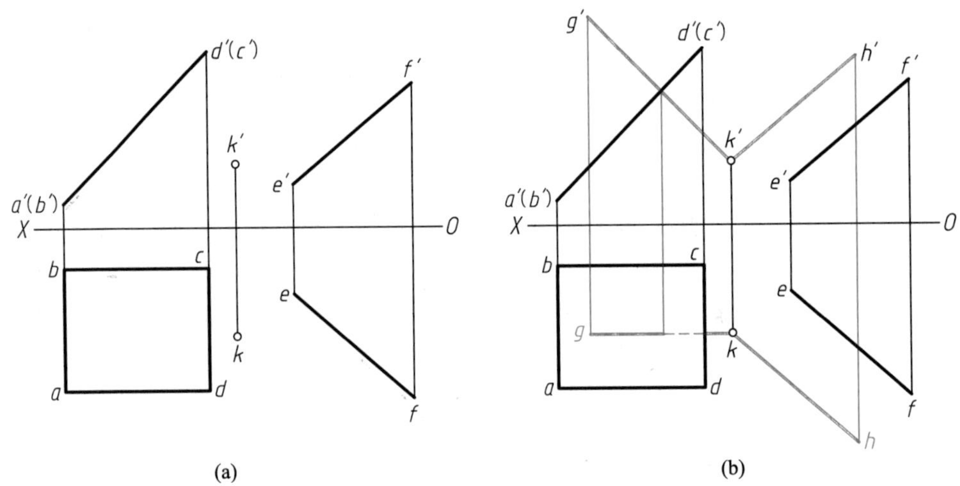

图 2-39 过点 K 作一平面平行于直线 EF 且垂直于矩形 $ABCD$

2.6 换面法

由前述可知，当直线或平面平行或垂直于投影面时，它们的投影具有实形性或积聚性。在实际工程中，经常会遇到这样一些问题，例如求物体上斜面的真实形状、求两斜面之间夹角的大小、求两平行或交叉斜管之间的距离等。这些空间几何元素对于投影面并不都处于特殊位置，因此常采用投影变换的方法，将对投影面处于一般位置的几何元素变换成特殊位置，以达到简化解题目的。投影变换的方法很多，本书只介绍常用的换面法。

空间几何元素的位置保持不动，建立新的投影面代替原来的投影面，使新投影面与空间几何元素处于特殊位置，此方法称为变换投影面法，简称换面法。

2.6.1 更换投影面的原则

更换投影面的原则：

(1) 新投影面必须与空间几何元素处于有利于解题的特殊位置(平行或垂直)；

(2) 新投影面必须垂直于不变投影面，且每次只能更换一个投影面。

新投影面与原投影面体系中不变的投影面垂直，构成新的两投影面体系，应用正投影原理作出新投影图。如图 2-40 所示，原投影面体系是 V 与 H(记为 V/H)。更换投影面时，用 V_1 面替换 V 面，H 面为不变投影面。V_1 面应垂直于 H 面，新的投影面体系为 V_1/H。如图 2-41 所示，用 H_1 面更换 H 面，V 面是不变投影面，H_1 面应垂直于 V 面，构成新投影面体系 V/H_1。

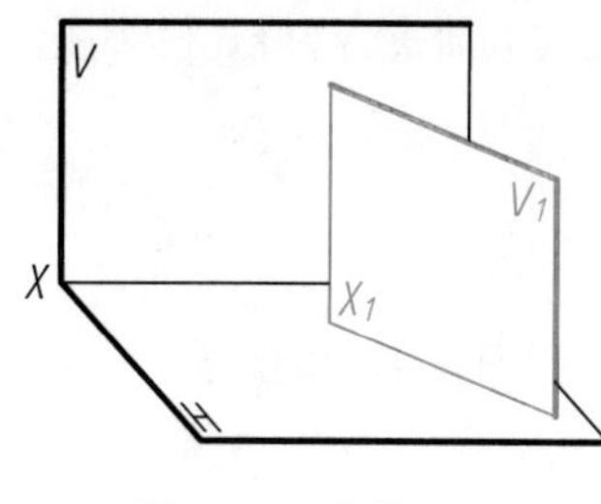

图 2-40 变换 V 面

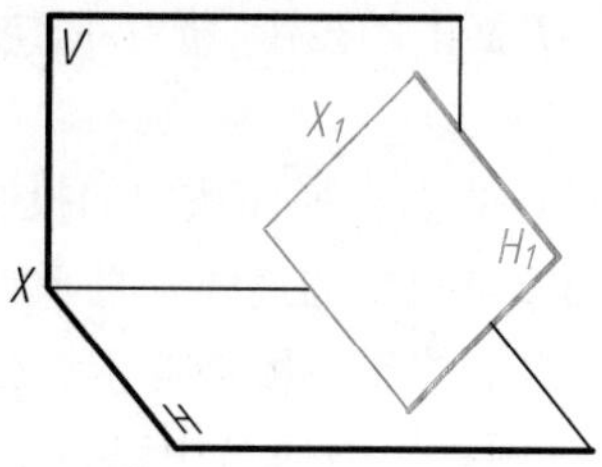

图 2-41 变换 H 面

2.6.2 点的投影变换

点是组成几何形体的基本元素，掌握点的换面规律，是进行其他元素换面的基础。

1. 点的一次变换

(1) 更换 V 面时点的投影

如图 2-42 所示，取平面 V_1 代替 V 面，V_1 面垂直于 H 面，点 A 在 V_1 面上的投影为 a'_1，将 V_1 面绕新投影轴 X_1 旋转至与 H 面重合，得其投影图。显然，$a'_1a \perp X_1$，$a'_1a_{X_1}=a'a_X$。

注意： 作点的投影变换时，新投影轴 X_1 的倾斜角度和相对于点 a 的距离是任意的。

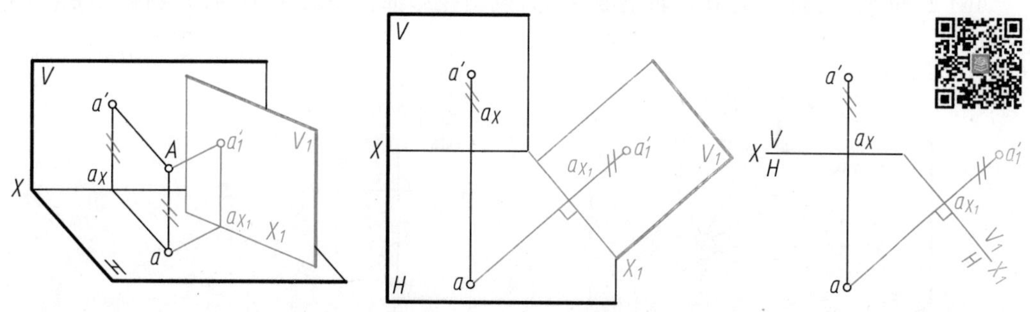

图 2-42 变换 V 面时点的投影作图

(2) 更换 H 面时点的投影

如图 2-43 所示，取平面 H_1 代替 H 面，H_1 面垂直于 V 面。过点 A 作 H_1 面的垂线，得到的垂

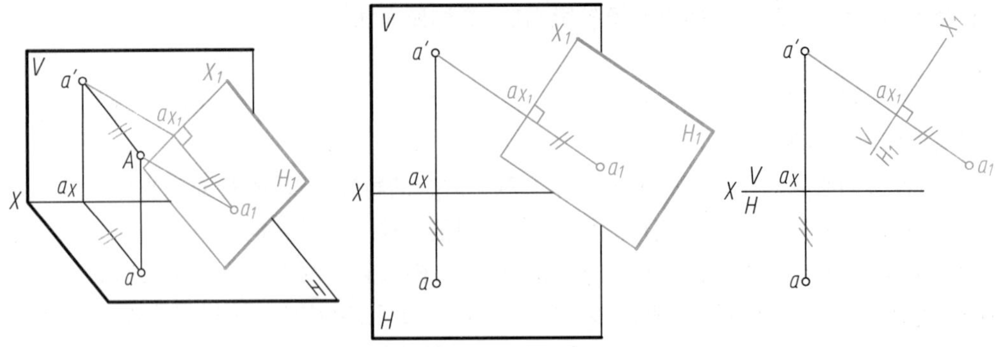

图 2-43　变换 H 面时点的投影作图

足 a_1 即为点 A 在 H_1 面上的投影，将 H_1 面绕 X_1 轴旋转至与 V 面重合，得其投影图。显然，$a'a_1 \perp X_1$，$a_1a_{X_1}=aa_X$。

综上所述，归纳出点在换面法中的投影规律：

1）新投影与不变投影的连线垂直于新投影轴；

2）新投影到新投影轴的距离等于被替换的旧投影到旧投影轴的距离。

显然，在 V/H 两投影面体系中，更换 H 面时点的 y 坐标值不变，更换 V 面时点的 z 坐标值不变。

根据上述投影规律，点一次换面的作图步骤如下：

1）选择新投影面，在适当位置作新投影轴 X_1；

2）经过点 A 的保留投影作直线垂直于新投影轴 X_1，与新投影轴的交点为点 a_{X_1}；

3）自点 a_{X_1} 在垂线上截取线段等于被替换的旧投影到旧投影轴的距离，所得到的点即为新投影。

2. 点的两次变换

某些问题需经过两次或更多次换面才能获得解答，两次换面是在第一次换面的基础上进行的。此时，必须一个投影面变换之后，在新的两投影面体系中再交替地更换另一个投影面。同时，新、旧投影面的概念也随之改变。

如图 2-44 所示，第一次用 V_1 面替换 V 面，则新投影面体系为 V_1/H，X_1 是新投影轴。第二

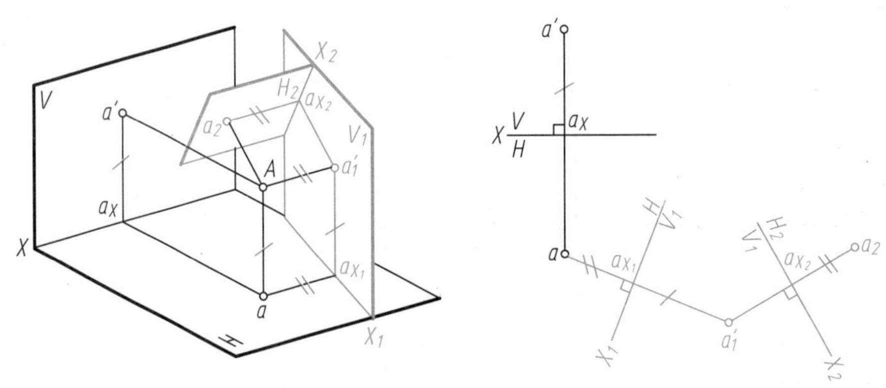

图 2-44　点的两次变换

次再以 H_2 面换 H 面，此时新的投影面体系是 V_1/H_2，新投影轴为 X_2。V_1/H 则成为旧投影面体系，X_1 是旧投影轴。

无论投影面变换几次，每次只能更换一个投影面，两个投影面的变换必须交替进行。前面所述点的投影规律仍然适用。

2.6.3 换面法的四个基本问题

以上讨论了点的投影变换规律，直线的投影变换实质上就是直线上两端点的变换作图，平面的投影变换则常通过平面上三个点或一点和一线的变换来实现。从作图过程可归纳为以下四个基本问题。

1. 将投影面倾斜线变换为投影面平行线

投影面倾斜线经一次换面后可成为投影面平行线。

(1) 空间分析

如图 2-45 所示，直线 AB 在 V/H 投影面体系中处于一般位置。取一平面 V_1 平行于直线 AB 且垂直于 H 面，则直线 AB 在新投影面体系 V_1/H 中成为新投影面 V_1 的平行线。直线 AB 在投影面 V_1 上的投影 $a_1'b_1'$ 反映直线 AB 的实长及对 H 面的倾角 α。

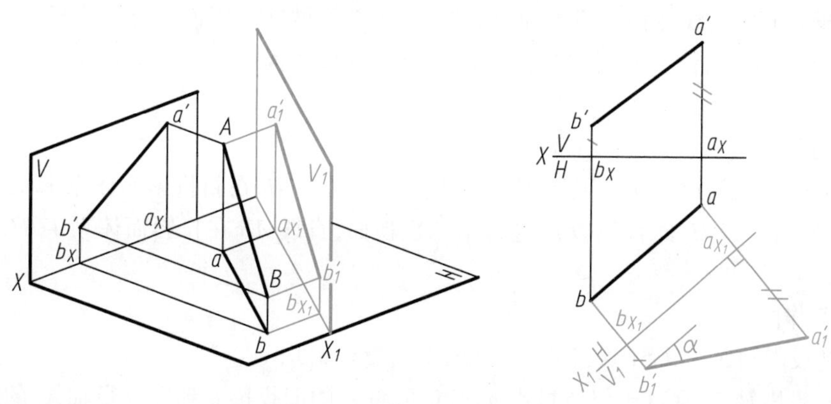

图 2-45 直线的一次换面（换 V 面）

(2) 投影作图

1) 作新投影轴 $X_1 /\!/ ab$；

2) 分别由点 a、b 作 X_1 轴的垂线，与 X_1 轴交于点 a_{X_1}、b_{X_1}，然后在垂线上量取 $a_1'a_{X_1}=a'a_X$、$b_1'b_{X_1}=b'b_X$，得到点 a_1' 与点 b_1'；

3) 连接 $a_1'b_1'$，即为线段 AB 的实长。新投影 $a_1'b_1'$ 与 X_1 轴的夹角为直线 AB 对 H 面的倾角 α。

若欲求直线 AB 对 V 面的倾角 β，则应该保留 V 面，用平行于直线 AB 的新投影面 H_1 替换 H 面。图 2-46 为更换 H 面的情况，新投影轴 X_1 应平行于投影 $a'b'$。直线 AB 在 H_1 面上的新投影 a_1b_1 为直线 AB 的实长，a_1b_1 与 X_1 轴的夹角为直线 AB 对 V 面的倾角 β。

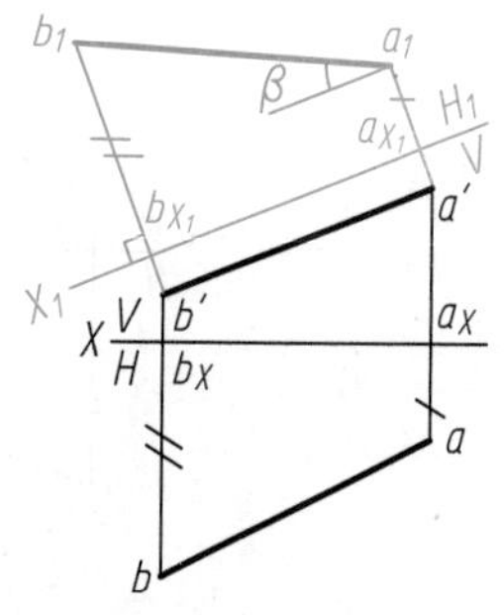

图 2-46 直线的一次换面（换 H 面）

2. 将投影面倾斜线变换为投影面垂直线

根据立体几何可知，如果直线为某一投影面的平行线，则与该直线垂直的平面为该投影面的垂直面。因此投影面平行线变为新投影面垂直线只需一次换面。如图 2-47 所示，直线 AB 为正平线，新投影面 H_1 垂直于 AB，则 H_1 也垂直于投影面 V，满足换面条件。新投影轴 X_1 垂直于反映实长的保留投影。

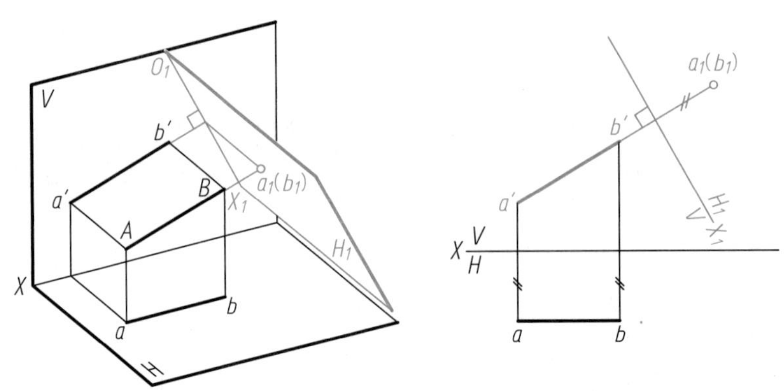

图 2-47　将投影面平行线变为新投影面垂直线

因此，投影面倾斜线变换为投影面垂直线，必须变换两次投影面。首先将投影面倾斜线变换成为某投影面的平行线，然后再将投影面平行线变换成为另一投影面的垂直线，如图 2-48 所示。

(1) 空间分析

如图 2-48a 所示，第一次换面以 V_1 面替换 V 面，直线 AB 在新投影面体系 V_1/H 中为 V_1 面的平行线。然后再以 H_2 面替换 H 面进行第二次换面，直线 AB 在投影面体系 V_1/H_2 中成为 H_2 面的垂直线。

(2) 投影作图

1) 作新投影轴 X_1 平行于保留的投影 ab，得到投影 $a_1'b_1'$；

2) 作新投影轴 X_2 垂直于保留投影 $a_1'b_1'$，量取点 A 的旧投影 a 到旧投影轴 X_1 的距离，使新投影 a_2 到新投影轴 X_2 的距离与之相等。直线 AB 的新投影必积聚为一点 $a_2(b_2)$。这样，经过两次变换使投影面倾斜线 AB 变换成 H_2 面的垂直线。

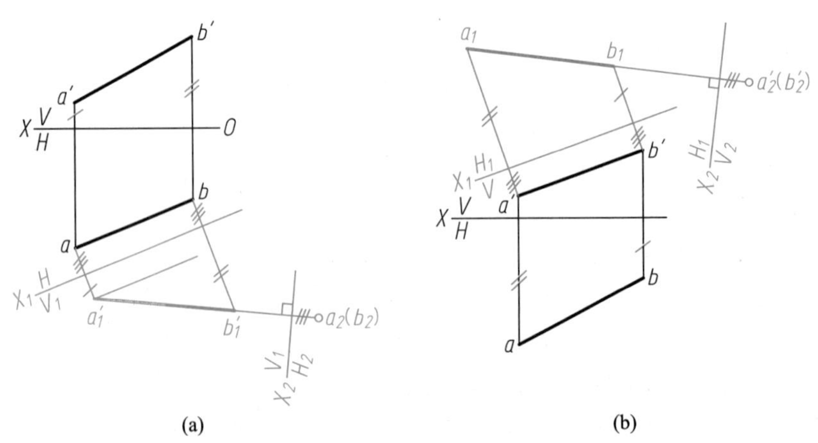

图 2-48　将投影面倾斜线变换为新投影面垂直线

若第一次替换 H 面，则直线 AB 最终垂直于 V_2 面，如图 2-48b 所示。

3. 将投影面倾斜面变换为投影面垂直面

根据立体几何可知，若某平面内包含一条直线与另一平面垂直，则两平面垂直。因此只要把投影面倾斜面上的任一直线变换为新投影面垂直线，则该平面就成为新投影面的垂直面。如前所述，若把投影面倾斜面上的投影面平行线变换成新投影面的垂直线，只需一次变换；把一般位置直线变换成新投影面的垂直线则需要两次变换。为简化作图，常在投影面倾斜面上任取一条水平线、正平线或侧平线，通过一次换面，把投影面平行线变换成新投影面的垂直线，则该平面就成为新投影面的垂直面。

通过一次换面可把投影面倾斜面变换为投影面垂直面。

(1) 空间分析

图 2-49 是将投影面倾斜面△ABC 变换为投影面垂直面的情况，在变换时保留 H 面，用新投影面 V_1 代替 V 面。V_1 面的位置不仅垂直于保留的投影面 H，并且垂直于△ABC。

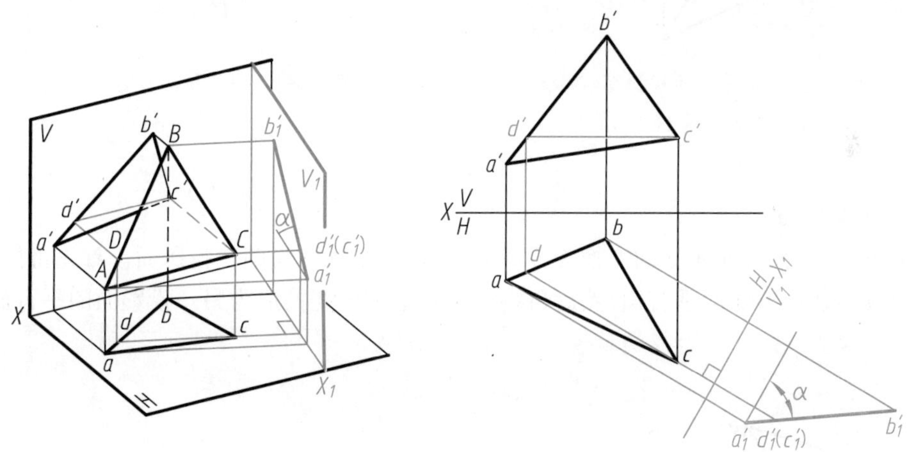

图 2-49 将投影面倾斜面变换为投影面垂直面(换 V 面)

在平面△ABC 上任作一条水平线 CD，通过一次换面，把水平线 CD 变换成新投影面 V_1 的垂直线，即可求出△ABC 的新投影，则△ABC 就成为新投影面 V_1 的垂直面。

(2) 投影作图

1) 在△ABC 上作水平线 CD，其投影为 $c'd'$ 与 cd；

2) 作新投影轴 $X_1 \perp cd$；

3) 作出△ABC 在 V_1 面上的投影，$a_1'c_1'b_1'$ 积聚为一条直线。

图 2-49 中是将投影面倾斜面△ABC 变换为投影面垂直面，也可在平面△ABC 上任作一条正平线 CD，通过一次换面，把正平线 CD 变换成新投影面 H_1 的垂直线，即可求出△ABC 的新投影，则△ABC 就成为新投影面 H_1 的垂直面，如图 2-50 所示。

4. 将投影面倾斜面变换为投影面平行面

如图 2-51 所示，因为投影面垂直面在其所垂直的投影面上的投影积聚为直线，所以只要新投影面与平面的积聚投影相平行，则新投影面就平行于投影面平行面，因此将投影面垂直面变为投影面平行面只需一次变换，新投影轴方向应平行于投影面垂直面的积聚投影，即新投影轴

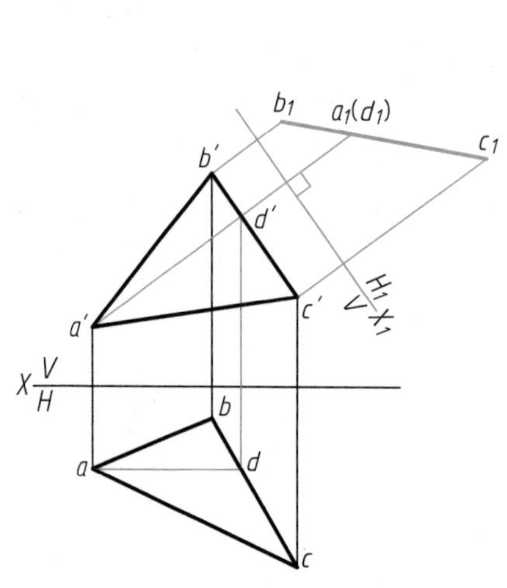

图 2-50 将投影面倾斜面变换为投影面垂直面(换 *H* 面)

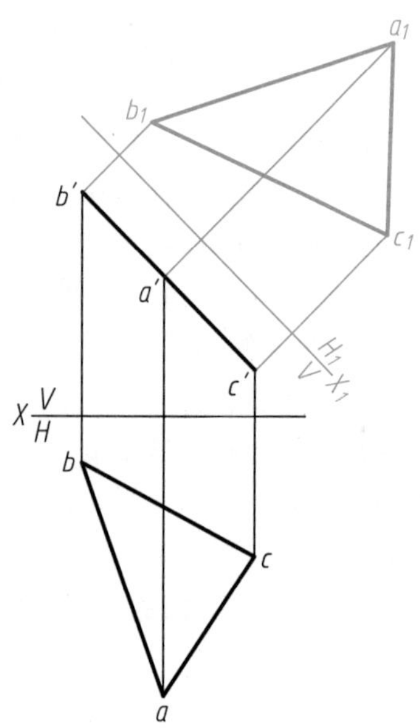

图 2-51 将投影面垂直面变换为投影面平行面

X_1 平行于直线 $b'a'c'$。

由上可知,将投影面倾斜面变换为投影面平行面,必须变换两次投影面。首先将投影面倾斜面变换成为某投影面的垂直面,然后再将投影面垂直面变换成为另一投影面的平行面,如图 2-52 所示。

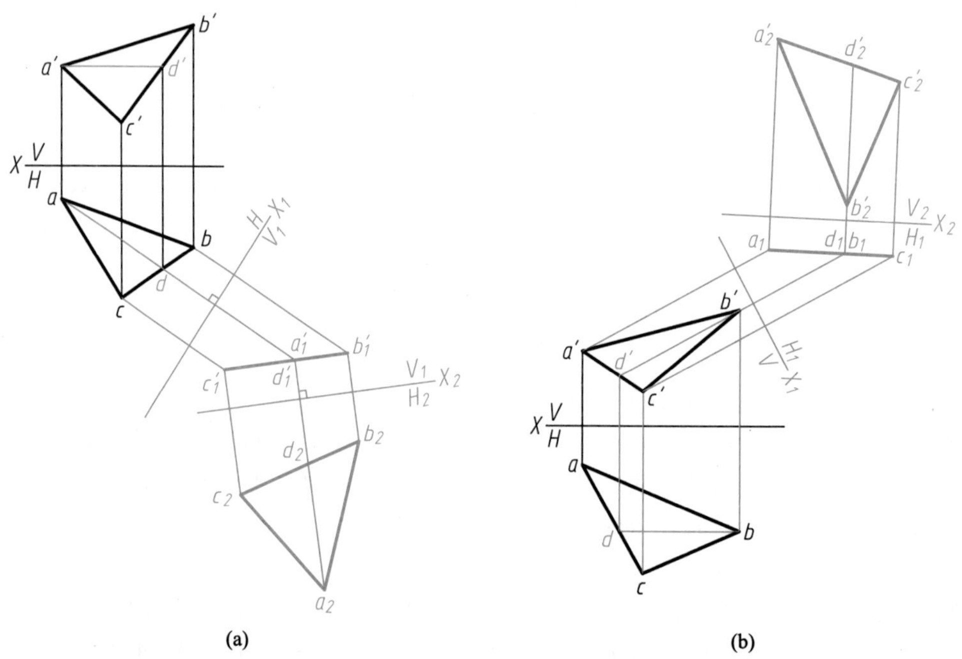

图 2-52 将投影面倾斜面变为投影面平行面

(1) 空间分析

图 2-52a 表示将投影面倾斜面△ABC 变换成 H_2 面的平行面的情况。先建立新投影面体系 H/V_1，将△ABC 变换成 V_1 面的垂直面，再建立新投影面体系 V_1/H_2，并使新投影面 H_2 必须既平行于△ABC，又垂直于 V_1 面。此时，△ABC 变换成 V_1/H_2 体系中的水平面。

(2) 投影作图

1) 用 V_1 面替换 V 面，使 V_1 面垂直于△ABC。先在△ABC 内任作一条水平线 AD，再作新投影轴 $X_1 \perp ad$，求出△ABC 在 V_1 面上的新投影 $a_1'b_1'c_1'$，积聚为一直线。

2) 用 H_2 面替换 H 面，作新投影轴 $X_2 /\!/ a_1'b_1'c_1'$，依据投影关系，得到△$a_2b_2c_2$，即为△ABC 的实形。△ABC 在新投影面体系 V_1/H_2 中，为 H_2 面的平行面。

将投影面倾斜面变换成新投影面平行面，也可以根据解题需要先换 H 面再变换 V 面，作图过程见图 2-52b。

2.6.4 换面法应用举例

例 2-13 用换面法补全以 AB 为底边的等腰△ABC 的水平投影，如图 2-53a 所示。

1. 空间分析

根据等腰三角形的特点可知，顶点 C 在△ABC 底边 AB 的垂直平分线 CD 上。因此考虑应用直角投影定理作出 CD 的投影，这就需要将一般位置直线 AB 转换为新投影面的平行线。

2. 投影作图(图 2-53b)

(1) 因为本题已知点 C 的 V 面投影，所以用 V_1 面替换 V 面。作新投影轴 $X_1 /\!/ ab$，作出 AB 的新投影 $a_1'b_1'$，即 AB 变换成 V_1 面的平行线。

(2) 在 V_1 面上作出 AB 中垂线的投影 $c_1'd_1'$，点 c_1' 到新投影轴 X_1 的距离等于 $c'c_X$。

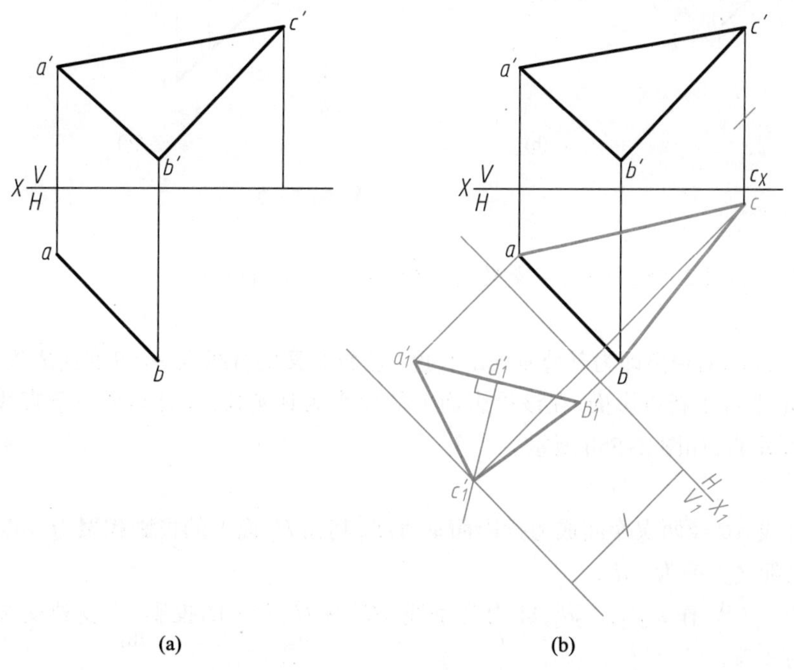

图 2-53 求作等腰△ABC 的水平投影

(3) 作出点 c 的水平投影，完成三角形的水平投影。

例 2-14　如图 2-54a 所示，求点 C 到直线 AB 的距离。

1. 空间分析

点到直线的距离，即为点到直线的垂线的实长。可通过一次换面，将直线 AB 变换成投影面的平行线，然后利用直角投影定理从点 C 向 AB 作垂线，得垂足 K，再求出 CK 的实长。也可将直线 AB 经过两次换面成为投影面垂直线，则点 C 到 AB 的垂线 CK 为投影面平行线，在投影图上可直接得到点 C 到直线 AB 距离的实长，如图 2-54b 所示。

2. 投影作图(图 2-54c)

(1) 将直线 AB 变换成 H_1 面的平行线，点 C 在 H_1 面上的投影为点 c_1；

(2) 将直线 AB 变换成 V_2 面的垂直线，AB 在 V_2 面上的投影为 $a_2'(b_2')$，点 C 在 V_2 面上的投影为 c_2'；

(3) 过点 c_1 作 $c_1k_1 \perp a_1b_1$，即 $c_1k_1 /\!/ X_2$ 轴作出垂足 k_1，而 k_2' 与 $a_2'(b_2')$ 重合，连接 $c_2'k_2'$，即为点 C 到直线 AB 的距离；

(4) 返回投影面体系 V/H，根据 $c_2'k_2'$、c_1k_1，即可作出 $c'k'$ 与 ck。

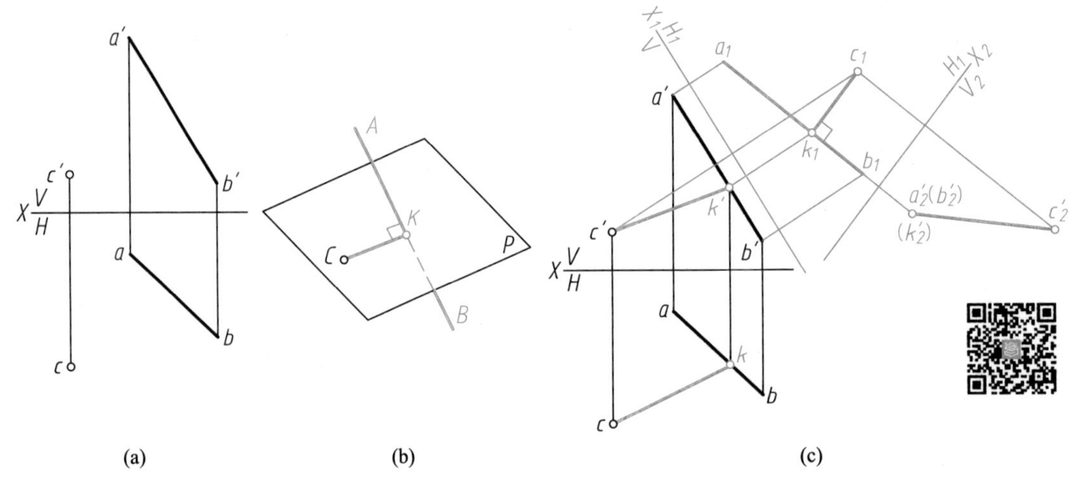

(a)　(b)　(c)

图 2-54　求点到直线的距离

例 2-15　如图 2-55a 所示，求交叉两直线 AB、CD 间的距离。

1. 空间分析

交叉两直线间的距离即为其公垂线的长度。若将交叉两直线之一 AB 变换成投影面垂直线，则公垂线必定平行于新投影面，在该投影面上的投影为其实长，并且与另一条直线在新投影面上的投影相互垂直，如图 2-55b 所示。

2. 投影作图(图 2-55c)

(1) 将直线 AB 经两次换面成为投影面垂直线，其在 H_2 面上的投影积聚为一点 $a_2(b_2)$，直线 CD 的投影也随之变换为 c_2d_2；

(2) 过点 $a_2(b_2)$ 作 $m_2k_2 \perp c_2d_2$，即为公垂线 MK 在 H_2 面上的投影，它反映交叉两直线 AB、CD 间距离的实长；

(3) 过点 k_1' 作 $m_1'k_1' /\!/ X_2$ 轴；

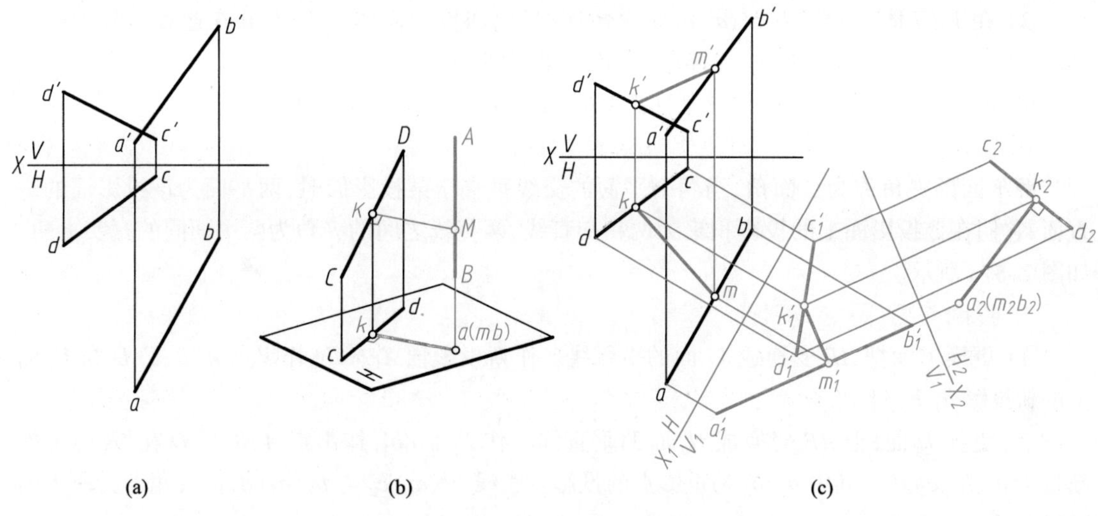

图 2–55 求交叉两直线 AB、CD 间的距离

(4) 返回投影面体系 V/H，根据 m_2k_2、$m_1'k_1'$，完成 MK 在投影面体系 V/H 中的投影 mk、$m'k'$。

例 2–16 如图 2–56a 所示，已知线段 EF 垂直于平面△ABC，且点 E 与该平面的距离为 L，补出△ABC 的正面投影。

1. 空间分析

当平面是投影面垂直面时，与其垂直的直线一定是该平面所垂直的投影面的平行线，并且直线的投影一定与该平面积聚性的投影垂直。因此，将已知线段 EF 变换成新投影面的平行线，平面△ABC 即为新投影面的垂直面。

2. 投影作图(图 2–56b)

(1) 作新投影轴 $X_1 /\!/ ef$，完成 $e_1'f_1'$，将线段 EF 变换成新投影面 V_1 的平行线；

(2) 在 $e_1'f_1'$ 上量取 L 得到点 d_1'，过点 d_1' 作平面 $b_1'a_1'c_1'$(积聚为直线)⊥$e_1'f_1'$；

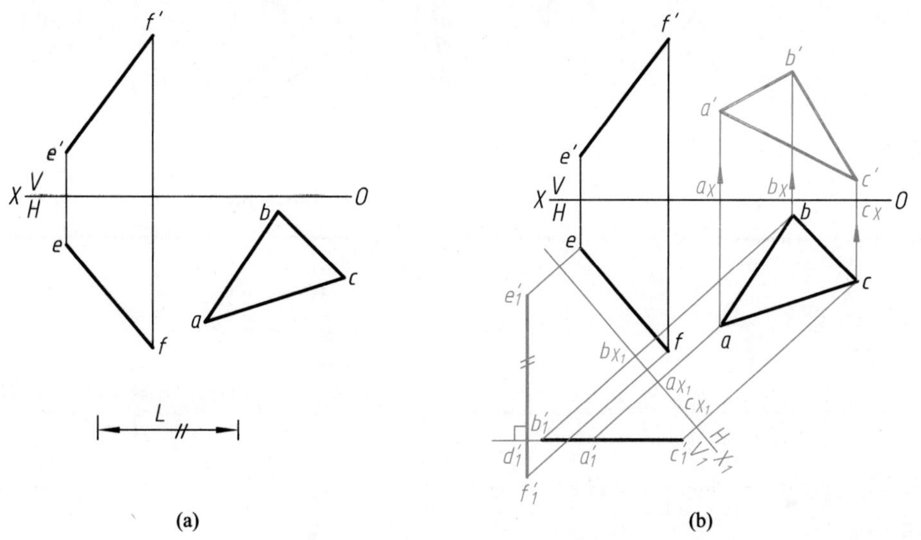

图 2–56 完成△ABC 的正面投影

(3) 在 V_1/H 体系中过点 b_1'、a_1'、c_1' 作投影连线，返回投影面体系 V/H，并在连线上分别截取 $b_1'b_{X_1}=b'b_X$，$a_1'a_X=a'a_X$，$c_1'c_{X_1}=c'c_X$，连接点 b'、a'、c'，即为所求。

例 2-17 如图 2-57 所示，求平面△ABC 与平面△ABD 的二面角。

1. 空间分析

两平面的夹角称为二面角，当两个平面的交线垂直于某投影面时，两平面为该投影面的垂直面，它们在该投影面上的投影积聚为两相交直线，两直线之间的夹角为两平面间的真实夹角，如图 2-57a 所示。

2. 投影作图(图 2-57b)

(1) 更换 V 面把 AB 变换成 V_1 面的平行线。作新投影轴 $X_1 /\!/ ab$，作出点 A、B、C、D 在 V_1 面上的新投影 a_1'、b_1'、c_1'、d_1'。

(2) 更换 H 面，把 AB 变换成 H_2 面的垂直线。作 $X_2 \perp a_1'b_1'$，作出点 A、B、C、D 在 H_2 面上的新投影 a_2、b_2、c_2、d_2。其中 a_2、b_2 为重影点的投影。直线 $b_2(a_2)c_2$ 与 $b_2(a_2)d_2$ 的夹角即为所求的二面角。

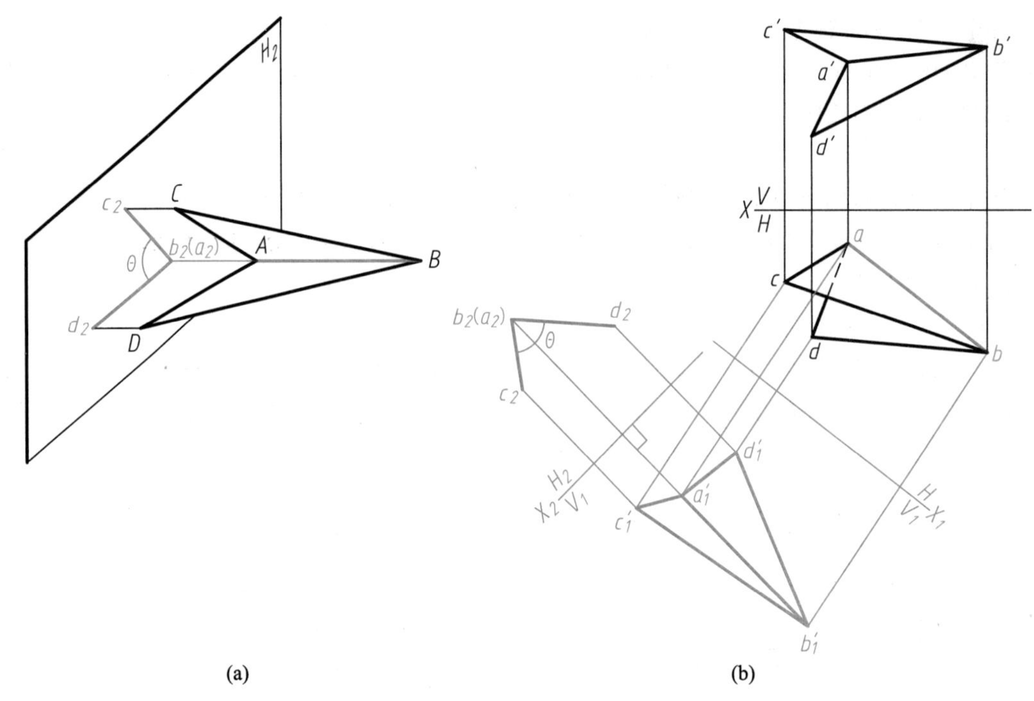

图 2-57 求两平面夹角

第3章

立体及其表面的交线

立体是由面所围成的，通常分为平面立体和曲面立体两种。表面均为平面的立体称为平面立体；表面为曲面或曲面和平面的立体称为曲面立体。

本章主要介绍上述两种立体的投影及立体表面交线的作图方法。

3.1 平面立体及其表面上的点

常见的简单平面立体有棱柱和棱锥。绘制平面立体的三视图时，应画出立体表面上各顶点、各棱线、顶面、底面等的相应投影，然后分析各棱线与投影面的相对位置，判别可见性。将可见轮廓线画成粗实线，不可见轮廓线画成细虚线。

3.1.1 棱柱

1. 棱柱的投影

棱柱由顶面、棱面和底面所围成，各棱线相互平行。

常见的有三棱柱、四棱柱、五棱柱、六棱柱等。图 3-1a 所示为一个正六棱柱，其顶面和底面

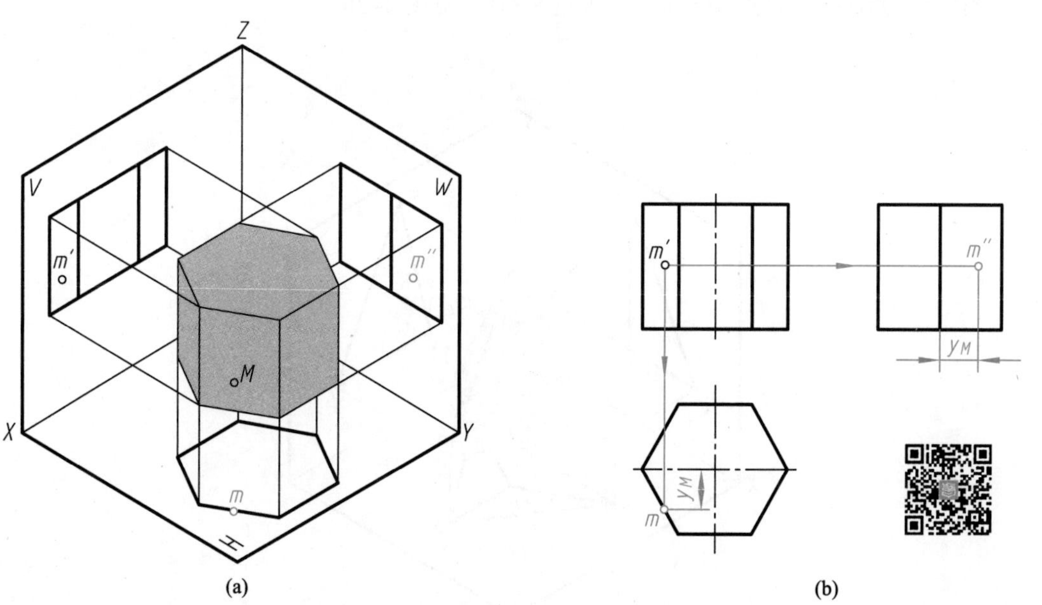

图 3-1　正六棱柱的三视图及其表面取点

均为水平面，棱边前、后两条为侧垂线，其余四条为水平线；前、后棱面为正平面，其余四个棱面为铅垂面。该棱柱前后、左右对称。

绘制正六棱柱三视图时，要遵守投影规律。看图时，也要依照投影规律。可根据三面投影的特点，分析出立体各表面的形状及各棱线相对投影面的位置，从而想象出立体的形状。

2. 棱柱的表面取点

立体表面取点，就是根据立体表面上点的一个投影，求其余两个投影。

在正棱柱表面取点，可利用其表面投影的积聚性来求得。如图 3-1 所示，已知正六棱柱表面上点 *M* 的正面投影 *m′*，求其余两面投影。可先利用棱面水平投影的积聚性，根据“长对正”及点 *M* 对 *V* 面的可见性求出 *m*，再根据“高平齐、宽相等”求出 *m″*。

3.1.2 棱锥

1. 棱锥的投影

棱锥由底面和棱面所围成，各棱面都是三角形，所有棱线汇交于一点，此点为棱锥的顶点。常见的有三棱锥、四棱锥等。如图 3-2 所示的三棱锥，底面为水平面，其水平投影反映实形；左、右两棱面为一般位置平面，其各个投影为面的类似形；后棱面为侧垂面，其侧面投影积聚为直线。

画棱锥的三面投影时，一般也是先画出底面和顶点的投影，然后再画各棱线的投影，并判别可见性。

2. 棱锥表面取点

在特殊位置平面上取点，可利用积聚性法求得。而在一般位置平面上取点，则要利用辅助线来求解，即先在平面上过点作面内直线，然后在此直线上求点。

在图 3-2a 所示的三棱锥中，已知棱面上一点 *M* 的正面投影 *m′*，求其余两面投影。由于点 *M* 对 *V* 面可见，所以点 *M* 应在棱面 *SAB* 上，其投影作图如下：

常用作图方法一 过点 *M* 作底边 *AB* 的平行线，见图 3-2b。

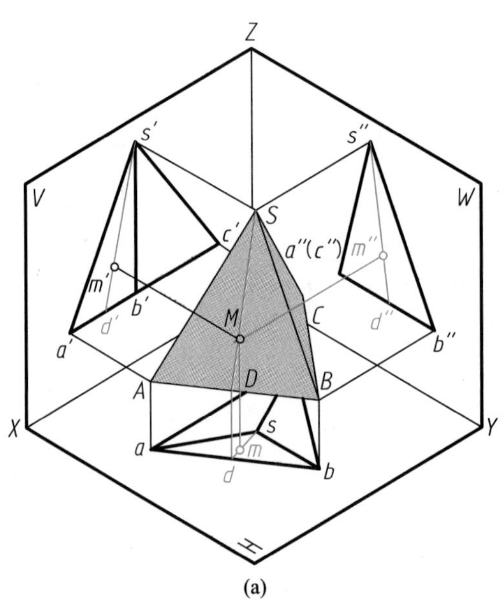

(a)

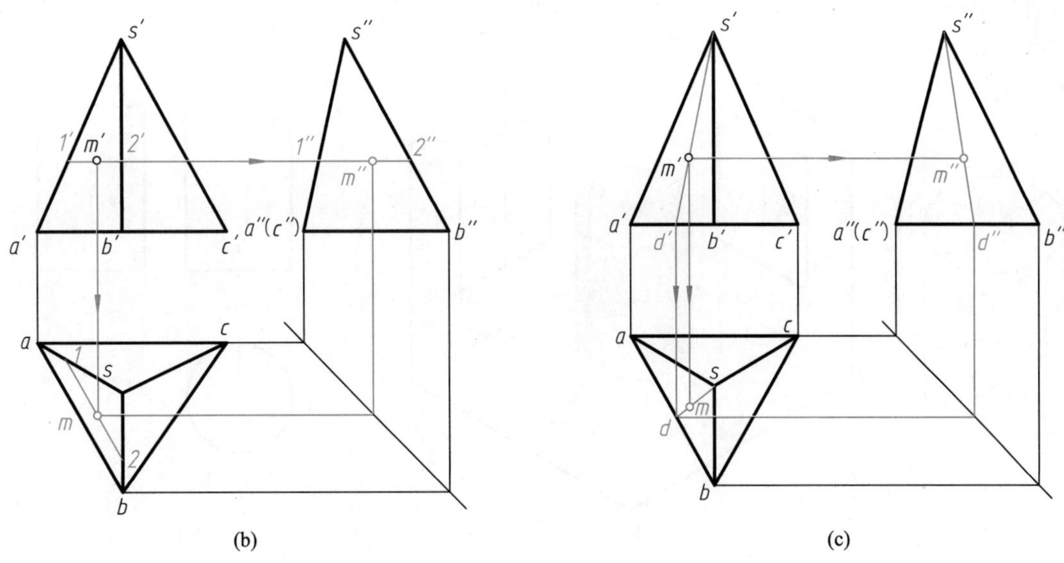

(b) (c)

图 3–2 三棱锥的三视图及其表面取点

(1) 过 m' 作 $1'2' /\!/ a'b'$,分别交 $s'a'$、$s'b'$ 于点 $1'$、$2'$;

(2) 根据投影规律,由 $1'2'$ 求得 12 和 $1''2''$,则 m、m'' 应分别在线段 12 和 $1''2''$ 上;

(3) 根据投影关系,由 m' 求得 m、m''。

常用作图方法二 过锥顶 S 作通过点 M 的辅助线,见图 3–2c。

(1) 连接 $s'm'$ 并延长,交 $a'b'$ 于点 d';

(2) 根据投影规律求得 sd、$s''d''$,则 m、m'' 应分别在线段 sd、$s''d''$ 上;

(3) 根据投影关系,由 m' 求得 m、m''。

判别可见性:由于 SAB 对 H 面和 W 面都可见,所以点 M 对 H 面和 W 面均可见。

3.2 曲面立体及其表面上的点

曲面立体是由曲面或曲面和平面所围成。工程上常见的曲面立体是回转体,主要有圆柱、圆锥、球、圆环等。

一动线(直线或曲线)绕一条定直线回转一周,所形成的曲面称为回转面。该定直线称为回转面的轴线,动线称为回转面的母线,回转面上任意位置的一条母线称为素线。画回转体的投影图时,除了画出回转体的轮廓线和顶点的投影外,还要画出转向轮廓线的投影。在投影图中,转向轮廓线是决定视图范围的外形轮廓线,也常常是曲面可见部分和不可见部分的分界线。

画回转体的三面投影时,应在投影中用点画线画出轴线的投影和圆的中心线。

3.2.1 圆柱

圆柱是由圆柱面、顶面、底面所围成。圆柱面可以看成是由一直线绕与之相平行的轴线回转而成,其素线均平行于轴线,如图 3–3a 所示。

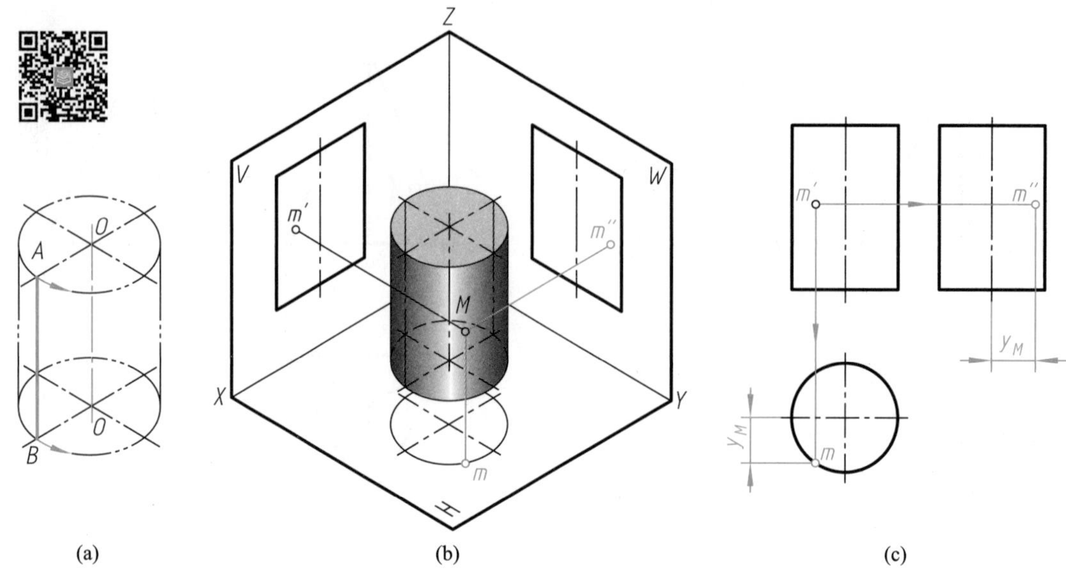

图 3-3 圆柱的三视图及其表面取点

1. 圆柱的投影

图 3-3 所示为一轴线垂直于 H 面的圆柱。其上、下两平面为水平面，圆柱面垂直于 H 面，其每一条素线均为铅垂线。

圆柱的正面投影和侧面投影是大小相等的矩形。在正面投影中，最左素线和最右素线为圆柱面前后可见和不可见部分的分界线，即前半圆柱面可见，后半圆柱面不可见；在侧面投影中，最前素线和最后素线为圆柱面左右可见和不可见部分的分界线，即左半圆柱面可见，右半圆柱面不可见。

2. 圆柱表面取点

圆柱表面取点，可利用圆柱面投影的积聚性进行作图。

如图 3-3b、c 所示，已知圆柱表面上点 M 的正面投影 m'，求点 M 的其余两面投影。

由点 M 的正面投影 m' 的位置及其可见性，可判定点 M 在左前圆柱面上，可利用圆柱面水平投影的积聚性，先求出点 M 的水平投影，再求其侧面投影。

作图步骤如下：

(1) 利用水平投影的积聚性，由 m' 求出 m；

(2) 再由 m 和 m' 求出 m''；

(3) 判别可见性。点 M 在左前圆柱面上，因此对 W 面可见。圆柱面的水平投影有积聚性，不需判别可见性。

3.2.2 圆锥

圆锥是由圆锥面和底面所围成。圆锥面可看成是一直线绕与之相交的轴线旋转而形成。其素线均相交于轴线上一点，见图 3-4a。

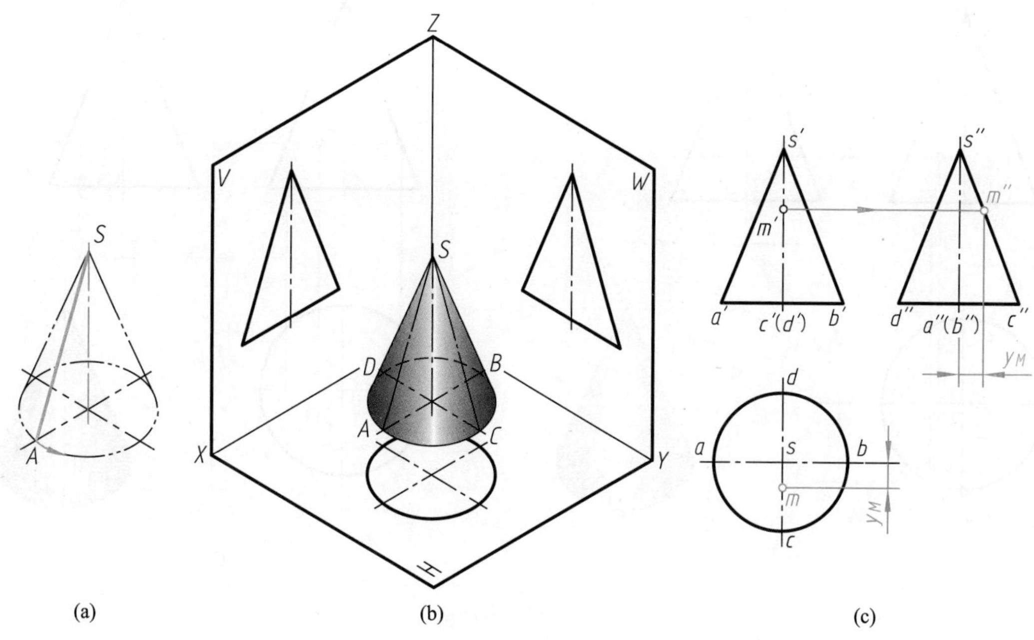

(a)　(b)　(c)

图 3-4　圆锥的三视图及其表面取点

1. 圆锥的投影

图 3-4 所示为一轴线垂直于 *H* 面的圆锥。圆锥的正面投影和侧面投影是大小相等的等腰三角形。在正面投影中,最左、最右素线为圆锥面前后可见和不可见部分的分界线,即前半圆锥面可见,后半圆锥面不可见;在侧面投影中,最前、最后素线是圆锥面左右可见和不可见部分的分界线,即左半圆锥面可见,右半圆锥面不可见。

2. 圆锥表面取点

由于圆锥面的三个投影都没有积聚性,所以在圆锥表面取点时应利用辅助线法。可过锥顶作辅助素线,也可作平行于底面的辅助圆。

已知圆锥面上点 *K* 的正面投影 *k'*,求点 *K* 的其余两面投影。有两种方法。

(1) 辅助素线法

如图 3-5a 所示,过锥顶 *S* 与点 *K* 作辅助素线 *SG* 的三面投影,再根据直线上点的投影规律,作出 *k* 和 *k''*,最后判别可见性。由点 *K* 的正面投影 *k'* 的位置及其可见性可知,点 *K* 在右前半圆锥面上,所以对 *H* 面可见,对 *W* 面不可见。

(2) 辅助圆法

如图 3-5b 所示,过点 *K* 作平行于圆锥底面的辅助圆,即在正面投影中过 *k'* 先作一水平线 *1'2'*,则 *1'2'* 即为辅助圆的正面投影,并反映辅助圆的直径。在水平投影上,以 *s* 为圆心,以 *1'2'* 为直径作圆,该圆即为辅助圆的水平投影,辅助圆的侧面投影由“高平齐”得到。因为点 *K* 在辅助圆上,可根据辅助圆的三面投影求出点 *K* 的其余两面投影。

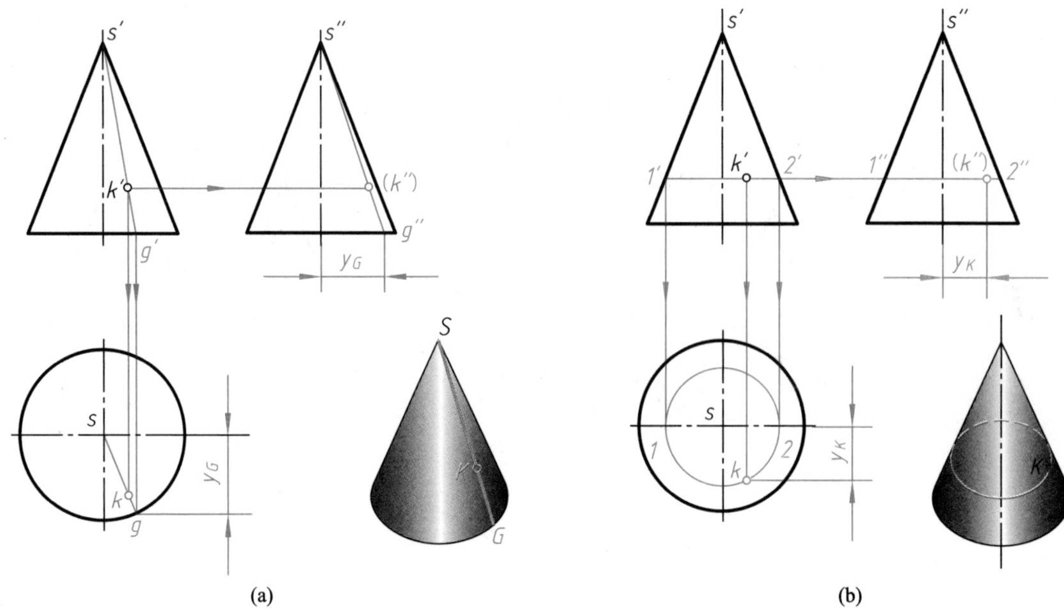

图 3–5 圆锥表面取点

3.2.3 球

球是由球面所围成。球面是以半圆为母线，绕直径回转一周所形成的回转面，如图 3–6a 所示。

1. 球的投影

球的三面投影都是与球直径相等的圆，它们分别是球面上平行于三个投影面的最大圆的投影，如图 3–6c 所示。

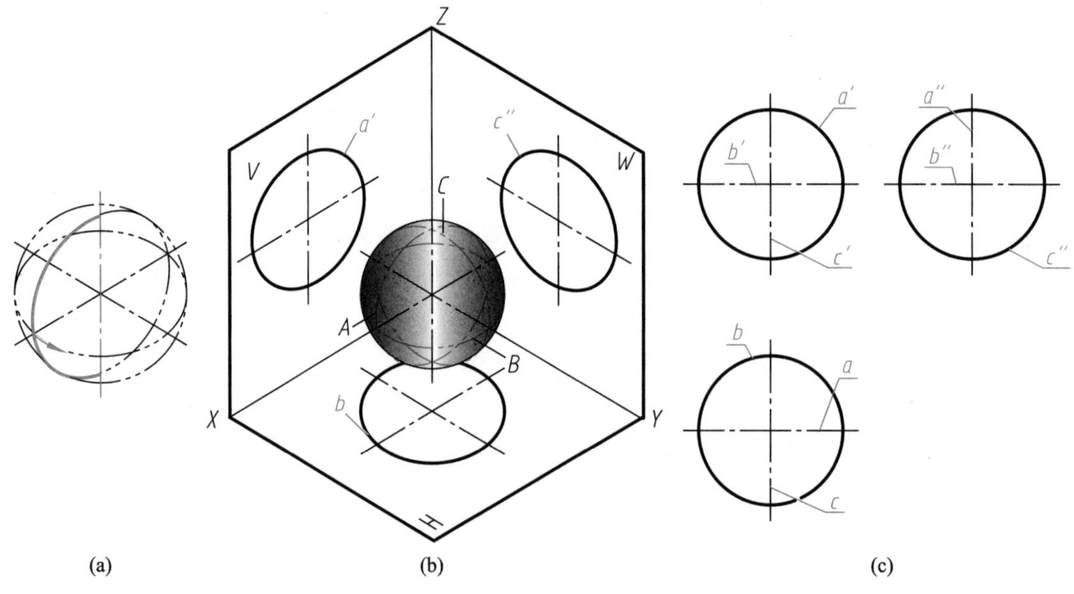

图 3–6 球的三视图

如图 3-6b 所示，球的正面投影是球面上平行于正面的最大圆 A 的投影，水平投影则积聚为直线并且与水平中心线重合；侧面投影与竖直中心线重合。在正面投影中，平行于正面的最大圆 A 是球面对 V 面可见和不可见的分界线，即前半球面可见，后半球面不可见。球面上平行于水平面的最大圆 B 和平行于侧面的最大圆 C 的分析同上。球心的投影是三面投影中对称中心线的交点，作图时可先确定球心的三面投影，再画出与球等直径的三个圆。

2. 球面取点

球面的三个投影都没有积聚性，且球面上不存在直线。因此，在球面上取点，只能利用过该点作平行于某一投影面的辅助圆的方法。

如图 3-7 所示，已知球面上点 M 的水平投影 m，求点 M 的其余两面投影。

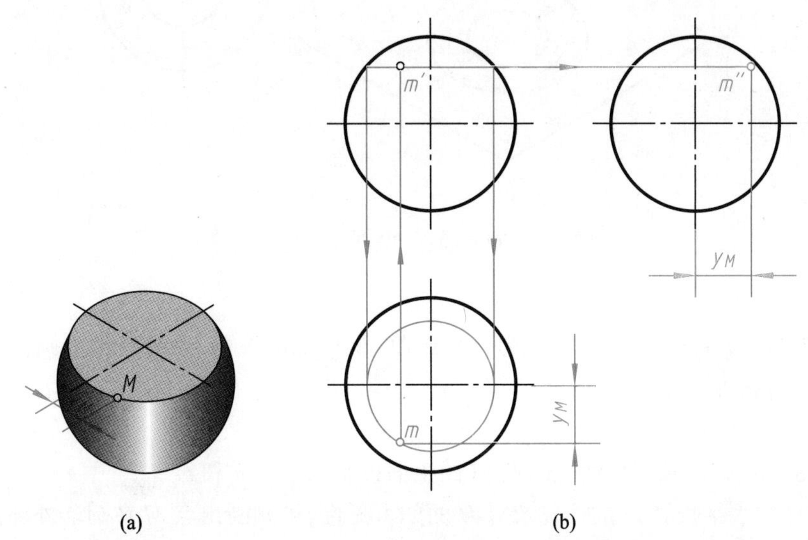

图 3-7　球面取点

根据点 M 的水平投影 m 的位置及其对 H 面的可见性，可判断出点 M 在球面的左、上、前部，应在这部分球面的正面投影和侧面投影范围内利用辅助圆法求 m' 和 m''。

作图步骤如下：

(1) 过点 m 作一水平圆，其正面投影为一长度等于水平圆直径的水平方向直线，侧面投影与正面投影相同；

(2) 根据点的投影规律，由 m 作出 m' 及 m''；

(3) 判别可见性。点 M 在左、上、前球面上，故对 V 面及 W 面均可见。

3.2.4　圆环

圆环是由环面围成的。环面可看作一圆母线绕与其共面但不通过圆心的轴线旋转而成，如图 3-8a 所示。靠近轴的半个环面为内环面；远离轴的半个环面为外环面。

1. 圆环的投影

如图 3-8b 所示，圆环的轴线为铅垂线，正面投影中的左、右两个圆是圆环上平行于 V 面的 A 和 B 两个素线圆的正面投影；侧面投影上的两圆是圆环上平行于 W 面的 C 和 D 两素线圆的

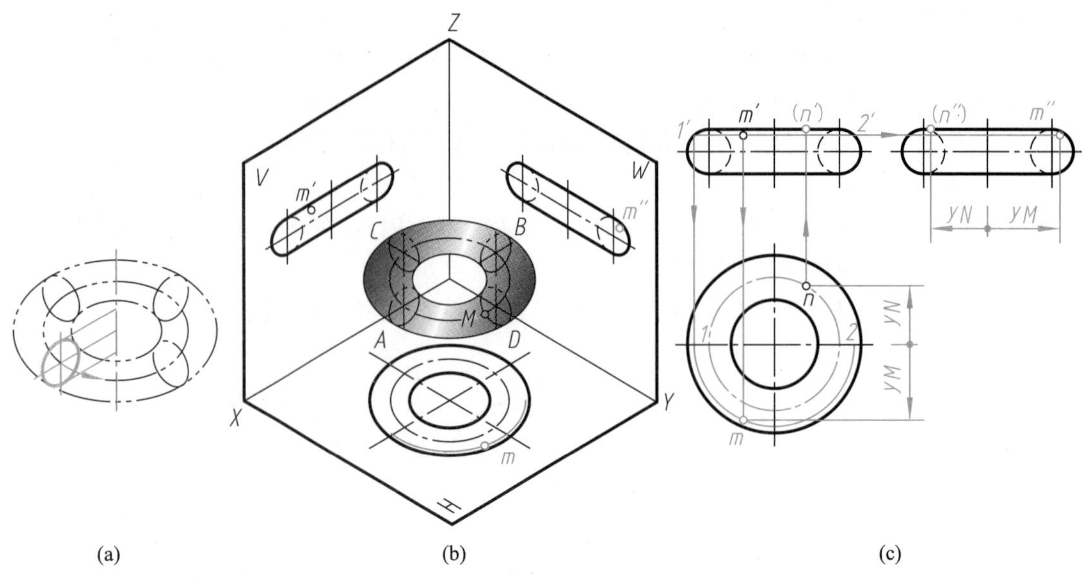

图 3-8 圆环的三视图及其表面取点

投影;正面和侧面投影上顶、底两直线是环面最高、最低圆的投影;水平投影上画出最大和最小圆以及中心圆的投影。

2. 圆环表面取点

如图 3-8c 所示,已知圆环面上的点 M 的正面投影 m',求 m 和 m''。

根据点 M 的水平投影 m 的位置及对 H 面的可见性,可判断出点 M 在圆环外环面的左、上、前部,应在这部分环面的正面投影和侧面投影范围内利用辅助圆法求 m' 和 m''。

作图步骤如下:

(1) 过 m' 作一水平线,交圆环外环面于点 $1'$ 和 $2'$,水平投影为直径等于 12 的圆;

(2) 根据点的投影规律,由 m' 作出 m 和 m'';

(3) 判别可见性。点 M 在左、上、前环面上,故对 H 面和 W 面均可见。

已知圆环上点 N 的水平投影 n,求作其他两个投影。

点 N 在圆环面的最高圆上,可根据点的投影规律直接作出(n')和(n'')。

3.2.5 组合回转体

组合回转体是由圆柱、圆锥、球和圆环(圆弧回转面)等全部或部分组合而成。图 3-9 所示为一个组合回转体,它的表面是由圆柱面、圆弧回转面、平面、圆锥面以及圆柱面和上、下底面组合而成的。在绘制组合回转体三视图时,各形体光滑过渡处的轮廓线有的不必画出,如图 3-9 所示。

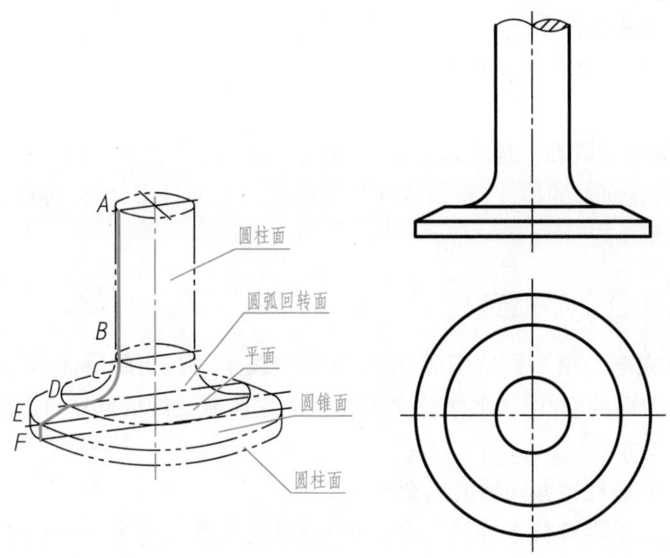

图 3–9　组合回转体的视图

3.3　平面与立体相交

3.3.1　截交线的性质

立体被平面截切后的部分称为截切体。截切立体的平面称为截平面,截平面与立体表面的交线称为截交线。平面截切立体形成的实体接触范围称为截断面,截断面是截切体的一个平面,截交线是该平面的轮廓线,如图 3-10a 所示。画截切体的三视图时,既要画出截切体表面上截交线的投影,又要画出立体上轮廓线的投影。图 3-10b 所示为半联轴器的轴测图。

截交线的形状与被截切立体的表面性质及截平面位置有关。也就是说截交线的形状取决于两点因素:被截切立体自身所具有的空间几何特征和截平面与立体两者的空间相对位置。

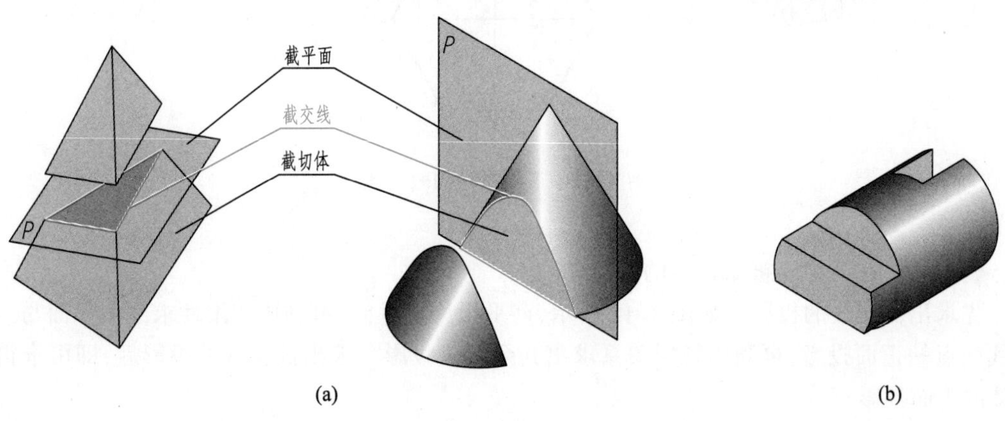

图 3–10　平面截切立体

截交线具有下述基本性质：

(1) 封闭性。任何立体的截交线都是一个封闭的平面图形(平面多边形、平面曲线或两者的组合)。

(2) 共有性。截交线既在立体表面上，又在截平面上，是二者共有点的集合。求截交线的投影，可归结为求立体表面上的棱线、素线或圆与截平面交点的投影，然后再依次连接各交点的同面投影。

3.3.2　平面与平面立体相交

由于平面立体完全是由平面所围成，所以其截交线是一封闭的平面多边形，其中每条线段都是截平面与某个表面的交线，因此求作平面与平面立体截交线的问题可归结为平面与平面相交问题。

例 3-1　求正六棱柱被截切后的截交线。

如图 3-11 所示，正六棱柱上部被一个正垂面截切，其截交线为一个封闭的六边形，六边形的顶点就是截平面与各棱线的交点。可先利用积聚性求出交点的正面投影和水平投影，然后根据“高平齐”和直线上点的投影规律求出各点的侧面投影，依次连接各点即为上部截交线的侧面投影。六棱柱的下部左、右各被一个水平面和一个侧平面截切，其截断面的水平投影和侧面投影分别反映实形，其他投影积聚为直线，其中侧平面的水平投影为一不可见直线。

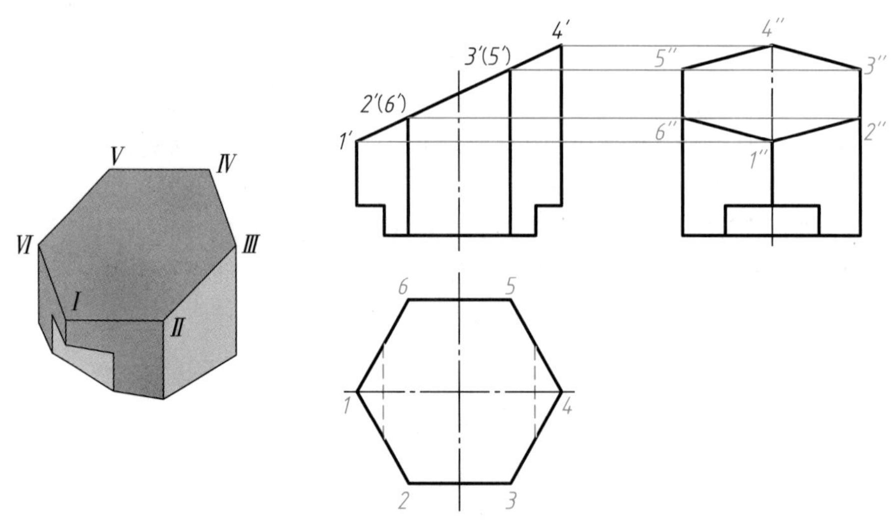

图 3-11　正六棱柱的截交线

例 3-2　求三棱锥被截切后的截交线。

先求出截交线的投影。如图 3-12 所示，截平面为正垂面，可利用积聚性求出截平面与三条棱线交点的正面投影，再利用投影关系求出其余两个投影。求出截交线的投影后，即可求得截切体的三面投影。

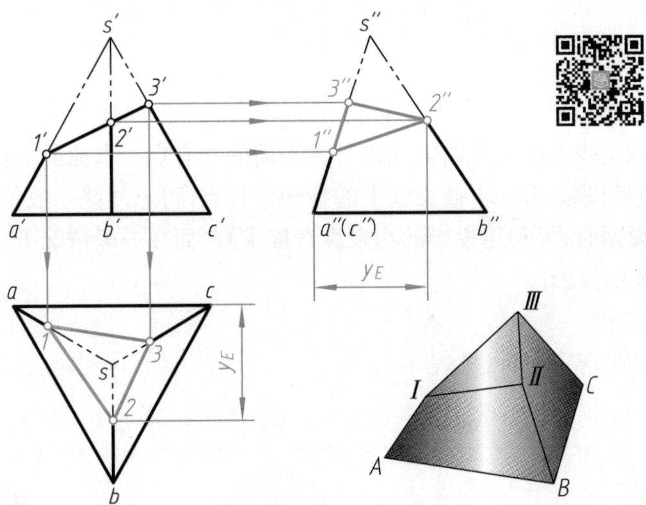

图 3–12　三棱锥的截交线

例 3–3　求带切口四棱锥的三面投影。

图 3–13 所示为一带切口的四棱锥，切口由两个侧平面和一个水平面组成，切口的正面投影有积聚性。可先求出侧平面与棱边的交点 *Ⅰ* 和水平面与棱边的交点 *Ⅱ* 和 *Ⅲ*，侧平面的水平投影为一直线，水平面与棱锥相交为平行底边的直线，可求出 *Ⅳ* 和 *Ⅴ* 两点，图形左右对称，按顺序连接各点即可完成三面投影。需注意侧面投影直线 4″5″ 为细虚线。

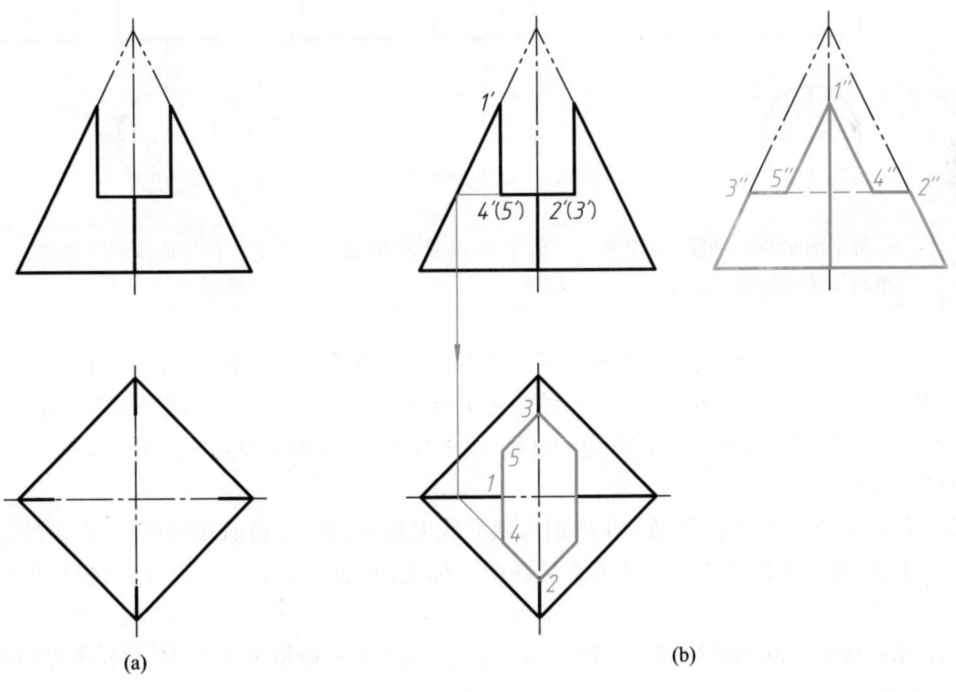

图 3–13　带切口的四棱锥

3.3.3 平面与曲面立体相交

平面截切曲面立体,截交线一般为封闭的平面曲线或平面曲线与线段的组合,在特殊情况下是平面多边形。截交线上的点是曲面立体与截平面的共有点。求曲面立体截交线的问题,可归结为求线面交点的问题。可先求截交线上的特殊位置点,再求一些一般位置点。当截平面或立体表面垂直于投影面时,可利用投影的积聚性直接求解,而在一般情况下,则需要通过作辅助平面才能求出截交线的投影。

1. 平面与圆柱相交

平面截切圆柱的情况有三种,见表 3-1。

表 3-1 平面与圆柱面的交线

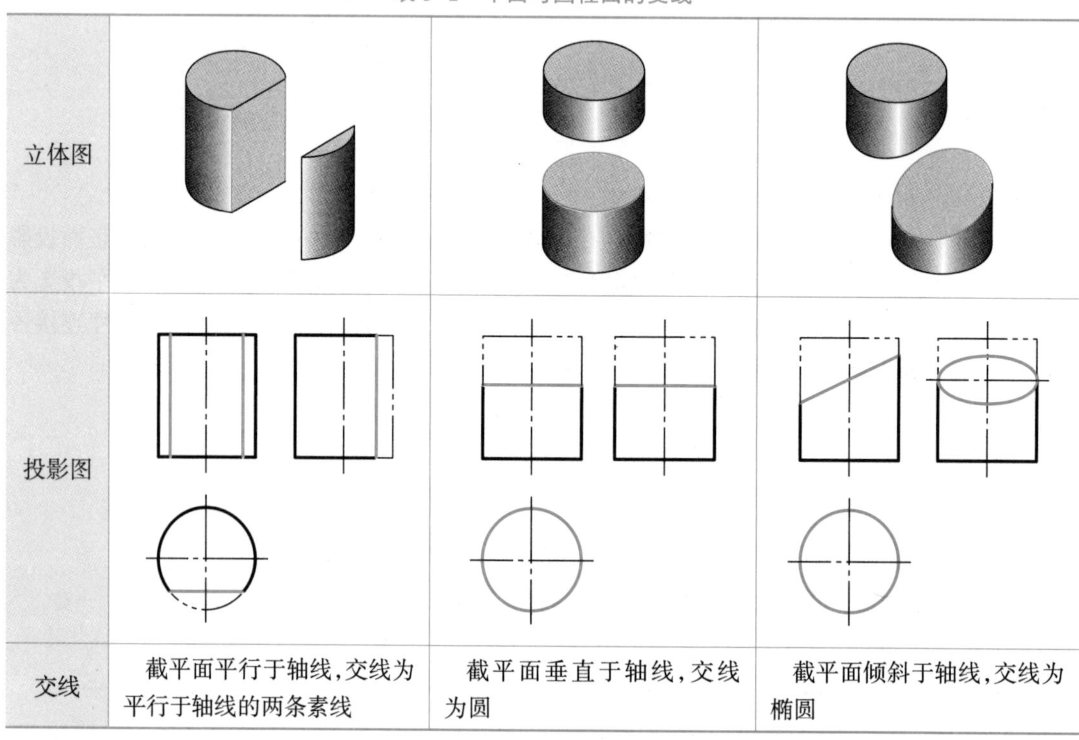

立体图			
投影图			
交线	截平面平行于轴线,交线为平行于轴线的两条素线	截平面垂直于轴线,交线为圆	截平面倾斜于轴线,交线为椭圆

例 3-4 如图 3-14 所示,已知圆柱被截切后的正面投影和水平投影,求其侧面投影。

分析:应先求出截交线的侧面投影,然后再求被截圆柱的侧面投影。截平面为正垂面,圆柱轴线为铅垂线,则截交线的正面投影为一直线,水平投影为圆,侧面投影为椭圆。

作图步骤:

(1) 作特殊点。图中*Ⅰ*、*Ⅱ*、*Ⅲ*和*Ⅳ*分别为截交线上最左、最右、最前和最后点,它们的正面投影 *1′*、*2′*、*3′*、*4′* 和水平投影 *1*、*2*、*3*、*4* 可直接在图上标出,侧面投影 *1″*、*2″*、*3″*、*4″* 可根据投影关系求得。

(2) 作一般点。利用圆柱表面上取点的方法,求得 4 个一般位置点 *Ⅴ*、*Ⅵ*、*Ⅶ*和*Ⅷ*的侧面投影 *5″*、*6″*、*7″*、*8″*。

(3) 判别可见性并将上述 8 个点的侧面投影依次光滑连接,即得到截交线的侧面投影椭圆。

(4) 完成截切圆柱的侧面投影。

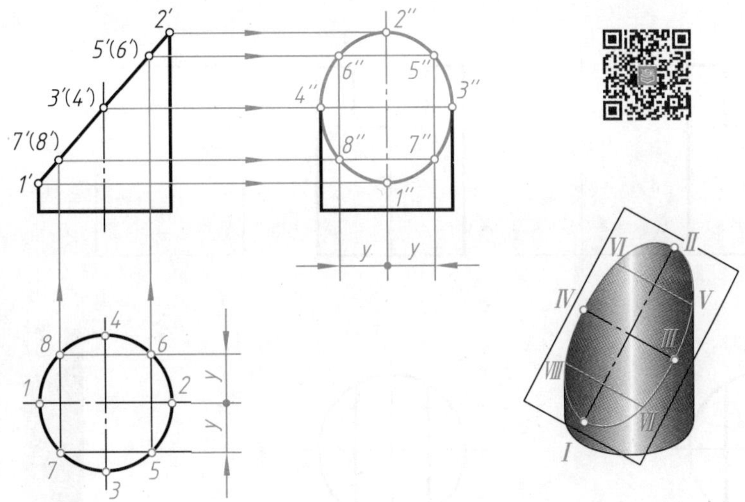

图 3-14 截切圆柱的投影

图 3-15 表示了截平面对圆柱轴线处于不同倾角时截交线正面投影的变化情况。当倾角为 45° 时，截交线的正面投影为圆，圆柱的直径即为该圆直径。

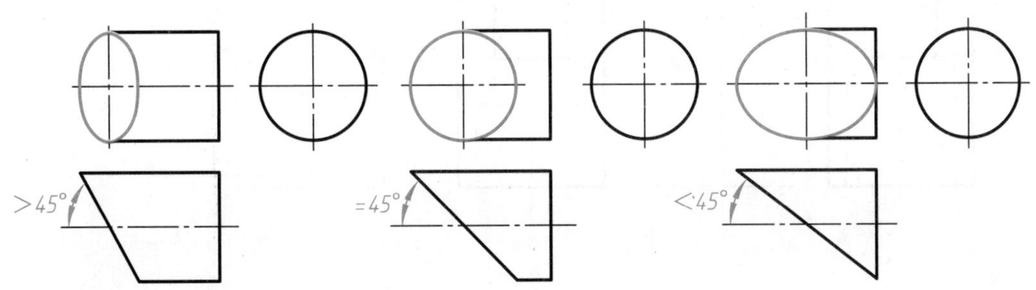

图 3-15 截平面对圆柱轴线倾角不同时截交线正面投影的变化

例 3-5 如图 3-16 所示，求开槽圆柱的投影。

分析：图 3-16a 所示为圆柱被三个截平面截切。其中对称的左、右两个截平面是侧平面，它们与圆柱面的交线为两条铅垂线，与顶面的交线为正垂线。另一个截平面是水平面，它与圆柱面的交线为两段圆弧。三个截平面间形成两条交线，均为正垂线。

作图步骤：

(1) 先画出完整圆柱的侧面投影。

(2) 由于两侧平面的截交线左右对称，其侧面投影重合，因此只需作出其中一个截交线的侧面投影即可（本题作的是右侧平面）。如图 3-16a 所示，截交线上 *Ⅰ*、*Ⅱ*、*Ⅲ* 和 *Ⅳ* 点的水平投影 *1*、*2*、*3*、*4* 和正面投影 *1′*、*2′*、*3′*、*4′* 在图上直接可得，侧面投影 *1″*、*2″*、*3″*、*4″* 可利用投影关系求出。

(3) 水平截平面上截交线的侧面投影积聚为直线，其最前点 *Ⅴ* 和最后点 *Ⅵ* 分别为最前、最后素线上的点，侧面投影 *5″* 和 *6″* 可依据投影规律求出。

(4) 判别可见性，依次连接相邻两点的侧面投影，即得截交线的侧面投影。

(5) 擦去圆柱被切除部分的轮廓线，即得该圆柱被开槽截切后的侧面投影。

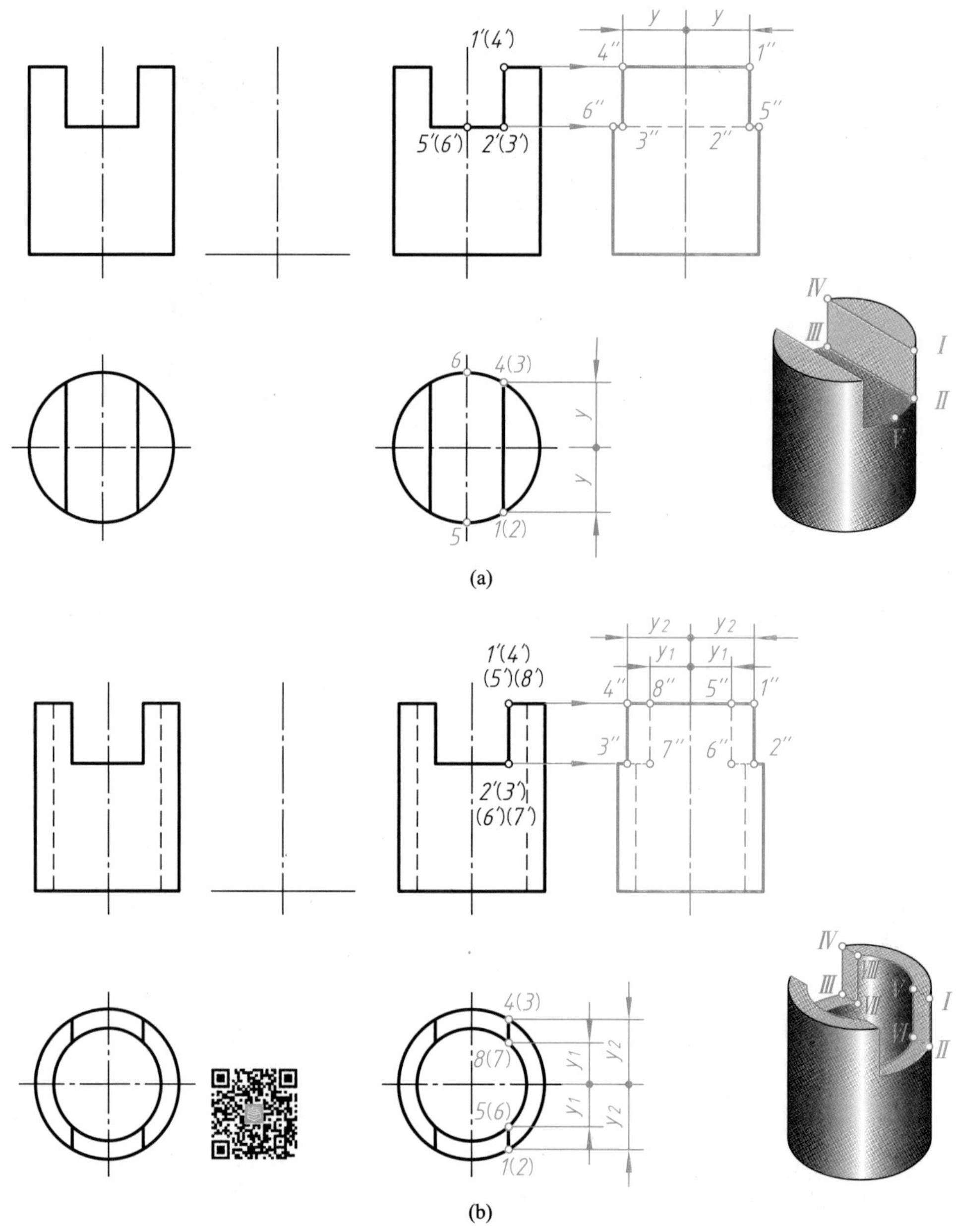

(a)

(b)

图 3-16 开槽圆柱的投影

图 3-16b 所示为一空心圆柱被三个平面截切的作图过程,读者可自行分析。

例 3-6 如图 3-17 所示,求圆柱被多个平面截切的投影。

分析:图 3-17a 所示为圆柱被三个截平面截切,分别是侧平面、正垂面和水平面。其中:侧平面截切圆柱的侧面投影为圆的一部分,水平投影为一竖直线段;正垂面截切圆柱的侧面投影也为圆的一部分,水平投影为椭圆的一部分;水平面截切圆柱的侧面投影为一水平线段,水平投影为两条水平线段。

作图步骤:

(1) 画出侧平面截切圆柱的水平投影竖直线段。

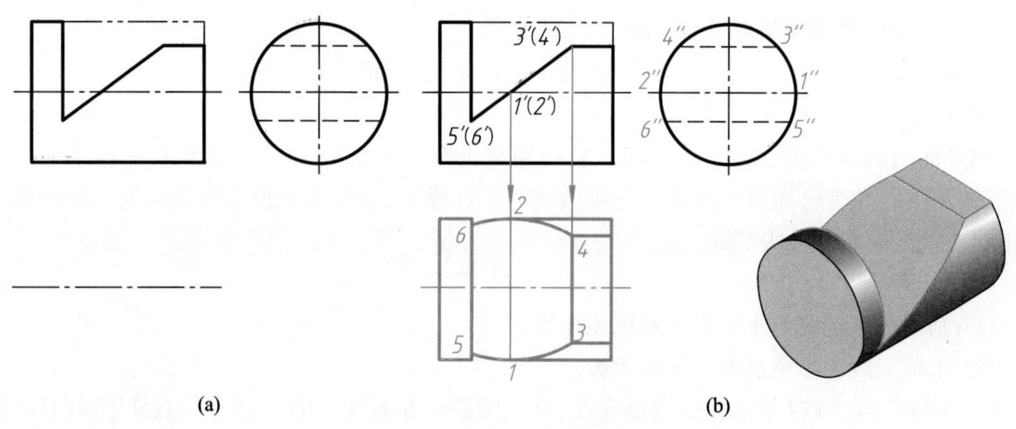

(a) (b)

图 3-17 圆柱被多个截平面截切的投影

(2) 画出正垂面截切圆柱的水平投影。用表面取点法取特殊点和一般点，按顺序连接各点，完成椭圆弧。正垂面与侧平面的交线的侧面投影为一细虚线。

(3) 画出水平面截切圆柱的水平投影，两条水平线段。正垂面与水平面交线的水平投影为一竖直线段，正垂面与水平面的交线侧面投影为一细虚线。

(4) 擦去多余的作图线，即得圆柱被多个平面截切后的水平投影和侧面投影，如图 3-17b 所示。

2. 平面与圆锥相交

平面截切圆锥，平面与圆锥面交线的基本形式有五种，见表 3-2。

表 3-2 平面与圆锥面的交线

截平面位置	过锥顶	不过锥顶			
		$\theta=90°$	$\theta>\alpha$	$\theta=\alpha$	$0°\leqslant\theta<\alpha$
交线形状	相交两直线	圆	椭圆	抛物线	双曲线
立体图					
投影图		α θ	α θ	α θ	

下面举例说明圆锥截交线的画法。

例 3-7　如图 3-18a 所示，已知圆锥与侧平面相交，求截交线的投影。

分析：应先求出截交线的投影。因截平面为不过锥顶但平行于圆锥轴线的侧平面，由表 5-2 可知侧平面与圆锥面的交线是双曲线。它的侧面投影反映实形，其余两投影均积聚成一直线。因此，该题可归结为已知圆锥表面上一双曲线的正面投影，求其水平投影和侧面投影的问题，可利用圆锥表面取点的方法求解。

作图步骤（图 3-18b）：

（1）画出完整圆锥的水平投影和侧面投影。

（2）求截交线的水平投影和侧面投影。

1）求特殊点。点*I*是双曲线的最高点，又是圆锥最左素线上的点，点*II*和点*III*是双曲线的最低点，同时也是最前点和最后点。可利用投影关系由它们的正面投影 *1′*、*2′*、*3′* 求出水平投影 *1*、*2*、*3* 及侧面投影 *1″*、*2″*、*3″*。

2）求两个一般位置点。在已知截交线的正面投影上取两点*IV*和 *V*，投影为点 *4′* 和点 *5′*。利用辅助圆法可求出水平投影 *4*、*5* 及侧面投影 *4″*、*5″*。

3）判别可见性，并按顺序光滑连接各点。截交线对 *H* 面和 *W* 面均可见。

4）擦去被切除的图线，即得被截切圆锥的水平投影和侧面投影。

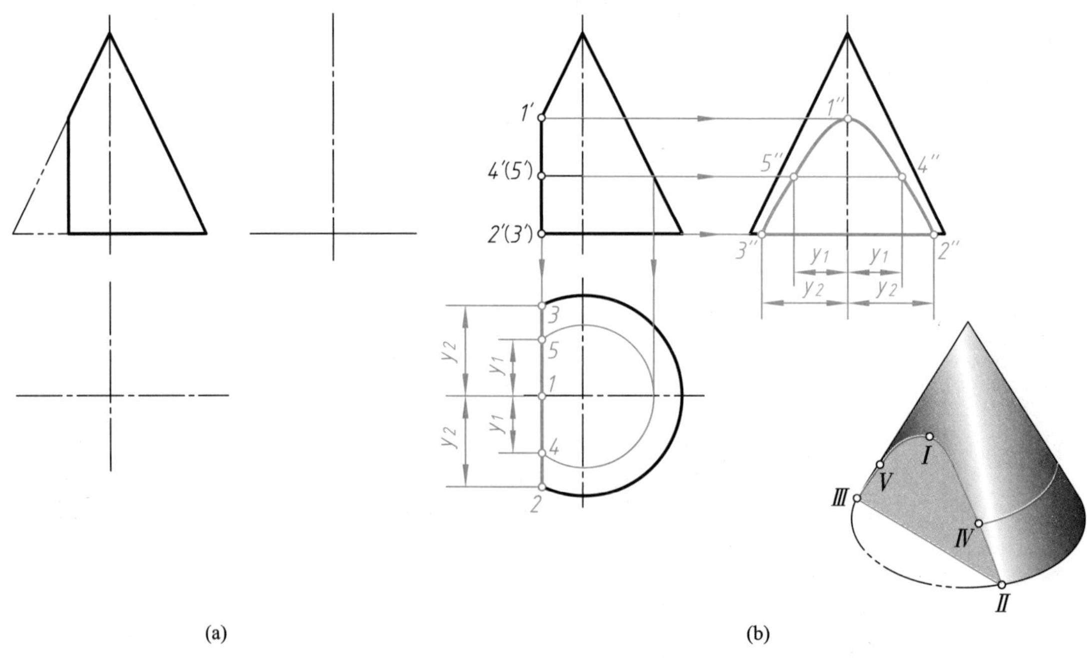

图 3-18　侧平面截切圆锥的投影

例 3-8　如图 3-19a 所示，已知带缺口圆锥的正面投影，求其余两面投影。

分析：缺口是由两个截平面截切圆锥形成的，一个是过锥顶的正垂面，与圆锥面形成的交线是两条过锥顶的素线；另一个是垂直于圆锥轴线的水平面，与圆锥面形成的交线是大半个水平圆；两个截平面的交线是一条正垂线。

作图步骤（图 3-19b）：

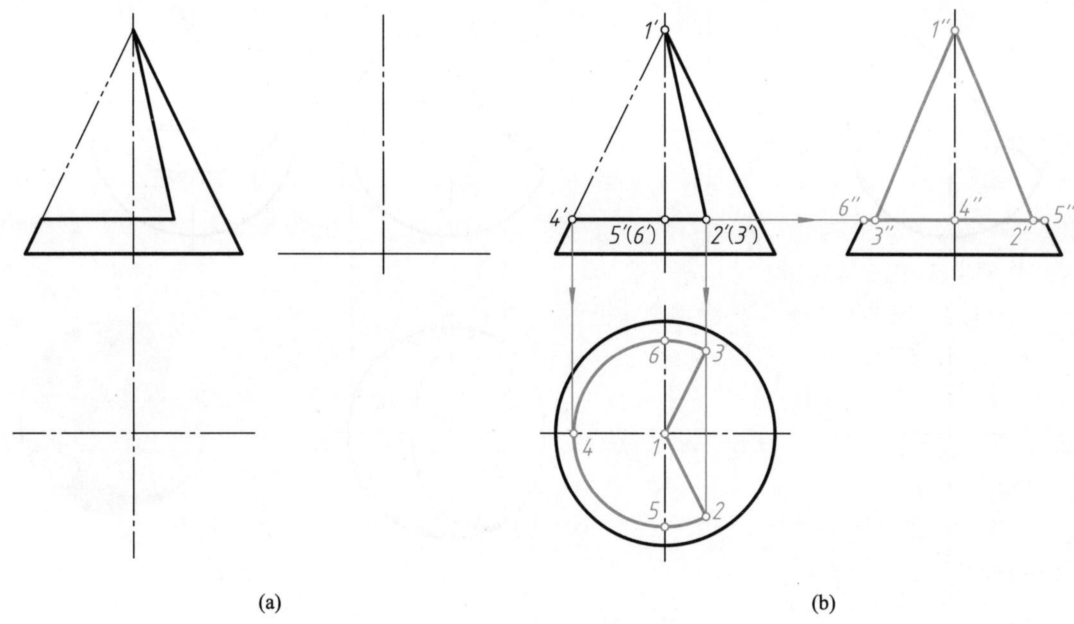

图 3-19 带缺口圆锥的投影

(1) 画出完整圆锥的水平投影和侧面投影。

(2) 作出水平面的截交线，其侧面投影为一直线，水平投影为圆的一部分；作出过锥顶的正垂面的截交线，侧面投影和水平投影均为过锥顶的三角形。

(3) 擦去被切除部分的图线，判别可见性。图中两截平面的交线对 *H* 面不可见。

3. 平面与球相交

平面截切球面时，截交线总是圆。圆的大小与截平面到球心的距离有关。截平面离球心越近，圆的直径越大，过球心的截平面所得截交线直径最大，即等于球的直径。

例 3-9 如图 3-20a 所示，已知正垂面截切球的正面投影，求其余两面投影。

分析：球被正垂面截切，截交线的正面投影积聚为直线，直线长等于截交线圆的直径；水平投影及侧面投影均为椭圆。

作图步骤(图 3-20b)：

(1) 作出完整球体的水平投影和侧面投影。

(2) 求截交线的水平投影和侧面投影。

1) 求特殊点。在正面投影上找到最大正平圆上*Ⅰ*和*Ⅱ*两点（同时也是最左点和最右点）的正面投影 *1′*、*2′*，最大水平圆上*Ⅲ*和*Ⅳ*两点的正面投影 *3′*(*4′*)，最大侧平圆上*Ⅴ*和*Ⅵ*两点的正面投影 *5′*(*6′*)及椭圆长、短轴端点*Ⅶ*和*Ⅷ*（同时也是最前和最后点）的正面投影 *7′*(*8′*)，用球面取点法求出水平投影 *1*、*2*、*3*、*4*、*5*、*6*、*7*、*8* 及侧面投影 *1″*、*2″*、*3″*、*4″*、*5″*、*6″*、*7″*、*8″*。

2) 判别可见性。依次光滑连接各点，擦去球被截去部分的轮廓线。所求的两面投影图中所有图线均可见。

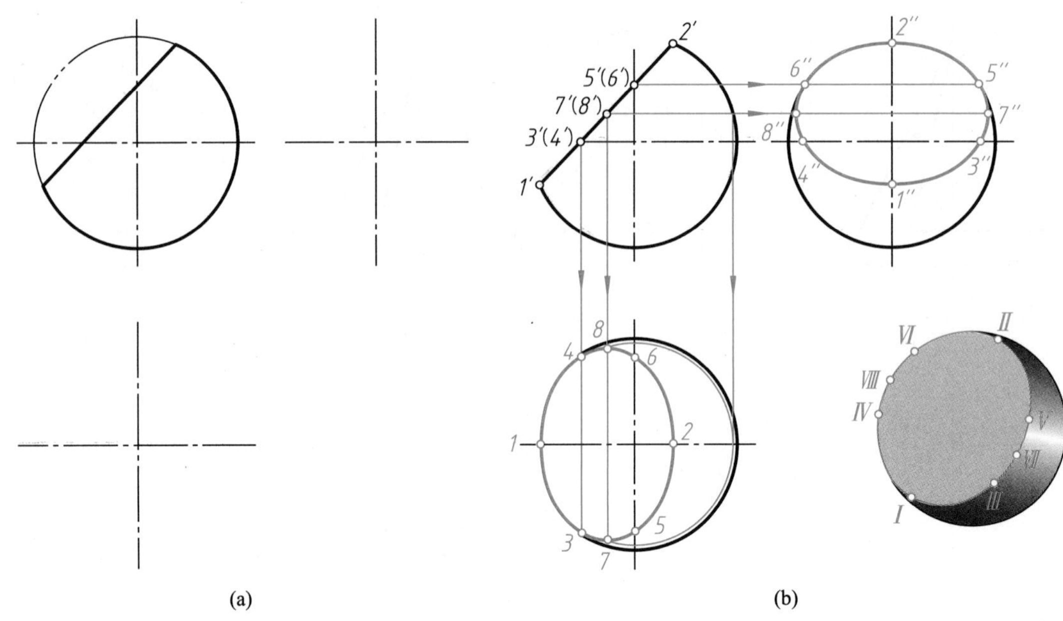

图 3–20 正垂面截切球的投影

例 3–10 如图 3–21a 所示，已知开槽半球的正面投影，求其余两面投影。

分析：所给半球中上部开一缺口，缺口由一个水平面和两个侧平面构成，且左右对称。两个侧平面与球面截交线的侧面投影为圆弧，其水平投影为直线；水平截平面与球面截交线的水平投影为圆弧，其侧面投影为直线。

作图步骤：具体作图方法如图 3–21b 所示。

半球被多个平面截切的情况比较如图 3–22 所示。

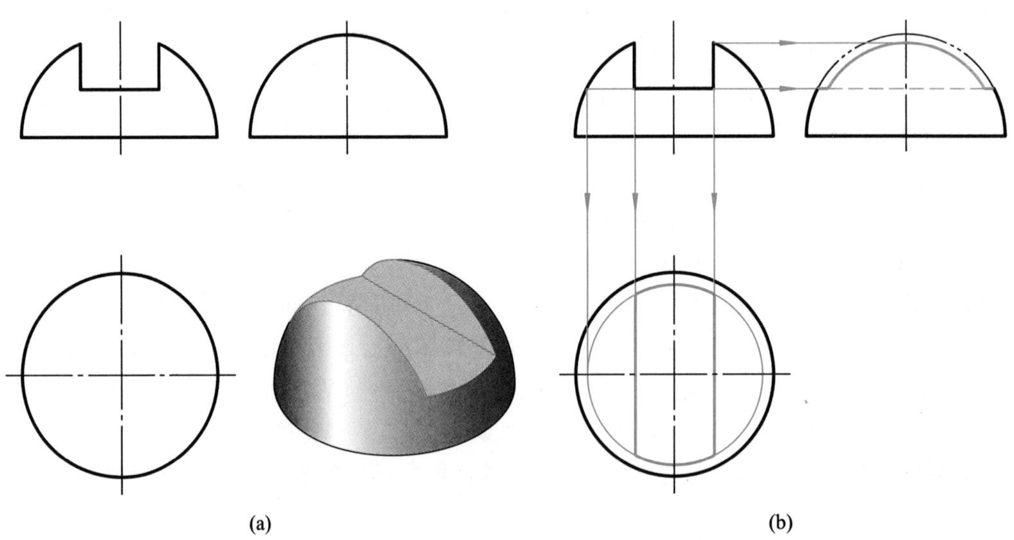

图 3–21 开槽半球的截交线

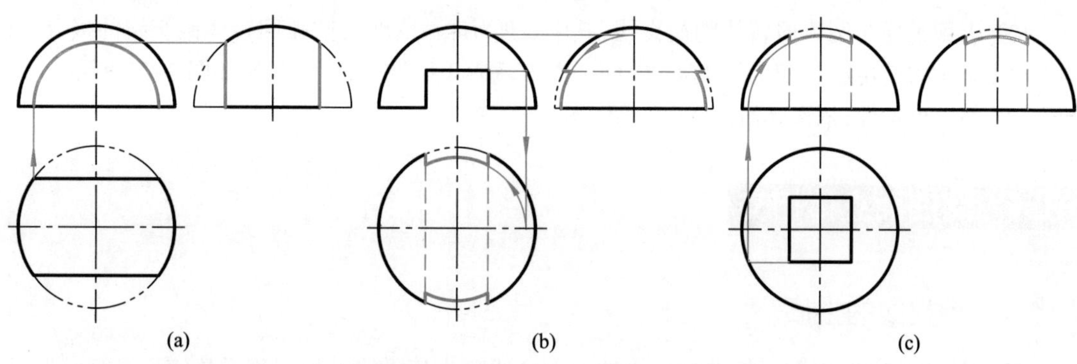

图 3–22　半球被多个平面截切的情况比较

4. 平面与组合回转体表面相交

组合回转体是指由两个或两个以上回转体组合形成的立体。在求平面与组合回转体表面相交的截交线投影时，应先分析组合回转体各部分是什么基本体，并区分它们的分界处，然后分别按求基本体截交线的方法求各段截交线，它们的总合就是组合体的截交线。

例 3–11　求连杆头部的截交线。

分析：如图 3–23 所示，连杆头部是由圆柱、圆弧回转体和球组成，前、后被两个正平面截切。截平面与圆柱面不相交，该部分无截交线，截平面与球面的截交线为圆，与圆弧回转体的截交线为平面曲线。

作图步骤：

(1) 求截平面与球的截交线，截交线是平行于 V 面的圆弧，半径 R 可以从水平投影或侧面投影中量取。

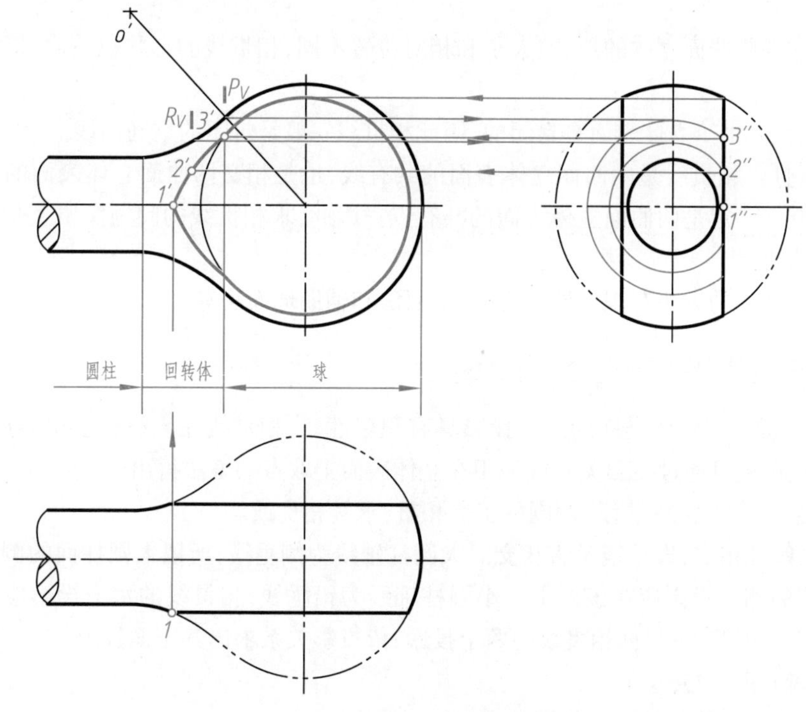

图 3–23　连杆头部的截交线

(2) 求截平面与圆弧回转体的截交线，其中点Ⅲ为球截交线与圆弧回转体截交线的接合点；点Ⅰ为截交线的最左点；点Ⅱ为一般点，辅助平面 R 垂直于回转体轴线，作法如图 3-23 所示。

(3) 判别可见性，依次光滑连线，完成作图。

3.4 两曲面立体相交

3.4.1 相贯线的性质

两立体相交称为相贯。相贯时形成的表面交线称为相贯线。根据相贯体表面几何形状的不同，可分为两平面立体相交、平面立体与曲面立体相交以及两曲面立体相交三种情况，如图 3-24 所示。本书只介绍两曲面立体相交的情况。

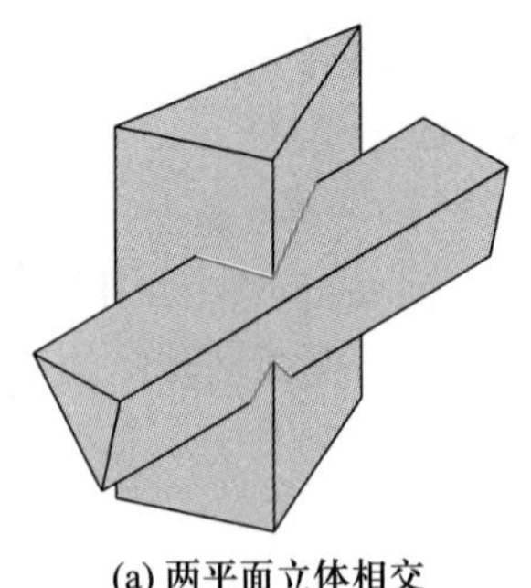

(a) 两平面立体相交

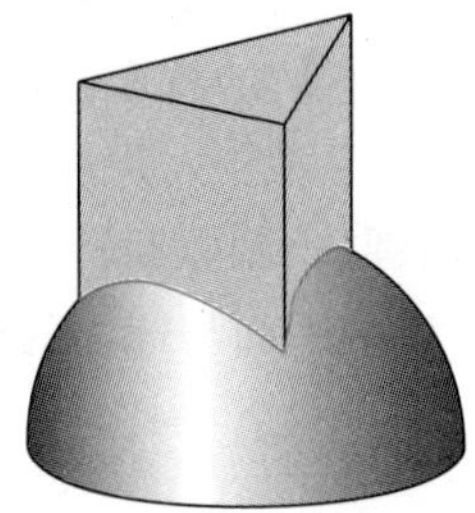

(b) 平面立体与曲面立体相交

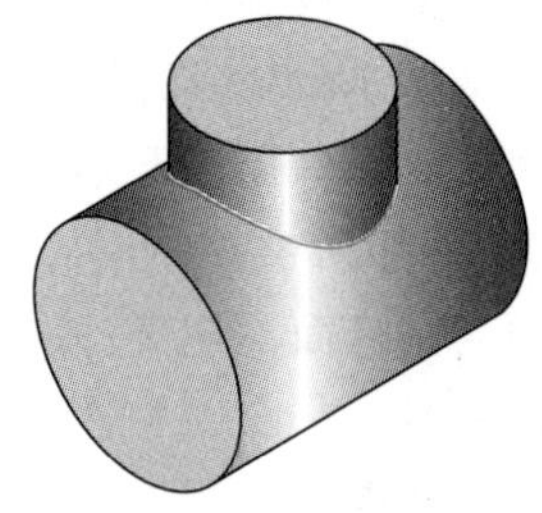

(c) 两曲面立体相交

图 3-24 两立体相交的三种情况

由于相交的两曲面立体的形状、大小和相对位置不同，相贯线的形状也不同，但相贯线均具有以下基本性质：

(1) 封闭性。由于立体表面是封闭的，因此相贯线一般是封闭的空间曲线。

(2) 共有性。相贯线是两曲面立体表面的共有线，也是相交两曲面立体表面的分界线。相贯线上的所有点一定是两曲面立体表面的共有点。因此，求相贯线的问题实质上是求线面交点和面面交线的问题。

求相贯线常用的方法有积聚性法、辅助平面法和辅助球面法等。

3.4.2 利用积聚性投影求作相贯线

当参与相贯的两立体表面的某一投影具有积聚性时，相贯线在该投影上也必产生积聚，相贯线的其余投影便可通过投影关系或采用在立体表面上取点的方法得出。

例 3-12 如图 3-25 所示，两圆柱正交相贯，求其相贯线。

分析：两圆柱正交，即轴线垂直相交。大圆柱轴线为侧垂线，所以大圆柱面的侧面投影积聚成圆，相贯线的侧面投影应在该圆上。小圆柱轴线为铅垂线，相贯线的水平投影应在小圆柱面的水平投影上。因此，可根据相贯线的两个投影，依投影关系求出其正面投影。

作图步骤(图 3-25b)：

(1) 画出相贯两圆柱的正面投影轮廓。

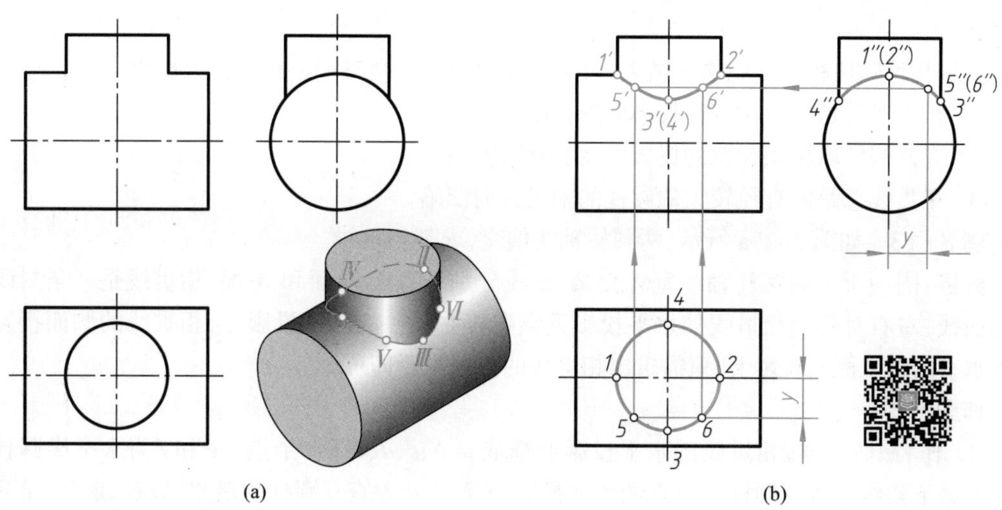

(a) (b)

图 3–25 两圆柱正交相贯

(2) 求相贯线的正面投影。

1) 求特殊点。最高点Ⅰ和Ⅱ同时又是最左、最右点;最低点Ⅲ和Ⅳ同时又是最前、最后点。由水平投影 *1*、*2*、*3*、*4* 及侧面投影 *1″*、*2″*、*3″*、*4″*,可求得正面投影 *1′*、*2′*、*3′*、*4′*。

2) 求一般点。在水平投影上定出左右对称的Ⅴ和Ⅵ两点的水平投影 *5*、*6*,再求侧面投影 *5″*、*6″*,然后根据投影关系求得正面投影 *5′* 和 *6′*。

3) 判别可见性,依次光滑连接各点,即得相贯线的正面投影。

两圆柱正交时产生的相贯线有三种形式:两外表面相交,外表面与内表面相交和两内表面相交。图 3–26 给出了这三种形式的立体图和投影图,其相贯线的分析和作图过程与例 3–12

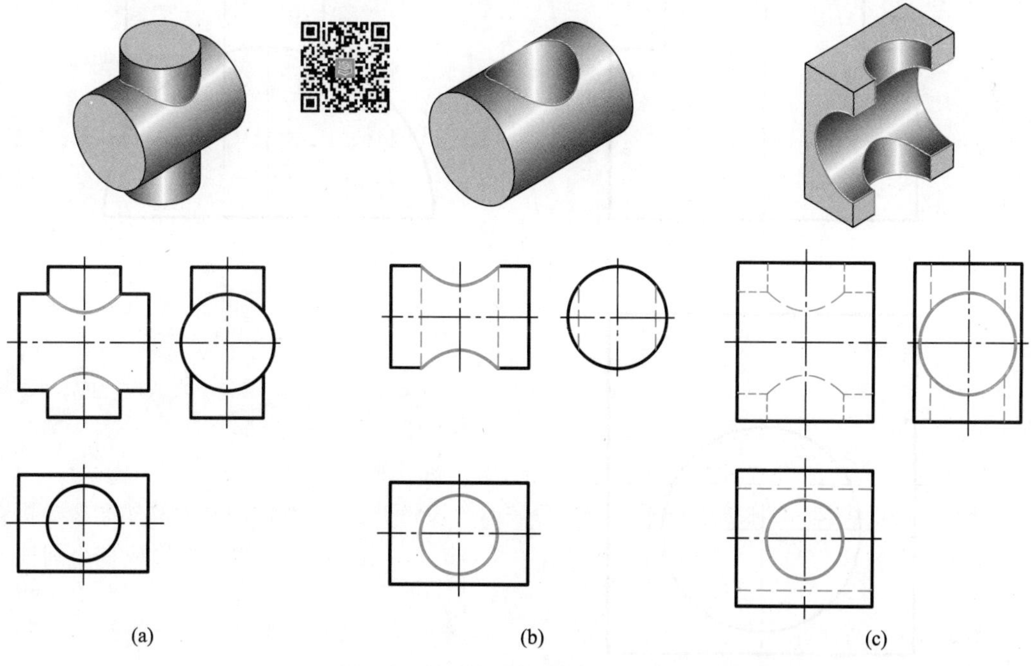

(a) (b) (c)

图 3–26 两圆柱正交相贯的三种形式

相同。

从这几种圆柱相贯线的作图结果,可总结出两圆柱正交时相贯线的投影规律:

(1) 相贯线总是发生在直径较小的圆柱的周围;

(2) 在两圆柱均无积聚性的投影中,相贯线待求;

(3) 相贯线总是向直径较大的圆柱的轴线方向凹陷。

例 3-13 如图 3-27a 所示,两圆柱轴线偏交,求其相贯线。

分析: 图中所示两圆柱轴线垂直交叉,轴线分别垂直于 *H* 面和 *W* 面,相贯线是一条封闭的空间曲线,左右对称。相贯线的水平投影重影在直立圆柱的水平投影上,相贯线的侧面投影重影在水平圆柱的侧面投影上,只需求出相贯线的正面投影即可。

作图步骤:

(1) 作特殊点。在相贯线的水平投影上选取 *a*、*b*、*c*、*d*、*e*、*f* 六个点。*e* 和 *f* 为水平半圆柱的最上和最下素线与直立圆柱面交点的水平投影;*a*、*b*、*c*、*d* 为直立圆柱的最左、最右、最前、最后素线与大圆柱面交点的水平投影;这六个点的侧面投影可直接作出,然后根据投影关系可作出其正面投影。

(2) 作一般点。在相贯线的水平投影的适当位置取 *g* 和 *h* 两点,最好对称选点,根据投影规律作出侧面投影 g''、h'',由 g''、h'' 和 *g*、*h* 得到正面投影 g' 和 h'。

(3) 判断可见性并光滑连接各点。*A*、*B* 两点是直立圆柱正面投影转向轮廓线上的点,因此这两点为相贯线对 *V* 面可见与不可见的分界点。用粗实线光滑连接 $a'g'c'h'b'$,用细虚线连接 $a'e'd'f'b'$。由于直立圆柱在水平圆柱之前,所以水平圆柱轮廓线被遮挡部分对 *V* 面为不可见,应画成细虚线。

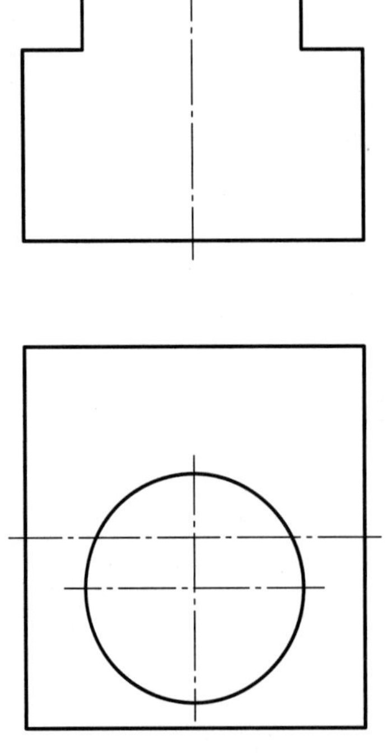

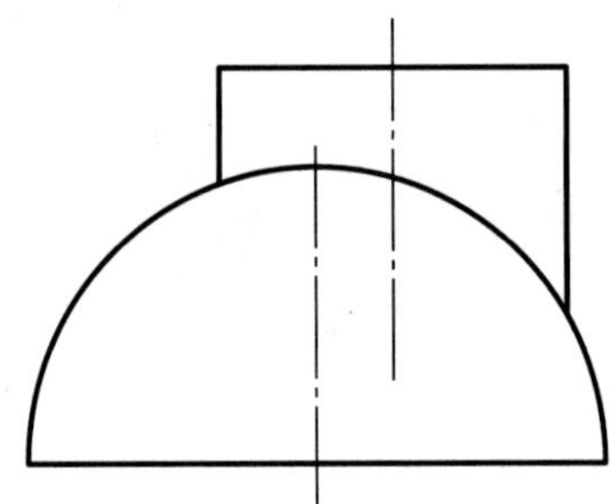

(a)

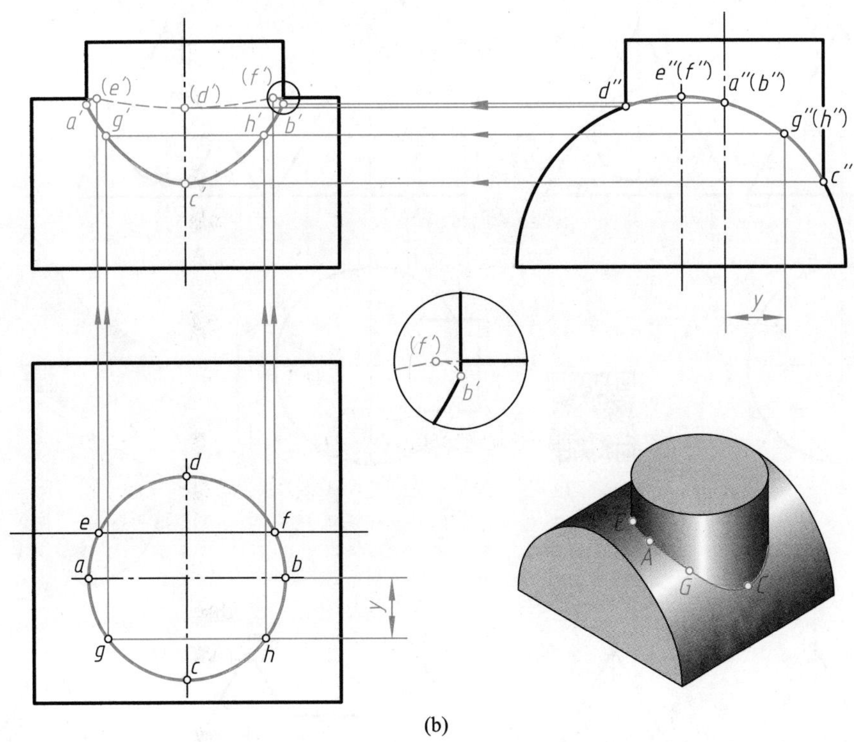

图 3–27 两圆柱偏交的相贯线

为清晰地表示相贯线和轮廓线的连接关系，特采用局部放大图画出，如图 3–27b 所示的圆圈部分。

3.4.3 辅助平面法求作相贯线

利用辅助平面法画相贯线，其基本方法是利用三面共点的原理，如图 3–28 所示。两立体相贯时，为了求得相贯线，可在适当位置选择一个辅助平面，使它与两立体表面相交，得到两条截交线，这两条截交线的交点就是辅助平面与两个立体表面的共有点，也就是相贯线上的点。改变辅助平面的位置，可以得到若干个共有点，判别可见性再依次平滑连接各点的同面投影，就可得相贯线的投影。

选择辅助平面的原则：使辅助平面与两相贯体交线的投影为最简单的形式（如圆、直线等）。若相贯体是圆柱，则辅助平面应与圆柱轴线平行或垂直；若相贯体是圆锥，则辅助平面应垂直于圆锥轴线或通过锥顶；相贯体为球时，只能选择投影面平行面为辅助平面。

例 3–14 如图 3–28 所示，已知圆柱与圆锥正交相贯，求其相贯线。

分析：圆柱轴线为侧垂线，相贯线的侧面投影在圆柱面的侧面投影圆上，相贯线的水平投影和正面投影可利用辅助平面法求得。这里选用水平辅助面，它与圆柱面的交线为直线，与圆锥面的交线为圆，直线与圆在水平投影上反映实长和实形，它们的交点即为相贯线上共有点的水平投影。

作图步骤：

(1) 求特殊点。*I*和*II*两点为相贯线上的最高、最低点，同时也是圆锥最左素线与圆柱正面

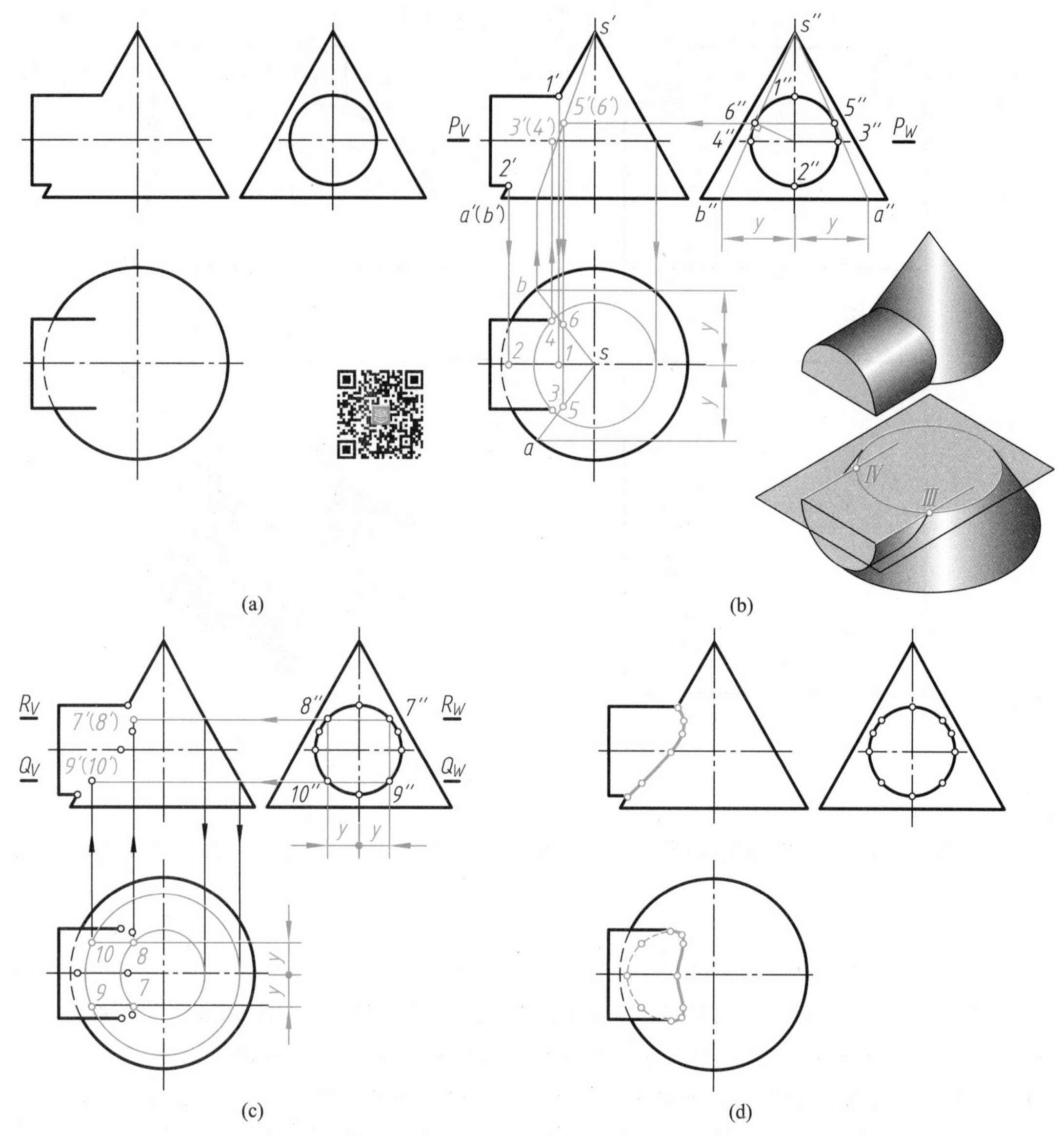

图 3-28 圆柱与圆锥正交相贯的相贯线

投影转向轮廓线的交点，其三面投影直接可作出。Ⅲ和Ⅳ两点为相贯线上最前、最后两点，也是圆柱水平转向轮廓线与圆锥的交点，它们的侧面投影 3″ 和 4″ 已知，其余两面投影用辅助平面法可得，即过这两点作水平辅助面 *P*，它与圆锥面的交线是一个水平圆，圆柱最前、最后素线的水平投影与该圆的交点即为Ⅲ和Ⅳ两点的水平投影 3 和 4，利用投影关系可求得 3′ 和 4′。Ⅴ和Ⅵ两点为圆柱面与圆锥面上两条素线相切的切点，也是相贯线上的最右点。这两点的侧面投影 5″ 和 6″ 可直接作出，水平投影 5 和 6 及正面投影 5′ 和 6′ 可利用素线法求得，如图 3-28b 所示。

（2）求一般点。Ⅰ和Ⅱ两点间作辅助水平面 *R* 及 *Q*，它们与圆柱面的交线分别是两条素线，与圆锥面的交线分别是水平圆，素线与水平圆的交点即为相贯线上的点，可利用投影关系求其三面投影，如图 3-28c 所示。

(3) 判别可见性。在正面投影上，相贯线的前半部分与后半部分投影重合；在水平投影上，上半圆柱面上的相贯线可见，下半圆柱面上相贯线的投影不可见，*3* 和 *4* 两点是相贯线水平投影的虚实分界点，如图 3-28d 所示。

(4) 依次光滑连接各点的同面投影，即得相贯线的水平投影和正面投影。

例 3-15 如图 3-29a 所示，求圆台与半球相贯线的投影。

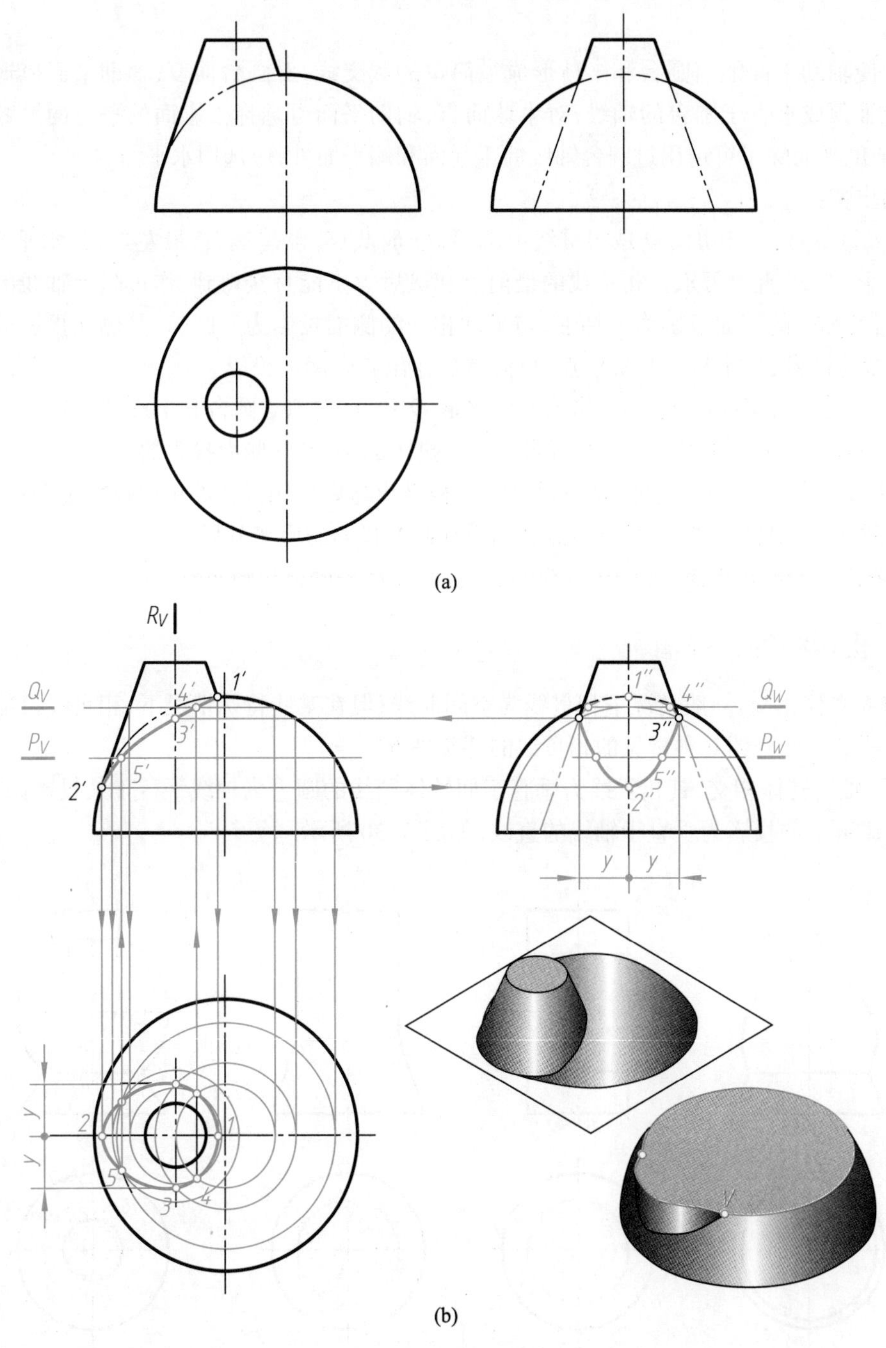

图 3-29 圆台与半球相贯的相贯线

分析：

先由圆台、半球以及它们的相对位置来分析相贯线的大致情况。从已知条件可以看出：圆台的轴线不通过球心，但圆台和半球有公共的前后对称面，圆台从半球的左上方与半球相贯。因此，相贯线是一条前后对称的闭合空间曲线。

由于这两个立体上的曲面表面的投影都没有积聚性，所以不能用表面取点法作相贯线的投影，但可用辅助平面法求得。相贯线前后对称，所以前半个相贯线与后半个相贯线的正面投影相互重合。

为了使辅助平面能与圆台和半球形成最简单的截交线，对圆台而言，辅助平面应通过圆台延伸后的锥顶或垂直于圆台的轴线；对半球而言，辅助平面可选择投影面的平行面。综合这两种情况，辅助平面除了可选用过圆台轴线的正平面和侧平面外，应选用水平面。

作图步骤：

(1) 求特殊点。*Ⅰ*和*Ⅱ*两点是相贯线上的最高、最低点，也是最右、最左点，其水平投影 *1*、*2* 和侧面投影 *1″*、*2″* 直接可求。相贯线的最前点和最后点不能直接得到，作过圆台轴线的辅助平面 *R*，与圆台相交的侧面投影为一梯形，与半球相交的侧面投影为一圆弧，其侧面投影的交点即是最前点*Ⅲ*的投影 *3″*，最后点与最前点对称，然后作出其余两面投影。

(2) 求一般点。在适当位置上作辅助水平面 *Q* 和 *R*，它们与圆台和半球的交线水平投影均为圆，其交点为 *4* 和 *5*，利用投影关系可求出正面投影的 *4′*、*5′* 和侧面投影的 *4″*、*5″*。

(3) 判别可见性。整个立体前后对称，前半相贯线与后半相贯线的正面投影重合；水平投影上的相贯线可见，侧面投影 *3″* 和对称点是相贯线侧面投影的虚实分界点。

(4) 依次光滑连接各点，即得相贯线的正面投影、水平投影和侧面投影。

3.4.4 相贯线的特殊情况

两曲面立体相交，一般情况下相贯线为空间曲线；但在某些特殊情况下，相贯线可能是平面曲线或直线。下面介绍几种常见的相贯线的特殊情况。

(1) 同轴回转体相交，其相贯线为垂直于回转体轴线的圆。当轴线平行于某投影面时，相贯线在该投影面上的投影为垂直于轴线的直线，如图 3-30 所示。

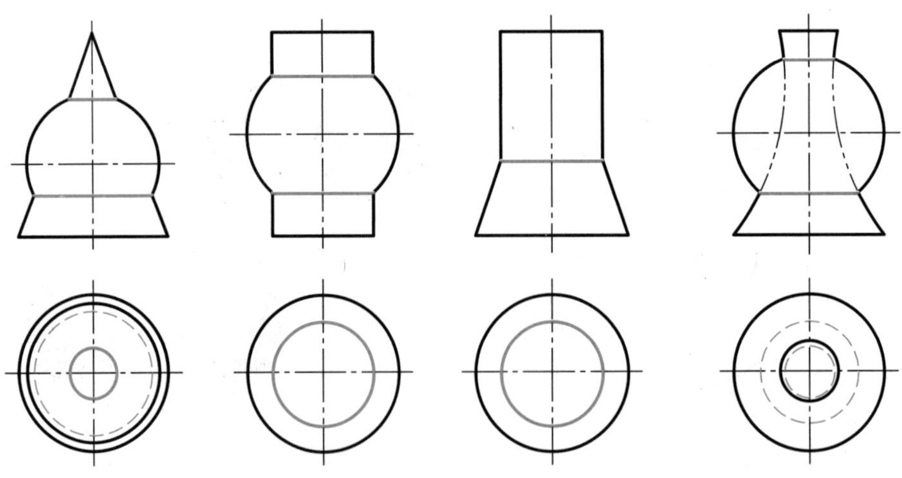

图 3-30 同轴回转体的相贯线为圆

(2) 两圆柱轴线平行或两圆锥共顶点时,其相贯线是直线,如图 3-31 所示。

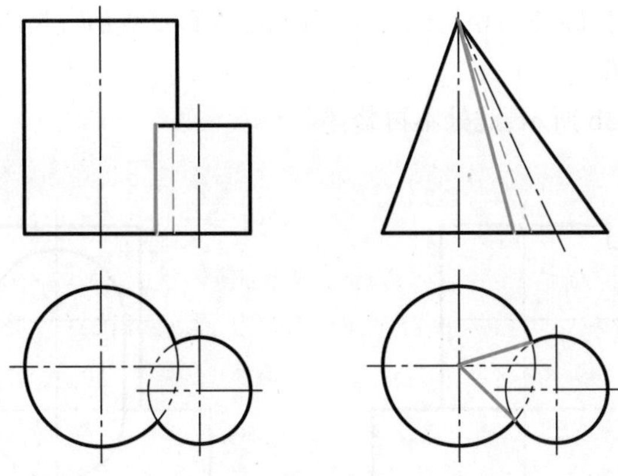

图 3-31 相贯线为直线的情况

(3) 两个二次曲面(如圆柱面、圆锥面)内切一个球面时,其相贯线是平面曲线椭圆,若两曲面轴线都平行于某投影面,则相贯线在该投影面上的投影积聚为直线,如图 3-32 所示。

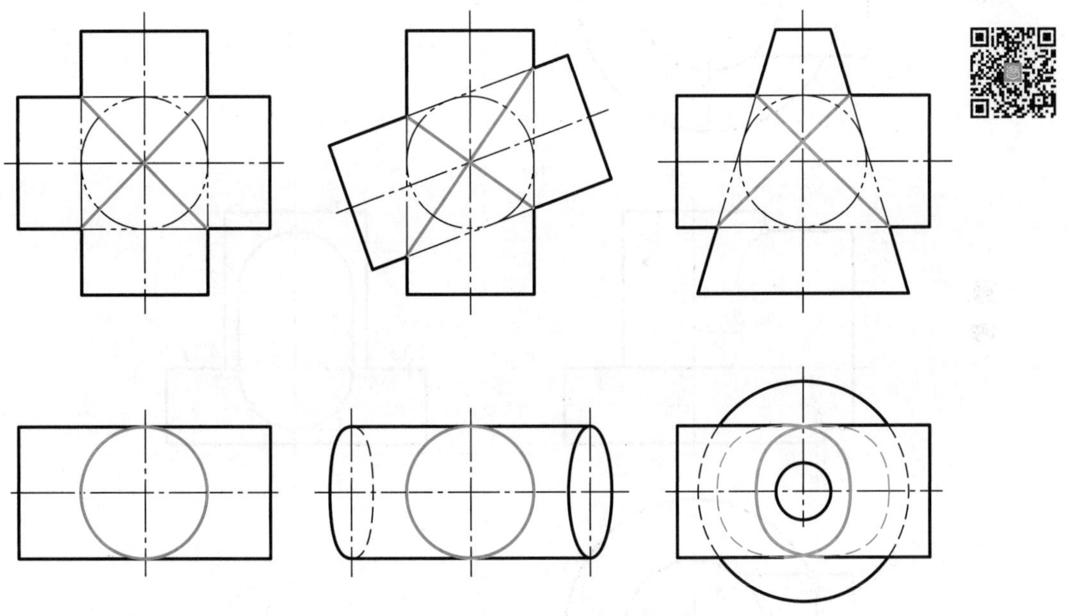

图 3-32 两个二次曲面内切球面

3.4.5 组合相贯线

工程实际中,经常遇到三个或三个以上基本体组合在一起、彼此相交的物体,这时所得到的相贯线称为组合相贯线,它们分别为相关两个表面的交线。在画这种立体的三面投影时,先要看懂已给的视图,分析组成立体的各基本体的形状及其相对位置,确定各相关表面相交的形式,然后判别可见性分别画出各交线的投影,再画好轮廓线,完成全图。

例 3-16 如图 3-33a 所示，求组合体的相贯线。

分析：图 3-33 所示形体是由两个圆柱和长圆柱三部分组成。两个圆柱垂直于 H 面，长圆柱垂直于 W 面。小圆柱和长圆柱的相贯线为空间曲线ⅠⅡ和直线ⅡⅢ；长圆柱与大圆柱的相贯线为空间曲线ⅣⅤⅥ和直线ⅢⅣ。

作图步骤：如图 3-33b 所示，此处不再赘述。

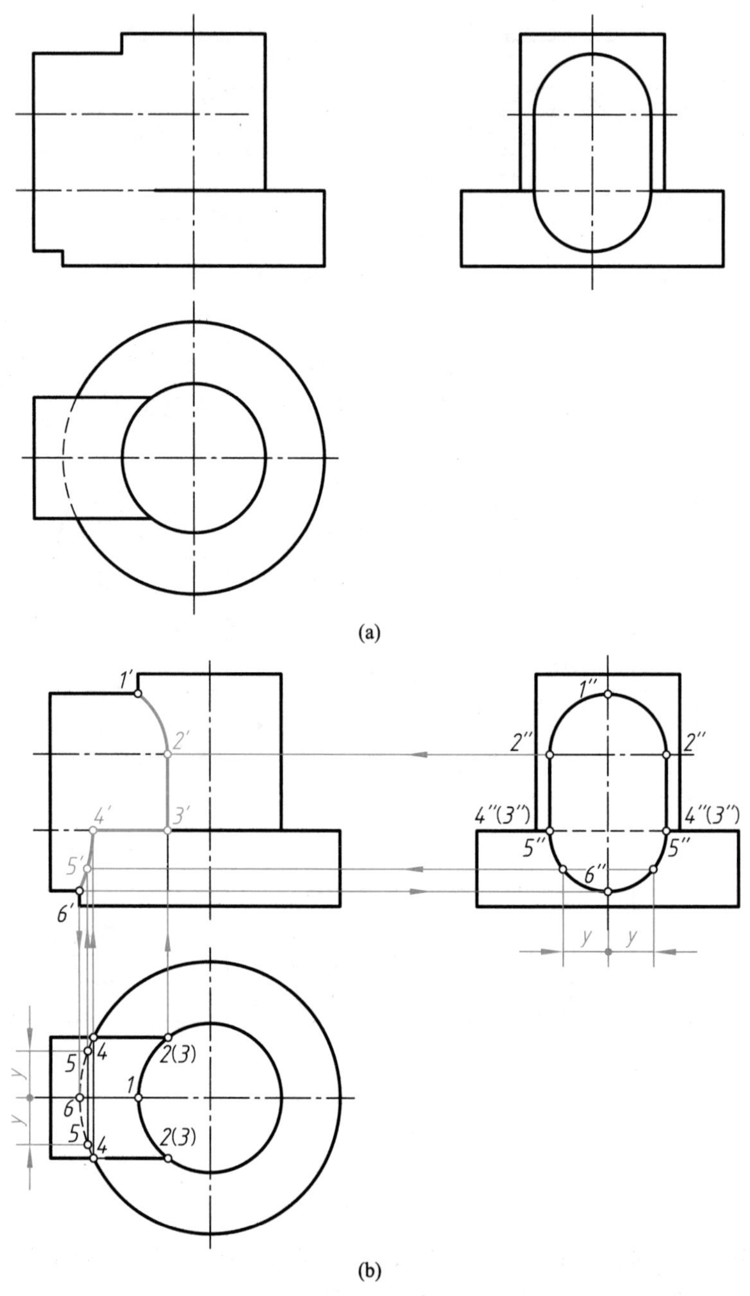

(a)

(b)

图 3-33 组合体的相贯线

第4章

组 合 体

由基本体叠加或切割构成的形体称为组合体。一切机械零件都可抽象为组合体，因此画、读组合体视图是学习机械制图的基础。在学习制图基本知识和正投影原理的基础上，本章将主要研究组合体视图的分析、画图、读图以及组合体的尺寸标注等问题。

4.1 三视图的形成及投影规律

4.1.1 三视图的形成

在绘制机械图样时，将物体置于多投影面体系中向投影面作正投影所得的图形称为视图。物体的正面投影通常用来表示物体的主要形状特征，称为主视图；物体的水平投影称为俯视图；物体的侧面投影称为左视图。三视图的形成如图 4-1 所示。

为了使三个视图能画在同一张图纸上，国家标准规定：*V* 面保持不动，将 *H* 面绕 *OX* 轴向下旋转 90°，将 *W* 面绕 *OZ* 轴向右旋转 90°，展开后 *V*、*H*、*W* 面处于同一平面上，可得到同一平面上的三个视图。

为了简化作图，在三视图中不画投影面的边框线和投影轴，视图之间的距离可根据具体情况确定，视图的名称也不必标出。

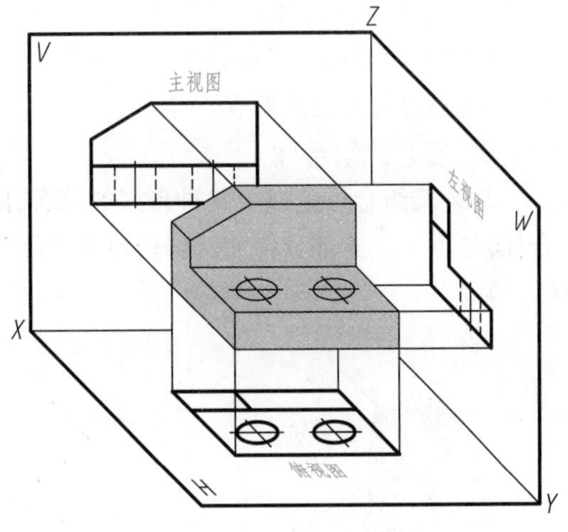

图 4-1 三视图的形成

4.1.2 三视图的投影规律

展开之后三个视图的位置关系是：主视图位置不变，俯视图在主视图的正下方，左视图在主视图的正右方。三个视图各表示物体的不同方位，其中主视图反映物体的上、下和左、右位置关系；俯视图反映物体的前、后和左、右位置关系；左视图反映上、下和前、后位置关系。三视图的投影规律如图 4-2 所示。

如果把左右方向的尺寸称为物体的长，前后方向的尺寸称为物体的宽，上下方向的尺寸称为物体的高，则主视图、俯视图都反映物体的长度，主视图、左视图都反映物体的高度，俯视图、左视图都反映物体的宽度。三视图之间保持着如下的投影规律：

主视图与俯视图　长对正(等长);
主视图与左视图　高平齐(等高);
俯视图与左视图　宽相等(等宽),且前后对应。

这个规律不仅适用于物体整体结构的投影,也适用于物体局部结构的投影。此处还要注意,俯、左视图除了反映“宽相等”以外,还有前后位置相对应的关系,即远离主视图的一侧为物体的前面,靠近主视图的一侧为物体的后面。“长对正、高平齐、宽相等”是三视图的基本投影关系,是读图和画图必须遵守的重要法则。

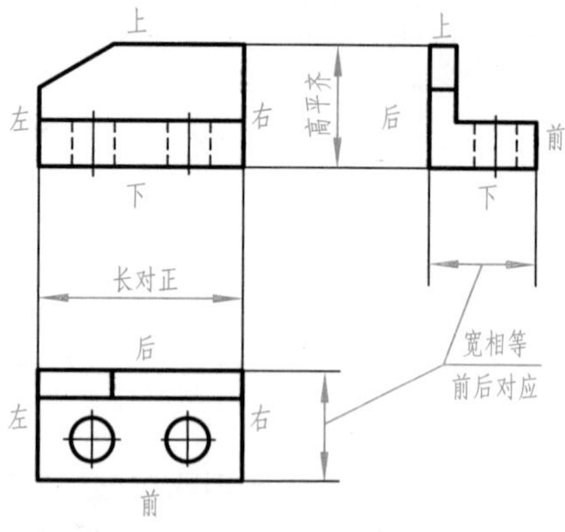

图 4–2　三视图的投影规律

4.2　组合体的组成方式与形体分析

4.2.1　组合体的组成方式

组合体的常见组成方式有叠加式、切割式和复合式三种,其中常见的是复合式。

1. 叠加式组合体

叠加式组合体可看成是由几个基本几何形体按一定的相对位置叠加而形成的。如图 4–3a 所示的组合体,是由底板、立板、肋板三部分组成。

2. 切割式组合体

切割式组合体可看成是由一个基本几何形体经过多次切割而形成的。如图 4–3b 所示的组合体,是经过三次切割而成。

3. 复合式组合体

复合式组合体是以上两种形式的综合,既有叠加又有切割,应用较广泛。图 4–3c 所示的组合体,是由 *1*、*2*、*3* 部分叠加后再切掉 *4*、*5* 部分形成的。

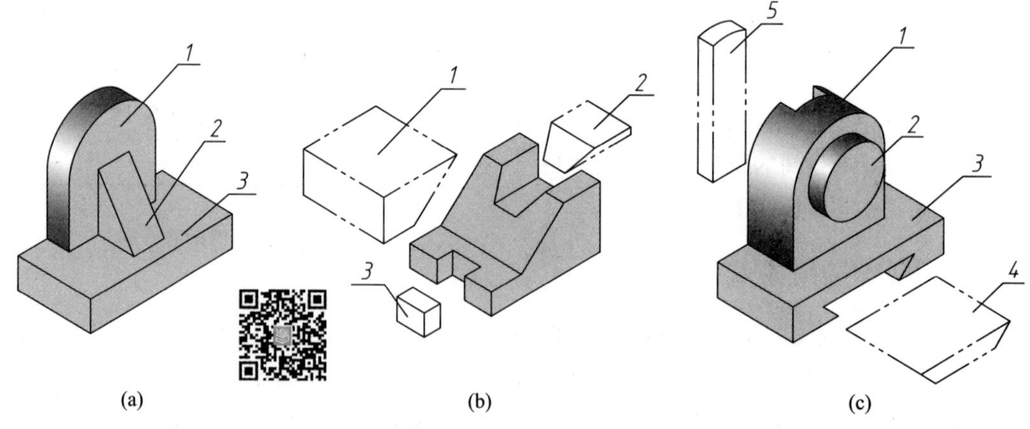

图 4–3　组合体的组成方式

4.2.2　组合体相邻表面的连接关系及投影特点

组合体表面的相对位置关系可分为平齐、相错、相切、相交四种形式。

1. 平齐

当两相邻形体的表面平齐时，在视图上两面之间不画分界线，如图 4-4a 所示。

2. 相错

当两相邻形体的表面相错时，在视图上两面之间应画分界线，如图 4-4b 所示。

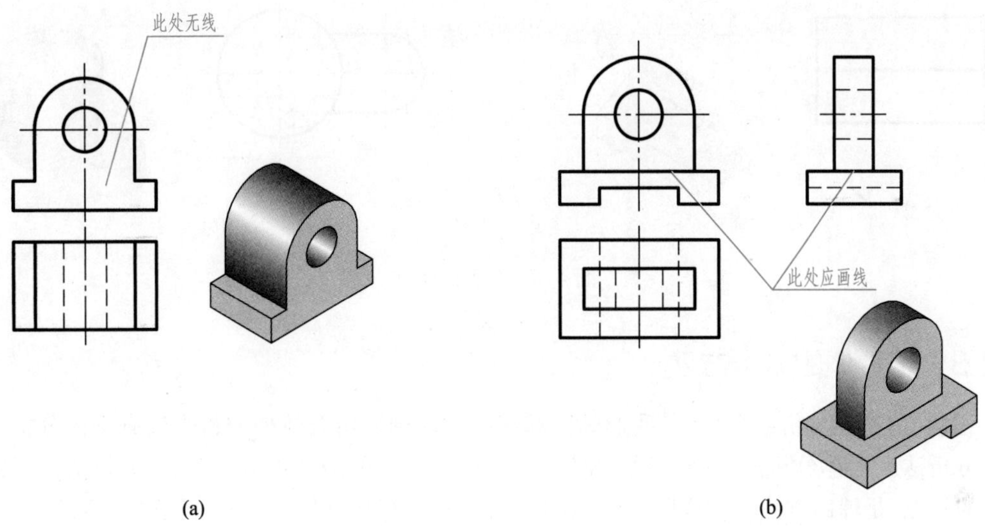

(a) (b)

图 4-4 表面平齐和相错

3. 相切

相切是指两相邻几何体的表面（平面与曲面或曲面与曲面）光滑过渡，此时两表面无明显的分界线，在视图上一般不画分界线的投影，如图 4-5a 所示。

特殊情况：当两相切表面的公切面垂直于某投影面时，在该投影面上必须画出切线的投影，如图 4-5b 所示。

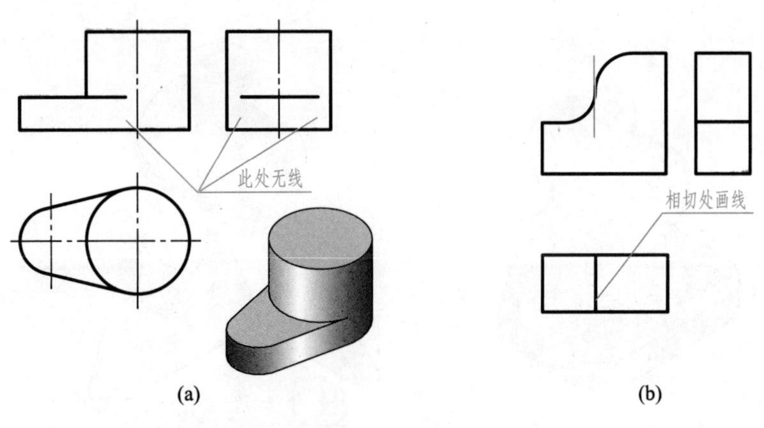

(a) (b)

图 4-5 两表面相切

4. 相交

当两立体表面相交（平面与曲面或平面与平面）时，其表面交线就是它们的分界线，在相交处要按投影关系画出表面交线，如图 4-6 所示。

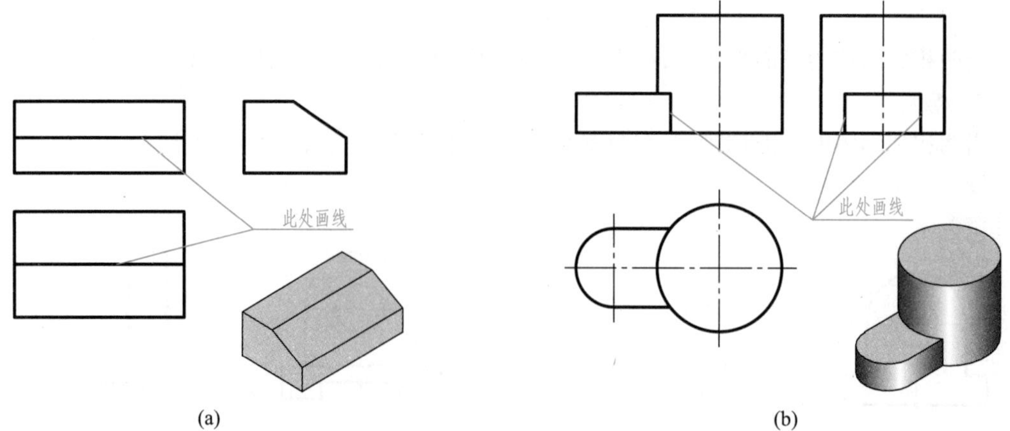

(a) (b)

图 4-6 两表面相交

4.2.3 组合体的分析方法

正确、快速地分析组合体，是我们画图和读图的基础。组合体的分析方法有形体分析法和线面分析法。形体分析法是画、读组合体视图及标注尺寸的最基本方法，线面分析法是形体分析法的补充，是辅助方法。在读图时，常采用形体分析法分析整体、线面分析法分析局部。

1. 形体分析法

假想把组合体分解成若干个基本体，通过分析各基本体的形状、相对位置、组合形式及表面连接方式，来分析整个组合体的分析方法，称为形体分析法。形体分析法是画、读组合体视图以及标注尺寸的最基本的方法之一。如对图 4-7a 所示的轴承座进行形体分析，它可看作是由轴承套筒、底板、支承板、凸台以及肋板五部分组合而成。图 4-7b 是轴承座的形体分析图。

读视图时，在采用形体分析法的基础上，对于局部较难读懂的地方，通常还要辅以线面分析法来帮助读图。

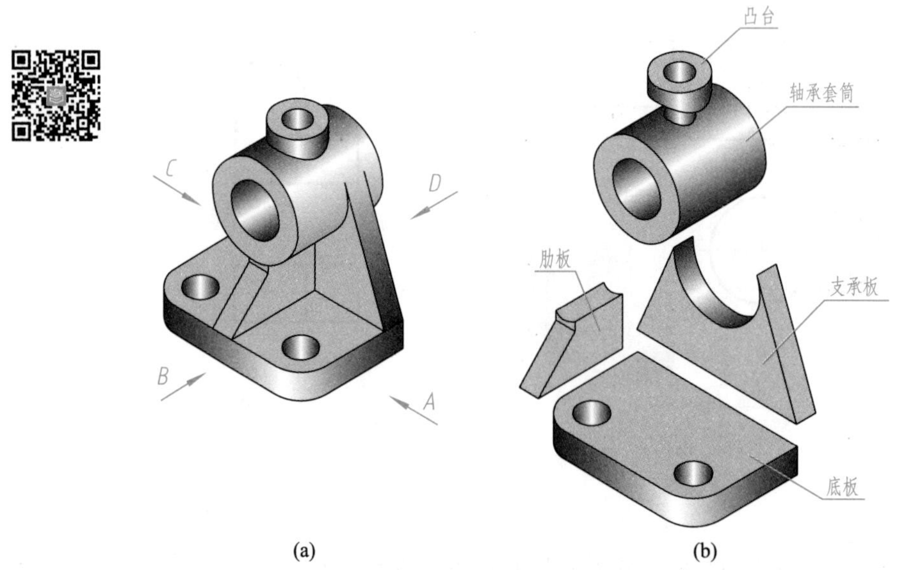

(a) (b)

图 4-7 轴承座及其形体分析

2. 线面分析法

切割而成的组合体可以看作是由若干个面(平面或曲面)围成的,面与面间常存在交线。线面分析法就是把组合体分解为若干个面,根据线、面的投影特点,逐个分析各面的形状、面与面的相对位置关系以及各交线的性质,从而想象出组合体的形状。

(1) 分析面的形状

利用正投影法的实形性、积聚性和类似性来分析面的形状。图 4-8a 中的铅垂面,其水平投影积聚成直线,其他两个视图上的投影为面的类似形;图 4-8b 中的正平面,其正面投影反映面的实形,其他两视图上的投影均积聚为直线;图 4-8c 中的一般位置平面,三个视图中的投影均为面的类似形。

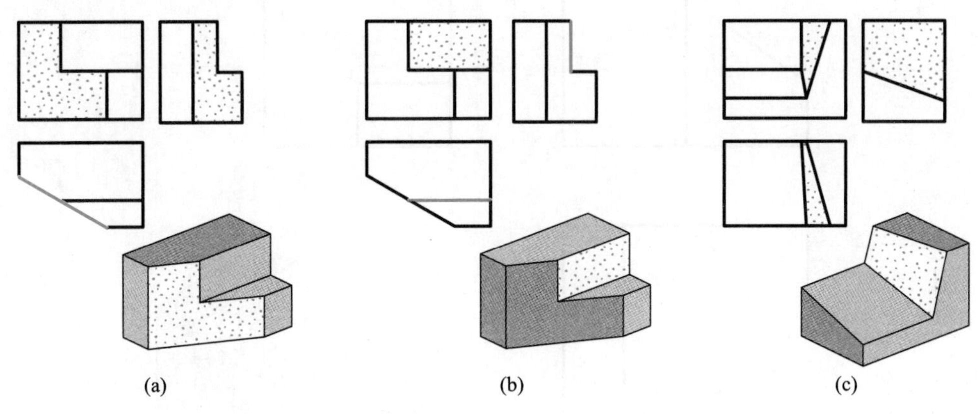

图 4-8 分析面的形状

(2) 分析面与面的相对位置关系

如图 4-9 所示的组合体,主视图上有 *A*、*B*、*C*、*D* 四个相邻线框,所代表的四个面的位置关系

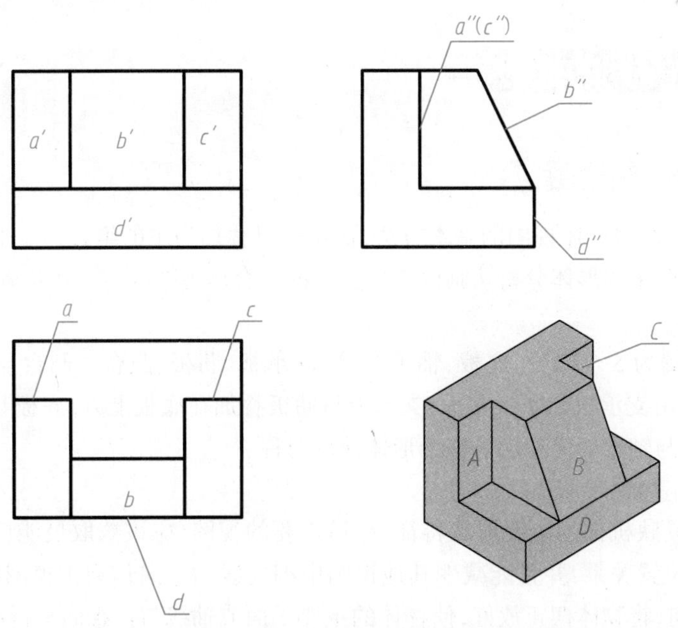

图 4-9 面与面的相对位置关系

需依据另外两个视图来分析。水平投影都是实线，说明最下面的 D 面一定在最前，另三个面在后。左视图中没有细虚线，说明 A 面在后、B 面在前；主、俯视图均左右对称，可以看出 A、C 面为对称位置的平面，再结合三视图的投影规律，即可想象出物体的形状。

(3) 分析面与面的交线

图 4-10 所示的组合体，可以看作四棱柱被正垂面 P 和铅垂面 Q 截切而成的。俯视图中的斜线，依照投影规律分别找出其正面投影和侧面投影，可知 AB 为一般位置直线，是正垂面和铅垂面的交线。

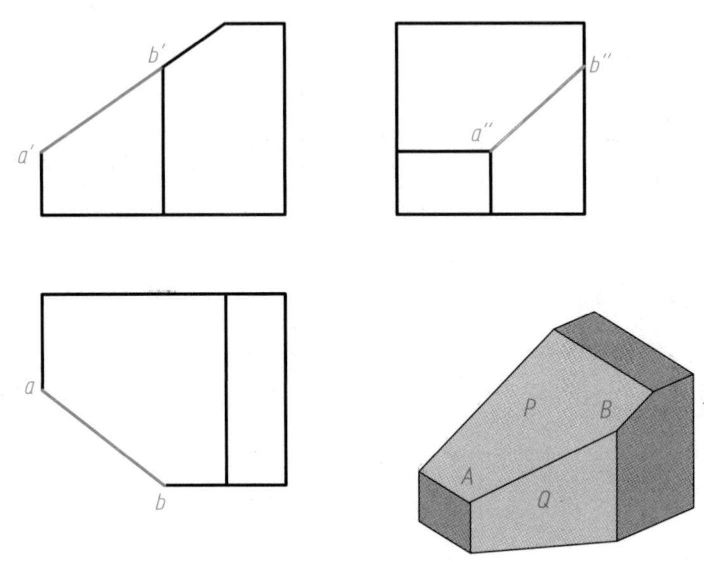

图 4-10 分析面与面的交线

4.3 组合体视图的绘制

4.3.1 形体分析法绘图

形体分析法是画组合体视图的基本方法，适用于以叠加为主的组合体。下面以图 4-7 所示的轴承座为例，说明采用形体分析法画以叠加为主的组合体视图的方法和步骤。

1. 形体分析

把组合体分解为 5 个部分：底板、轴承套筒、支承板、肋板、凸台。凸台与轴承套筒轴线垂直相交，轴承套筒由支承板和肋板支承；支承板与肋板叠加在底板上方，底板与支承板右侧面平齐，支承板外侧面与轴承套筒相切。整个形体前后对称。

2. 主视图的选择

主视图通常反映机件的主要形状特征，是最重要的视图，应该选取最能反映组合体形状结构特征和各形体位置关系，并且能减少其他视图中细虚线的方向作为主视图的投射方向，然后按选定的投射方向，将物体摆正放好，使物体的主要平面或轴线与投影面平行或垂直。如图 4-7 所示，选择 A 方向为主视图的投射方向最合适。

3. 画图步骤

(1) 选比例,定图幅

画图时,尽量选用 1 ∶ 1 的比例。根据组合体的大小选用合适的标准图幅。所选图幅要得当,使视图布置均匀,并在视图之间留出足够的距离,以备标注尺寸。

(2) 布局、画定位基准线,以确定各视图的位置

将图纸固定后,根据各视图的大小和位置,画出定位基准线。此时,视图在图纸上的位置就确定了。定位基准线一般是指画图时确定视图位置的直线,每个视图需要水平和竖直两个方向的定位基准线。一般常用对称面(对称中心线)、轴线和较大的平面(底面、端面)的投影作为定位基准线,如图 4-11a 所示。

(3) 画出构成组合体的各个部分的视图

画各部分的顺序:一般先大(大形体)后小(小形体);先实(实形体)后空(挖去的形体);先画主要轮廓,后画局部细节。画每个形体时,应三个视图联系起来画,要从反映形体特征的视图画起,再按投影规律画出其他两个视图,如图 4-11b~e 所示。

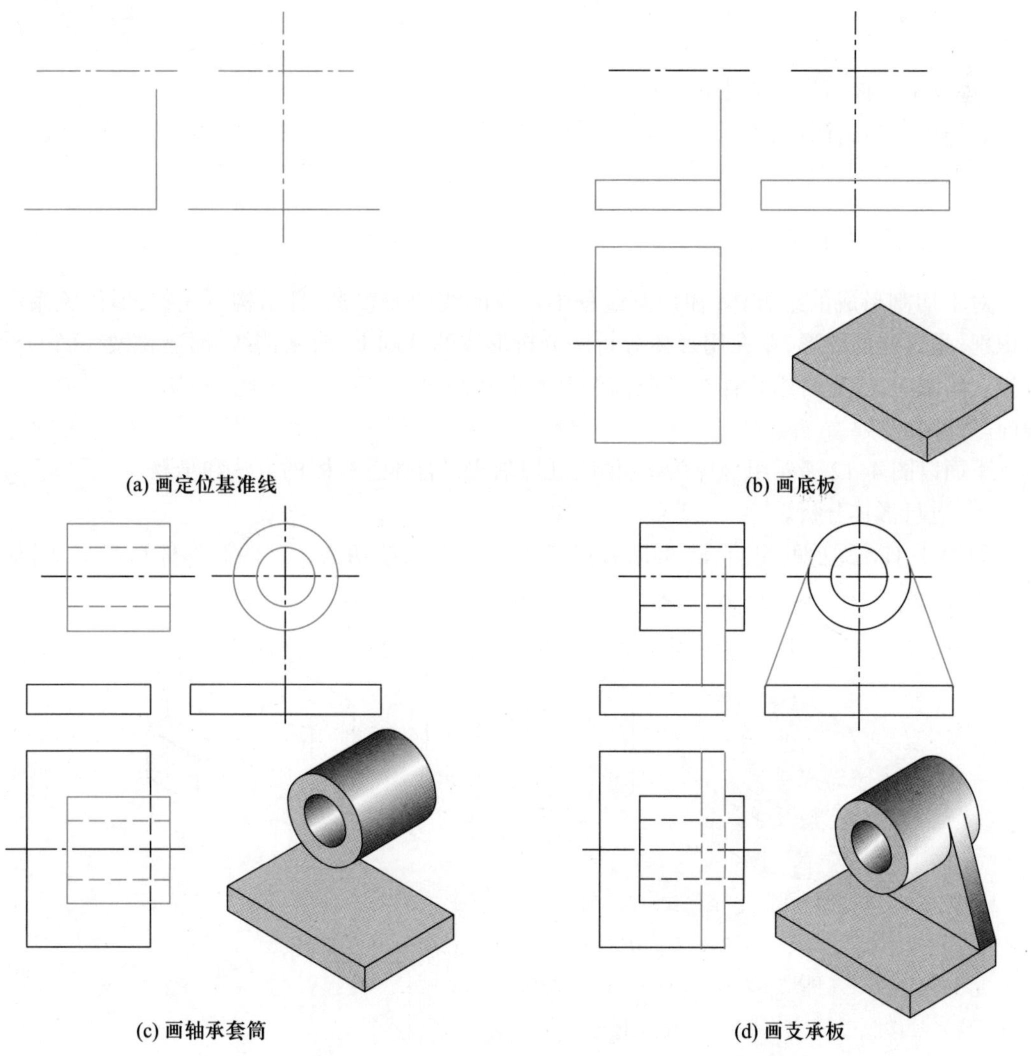

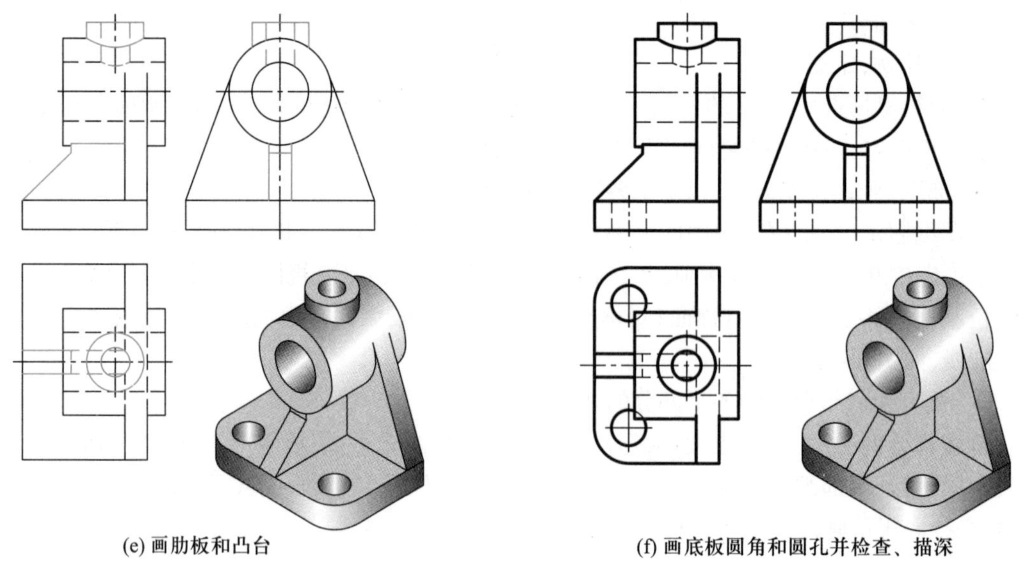

(e) 画肋板和凸台　　(f) 画底板圆角和圆孔并检查、描深

图 4-11　轴承座的画图步骤

(4) 画出底板圆角和圆孔并检查、描深

底稿画完后，仔细检查，改正错误并补充全部遗漏的图线，擦去多余线条，描深图线，如图4-11f 所示。

4.3.2 线面分析法绘图

对于切割形成的组合体，在切割过程中形成的线和面较多，且结构不完整，形体关系不容易识别，画这样的图形，要在用形体分析法分析形体的基础上，对某些线、面还要做线面的投影分析。作图时，应先将组合体被切割前的基本形状画出，然后再一一画出被切割后形成的各个表面。

下面以图 4-12 所示组合体为例，说明画切割式组合体三视图的方法和步骤。

(1) 进行形体分析。

如图 4-12a 所示的组合体，可以看成是由一个四棱柱切去 *1*、*2* 两个形体后形成的，如图

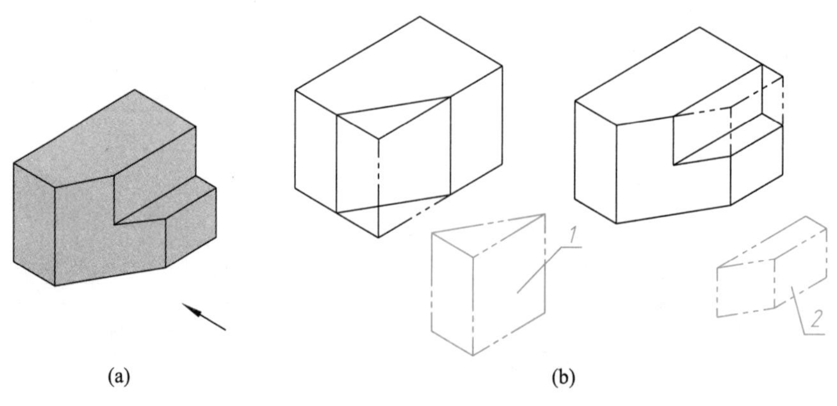

(a)　　(b)

图 4-12　切割式组合体

4-12b 所示。四棱柱切去形体 *1* 后，在其左前方上下贯通地形成一个铅垂面；切去形体 *2* 后，在其前上方左右贯通地形成一个正平面和一个水平面。

（2）确定主视图。

选择图 4-12a 中箭头所指的方向为主视图的投射方向，这个方向不仅能反映组合体的形体特征，而且可使组合体的表面尽可能多地处于投影面的平行面或垂直面的位置。

（3）选比例、定图幅。

（4）布局，画基准线，如图 4-13a 所示。

（5）画四棱柱的三视图，如图 4-13b 所示。

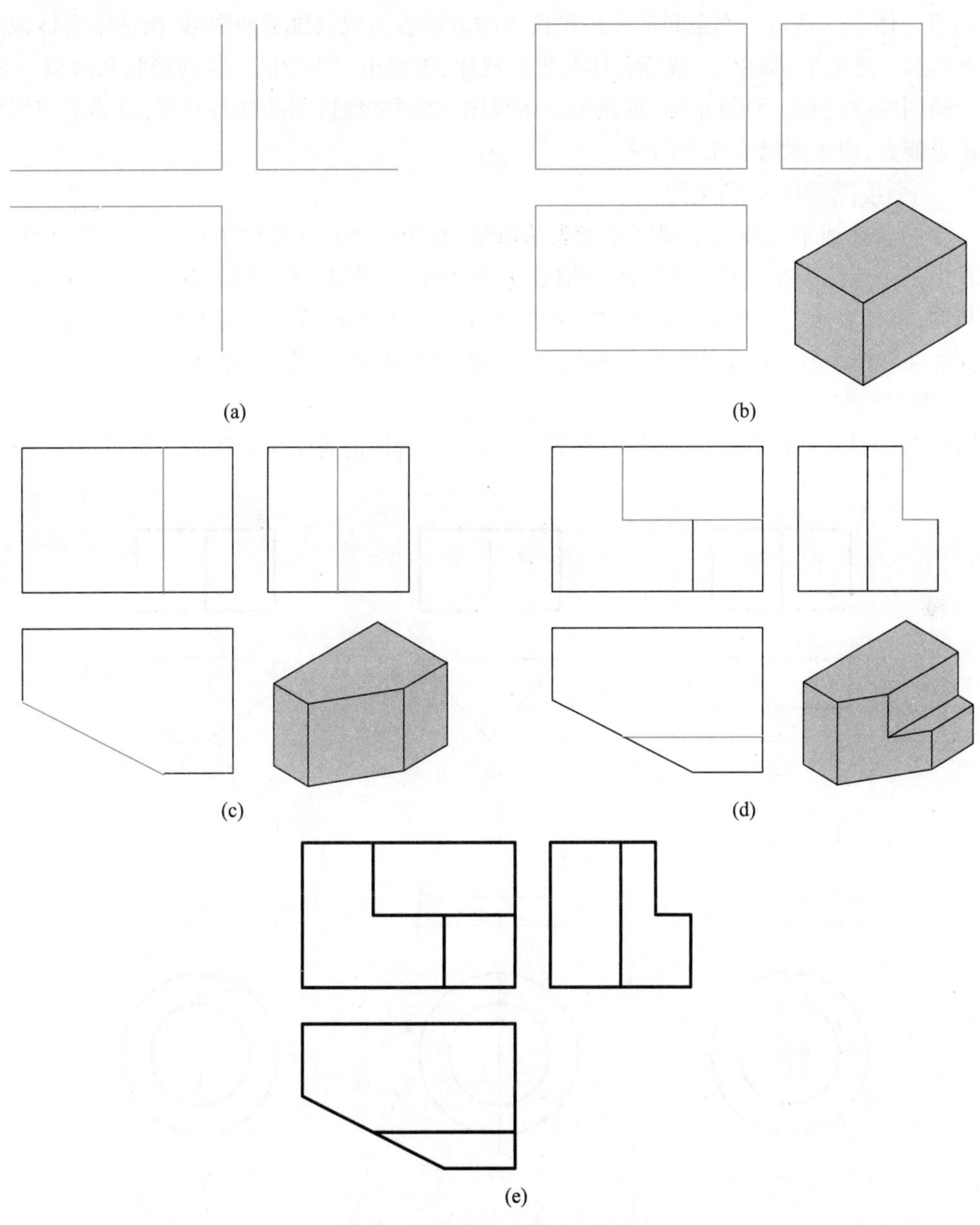

图 4-13　切割式组合体的画图步骤

(6) 逐一画切去形体 *1*、*2* 后的三视图。如图 4–13c 所示，绘制用铅垂面在四棱柱左前方上下贯通切去形体 *1* 后的三视图。如图 4–13d 所示，绘制在四棱柱的前上方左右贯通地分别用正平面和水平面切去形体 *2* 后的三视图。

(7) 检查、描深。结果如图 4–13e 所示。

4.4 组合体的读图

4.4.1 读图应注意的问题

画组合体视图是将三维空间形体按正投影的方法表达成二维平面图形，而读组合体视图则是由所给的二维图形，根据点、线、面、体的投影规律，想象出三维空间形体的形状和结构。所以，读图是画图的逆过程。要想正确、迅速地读懂视图，必须掌握读图的基本要领，培养空间想象能力和构思能力，应注意以下几个问题：

1. 几个视图要联系起来看

一个组合体通常需要几个视图才能表达清楚，每个视图只能反映组合体一个方向的形状，因此仅由一个或两个视图往往不能唯一地表达一个组合体的形状。如图 4–14a、b、c 所示，主视图都相同，但却表示了三种不同的形体。如图 4–14d、e、f 所示，俯视图都相同，但表达的却是三个不同的回转体。有时两个视图也不能完全确定物体的形状，如图 4–15 所示。

2. 要抓住特征视图

特征视图是最能反映组合体的形状特征和组成组合体的各基本形体间的位置特征的视图，

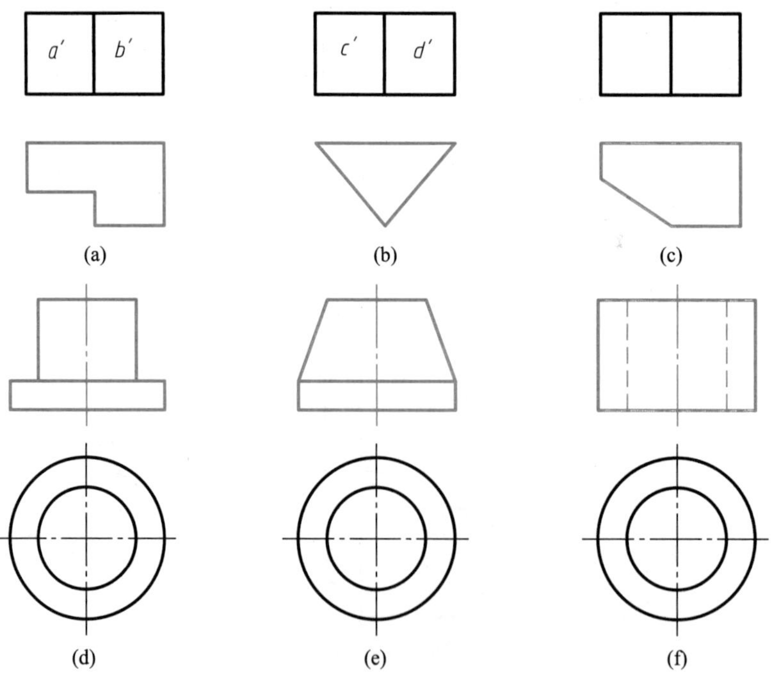

图 4–14 两个视图联系起来看

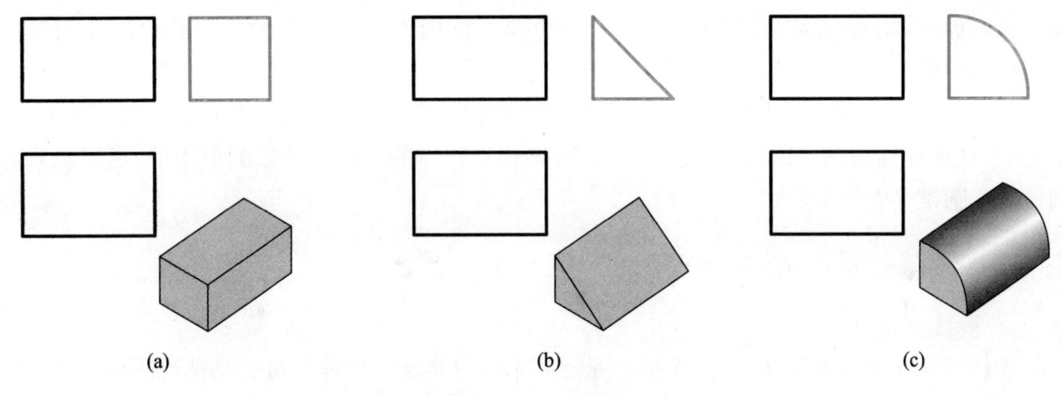

图 4-15 三个视图联系起来看

一般是主视图。但各个组成部分的形状特征，并非总是集中在一个视图上，而可能分散在每个视图上。如图 4-16 所示的架体是由四个形体叠加而成的，主视图反映形体 *1* 的形状特征，俯视图反映形体 *3* 的形状特征，左视图反映形体 *2*、*4* 的形状特征。

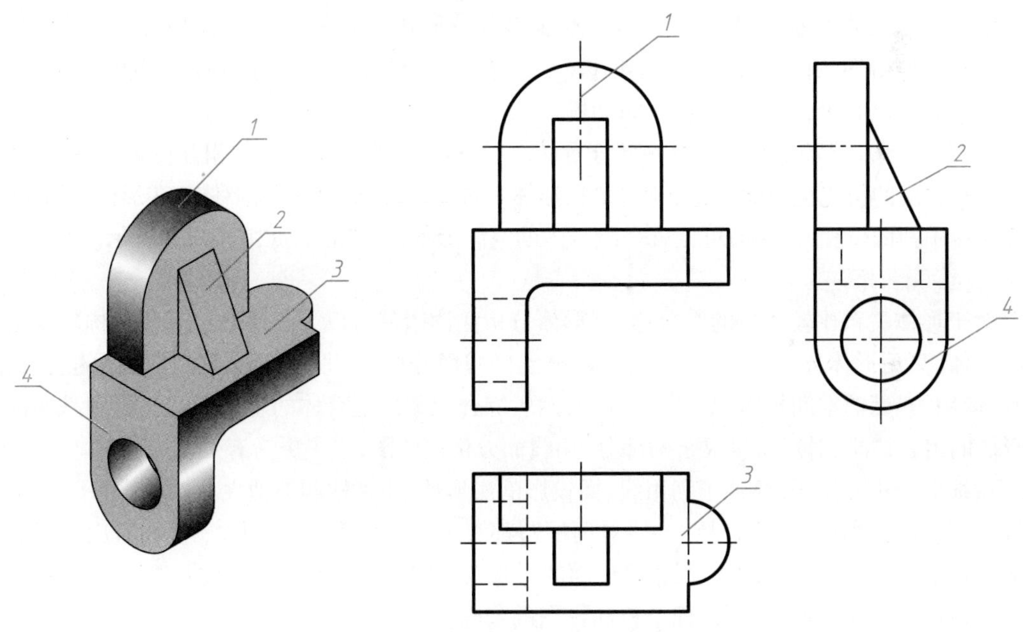

图 4-16 体现形状特征的视图

3. 要了解视图中线框和线的含义

(1) 线框的含义

视图中的线框指的是视图中用线围成的封闭图形。一个线框代表物体上的一个面(平面或曲面)。视图上相邻的两个线框，代表物体上两个不同的表面，可能是相交的，也可能是错开的。如图 4-14a 所示，*A*、*B* 面为错开的两个表面，*C*、*D* 面为相交的两个表面。

(2) 视图中线的含义

构成视图上线框的线条，可以代表有积聚性的表面(包括内表面)或线(棱线、交线、转向轮廓线等)。如图 4-14a 所示,线框 A、B 的公共边代表一个表面,线框 C、D 的公共边代表一条棱线。

4. 要善于构思物体的形状

为了提高读图能力,应注意不断培养构思物体形状的能力,从而进一步提高空间想象力,能正确、迅速地读懂视图。因此,一定要多读图,多构思物体的形状。例如圆形线框,可以想象为圆柱、球、圆锥等的投影。

4.4.2 读图的基本方法

1. 形体分析法

读图的基本方法和画图一样,主要也是运用形体分析法。形体分析法是把视图分为若干线框(即将形体分成若干个部分),再运用投影规律,对照其他投影,想象出各个线框所表示的形体,最后把各个线框综合起来,想象出组合体的整体形状。因此,用形体分析法来读图,主要适合以叠加为主的组合体。

下面以图 4-17 所示组合体为例,说明运用形体分析法读图的方法和步骤。

(1) 看视图、分线框。三个视图联系起来看,根据基本投影关系,从特征视图开始。然后将特征视图(一般为主视图)分成若干个线框,从图 4-17a 可以看出,将主视图分成 3 个线框。

(2) 看投影,想形状。对照投影关系,想象各部分形状。由图 4-17b 可以看出,形体 *1* 是一个底部和后侧带凹槽的长方体;由图 4-17c 可以看出,形体 *2* 是后部有凹槽、中间有孔的立板;由图 4-17d 可以看出,形体 *3* 是拱形的立板。

(3) 综合起来想象整体。把每一部分看懂以后,根据三视图所表达的相互位置关系,将 3 个部分按照相应的位置组合到一起。形体 *2* 在形体 *1* 的上方,且后面平齐,形体 *3* 在形体 *2* 的前面,且在左右中间的位置,这样即可把整个组合体的空间形状想象出来,如图 4-17e 所示。

2. 线面分析法

对于形体关系比较清晰的组合体,用形体分析法读图就可以了。而对于有些结构较复杂的空间形体,只用形体分析法分析还不够,需辅助以线面分析法,即通过分析物体表面的线、面的形状,运用线、面的空间投影规律进行分析,然后综合想象出组合体的空间形状。特别是在读切割形成的组合体时,对形状较复杂的部分,用线面分析法读图,显得更为有效。

用线面分析法读图,要善于利用线、面投影的实形性、积聚性和类似性。视图中,凡“一框对两线”,都表示投影面平行面;凡“一线对两框”,都表示投影面垂直面;凡“三框相对应”,都表示一般位置平面。熟记此点,可很快想象出面的形状及空间位置,帮助快速读图。

下面以图 4-18 为例说明线面分析法读图的步骤。

(1) 用形体分析法先作形体分析,确定此物体被切割前的形状,由图 4-18a 可知,压块被切之前的基本几何体是长方体(四棱柱);再分析细节部分,压块的左上方和左前、左后分别被切掉一角,且其右上方有一阶梯孔。

(2) 进行线面分析:线框 P,在主视图中对应一条直线,俯、左视图是类似形,属于一线对两框,可知线框 P 是一正垂面,即四棱柱被正垂面切去左上角,如图 4-18b 所示;线框 Q 在俯视图中分别对应一条线,是一线对两框,可知面 Q 为铅垂面,如图 4-18c 所示;图形前后对称,可见此组合体是由四棱柱左上角被 P 面切去,左前、左后又被铅垂面各切掉一个角而形成的。

(3) 压块下方前后对称的缺块:如图 4-18d、e 所示,它们是由两个平面切割而成,其中一个平面 R 在主视图上为矩形。另一个平面 S 在俯视图上为一边有细虚线的直角梯形。由投影面

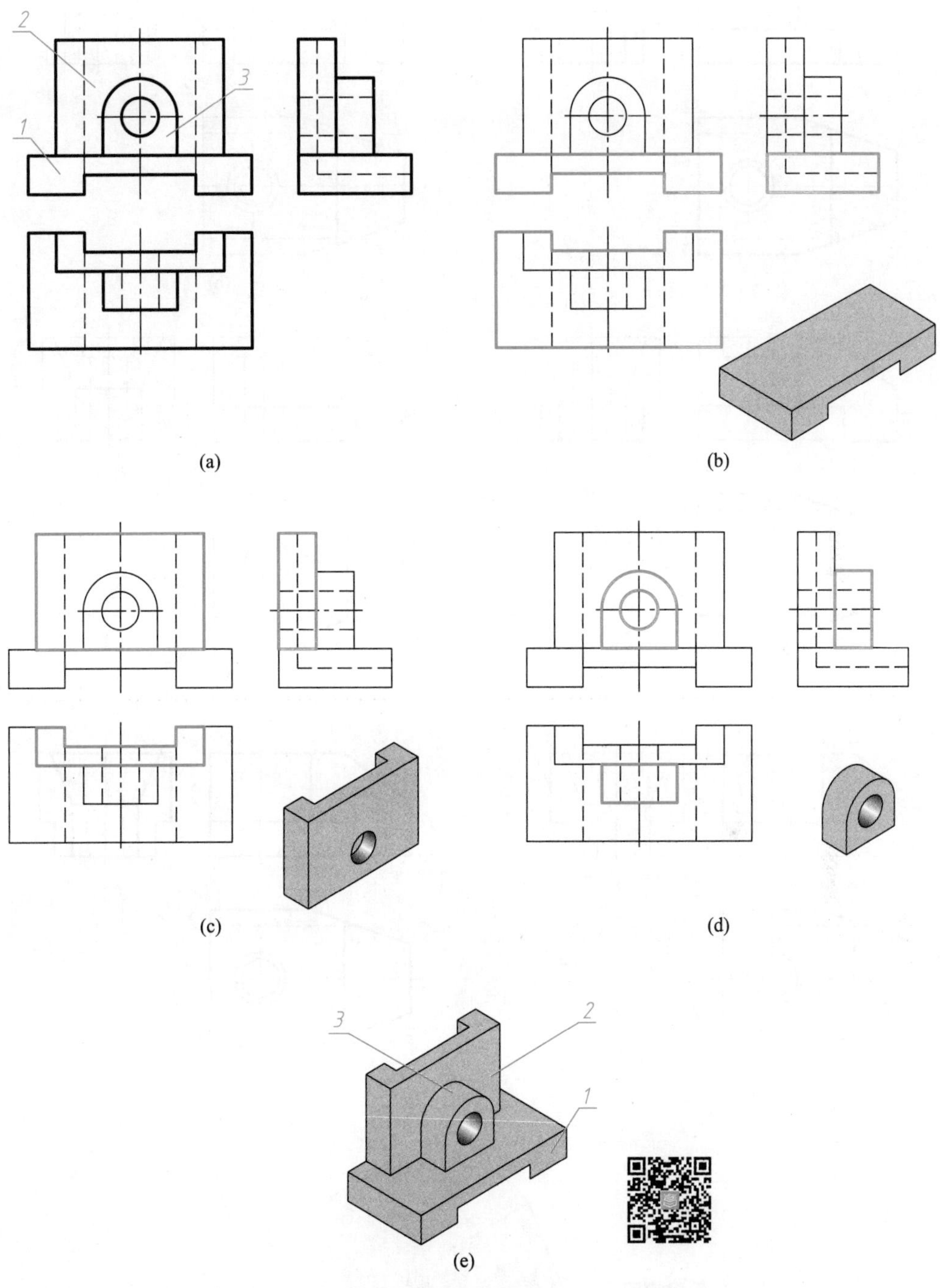

图 4–17 形体分析法读图

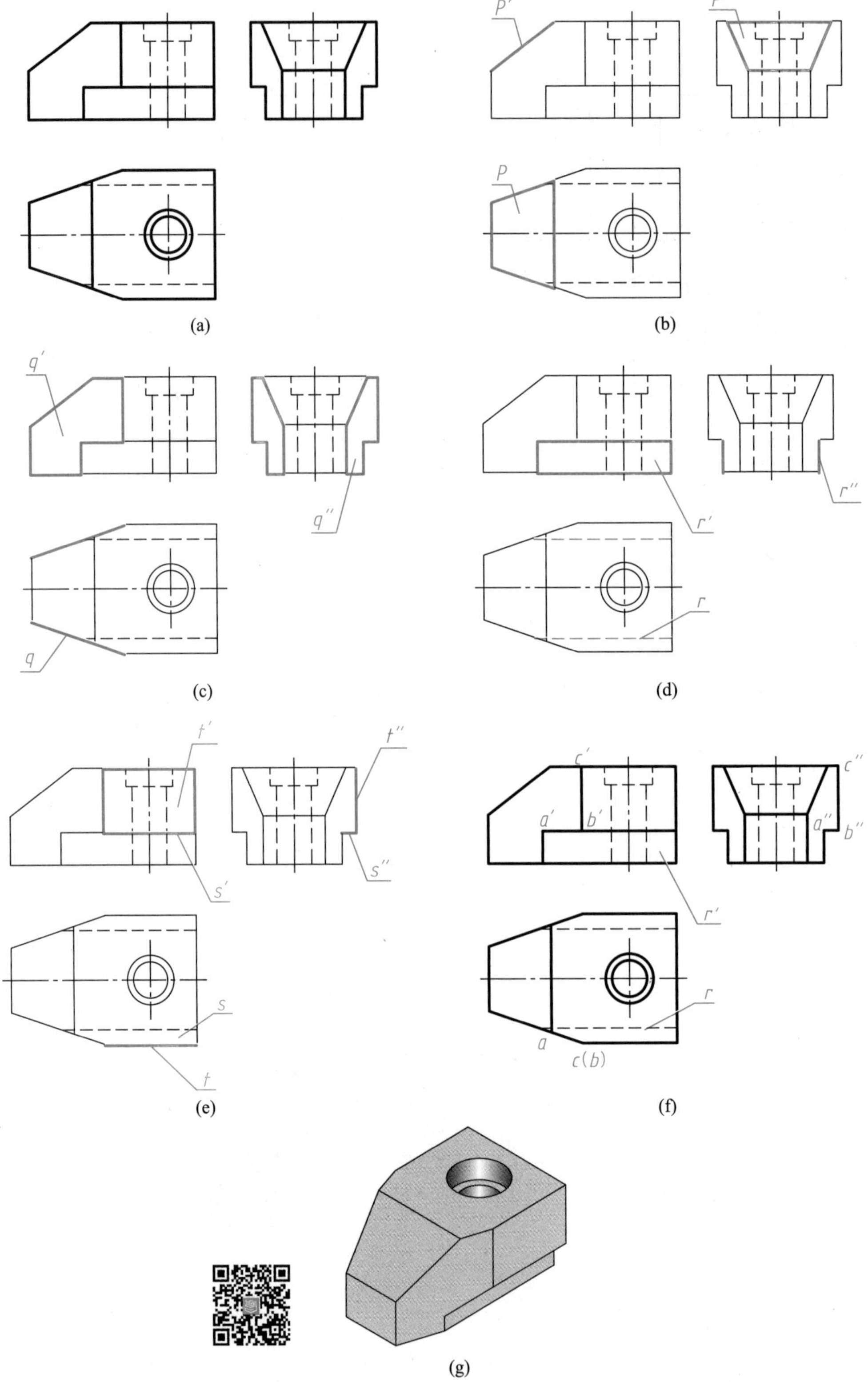

图 4–18 线面分析法读图

平行面的投影特性可知，平面 R 为正平面，平面 S 为水平面。

(4) 图 4-18f 中，$a'b'$ 不是平面的投影，而是平面 R 和平面 Q 交线的投影。同理，$b'c'$ 为压块前方平面 T 和平面 Q 的交线的投影。

(5) 其他线、面也作同样的分析，最后检查想象出的图 4-18g 所示形体与已知的视图是否符合。

4.4.3 组合体读图综合举例

例 4-1 如图 4-19a 所示，已知组合体的主、俯视图，试补画其左视图。

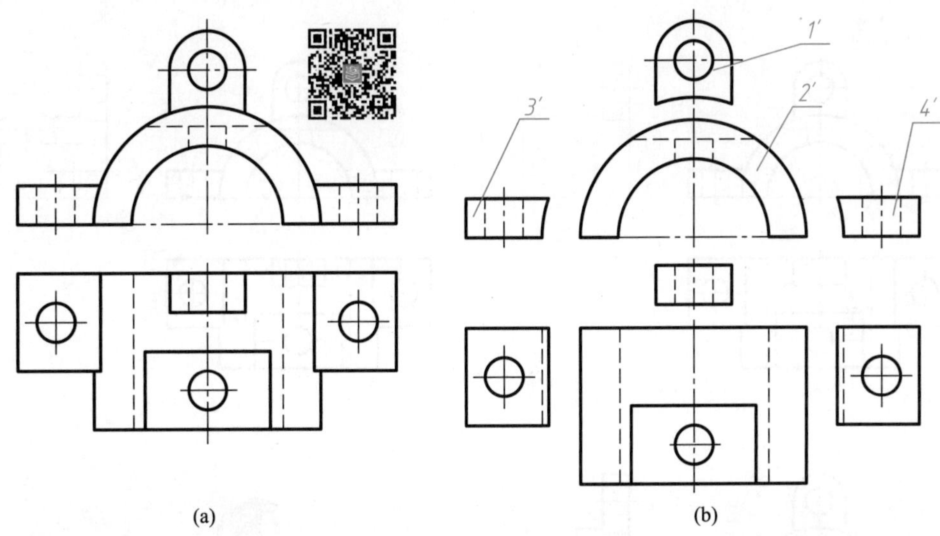

图 4-19 形体分析

分析：

(1) 将主视图分为四个部分，其中 3′、4′ 为对称图形，如图 4-19b 所示。

(2) 利用投影关系，把俯视图与主视图中几部分对应的投影分离出来，可以初步想象出来形体 *1* 是上部为拱形的立板，且有一圆孔；形体 *2* 是一个半圆筒，上面有一小平面和一铅垂通孔，形成截交线和相贯线；形体 *3* 和 *4* 都是长方体，中间有一圆孔。

(3) 由所给视图看，形体 *1* 与形体 *2* 相交，且后端面平齐，形体 *3* 和 *4* 分别位于两侧与形体 *2* 相交，也是后面平齐。

综合以上分析，可以补画出左视图，如图 4-20 所示。

例 4-2 如图 4-21a 所示，已知切割式组合体的主、左视图，想象组合体的形状，并补画俯视图。

(1) 形体分析。由主、左视图可以看出，该组合体的原始形状是一个四棱柱。用正平面 P 和正垂面 Q 在左前方切去一块后，再用正平面 S 和侧垂面 R 在右前方切去一角，如图 4-21b 所示。

(2) 线面分析。正平面 P 和 S 在主视图中的封闭线框分别是三角形和四边形，根据投影特性可知，其在俯视图上必积聚为直线，如图 4-21c、d 所示。正垂面 Q 在主视图上积聚为直线、左视图为六边形，而侧垂面 R 在左视图上积聚为直线、主视图为四边形，根据投影特性可知，它们

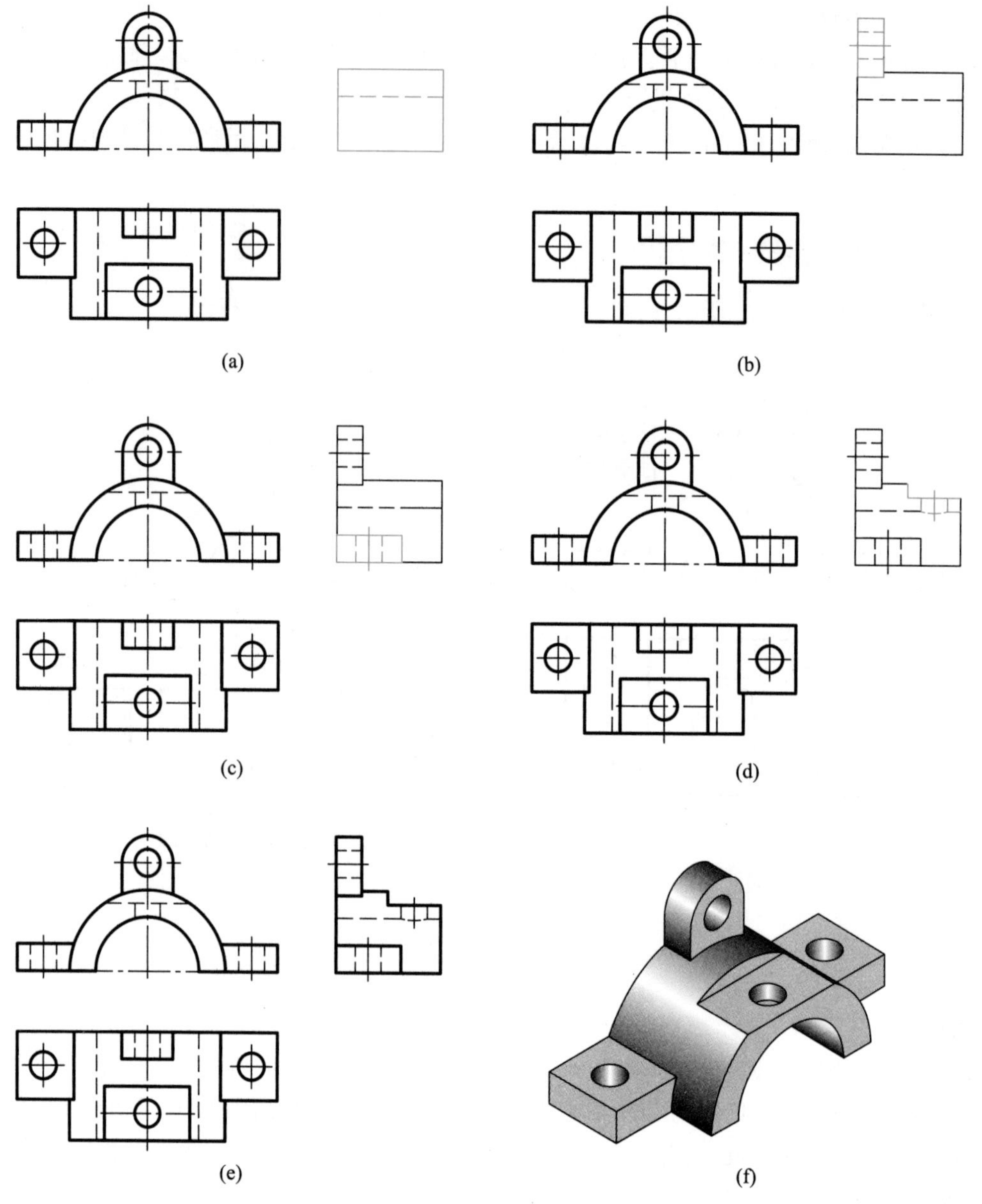

图 4-20 补画左视图

的俯视图必为相似的六边形和四边形，如图 4-21c、d 所示。水平面 T 在主、左视图上积聚为直线，根据“长对正、宽相等”的对应关系和投影特性可求得反映真实形状的六边形，如图 4-21d 所示。

(3) 补画俯视图：先分别画出正平面 P 和正垂面 Q 的俯视图，如图 4-21c 所示。再分别画出侧垂面 R、正平面 S 和水平面 T 的俯视图，如图 4-21d 所示。

(4) 检查后按线型加粗图线，如图 4-21e 所示。

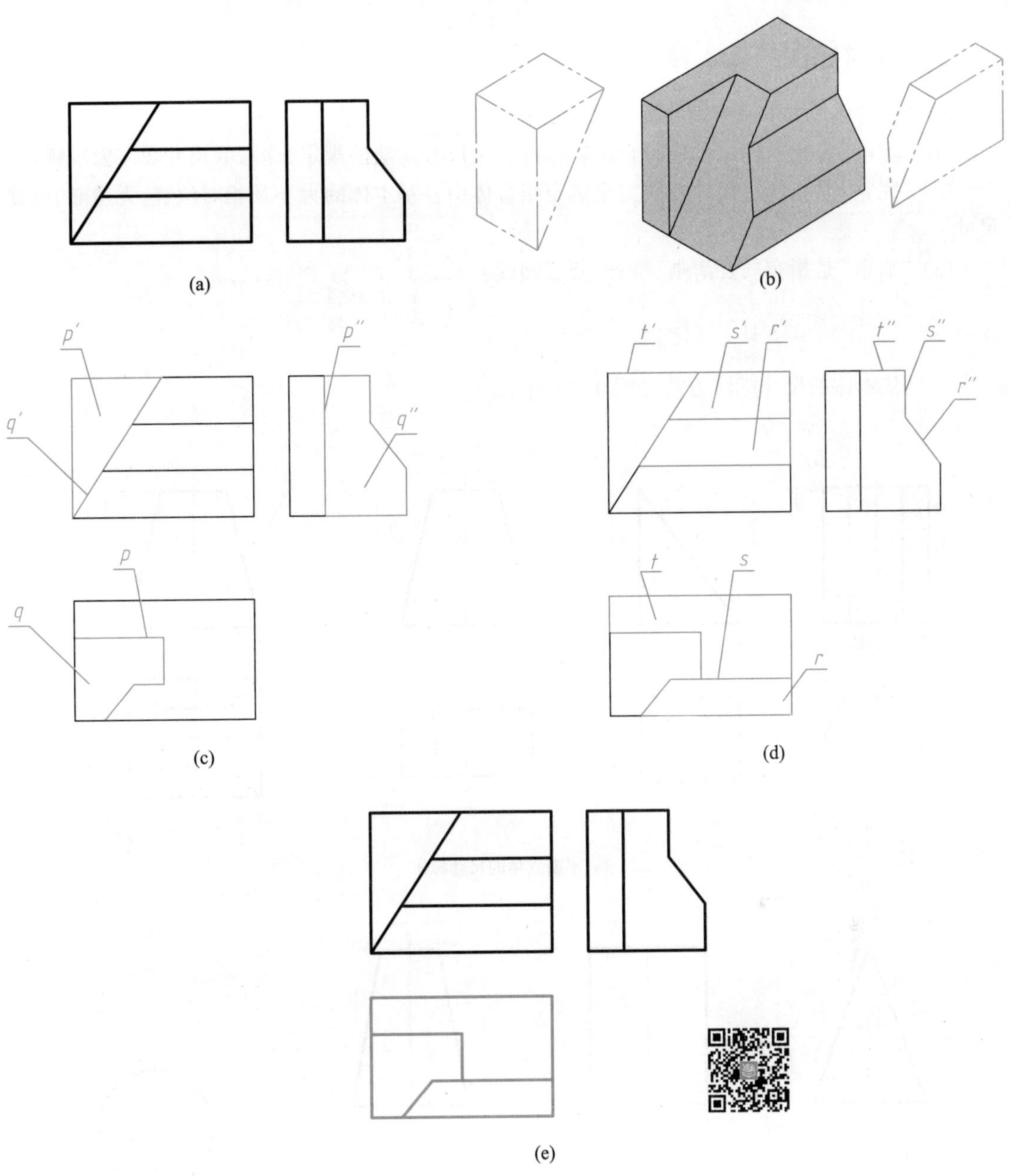

图 4–21 补画切割式组合体的俯视图

4.5 组合体视图中的尺寸标注

组合体的视图只能反映它的形状，而各形体的真实大小及其相对位置，则要通过标注尺寸来确定。组合体的尺寸标注是按照形体分析进行的，基本体的尺寸是组合体尺寸的重要组成部分，因此要标注组合体的尺寸，必须首先掌握基本体的尺寸注法。

4.5.1 尺寸标注的基本要求

标注组合体尺寸的基本要求是正确、完整、清晰。

(1) “正确”是指所注尺寸应符合国家标准有关尺寸注法的规定，注写的尺寸数字要准确。

(2) “完整”是指所注尺寸要能完全确定组合体中各基本体的大小及相对位置，无遗漏、重复尺寸。

(3) “清晰”是指布局要清晰、整齐，便于阅读。

4.5.2 常见形体的尺寸标注

常见基本体的尺寸标注方法如图 4-22 所示。

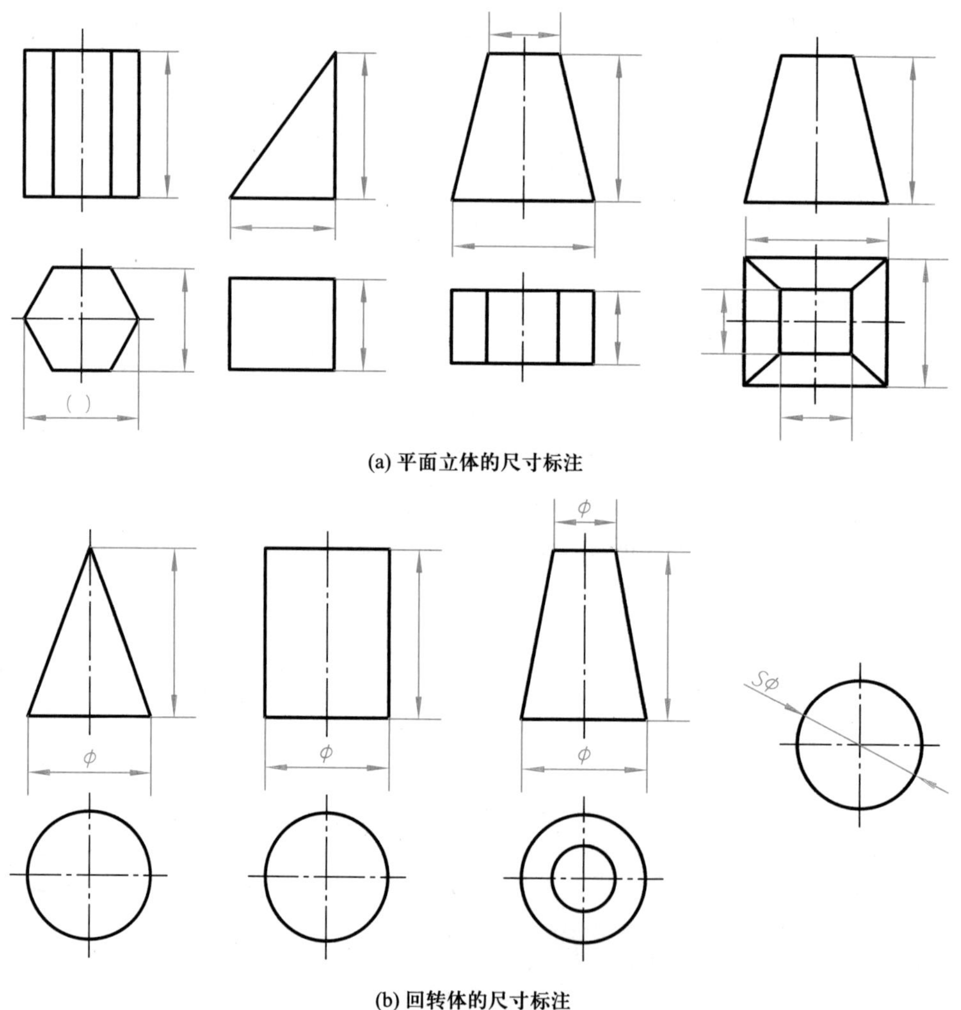

(a) 平面立体的尺寸标注

(b) 回转体的尺寸标注

图 4-22 常见基本体的尺寸注法

带截交线的立体应标注立体的尺寸及截平面的相对位置尺寸，不要标注截交线的尺寸，如图 4–23 所示。

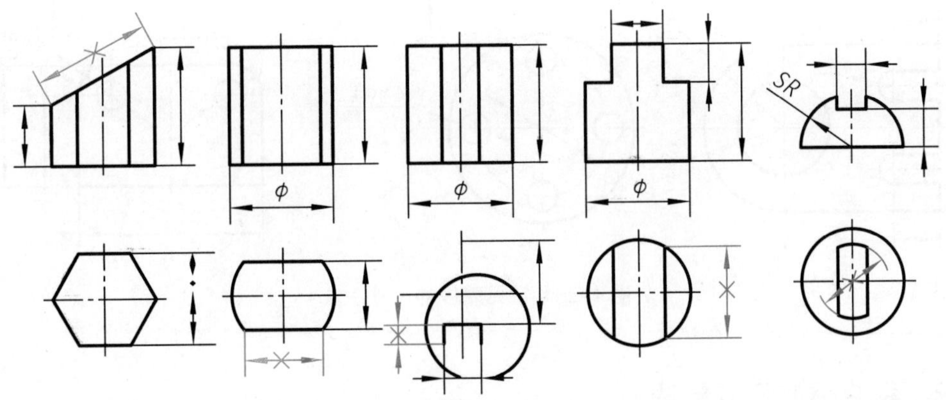

图 4–23 带截交线的立体的尺寸注法

带相贯线的立体的尺寸注法如图 4–24 所示。

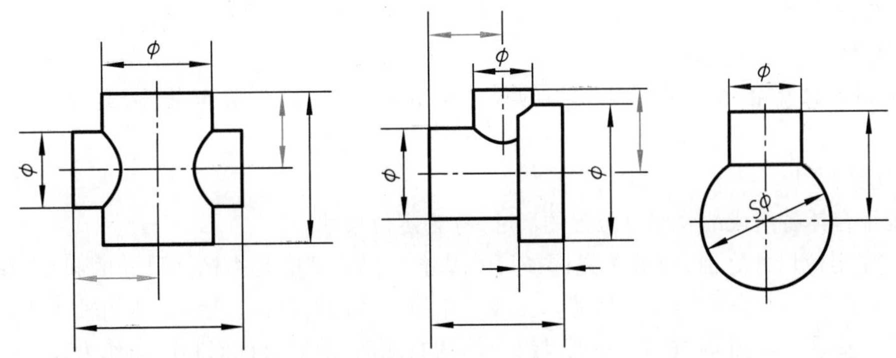

图 4–24 带相贯线的立体的尺寸注法

常见底板的尺寸注法如图 4–25 所示。

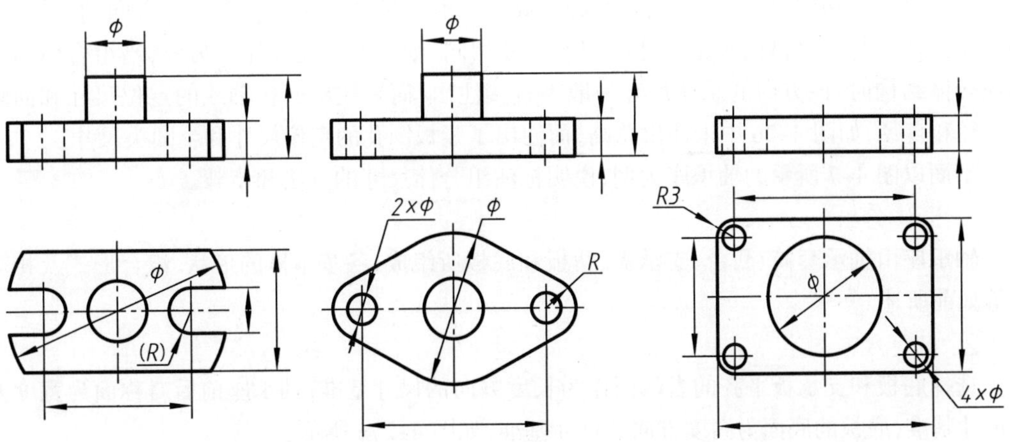

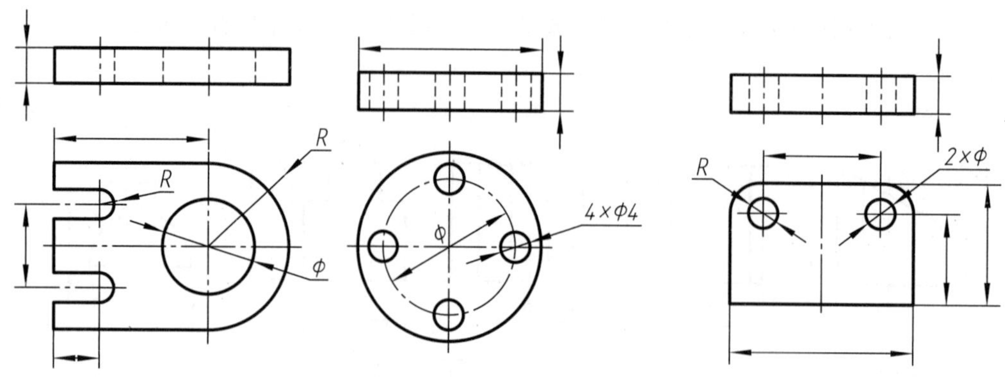

图 4-25 常见底板的尺寸注法

4.5.3 组合体的尺寸标注

组合体一般应标注三类尺寸:定形尺寸、定位尺寸和总体尺寸。在标注组合体尺寸时,仍运用形体分析法。通常在形体分析的基础上,先选定尺寸基准,组合体包括长、宽、高三个方向的尺寸,每个方向至少有一个主要基准。一般以组合体的底面、端面、对称面和轴线作为尺寸基准,然后分别标注出各个组成体的定形尺寸和定位尺寸,最后标注出总体尺寸。

(1) 定形尺寸

确定组合体中各形体形状和大小的尺寸称为定形尺寸,一般包括长、宽、高三个方向的尺寸。

(2) 定位尺寸

确定组合体各组成部分相对位置的尺寸,称为定位尺寸。

在标注定位尺寸之前,应该首先选择尺寸基准。尺寸基准是指标注尺寸的起点,在三维空间中有长、宽、高三个方向的尺寸基准。一般采用组合体的对称面、某一形体的轴线或较大的平面作为尺寸基准。在图 4-26 中,分别以组合体的右端面、前后对称面和底面作为长、宽、高三个方向的尺寸基准。俯视图中的 16 和 36 为底板上两个圆孔的轴线在长度和宽度方向的定位尺寸,主视图中的 30 为 $\phi9$ 圆孔轴线在高度方向的定位尺寸。

(3) 总体尺寸

总体尺寸是指组合体的总长、总宽和总高。一般应标注出长、宽、高三个方向的总体尺寸,如总体尺寸中与组合体内某基本体的定形尺寸相同,则不再重复标注。另外,当组合体的端部为回转体结构时,该方向的总体尺寸一般不直接注出,而是注出回转轴线的定位尺寸和回转体的半径和直径,如图 4-26 中未注出总高,而注出了竖板圆孔的定位尺寸和半圆头尺寸。

下面以图 4-7 所示的轴承座为例,说明标注组合体尺寸的方法和步骤。

1. 形体分析

轴承座由轴承套筒、凸台、支承板、肋板和底板所组成,各基本体的形状、组合形式及相对位置等如前所述。

2. 选定尺寸基准

选择底板和支承板平齐的右端面作为长度方向的尺寸基准,轴承座前后对称面为宽度方向的尺寸基准,底板的底面为高度方向的尺寸基准,如图 4-27a 所示。

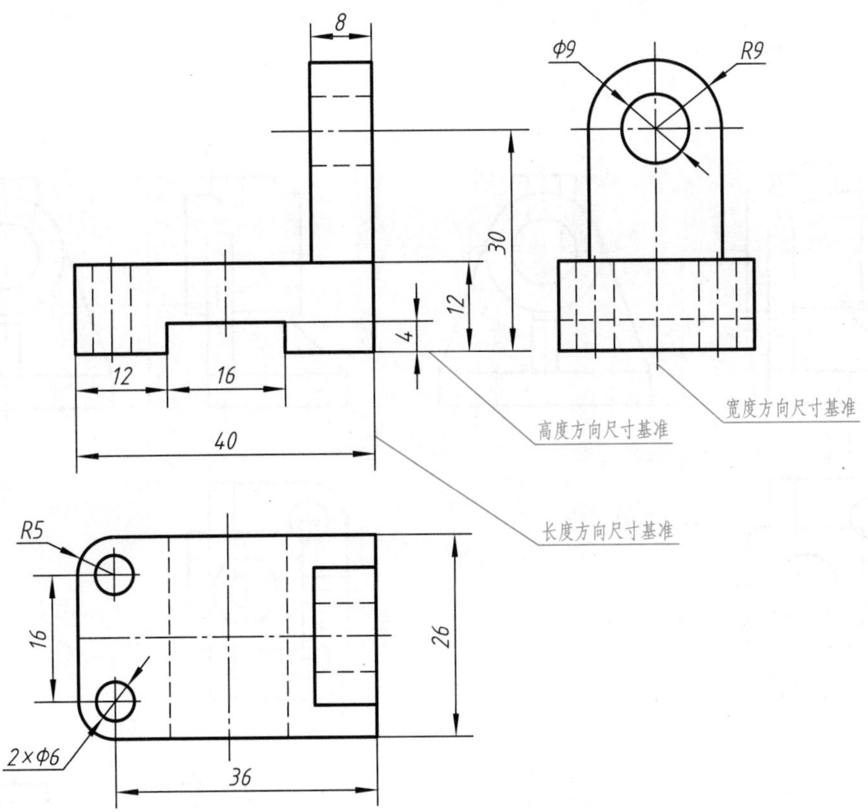

图 4-26 组合体的尺寸标注

3. 逐个标注各基本体的定形尺寸、定位尺寸

(1) 标注轴承套筒的定形尺寸 ϕ54、ϕ30 和 54，定位尺寸 10 和 70，如图 4-27a 所示。

(2) 标注凸台的定形尺寸 ϕ15、ϕ30 和定位尺寸 105、27，如图 4-27b 所示。

(3) 标注底板的定形尺寸 65、100、15、R18 和 2 × ϕ18，底板上两圆孔长、宽方向的定位尺寸 47、64，如图 4-27c 所示。

(4) 标注支承板的定形尺寸 12，如图 4-27d 所示。

(5) 标注肋板的定形尺寸 30、12 和 24，如图 4-27d 所示。

4. 标注总体尺寸

总宽与底板的定形尺寸相同，总高与凸台的定位尺寸相同，均不必重复标注，这里只需注出总长尺寸 75，如图 4-27d 所示。

5. 检查调整

按形体逐个检查它们的定形尺寸、定位尺寸以及组合体的总体尺寸，补上遗漏，去除重复，并对标注和布置不恰当的尺寸进行修改和调整。在轴承座的尺寸中，底板的定形尺寸 65、轴承套筒定位尺寸 10 之和为 75，与组合体的总长尺寸 75 重复，由于底板的长度尺寸和轴承套筒的定位尺寸更为重要，因此去掉总长尺寸。调整后的尺寸标注如图 4-27e 所示。

应强调的是，尺寸要标注完整，一定要先对组合体进行形体分析，然后逐个形体标注其定形尺寸、定位尺寸，再确定总体尺寸。

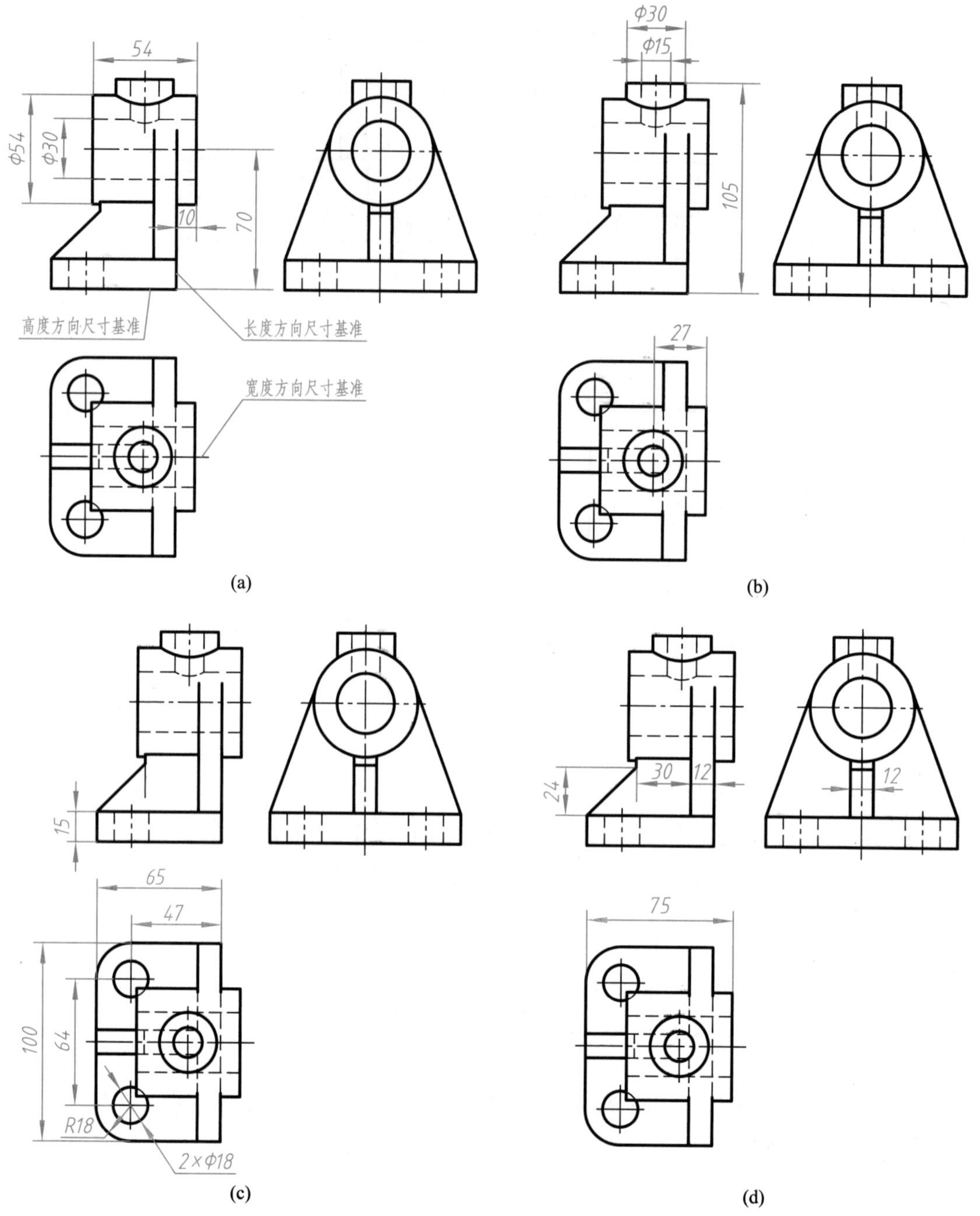
54
Φ54
Φ30
10
70
高度方向尺寸基准
长度方向尺寸基准
宽度方向尺寸基准
(a)
Φ30
Φ15
105
27
(b)
15
65
47
100
64
R18
2×Φ18
(c)
24
30
12
12
75
(d)

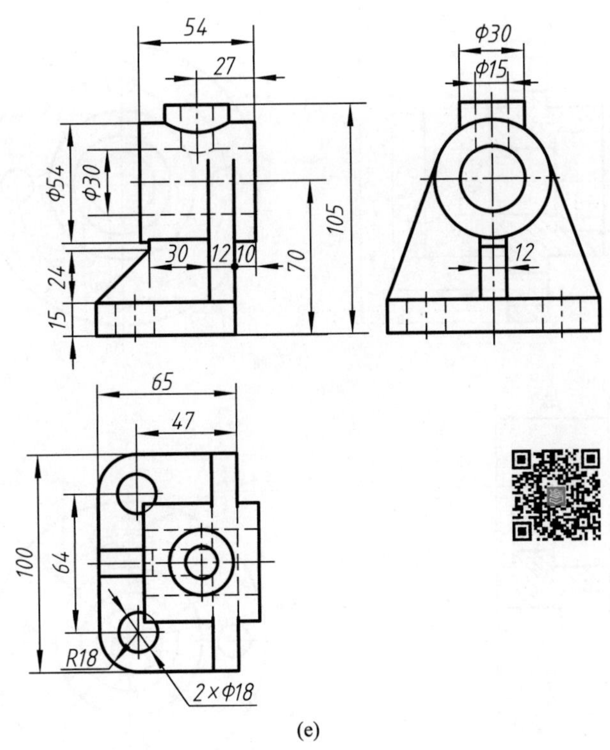

(e)

图 4-27 组合体尺寸标注的步骤

4.5.4 尺寸的清晰布置

(1) 尺寸应尽量标注在表示形体特征最明显的视图上，如图 4–26 所示。

(2) 同一形体的尺寸应尽量集中标注在一个视图上。

(3) 尺寸应尽量标注在视图的外部，并尽量注在两视图之间，以便于读图，如图 4–26 中的尺寸 16、40。

(4) 尺寸尽量不注在虚线上。

(5) 同轴回转体的直径尺寸应尽量注在非圆视图上，如图 4–28 所示法兰的尺寸标注；半圆弧及小于半圆弧的半径尺寸一定要注在反映圆弧的视图上，如图 4–26 所示底板上的尺寸 *R*5。

(6) 尺寸线与尺寸线，尺寸线与尺寸界线，尺寸线、尺寸界线与轮廓线应避免相交，同一方向的平行尺寸应使小尺寸在内、大尺寸在外，避免尺寸线与尺寸界线相交，如图 4–29 所示。

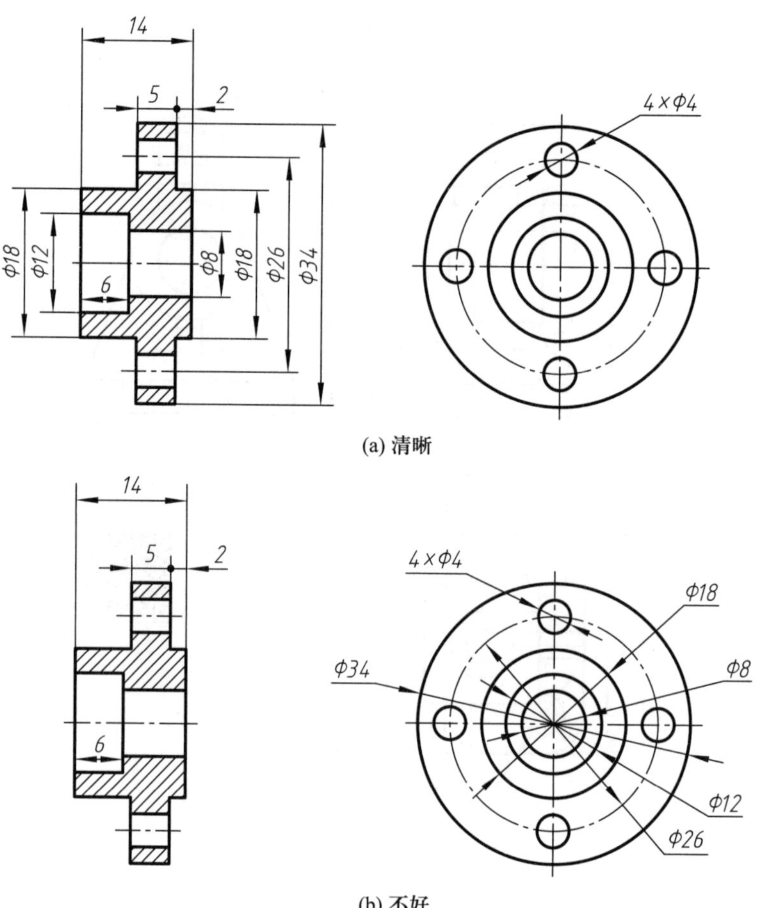

(a) 清晰

(b) 不好

图 4–28 同轴回转体的尺寸标注

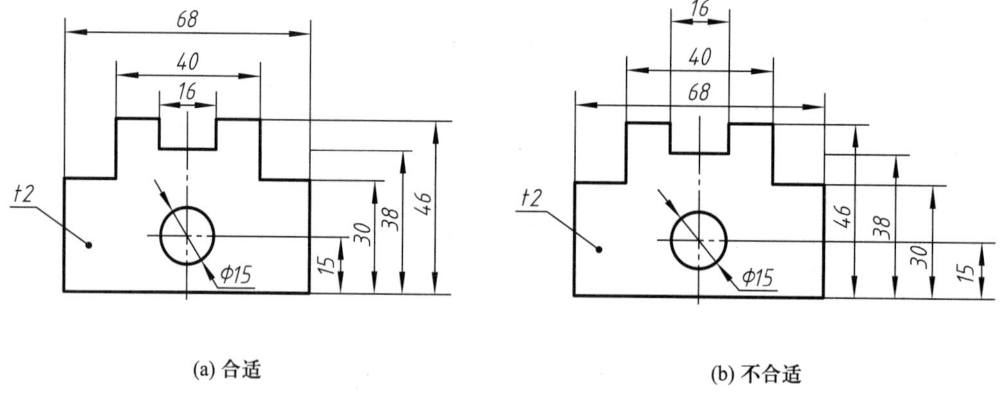

(a) 合适

(b) 不合适

图 4–29 尺寸的排列

第5章

计算机绘图基础

计算机绘图具有绘图速度快、作图精度高、便于产品信息的保存和修改、设计过程直观等优点，已广泛应用于设计、生产和科研各领域。

本章将重点介绍 AutoCAD 2020 的基本操作、二维绘图及编辑、文字注写及尺寸标注等。同时，以 SOLIDWORKS 2020 软件为平台，介绍三维实体建模的基础知识。

5.1 AutoCAD 的基本操作

5.1.1 操作界面

双击 AutoCAD 2020 图标，启动 AutoCAD 2020 后，在开始界面单击“开始绘制”按钮，默认进入“二维草图与注释”操作界面。

AutoCAD 2020 的操作界面是显示、编辑图形的区域。草图与注释操作界面主要包括应用程序按钮、“快速访问”工具栏、菜单栏、标题栏、功能区、绘图区、布局标签、命令行窗口和状态栏等，如图 5-1 所示。

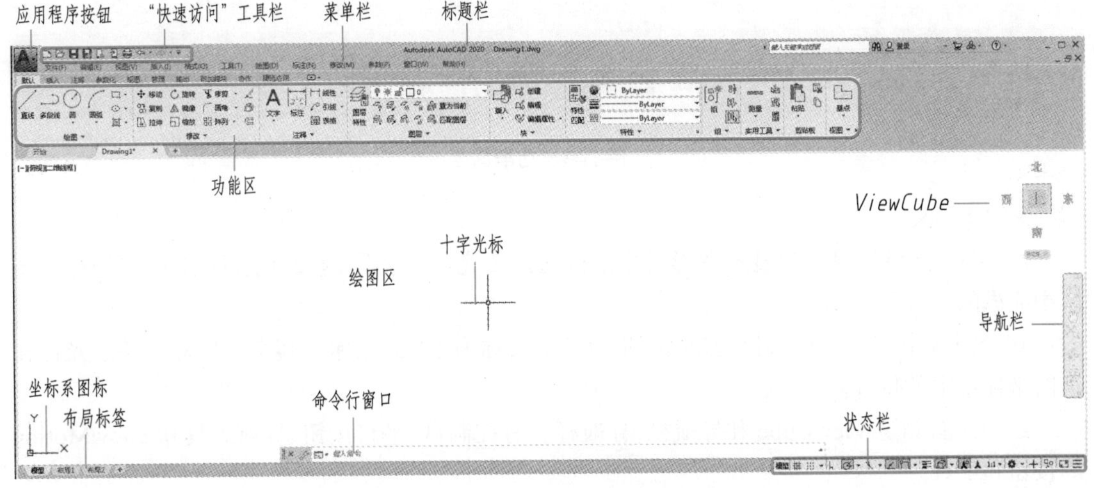

图 5-1 “二维草图与注释”操作界面

1. “快速访问”工具栏

AutoCAD 2020 的“快速访问”工具栏位于操作界面的左上角，显示的是经常访问的命令，包括“新建”“打开”“保存”“另存为”“从 Web 和 Mobile 中打开”“保存到 Web 和 Mobile”“打印”“放弃”“重做”和“自定义”等。

AutoCAD 2020 默认隐藏菜单栏，习惯了使用菜单栏的用户可以通过单击“快速访问”工具栏最右边的按钮，然后单击选择倒数第二行的“显示菜单栏”选项，在“快速访问”工具栏下方即可显示菜单栏，如图 5-2 所示。

文件(F) 编辑(E) 视图(V) 插入(I) 格式(O) 工具(T) 绘图(D) 标注(N) 修改(M) 参数(P) 窗口(W) 帮助(H)

图 5-2 菜单栏

菜单栏中包括“文件”“编辑”“视图”“插入”“格式”“工具”“绘图”“标注”“修改”“参数”“窗口”和“帮助”等 12 个菜单，用鼠标单击各项菜单栏，就会弹出 AutoCAD2020 命令的下拉菜单。

2. 标题栏

AutoCAD 2020 的标题栏位于操作界面的最上端，显示了软件的名称和当前正在使用的文件名称，如“Autodesk AutoCAD 2020 Drawing1.dwg”。

3. 功能区

默认情况下，功能区包括“默认”“插入”“注释”“参数化”“视图”“管理”“输出”“附加模块”“协作”以及“精选应用”等 10 个选项卡，如图 5-3 所示。在所有选项卡的末端有一个向上的三角形按钮，单击它可更改功能区的显示方式。如“最小化为面板按钮”“最小化为面板标题”“最小化为选项卡”和“显示完整的功能区”。

每个选项卡集成了相关的操作工具，由几组面板组成。例如，图 5-3 显示的是“默认”选项卡，由“绘图”“修改”“注释”和“图层”等多个面板组成，每个面板又包含了若干功能按钮，单击各功能按钮即可执行相应的命令。

图 5-3 功能区

4. 绘图区

绘图区是绘制、编辑和显示图形对象的区域。要完成一幅图的设计，主要工作都是在绘图区中完成的。

在绘图区中，有一个作用类似光标的“十”字线称为“十字光标”，其交点坐标反映了光标在当前坐标系中的位置。

绘图区右侧是 ViewCube 和导航栏，导航栏上有控制盘、平移按钮、导航工具和 ShowMotion 等按钮和工具。

在绘图区的左下角，有一个箭头指向的图标，称为坐标系图标。坐标系图标表示了绘图时正在使用的坐标系样式，其作用是为点的坐标确定一个参照系。

5. 布局标签

布局标签位于操作界面的左下角,AutoCAD 2020 默认设定一个“模型”空间和“布局1”“布局 2”两个图样空间。

模型空间是通常绘图的环境,而在图样空间中,可以创建浮动视口,以不同视图显示所绘图形,还可以调整浮动视口并决定所包含视图的缩放比例。布局是系统为绘图设置的一种环境,包括图样大小、尺寸单位、角度设定、数值精确度等。

6. 命令行窗口

命令行窗口是输入命令和显示命令提示的区域,默认布置在绘图区下方。

用户输入命令时系统自动显示匹配命令列表,按回车键或选择匹配命令后,系统反馈信息,用户根据系统反馈的信息进一步操作。例如需要画直线,键入“Line”或其简化命令“L”,然后按回车键即可激活画直线命令,在命令行窗口中提示进一步操作“指定第一个点:”,如图 5-4 所示。

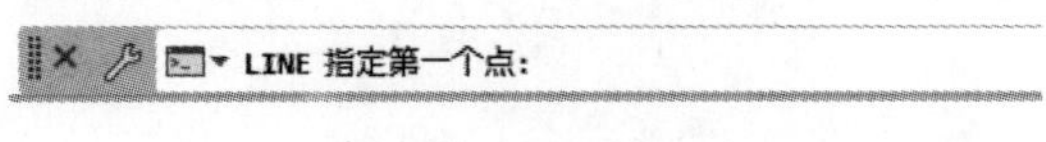

图 5-4 命令行窗口

7. 状态栏

状态栏位于操作界面的最底端,主要用于显示当前软件的各种状态模式,包括“模型或图纸空间”“显示图形栅格”“捕捉模式”“正交模式”“极轴追踪”“等轴测草图”等 30 个功能按钮,如图 5-5 所示。

图 5-5 状态栏

注意:可以通过状态栏最右侧的“自定义”按钮选择需要在状态栏显示的按钮。

5.1.2 文件操作

1. 新建图形文件

当需要按照特定的样板来新建一个图形文件,用户可以采用下列方式打开“选择样板”对话框,如图 5-6 所示。

◇命令:NEW(或 QNEW)

◇菜单:或“文件”→“新建(N)...”

◇工具栏:“快速访问”→

◇快捷键:Ctrl+N 或 Alt+1

系统默认以“acadiso”样板新建图形文件,可以单击其他样板新建文件,也可以通过单击对话框右下角“打开”按钮旁的小三角按钮,然后在弹出的菜单中选择“无样板打开”选项以根据自己的需要建立新图形。

2. 打开图形文件

运行 AutoCAD 2020 后,用户可以单击“开始绘制”界面,系统会进入绘图操作界面,并默认文件名为 Drawing1.dwg,用户也可以采用下列方式打开已有的图形文件。

◇命令:OPEN

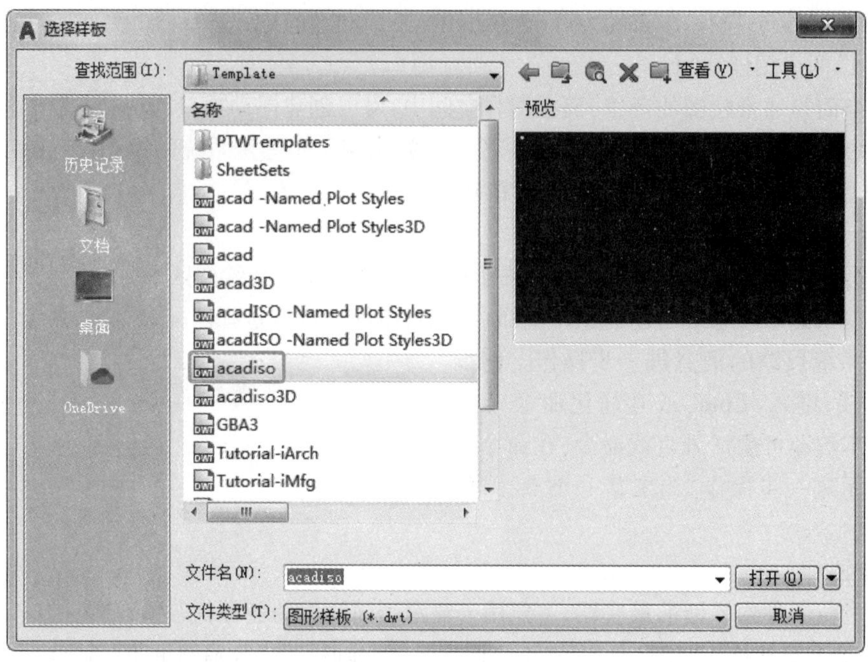

图 5-6 “选择样板”对话框

◇菜单:“文件”→“打开(O)...”

◇工具栏:“快速访问”→

◇快捷键:Ctrl+O 或 Alt+2

可打开“选择文件”对话框。此时,选择需要打开的文档,双击文件名或单击对话框右下角的“打开”按钮即可。

3. 保存图形文件

绘制图形过程中,应当养成经常保存文件的习惯,避免因各种意外情况而造成的数据丢失。可以选择保存、另存为或设置自动保存文件。

◇命令:SAVE

◇菜单:“文件”→“保存(S)”

◇工具栏:“快速访问”→

◇快捷键:Ctrl+S 或 Alt+3

保存图形文件时,如果当前文件已经命名,AutoCAD 将当前图形文件更新保存到最新的状态;如果当前文件没有命名,将弹出“图形另存为”对话框,提醒用户在“文件名”文本框中输入图形文件名。

如果需要图形文件的一个或多个副本,单击快速访问工具栏中的“另存为”按钮,或单击软件左上角红色大写字母“A”的图标,在弹出的菜单中选择“另存为”选项即可,如图 5-7 所示。

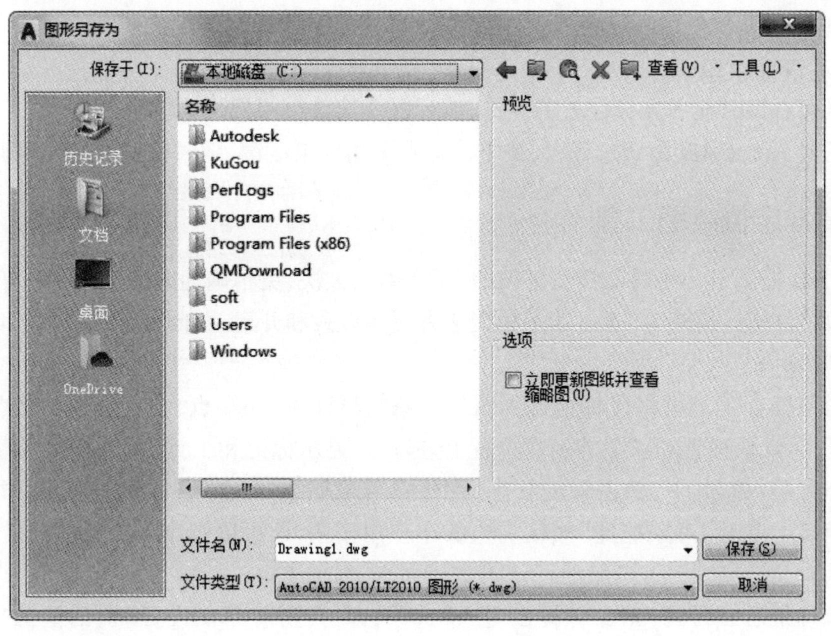

图 5-7　“图形另存为”对话框

5.1.3　命令输入

AutoCAD 绘制图形时，必须输入并执行相应的命令。命令的输入方式有如下几种：

1. 键盘输入

在命令行窗口中直接由键盘输入命令名或命令提示行要求的参数或符号后，按回车键执行。键盘输入命令时系统会根据输入的字符显示匹配的命令别名（命令简写）和命令列表，用户可用鼠标直接选择相应的命令，如图 5-8 所示。

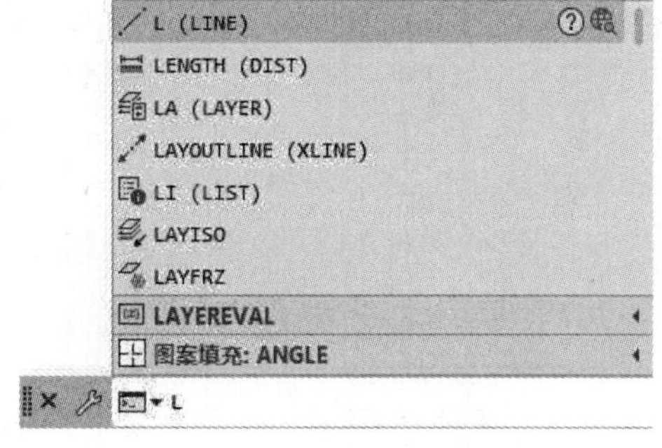

图 5-8　命令输入的动态提示

2. 工具栏输入

鼠标移至工具栏中的图标按钮，系统会自动显示图标按钮名称，单击该图标按钮，就会执行相应的命令。

3. 菜单输入

移动鼠标单击选中一菜单项后，便出现该菜单项的下拉菜单，再单击选择下拉菜单项，可执行相应命令。

4. 重复输入

如果需要重复最近使用的命令，有三种方法可以实现：

(1) 将光标置于“命令：”提示文本框中，在命令完成后按回车键或空格键；

(2) 在命令窗口点击鼠标右键，然后在快捷菜单的“最近使用的命令”级联菜单中选择相应的命令选项；

(3) 在绘图区点击鼠标右键，然后在弹出的快捷菜单的“最近的输入”级联菜单中选择相应的命令选项。

5. 右键快捷菜单输入

点击鼠标右键时显示光标位置的菜单，然后在快捷菜单中选择菜单命令。

执行任何 AutoCAD 命令过程中，按下键盘左上角的 Esc 键，随时能够从命令中退出。

5.1.4 精准定位绘图工具

AutoCAD 提供了一些辅助精准定位的工具，可以更快、更精确地绘图。常用的有对象捕捉、极轴追踪和对象捕捉追踪等，通过状态栏能够方便地设置和开启、关闭。

1. 对象捕捉

利用对象捕捉工具可将光标捕捉到图形对象的特征点，如端点、中点、圆心、切点，交点等。默认情况下，将光标移到对象上的捕捉位置上方时，将显示标记和工具提示。

在 AutoCAD 2020 中，单击辅助状态栏中的“对象捕捉”按钮 或按“F3”键，即可打开或关闭对象捕捉。单击“对象捕捉”按钮右边的小三角按钮，还可以弹出对象捕捉的设置菜单，如图 5-9 所示。

单击选择最后一行的“对象捕捉设置…”选项，即可打开“草图设置”对话框，如图 5-10 所示，其中有关于“对象捕捉”更为详细的设置。

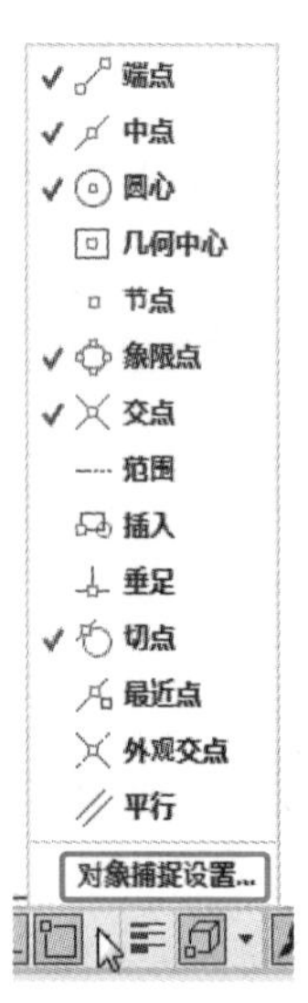

图 5-9 对象捕捉菜单

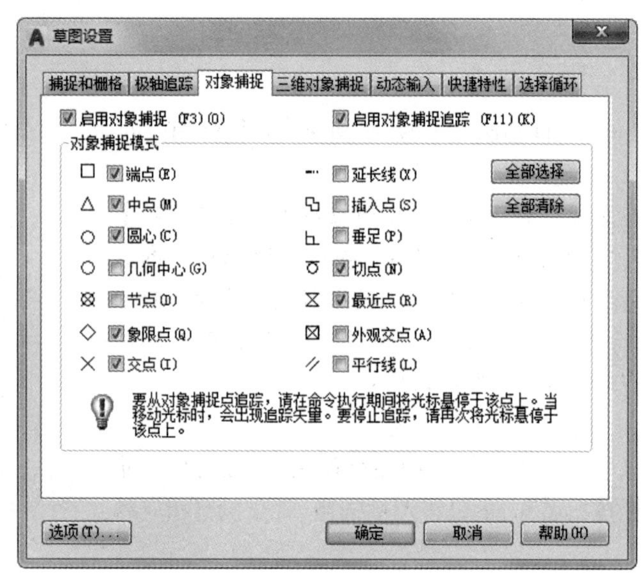

图 5-10 “草图设置”对话框

对象捕捉功能一般在对象或特征点分布比较密集的情况下使用，但有可能捕捉到的点不是用户需要的，这时按住 Shift 键的同时在绘图区任意处右击即可显示“对象捕捉”快捷菜单。例如，由于对象太密集，本想捕捉中点却捕捉了另一个交点，这时如果单击快捷菜单中的“中点”选项就可以只捕捉到对象的中点。

2. 极轴追踪

绘图过程需要绘制特定角度的直线，这就需要用到极轴追踪功能，即当光标靠近设置的极轴角时，屏幕上会显示由指定的极轴角度所定义的临时对齐路线和对应的工具提示。

在 AutoCAD 2020 中，单击状态栏中的“极轴追踪”按钮，可以打开或关闭极轴追踪。

单击最后一行的“正在追踪设置…”选项，即可打开“草图设置”对话框的“极轴追踪”选项卡，如图 5-11 所示。该选项卡包括“极轴角设置”“对象捕捉追踪设置”和“极轴角测量”三个选项组。

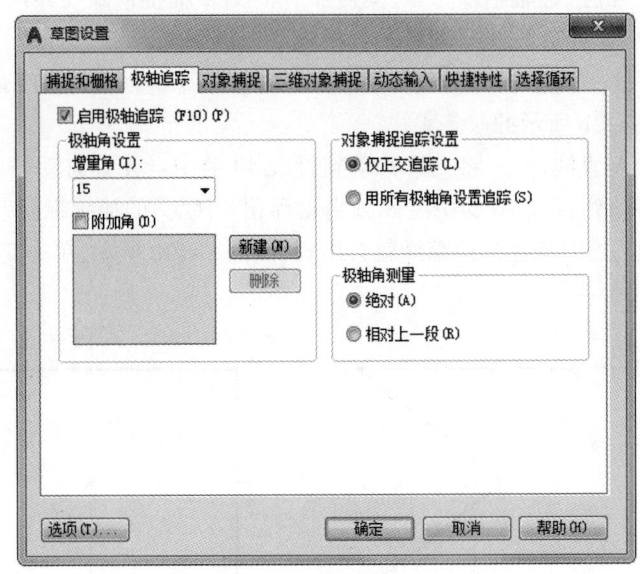

图 5-11 极轴追踪设置

(1) 极轴角设置：可设定极轴追踪的对齐角度。

“增量角”可设定用来显示极轴追踪对齐路径的极轴角增量。可以输入任何角度，也可以从列表中选择 90°、45°、30°、22.5°、18°、15°、10°或 5°这些常用角度。

“附加角”是对极轴追踪使用列表中的附加角度。选中该复选框后，可指定一些附加角度。单击“新建”按钮新建增量角度，将显示在左侧的列表框内，最多可以添加 10 种增量角度。单击“删除”按钮，将删除选定的附加角度。

(2) 对象捕捉追踪设置：可设定对象捕捉追踪选项。

仅按正交方式追踪：当对象捕捉追踪打开时，仅显示已获得的对象捕捉点的正交（水平 / 垂直）对象捕捉追踪路径。

用所有极轴角设置追踪：将极轴追踪设置应用于对象捕捉追踪。使用对象捕捉追踪时，光标将从获取的对象捕捉点起沿极轴对齐角度进行追踪。

(3) 极轴角测量：可设定测量极轴追踪对齐角度的基准。

选中“绝对”单选按钮，表示根据当前用户坐标系 UCS 确定极轴追踪角度。

选中“相对上一段”单选按钮，表示根据上一个绘制线段确定极轴追踪角度。

3. 对象捕捉追踪

对象捕捉追踪又称为自动追踪，是对象捕捉与极轴追踪的综合。在启用对象捕捉追踪之前，应先启用极轴追踪和对象捕捉功能，并根据绘图需要设置极轴追踪的增量角以及对象捕捉的捕捉模式。

在 AutoCAD 2020 中，可以通过单击状态栏中的“对象捕捉追踪”按钮或按 F11 键打开或关闭对象捕捉追踪功能。

例 5-1 利用对象捕捉追踪功能绘制图 5-12a 所示的图形，使两个斜线的交点 *A* 位于长度 40 和高度 30 的交叉点上。

操作步骤：

(1) 在状态栏上开启“极轴追踪”“对象追踪”和“对象捕捉追踪”，并在“草图设置”对话框的“对象捕捉”选项卡中开启“中点”对象捕捉模式。

(2) 单击“直线”按钮或在命令行窗口键入“L”并按回车键以执行直线命令，按图 5-12a 中标注的尺寸绘制图 5-12b 所示的三条实线。

(3) 继续执行绘制直线命令，将光标移动到直线 40 的中点 *A* 处自动浮出“中点”的捕捉标记，然后再将光标移动到直线 30 的中点 *B* 处自动浮出“中点”的捕捉标记，然后将光标移动至两种点的交叉点附近，这时绿色的追踪线就会出现，如图 5-12b 所示，单击交叉点和水平直线右端点，完成斜线的绘制。

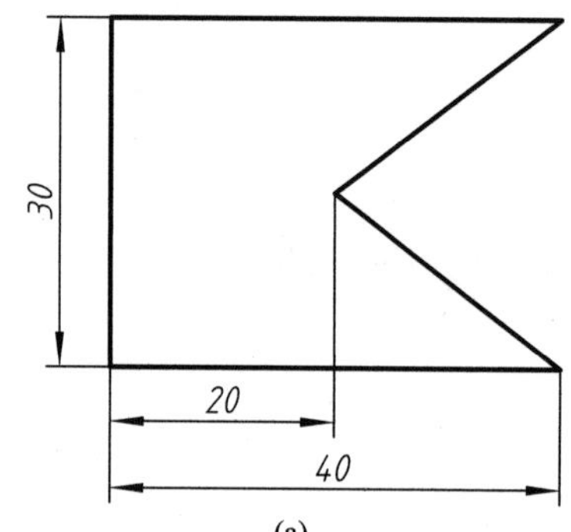

(a)

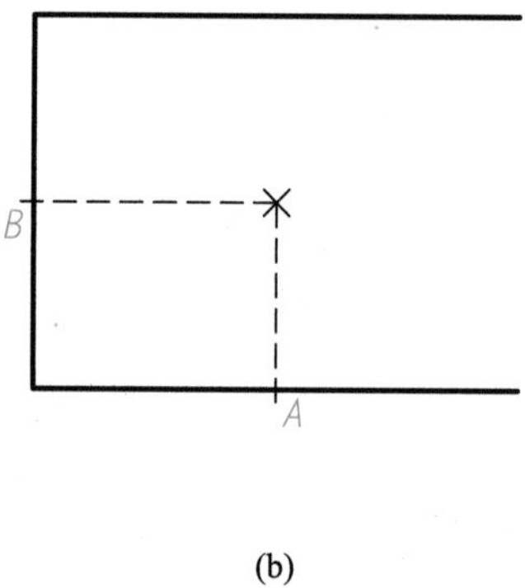

(b)

图 5-12 对象捕捉追踪

5.1.5 图层

图层是 AutoCAD 2020 提供的强大功能之一，利用图层可以方便地对图形进行管理。通过创建图层，可以将类型相似的对象指定给同一图层，以使其相关联。

1. 图层特性管理器

要使用图层，首先要创建图层，此外还需要对图层进行管理。这些工作都可以通过图层特性管理器进行操作。下列各种方式都可以输入图层命令：

◇命令：LAYER（简写 LA）

◇功能区：“默认”→“图层”→

◇菜单：“格式”→“图层(L)...”

◇工具栏：“图层”→

执行图层命令后，AutoCAD 弹出如图 5-13 所示的“图层特性管理器”对话框，其中部分选项含义如下：

(1) 新建图层

在“图层特性管理器”对话框中，单击“新建图层”图标按钮，创建一个新图层。

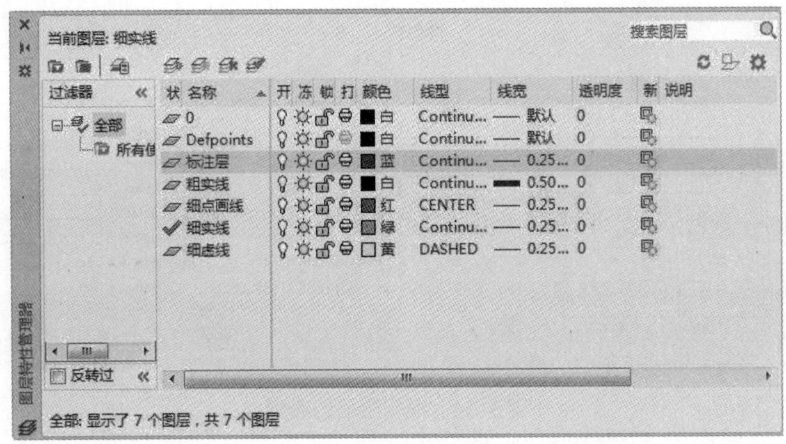

图 5–13 “图层特性管理器”对话框

(2) 删除图层

在图层列表中选择要删除的图层，然后单击“删除图层”图标按钮，待删除的图层被打上删除标记，再单击“应用”按钮，就可以将图层删除。

注意：只能删除空图层，即该图层上必须没有任何图形要素。另外“0”图层也不能删除。

(3) 置为当前

在图层列表中选择要置为当前的图层，然后单击“置为当前”图标按钮，之后在当前图层进行绘图或修改操作。

(4) 开关状态

开关状态是指图层处于打开或关闭状态，如果图层打开，则该图层上的图形可以在显示器上显示，也可以在输出设备上打印；反之，图层关闭则该图层上的图形不能在显示器上显示，也不能在输出设备上打印。

(5) 冻结 / 解冻图层

根据需要冻结暂时不需要访问的图层，单击各图层右侧的或按钮即可冻结或解冻该图层。冻结图层后该图层上的图形对象不能显示，也不能输出打印，而且也不参加图形之间的操作和编辑。

(6) 锁定 / 解锁图层

通过锁定某图层，可防止意外更改该图层上的对象，单击该图层的或按钮即可锁定或解锁该图层。

2. 编辑图层

(1) 线型

编辑某图层的线型，双击该图层的“线型”列即可打开“选择线型”对话框。默认只有一种线型“Continuous”，单击右下角的“加载（L）…”按钮可打开“加载或重载线型”对话框，如图 5–14 所示，其中有很多预置的线型。选择需要的线型，单击两次“确定”按钮即可更改线型。

(2) 线宽

编辑某图层的线宽，双击该图层的“线宽”列即可打开“线宽”对话框，如图 5–15 所示。选择需要的线宽，单击“确定”按钮即可更改线宽。绘图时，一般不使用默认线宽。

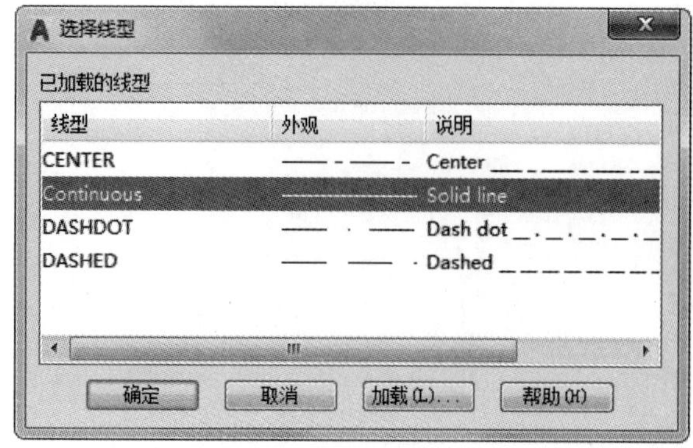

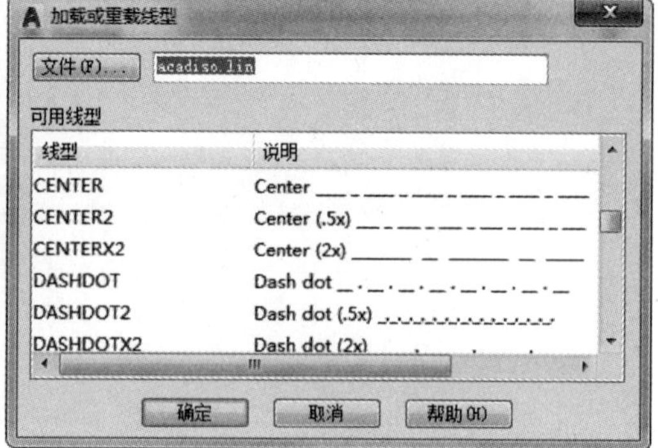

图 5–14 编辑图层的线型

(3) 颜色

编辑图层的颜色,双击该图层的“颜色”列即可打开“选择颜色”对话框,如图 5–16 所示。选择需要的颜色,单击“确定”按钮即可更改颜色。

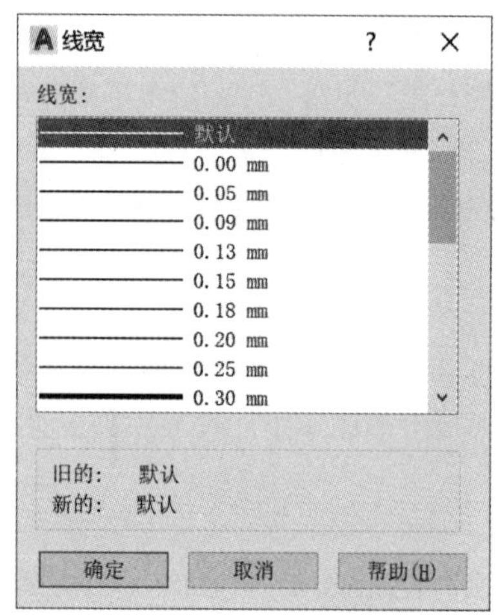

图 5–15 “线宽”对话框

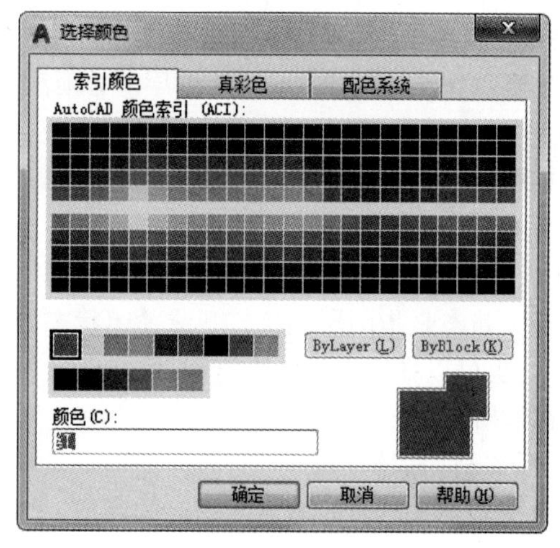

图 5–16 “选择颜色”对话框

(4) 绘图注意事项

在编辑好各图层之后,每使用其中一个图层都要记得将该图层设定为“当前图层”,选中该图层并单击“设置为当前图层” 按钮即可。

绘图过程中,需要不时地进行检查,以确保创建的对象在正确的图层上。

5.1.6 显示控制

在绘制和编辑图形过程中,通过“平移”和“缩放”命令控制图形显示,用户可以灵活地观察图形的整体或局部细节。

1. 平移

AutoCAD 中常用的进行视图平移的方法有两种:

在右侧导航栏选择缩放工具,如图 5–17 所示。或在命令行窗口输入“P”或“PAN”并按回车键。此后屏幕上会出现手形图标，按住鼠标左键并移动鼠标，图形就会随之移动。

2. 缩放

缩放是放大或缩小屏幕上图形的显示效果。AutoCAD 中对视图进行缩放有三种常用方法：

(1) 滚动鼠标滚轮，向前放大，向后缩小；

(2) 在右侧导航栏选择缩放工具，如图 5-18 所示；

(3) 在命令行窗口键入“Z”或者“ZOOM”并按回车键，按命令行窗口提示操作。

再次按下回车键，会进入默认的“实时”缩放，此时屏幕上会出现一个放大镜的图标，按住鼠标左键并移动鼠标，图形就会相应缩放。

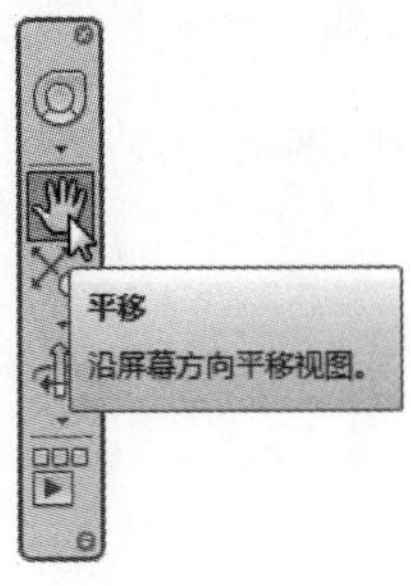

图 5-17　平移

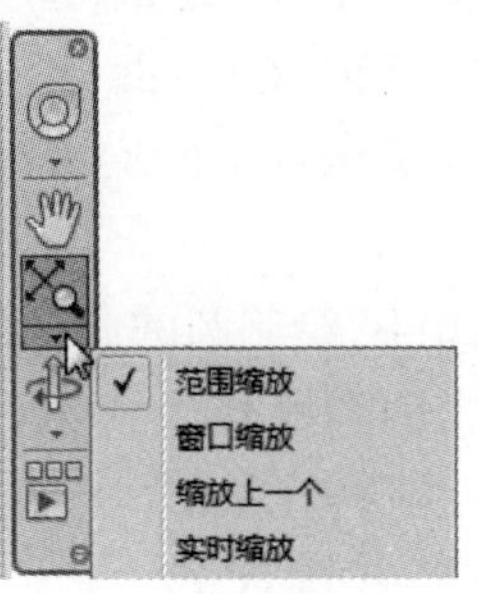

图 5-18　缩放

注意：双击滚轮即可把所有该界面内已绘制的图形以最佳的比例全屏显示，方便了解图面全局。

5.2 二维绘图和图形编辑

5.2.1 常用绘图命令

1. 直线

直线是 AutoCAD 2020 的常用绘图命令，指定了起点和下一点就可以绘制一条或多条直线。命令输入的方式有以下几种：

◇命令：LINE（简写 L）

◇功能区：“默认”→“绘图”→“直线”

◇菜单：“绘图”→“直线(L)”

◇工具栏：“绘图”→

例 5-2　使用直线命令绘制如图 5-19 所示的图形。

操作步骤：

命令：LINE↙

指定第一点：50，50↙

指定下一点或[放弃(U)]：@30，0↙

指定下一点或[退出(X)放弃(U)]：@0，10↙

指定下一点或[关闭(C)退出(X)放弃(U)]：@30<-30↙

指定下一点或[关闭(C)退出(X)放弃(U)]：@-30<30↙

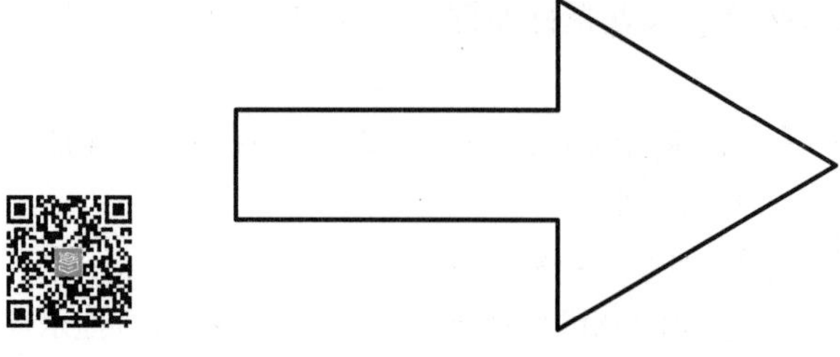

图 5-19 用直线命令绘制图形

指定下一点或[关闭(C)退出(X)放弃(U)]:@0,10↙

指定下一点或[关闭(C)退出(X)放弃(U)]:@-30,0↙

指定下一点或[关闭(C)退出(X)放弃(U)]:C↙ //封闭图形完成绘图

2. 圆

AutoCAD 2020 中,绘制圆的命令输入方式有以下几种:

◇命令:CIRCLE(简写 C)

◇功能区:"默认"→"绘图"→"圆"

◇菜单:"绘图"→"圆(C)"

◇工具栏:"绘图"→

绘制圆的命令有多种不同选项,对应不同的画圆方法:

(1) 圆心和半径:指定圆心和半径画圆,如图 5-20a 所示;

(2) 圆心和直径:指定圆心和直径画圆,如图 5-20a 所示;

(3) 三点(3P):指定圆周上的三点画圆,如图 5-20b 所示;

(4) 两点(2P):指定圆直径上的两个端点画圆,如图 5-20c 所示;

(5) 相切、相切、半径:指定对象与圆的两个切点(或递延切点)后指定圆的半径画圆,使用该方式可绘制与某角两边都相切的圆,如图 5-20d 所示;

(6) 相切、相切、相切:指定对象与圆的三个切点(或递延切点)画圆,如图 5-20e 所示。

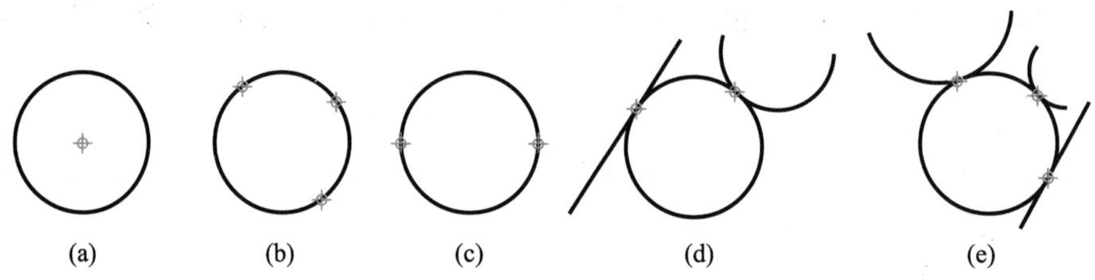

图 5-20 圆的绘制方法

3. 椭圆

AutoCAD 2020 中,绘制椭圆的命令输入方式有以下几种:

◇命令:ELLIPS(简写 EL)

◇功能区:"默认"→"绘图"→"椭圆"

◇菜单:"绘图"→"椭圆(E)"

◇工具栏:"绘图"→

执行椭圆绘图命令后，有三种选项绘制椭圆和椭圆弧：

(1) 圆心方式绘制椭圆

先指定椭圆中心点，然后指定一个轴的端点，最后指定另一个轴的长度即可。

(2) 轴、端点方式绘制椭圆

先指定一个轴的两个端点，然后指定另一个轴的半轴长度即可。

(3) 绘制椭圆弧

先指定椭圆的轴端点或中心点，然后指定轴的另一个端点和另一条半轴长度，最后通过指定起点角度和端点角度来确定椭圆弧。其中，顺时针方向是图形去除部分，逆时针方向是图形保留部分。

4. 矩形

AutoCAD 2020 中，绘制矩形的命令输入方式有以下几种：

◇命令：RECTANG（简写 REC）

◇功能区："默认"→"绘图"→"▭ 矩形"

◇菜单："绘图"→"▭ 矩形(G)"

◇工具栏："绘图"→▭

开始执行矩形命令后，命令行窗口提示：

指定第一个角点或[倒角(C)标高(E)圆角(F)厚度(T)宽度(W)]:

此时默认选项是"指定第一个角点"，可以用鼠标在绘图区单击指定，也可以输入点的坐标"x,y"并按回车键进行指定。此时绘制的矩形为默认的直角矩形，如图 5-21a 所示。

如果对要绘制的矩形有特殊要求，可用鼠标单击命令行窗口的相应选项，或键入提示中的字母指定选项（如键入"C"然后按回车键可选择"倒角"选项）。

主要选项的含义如下：

(1) 倒角(C)

用于绘制带倒角的矩形，如图 5-21b 所示。选择该选项后，命令行窗口会提示指定矩形的两个倒角距离。

(2) 圆角(F)

用于绘制带圆角的矩形，如图 5-21c 所示。选择该选项后，命令行窗口会提示指定矩形的圆角半径。

(3) 宽度(W)

可绘制带宽度的矩形，如图 5-21d 所示。选择该选项后，命令行窗口会提示指定线宽。

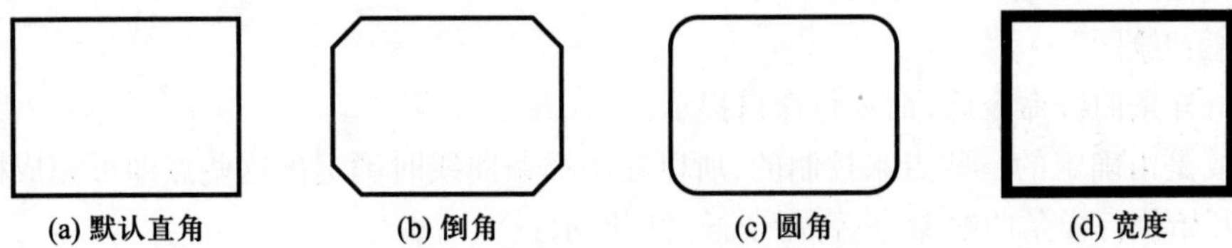

图 5-21 不同命令选项绘制的矩形

5. 正多边形

在 AutoCAD 2020 中，绘制正多边形的命令输入方式有以下几种：

◇命令：POLYGON（简写 POL）

◇功能区："默认"→"绘图"→"正多边形"

◇菜单："绘图"→"多边形(Y)"

◇工具栏：绘图→

开始执行正多边形命令后，命令行窗口提示：

输入侧面数 <4>：

默认是正四边形，输入其他数值并按回车键可更改正多边形的边数。

确定边数后，命令行窗口继续提示：

指定正多边形的中心点或[边(E)]：

可单击绘图区某点，或输入点的坐标"x,y"并按回车键来指定正多边形的中心点。

指定中心点后，屏幕上会弹出一个菜单。单击"内接于圆"选项，则以光标所在处为正多边形上的一个端点，如图 5-22a 所示，再次单击即可绘制出正多边形。

单击选择"外切于圆"选项，则以光标所在处为正多边形上一边的中点，如图 5-22b 所示，再次单击即可绘制出正多边形。

若在命令行窗口第二次提示的时候单击"边(E)"选项，则 AutoCAD 2020 将根据之后指定的两个点为正多边形上一边的两个端点绘制正多边形，如图 5-22c 所示。

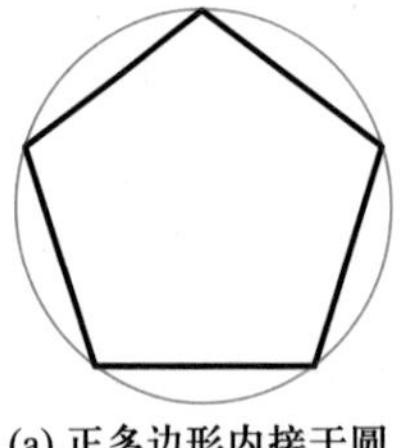

(a) 正多边形内接于圆

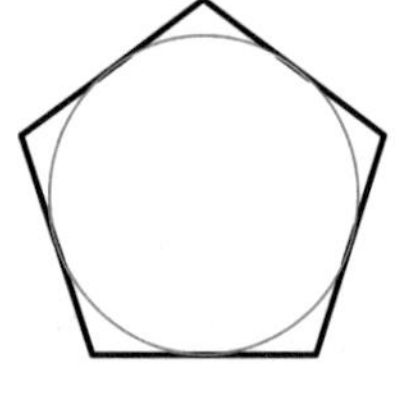

(b) 正多边形外切于圆

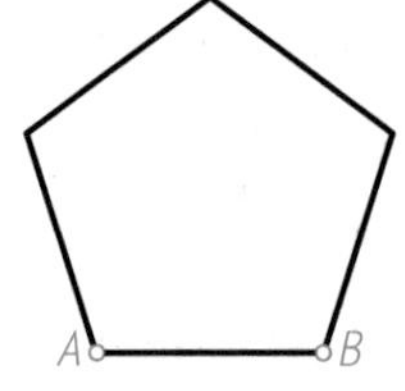

(c) 已知正多边形边长

图 5-22 绘制正多边形

6. 样条曲线

样条曲线是经过或接近影响曲线形状的一系列点的平滑曲线，即通过拟合一系列离散的点而生成的光滑曲线，利用样条曲线命令可以创建形状不规则的曲线，例如波浪线。

在 AutoCAD 2020 中，绘制样条曲线的命令输入方式有以下几种：

◇命令：SPLINE（简写 SPL）

◇功能区："默认"→"绘图"→"样条曲线拟合"

◇菜单："绘图"→"样条曲线(S)"

◇工具栏："绘图"→

开始执行样条曲线命令后，命令行窗口提示：

样条曲线是由确定的一些点来控制的，所以在画样条曲线时确定出这些点即可完成样条曲线的绘制。开始执行样条曲线命令后，命令行窗口提示：

指定第一个点或[方式(M)节点(K)对象(O)]：

此时可以在绘图区单击某点，或输入点的坐标"x,y"并按回车键来指定第一个点，然后继续指定第二、第三、第四……个点，按回车键即可完成一条样条曲线的绘制。

如果需要对样条曲线的拟合方式进行更改，可单击“节点(K)”，命令行窗口会提示：

输入节点参数化[弦(C)平方根(S)统一(U)]<弦>：

默认是以“弦”的方式，单击“平方根(S)”或“统一(U)”选项，即可更改拟合方式。

如果需要对样条曲线的生成方式进行更改，可单击“方式(M)”选项，命令行窗口提示：

输入样条曲线创建方式[拟合(F)控制点(CV)]<拟合>：

单击“控制点(CV)”选项即可更改为以“控制点”方式生成样条曲线。命令行窗口继续提示：

指定第一个点或[方式(M)阶数(D)对象(O)]：

单击“阶数(D)”可更改样条曲线阶数(默认是3阶)。

样条曲线是可以刻画成封闭模式的，当指定了两个或以上的点后，直接在命令行窗口单击“闭合(C)”选项即可。

有时候绘制的样条曲线没有达到要求(例如：需要更改形状)，此时只要将光标移至样条曲线上，单击任一点即可选中该曲线，然后拖动上面的点到需要的位置，则曲线形状随之改变。

7. 图案填充

在工程图样中，需要在剖视图或断面图的截断面上采用图案填充绘制剖面符号。AutoCAD 2020调用图案填充命令的方式有以下几种：

◇命令：HATCH(简写H或BH)

◇功能区：“默认”→“绘图”→

◇菜单：“绘图”→“ 图案填充(H)...”

◇工具栏：“绘图”→

执行图案填充命令后，弹出“图案填充创建”选项卡，如图5-23所示。

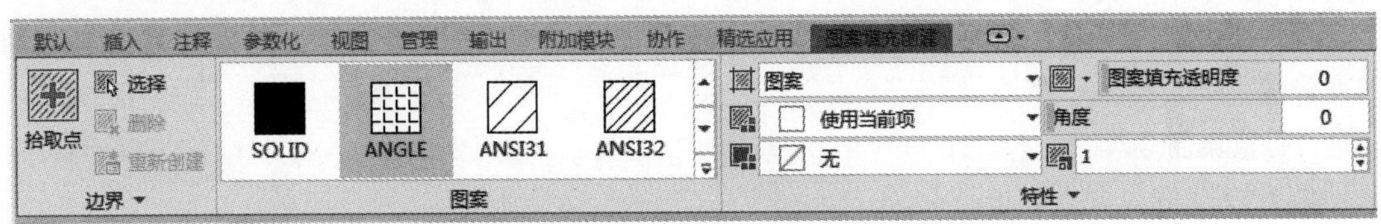

图5-23 “图案填充创建”选项卡

(1)“图案”面板：列出可用的图案绘图，用户按需要选择。

(2)“特性”面板：“角度”用于指定填充图案的倾斜角度，一般可设置为0°或90°。“比例”用来设置图案填充时的比例值。

(3)“边界”面板：设置填充区域的边界，有“拾取点”和“选择对象”两种方式。“拾取点”用于在填充区域内部拾取任意一点，单击“拾取点”图标按钮，AutoCAD将自动搜索到包含该点的区域边界，同时亮显该边界。单击选择对象图标按钮 选择，可直接选择需要填充的单个封闭图形作为填充边界。

5.2.2 图形编辑

1. 选择对象

绘图过程中，如果需要编辑某些特定的图形对象，就需要正确地选择它们，可以说选择对象是编辑的前提。

AutoCAD 2020提供了多种选择对象的方法,如用鼠标单击、用矩形窗口、用命令和用选择线等。既可以选择单个对象以进行编辑,也可以选择多个对象,组成整体(如选择集和对象组)后进行整体编辑与修改。

(1) 用鼠标单击选择

AutoCAD 2020中,最简单、快捷的选择对象方法就是使用鼠标,单击对象上任意一点即可选择该对象,依次单击多个对象即可顺次选择多个对象。

(2) 用矩形窗口选择

如果需要一次选择多个对象,也可用矩形窗口来选择。在绘图区任意一点单击并释放鼠标,然后移动光标即可出现矩形窗口,确定好选择区域后再次单击即可。用矩形窗口选择对象有两种方式:从左往右或从右往左。

从左往右选择对象时,矩形窗口的颜色为蓝色,只有框选到图形对象的所有部分方可选中该对象。

从右往左选择对象时,矩形窗口的颜色为绿色,只需框选到图形对象的部分即可选中该对象。

(3) 用命令快速选择

在AutoCAD 2020中,使用"快速选择"可以根据指定的过滤条件来快速选择对象。例如:需要选择具有某些共同属性(如相同颜色、线型或线宽)的对象来构造选择集,如果要选择的对象数量较多且分布在较复杂的图形中,使用前面介绍的方法可能会增加很大的工作量,这就需要用到"快速选择"功能。

在命令窗口中键入"QSELECT"或其简称"QSE"并按回车键即可打开"快速选择"对话框。

2. 删除和恢复

由于制图需要,经常需要使用删除命令来删除图形对象,或使用恢复命令来恢复误删除的图形对象。

(1) 删除命令

删除命令输入方式有以下几种:

◇命令:ERASE(简写E)

◇功能区:"默认"→"修改"→

◇菜单:"修改"→"删除(E)"

◇工具栏:"修改"→

◇快捷键:Delete

执行删除命令后即可删除选择的对象。

(2) 恢复命令

恢复命令输入方式有以下几种:

◇命令:UNDO

◇菜单:"编辑"→"放弃(U) 命令组"

◇工具栏:"标准"→

◇快捷键:Ctrl+Z或Alt+6

执行恢复命令后,AutoCAD 2020撤销上一步的操作,即恢复到上一步前的状态。

如果需要恢复最近一次删除的对象，在 AutoCAD 2020 中有一个专门的命令“OOPS”。即使在执行删除命令后又进行了很多绘图操作，也可以一步恢复最近一次删除的对象。

3. 修剪和延伸

(1) 修剪对象

修剪就是通过缩短使对象与其他对象的边相接，使其精确地终止于由其他对象定义的边界。

在 AutoCAD 2020 中，可以通过以下几种方式输入修剪命令：

◇命令：TRIM（简写 TR）

◇功能区：“默认”→“修改”→“修剪”

◇菜单：“修改”→“修剪(T)”

◇工具栏：“修改”→

例 5-3 使用修剪命令完成图 5-24 所示的图形。

操作步骤：

命令行：TR↙ // 执行修剪命令

选择对象或 <全部选择>：↙ // 此时按回车键或空格键可选择绘图区中所有的对象作为修剪边界线

（在图中选取要修剪的对象）↙ // 按回车键结束命令，修剪结果如图 5-24b 所示

(a) 修剪前

(b) 修剪后

图 5-24 修剪示例

(2) 延伸对象

延伸就是通过延长使对象与其他对象的边相接，使它们精确地延伸至由其他对象定义的边界。在 AutoCAD 2020 中，可以通过以下几种方式输入延伸命令：

◇命令：EXTEND（简写 EX）

◇功能区：“默认”→“修改”→“延伸”

◇菜单：“修改”→“延伸(D)”

◇工具栏：“修改”→

使用延伸命令时，若按下 Shift 键的同时选择对象，则执行修剪命令；反之，在使用修剪命令时，若按下 Shift 键的同时选择对象，则执行延伸命令。

4. 复制

在 AutoCAD 2020 中，可以通过以下几种方式输入复制命令：

◇命令：COPY（简写 CO）

◇功能区：“默认”→“修改”→“复制”

◇菜单:“修改”→“复制(Y)”

◇工具栏:“修改”→

复制命令用来将所选择的对象进行一次或多次复制,并将其复制到指定的位置。

例 5-4 将图 5-25 中的圆复制到正六边形的各个顶点上,并且使圆心和顶点重合。

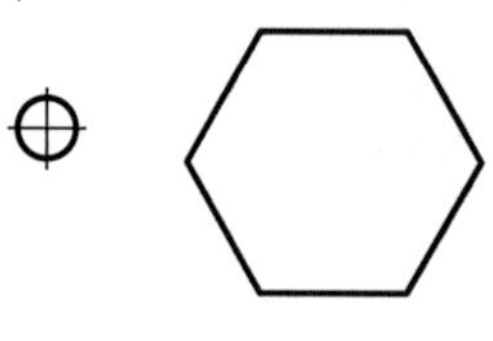

(a) 复制前

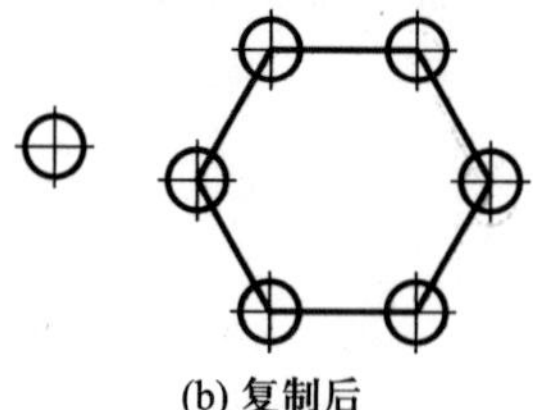

(b) 复制后

图 5-25 复制示例

操作步骤:

命令行:COPY ↙

选择对象:(选择圆及中心线)↙

指定基点或[位移(D)模式(O)]<位移>:(捕捉被复制圆的圆心作为基点)

指定第二个点或[阵列(A)]<使用第一个点作为位移>:(捕捉正六边形的顶点作为第二个位移点)

指定第二个点或[阵列(A)退出(E)放弃(U)]<退出>:(捕捉正六边形的另一个顶点作为第二个位移点)

…… // 重复上述操作,完成在各顶点上的复制

指定第二个点或[阵列(A)退出(E)放弃(U)]<退出>:↙ // 结束命令

5. 镜像

镜像对象是指将对象沿着镜像线进行对称操作。

在 AutoCAD 2020 中,可以通过以下几种方式输入镜像命令:

◇命令:MIRROR(简写 MI)

◇功能区:“默认”→“修改”→“镜像”

◇菜单:“修改”→“镜像(I)”

◇工具栏:“修改”→

例 5-5 将图 5-26a 所示的图形进行镜像操作,完成的图形如图 5-26b 所示。

操作步骤:

命令:MIRROR ↙

选择对象:(选择图形)↙

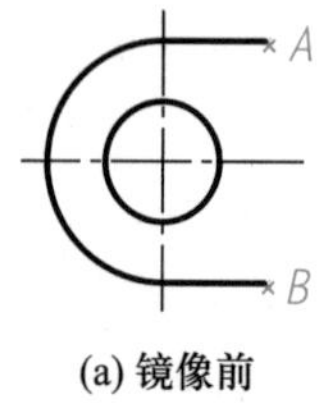

(a) 镜像前

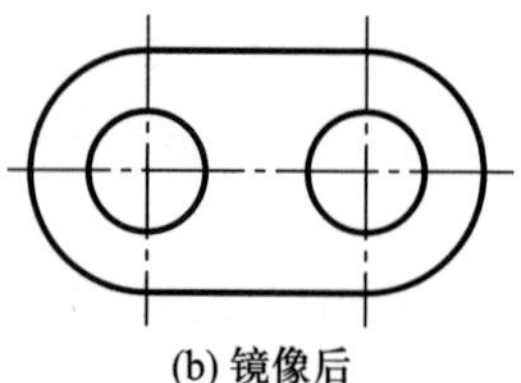

(b) 镜像后

图 5-26 镜像示例

指定镜像线的第一点:(捕捉点 A)

指定镜像线的第二点:(捕捉点 B)

要删除源对象吗？［是(Y)否(N)]<否>:↙　//结果如图 5-26b 所示

6. 阵列

利用阵列命令,可以创建选定对象的多个副本,使其以阵列模式排列。阵列中的每个元素称为阵列项目,它可以包含多个对象。也可以指定块作为阵列的源对象。

在 AutoCAD 2020 中,可以通过以下几种方式输入阵列命令:

◇命令:ARRAY(简写 AR)

◇功能区:"默认"→"修改"→"阵列"

◇菜单:"修改"→"阵列"

◇工具栏:"修改"→

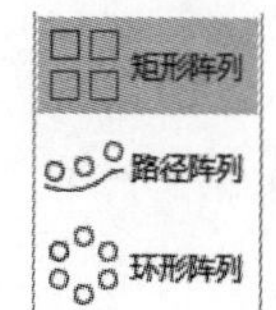

图 5-27　阵列命令的三种形式

阵列命令有三种形式,分别为矩形阵列、路径阵列和环形阵列,如图 5-27 所示。

(1) 矩形阵列

矩形阵列可以进行按多行和多列的复制,并能控制行和列的数目以及行和列的间距。

例 5-6　用矩形阵列完成图 5-28b 所示的图形。

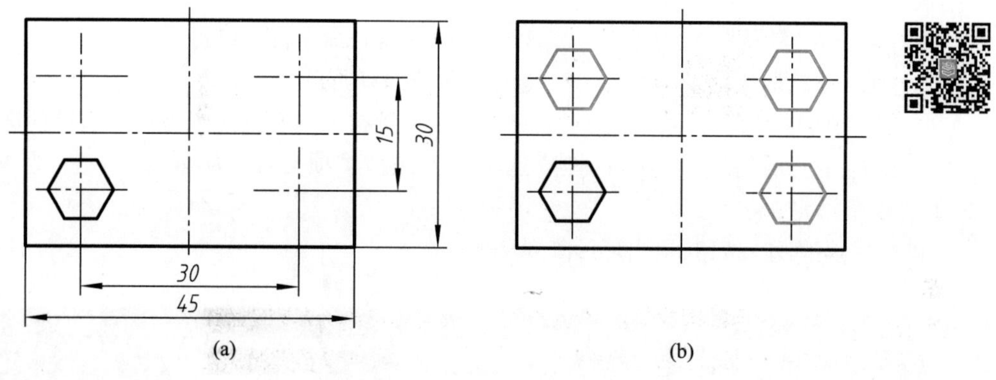

图 5-28　矩形阵列示例

作图步骤:

选择功能区"默认"→"修改"→"矩形阵列"按钮,按提示选择阵列对象为正六边形。

在图 5-29 所示的"阵列创建"上下文选项卡上,输入列数"2"、列数间距(介于)"30"及行数"2"、行数间距(介于)"15"。

单击"关闭阵列"按钮,退出矩形阵列。

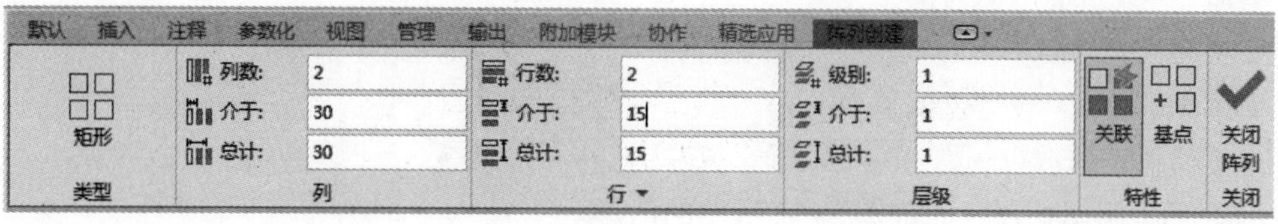

图 5-29　矩形"阵列创建"上下文选项卡

(2) 环形阵列

环形阵列即指定环形的中心,用来确定此环形的半径,并围绕此中心进行圆周上的等距复制,还能控制复制对象的数目并决定是否旋转副本。

例 5-7　用环形阵列完成图 5-30 所示的图形。

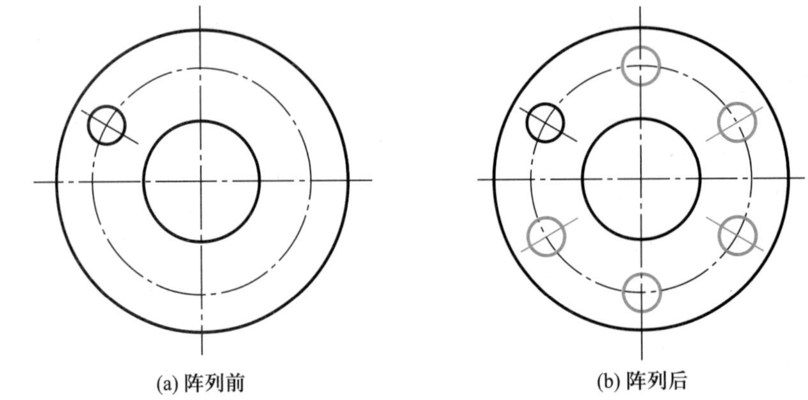

图 5-30　环形阵列示例

操作步骤:

选择功能区“默认”→“修改”→“环形阵列”按钮,命令行窗口提示:

选择对象:(拾取小圆及轴线)↙　// 选择需要进行环形阵列的对象

指定阵列的中心点或[基点(B)旋转轴(A)]:(捕捉拾取同心圆的圆心)　// 显示预览阵列

在图 5-31 所示的环形“阵列创建”选项卡上,输入“项目数”为“6”,“介于”为“60”(即 60°),“填充”为“360”。

单击“关闭阵列”按钮,退出环形阵列。

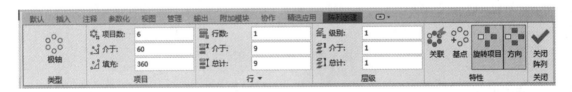

默认	插入	注释	参数化	视图	管理	输出	附加模块	协作	精选应用	阵列创建

类型	项目		行		层级		特性				关闭
极轴	项目数:	6	行数:	1	级别:	1	关联	基点	旋转项目	方向	关闭阵列
	介于:	60	介于:	9	介于:	1					
	填充:	360	总计:	9	总计:	1					

图 5-31　环形“阵列创建”选项卡

7. 偏移

偏移对象是指保持所选择的对象形状,在不同的位置以不同的尺寸新建一个对象。在 AutoCAD 2020 中,执行偏移命令有以下几种方法:

◇命令:OFFSET(简写 O)

◇功能区:“默认”→“修改”→“偏移”

◇菜单:“修改”→“偏移(S)”

◇工具栏:“修改”→

例 5-8　用偏移命令完成图 5-32 所示的图形。

(a) 偏移前　　(b) 偏移后

图 5–32　偏移示例

操作步骤：

命令：OFFSET ↙

指定偏移距离或[通过(T)删除(E)图层(L)]<通过>：5 ↙　// 偏移距离为 5

选择要偏移的对象，或[退出(E)放弃(U)]<退出>：(拾取左侧圆弧)

指定要偏移的那一侧上的点，或[退出(E)多个(T)放弃(U))]<退出>：(指定点在圆弧外侧)

选择要偏移的对象，或[退出(E)放弃(U)]<退出>：(拾取下面的直线)

指定要偏移的那一侧上的点，或[退出(E)多个(T)放弃(U))]<退出>：(指定点在直线下面)

选择要偏移的对象，或[退出(E)放弃(U)]<退出>：(拾取右侧圆弧)

指定要偏移的那一侧上的点，或[退出(E)多个(T)放弃(U))]<退出>：(指定点在圆弧外侧)

选择要偏移的对象，或[退出(E)放弃(U)]<退出>：(拾取上面的直线)

指定要偏移的那一侧上的点，或[退出(E)多个(T)放弃(U))]<退出>：(指定点在直线上面)

选择要偏移的对象，或[退出(E)放弃(U)]<退出>：↙　// 完成作图

8. 旋转

旋转对象是指将对象绕指定基点旋转指定的角度。在 AutoCAD 2020 中，可以通过以下几种方式来执行旋转命令：

◇命令：ROTATE（简写 RO）

◇功能区："默认"→"修改"→"旋转"

◇菜单："修改"→"旋转(R)"

◇工具栏："修改"→

开始执行旋转命令后，命令行窗口会提示：

选择对象：

此时可用鼠标单击或用矩形窗口选择要旋转的对象并按回车键。

命令行窗口继续提示：

指定基点：

此时可在绘图区单击任意一点指定基点（即旋转对象时所围绕的中心点），也可在命令行窗口中输入坐标值指定基点。

命令行窗口继续提示：

指定旋转角度，或[复制(C)参照(R)]<0>：

此时可以在某角度方向上单击或在命令行窗口中输入角度值来指定旋转角度。

输入"C"后按回车键，创建选定的对象的副本，即可以实现旋转复制。

输入"R"后按回车键，将选定的对象从指定参照角度旋转到绝对角度。

注意：按指定角度旋转对象时，除了输入旋转角度值(0~360°)外，还可按弧度、百分度或勘测方向输入值。输入正值可逆时针旋转对象，输入负值则可顺时针旋转对象。

9. 移动

移动命令可以帮助用户精确地把对象移动到不同的位置。在 AutoCAD 2020 中,可以通过以下几种方式来执行移动命令:

◇命令:MOVE(简写 M)

◇功能区:"默认"→"修改"→"移动"

◇菜单:"修改"→"移动(V)"

◇工具栏:"修改"→

开始执行移动命令后,命令行窗口会提示:

选择对象:

此时可用鼠标单击或用矩形窗口选择要移动的对象并按回车键。

命令行窗口继续提示:

指定基点或[位移(D)]<位移>:

移动命令默认通过指定基点和第二个点来确定移动对象的位移矢量,可以在绘图区单击任一点作为基点(按回车键则会以原点作为第一个基点),然后移动光标并单击(或直接输入第二个点的坐标"x,y")来确定第二个点,则完成一次移动命令。

10. 缩放

当需要对图形对象按给定比例缩放,即保持横纵比不变地放大和缩小时采用缩放命令。与视图"缩放"命令(ZOOM)(改变图形相对于显示屏的大小)不同,"缩放"命令(SCALE)能够改变图形的真实尺寸,即在一定视图下相对于其他图形对象会有大小的变动。

在 AutoCAD 2020 中,可以通过以下几种方式来执行缩放命令:

◇命令:SCALE(简写 SC)

◇功能区:"默认"→"修改"→"缩放"

◇菜单:"修改"→"缩放(L)"

◇工具栏:"修改"→

首先,单击"缩放"按钮,命令行窗口提示:

选择对象:

选择要缩放的图形并按回车键确认,命令行窗口继续提示:

指定基点:

单击绘图区任意一点以指定基点,此时命令行窗口提示:

指定比例因子或[复制(C)参照(R)]:

其中"比例因子"即缩放的比例(大于 1 的比例因子使对象放大,介于 0 和 1 之间的比例因子使对象缩小),可以直接输入数值并按回车键即可结束缩放,或移动光标,图形就会随之缩放,缩放到合适大小时再次单击即可结束缩放。

如果单击选择"复制"选项,AutoCAD 2020 就会创建要缩放的选定对象的副本。如果单击"参照"选项,AutoCAD 2020 会按参照长度和指定的新长度缩放所选对象。

11. 倒角和圆角

(1) 倒角命令

用指定距离或角度将两个选定的线段倒角。在 AutoCAD 2020 中,可以通过以下几种方式来执行倒角命令:

◇命令:CHAMFER(简写 CHA)

◇功能区:“默认”→“修改”→“倒角”

◇菜单:“修改”→“倒角(C)”

◇工具栏:“修改”→

操作步骤:

命令:CHAMFER↙

选择第一条直线或[放弃(U)多段线(P)距离(D)角度(A)修剪(T)方式(E)多个(M)]:D↙

指定第一个倒角距离 <0.0000>:(输入第一个倒角距离 d_1)↙　// 默认值是 0,输入数值确认

指定第二个倒角距离 <d_1>:(输入第二个倒角距离 d_2)↙　// 默认为上次输入的数值

选择第一条直线:(拾取第一条直线)　// 如图 5-33 所示

选择第二条直线:(拾取第二条直线)　// 如图 5-33 所示,完成倒角绘制

多段线倒角,就是在二维多段线中两条线段相交的每个顶点处插入倒角线。倒角线将成为多段线的新线段,默认为“修剪”可选项设置为“不修剪”。

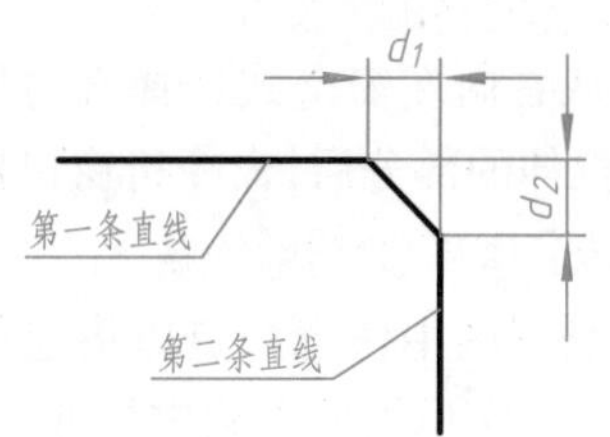

图 5-33　修剪模式的倒角

(2) 圆角命令

用指定的半径将两个选定的线段倒圆角。在 AutoCAD 2020 中,可以通过以下几种方式来执行圆角命令:

◇命令:FILLET(简写 F)

◇功能区:“默认”→“修改”→“圆角”

◇菜单:“修改”→“圆角(F)”

◇工具栏:“修改”→

操作步骤:

命令: FILLET↙

选择第一个对象或[放弃(U)多段线(P)半径(R)修剪(T)多个(M)]:R↙

指定圆角半径 <0.0000>: (输入半径值)↙　// 默认值同样是 0,输入半径值

选择第一个对象或[放弃(U)多段线(P)半径(R)修剪(T)多个(M)]:(拾取第一条直线)　// 如图 5-34 所示

选择第二个对象,或按住 Shift 键选择对象以应用角点或[半径(R)]:(拾取第二条直线)　// 如图 5-34 所示,完成圆角绘制

圆角可以在两个相同或不同类型的对象之间创建:二维多段线、圆弧、圆、椭圆、椭圆弧、样条曲线等。创建的圆弧的方向和长度由用于选择对象而拾取的点确定。

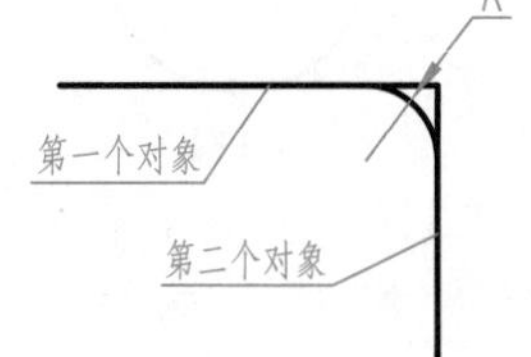

图 5-34　不修剪模式的圆角

12. 分解

在 AutoCAD 2020 中,有许多组合对象,如块、矩形、圆环、多段线、图案填充等,如果要对这些对象进行进一步的修改,则需要将它们分解为各个层次的组成对象。

执行分解命令有两种常规方法：

单击“默认”选项卡→“修改”面板→“分解”按钮 ；

在命令行窗口键入“X”并按回车键。

13. 拉伸

拉伸命令经常用来拉长或压缩目标对象。

在 AutoCAD 2020 中，执行拉伸命令有两种常用方法：

单击“默认”选项卡 →“修改”面板→“拉伸”按钮 拉伸；或者在命令行窗口键入“STR”并按回车键。

例如，使用拉伸命令对图 5-35a 所示的六边形进行拉长，得到图 5-35c 的效果。

首先，单击“拉伸”按钮，命令行窗口提示：

选择对象：

此时可以从右向左窗交式选择六边形的一部分（图 5-35b）并按回车键以选定对象。选中六边形中需要拉伸的部分后，命令行窗口提示：

指定基点或[位移(D)]<位移>：

此时单击绘图区中任意一点以指定基点，然后移动光标即可得到图 5-35c 的效果，将图形拉伸到合适位置再次单击即可确定拉伸的位置。

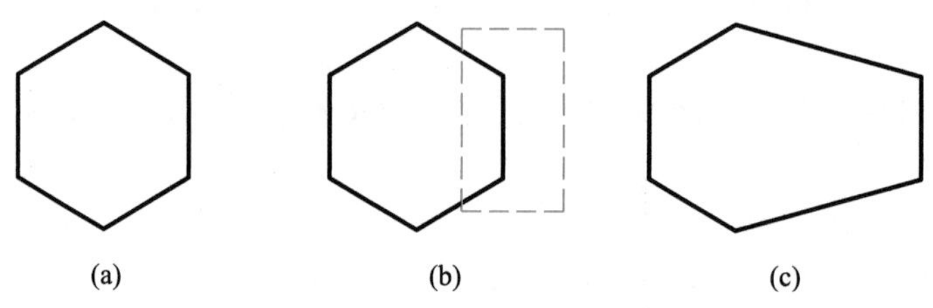

图 5-35 拉伸对象示例

14. 夹点编辑

AutoCAD 2020 为每个图形对象均设置了夹点。在二维对象上，夹点显示为一些实心的蓝色小方框，如图 5-36 所示。

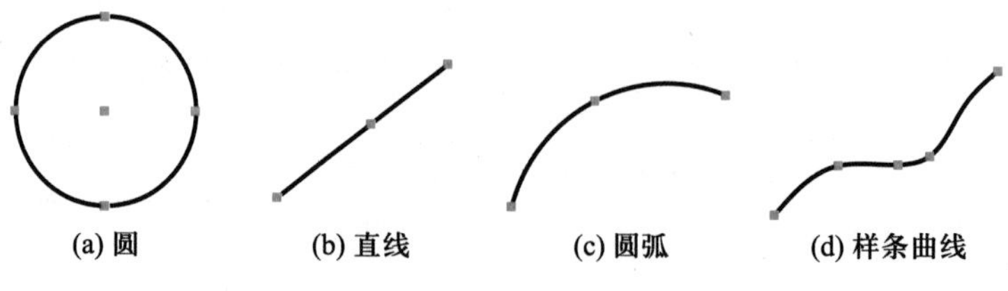

图 5-36 图形对象的夹点

只要在无命令的状态下选中某图形对象，并单击任一夹点激活变为红色即可进入夹点编辑模式。

夹点编辑共有 5 种模式，分别是“拉伸”“移动”“旋转”“比例缩放”和“镜像”，按空格键即可在这几种模式中循环切换。

5.3 AutoCAD 文字注写和尺寸标注

文字注写和尺寸标注是工程图样绘制过程中重要的组成部分，因此必须在绘图和图形编辑的基础上，准确、合理地注写文字及标注尺寸。

5.3.1 文字注写

1. 设置文字样式

设置文字样式的内容包括文字的字体、高度、宽度因子(即宽高比例)和倾斜角度等。根据不同需要，可以设置多个文字样式。通过修改文字样式，可以改变用该样式标注的所有文字。

在 AutoCAD 2020 中，启动文字样式命令有以下几种方法：

◇命令：STYLE(简写 ST)↙

◇功能区："默认"→"注释"→

◇功能区："注释"→"文字"→

◇菜单："格式"→"文字样式(S)..."

◇工具栏："样式或文字"→

执行文字样式命令后，弹出图 5-37 所示的"文字样式"对话框，用来设置和修改文字样式。

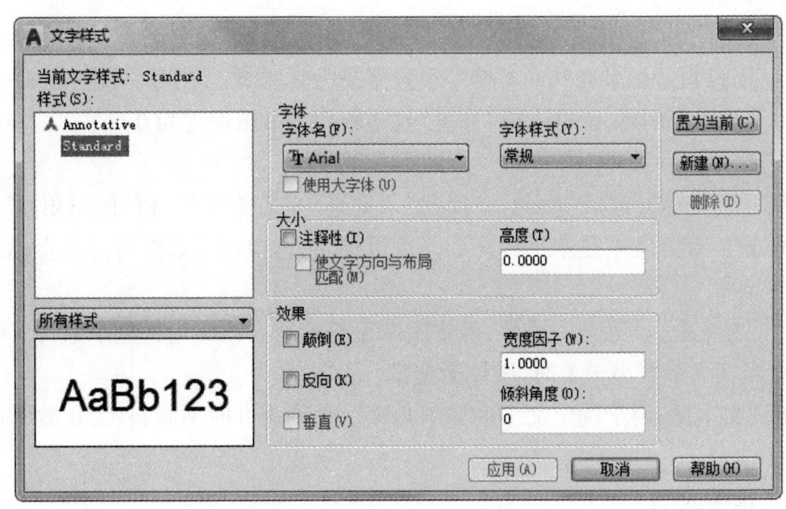

图 5-37 "文字样式"对话框

选项说明：

(1) "样式"列表框列出所有已设定的文字样式名或对已有文字样式名进行相关操作。

单击"新建"按钮，打开"新建文字样式"对话框，如图 5-38 所示。在该对话框中可以为新建的文字样式设置名称。

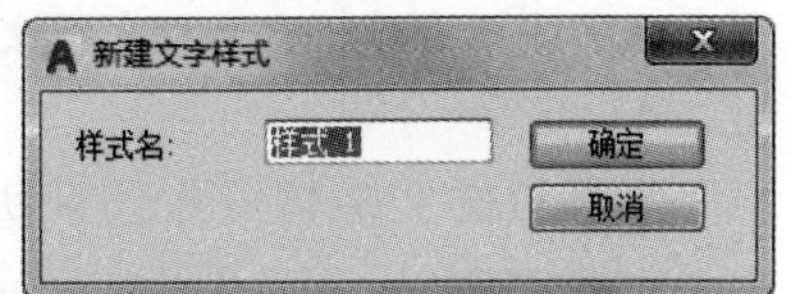

图 5-38 "新建文字样式"对话框

图 5-39 设置了符合国家标准的机械工程图样中使用的文字标注样式，设置为"国标正体"和"国标斜体"两种

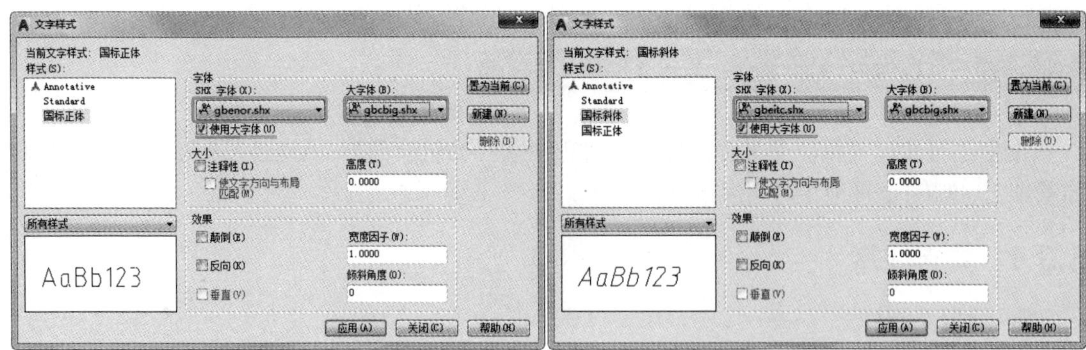

(a) 设置“国标正体”文字样式　　　　(b) 设置“国标斜体”文字样式

图 5-39　机械制图中使用的文字样式设置

字体样式。

(2)“字体”选项组

“字体”选项组用于确定字体样式。在 AutoCAD 2020 中，除了它固有的 SHX 形状字体文件外，还可以使用 TrueType 字体（如宋体、楷体等）。一种字体可以设置不同的文字样式。

注意：符合国家制图标注的字母、数字正体使用“gbenor.shx”字体，斜体用“gbeitc.shx”字体，长仿宋汉字使用大体字“gbcbig.shx”字体。

(3)“高度”文本框

“高度”文本框用来设置创建文字时的固定字高，在用 TEXT 命令输入文字时，AutoCAD 2020 不再提示输入字高参数。如果在此文本框中设置字高为 0，系统会在每一次创建文字时提示输入字高，所以如果不想固定字高，就可以把“高度”文本框中的数值设置为 0。

(4)“效果”选项组

设置文字的显示效果，包括“颠倒”“反向”“垂直”“宽度因子”和“倾斜角度”等选项。

“垂直”复选框：确定文本是水平标注还是垂直标注，选中该复选框时为垂直标注，否则为水平标注。

“宽度因子”文本框：设置宽度系数，确定文本字符的宽高比。当比例系数为 1 时，字体是系统默认的字体，当宽度系数小于 1 时，字体会变窄。

“倾斜角度”文本框：用于确定文字的倾斜角度。角度为 0 时不倾斜，为正数时向右倾斜，为负数时向左倾斜。

(5)“预览”选项区

显示所设置的文字样式效果。

(6)“应用”按钮

当进行了文字参数的改变后，单击“应用”按钮便可以使用。

2. 文字注写

文字注写有单行文字和多行文字两种输入方式。

(1) 单行文字

当书写的文字较短并且只使用单一字体和文字样式时，可以使用单行文字注释。在 AutoCAD 2020 中，启动单行文字标注有以下几种方法：

◇命令：DTEXT（简写 DT）

◇功能区:“默认”→“注释”→“文字”→“A 单行文字”

◇菜单:“绘图”→“文字”→“A 单行文字(S)”

◇工具栏:“文字”→A

执行命令后,移动鼠标到图形区域并单击,指定文字的起点、高度及旋转角度后输入文字。输入文字过程中按一次回车键是换行,按两次回车键结束文字输入。

特殊字符输入可采用控制符输入,如表 5-1 所示。

表 5-1 AutoCAD 常用控制符

控制符	含义	输入示例	输出结果
%%d	度符号“°”	45%%d	45°
%%p	正负符号“±”	10%%p0.5	10 ± 0.5
%%c	直径符号“ϕ”	%% c50	ϕ50

(2) 多行文字

◇命令:MTEXT(简写 MT 或 T)

◇功能区:“默认”→“注释”→“文字”→“A 多行文字”

◇菜单:“绘图”→“文字”→“A 多行文字(M)...”

◇工具栏:“文字”→A

根据命令行窗口提示,拾取两个角点,拉出一个矩形边界框,系统接着会自动弹出多行“文字编辑器”对话框,用于控制文字样式、格式、段落、符号插入等,如图 5-40 所示。

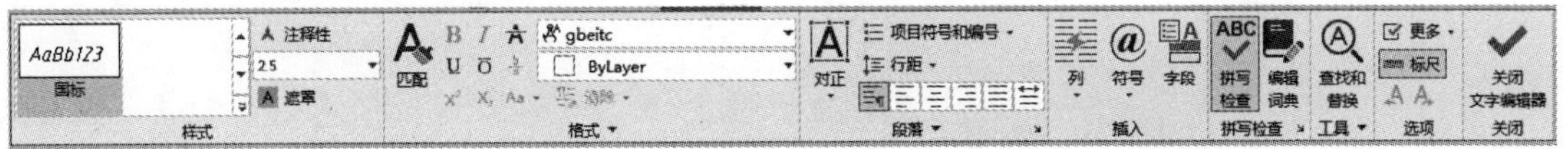

图 5-40 多行“文字编辑器”对话框

(3) 文字“堆叠”

AutoCAD 通过特殊字符“/”“^”及“#”表明多行文字是可堆叠的,在多行文字输入框输入堆叠文字的方式为“文字 + 特殊字符 + 文字”,输入完毕后选中要堆叠的文字,单击文字“格式”工具栏的堆叠按钮 $\frac{b}{a}$,就可产生堆叠效果。

例如:

输入“%%c50H7/f6”,选中“H7/f6”,单击堆叠按钮 $\frac{b}{a}$,输出结果:$\phi 50\frac{\mathrm{H7}}{\mathrm{f6}}$;

输入“%%c50+0.040^+0.021”,选中“+0.040^+0.021”,单击堆叠按钮 $\frac{b}{a}$,输出结果:$\phi 50^{+0.040}_{+0.021}$。

3. 文字编辑

双击文字即可打开相应的输入该文字时的单行文字或多行文字编辑器,对文字进行编辑修改。

5.3.2 尺寸标注

工程图样是工程设计思想表达及交流的语言,因此绘图过程要养成自觉遵守国家标准、行业标准、企业标准的习惯。

AutoCAD 机械图样的尺寸标注文字，字高有 3.5 mm（图幅 A2、A3、A4）和 5 mm（图幅 A0、A1）两种。国家标准规定一般采用正体的字母、数字和汉字（长仿宋体）；角度数字一律水平书写；一般直径尺寸的箭头和尺寸数字标注在尺寸界线内。

1. 设置尺寸标注样式

在进行尺寸标注之前，需要使用“标注样式管理器”对话框设置尺寸标注样式。调用方法如下：

◇命令：DIMSTYLE（简写 DST）

◇功能区：“默认”→“注释”→“ 标注样式”

◇菜单：“格式”或“标注”→“ 标注样式(S)...”

◇工具栏：“样式”或“标注”→

（1）设置“机械标注”样式

执行上述命令后，弹出图 5-41 所示的“标注样式管理器”对话框。

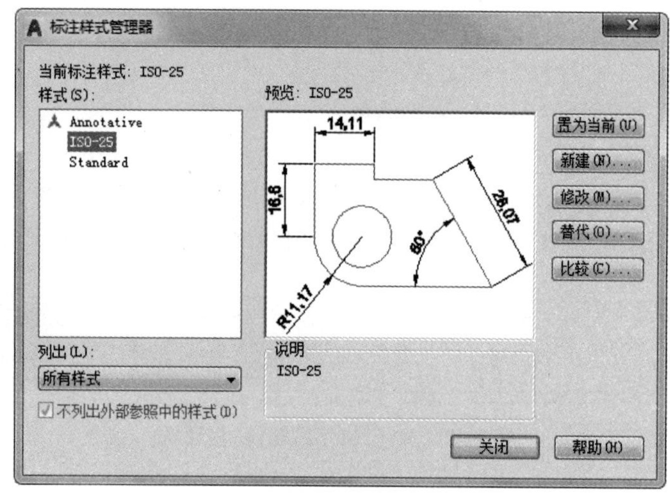

图 5-41 “标注样式管理器”对话框

设置符合机械制图国家标准的标注样式“机械工程”及子样式“机械工程：角度”“机械工程：半径”“机械工程：直径”。

单击“新建”按钮，弹出“创建新标注样式”对话框，在“新样式名”文本框输入“机械工程”，在“基础样式”下拉列表框中选择“ISO-25”，在“用于”下拉列表框中选择“所有标注”。

单击“继续”按钮，弹出“新建标注样式：机械标注”对话框，有 7 个选项卡。设置“线”选项卡中的“起点偏移量”为“0”；设置“符号和箭头”选项卡中的“箭头大小”为“3.5”；在“文字”选项卡中，设置“文字样式”为“国标正体”，“文字高度”设为“3.5”，“文字对齐”为“与尺寸线对齐”；设置“主单位”选项卡中的“单位格式”为“小数”，“精度”为“0.0”，“小数分隔符”为句点“.”。单击“确认”按钮完成设置，如图 5-42 所示。

返回“标注样式管理器”对话框，样式列表中显示新建的“机械工程”样式及其预览。选择“机械工程”标注样式，单击“置为当前”按钮后单击“关闭”按钮，完成“机械工程”标注样式的设置且为默认标注样式。

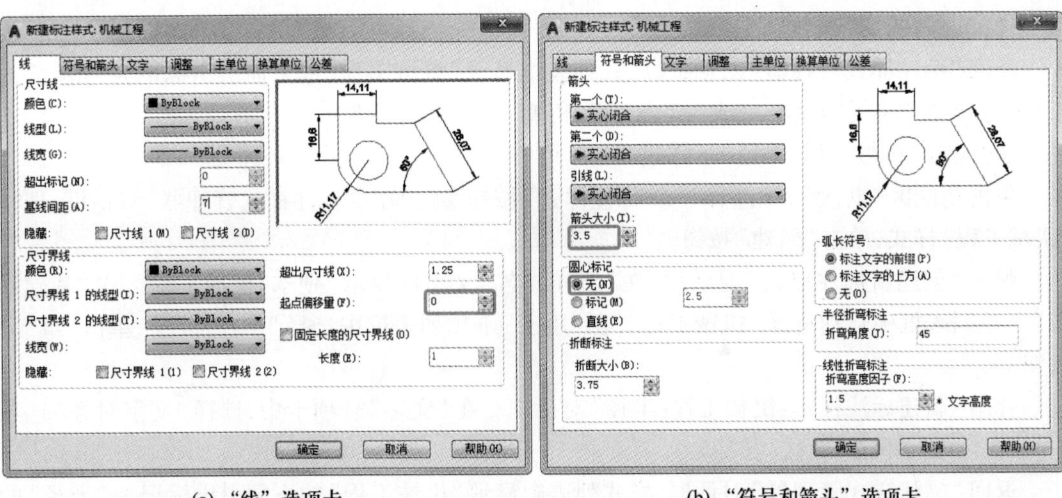

(a) "线" 选项卡　　(b) "符号和箭头" 选项卡

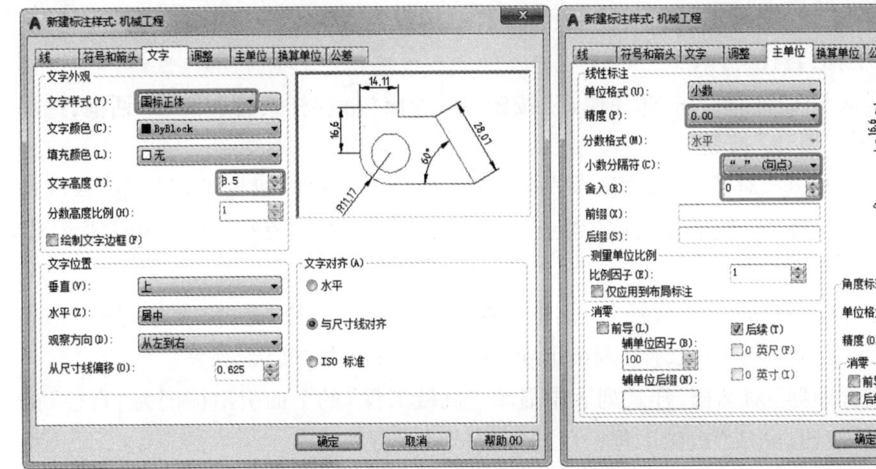

(c) "文字" 选项卡　　(d) "主单位" 选项卡

图 5-42 "新建标注样式:机械工程"对话框

(2) 设置"机械工程:角度"子样式

按照上述步骤设置的标注样式,不符合国家标准对角度数字的水平书写要求,下面介绍在标注样式基础上设置"角度标注"子样式。

单击功能区"默认"→"注释"→"标注样式"按钮 ,弹出"标注样式管理器"对话框,选择"机械工程"样式,单击"新建"按钮。

弹出"创建新标注样式"对话框,在"新样式名"文本框显示"副本 机械工程",在"基础样式"下拉列表框中自动选择"机械工程",在"用于"下拉列表框中选择"角度标注",单击"继续"按钮进行设置,如图 5-43 所示。

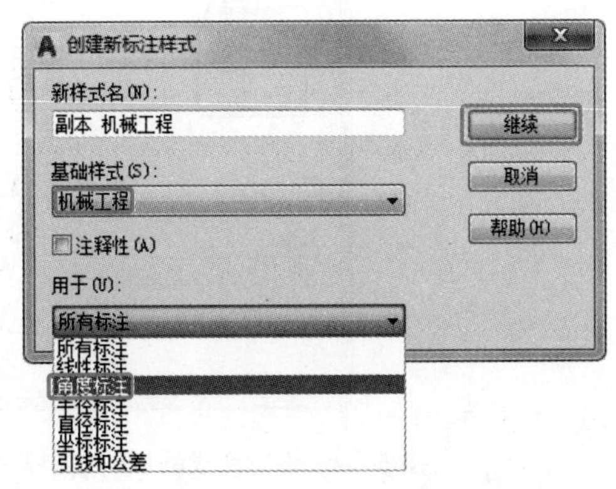

图 5-43 创建子样式"角度标注"

弹出"新建标注样式:机械工程:角度"对话框。在"文字"选项卡中,选择"文字对齐"选项为

“水平”,单击“确认”按钮。

返回“标注样式管理器”对话框,样式列表中显示“机械工程”的下面引出标记为“角度”的子样式。单击“关闭”按钮,完成“机械工程:角度”子样式的设置。

(3) 设置“机械工程:半径”子样式

单击功能区“默认”→“注释”→“标注样式”按钮 ,弹出“标注样式管理器”对话框,选择“机械工程”样式,单击“新建”按钮。

弹出“创建新标注样式”对话框,在“新样式名”文本框显示“副本 机械工程”,在“基础样式”下拉列表框中自动选择“机械工程”,在“用于”下拉列表框中选择“半径标注”,单击“继续”按钮。

弹出“新建标注样式:机械工程:半径”对话框。在“文字”选项卡中,选择“文字对齐”选项为“ISO 标准”,单击“确认”按钮。

返回“标注样式管理器”对话框,样式列表中显示“机械工程”的下面引出标记为“半径”的子样式。单击“关闭”按钮,完成“机械工程:半径”子样式的设置。

(4) 设置“机械工程:直径”子样式

单击功能区“默认”→“注释”→“标注样式”按钮 ,弹出“标注样式管理器”对话框,选择“机械工程”样式,单击“新建”按钮。

弹出“创建新标注样式”对话框,在“新样式名”文本框显示“副本 机械工程”,在“基础样式”下拉列表框中自动选择“机械工程”,在“用于”下拉列表框中选择“直径标注”,单击“继续”按钮。

弹出“新建标注样式:机械工程:直径”对话框。在“文字”选项卡中,选择“文字对齐”选项为“ISO 标准”;在“调整”选项卡中,选择“调整选项”的“文字”;单击“确认”按钮。

返回“标注样式管理器”对话框,样式列表中显示 “机械工程”的下面引出标记为“直径”的子样式。单击“关闭”按钮,完成“机械工程:直径”子样式的设置。

设置完成后的“机械工程”标注样式及“半径” “直径”和“角度”子样式如图 5-44 所示。

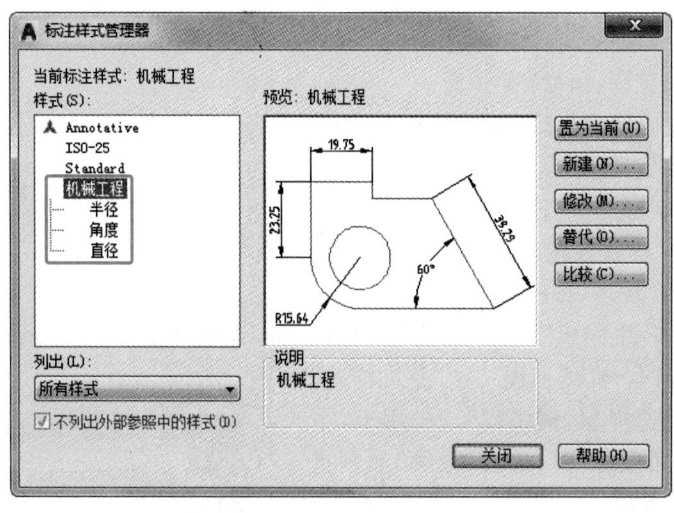

图 5-44 设置完成的“机械工程”标注样式及“半径” “直径”和“角度”子样式

2. 尺寸标注

设置完尺寸标注样式后，按照图形标注要素特性相应地“置为当前”，即可使用 AutoCAD 提供的强大标注功能执行不同图形要素具体的尺寸标注任务。

(1) 线性标注

线性标注是对水平方向和垂直方向的线性尺寸进行标注。调用方式如下：

◇命令：DIMLINEAR（简写 DLI）

◇功能区：“默认”→“注释”→“线性”

◇菜单：“标注”→“线性(L)”

◇工具栏：“标注”→

例 5-9 标注图 5-45 所示图形的尺寸。

操作步骤：

用鼠标单击功能区“线性”标注按钮 线性，命令行窗口提示如下：

指定第一条尺寸界线原点或 <选择对象>：（捕捉图形的左下角点）

指定第二条尺寸界线原点：（捕捉图形的右下角点）

指定尺寸线位置或[多行文字(M)文字(T)角度(A)水平(H)垂直(V)旋转(R)]：（用鼠标确定尺寸线的位置） // 系统按测量值标注出尺寸 40

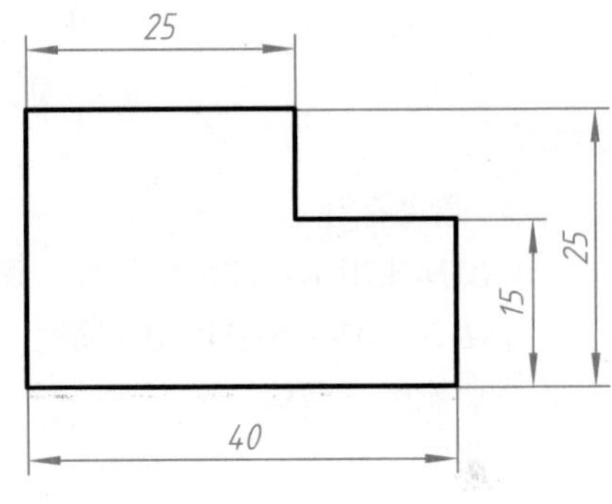

图 5-45 线性尺寸的标注

用同样的方法，标注出尺寸 15 和两个 25 等尺寸。注意尺寸线的间距均匀。

注意：当直径标注在非圆视图上时，也按线性尺寸标注，在确定标注位置之前选择“多行文字(M)”编辑尺寸数值，在测量数字前输入“%%c”来添加直径符号。

(2) 直径标注

直径标注是对圆或圆弧的直径尺寸进行标注。调用方式如下：

◇命令：DIMALIGNED（简写 DAL）

◇功能区：“默认”→“注释”→“直径”

◇菜单：“标注”→“直径(D)”

◇工具栏：“标注”→

执行直径标注命令后，按命令行提示操作：

选择圆弧或圆：（用鼠标捕捉圆或圆弧）

指定尺寸线位置或[多行文字(M)文字(T)角度(A)]：（用鼠标确定尺寸线的位置）

系统按测量值标注出直径尺寸，如图 5-46a 所示。

(3) 半径标注

半径标注是对圆弧的半径尺寸进行标注。调用方式如下：

◇命令：DIMRADIUS（简写 DRA）

◇功能区：“默认”→“注释”→“半径”

◇菜单：“标注”→“半径(R)”

◇工具栏：“标注”→

执行半径标注命令后，按命令行提示进行如下操作：

选择圆弧或圆:(用鼠标捕捉圆或圆弧)

指定尺寸线位置或[多行文字(M)文字(T)角度(A)]:(用鼠标确定尺寸线的位置)

系统按测量值标注出半径尺寸,如图 5-46b 所示。

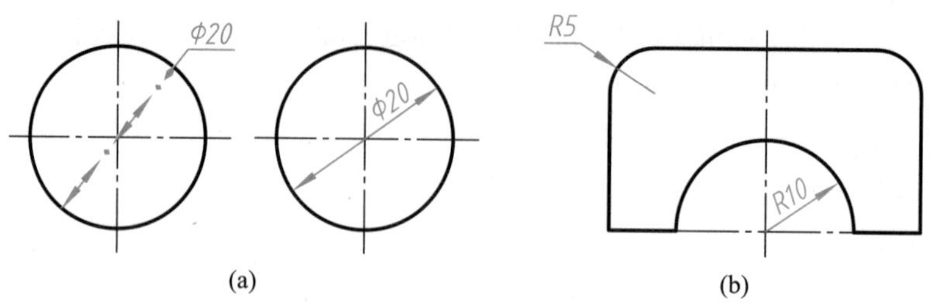

(a)　(b)

图 5-46　直径和半径尺寸的标注

(4) 角度标注

角度标注用于标注角度尺寸。调用方式如下:

◇命令:DIMANGULAR(简写 DAN)

◇功能区:"默认"→"注释"→"角度"

◇菜单:"标注"→"角度(A)"

◇工具栏:"标注"→

执行角度标注命令后,命令行窗口提示:

选择圆弧、圆、直线或 <指定顶点>:

用鼠标确定尺寸线的位置,系统按测量的角度值标注出角度尺寸,如图 5-47 所示。

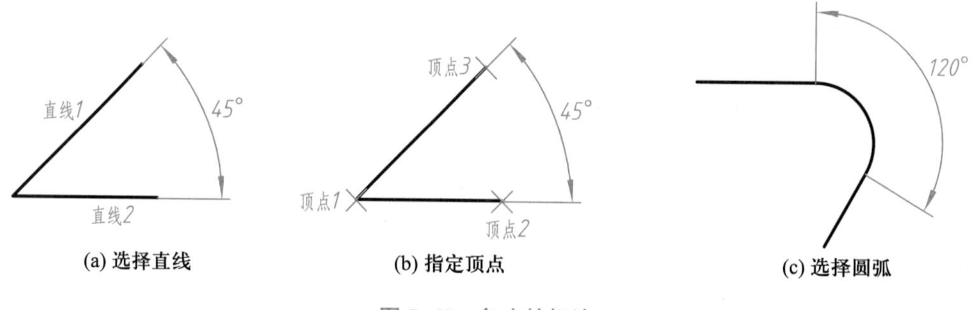

(a) 选择直线　(b) 指定顶点　(c) 选择圆弧

图 5-47　角度的标注

3. 尺寸标注的编辑

标注尺寸后,双击尺寸即可对尺寸进行编辑:替换尺寸数字、改变数字位置、移动尺寸位置、分解尺寸、删除尺寸等。

尺寸的编辑有以下四种方式:

(1) 使用夹点编辑的模式直接修改标注的位置;

(2) 使用"编辑标注"按钮,对尺寸数值和尺寸界线进行编辑修改;

(3) 使用"编辑标注文字"按钮,对尺寸文字进行旋转、移动,并重新定位尺寸线;

(4) 使用"特性"管理器,对尺寸进行全面修改与编辑。

5.4 计算机三维实体建模基础

5.4.1 SOLIDWORKS 基础知识

SOLIDWORKS 是世界上第一套基于 Windows 系统开发的三维计算机辅助设计软件，不仅功能强大，而且易学、易用，目前已应用于航空航天、医疗器械、国防工业、汽车、造船、离散制造等众多领域。

组合体是由多个基本体以“叠加”“切割”或二者综合的方式形成的，因此这类三维实体的建模过程，本质上即为建立一系列基本体模型，并对其进行“合并”或“求差”等布尔运算操作的过程。

SOLIDWORKS 主要提供了“拉伸凸台 / 基体”“旋转凸台 / 基体”“扫描凸台 / 基体”“放样凸台 / 基体”四大类“叠加”立体基础特征建模方法，以及相对应的“拉伸切除”“旋转切除”“扫描切除”“放样切除”四大类“切割”立体基础特征建模方法。其中，“拉伸”可用于生成柱体，“旋转”可用于生成回转体，“扫描”可用于生成轴线为任意路径的实体，“放样”可用于生成截面形状可变的实体。

应用上述基础特征建模方法生成三维实体时，需以绘制截面图形、轴线或者路径为前提，这些往往为二维平面图形，因此 SOLIDWORKS 提供了二维“草图”功能，绘制草图是建立三维模型的基础。

通过基础特征建模方法得到三维立体后，为了对其进行局部修饰、避免重复性操作，SOLIDWORKS 还提供了多种附加特征建模方法，包括倒角、圆角、阵列特征、镜像特征、异形孔特征等。

本书以 SOLIDWORKS 2020 为例，说明其基本操作方法。

首先，启动 SOLIDWORKS 2020，单击主界面左上角的“新建”按钮 ，弹出图 5-48 所示

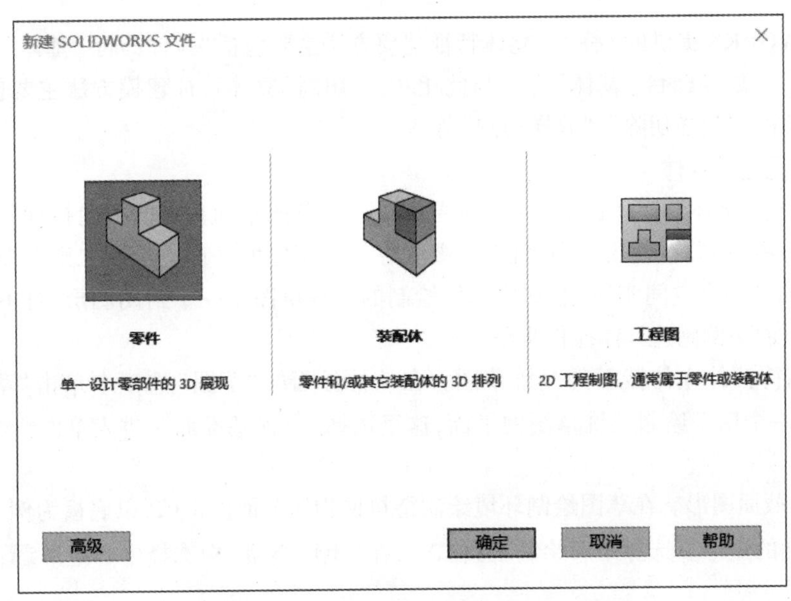

图 5-48 “新建 SOLIDWORKS 文件”界面

界面，其中“零件”“装配体”“工程图”三个选项分别对应于创建单一三维实体零件模型、多个三维实体零件的装配模型以及零件 / 装配模型的二维工程图样。

选择“零件”后单击“确定”按钮，则进入完整的用户界面，前面介绍的“叠加”立体特征建模、“切割”立体特征建模以及附加特征建模功能区域布置如图 5-49 所示。

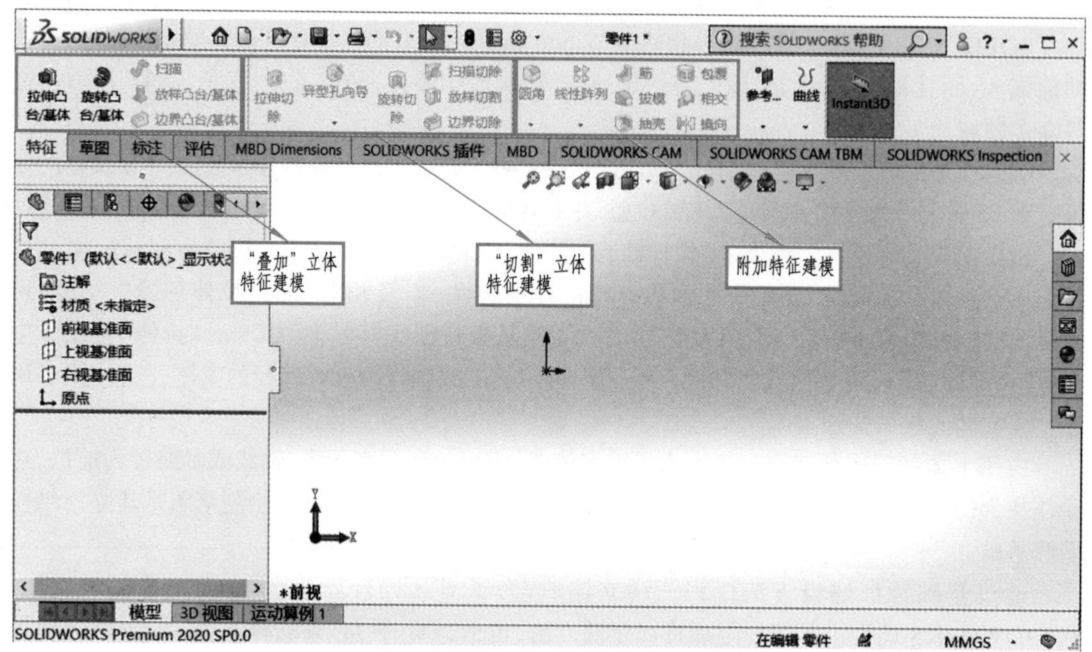

图 5-49 SOLIDWORKS 用户界面

5.4.2 “叠加”/“切割”立体特征建模

SOLIDWORKS 提供的“叠加”立体特征建模方法主要包括“拉伸凸台 / 基体”“旋转凸台 / 基体”“扫描”“放样凸台 / 基体”等。与此相对，“切割”立体特征建模方法主要包括“拉伸切除”“旋转切除”“扫描切除”“放样切割”等。

1. 拉伸凸台 / 基体

“拉伸凸台 / 基体”指的是将一个二维草图沿着与草图平面垂直的方向拉伸一段距离得到实体特征的过程，因此在使用该命令前，需要先在一个指定的平面上绘制二维草图。为了保证拉伸后得到的是一个空间实体，通常要求所绘制的二维草图是一个封闭图形，且不能有自交叉现象出现。下面举例阐述具体操作步骤。

(1) 绘制待拉伸立体截面的二维草图。在软件界面的“草图”选项卡单击“草图绘制”按钮，选择一个用于绘制二维草图的平面，这里选择“上视基准面”，进入草图绘制环境，如图 5-50 所示。

(2) 绘制截面图形。在草图绘制环境绘制待拉伸物体截面的形状，以底板为例，其截面形状为带有中心孔的矩形。选择矩形绘制工具，在“矩形类型”中选择中心矩形，指定矩形的中心点和顶点。

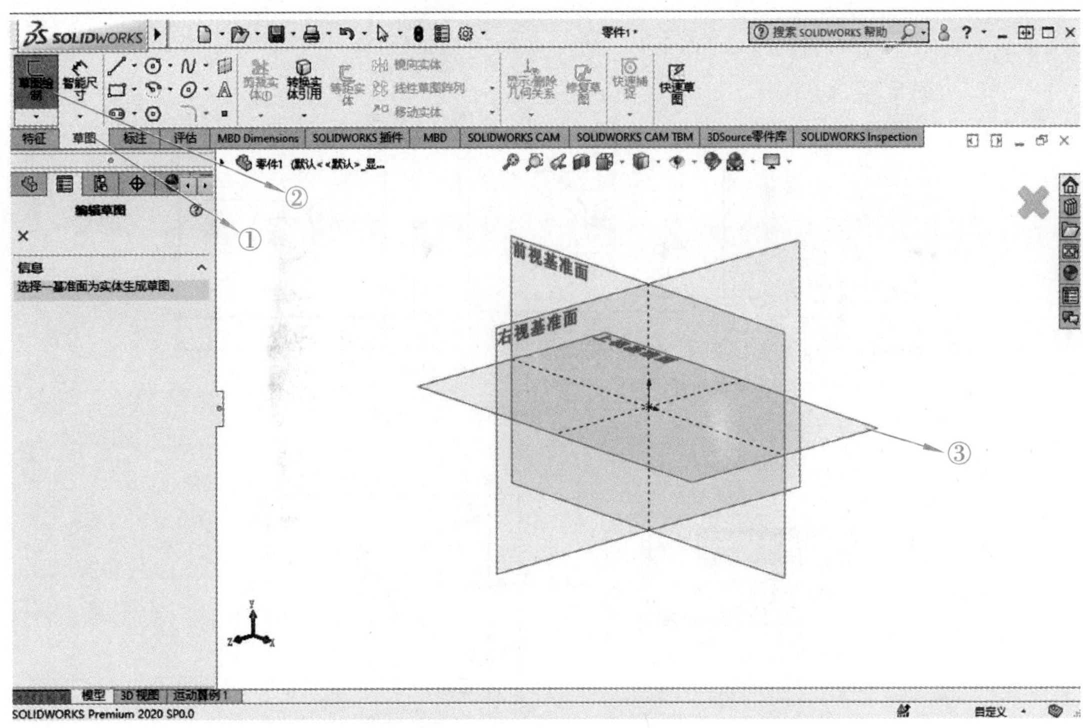

图 5-50　进入草图绘制环境步骤

注意：绘制草图时，可在不考虑准确尺寸的前提下先对二维图形的形状进行快速绘制，绘制完成后，再添加约束关系和标注尺寸，完成图形的定形和定位。

如图 5-51a 所示，指定原点为矩形中心点，并任意指定矩形的顶点位置，完成矩形绘制；选择圆形工具，指定原点为圆心，完成中心孔绘制。单击“智能尺寸”按钮，为矩形和中心孔添加形状约束，如图 5-51b 所示，分别选择矩形的两条边，输入其长度值为 100 mm 和 80 mm；选择圆轮廓，输入其直径为 30 mm。选择绘制圆角工具，如图 5-51c 所示，在“圆角参数”中输入圆角半径 10 mm，拾取矩形四个顶点为“要圆角化的实体”，完成圆角绘制。单击“退出草图”按钮，完成草图绘制。

（3）拉伸。选择“特征”→“拉伸凸台 / 基体”命令，如图 5-52 所示，输入拉伸长度为 20 mm，完成底板的建模。

注意：这里拉伸终止条件选择的是“给定深度”，即给定拉伸距离的方式，除此之外，SOLIDWORKS 还提供了“成形到一顶点”“成形到一面”“到离指定面指定的距离”“成形到实体”“两侧对称”五种终止条件，用户可根据需要选择。

2. 旋转凸台 / 基体

“旋转凸台 / 基体”指的是通过绕中心线旋转一个或多个轮廓生成特征，旋转轴和旋转轮廓必须位于同一个草图中，且旋转轮廓必须封闭。该命令可用于回转体的建模，应用比较广泛。下面举例说明具体操作步骤。

（1）绘制截面草图。以阶梯轴为例，在上视基准面按图 5-53 所示绘制其草图轮廓。

（2）旋转。单击“特征”选项卡中的“旋转凸台 / 基体”按钮，选择第（1）步绘制的草图作为旋转轮廓，选择草图底边作为旋转中心线，如图 5-54 所示，完成阶梯轴建模。

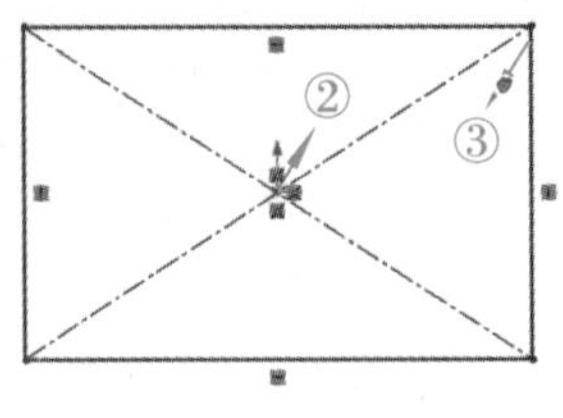

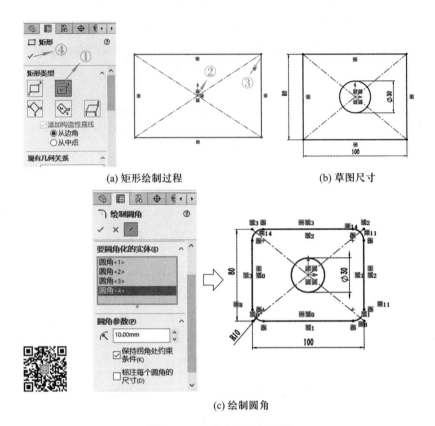

(a) 矩形绘制过程

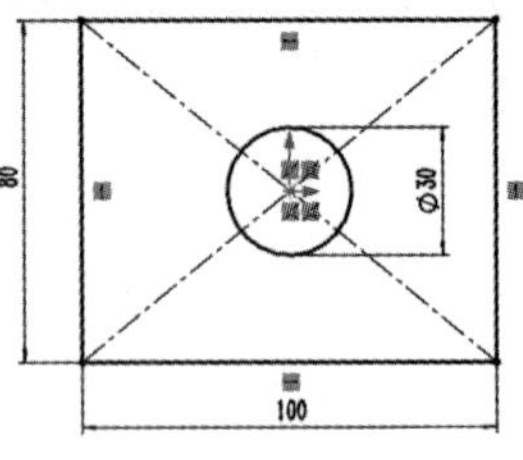

(b) 草图尺寸

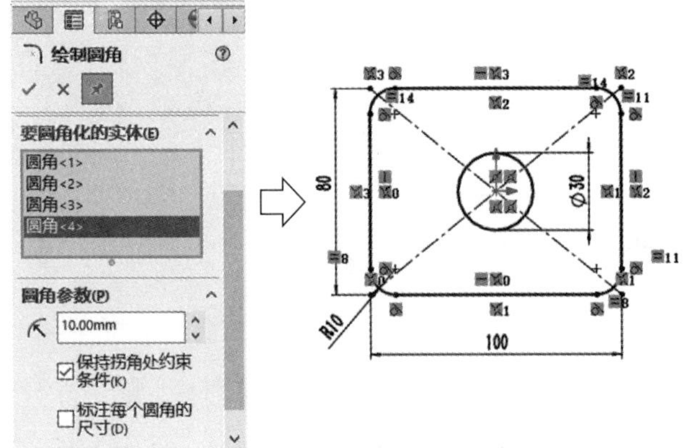

(c) 绘制圆角

图 5–51 底板草图绘制过程

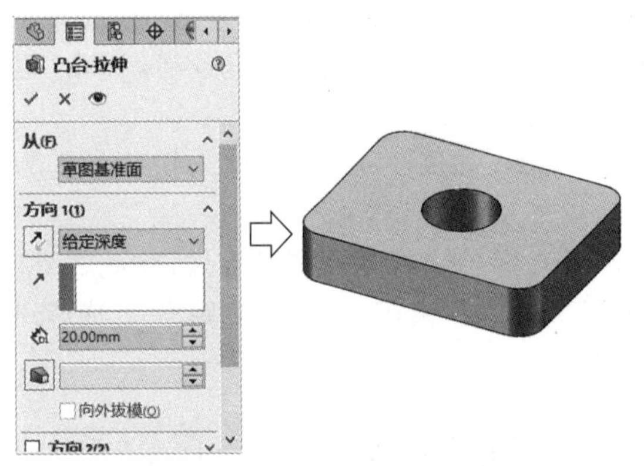

图 5–52 拉伸凸台 / 基体建模

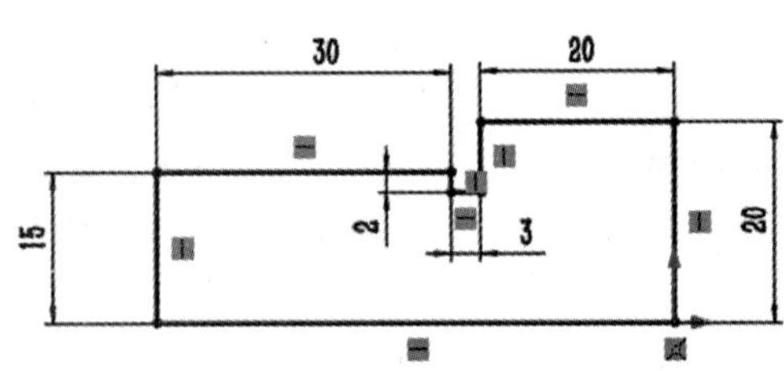

图 5–53 阶梯轴截面草图

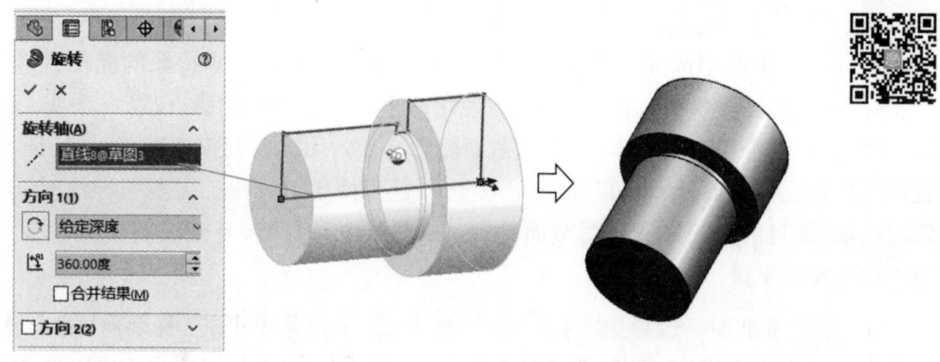

图 5-54　旋转凸台/基体建模

3. 扫描

扫描是指沿着一条自由路径(可以不是直线或圆弧)移动轮廓或者截面来生成基体、凸台与曲面特征的操作，使用时必须指定“扫描轮廓”和“路径”两个参数，有时也可以在扫掠过程中使用“引导线”参数。在应用该功能时，若希望扫掠后生成实体，则扫描轮廓必须是封闭的，若希望扫掠后生成片体(曲面)，则扫描轮廓可以封闭也可以不封闭。下面举例说明该功能的操作步骤。

(1) 绘制扫描轮廓。在上视基准面以原点为圆心绘制圆轮廓作为扫描轮廓，如图 5-55 所示。

(2) 绘制扫描路径。在与扫描轮廓垂直的前视基准面绘制扫描路径，如图 5-56 所示。

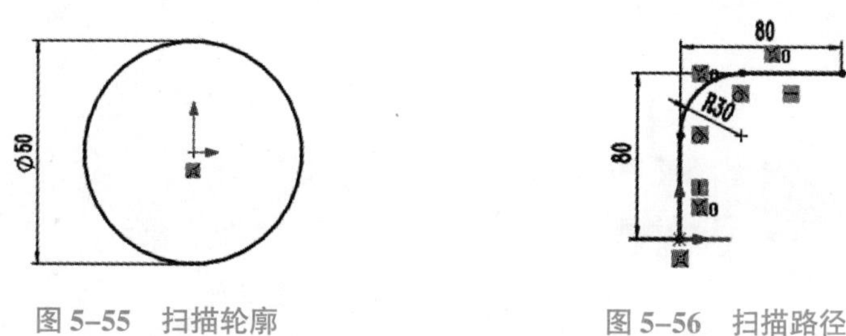

图 5-55　扫描轮廓　　　　图 5-56　扫描路径

(3) 扫描。单击“特征”选项卡中的“扫描”按钮，如图 5-57 所示，在“轮廓”和“路径”栏分别选择第(1)步和第(2)步绘制的扫描轮廓和扫描路径，完成扫描凸台建模。

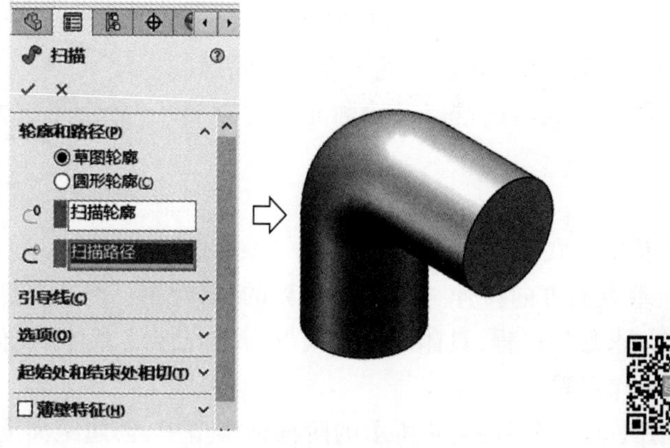

图 5-57　扫描凸台/基体建模

4. 放样凸台 / 基体

放样是指由两个或多个截面轮廓按一定顺序过渡生成实体特征的操作，可以用于生成凸台、基体或曲面。在生成放样特征时，需使用两个或多个截面轮廓，仅第一个或 / 和最后一个轮廓可以是点，若希望生成实体模型，则截面轮廓必须封闭。与扫描不同，放样特征不需要有路径就可以生成实体。此外，也可以根据需要选择是否使用引导线。需要引导线时，引导线必须与轮廓接触，其目的是控制放样后截面轮廓按引导线变化过渡，有效控制模型外形。下面举例说明该功能操作步骤。

(1) 创建基准面。选择“参考几何体”命令 下拉菜单中的“基准面”命令 ，在第一参考中选择上视基准面，在距离中输入 50 mm，创建基准面 *1*，如图 5-58 所示；重复该步骤，在距离中输入 100 mm，创建基准面 *2*。

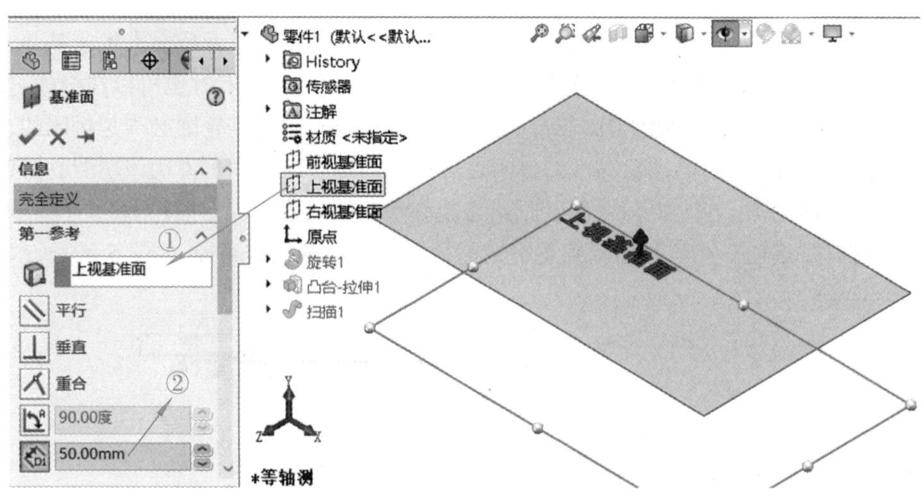

图 5-58 创建截面轮廓草图基准面

(2) 绘制截面轮廓。分别选择上视基准面、基准面 *1*、基准面 *2* 作为第一、第二、第三个截面轮廓的草图平面，分别绘制直径为 100 mm、150 mm、100 mm 的圆形截面轮廓，如图 5-59 所示。

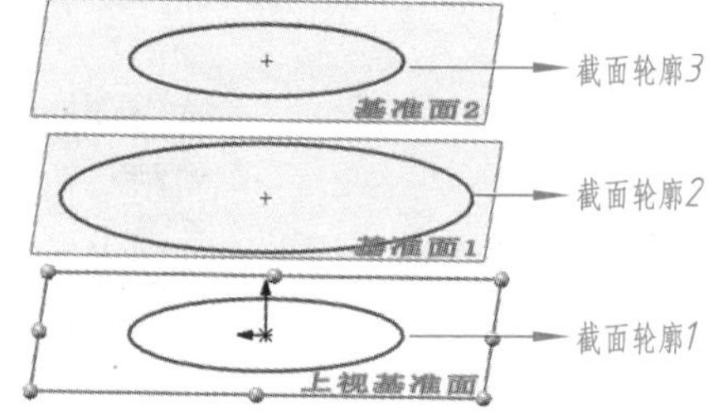

图 5-59 三个截面轮廓草图

(3) 放样。单击“特征”选项卡中的“放样凸台 / 基体”按钮 放样凸台/基体，选择第(2)步绘制的三条截面轮廓，如图 5-60 所示，即可生成通过这三条轮廓光滑过渡的实体特征。

5. 拉伸切除

“拉伸切除”指的是在给定基体上，将一个二维草图沿着与草图平面垂直的方向拉伸一段距离得到的实体与原基体进行布尔求差的过程，具体操作方式与“拉伸凸台 / 基体”类似。下面以在轴上切除键槽为例阐述具体操作步骤。

(1) 创建草图平面。在图 5-54 所示的阶梯轴模型中，创建距离上视基准面 11 mm 的草图平面，如图 5-61 所示。

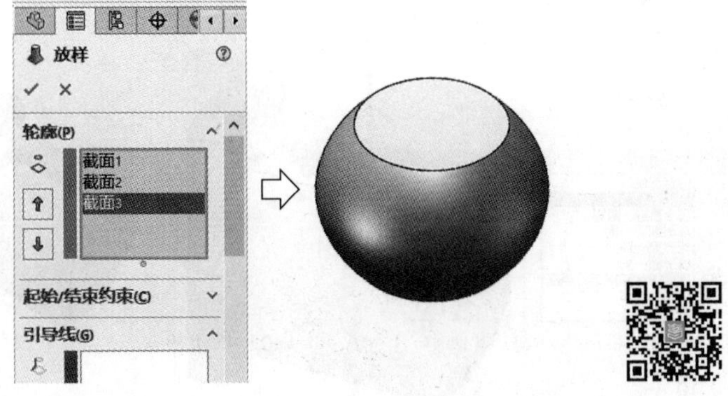

图 5-60　放样凸台 / 基体建模

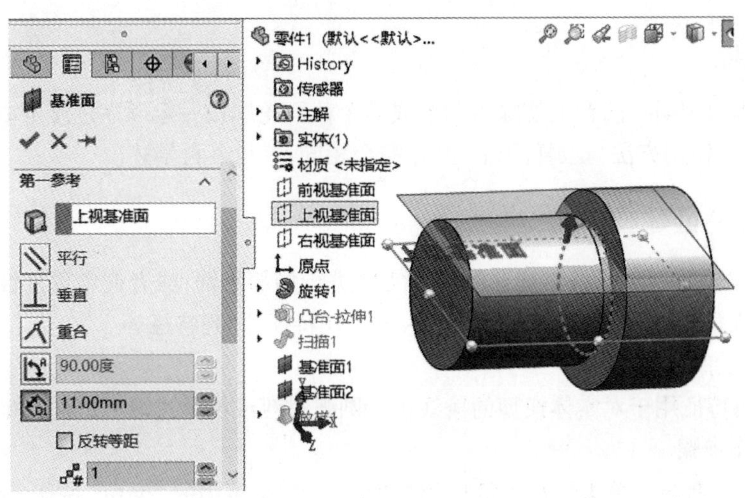

图 5-61　创建拉伸切除草图平面

(2) 绘制待拉伸立体截面的二维草图。单击“草图绘制”按钮，在步骤(1)创建的基准面上按图 5-62 所示形状及尺寸绘制草图。

(3) 拉伸切除。单击“特征”选项卡中的“拉伸切除”按钮，拾取第(2)步绘制的草图轮廓，进行拉伸切除操作，调整拉伸方向，深度选择完全贯穿，如图 5-63 所示，完成键槽的切除。

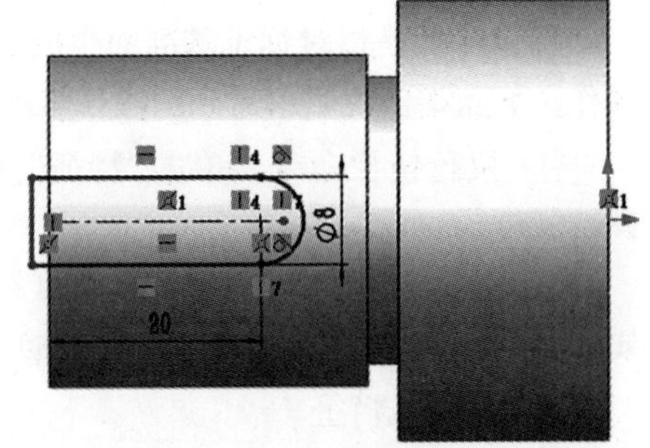

图 5-62　拉伸切除轮廓草图

6. 旋转切除

“旋转切除”是指在给定的基体上切除一个回转体特征的操作，其基本要素、参数类型和参数含义与“旋转凸台 / 基体”相同，这里不再赘述。

7. 扫描切除

扫描切除是指在基体 / 凸台上切除沿着一条自由路径(可以不是直线或圆弧)移动轮廓或者截面得到的立体的操作，其参数与设置要求与扫描凸台 / 基体命令完全相同，这里不再赘述。

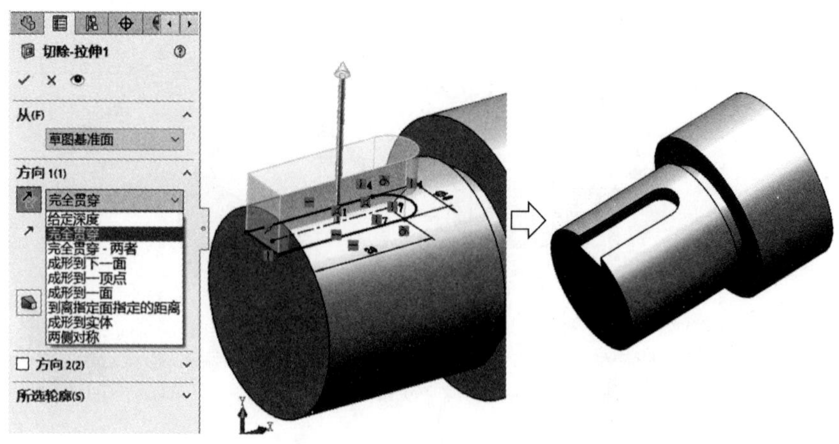

图 5–63 拉伸切除建模

8. 放样切割

放样切割是在基体 / 凸台上切除由两个或多个截面轮廓按一定顺序过渡生成实体特征的操作，其基本参数和使用方法与放样凸台 / 基体完全相同，这里不再赘述。

5.4.3 附加特征建模

附加特征建模是指对已经构建好的模型实体进行局部修饰，或者避免重复性操作的建模方法。主要包括圆角特征、倒角特征、镜像特征、异形孔特征、阵列特征等。

1. 圆角 / 倒角特征

圆角 / 倒角特征用于对实体模型的棱线进行圆弧过渡或倒角过渡。下面以生成倒角为例说明该命令的操作步骤。

(1) 执行倒角命令。单击特征工具栏的“圆角”下拉菜单中的“倒角”按钮 倒角，在“倒角类型”中选择第一项“角度 – 距离”。

(2) 参数设置。如图 5–64 所示，在“要倒角化的项目”中选择希望生成倒角的边线，在“倒角参数”中输入距离 2 mm，角度默认为 45°，最后单击“确定”按钮生成倒角特征。

2. 镜像特征

镜像特征是指对称于基准面生成所选特征的镜像特征，可以对实体或者某一特征进行镜像操作。下面举例说明该命令的操作步骤。

(1) 执行镜像命令。单击“特征”工具栏中的“镜像”按钮 镜向，此时弹出图 5–65 所示的属性管理器。

(2) 参数设置。首先选择图 5–64 所示阶梯轴的端面为镜像面，其次选择阶梯轴为要镜像的实体，生成关于镜像面对称的实体模型，效果如图 5–65 所示。

3. 异型孔特征

SOLIDWORKS 为“孔”特征提供了专门的生成命令——异型孔向导，它可用于生成“柱形沉头孔”“锥形沉头孔”“孔”“直螺纹孔”“锥形螺纹孔”“旧制孔”“柱孔槽口”“锥孔槽口”“槽口”9 种形式的孔。下面以生成柱形沉头孔为例说明该命令的操作步骤。

(1) 执行异型孔向导命令。单击“特征”工具栏中“异型孔向导”按钮，弹出图 5–66 所示

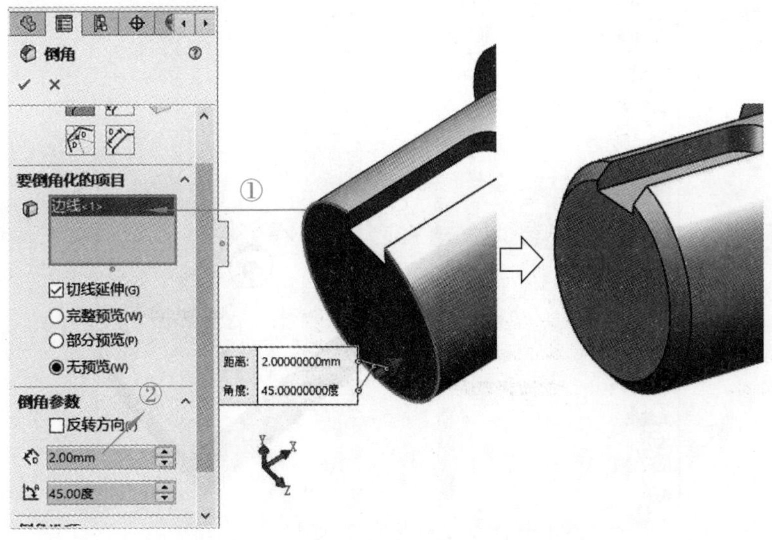

图 5-64 倒角参数设置与倒角效果

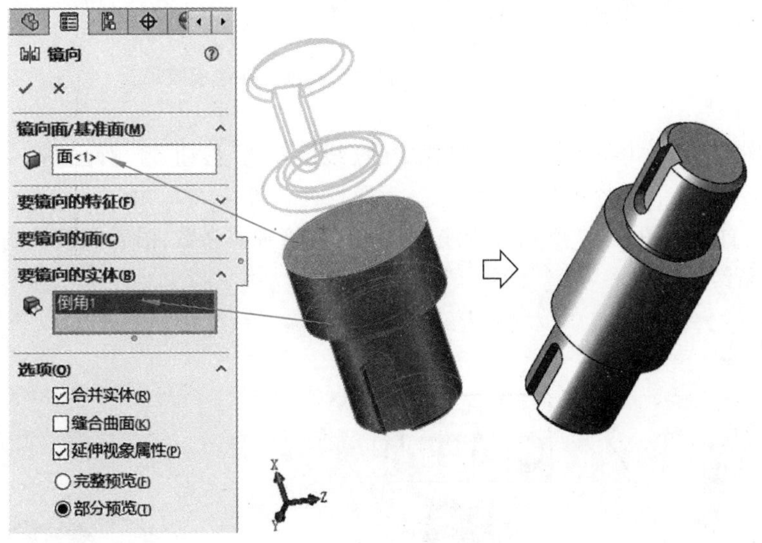

图 5-65 镜像参数设置与效果

的孔规格属性管理器。

(2) 参数设置。按图 5-66 所示设置沉头孔参数。

(3) 指定位置。单击打开孔规格属性管理器中的“位置”选项卡,选择四棱柱顶面作为孔放置平面,单击孔中心点位置,即可在指定位置生成沉头孔,效果如图 5-66 所示。注意,这里如果希望精确放置孔位置,应提前创建一个参考点作为孔中心的基准。

4. 阵列特征

阵列是指按照指定的方式对源特征 / 实体进行“复制”“粘贴”操作,阵列方式可分为线性阵列、圆周阵列、曲线驱动的阵列等。下面以线性阵列图 5-66 中的沉头孔为例说明该命令的具体操作步骤。

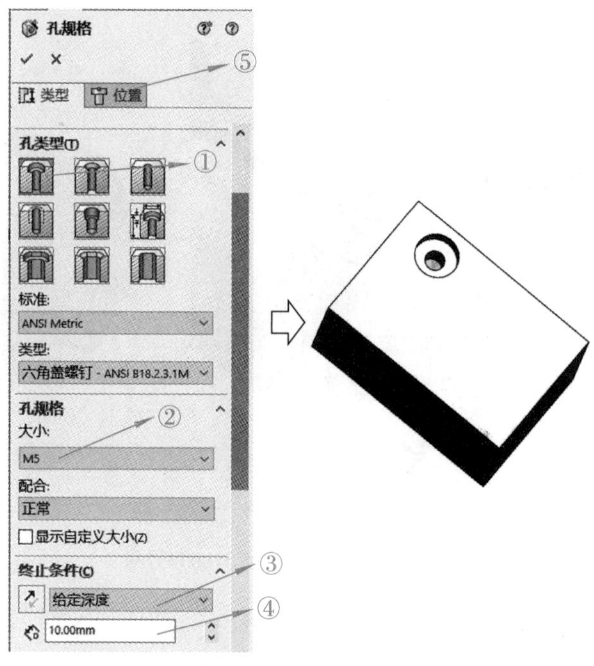

图 5–66 孔规格属性管理器与沉头孔建模效果

(1) 执行阵列命令。单击“特征”工具栏中的“线性阵列”按钮 ,弹出图 5–67 所示的属性管理器。

(2) 参数设置。按图 5–67 所示设置线性阵列任务管理器参数,沿着四棱柱的两个邻边的方向对沉头孔进行线性阵列。

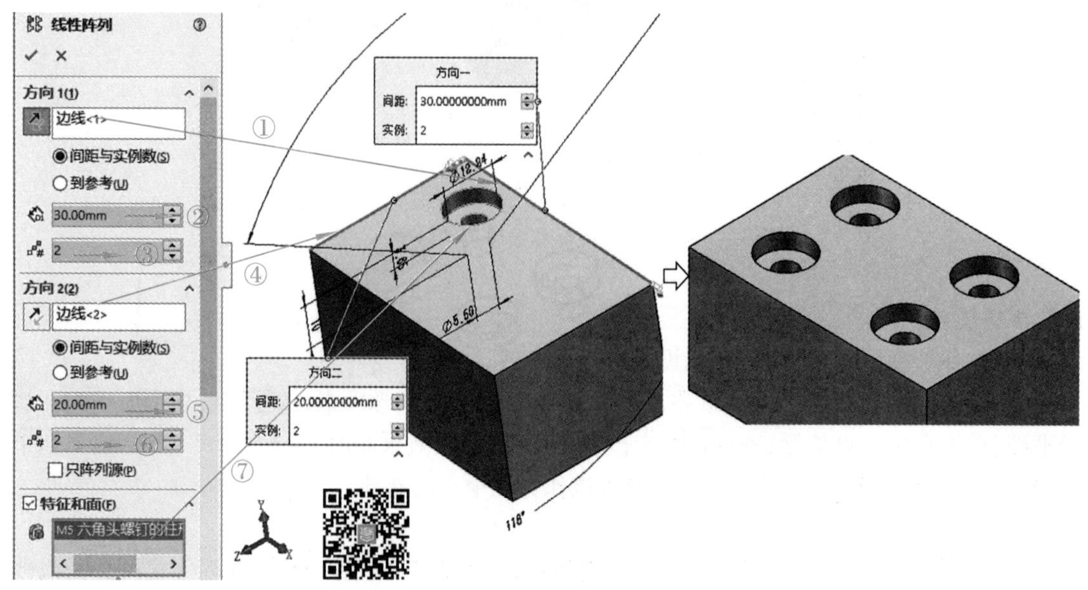

图 5–67 线性阵列属性管理器与效果

5.4.4 三维实体建模实例

绘制如图 5-68 所示工程图样表示的三维实体模型。

操作步骤：

(1) 环境配置。启动 SOLIDWORKS 2020，单击“新建”按钮，在弹出的新建文件界面中选择“零件”后单击“确定”按钮。选择“视图”→“显示”→“切边不可见”，使相切位置不显示图线；选择“选项”→“文档属性”→“单位”，在“单位系统”中选择 MMGS(毫米、克、秒)，单击确定，设置系统单位。

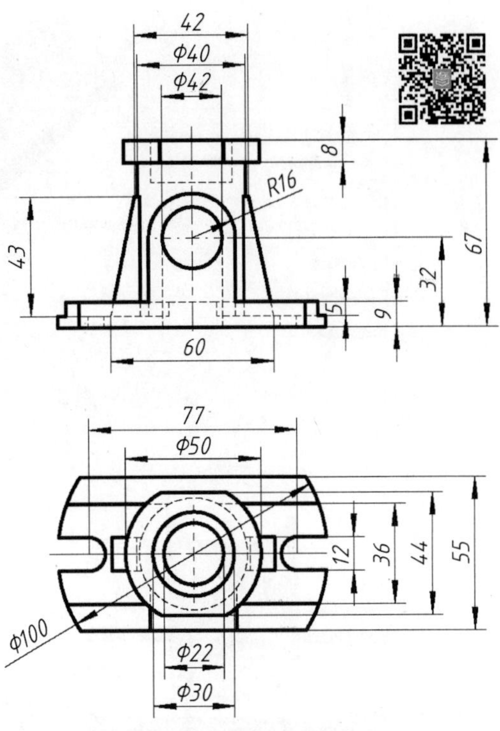

图 5-68 三维建模实例图

(2) 绘制“底板”草图。在左侧设计树中选择“上视基准面”，在弹出的浮窗中选择“草图绘制”按钮，按图 5-69 所示绘制底板的草图轮廓，绘制完成后单击“退出草图”按钮。

(3) 拉伸“底板”。将第(2)步绘制的草图拉伸 9 mm，得到“底板”主体部分。

(4) 绘制“底板”凹槽。在第(3)步底板的上表面上绘制草图，以“中心矩形”的方式绘制中心在原点、宽度为 36 mm、长度大于底板长度的矩形，退出草图后，如图 5-70 所示，单击“拉伸切除”按钮，选择拉伸轮廓为宽 36 mm 的矩形，输入拉伸切除深度为 5 mm，完成底板绘制。

(5) 绘制“立柱”。在上视基准面上新建草图，绘制直径为 40 mm 的圆轮廓，并对其拉伸，输入拉伸高度 67 mm，拉伸后的效果如图 5-71 所示。

(6) 绘制“立柱上凸台”。以立柱上表面为基准平面新建草图，绘制图 5-72 所示轮廓，并对其进行拉伸操作，拉伸方向为 Z 轴负方向，高度为 8 mm，完成立柱上凸台的绘制，效果如图 5-73 所示。

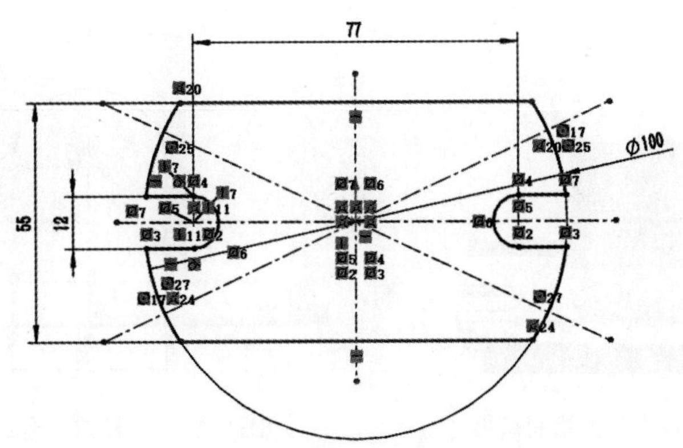

图 5-69 底板草图尺寸

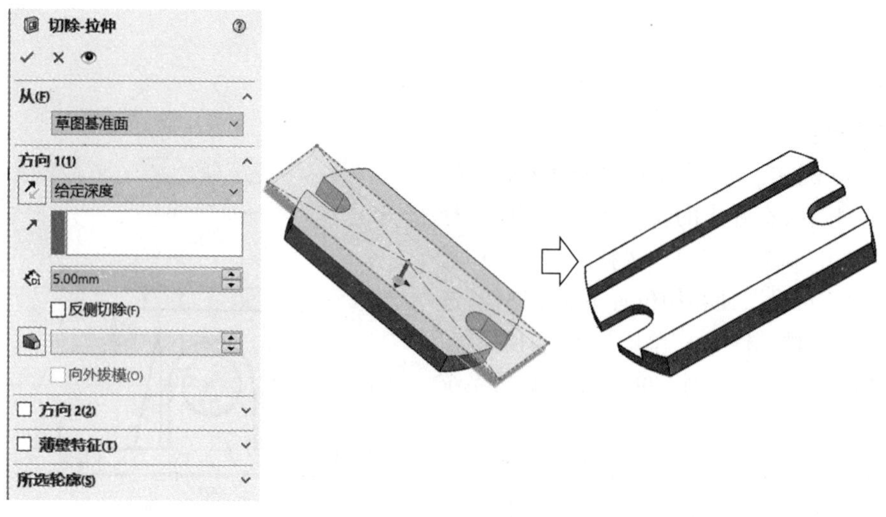

图 5-70 绘制“底板”凹槽

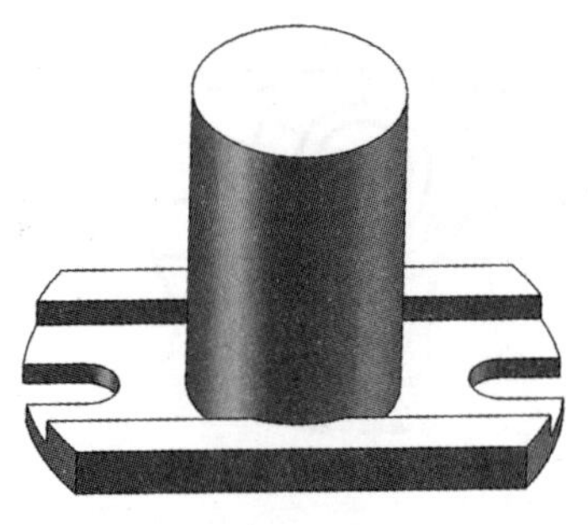

图 5-71 绘制“立柱”

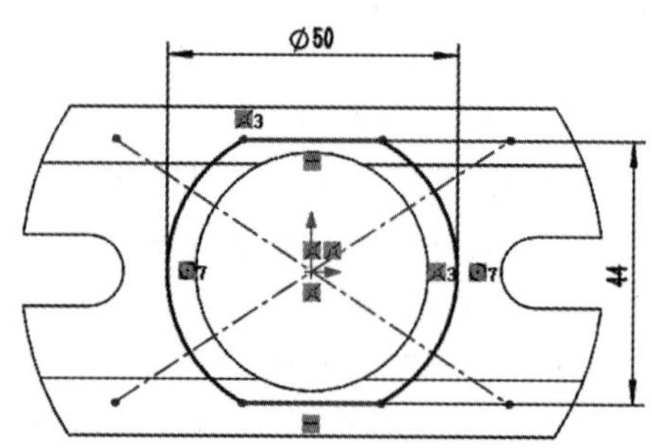

图 5-72 立柱上凸台草图轮廓

(7) 绘制“立柱前凸台”。在前视基准面上新建草图，按图 5-74 所示尺寸绘制草图轮廓，退出草图后对其进行拉伸操作，如图 5-75 所示，在“方向 1”中选择拉伸长度为“成形到一面”，单击底板前面，选择为拉伸结果表面，完成立柱前凸台绘制。

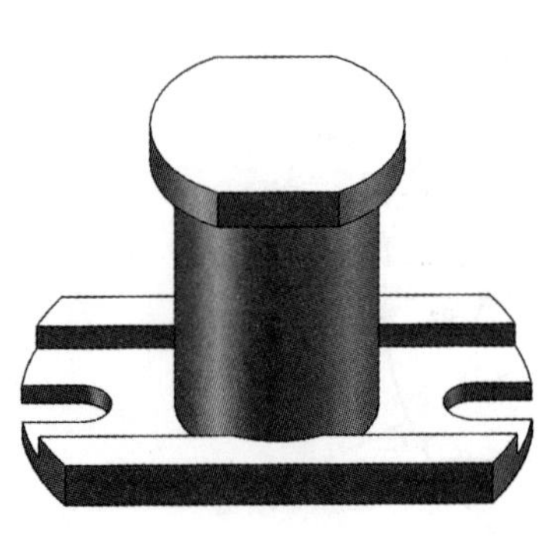

图 5-73 立柱上凸台绘制结果

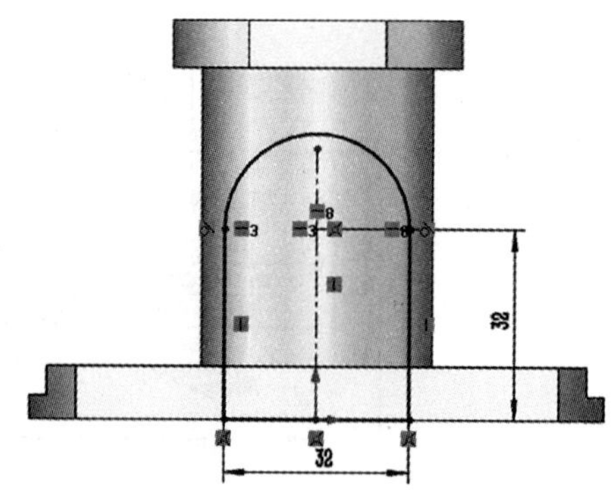

图 5-74 立柱前凸台草图轮廓

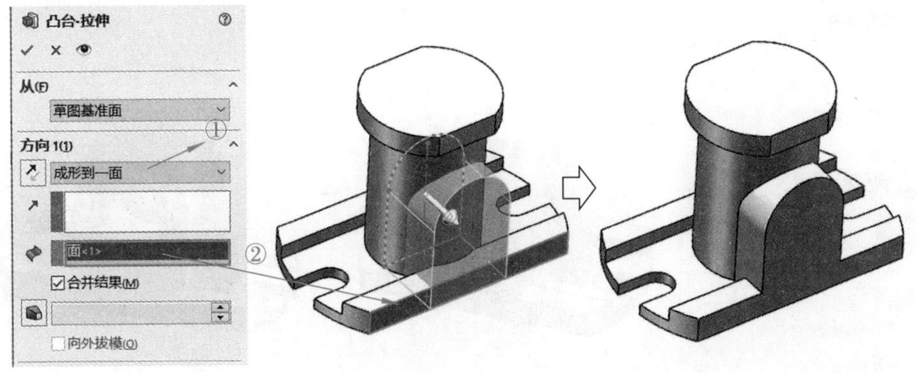

图 5-75 立柱前凸台拉伸参数设置

(8) 绘制肋板。在前视基准面上新建草图，按图 5-76 所示的尺寸绘制草图轮廓，注意右侧肋板草图是将左侧草图经镜像操作生成的。退出草图后对其进行拉伸操作，在拉伸凸台属性管理器中，“方向 1”选择“两侧对称”，输入深度为 12 mm，完成左侧肋板建模，效果如图 5-77 所示。

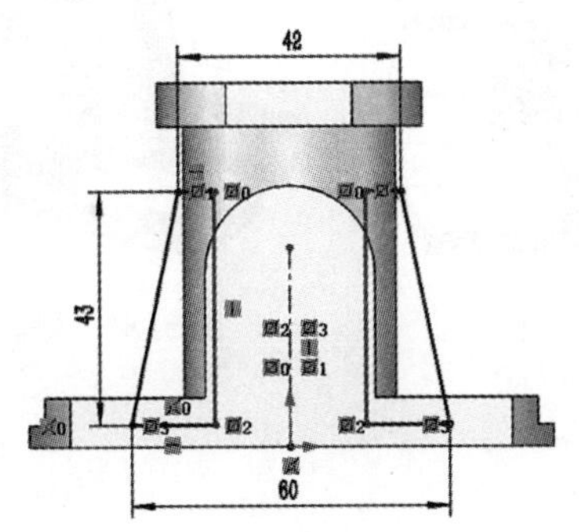

图 5-76 肋板草图轮廓尺寸

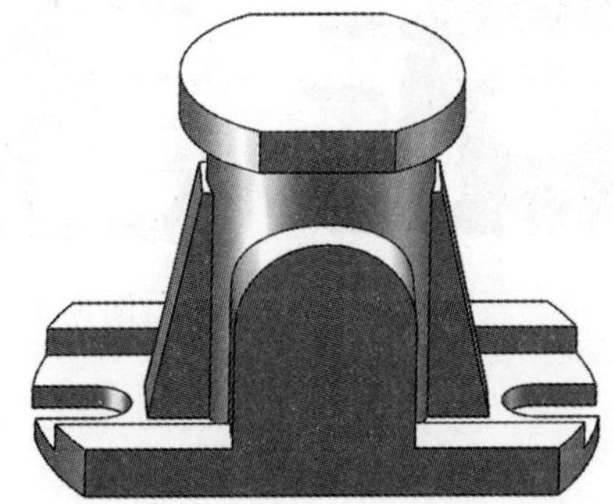

图 5-77 两侧肋板建模效果

(9) 绘制圆孔。在前视基准面上新建草图，按图 5-78 所示尺寸绘制圆形轮廓，退出草图后对其进行拉伸切除操作，在拉伸切除属性管理器中，“方向 1”选择“成形到下一面”，完成圆孔绘制，效果如图 5-79 所示。

(10) 绘制阶梯孔。选择立柱上表面为草图平面新建草图，以原点为圆心，绘制直径为 30 mm 的圆轮廓，退出草图后对其执行拉伸切除命令，输入拉伸深度 15 mm，如图 5-80 所示，完成第一段阶梯孔绘制。以绘制好的阶梯孔底面为草图平面绘制草图，以原点为圆心，绘制直径为 22 mm 的圆轮廓，退出草图后对其执行拉伸切除命令，深度选择“完全贯穿”，如图 5-81 所示，完成第二段阶梯孔的绘制。至此，完成三维建模的全部操作，效果如图 5-82 所示。

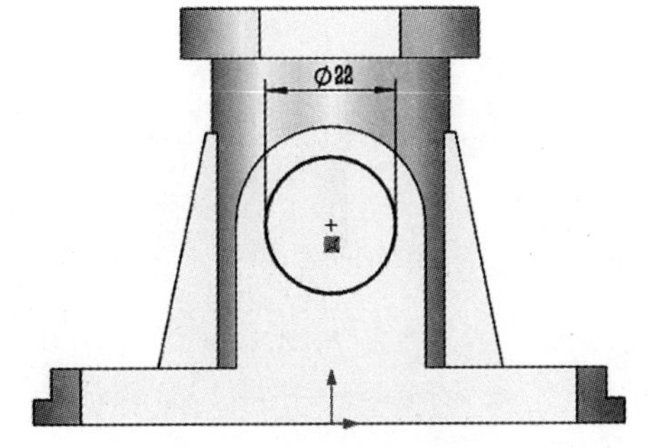

图 5-78 圆孔草图尺寸

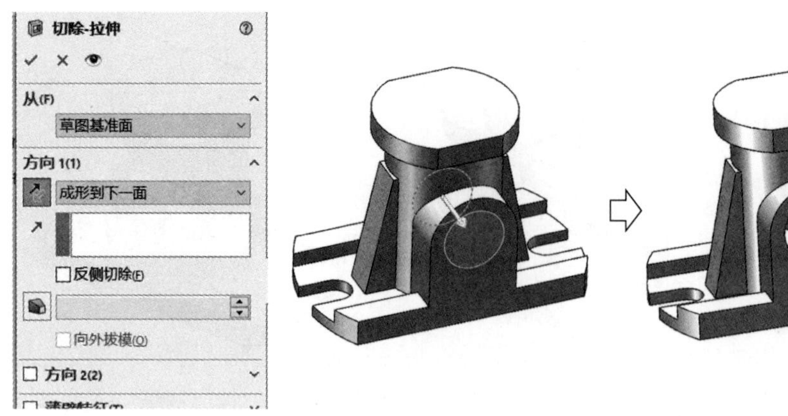

图 5-79 拉伸切除圆孔参数设置与效果

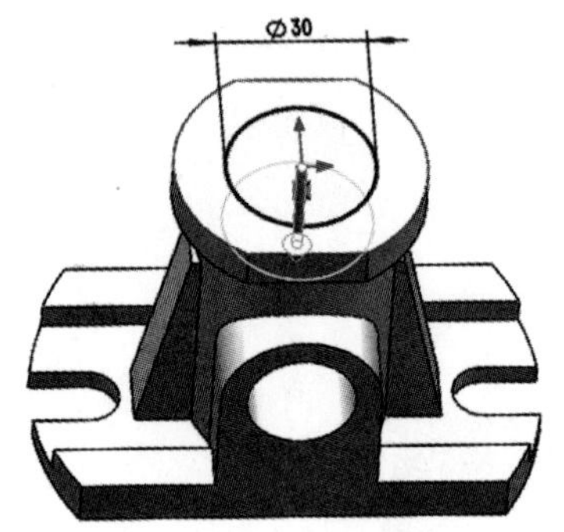

图 5-80 第一段阶梯孔

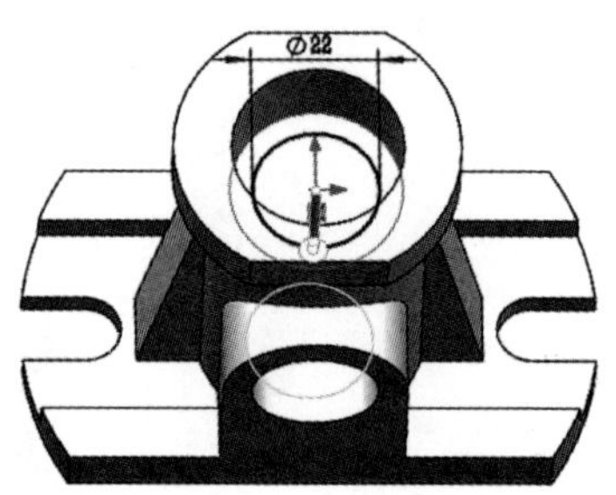

图 5-81 第二段阶梯孔

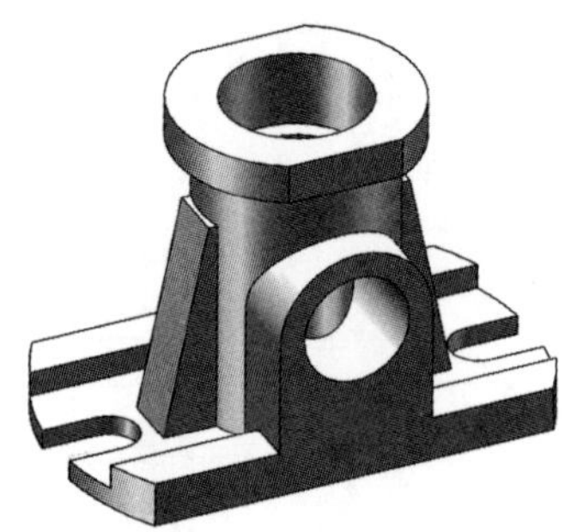

图 5-82 整体效果图

第6章

轴测图

工程上最常用的图样是多面正投影图，它可以完整、准确地表达物体的形状和大小，且作图方便、度量性好，如图 6-1a 所示。但这种图样缺乏立体感，直观性较差，需运用正投影原理对照几个视图才能想象出物体的形状。

轴测图是单面投影图，一个图形能同时反映物体的正面、顶面和侧面的形状，富有立体感，如图 6-1b 所示。但轴测图往往不能反映物体各表面的实形，且作图较正投影图复杂，度量性差。因此，在工程上常把轴测图用作辅助图样，用来说明产品的结构和使用方法。在设计和测绘中，可帮助进行空间构思和想象物体形状。

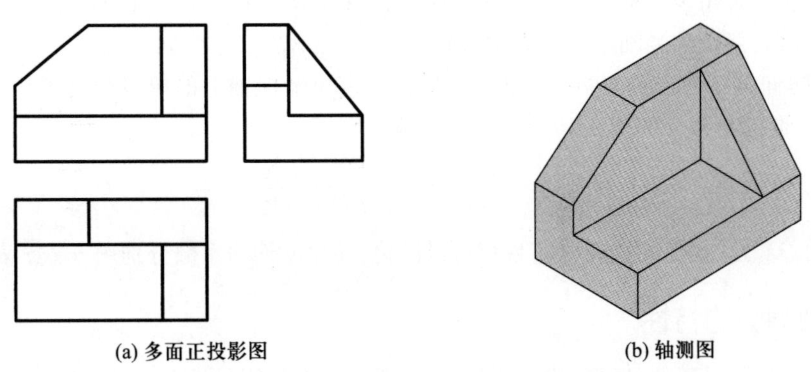

(a) 多面正投影图　　(b) 轴测图

图 6-1　多面正投影图与轴测图的对比

6.1　轴测图的基本知识

6.1.1　轴测图的形成

轴测图是将物体连同确定其空间位置的直角坐标系，沿不平行于任一坐标面的方向，用平行投影法将其投射在单一投影面上所得到的图形，如图 6-2 所示。

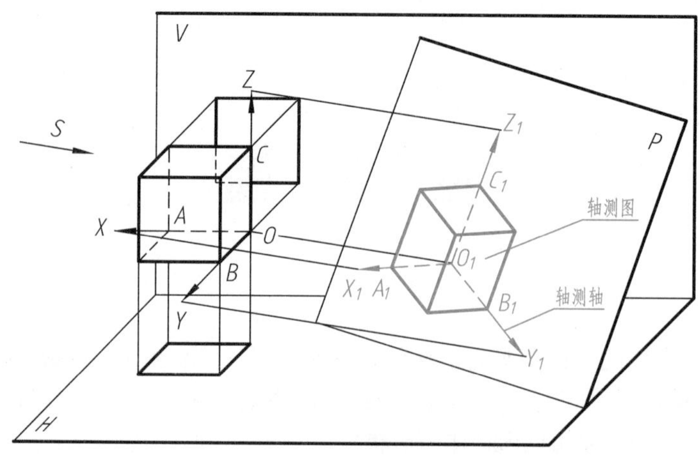

图 6-2 轴测图的形成

6.1.2 轴测图的基本参数

(1) 轴测投影面 P:轴测投影的单一投影面。

(2) 轴测投射方向 S:被选定的投射方向。

(3) 轴测轴:直角坐标轴 OX、OY、OZ 在轴测投影面 P 上的投影 O_1X_1、O_1Y_1、O_1Z_1。

(4) 轴间角:两根轴测轴之间的夹角,即 $\angle X_1O_1Y_1$、$\angle X_1O_1Z_1$、$\angle Y_1O_1Z_1$。

(5) 轴向伸缩系数:轴测轴的单位长度与相应直角坐标轴上的单位长度的比值。OX、OY、OZ 轴的轴向伸缩系数分别用 p_1、q_1 和 r_1 表示,则

$$p_1=\frac{O_1A_1}{OA},q_1=\frac{O_1B_1}{OB},r_1=\frac{O_1C_1}{OC}$$

轴测轴 OX、OY、OZ 的轴向伸缩系数可以简化,简化的伸缩系数分别用 p、q、r 表示。

6.1.3 轴测图的特性

由于轴测投影采用的是平行投影法,因而它具有平行投影的性质:

(1) 物体上相互平行的线段的轴测投影仍相互平行;

(2) 物体上平行于坐标轴的线段的轴测投影仍与相应的轴测轴平行;

(3) 物体上两平行线段或同一直线上的两线段长度之比,其轴测投影保持不变。

根据轴测图的投影特性,绘制轴测图时必须沿轴向测量尺寸,这即是轴测图中“轴测”二字的含义。

6.1.4 轴测图的分类

1. 按投射方向划分

根据投射方向的不同,轴测图可分为两大类:

(1) 正轴测图。当投射方向 S 与轴测投影面 P 垂直时,得到的是正轴测图。

(2) 斜轴测图。当投射方向 S 与轴测投影面 P 倾斜时,得到的是斜轴测图。

2. 按轴向伸缩系数划分

根据轴向伸缩系数的不同,上述两大类轴测图又可分为:

(1) 正(或斜)等轴测图,简称正(或斜)等测,即 $p=q=r$;

(2) 正(或斜)二轴测图,简称正(或斜)二测,即 $p=q\neq r$ 或 $p\neq q=r$ 或 $p=r\neq q$;

(3) 正(或斜)三轴测图,简称正(或斜)三测,即 $p\neq q\neq r$。

国家标准《机械制图》中,推荐采用正等测、正二测和斜二测。工程上最常用的是正等测和斜二测,本章只介绍这两种轴测图的画法。

6.2 正等轴测图

6.2.1 正等轴测图的形成、轴间角和轴向伸缩系数

当物体上的三根直角坐标轴对轴测投影面的倾角相等,且投射方向 S 与轴测投影面 P 垂直时,得到的轴测图称为正等轴测图。

正等轴测图的轴间角和轴向伸缩系数见图 6-3,具体如下:

(1) 正等轴测图的轴间角均为 120°。

(2) 三个轴的轴向伸缩系数 $p_1=q_1=r_1\approx0.82$。

为作图方便,一般采用简化伸缩系数 $p=q=r=1$。这样在绘制正等轴测图时,物体上的轴向尺寸都可直接按 1 : 1 度量到轴测图上。用简化轴向伸缩系数画出的轴测图放大了 1/0.82≈1.22 倍。此时轴测图虽被放大,但其形状和直观性都不受影响,且作图比较方便。

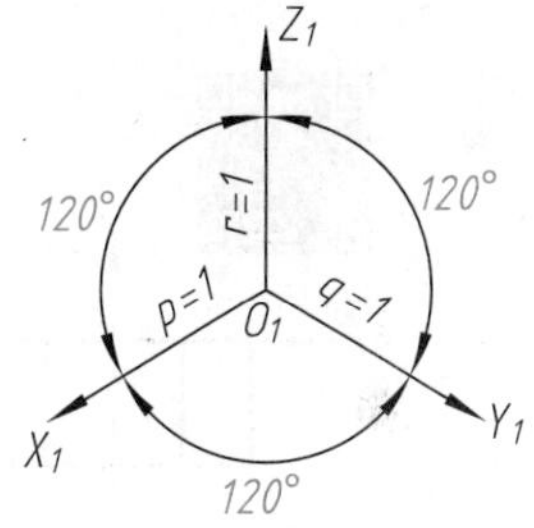

图 6-3 正等轴测图的轴间角和轴向伸缩系数

6.2.2 平面立体的正等轴测图

例 6-1 已知三棱锥 S–ABC 的视图,画出它的正等轴测图,如图 6-4a 所示。

分析:三棱锥由四个顶点即可确定其形状,因此先求出各顶点的轴测投影,再连接相应各顶点,即得其轴测图。

作图步骤(图 6-4):

(1) 在视图上选定点 C 为坐标原点,且使 OX 轴与 AC 重合,建立坐标系;

(2) 画轴测轴;

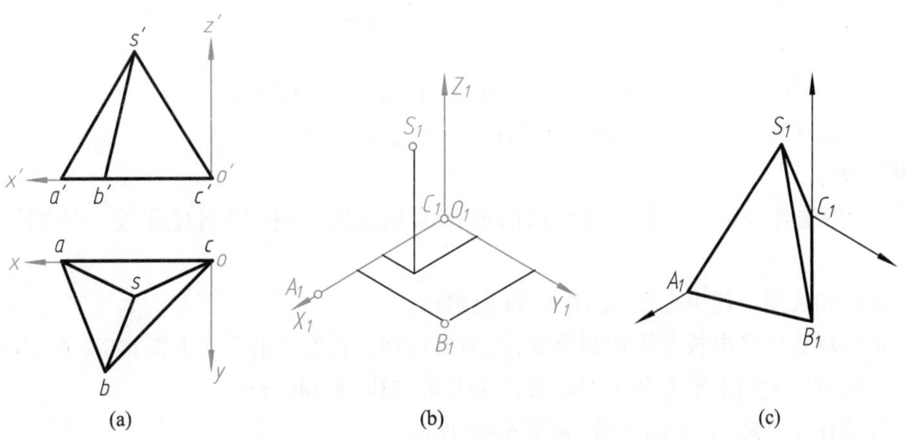

图 6-4 用坐标法画三棱锥的正等轴测图

(3) 分别画出 A、B、C、S 各点的轴测投影 A_1、B_1、C_1 和 S_1，连接各点；

(4) 擦去轴测轴和不可见部分的图线，加深轮廓线，即完成作图。

例 6-2 已知正六棱柱的两视图，求作其正等轴测图，如图 6-5 所示。

分析：正六棱柱前后、左右对称，选择其顶面中心为坐标原点。这样可省去画底面上的不可见图线，作图简便。

作图步骤：

(1) 在视图上建立坐标系，如图 6-5a 所示；

(2) 画轴测轴，如图 6-5b 所示；

(3) 作出顶面各顶点的轴测投影，连接各点，如图 6-5c 所示；

(4) 顶面各顶点向下引直线平行于 Z_1 轴，并量取高度 h，得底面各点的轴测投影，如图 6-5d 所示；

(5) 连接底面各点作出可见底边，擦去多余图线，加深轮廓线，即完成作图，如图 6-5e 所示。

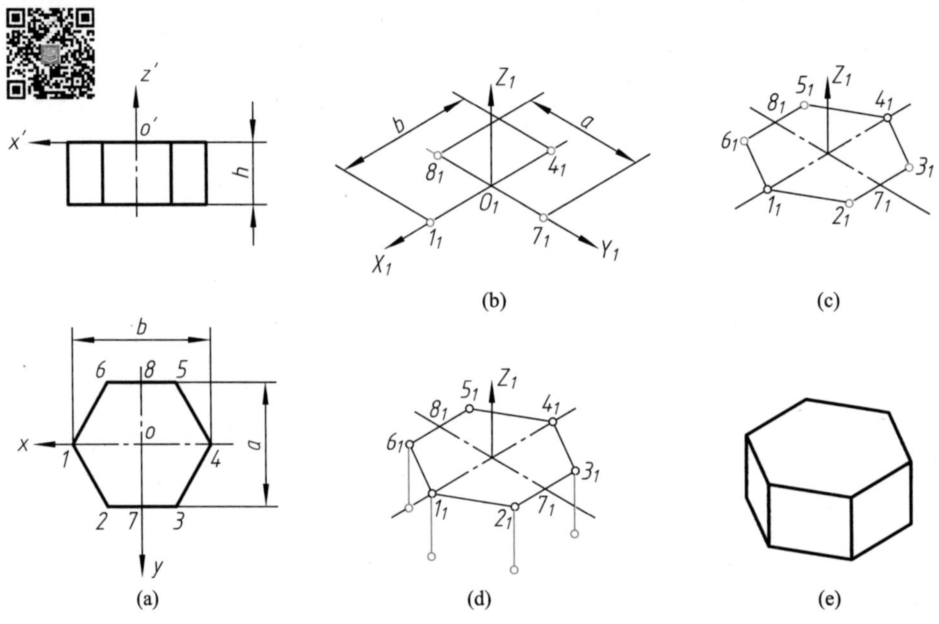

图 6-5 正六棱柱的正等轴测图

例 6-3 根据垫块的三视图，画其正等轴测图，如图 6-6a 所示。

分析：画这种组合体的轴测图时，可采用切割法或叠加法。

作图步骤：

采用切割法作图时，可先画出切割前形体的轴测图，再按切割过程逐一切割掉多余的部分。

(1) 在已知视图上建坐标系，如图 6-6a 所示；

(2) 将垫块看作是由长方体切割而成，先画出切割前长方体的正等测图，如图 6-6b 所示；

(3) 在长方体上用水平面和正垂面截去左上角，如图 6-6b 所示；

(4) 分别在左下侧、右上侧开槽，如图 6-6c 所示；

(5) 整理、加深即完成全图，如图 6-6d 所示。

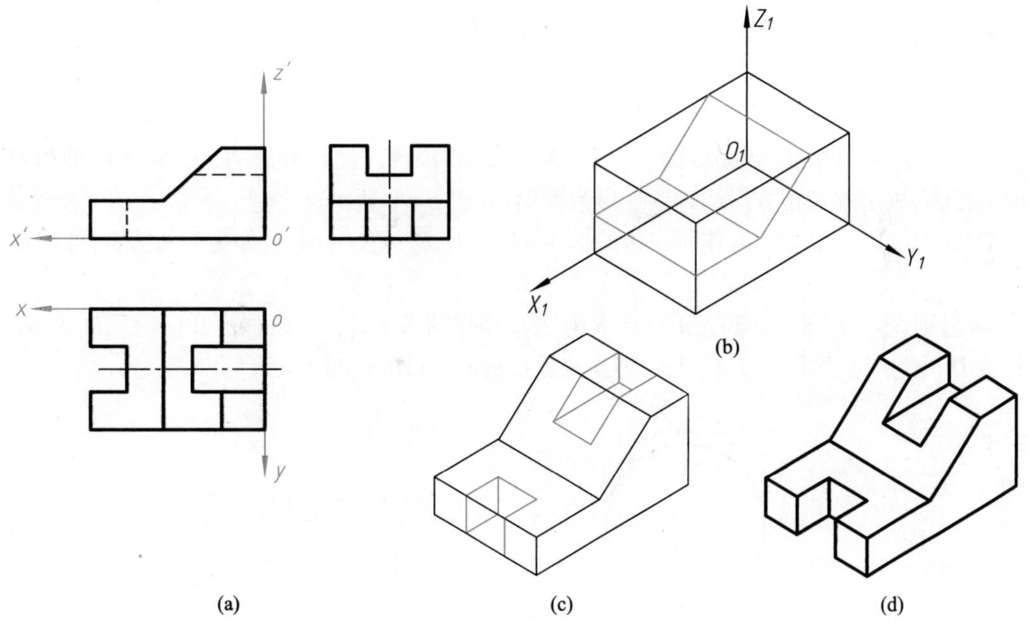

图 6-6 用切割法画垫块的正等轴测图

6.2.3 曲面立体的正等轴测图

1. 平行于坐标面的圆的正等轴测图

坐标面或其平行面上的圆的正等轴测投影是椭圆，其常见画法有坐标法和四心法。

(1) 坐标法

它是一种比较准确的画椭圆的方法，如图 6-7 所示。其作图步骤如下：

1) 在圆上建坐标系；

2) 画出轴测轴；

3) 在圆周上依次对称地选定一些点；

4) 作出各点的轴测投影，依次用曲线板光滑连接各点的轴测投影。

坐标法应用广泛，还适用于一般位置平面上的圆和曲线的轴测投影作图，如图 6-8 所示。

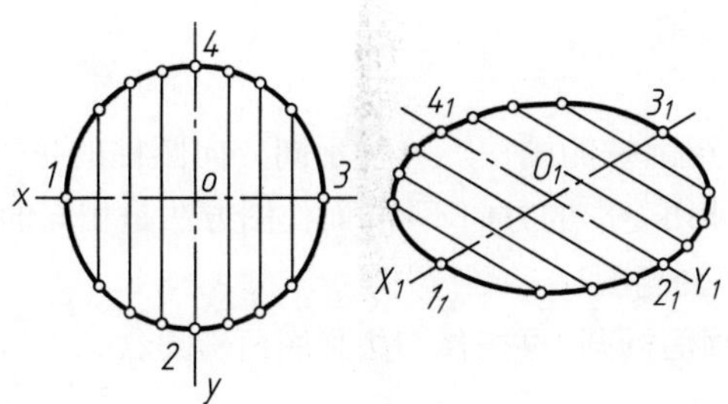

图 6-7 用坐标法画椭圆

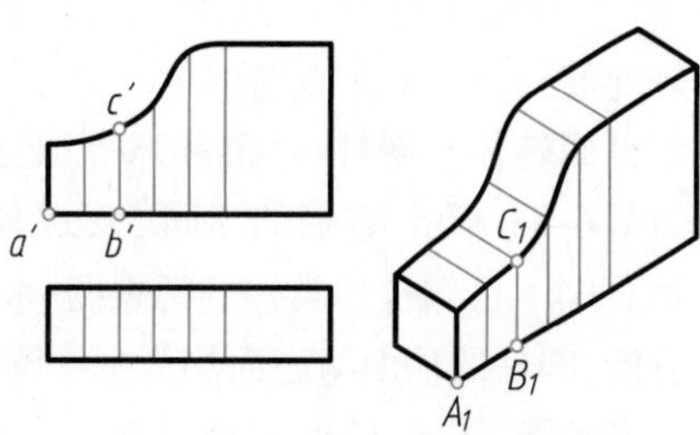

图 6-8 用坐标法画压块的轴测图

(2) 四心法

它是一种近似画椭圆的方法，如图 6-9 所示。其作图步骤如下：

1) 取圆心 O 为坐标原点建立坐标系，画出圆的外切正方形，切点为 1、2、3 和 4 四点，如图 6-9a 所示；

2) 作轴测轴及切点的轴测投影 1_1、2_1、3_1、4_1，分别过点 1_1、3_1 和点 2_1、4_1 作 O_1Y_1 轴和 O_1X_1 轴的平行线，确定外切正方形的轴测投影为菱形，如图 6-9b 所示；

3) 分别过点 1_1、2_1、3_1、4_1 作所在边的垂线，交得 A_1、B_1、C_1、D_1 四点，即为四个圆心，如图 6-9c 所示；

4) 分别以点 A_1、B_1 为圆心，A_11_1 或 B_13_1 为半径作圆弧 1_12_1、3_14_1，再分别以点 C_1、D_1 为圆心，C_11_1 或 D_13_1 为半径作圆弧 1_14_1、2_13_1，即连成近似椭圆，如图 6-9d 所示。

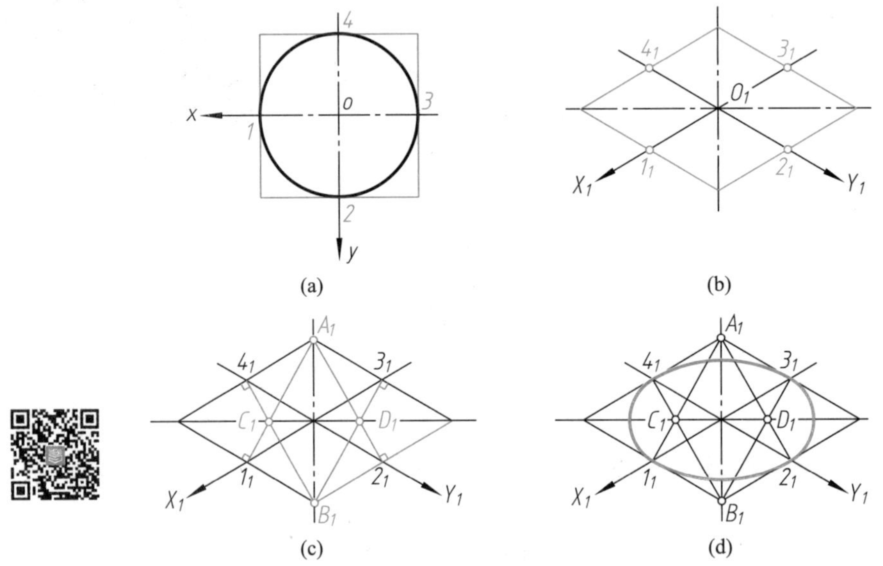

图 6-9 用四心法近似画椭圆

平行于各坐标平面直径相同的圆，其轴测投影是大小相等、形状相同的椭圆，只是它们的长、短轴方向不同，如图 6-10 所示。

注意：用四心法作三个方向的椭圆，菱形的四边各平行于相应的轴测轴，从而确定了椭圆的长、短轴方向，如图 6-10 所示。例如：平行于 XOY 面（即在水平面上）的圆：菱形的两边平行于 X_1 轴、另两边平行于 Y_1 轴；椭圆的长轴垂直于 Z_1 轴。

2. 回转体的正等轴测图

常见回转体有圆柱、圆锥和球等，此处主要介绍圆柱的画法。三种不同方向圆柱的正等轴测图如图 6-11 所示，它们的不同之处是椭圆及其外切菱形的方向不同，而作图方法是相同的。

例 6-4 已知被切圆柱的两视图，求作其正等轴测图。

分析：圆柱的顶面与底面均为水平圆，应先画顶面椭圆，再按移心法画底面椭圆。

作图步骤（图 6-12）：

(1) 确定原点和坐标轴；

(2) 先画顶面椭圆，再从圆心向下沿 Z_1 轴平移高度 h，画出底面椭圆的可见部分；

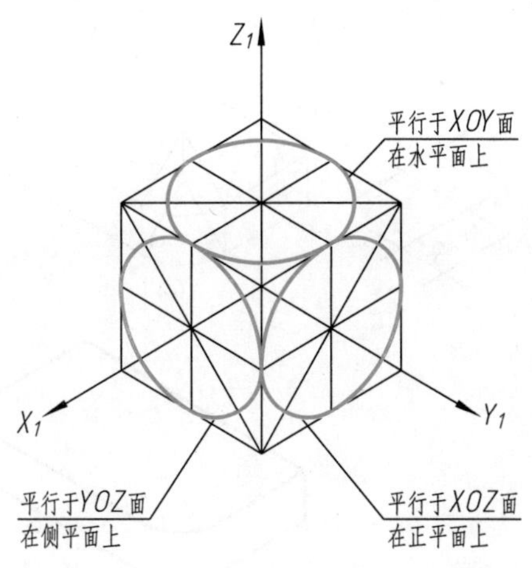

图 6-10 平行于坐标面的圆的正等轴测图

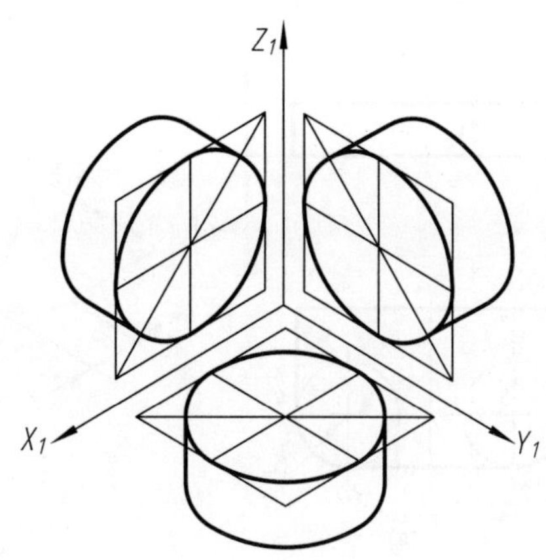

图 6-11 三种不同方向圆柱的正等轴测图

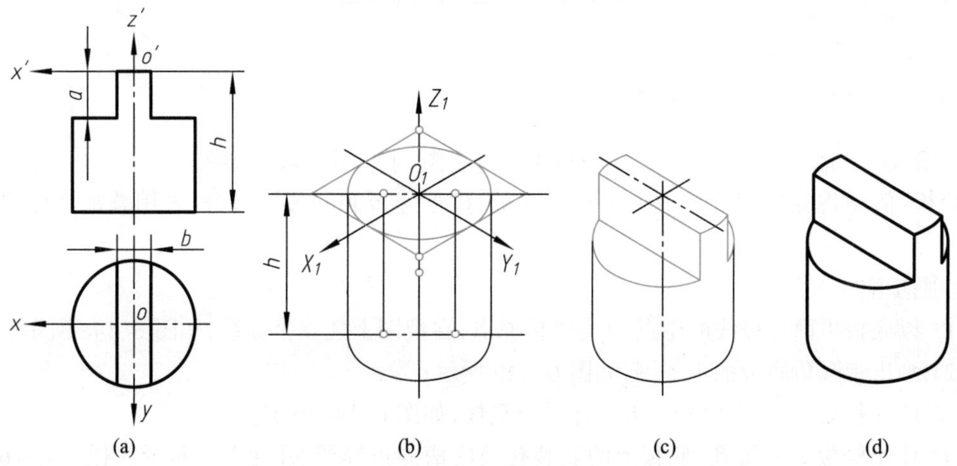

图 6-12 被切圆柱的正等轴测图画法

(3) 画出上、下椭圆公切线，即圆柱轮廓线，得圆柱的正等轴测图；

(4) 依据尺寸 a 和 b，采用切割法画出被切圆柱的轴测投影；

(5) 擦去多余图线并描深，完成被切圆柱的正等轴测图。

3. 圆角的正等测画法

例 6-5 如图 6-13a 所示，已知带圆角底板的两视图，作出其正等轴测图。

分析：各圆角可看成是由整圆分解的结果。

作图步骤(图 6-13b)：

(1) 先画出不带圆角底板顶面的正等轴测投影，即平行四边形。分别量取尺寸 R，交得 1_1、2_1、3_1、4_1 点，再分别过 1_1、2_1、3_1、4_1 点作所在边的垂线，得交点 A_1、D_1。

(2) 分别以点 A_1、D_1 为圆心，过相应垂足画圆弧，得到带圆角底板顶面的正等轴测图。

(3) 将各圆弧的圆心向下平移高度 h，画出底面圆角以及其他可见部分。

(4) 最后擦去多余图线并描深，完成带圆角底板的正等轴测图。

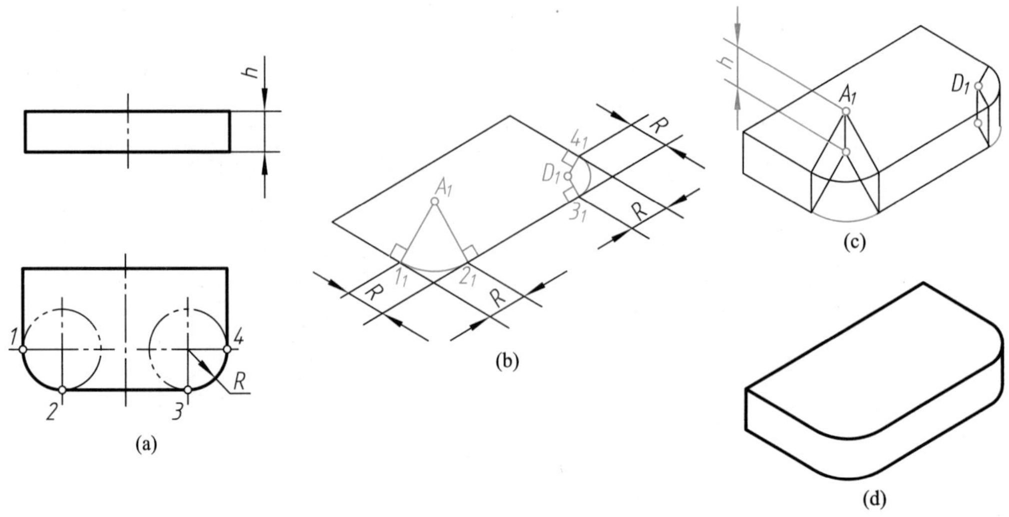

图 6–13 圆角的正等测画法

6.2.4 组合体的正等轴测图

例 6–6 如图 6–14a 所示，已知轴承座的三视图，求作其正等轴测图。

分析： 假想将轴承座分解成带圆角的底板、拱形竖板和肋板三部分，采用叠加法作出其正等测。

作图步骤：

(1) 以底板顶面后棱线的中点 O 为坐标原点，在视图上建立坐标系，如图 6–14a 所示；

(2) 画出带圆角底板的正等测，如图 6–14b 所示；

(3) 依据相对位置，在底板上方叠加拱形竖板，如图 6–14c 所示；

(4) 作出竖板上的轴孔、底板上的安装孔及底槽的正等测，并加上三角形肋板，如图 6–14d 所示；

(5) 擦去多余图线并描深，完成轴承座的正等测，如图 6–14e 所示。

注意： 当椭圆短轴大于板厚时，要画出孔内可见部分，如图 6–14e 所示的竖板。

6.2.5 AutoCAD 绘制正等轴测图

1. 设置正等轴测图的绘图环境

AutoCAD 提供了一些工具绘制轴测图，常用的三个工具有等轴测绘图模式设置、轴测平面的切换和轴测椭圆的绘制。

(1) 等轴测绘图模式设置

画轴测图时，首先要将“栅格捕捉”由默认的“矩形捕捉”模式设置为“等轴测捕捉”模式。“等轴测捕捉”模式的设置方式有两种：

◇通过 DSETTINGS 命令或者右击状态栏上的“栅格”按钮，选择“栅格设置”后打开“草图设置”对话框，在“捕捉和栅格”选项卡的“捕捉类型”选项组，“栅格捕捉”选择“等轴测捕捉”模式，如图 6–15 所示。

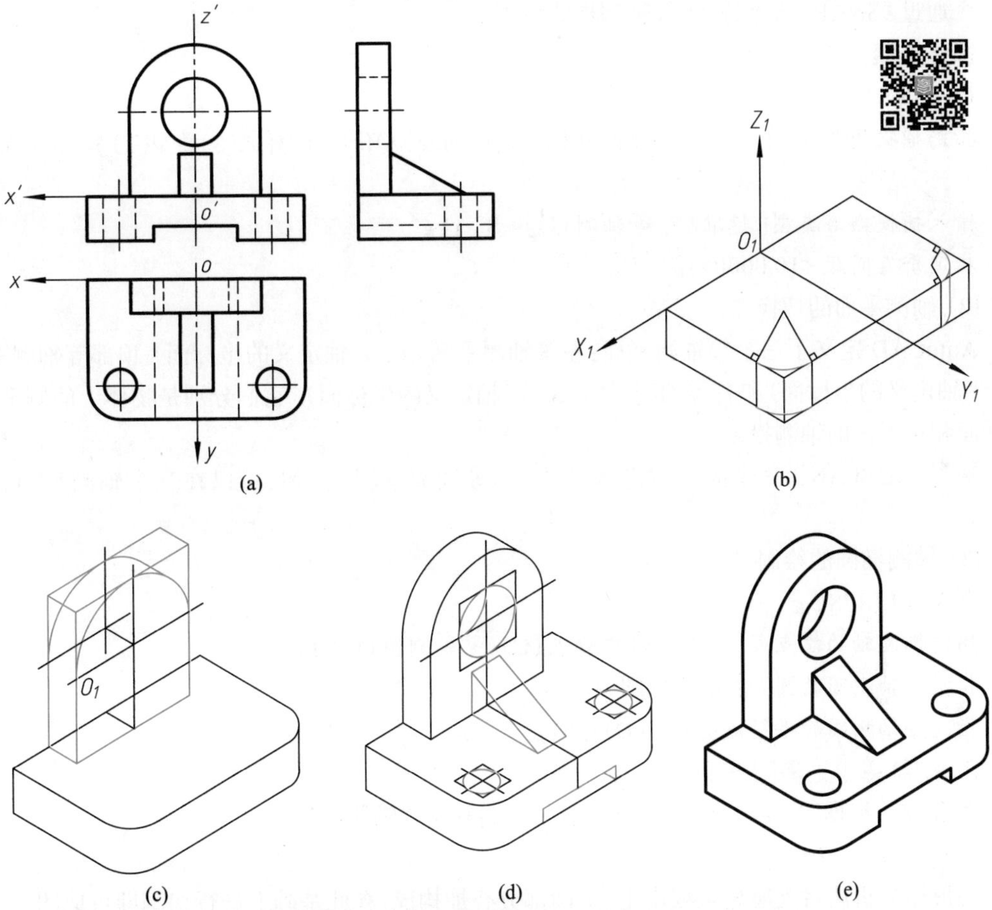

(a) (b)

(c) (d) (e)

图 6–14 轴承座的正等轴测图画法

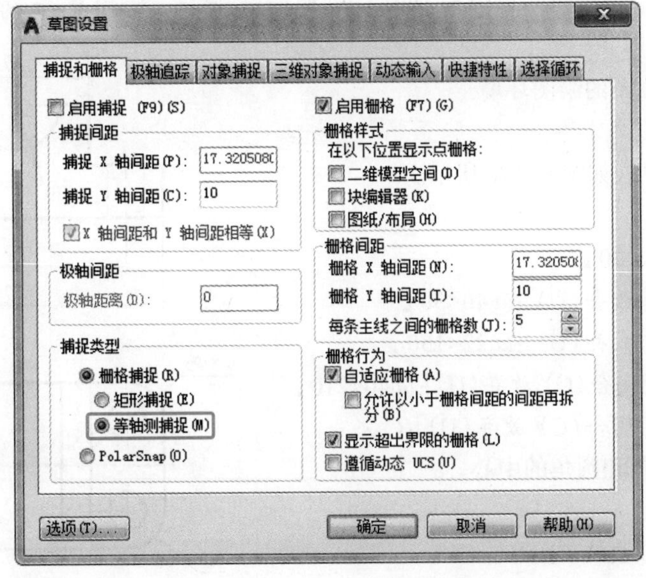

图 6–15 “草图设置”对话框等轴测捕捉设置

◇通过“SNAP”命令，进入等轴测模式设置。

操作步骤：

命令：SNAP↙

指定捕捉间距或［打开(ON)关闭(OFF)纵横向间距(A)传统(L)样式(S)类型(T)］< 10.0000 >：S↙

输入捕捉栅格类型［标准(S)等轴测(I)］< S >：I↙

指定垂直间距 <10.0000>：↙

(2) 轴测平面的切换

AutoCAD 定义了三个等轴测平面：左等轴测平面（*Y*、*Z* 轴定义的坐标面）、顶部等轴测平面（*X*、*Y* 轴定义的坐标面）和右等轴测平面（*X*、*Z* 轴定义的坐标面），它们分别是物体上的侧平面、水平面和正平面的轴测投影。

通过 ISOPLANE 命令或者右击状态栏上“等轴测草图”按钮，可以在三个轴测平面之间切换。

(3) 轴测椭圆的绘制

命令：ELLIPSE↙

指定椭圆轴的端点或［圆弧(A)中心点(C)/ 等轴测圆(I)］：I↙

指定等轴测圆的圆心：(拾取椭圆中心点)

指定等轴测圆的半径或［直径(D)］：10↙

2. 绘制正等轴测图实例

例 6-7 根据图 6-16 所示的支座图形，绘制其正等轴测图。

分析：

用形体分析法将支座想象成由上、下两部分叠加构成，在此基础上进行切割即可成图。

操作步骤：

(1) 设定绘图区域

用 LIMITS 命令设置绘图界限为 100 × 100 幅面后，通过“ZOOM”命令的“ALL”选项显示整幅图形。

(2) 设置等轴测图的绘图环境

(3) 绘制底板

◇绘制底板外形，如图 6-17a 所示。

命令：LINE↙

指定第一点：20，20↙

指定下一点或［放弃(U)］：@40<30↙

指定下一点或［放弃(U)］：@22<150↙

指定下一点或［闭合(C)/ 放弃(U)］：@40<210↙

指定下一点或［闭合(C)/ 放弃(U)］：C↙

◇确定底板上圆和圆角的中心。

命令：COPY↙

选择对象：(选取直线 *L*)

选择对象：↙

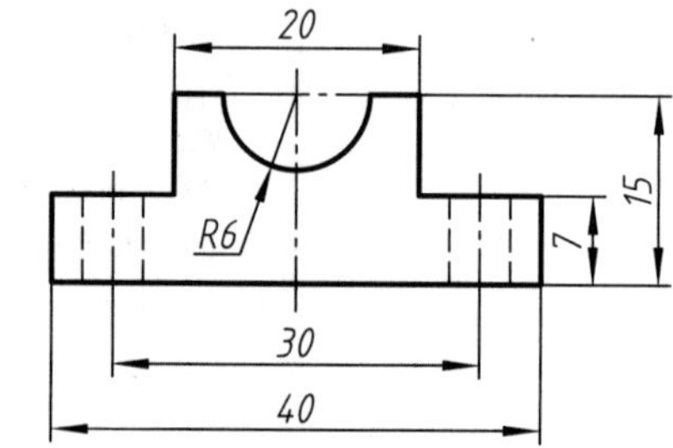

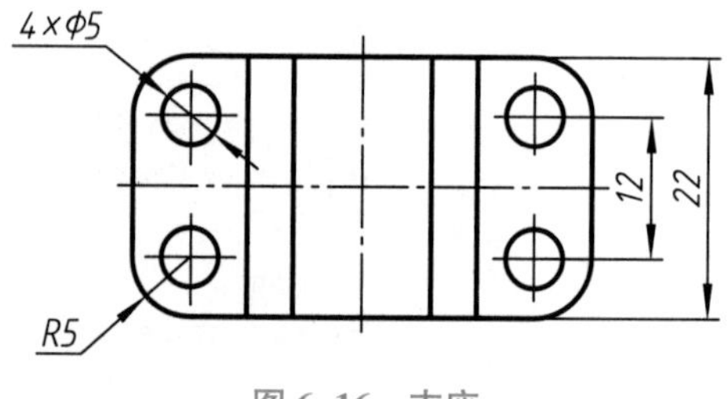

图 6-16 支座

指定基点或[位移(D)]<位移>:↙

指定第二个点或<使用第一个点作为位移>:@5<330↙　//得到直线 *M*

用此方法作另外三条直线,即可确定圆孔和圆角的圆心,如图 6–17a 所示。

◇绘制底板上圆孔和圆角的椭圆

利用状态栏上的按钮(快捷键 F5 或者 Ctrl+E 键)将轴测平面切换为顶部等轴测平面。

命令:ELLIPSE↙

指定椭圆轴的端点或[圆弧(A)中心点(C)等轴测圆(I)]:I↙

指定等轴测圆的圆心:(捕捉圆心)

指定等轴测圆的半径或[直径(D)]:2.5↙

用同样的方法可绘制出包含圆角 *R*5 的圆的椭圆,如图 6–17a 所示。

◇先用 TRIM 命令进行修剪,再用 COPY 命令将底板的顶面复制到底面,然后用 LINE 命令绘制铅垂轮廓线,最后用 TRIM 命令进行修剪,即完成底板,如图 6–17b 所示。

(4) 绘制支座上部结构

将轴测平面切换为右等轴测平面,绘制方法和步骤与绘制底板类似,如图 6–17c 所示。

(5) 整理完成全图

整理完成全图,如图 6–17d 所示。

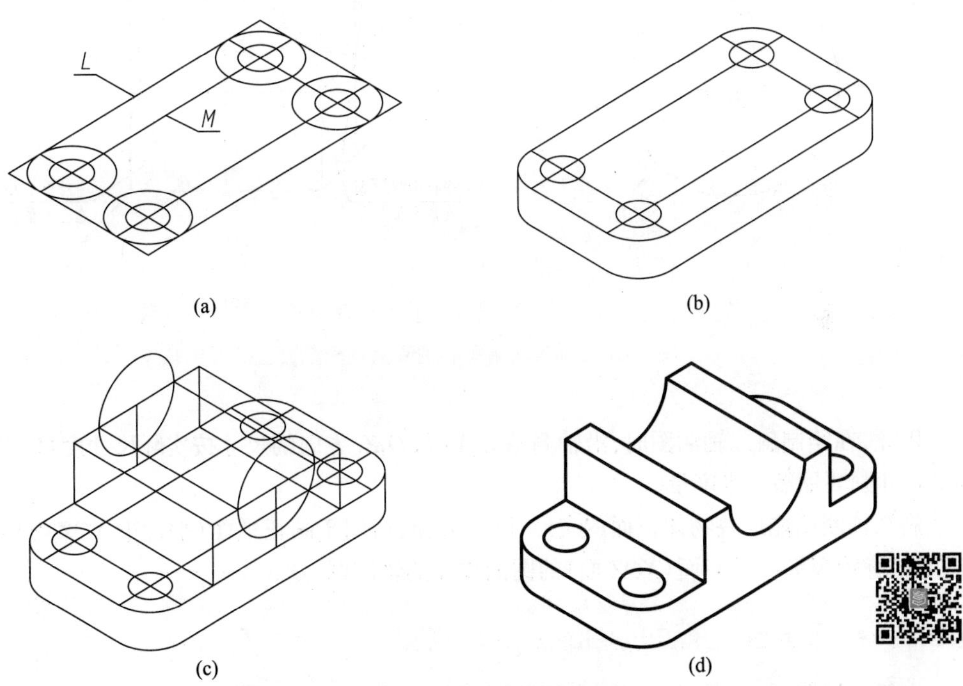

图 6–17　支座的正等轴测图画法

6.3 斜二轴测图

6.3.1 斜二轴测图的形成、轴间角和轴向伸缩系数

常用的斜二轴测图是轴向伸缩系数 $p=r\neq q$ 的轴测图，如图 6-18 所示。

在斜二轴测图中，由于坐标面 XOZ 平行于轴测投影面 P，所以在坐标面 XOZ 上的图形或平行于该面的图形，其轴测投影反映实形。

(1) 斜二轴测图的轴间角 $\angle X_1O_1Z_1=90°$，$\angle X_1O_1Y_1=\angle Y_1O_1Z_1=135°$；

(2) 三个轴的轴向伸缩系数分别 $p=1$，$q=0.5$，$r=1$。

斜二轴测图的轴间角和轴向伸缩系数如图 6-18a 所示。

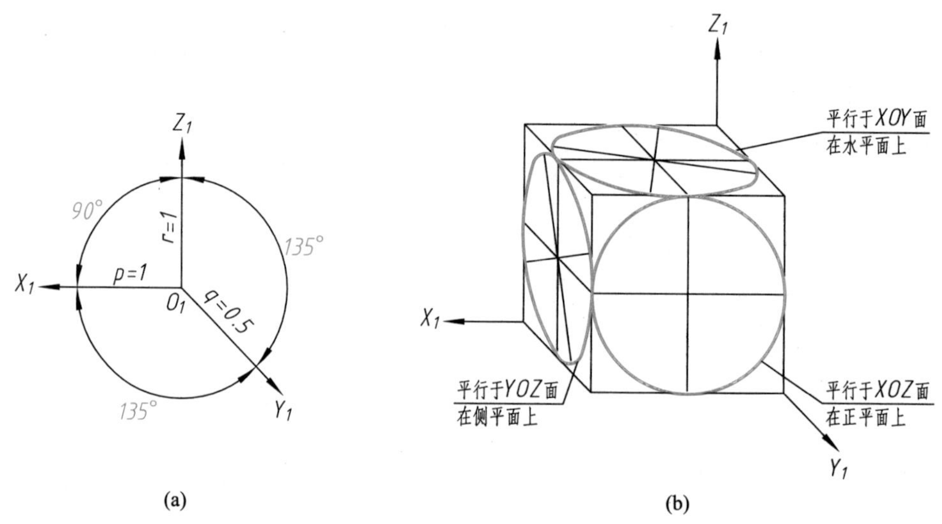

图 6-18 斜二轴测图的轴间角及坐标面上的圆

因此，在绘制斜二轴测图时，沿轴测轴 O_1X_1 和 O_1Z_1 方向的尺寸按实际尺寸度量，沿 O_1Y_1 方向的尺寸则要缩短一半度量。

斜二轴测图能反映物体正面的实形、画图方便，适用于画正平面（平行于 XOZ 面）形状比较复杂，如有较多平行于 V 面（XOZ 面）的圆的物体的轴测图。

6.3.2 平行于各坐标面的圆的斜二轴测图

在斜二轴测图中，平行于 XOZ 面的圆的投影仍为直径不变的圆，平行于另两个坐标面的圆的投影均为椭圆。

平行于 XOY 面的圆的投影椭圆的长轴为 X_1 轴顺时针偏转 7°；平行于 YOZ 面的圆的投影椭圆的长轴为 Z_1 轴逆时针偏转 7°。

斜二轴测图中椭圆可按近似法画出，如图 6-19 所示。作图步骤如下：

(1) 建立坐标系，如图 6-19a 所示。

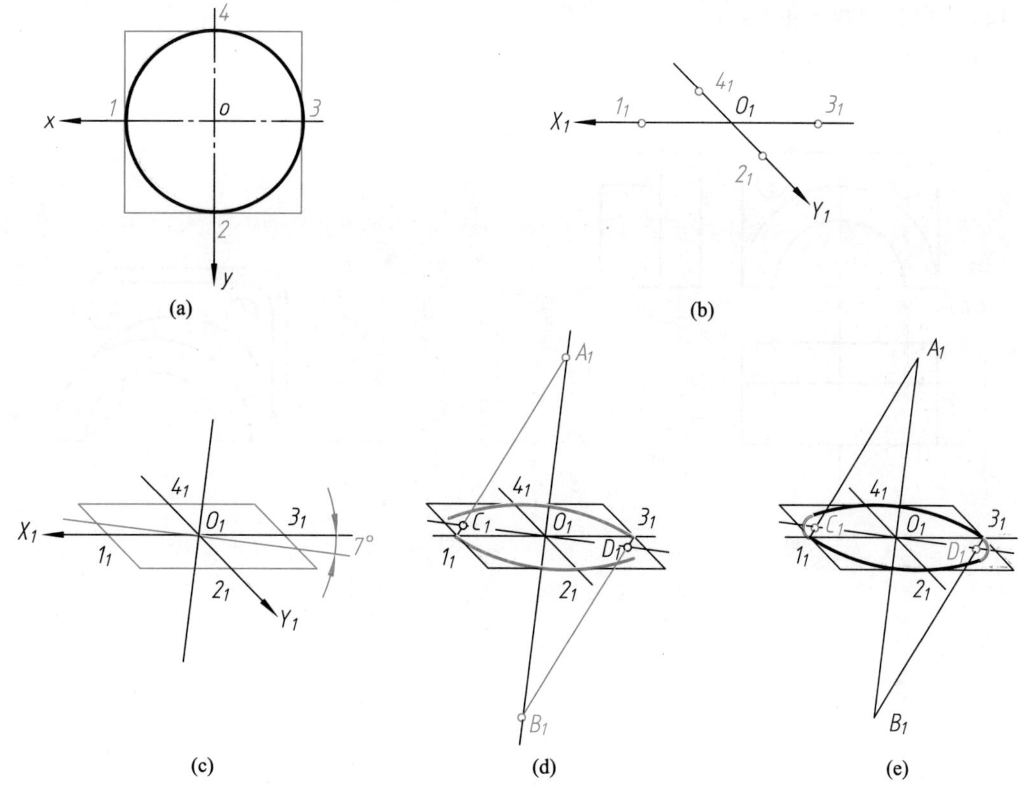

图 6-19 斜二轴测图中椭圆的近似画法

(2) 画出轴测轴 O_1X_1 和 O_1Y_1；量取 $1_13_1=d$、$2_14_1=0.5d$，得圆外切四边形及其切点的轴测投影 1_1、2_1、3_1、4_1，其中 d 为圆的直径，如图 6-19b 所示。

(3) 过点 O_1 作与 O_1X_1 轴约成 7° 的斜线即为长轴所在的斜线；过点 O_1 作长轴的垂线即为短轴的位置，如图 6-19c 所示。

(4) 在短轴上量取 $O_1A_1=O_1B_1=d$，分别以点 A_1、B_1 为圆心，以 2_1A_1 或 4_1B_1 为半径作两个大圆弧；连接 1_1A_1 和 3_1B_1，与长轴相交于 C_1、D_1 两点，如图 6-19d 所示。

(5) 以点 C_1、D_1 为圆心，1_1C_1 或 3_1D_1 为半径作两个小圆弧与大圆弧相连，即完成作图，如图 6-19e 所示。

6.3.3 斜二轴测图的画法

斜二测与正等测的作图方法基本相同，所不同的是采用的轴间角和轴向伸缩系数不同。画斜二测时，常将物体上显示特征的那个面平行于 *XOZ* 面，使这个面的投影反映实形。

例 6-8 如图 6-20a 所示，已知组合体的三视图，画其斜二测。

分析：假想将组合体分解为空心半圆柱和竖板两部分，采用叠加法作出其斜二测。

作图步骤(图 6-20)：

(1) 建立坐标系；

(2) 画出轴测轴及其空心半圆柱；

(3) 画竖板长方体；

(4) 画竖板的圆角和小孔;

(5) 整理、加深,完成作图。

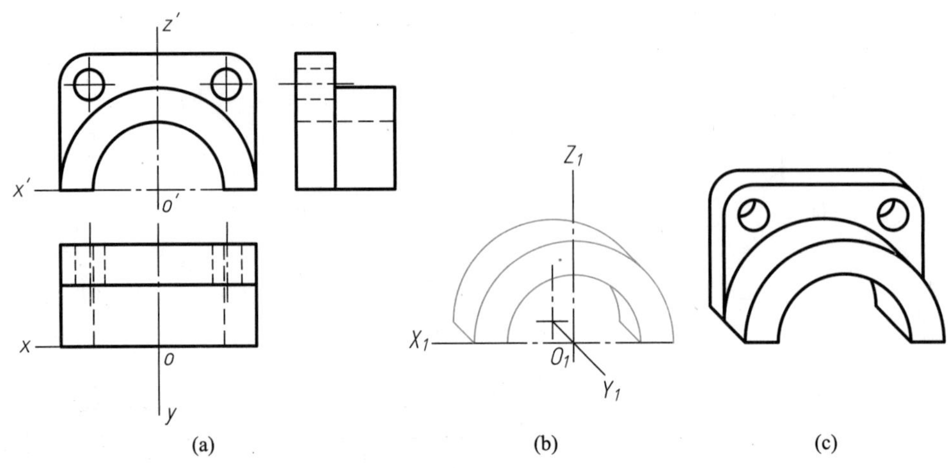

图 6-20 组合体的斜二轴测图画法

第 7 章

图样的基本表示法 

在工程实际中，物体的结构形状是多种多样的，如果仅用前面学习的三视图往往不能完全满足表达要求。为了使图样能够正确、完整、清晰地表达物体的内、外结构形状，国家标准《技术制图》（GB/T 17451—1998、GB/T 17452—1998、GB/T 17453—2005、GB/T 16675.1—2012、GB/T 16675.2—2012）和《机械制图》（GB/T 4457.5—2013、GB/T 4458.1—2002、GB/T 4458.6—2002）规定了一系列的图样画法。

技术图样应采用正投影法绘制，并优先采用第一角画法；在绘制图样时，应首先考虑看图方便，在完整、清晰地表示物体形状的前提下，力求制图简便。

本章将介绍视图、剖视图、断面图、局部放大图、简化画法及其他规定画法等一些基本表示法。

7.1 视图

根据有关国家标准和规定，用正投影法绘制出的物体的图形称为视图。视图主要用来表达物体的外部结构形状，一般只画物体的可见部分，必要时才用细虚线画出其不可见部分。

视图分为基本视图、向视图、局部视图和斜视图。

7.1.1 基本视图

物体向基本投影面投射所得的视图称为基本视图。

为了清楚地表达物体上、下、左、右、前、后六个基本方向的结构形状，可以按照国家标准的有关规定，在原有三个投影面的基础上再增设三个投影面，组成一个正六面体。正六面体的六个面称为基本投影面。将物体放在正六面体中，分别向六个基本投影面投射，即得到六个基本视图。除前面介绍的主视图、俯视图、左视图外，还有从右向左投射得到的右视图、从下向上投射得到的仰视图和从后向前投射得到的后视图。六个基本投影面在展开时，仍保持正立投影面不动，其余各投影面按图 7–1 所示展开到正立投影面所在的平面上。

展开后六个基本视图的位置如图 7–2 所示。在同一张图纸内，按图 7–2 配置视图时，一律不标注视图的名称，圆括号内的内容仅供理解用。

六个基本视图之间仍保持“长对正、高平齐、宽相等”的投影规律：主、俯、仰、后视图等长；主、左、右、后视图等高；左、右、俯、仰视图等宽。在空间方位上要注意：左、右、俯、仰视图靠近主视图的一侧代表物体的后方，远离主视图的一侧代表物体的前方；后视图的左、右和实际物体的左、右正好相反。

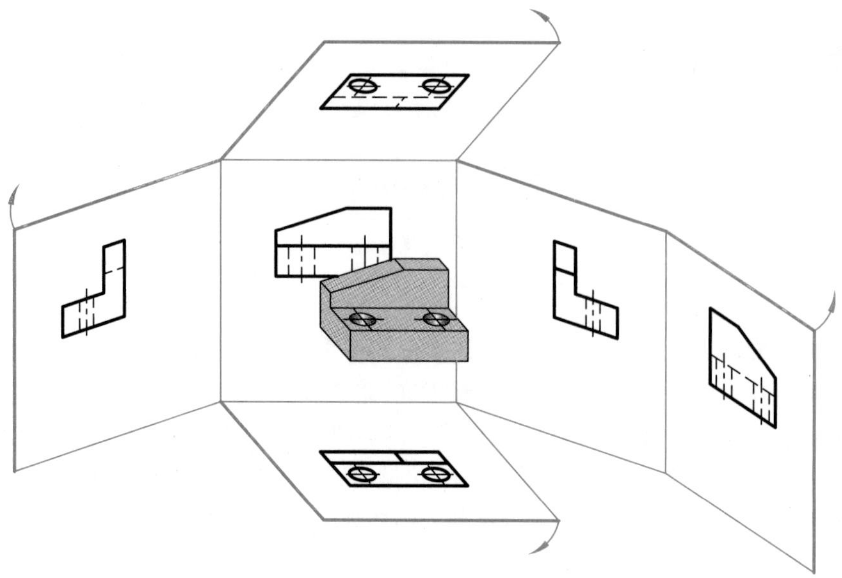

图 7-1 基本视图的形成及投影面的展开

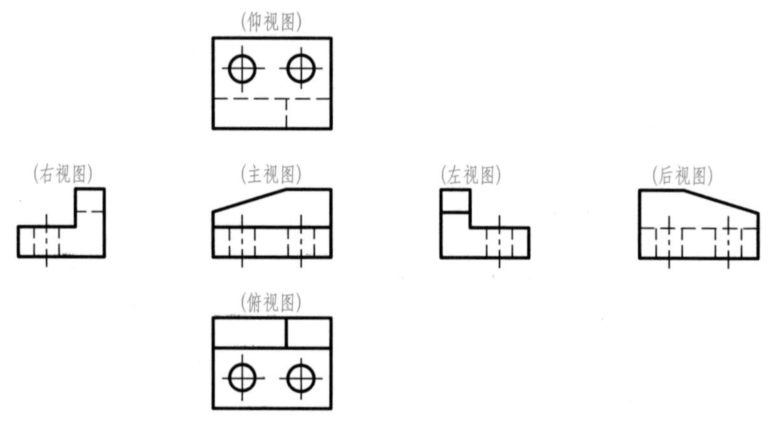

图 7-2 六个基本视图的配置

在实际绘图时，应根据物体结构形状的特点和复杂程度，选用必要的基本视图。一般优先选用主、俯、左三个基本视图，然后再考虑其他视图，在完整、清晰地表达物体结构形状的前提下，应使视图的数量为最少，力求绘图简便。

7.1.2 向视图

向视图是可以自由配置的视图。

在实际绘图过程中，因专业需要或图形布局等因素的影响，有时不能按照图 7-2 的形式配置视图，此时可按向视图配置视图。向视图可以看成是移位配置的基本视图。

配置向视图时，应在向视图的上方标注大写拉丁字母“×”，称为 × 向视图，并在相应视图的附近用箭头指明投射方向，并标注相同的字母，如图 7-3 所示。

向视图投射方向的标注规律是：表示投射方向的箭头应尽可能配置在主视图上；在绘制以

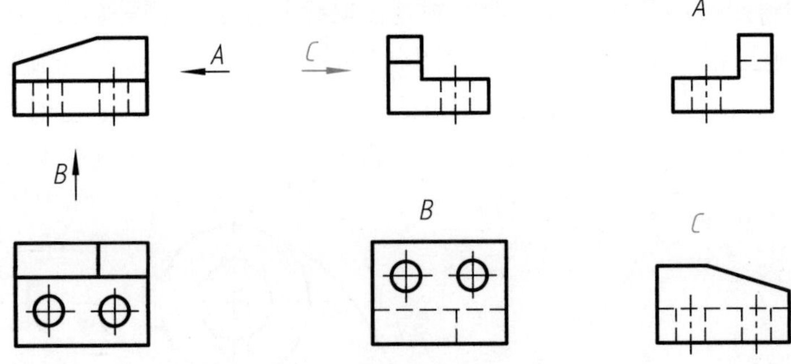

图 7-3　向视图及其标注

向视图配置的后视图时，应将表示投射方向的箭头配置在左视图或右视图上，以便所获视图与基本视图一致，如图 7-3 中的 *C* 向视图。

7.1.3　斜视图

物体向不平行于基本投影面的平面投射所得的视图称为斜视图。

斜视图通常只用于表达物体倾斜部分的实形和标注真实尺寸。为此，可选择一个与物体倾斜部分的主要平面平行，且垂直于某基本投影面的平面为辅助投影面，将该倾斜部分向辅助投影面投射而得到其实形，如图 7-4 所示的压紧杆。

斜视图主要用来表达物体上倾斜部分的实形，而不需要表达的部分可省略不画，用波浪线或双折线断开，如图 7-5 中的斜视图 *A*。

斜视图通常按向视图的方式进行配置和标注，即在斜视图的上方用大写拉丁字母"×"标注斜视图名称；在相应的视图附近用箭头指明投射方向（表示投射方向的箭头须垂直于被表达的倾斜部分）；并在箭头的附近标注与斜视图名称相同的字母，字母要求水平书写，如图 7-5 中的斜视图 *A*。

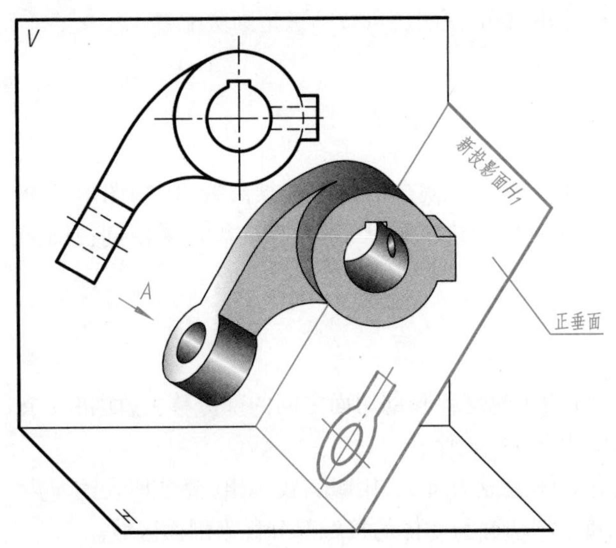

图 7-4　斜视图的形成

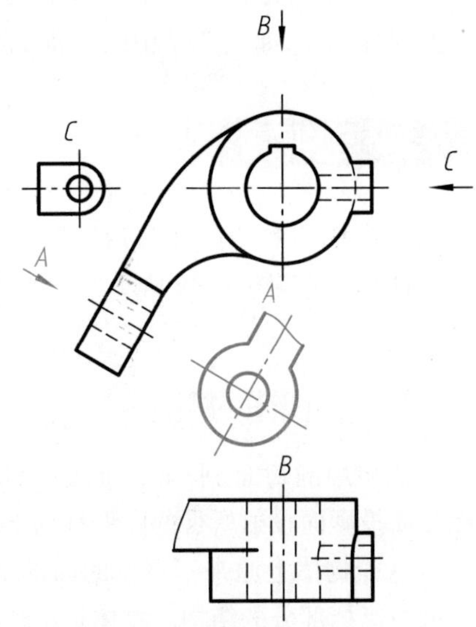

图 7-5　压紧杆斜视图和局部视图

必要时,允许将斜视图旋转配置。此时斜视图必须加注旋转符号(表示斜视图旋转配置时旋转方向的符号画法如图 7-6 所示),表示视图名称的大写拉丁字母应靠近旋转符号的箭头端,如图 7-7 所示,也允许将旋转角度加注在字母之后。需要注意,为了避免出现图形倒置等产生读图困难的现象,允许图形的旋转角度超过 90°,最终旋转至与基本视图一致的位置。

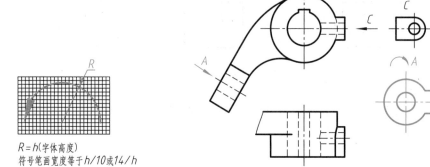

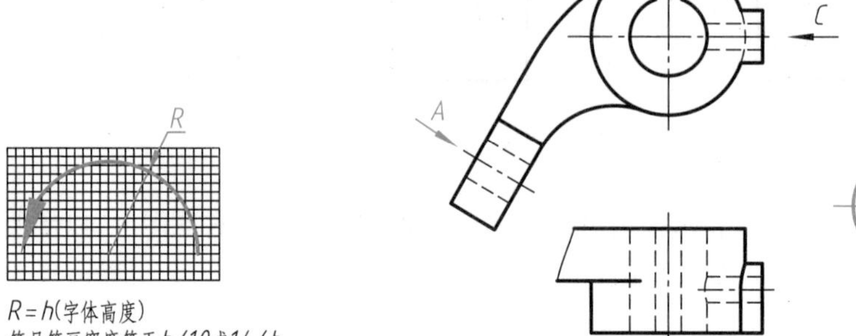

图 7-6　旋转符号的画法　　图 7-7　压紧杆各视图的另一种配置形式

7.1.4　局部视图

将物体的某一部分向基本投影面投射所得到的视图称为局部视图。

当物体的某一部分形状未表达清楚,又没有必要画出整个基本视图时,可以采用局部视图。如图 7-5 所示的压紧杆,当画出其主视图及斜视图 *A* 后,仍有部分结构没有表达清楚,因此需要加画两个局部视图。

局部视图的断裂边界通常用波浪线或双折线绘制,如图 7-5 的 *B* 向局部视图。当所表示的局部视图的外轮廓封闭时,则不必画出其断裂边界线,如图 7-7 的 *C* 向局部视图。

局部视图可按基本视图的配置形式配置,当局部视图按基本视图的规定位置配置,中间又没有其他图形隔开时,则不必标注,如图 7-7 中的俯视图;局部视图也可按向视图的配置形式进行配置并标注,如图 7-7 中的 *C* 向局部视图;另外,局部视图还可按第三角画法配置。

7.2　剖视图

当用视图表达内部结构比较复杂的物体时,视图中就会出现很多细虚线,影响图形清晰及标注尺寸,如图 7-8a 所示。为了清楚地表达物体的内部形状,国家标准规定采用剖视图的画法。

7.2.1　剖视图的概念

假想用剖切面(平面或曲面)剖开物体,将处在观察者和剖切面之间的部分移去,而将其余部分向投影面投射所得的图形称为剖视图,如图 7-8b、c 所示。

这样物体上原来不可见的内部结构在剖视图上成为可见,用粗实线画出,清楚地表达了内部或被遮挡部分的结构。物体被剖切面剖切时,剖切面与物体的接触部分称为剖面区域。

剖视图主要用来表达物体的内部形状。

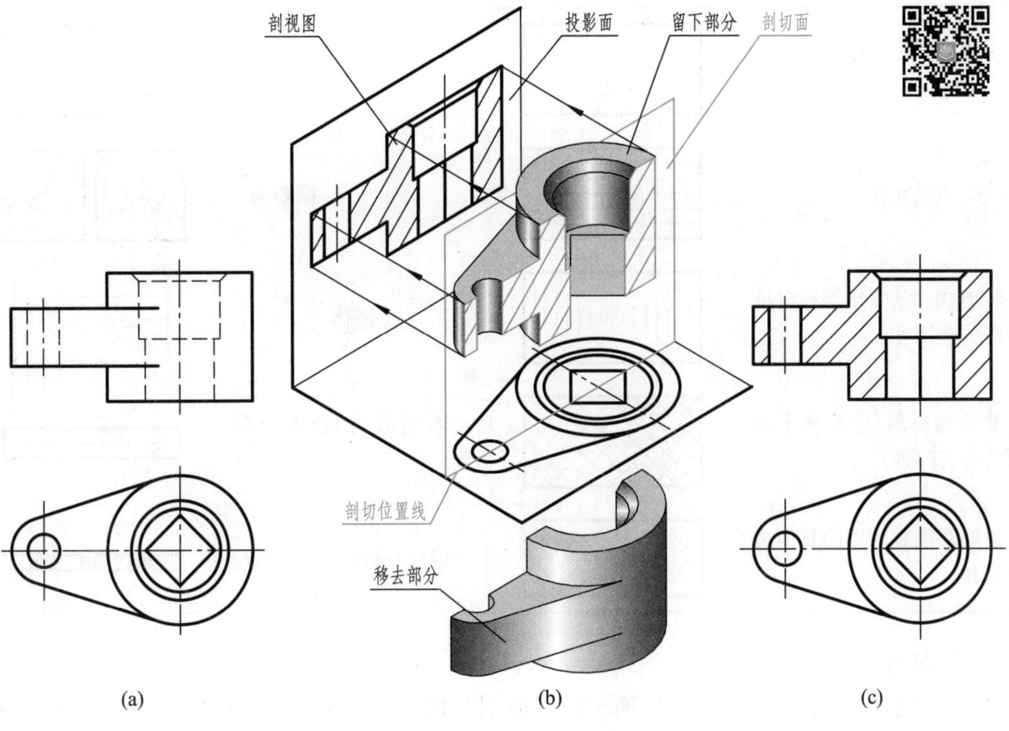

图 7–8 剖视图的基本概念

7.2.2 剖视图的画法

用粗实线画出剖面区域的轮廓以及剖切面后面的可见轮廓线。为了使剖视图能够清晰地反映物体上需要表达的结构,剖切面后面的不可见轮廓线一般省略不画,只有对尚未表达清楚的结构形状才用细虚线画出。

为了明确剖面区域的范围,通常应在剖面区域中画剖面符号。金属材料的剖面符号通常称为剖面线,剖面线应画成间隔相等、方向相同且角度适当的互相平行的细实线。一般应画成与剖面区域的主要轮廓或对称线成 45°的平行线。必要时,剖面线也可画成与主要轮廓成适当角度,如图 7–9 所示。

不同类别的材料一般采用不同的剖面符号。表 7–1 中给出了几种常见材料的剖面符号。

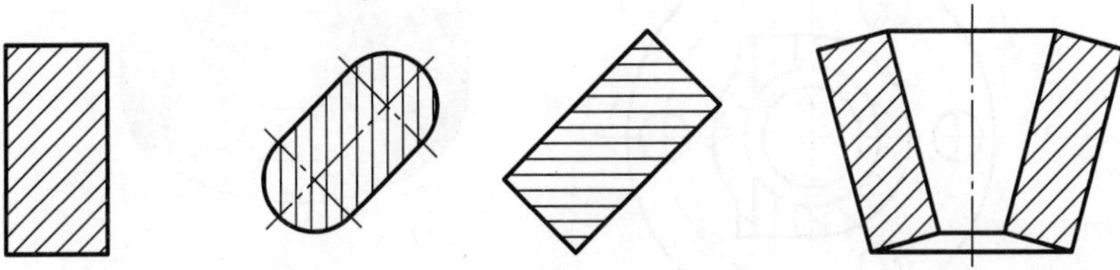

图 7–9 剖面区域轮廓呈不同方位时的剖面线方向

表 7-1 常见材料的剖面符号

材料	剖面符号	材料		剖面符号
金属材料(已有规定剖面符号者除外)		木材	纵断面	
线圈绕组元件			横断面	
转子、电枢、变压器和电抗器等的叠钢片		液体		
非金属材料(已有规定剖面符号者除外)		木质胶合板(不分层数)		
玻璃及供观察用的其他透明材料		格网(筛网、过滤网等)		

画剖视图时应注意:

(1) 依据物体的内部结构形状,确定剖切面剖开物体的位置。通常用投影面平行面通过物体内部结构的对称平面或孔的轴线将物体剖开。

(2) 画剖视图是假想将物体剖开,而实际上物体是完整的。因此除剖视图外,其他视图仍应按完整的物体画出,如图 7-8c 所示的俯视图。当在同一物体上几次剖切时,每一次剖切都应按完整物体来考虑,与其他剖切无关。

(3) 剖视图中看不见的结构形状,在其他视图已表示清楚的条件下,其细虚线一般不画。只有在不影响剖视图清晰,又可减少视图数量时,才可适当用细虚线画出,如图 7-10 所示。

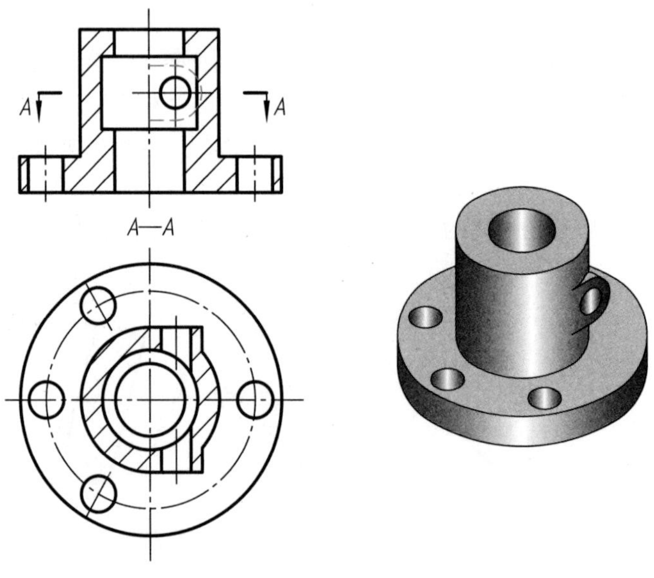

图 7-10 剖视图中的细虚线问题

(4) 注意画全剖切面后面可见轮廓的投影。如图 7-11 所示的主视图中的加蓝色的两条粗实线,往往容易遗漏。

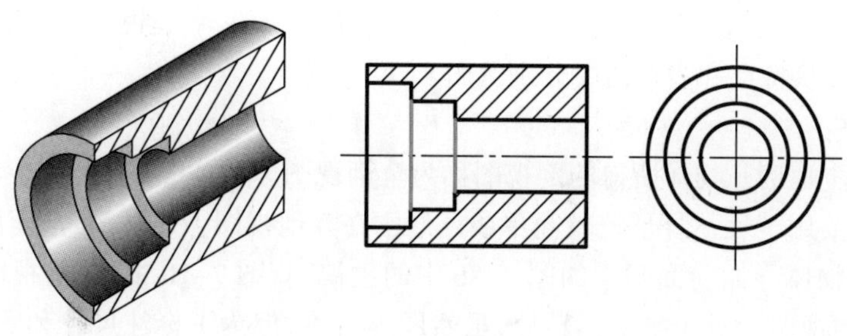

图 7-11 剖视图中容易遗漏的线

7.2.3 剖视图的标注

为了看图方便,一般应在剖视图的上方用大写拉丁字母标注剖视图的名称"×—×",并在相应的视图上用剖切线或剖切符号表示剖切位置和投射方向,并标注相同的字母,如图 7-10 所示。

剖切线用来指示剖切面位置,用细点画线画在剖切符号之间,通常省略不画。

剖切符号是指明剖切面起、讫和转折位置(用粗短画表示)及投射方向(用箭头表示)的符号。即在剖切面起、讫和转折处画上粗短线,线长为 5~10 mm、线宽为(1~1.5)d,并尽可能不与图形的轮廓线相交,在两端粗短线的外侧用箭头表示投射方向,箭头与粗短线末端垂直,如图 7-10 所示。

剖视图在下列情况下可省略或简化标注:

(1) 当剖视图按投影关系配置,中间没有其他图形隔开时,可省略剖切符号中的箭头,如图 7-12 中的 *A—A* 剖视图。

(2) 当单一剖切平面通过物体的对称平面或基本对称平面,且剖视图按投影关系配置,中间又没有其他图形隔开时,则不必标注,如图 7-12 中的主视图。

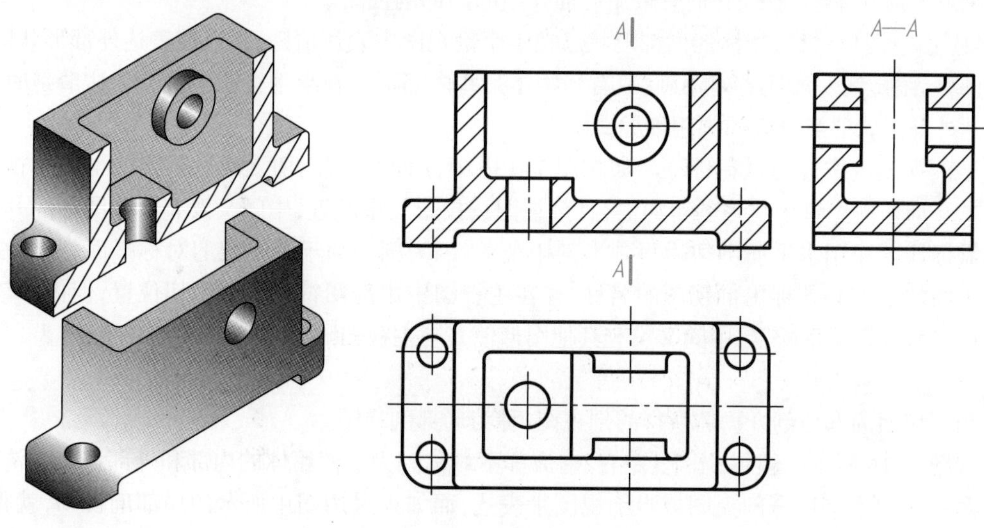

图 7-12 剖视图的简化标注

7.2.4 剖视图的分类

根据物体被剖切面剖开范围的不同,剖视图分为全剖视图、半剖视图和局部剖视图三种,应用时可根据物体形状特点和表达需要分别选用。

1. 全剖视图

用剖切面完全地剖开物体所得的剖视图称为全剖视图。

全剖视图主要用于表达外形比较简单或外形已在其他视图上表达清楚,而内部形状相对复杂且又不对称的物体。如前面列举的图 7–8c 中的主视图,图 7–10 中主、俯视图,图 7–12 中的主视图,均为全剖视图。对于空心回转体,虽然图形对称,但为了标注尺寸和图形表达清晰,也多采用全剖视图,如图 7–11 所示。

全剖视图除符合剖视图标注的省略条件外,均应按规定进行标注。

2. 半剖视图

当物体具有对称平面时,向垂直于对称平面的投影面上投射所得的图形,可以以对称中心线为界,一半画成剖视图,另一半画成视图,这种剖视图称为半剖视图。

如图 7–13a 所示的物体,其内、外形状都比较复杂,但前后和左右都对称。如果主视图采用全剖视图,则顶板下的凸台就不能表达出来,如果俯视图采用全剖视图,则长方形顶板及其四个小孔的形状和位置也不能表达出来。故可用图 7–13b 所示的剖切方法,将主视图和俯视图都画成半剖视图,结果如图 7–13c 所示。

当物体的形状接近于对称,且不对称部分已另有图形表达清楚时,也可以采用半剖视图,如图 7–14 所示。该物体大圆柱的左、右两侧是起加强连接作用的肋,国家标准规定:对于物体的肋、轮辐及薄壁等,如按纵向剖切,这些结构通常按不剖绘制,即不画剖面符号,而用粗实线将它与邻接部分分开。

画半剖视图时必须注意:

(1) 半个外形视图和半个剖视图的分界线应以对称中心线为界画成细点画线,不能画成粗实线。如果图中轮廓线与图形对称中心线重合,则应避免使用半剖视图,如图 7–15 所示物体的主视图就不应采用半剖视图,而宜采用后面介绍的局部剖视图。

(2) 由于图形对称,物体的内部形状已在半个剖视图中表达清楚,所以在表达外部形状的半个视图中,细虚线一般应省略不画,只有当物体某些内部形状在半剖视图中没有表达清楚时,才在表达外部形状的半个视图中用细虚线画出。

半剖视图应按规定进行标注。如在图 7–13c 中,用正平面剖切支架后得到的半剖主视图,因为单一剖切面经过了物体的对称面,且剖视图按投影关系配置,中间又没有其他图形隔开,所以不需标注。而用水平面剖切后得到半剖俯视图,因为剖切面不是支架的对称平面,所以在这个剖视图的上方必须标出剖视图的名称,并在主视图中用剖切符号表明剖切位置;但由于该图形的位置按投影关系配置,中间又没有其他图形使其与主视图隔开,所以可省略箭头。

3. 局部剖视图

用剖切面局部地剖开物体所得的剖视图,称为局部剖视图。

如图 7–16 所示的箱体,上下、左右、前后都不对称。为了使箱体的内部和外部都表达清楚,它的两视图都不宜用全剖视图或半剖视图来表达,而如果采用图中所示的局部剖视图,就很清楚地表达了该物体的内、外形状。

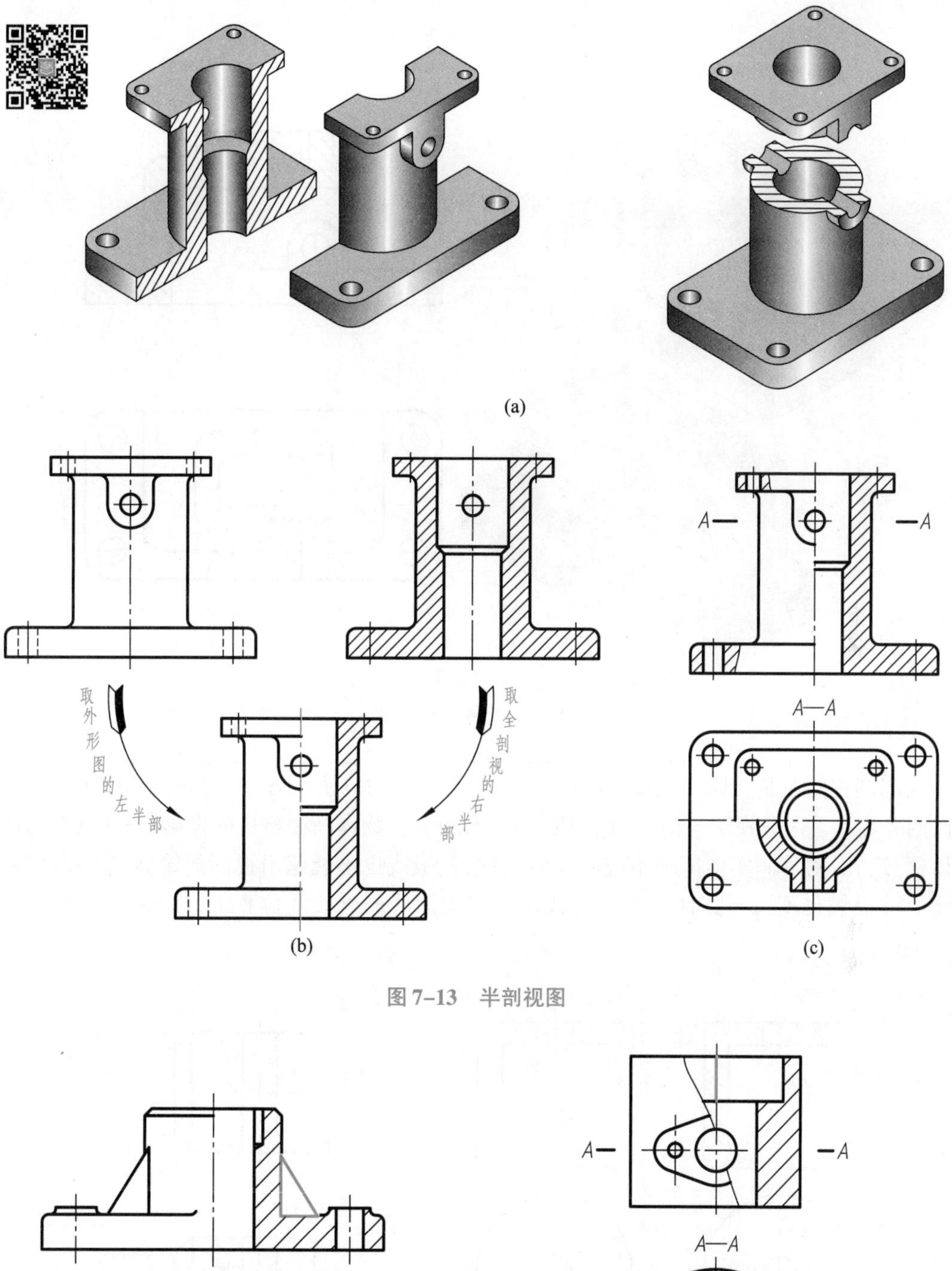

(a)

取外形图的左半部

取全剖视的右半部

(b)

A—A

(c)

图 7-13 半剖视图

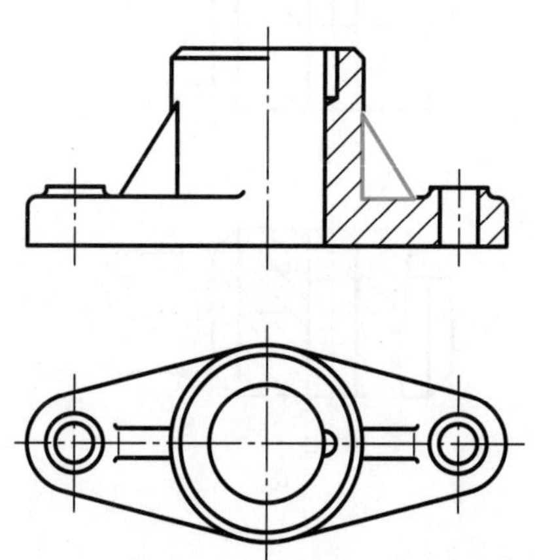

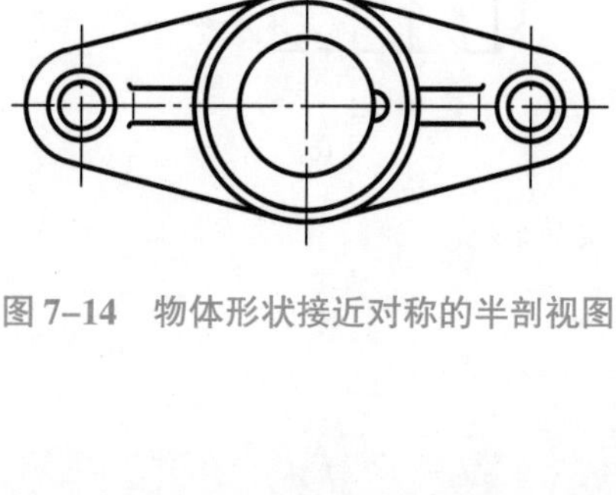

图 7-14 物体形状接近对称的半剖视图

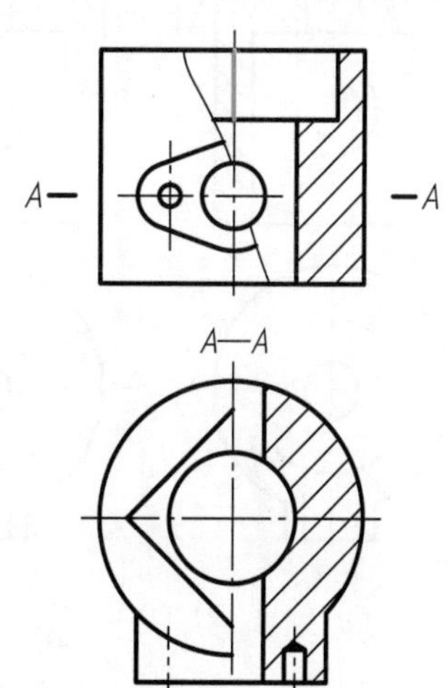

图 7-15 轮廓线与中心线重合时用局部视图

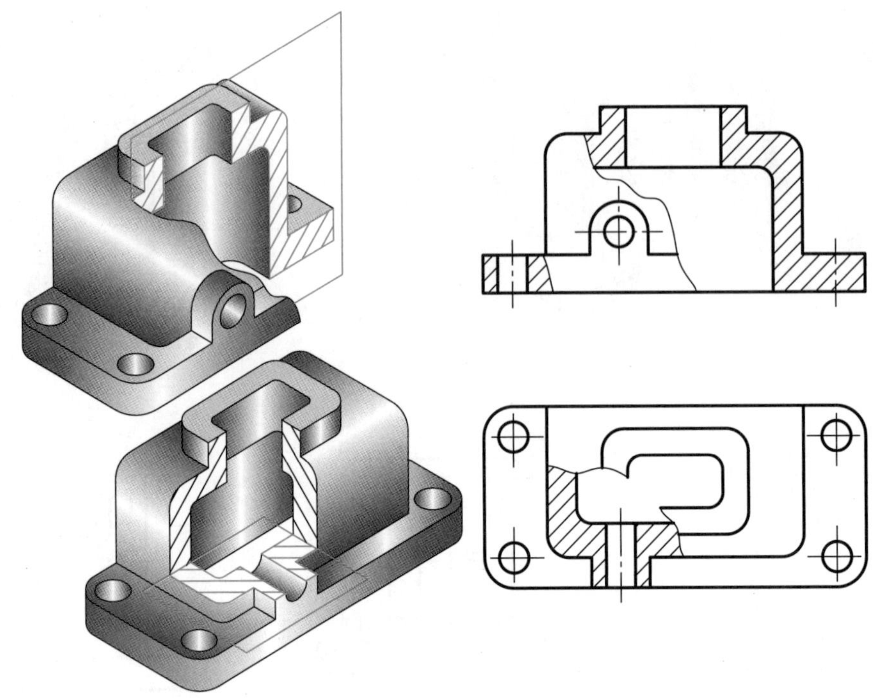

图 7-16　局部剖视图

局部剖视图也是在同一视图上同时表达内、外形状的方法，不过要用波浪线作为剖视图与视图的分界线。区分视图与剖视图范围的波浪线可看作物体断裂痕迹的投影，只能画在物体的实体部分，孔、槽等非实体部分不应画有波浪线，波浪线也不能超出视图的轮廓线，如图 7-17a 所示。波浪线也不应与其他图线重合或画在其他图线的延长线位置上，以免引起误解，如图 7-17b 所示。

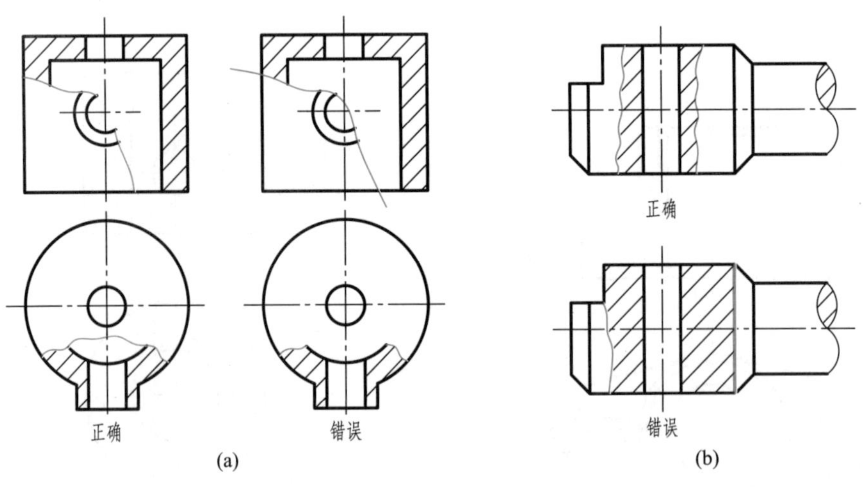

图 7-17　波浪线画法正误对比

局部剖视图是一种较为灵活的表达方法，剖切位置与范围应根据实际需要来决定。当物体的局部内形需要表达，而又不必或不宜采用全剖视图时，则可采用局部剖视图；当对称物体的轮廓线与对称中心线重合，不宜采用半剖视图时，则可采用局部剖视图。但应注意，在一个视图中局部剖视的数量不宜过多，以免使图形过于零乱，给读图带来困难。

局部剖视图的标注方法和全剖视图相同。但当单一剖切平面的剖切位置明显时，则不必标注。

7.2.5 剖切面的种类及剖切方法

剖切面是指用来剖切被表达物体的假想的平面或柱面。剖切面种类是根据剖切面相对于投影面的位置及剖切面组合的数量进行分类的。国家标准中将剖切面分为单一剖切面、几个平行的剖切平面和几个相交的剖切面。实际应用时，应根据物体的结构形状特点，正确、灵活地加以选用。采用上述三种剖切面，均可得到全剖视图、半剖视图和局部剖视图。

1. 单一剖切面

(1) 平行于某一基本投影面的单一剖切平面（即投影面平行面）

前面所述的全剖视图、半剖视图和局部剖视图，都是用这样的单一剖切平面剖切后得到的。

(2) 不平行于任何基本投影面的单一剖切平面（即投影面垂直面）

用于表达物体倾斜部分的内形。用一个与该倾斜部分的主要平面平行，且与某一基本投影面垂直的剖切平面剖切物体，再投射到与剖切平面平行的辅助投影面上，即可得到该倾斜部分内部结构的实形。如图 7-18 所示的机油尺管座，为了表达螺纹孔深度和开槽部分的结构，必须采用通过螺纹孔轴线且与上部倾斜结构的轴线垂直的剖切平面进行剖切，然后投射到与剖切平面平行的投影面上得到剖视图。

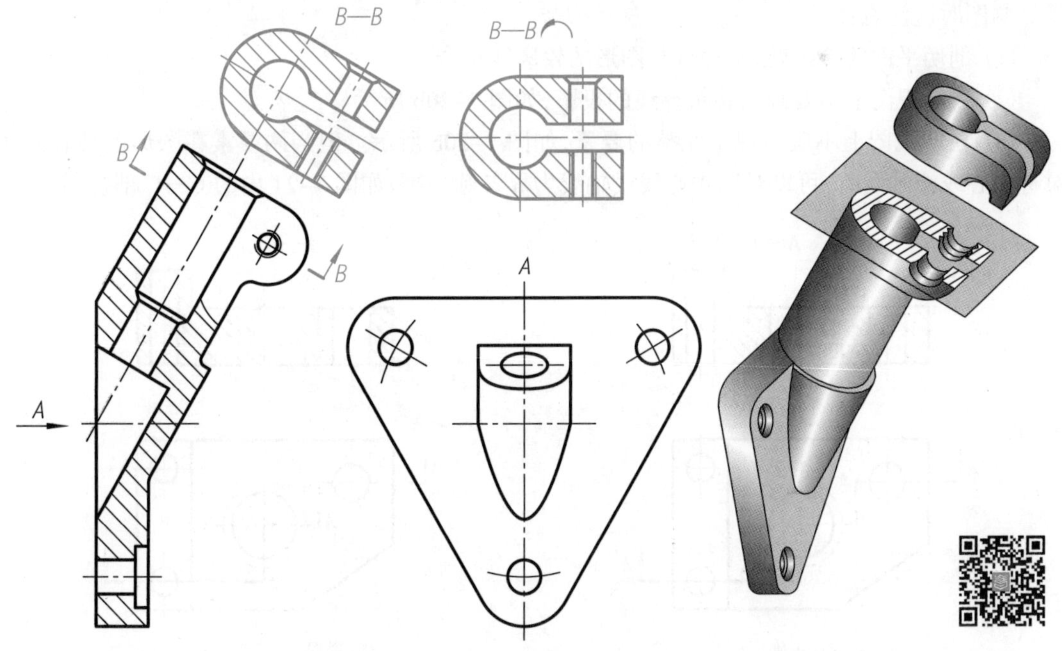

图 7-18 用不平行于基本投影面的剖切平面剖切的剖视图

采用这种方法获得的剖视图，在标注名称时字母不受剖视图倾斜的影响，一律水平书写。所得剖视图一般应按投影关系配置在与剖切符号相对应的位置上，也可平移到图纸的其他适当的位置；在不致引起误解时，允许将图形旋转配置，这时标注要加旋转符号，如图 7-18 所示。

另外，还可以采用单一圆柱面剖切物体，此时剖视图应按展开的形式绘制。

2. 几个平行的剖切平面

当物体内部有较多的结构形状，且它们的中心线又排列在几个相互平行的平面内时，可用几个平行的剖切平面剖开物体得到其剖视图，各剖切平面的转折处必须是直角，如图 7-19 所示的 *A—A* 剖视图。

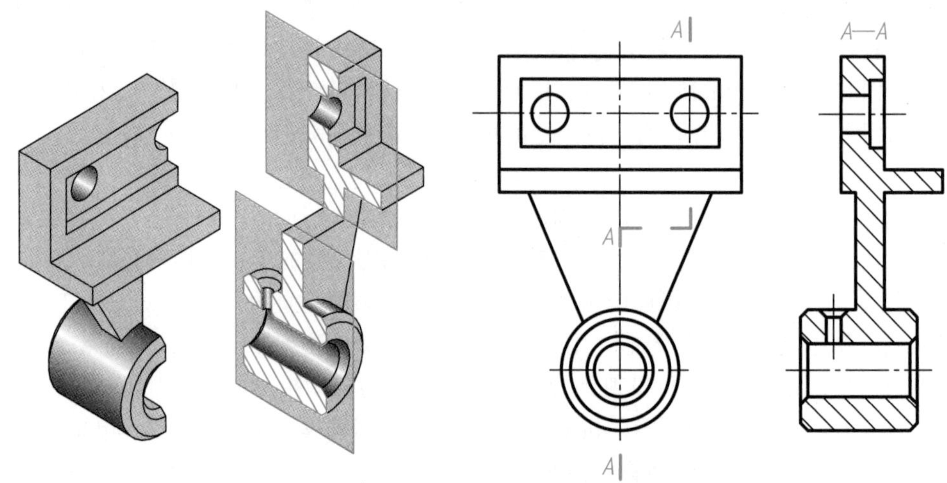

图 7-19 用几个平行的剖切平面剖切的剖视图

画图时应注意：

(1) 剖切平面的转折处，不允许与图形的轮廓线重合。

(2) 在剖视图上不要画出转折界线的投影，如图 7-20b 所示。

(3) 在剖视图上不应出现不完整的要素，如图 7-20b 所示。但当两要素在图形上具有公共对称中心线或轴线时，可以对称中心线或轴线为界各画一半，如图 7-21 中的 *C—C* 剖视图。

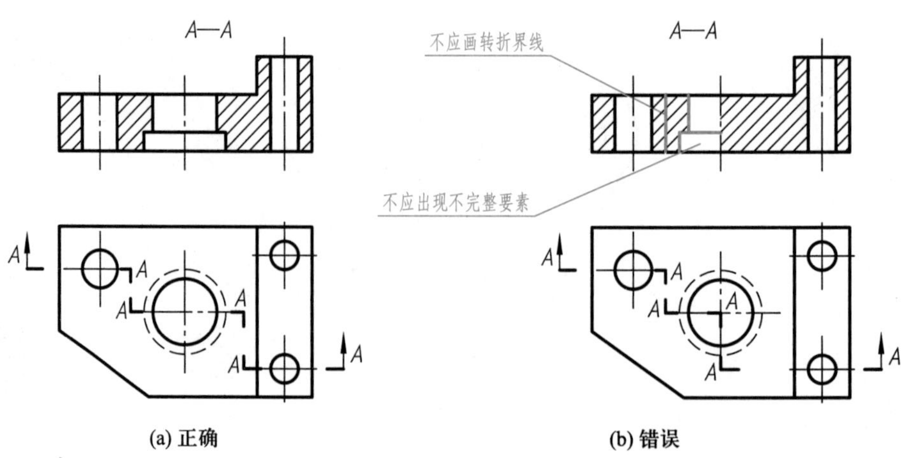

图 7-20 用几个平行的剖切平面剖切获得的全剖视图

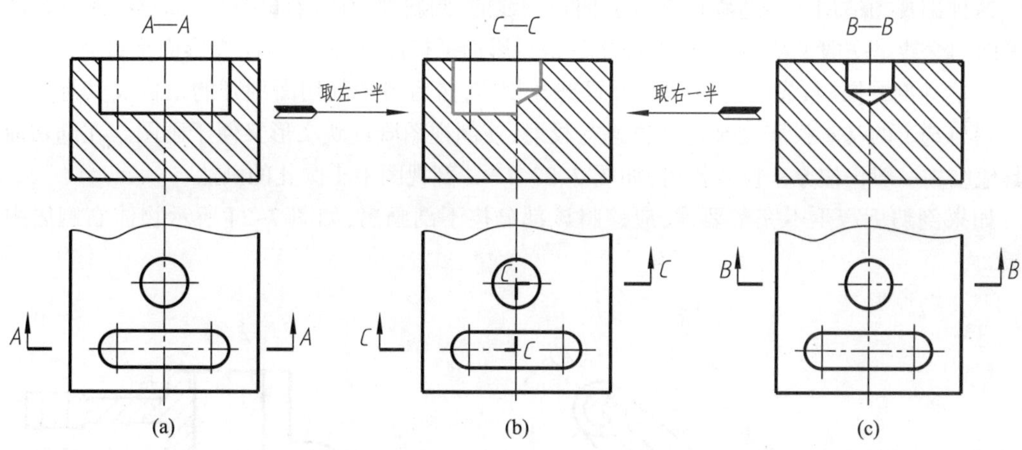

图 7–21 两要素具有公共对称中心线的剖视图

这种剖视图必须标注。在剖切平面的起、讫和转折处标出剖切符号表示剖切位置，写上相同的大写字母，并用箭头标明投射方向，而在相应的剖视图上标出名称“×—×”。当转折处空间有限又不致引起误解时，允许省略转折处的字母。当剖视图按投影关系配置，中间又没有图形隔开时，可以省略箭头。

3. 几个相交的剖切面（交线垂直于某一基本投影面）

如图 7–22 所示的法兰，如用相交于法兰轴线的侧平面和正垂面剖切，并将位于正垂面上的剖面绕交线旋转到和侧面平行，再进行投射得到一个全剖视图，即可把法兰的中心孔和周边上的圆孔都清楚地表达出来。

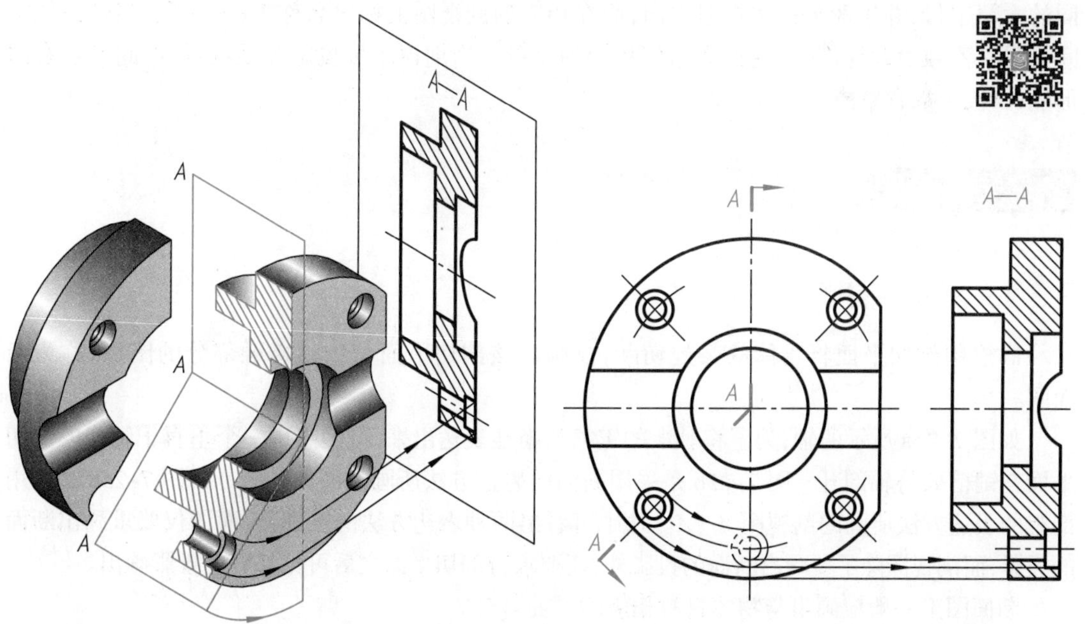

图 7–22 相交剖切面的剖视图（一）

这种剖视图适用于表达物体上具有回转轴线的、倾斜部分的内部实形。而轴线刚好是两剖切平面的交线。一般说来，两剖切平面之一是投影面平行面，而另一个是投影面垂直面。

画这种剖视图时，先假想按剖切位置剖开物体，然后将被剖切面剖开的结构及其有关部分旋转到与选定的基本投影面平行后再进行投射，使剖视图既反映实形又便于画图。在剖切面后的其他结构一般仍按原来位置投射，如图 7–23 *A*—*A* 剖视图中小圆孔的画法。

如果剖切后产生不完整要素，应该将该部分按不剖画出，如图 7–24 所示物体右侧居中的臂板。

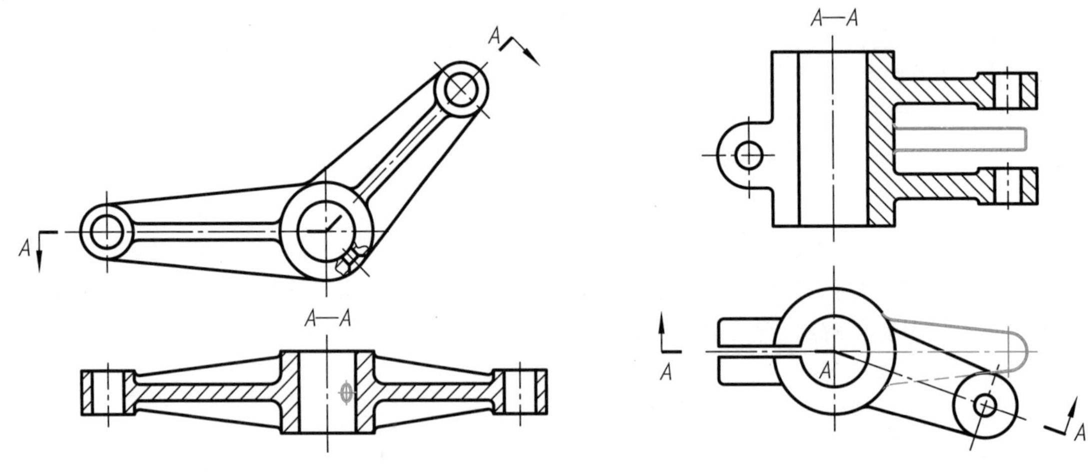

图 7–23 相交剖切面的剖视图(二)　　图 7–24 相交剖切面的剖视图(三)

这种剖视图必须标注。在剖切平面的起、讫和转折处标出剖切符号表示剖切位置，写上相同的大写字母，并用箭头标明投射方向，而在相应的剖视图上标出名称“×—×”。当转折处空间有限又不致引起误解时，允许省略转折处的字母。当剖视图按投影关系配置，中间又没有图形隔开时，可以省略箭头。

7.3 断面图

7.3.1 断面图的概念

假想用剖切平面将物体的某处切断，仅画出该剖切平面与物体接触部分的图形，称为断面图。

如图 7–25a 所示的轴，为了将轴上的键槽清晰地表达出来，可假想用一个垂直于轴线的剖切平面在键槽处将轴剖开。图 7–25b 是采用断面的表达方法所画的断面图 *A*—*A*，图 7–25c 是采用剖视的表达方法所画的剖视图 *A*—*A*。从中可看出两种表达方法的区别：断面图仅要求画出断面的投影，而剖视图除了要画出断面的投影外，还要求将剖切平面之后可见部分的投影画出。

断面图上一般应画出与物体材料相应的剖面符号。

断面图常用来表达物体某一局部的断面形状，如轴类零件上键槽、销孔的断面，物体上的肋、轮辐等结构的断面，杆件和型材的断面等。单一剖切面、几个平行的剖切平面及几个相交的

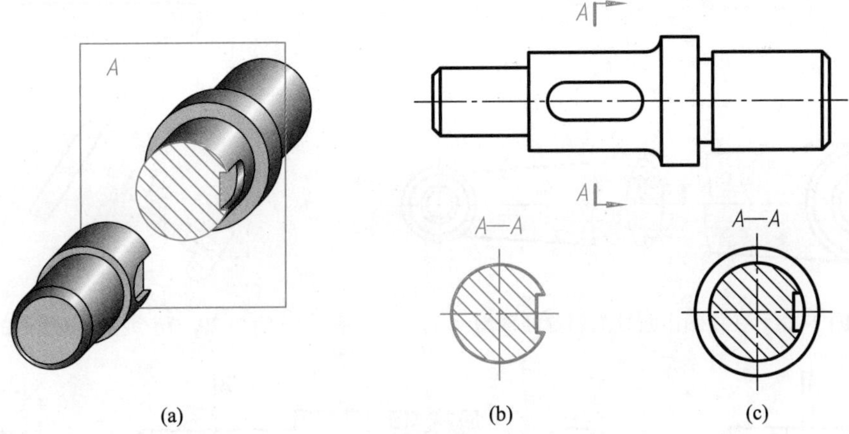

图 7-25　断面图的概念及其与剖视图的区别

剖切面的概念和功能同样适用于断面图。

7.3.2 断面图的种类及画法

断面图可分为移出断面图和重合断面图两种。

1. 移出断面图

画在视图之外的断面图，称为移出断面图。

(1) 移出断面图的画法

移出断面图的轮廓线用粗实线绘制。

移出断面图应尽量配置在剖切符号或剖切线的延长线上，如图 7-26 所示。必要时可将移出断面图配置在其他适当的位置，如图 7-25b 所示。在不致引起误解时，允许将图形旋转，如图 7-27 所示。

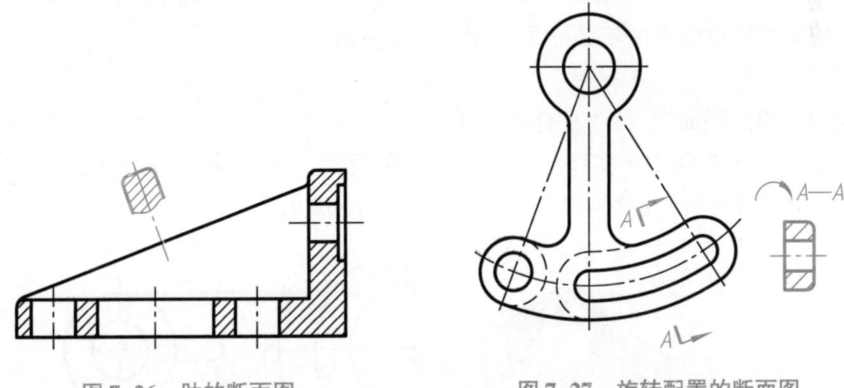

图 7-26　肋的断面图　　图 7-27　旋转配置的断面图

当断面图形对称时，也可将其画在视图的中断处，如图 7-28 所示。

由两个或多个相交平面剖切得出的移出断面，中间一般应断开，如图 7-29 所示。

当剖切平面通过回转面形成的孔或凹坑的轴线时，这些结构需按剖视绘制，如图 7-30 所示。

当剖切平面通过非圆孔，会导致出现完全分离的两个断面时，这些结构也应按剖视绘制，如图 7-27 所示。

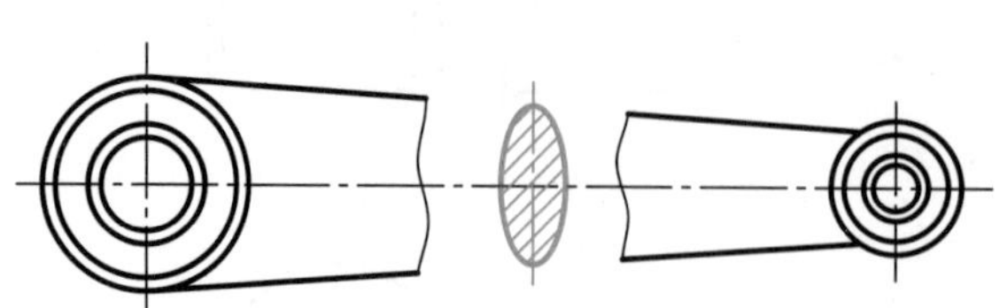

图 7-28 在视图中断处的对称断面图

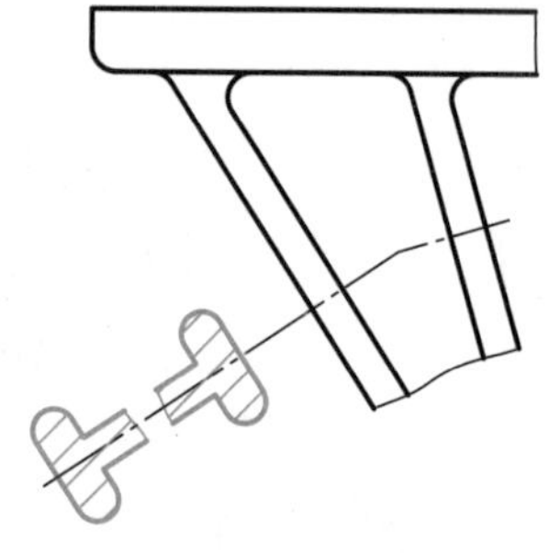

图 7-29 两个相交剖切面的断面图

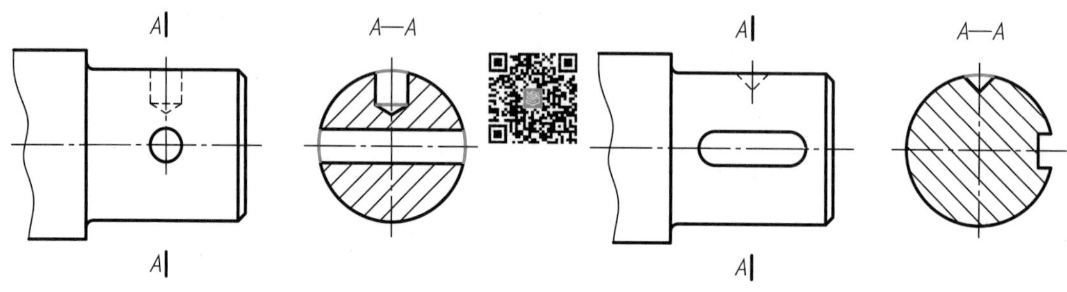

图 7-30 按剖视图绘制的断面图

(2) 移出断面图的标注

移出断面图一般应在断面图的上方用大写拉丁字母标出断面图的名称"×—×",在相应的视图上用剖切符号表示剖切位置和投射方向,并标注相同的字母,如图 7-25b 所示。

配置在剖切符号延长线上的不对称移出断面图,不必标注字母。

未配置在剖切符号延长线上的对称移出断面图,以及按投影关系配置的移出断面图,一般不必标注箭头,如图 7-30 所示。

配置在剖切线延长线上的对称移出断面图,不必标注字母和箭头,如图 7-26 所示;配置在视图中断处的对称移出断面图不必标注,如图 7-28 所示。

2. 重合断面图

画在视图之内的断面图,称为重合断面图。

重合断面图的轮廓线用细实线绘制,如图 7-31 所示。当视图中的轮廓线与重合断面图重叠时,视图中的轮廓线仍应连续画出,不可间断,如图 7-32 所示。

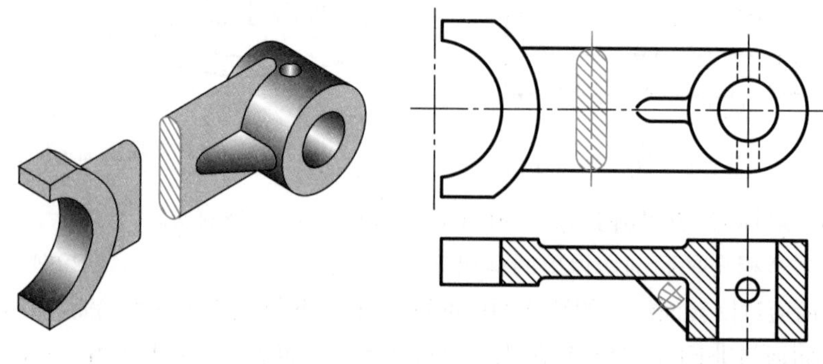

图 7-31 对称的重合断面图

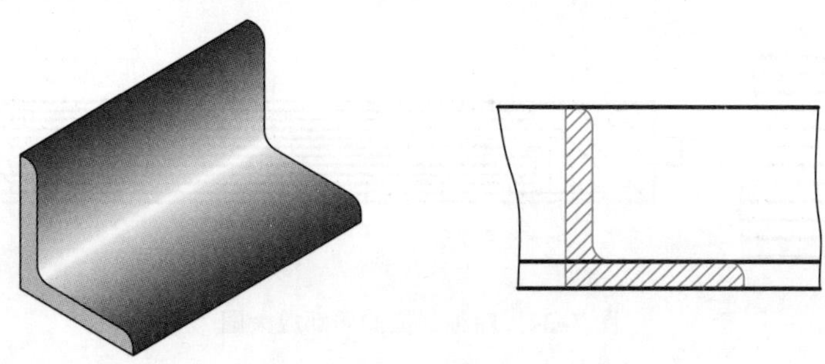

图 7-32 不对称的重合断面图

图形对称的重合断面图不必标注，如图 7-31 所示；不对称的重合断面图可省略标注，如图 7-32 所示。

7.4 其他常用表示法

7.4.1 局部放大图

为了清楚地表示物体上某些细小结构，将物体的部分结构用大于原图形所采用的比例画出的图形，称为局部放大图。

局部放大图可以画成视图、剖视图或断面图，它与被放大部位的原表达方式无关。局部放大图应尽量配置在被放大部位的附近，如图 7-33 所示。

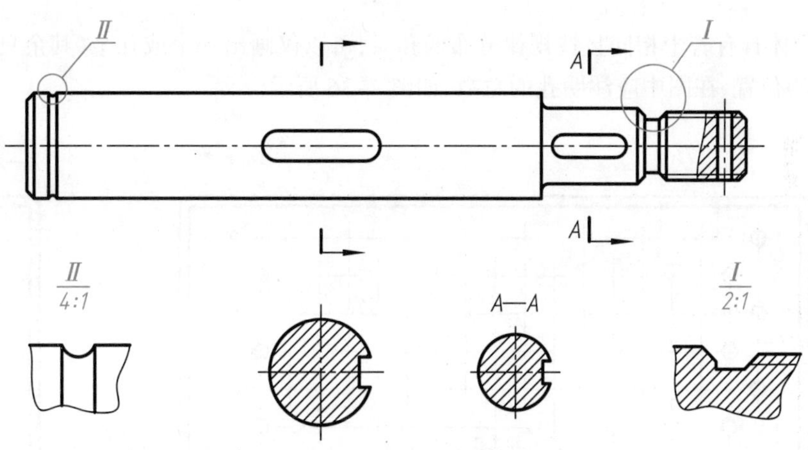

图 7-33 局部放大图

局部放大图必须标注。除螺纹牙型、齿轮和链轮的齿形外，应用细实线圈出被放大的部位。当同一物体上有几个被放大部分时，必须用大写罗马数字依次标明被放大的部位，并在局部放大图的上方标出相应的罗马数字和所采用的比例。

当物体上被放大部分仅一个时，在局部放大图的上方只需注明所采用的比例。同一物体上不同部位的局部放大图，当图形相同或对称时，只需画一个，如图 7-34 所示。

必要时，可用几个图形来表达同一被放大部分的结构，如图 7-35 所示。

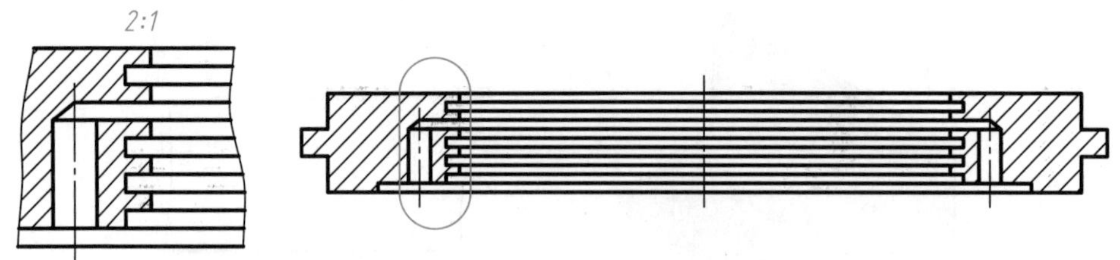

图 7–34 对称部位的局部放大图

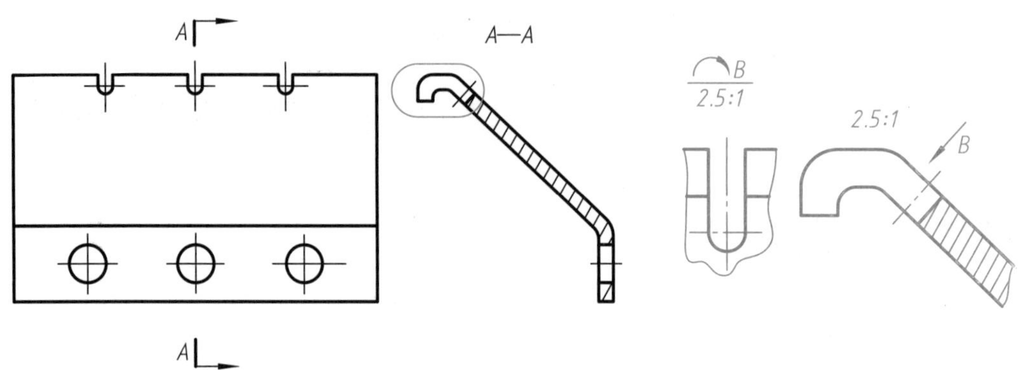

图 7–35 多个局部放大图表达同一结构

7.4.2 简化画法和其他规定画法

1. 对相同结构的简化画法

(1) 当物体具有若干相同且按规律分布的孔时，可以仅画出一个或几个，其余只需用细点画线表示其中心位置，在图中应注明孔的总数，如图 7–36 所示。

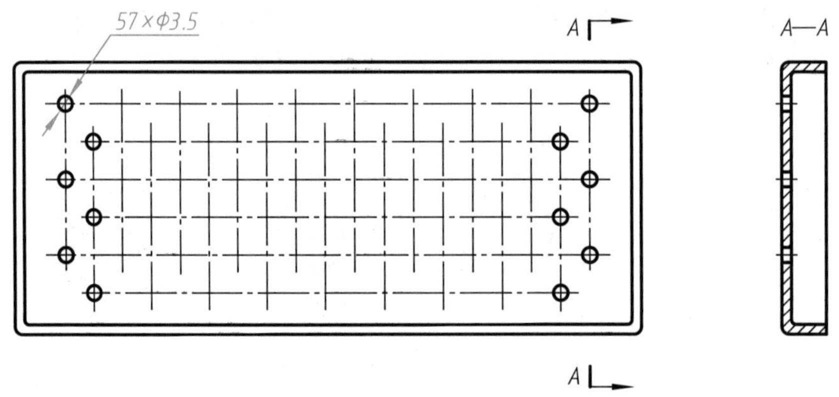

图 7–36 直径相同且呈规律分布的孔的简化画法

(2) 当物体具有若干相同结构，并按一定规律分布时，只需画出几个完整的结构，其余用细实线连接，但需在图中注明结构的总数，如图 7–37 所示。

(3) 滚花、槽沟等网状结构，应用粗实线完全或局部地表示出来，也可省略不画，在图中需注明这些结构的技术要求，如图 7–38 所示。

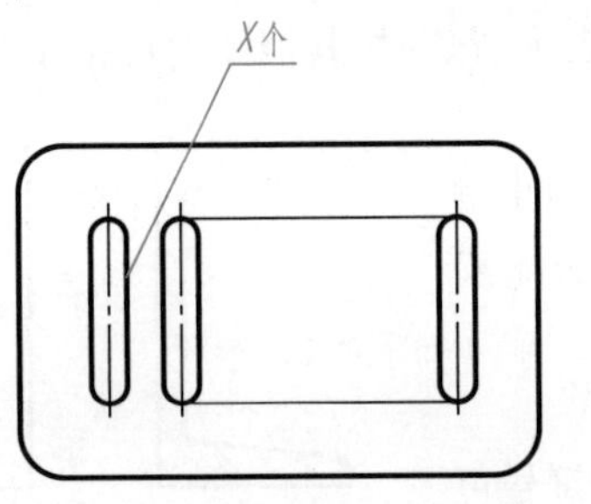

图 7–37　相同结构的简化画法

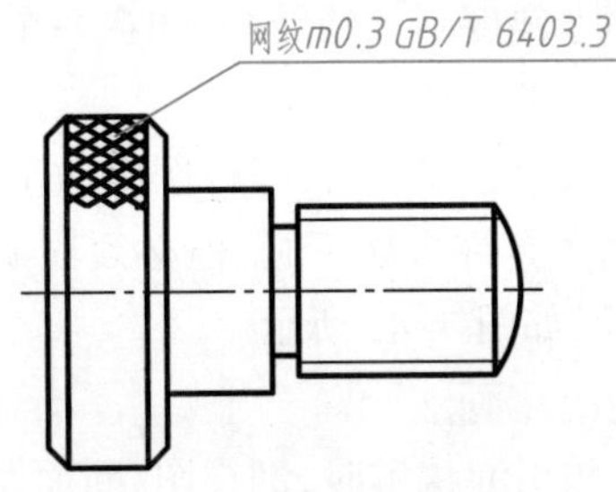

图 7–38　滚花的简化画法

2. 肋、轮辐及薄壁的简化画法

(1) 对于物体的肋、轮辐及薄壁等，如按纵向剖切，则这些结构都不画剖面符号，而用粗实线将它与其邻接部分分开，如图 7–39 所示。

(2) 当零件回转体上均匀分布的肋、轮辐、孔等结构不处于剖切平面上时，可将这些结构旋转到剖切平面上画出，如图 7–39 所示。

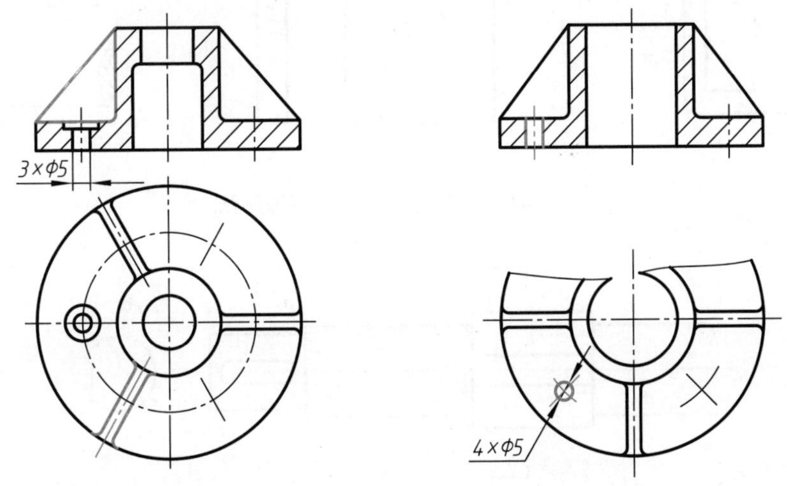

图 7–39　均匀分布的孔、肋的简化画法

3. 较小结构、较小斜度的简化画法

(1) 物体上较小的结构，如在一个图形中已表示清楚时，其他图形可简化或省略不画，如图 7–40 所示。

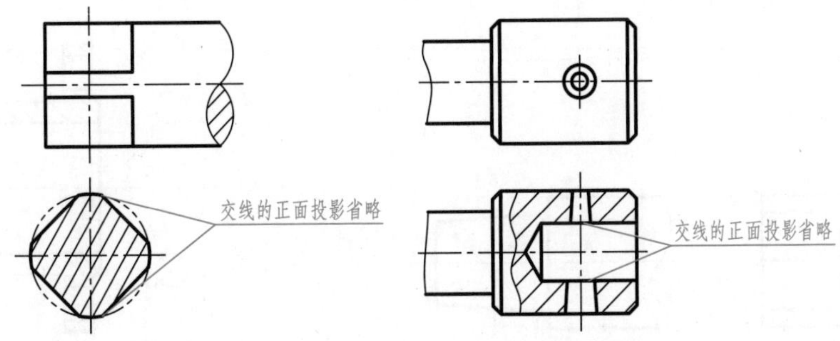

图 7–40　较小结构的简化或省略画法

(2) 物体上斜度不大的结构，如在一个图形中已表示清楚时，其他图形可按小端画出，如图 7-41 所示。

(3) 在不致引起误解时，零件图中的小圆角、锐边的小倒圆或 45°小倒角允许省略不画，但必须注明尺寸或在技术要求中加以说明，如图 7-42 所示。

图 7-41 斜度不大结构的简化画法

4. 其他简化画法

(1) 在不致引起误解时，剖视图、断面图中的剖面符号可以省略，如图 7-43 所示。

(2) 当图形不能充分表达平面时，可用平面符号（相交的两条细实线）表示，如图 7-44 所示。

(3) 圆柱形法兰和类似零件上均匀分布的孔，可按图 7-45 绘制。

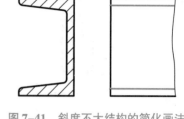

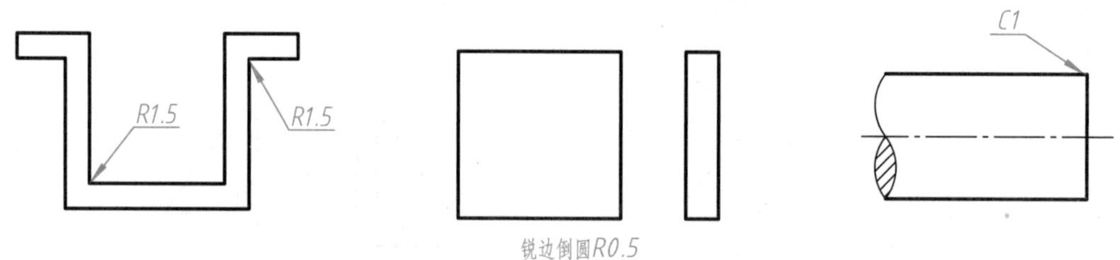

图 7-42 小圆角、小倒角的省略画法

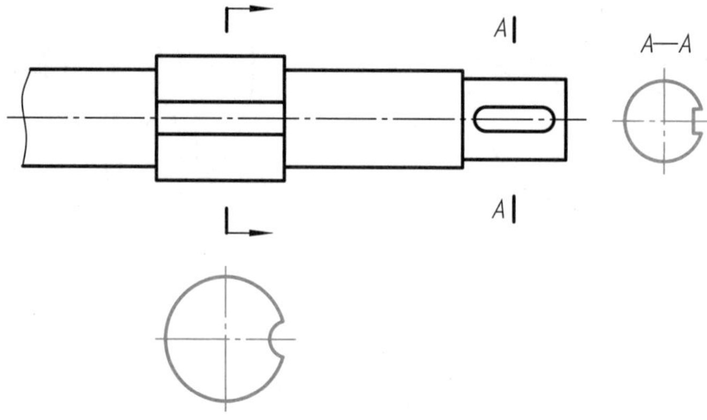

图 7-43 移出断面图省略剖面符号的画法

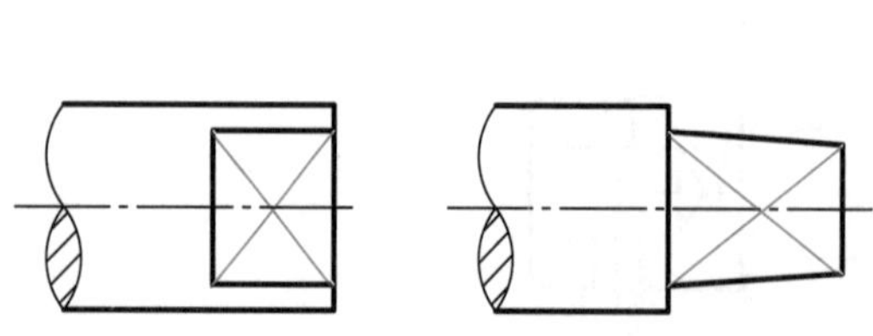

图 7-44 用相交的细实线表示平面

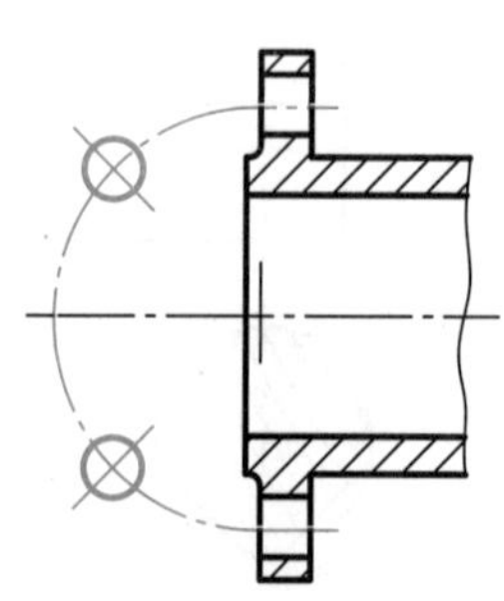

图 7-45 圆柱形法兰上均布孔的画法

(4) 在不致引起误解时，图形中的过渡线、相贯线允许用直线或圆弧简化，如图 7–46a 所示，也可采用模糊画法表示相贯线，如图 7–46b 所示。

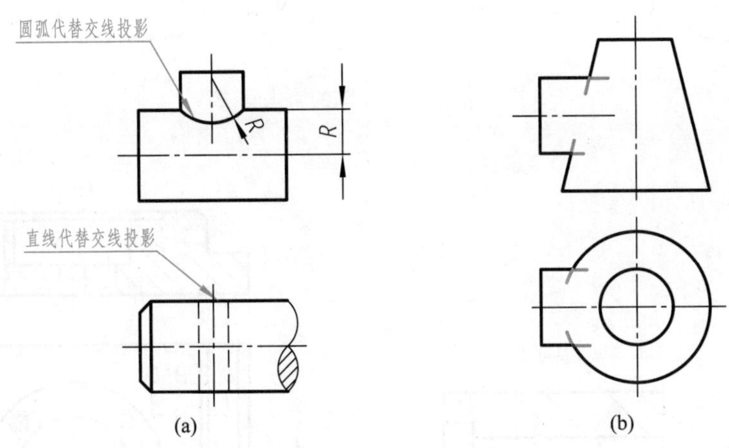

图 7–46 相贯线的简化画法

(5) 与投影面倾斜角度小于或等于 30° 的圆或圆弧，其投影可用圆或圆弧代替，如图 7–47 所示。

(6) 在不致引起误解时，对称物体上的视图可只画一半或四分之一，并在对称中心线的两端画出两条与其垂直的平行细实线，如图 7–48 所示。

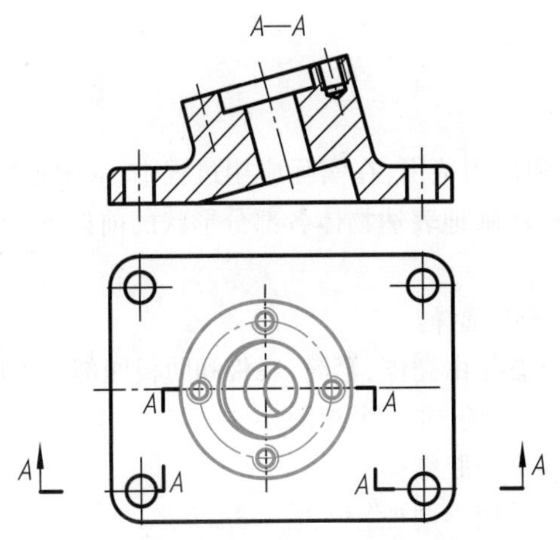

图 7–47 倾斜角度小的圆或圆弧的简化画法

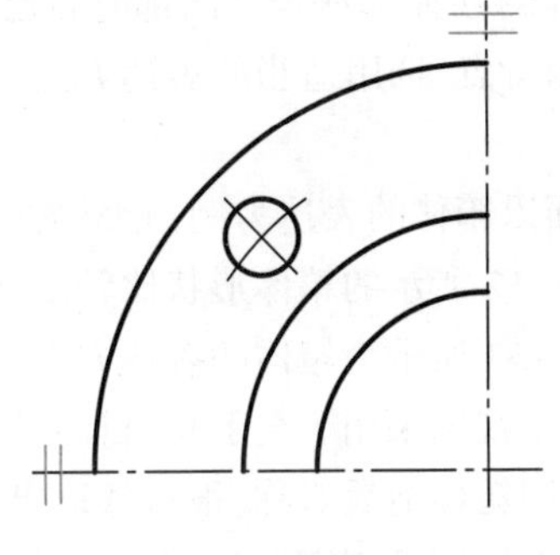

图 7–48 对称物体的简化画法

(7) 较长的物体（轴、杆、型材、连杆等）沿长度方向的形状一致或按一定规律变化时，可断开后缩短绘制，但标注尺寸时要注实际尺寸，如图 7–49 所示。

(8) 在需要表示位于剖切平面前面的结构时，这些结构按假想投影的轮廓线（即用双点画线）绘制，如图 7–50 所示。

(9) 剖视图的剖面区域中可再作一次局部剖。采用这种表达方法时，两个剖面区域的剖面线应同方向、同间隔，但要互相错开，并用引出线标注其名称，如图 7–51 中的 B—B 剖视图。

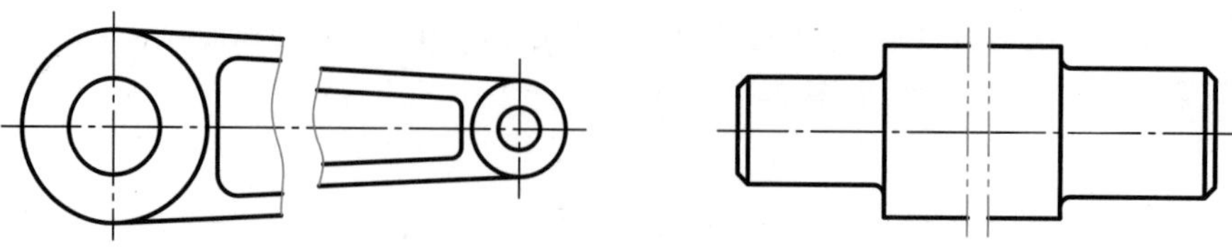

图 7-49 较长物体的简化画法

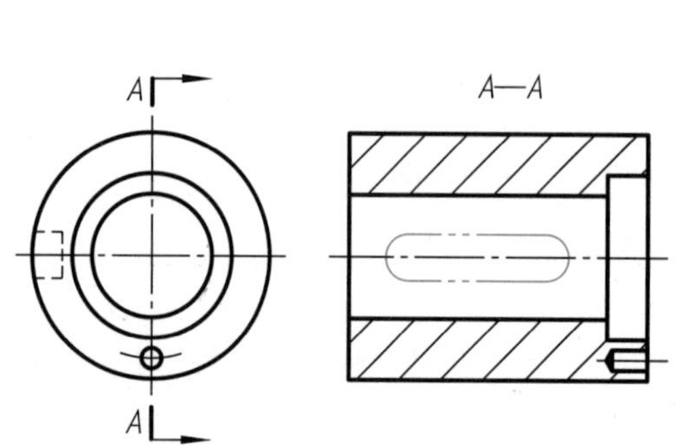

图 7-50 剖切平面前的结构的规定画法

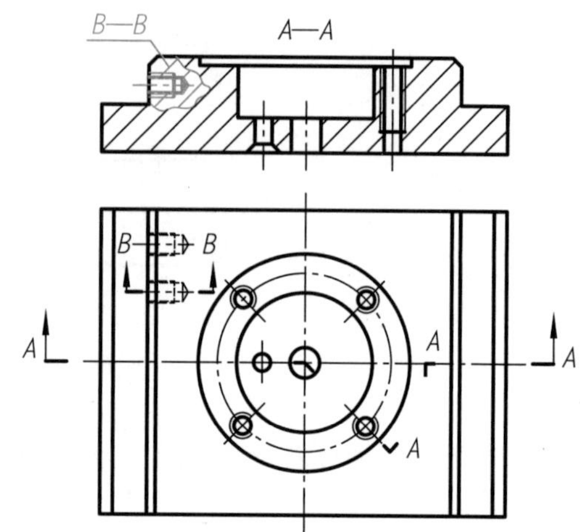

图 7-51 剖视图中再作局部剖

7.5 综合应用举例

图样的各种基本表示法都有自己的特点和适用范围，在实际应用过程中，应根据物体的形状和结构特点，选用适当的表达方法。在完整、清晰地表达物体各部分形状的前提下，力求制图简便。

下面以箱体的表达为例，介绍图样表示方法的选择。

图 7-52 所示的箱体形状比较复杂，大致可看作由壳体、套筒、底板和肋板四部分组成。

图 7-53 所示为箱体的表达方案一，选用了主、俯、左三个视图。

(1) 主视图采用了全剖视，目的是表达其内部空腔结构。

(2) 因箱体前后对称，很自然地想到俯视图采用半剖视。

(3) 左视图采用了局部剖视，既保留了壳体端面上均匀分布的螺纹孔和底板左侧的出油孔，又露出了箱体的内部空腔以及前后贯通的轴孔结构。

对于机件上尚未表达清楚的结构，采用了 C 向和 D 向局部视图。C 向视图表达了凸台上均匀分布的螺纹孔，D 向视图表达了支承肋板的结构。

图 7-54 所示为箱体的表达方案二，考虑到俯视图重复地表达箱体内腔结构，为提高绘图效率，故用 E 向仰视图表达底板形状。另外，将 D 向局部视图范围扩大，有利于表达套筒的形状。

两种方案比较，显然方案二简明清晰、看图方便、作图简便，是比较好的表达方案。

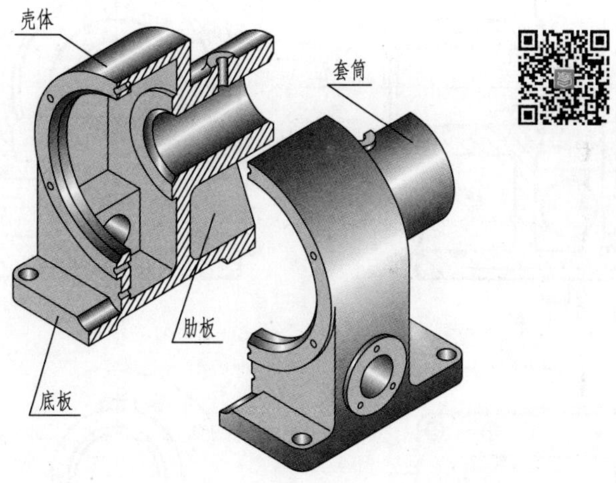

图 7–52 箱体

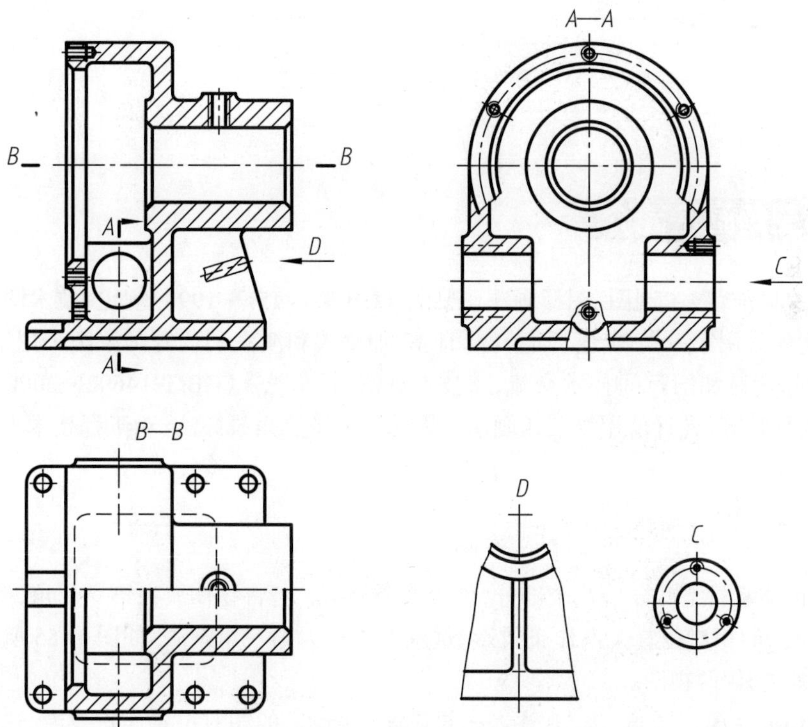

图 7–53 箱体表达方案一

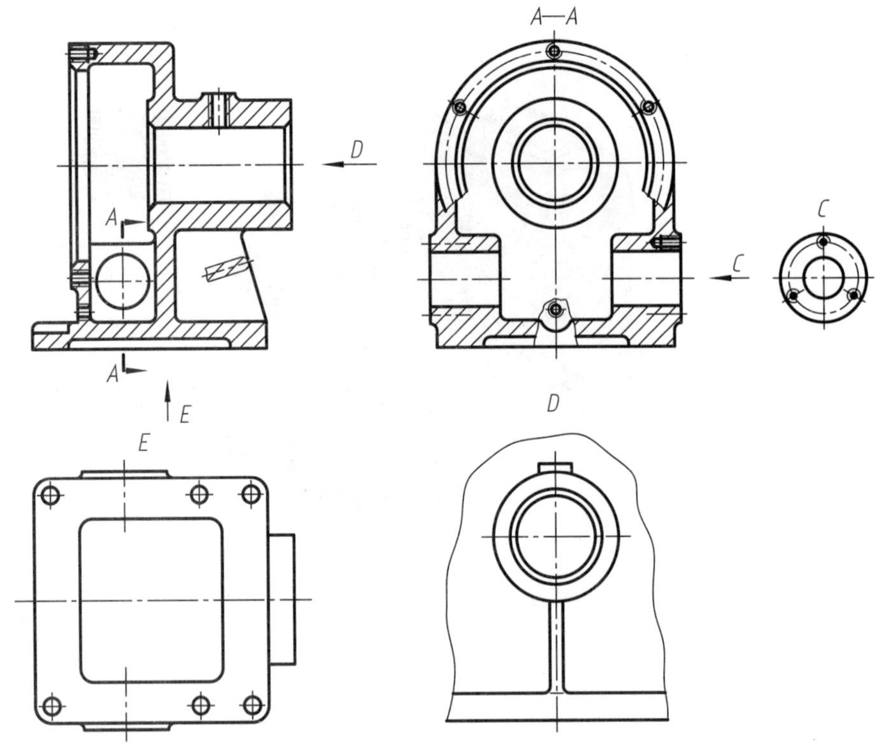

图 7-54 箱体表达方案二

7.6 第三角画法简介

我国国家标准《技术制图 图样画法 视图》(GB/T 17451—1998)规定,技术图样应采用正投影法,并优先采用第一角画法。而美国、日本、加拿大和澳大利亚等国家则采用第三角画法。为了便于国际贸易和国际间技术交流,《技术制图 投影法》(GB/T 14692—2008)规定,必要时(如按合同规定等)允许使用第三角画法。因此了解第三角投影法,对工程技术人员是非常必要的。

7.6.1 第三角画法视图的形成及配置

三投影面体系将空间分为八个部分,称为八个分角。若将物体放在第一分角,按"观察者—物体—投影面"的相对位置关系作正投影,这种方法称为第一角画法,如图 7-55 所示为用第一角画法得到的主、俯两视图。

若将物体放在第三分角,按"观察者—投影面—物体"的相对位置作正投影,这种方法称为第三角画法。这种画法是把投影面看成透明的平面,得到物体的投影后,观察者用平行的视线在透明平面上观察物体而得到的视图,如图 7-56 所示为用第三角画法得到的主、俯两视图。

第三角画法也是用正六面体的六个面作为基本投影面,同样得到六个基本视图。六个投影面的展开方法如图 7-57 所示。

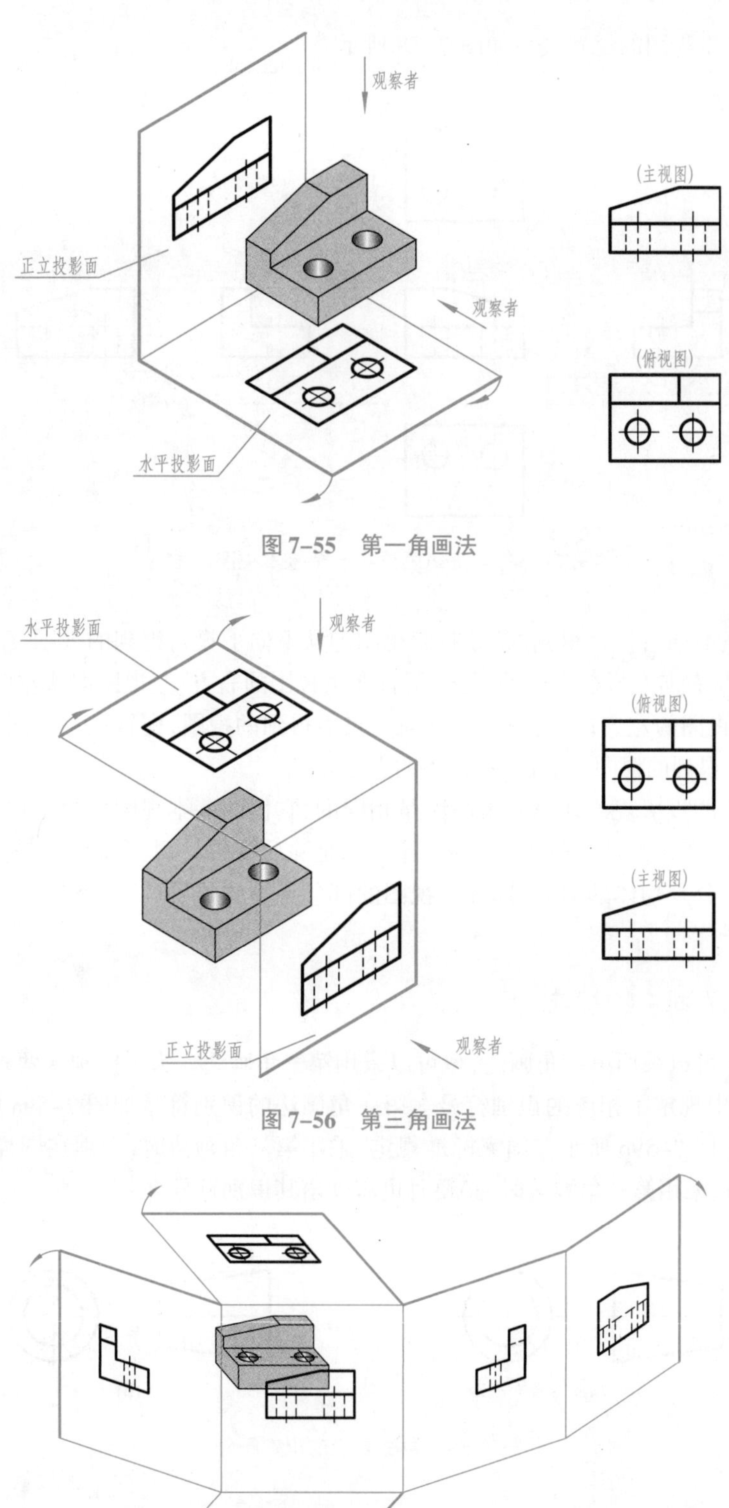

图 7–55　第一角画法

图 7–56　第三角画法

图 7–57　第三角画法中六个基本投影面的展开

展开后各基本视图的配置关系如图 7-58 所示。

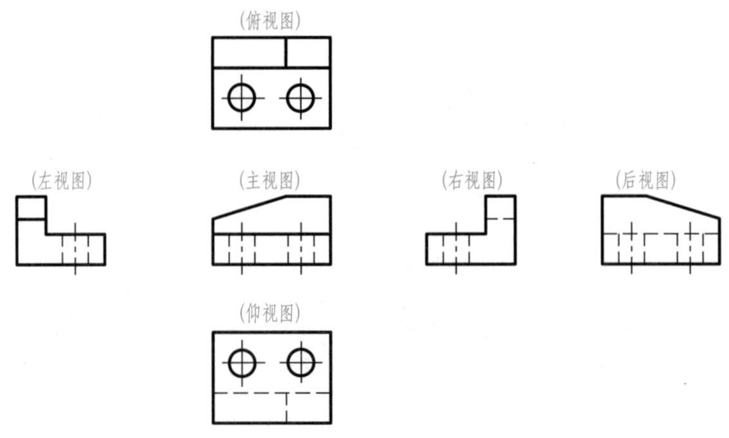

图 7-58 第三角画法中六个基本视图的配置

主视图即从前向后投射得到的视图;俯视图即从上向下投射得到的视图,配置在主视图的上方;右视图即从右向左投射得到的视图,配置在主视图的右方;左视图即从左向右投射得到的视图,配置在主视图的左方;仰视图即从下向上投射得到的视图,配置在主视图的下方;后视图即从后向前投射得到的视图,配置在右视图的右方。

第三角画法的投影规律和第一角画法是相同的,它们的基本视图按规定位置配置时,也有"长对正、高平齐、宽相等且前后对应"的规律。只是除后视图外,其余俯、仰、左、右四个视图中靠近主视图的部分是物体的前方,远离主视图的部分是物体的后方,这是与第一角画法恰恰相反的。

7.6.2 第三角画法的标志

工程技术中可以采用第一角画法,也可以采用第三角画法。为了区别这两种画法所得到的图样,国家标准中规定了相应的识别符号。第一角画法的识别符号如图 7-59a 所示,第三角画法的识别符号如图 7-59b 所示。国家标准规定,采用第三角画法时,必须在图样中画出第三角画法的识别符号;采用第一角画法时,必要时也应画出其识别符号。

图 7-59 两种画法的识别符号

第8章

标准件和常用件

任何一台机器或部件都是由若干零件按照一定的方式组装而成。这些零件中有的是用于满足机器或部件性能要求的一般零件,有的零件如螺栓、螺钉、螺母、垫圈、键、销等则起连接紧固作用,称为紧固件。为了适应专业化批量生产,国家标准机构对这些紧固件的结构、尺寸、成品质量等方面制定出相应标准,因此这类零件称为标准件。而在各种机器中广泛应用的齿轮、蜗轮等零件,它们的重要结构或性能参数已标准化、系列化,这类零件称为常用件。

本章介绍部分标准件、常用件的基本知识、规定画法、代号和标注方法,有关标准及查阅方法等内容。

8.1 螺纹

8.1.1 螺纹的形成

螺纹是指在圆柱或圆锥表面上,沿着螺旋线所形成的具有相同断面的连续凸起和沟槽的结构。在圆柱或圆锥外表面上形成的螺纹称为外螺纹,在内表面上形成的螺纹称为内螺纹。

加工螺纹的方法很多,常见的方法是在车床上车削螺纹。装夹在卡盘上的工件作等速旋转运动,车刀同时沿工件轴线方向作等速直线移动,当车刀头部切入工件一定深度,沿螺旋线切削出具有相同断面的连续凸起和沟槽的螺旋体,就是螺纹。凸起部分称为牙,其顶端称为牙顶,底部称为牙底。图 8-1a 所示为车削加工外螺纹,图 8-1b 所示为车削加工内螺纹。也可以利用丝锥和板牙攻制直径较小的螺纹,如图 8-2 所示。

(a) 车外螺纹　　(b) 车内螺纹

图 8-1　螺纹的车削加工

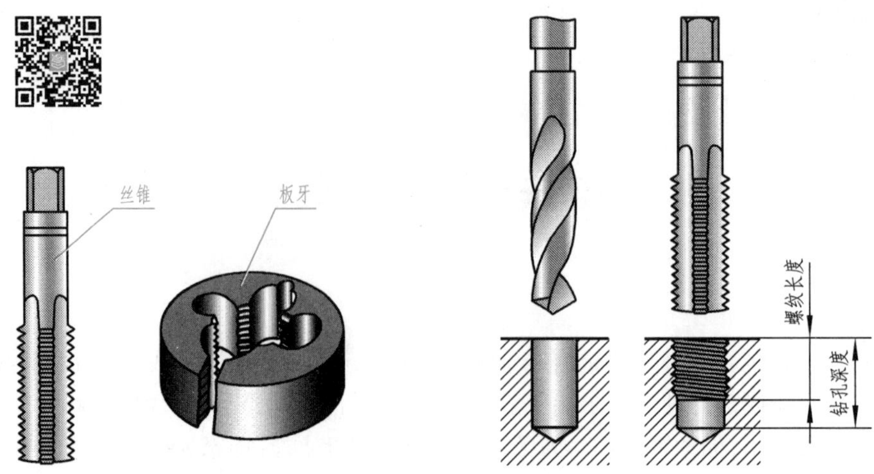

图 8–2　丝锥加工内螺纹

8.1.2　螺纹的要素

螺纹的结构和尺寸是由牙型、直径、螺距和导程、线数、旋向等要素确定的，当内、外螺纹相互连接时，其要素必须相同。

1. 牙型

在通过螺纹轴线的剖面上的螺纹轮廓形状，称为螺纹牙型。常见的螺纹牙型有三角形、梯形、锯齿形、矩形，如图 8–3 所示。在工程图样中，螺纹牙型用螺纹特征代号表示，见表 8–1。

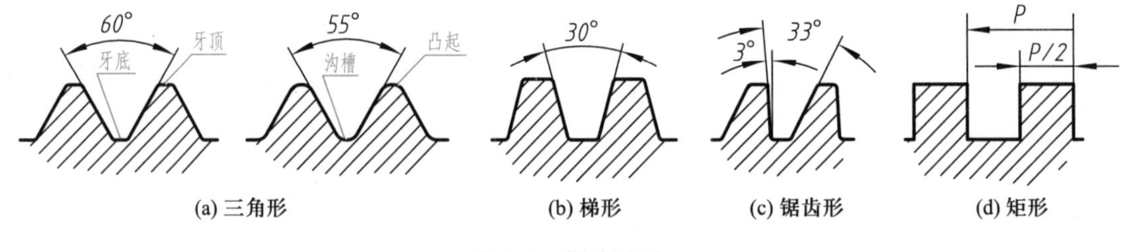

图 8–3　螺纹牙型

2. 直径

螺纹直径分为大径、中径和小径三种，如图 8–4 所示。常采用螺纹大径作为公称直径以代表螺纹尺寸。

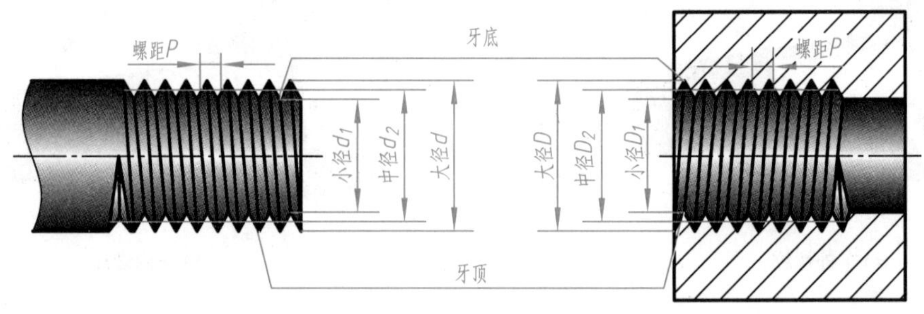

图 8–4　螺纹的直径

(1) 螺纹大径:与外螺纹牙顶或内螺纹牙底相重合的假想圆柱面的直径,分别用 d(外螺纹)、D(内螺纹)表示。

(2) 螺纹小径:与外螺纹牙底或内螺纹牙顶相重合的假想圆柱面的直径,内、外螺纹的小径分别用 D_1、d_1 表示。

(3) 螺纹中径:母线为通过牙型沟槽和凸起轴向宽度相等的位置所对应的假想圆柱面的直径,内、外螺纹的中径分别用 D_2 和 d_2 表示。

3. 线数

在同一圆(锥)柱面上加工螺纹的条数,称为螺纹线数。沿一条螺旋线所形成的螺纹称为单线螺纹;沿两条或两条以上螺旋线所形成的螺纹称为多线螺纹。螺纹的线数用 n 表示。

4. 螺距和导程

如图 8-5 所示,螺纹相邻两牙在中径线上对应点之间的轴向距离称为螺距 P;同一条螺旋线上相邻两牙在中径线上对应点之间的轴向距离称为导程 P_h。线数、螺距和导程的关系为:$P=P_h/n$。显然,单线螺纹的螺距与导程相等。

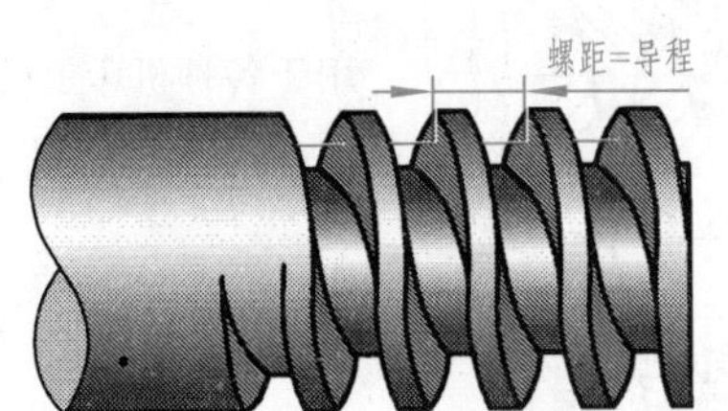

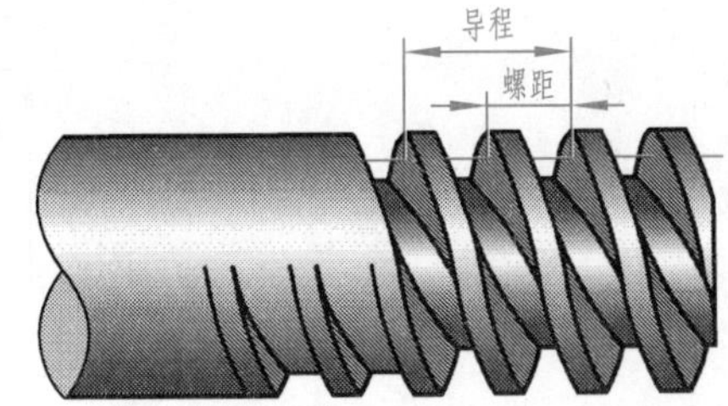

图 8-5　螺纹线数、螺距与导程

5. 旋向

螺纹旋合时,顺时针旋转沿轴向旋入的为右旋螺纹;逆时针旋转沿轴向旋入的为左旋螺纹。工程上常用右旋螺纹,其判断方法如图 8-6 所示。

在螺纹的上述五个要素中,牙型、直径和螺距是决定螺纹的最基本要素。三个要素均符合标准的称为标准螺纹;螺纹牙型符合标准,而公称直径或螺距不符合标准的称为特殊螺纹;若牙型不符合标准,则称为非标准螺纹。

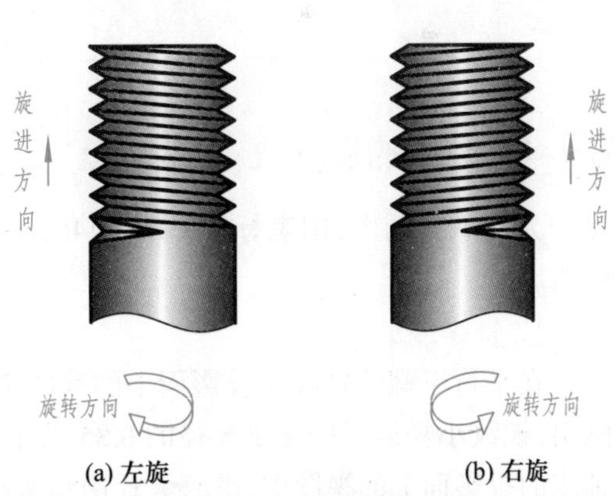

(a) 左旋　(b) 右旋

图 8-6　螺纹旋向

8.1.3　螺纹的种类

螺纹按用途可分为两大类,起连接紧固作用的螺纹称为连接螺纹,包括普通螺纹和管螺纹;起传递运动和动力作用的螺纹称为传动螺纹,如梯形、锯齿形螺纹。常见螺纹的种类、牙型及应用见表 8-1。

表 8-1 常用螺纹的种类、牙型及应用

螺纹种类			特征代号	内、外螺纹旋合后牙型放大图	应用
连接螺纹	普通螺纹	粗牙	M	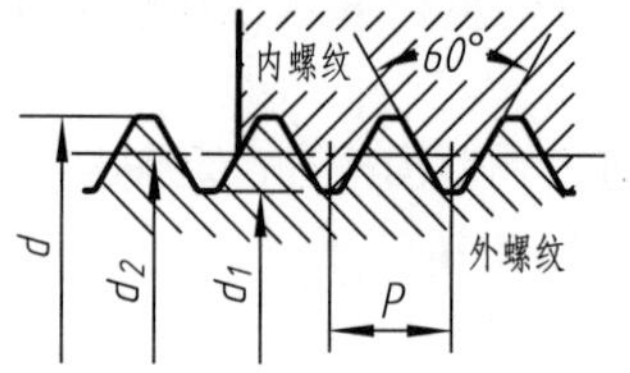	是最常用的连接螺纹。细牙螺纹牙小、牙深较浅，用于细小的精密零件或薄壁零件的连接。一般连接用粗牙螺纹
		细牙			
	管螺纹	55°非密封	G	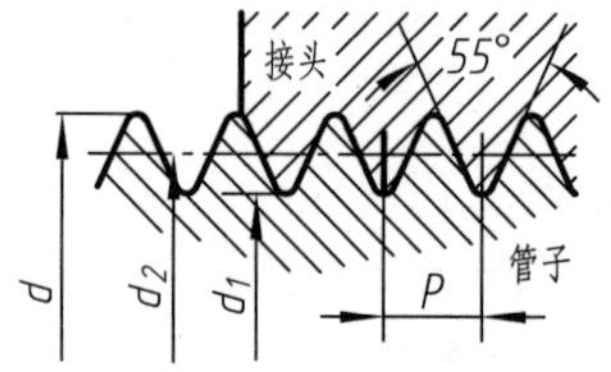	55°非密封管螺纹用于电线管路系统等不需要密封的连接。55°密封管螺纹用于日常生活中的水管、煤气管、机器上润滑油管等薄壁管子的连接。 圆锥螺纹的锥度为 1∶16
		55°密封	R_1（圆锥外螺纹） R_2（圆锥外螺纹） Rc（圆锥内螺纹） Rp（圆柱内螺纹）		
传动螺纹	梯形螺纹		Tr	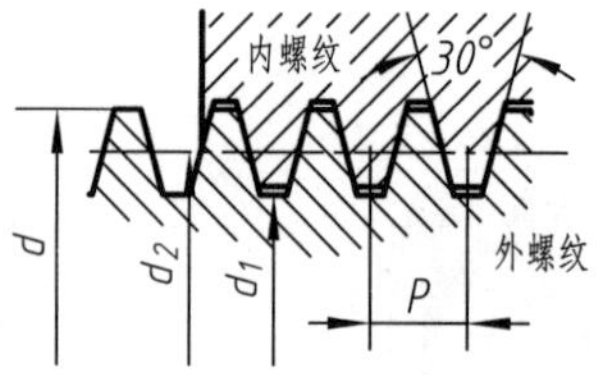	用于各种机床上的传动丝杠，传递双向动力
	锯齿形螺纹		B	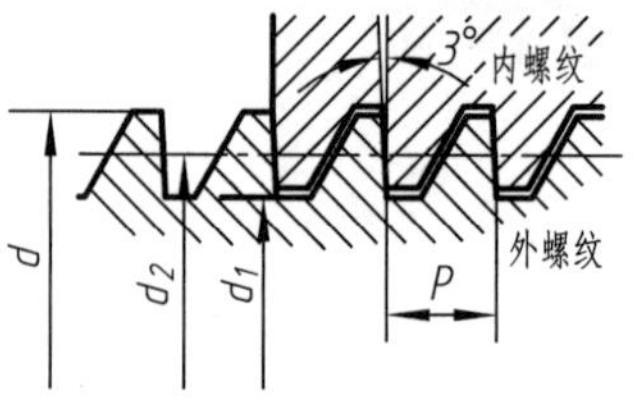	用于螺旋压力机的传动丝杠，传递单向动力

8.1.4 螺纹的表示法

为了简化画图，国家标准 GB/T 4459.1—1995 规定了在机械图样中螺纹及其紧固件的表示法。

1. 外螺纹的画法

在平行于螺纹轴线的投影面上的视图中，螺纹大径及螺纹终止线、螺纹端部结构用粗实线画出，螺纹小径近似按螺纹大径的 0.85 倍用细实线画出，并应画入端部结构内。在垂直于螺纹轴线的投影面上的视图中，螺纹大径用粗实线圆绘制，螺纹小径用约 3/4 圆周的细实线画出，倒角圆省略不画。其画法如图 8-7a 所示。管螺纹非圆视图常采用局部剖视图，如图 8-7b 所示。

2. 内螺纹的画法

在平行于螺纹轴线的投影面上的视图中，常用剖视表达，螺纹小径、螺纹终止线、端部倒角用粗实线绘制；螺纹大径用细实线绘制，不画入倒角内；剖面符号画至表示螺纹小径的粗实线为止。在垂直于螺纹轴线的投影面上的视图中，螺纹小径用粗实线圆绘制；螺纹大径用约 3/4 圆周的细实线绘制；倒角圆省略不画。内螺纹的剖视画法如图 8-8 所示。

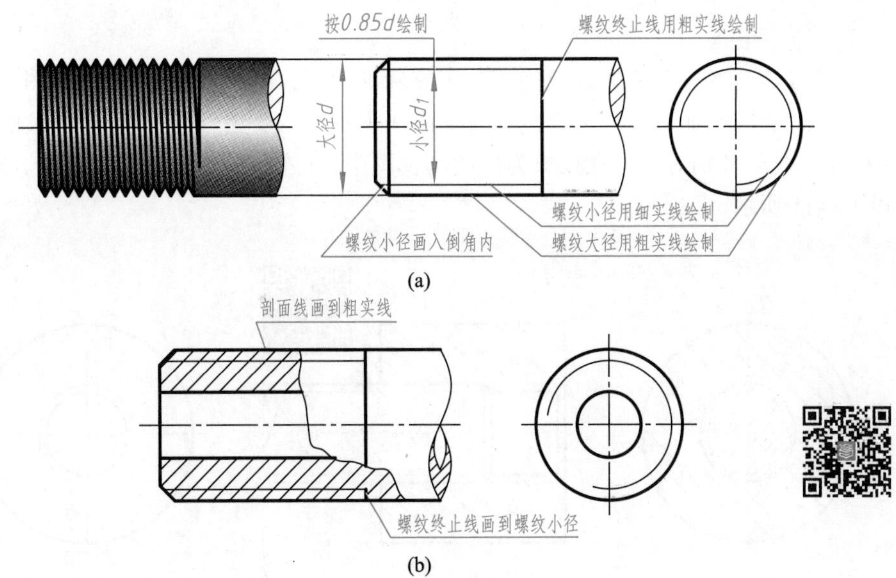

图 8–7　外螺纹画法

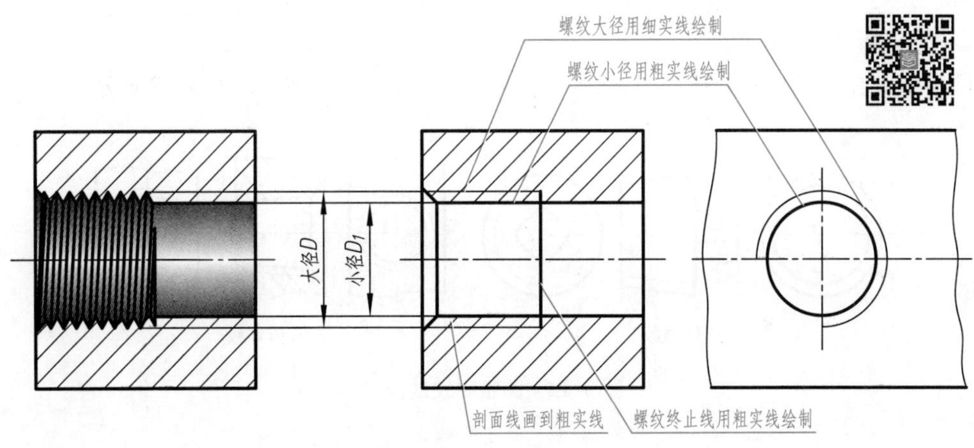

图 8–8　内螺纹的剖视画法

在平行于螺纹轴线的投影面上的视图如不采用剖视表达，则螺纹用细虚线画出，如图 8–9 所示。

绘制不穿通的螺纹孔时，应将钻头所钻孔和螺纹结构分别画出，钻孔底部的锥角画成 120°，如图 8–10 所示。

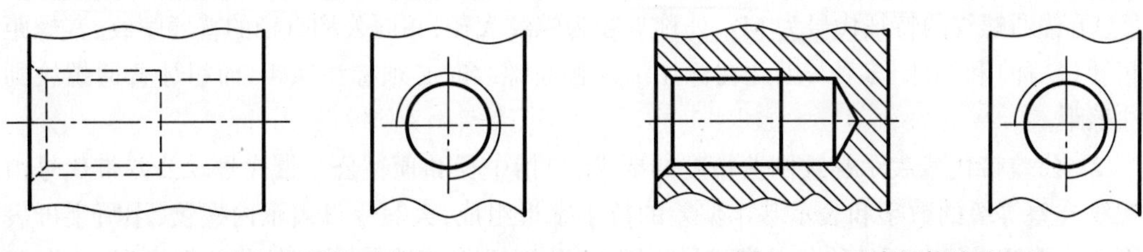

图 8–9　未剖内螺纹画法　　图 8–10　不穿通螺纹孔画法

3. 螺纹连接的画法

内、外螺纹旋合在一起称为螺纹连接。国家标准规定，在投影为非圆的剖视图中，其旋合部分按外螺纹画法绘制，非旋合部分仍按各自的画法表示。需要注意的是，表示螺纹的大、小径的粗实线和细实线应分别对齐。在投影为圆的剖视图中，其连接部分按外螺纹绘制。螺纹连接的画法如图 8-11 所示。

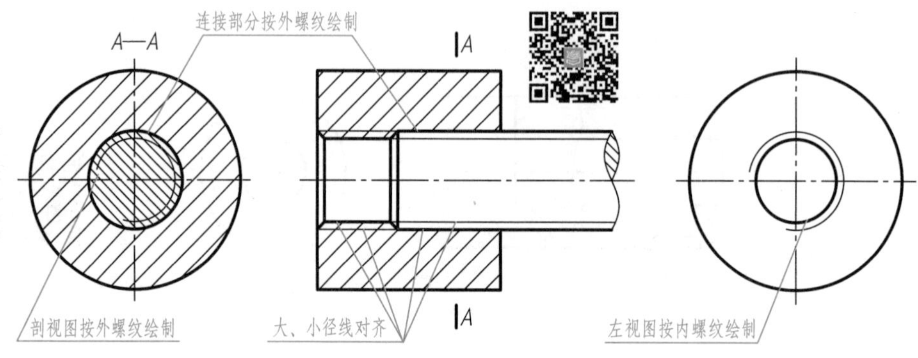

图 8-11 螺纹连接的画法

4. 圆锥螺纹的画法

圆锥螺纹在投影为圆的视图中，只画出可见的牙顶圆和牙底圆，如图 8-12 所示。

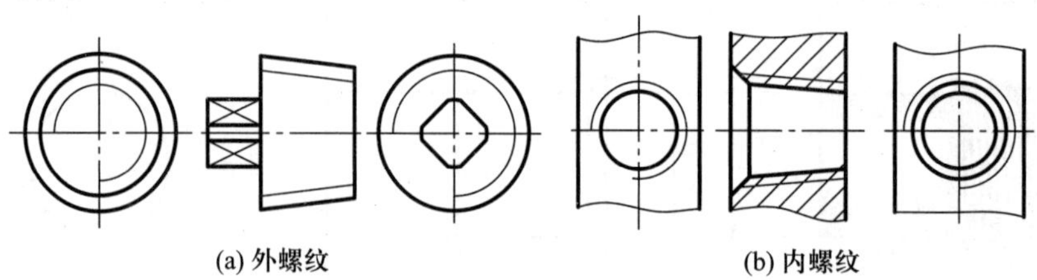

(a) 外螺纹　(b) 内螺纹

图 8-12 圆锥螺纹的画法

8.1.5 螺纹的标注

由于螺纹采用国家标准规定的画法，为了便于识别螺纹的种类、五个要素及其加工精度和旋合长度，必须按规定的格式对螺纹进行标注。

1. 普通螺纹

普通螺纹的标记格式和内容如下：

[螺纹特征代号] [公称直径] × [螺距] - [中径、顶径公差带代号] - [旋合长度代号] - [旋向代号]

(1) 普通螺纹的特征代号为 M。公称直径为螺纹大径，相同公称直径的普通螺纹，其螺距分为粗牙（一种）和细牙（多种），因此在标注细牙普通螺纹时必须标注螺距，而粗牙普通螺纹则不标注螺距。

(2) 公差带代号表示螺纹制造精度的要求，包括中径和顶径公差带代号。公差带代号由表示螺纹公差等级的数字和表示基本偏差的拉丁字母组成，大写字母表示内螺纹，小写字母表示外螺纹。螺纹中径和顶径的公差带代号不同，应分别标注，例如一外螺纹公差带为“5g6g”，其中

“5g”是中径公差带代号，“6g”是顶径公差带代号。如果一内螺纹的中径和顶径公差带代号相同，则只标注一组，如“6H”。普通螺纹公差带代号见表 8–2。

表 8–2 普通螺纹公差带代号（摘自 GB/T 197—2018）

精度等级	内螺纹公差带			外螺纹公差带		
	S	N	L	S	N	L
精密度	4H	5H	6H	(3h4h)	*4h (4g)	(5h4h) (5g4g)
中精度	*5H (5G)	*6H*6G	*7H (7G)	(5h6h) (5g6g)	*6e *6f *6g 6h	(7h6h) (7g6g) (7e6e)
粗精度		7H (7G)	8H (8G)		(8e) 8g	9g8g (9e8e)

注：带 * 号的公差带代号优先选用；加括号的尽量不用。

(3) 旋合长度代号分为 S、N、L 三种，分别表示短、中等、长旋合长度。一般选用中等旋合长度，不需要标注。而短旋合长度和长旋合长度则需要标注相应的代号。

(4) 常用的是右旋螺纹，不标注旋向代号；左旋螺纹标注旋向代号“LH”。

普通螺纹标注举例：

公称直径为 20 mm 的单线粗牙普通外螺纹，螺距为 2.5 mm，右旋，中径、顶径公差带代号分别为 5g、6g，短旋合长度，标记形式为 M20–5g6g–S，其标注如图 8–13a 所示。

公称直径为 16 mm 的单线细牙普通内螺纹，螺距为 1.5 mm，左旋，中径、顶径公差带代号均为 6H，长旋合长度，标记形式为 M16 × 1.5–6H–L–LH，其标注如图 8–13b 所示。

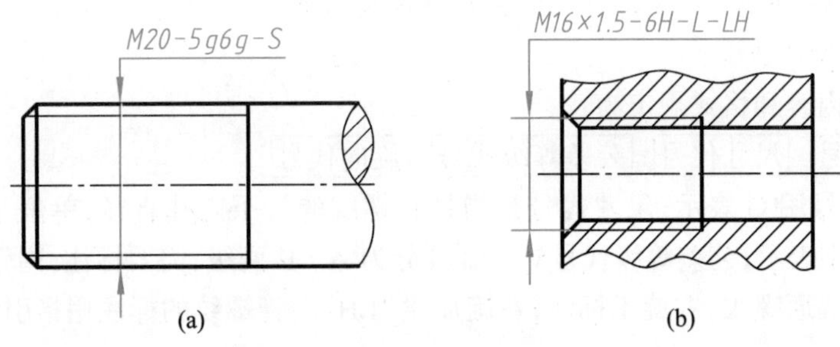

图 8–13 普通螺纹的标注

2. 梯形螺纹

梯形螺纹分为单线梯形螺纹和多线梯形螺纹，其标记格式和内容分别如下。

单线梯形螺纹：

[螺纹特征代号] [公称直径] × [螺距] [旋向代号] – [中径公差带代号] – [旋合长度代号]

多线梯形螺纹：

[螺纹特征代号] [公称直径] × [导程（P 螺距）] [旋向代号] – [中径公差带代号] – [旋合长度代号]

(1) 公差带代号

梯形螺纹只标注中径公差带代号。

(2) 旋合长度代号

梯形螺纹旋合长度分为中等旋合长度、长旋合长度两组，分别用代号“N”“L”表示。

梯形螺纹标注的注意事项同普通螺纹。

3. 锯齿形螺纹

锯齿形螺纹特征代号为"B",其标注与梯形螺纹相同。

标注举例:

公称直径为32 mm,单线,螺距为6 mm,左旋的梯形外螺纹,中径公差带代号为8e,长旋合长度,标记形式为Tr32×6LH–8e–L,其标注如图8–14a所示。

公称直径为32 mm,双线,螺距为6 mm,右旋的梯形内螺纹,中径公差带代号为7H,中等旋合长度,标记形式为Tr32×12(P6)–7H,其标注如图8–14b所示。

公称直径为40 mm,双线,螺距为7 mm,左旋的锯齿形内螺纹,中径公差带代号为8H,长旋合长度,标记形式为B40×14(P7)LH–8H–L,其标注如图8–14c所示。

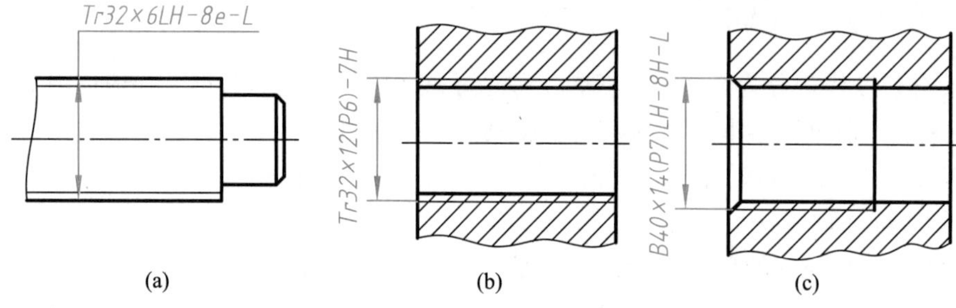

图8–14 梯形、锯齿形螺纹标注

4. 管螺纹

管螺纹分为55°非密封管螺纹和55°密封管螺纹两种。

(1) 55°非密封管螺纹

完整标记的内容和格式规定为:

螺纹特征代号 尺寸代号 公差等级代号–旋向代号

螺纹特征代号用G表示;尺寸代号是指带有螺纹的管子内孔直径,单位是in(英寸),用不加单位符号的数字表示;公差等级代号对外螺纹分为A、B两级,需要标注,内管螺纹则不标注;旋向代号标注同普通螺纹,右旋不标注,左旋加注"LH"。管螺纹的标注用指引线由螺纹大径线引出。

标注举例:

55°非密封的外管螺纹,尺寸代号为3/4,左旋,公差等级为A级,标记形式为G3/4A–LH,其标注如图8–15a所示。

55°非密封的内管螺纹,尺寸代号为1,右旋,标记形式为G1,其标注如图8–15b所示。

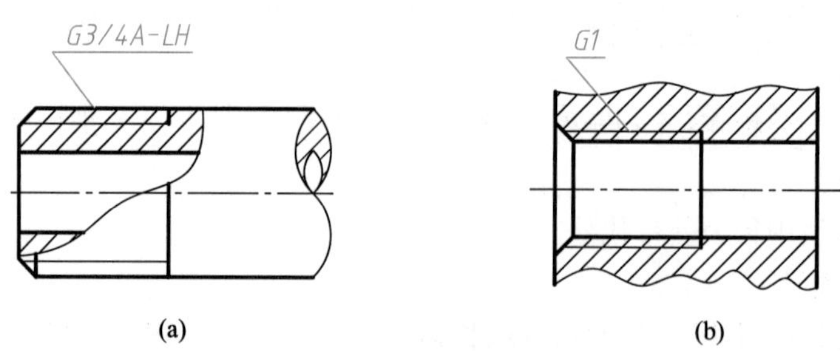

图8–15 55°非密封管螺纹的标注

(2) 55° 密封管螺纹

完整标记的内容和格式规定为：

螺纹特征代号　尺寸代号-旋向代号

螺纹的特征代号，Rc 表示圆锥内螺纹，Rp 表示圆柱内螺纹，R_1 表示与圆柱内螺纹旋合的圆锥外螺纹，R_2 表示与圆锥内螺纹旋合的圆锥外螺纹。

55° 密封管螺纹尺寸代号、旋向代号的含义和标注与 55° 非密封管螺纹相同。

标注举例：

用 55° 密封的与圆柱内螺纹旋合的圆锥外螺纹，尺寸代号为 3/4，右旋，标记形式为 $R_1$3/4，其标注如图 8-16a 所示。

55° 密封的圆锥内螺纹，尺寸代号为 1/2，左旋，标记形式为 Rc1/2-LH，其标注如图 8-16b 所示。

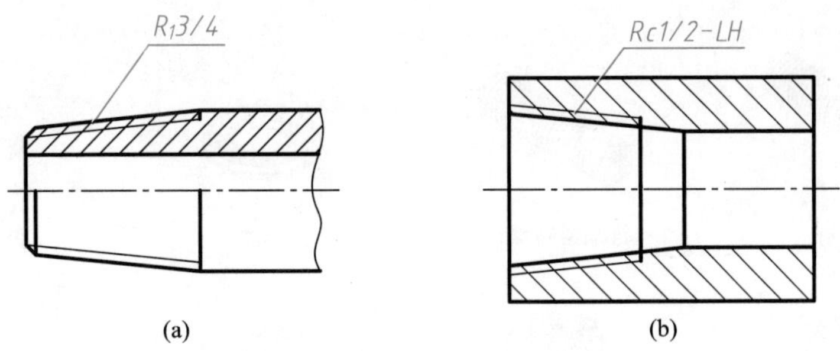

图 8-16　55° 密封管螺纹的标注

内、外螺纹旋合在一起形成螺纹副，其标记一般不注出。如需标注，普通螺纹副可注写为 M20 × 1.5-6H/6g-LH，梯形螺纹副可注写为 Tr32 × 12（P6）-8H/8e-L。螺纹副的标记中，内螺纹的公差带在前，外螺纹的公差带在后，二者之间用“/”分开。

5. 特殊螺纹

图 8-17 所示为牙型符合标准的特殊螺纹的标注，应在螺纹特征代号前加注“特”字。

6. 非标准螺纹

图 8-18 所示为牙型不符合标准的非标准螺纹，需画出牙型并标注全部尺寸。

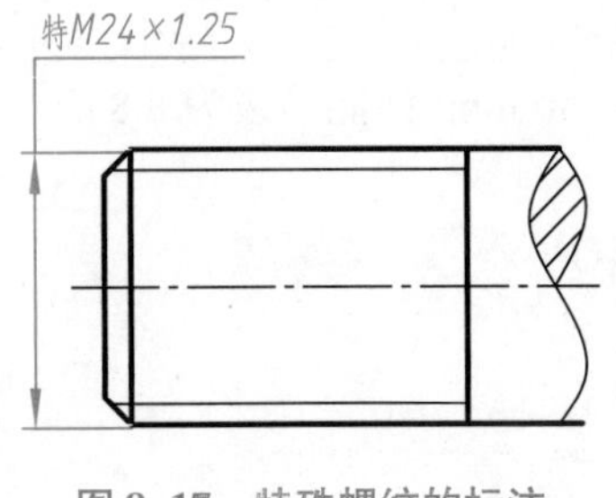

图 8-17　特殊螺纹的标注

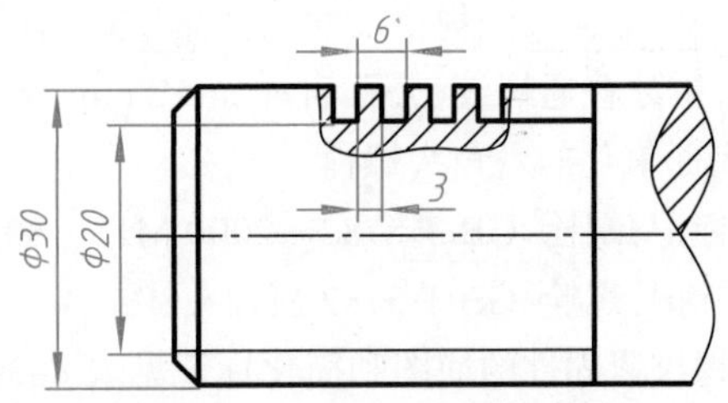

图 8-18　非标准螺纹的标注

8.2 螺纹紧固件及其装配画法

8.2.1 螺纹紧固件的种类及其标记

螺纹紧固件起连接和紧固一些零件的作用，图 8-19 所示为常用的螺纹紧固件。

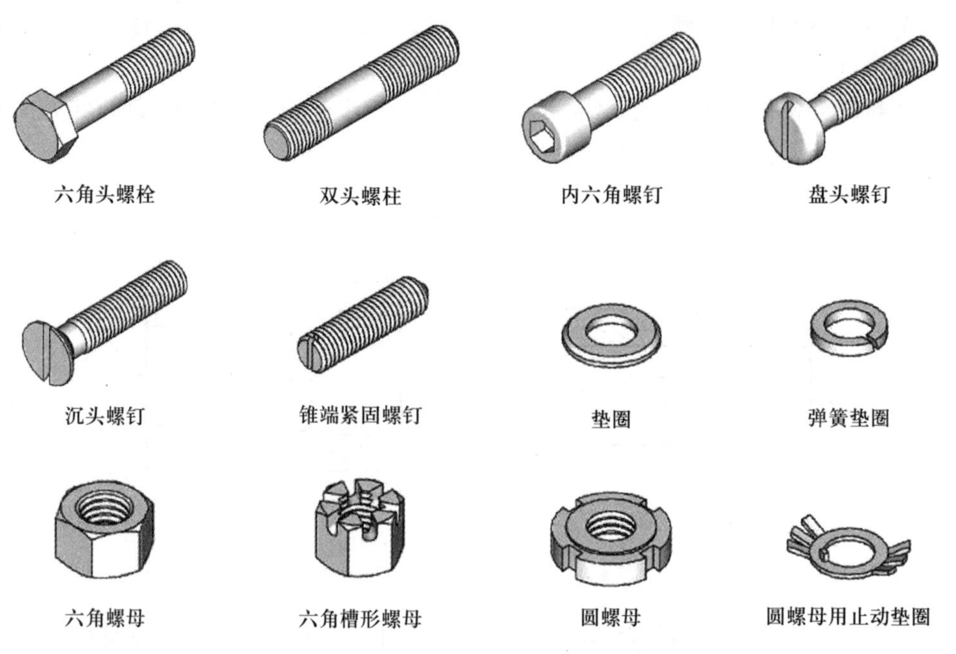

图 8-19 常用的螺纹紧固件

1. 螺纹紧固件的标记

螺纹紧固件由专门的工厂批量生产，在设计中只需确定螺纹紧固件的名称、规格、标记，以便购买选用。

根据 GB/T 1237—2000 规定，螺纹紧固件标记方法分为完整标记和简化标记两种。完整标记内容和格式为：

名称 标准编号 规格尺寸 产品型式-材料牌号或性能等级-产品等级-表面处理

例如，粗牙普通螺纹、公称直径 d=12 mm、公称长度 l=80 mm、性能等级为 8.8 级、产品等级为 A 级、表面氧化的六角头螺栓，

完整标记：螺栓 GB/T 5782—2000 M12 × 80-8.8-A-O

简化标记：螺栓 GB/T 5782 M12 × 80

常用螺纹紧固件的简图和简化标记见表 8-3。

表 8-3 常用螺纹紧固件的简图和简化标记

名称及国家标准编号	图例	标记示例
六角头螺栓 (GB/T 5782—2016)	M12 60	螺纹规格为 M12、公称长度 l=60 mm、性能等级为 8.8 级、表面氧化、产品等级为 A 级的六角头螺栓： 螺栓 GB/T 5782 M12 × 60
双头螺柱 (GB/T 897~900—1988)	M12 b_m 60	两端均为粗牙普通螺纹，d=12 mm、l=60 mm、性能等级为 4.8 级、不经表面处理、B 型、b_m=1.25d 的双头螺柱： 螺柱 GB/T 898 M12 × 60
开槽圆柱头螺钉 (GB/T 65—2016)	M10 50	螺纹规格为 M10、公称长度 l=50 mm、性能等级为 4.8 级、不经表面处理的开槽圆柱头螺钉： 螺钉 GB/T 65 M10 × 50
开槽沉头螺钉 (GB/T 68—2016)	M10 50	螺纹规格为 M10、公称长度 l=50 mm、性能等级为 4.8 级、不经表面处理的开槽沉头螺钉： 螺钉 GB/T 68 M10 × 50
开槽锥端紧定螺钉 (GB/T 71—2018)	M6 25	螺纹规格为 M6、公称长度 l=25 mm、性能等级为 14 级、表面氧化的开槽锥端紧定螺钉： 螺钉 GB/T 71 M6 × 25
1 型六角螺母 (GB/T 6170—2015)	M12	螺纹规格为 M12、性能等级 8 级、不经表面处理、产品等级为 A 级的六角螺母： 螺母 GB/T 6170 M12
平垫圈 (GB/T 97.1—2002) 平垫圈 倒角型 (GB/T 97.2—2002)	ϕ12.5	标准系列、公称直径 d=12 mm、硬度等级为 140 HV、表面氧化、产品等级为 A 级的平垫圈： 垫圈 GB/T 97.1 12
标准型弹簧垫圈 (GB/T 93—1987)	ϕ12.2	规格为 12 mm、材料为 65 Mn、表面氧化的标准型弹簧垫圈： 垫圈 GB/T 93 12

2. 螺纹紧固件画法

螺纹紧固件各部分尺寸可以从相应的国家标准中查出，但在绘图中为了简便和提高效率，一般不必查表绘图而采用比例画法。所谓比例画法，就是当螺纹大径选定后，除了螺纹紧固件的有效长度要根据被紧固零件的实际情况确定之外，螺纹紧固件的其他各部分都按大径 d（或 D）成一定比例的数值来绘制，如图 8-20 所示。

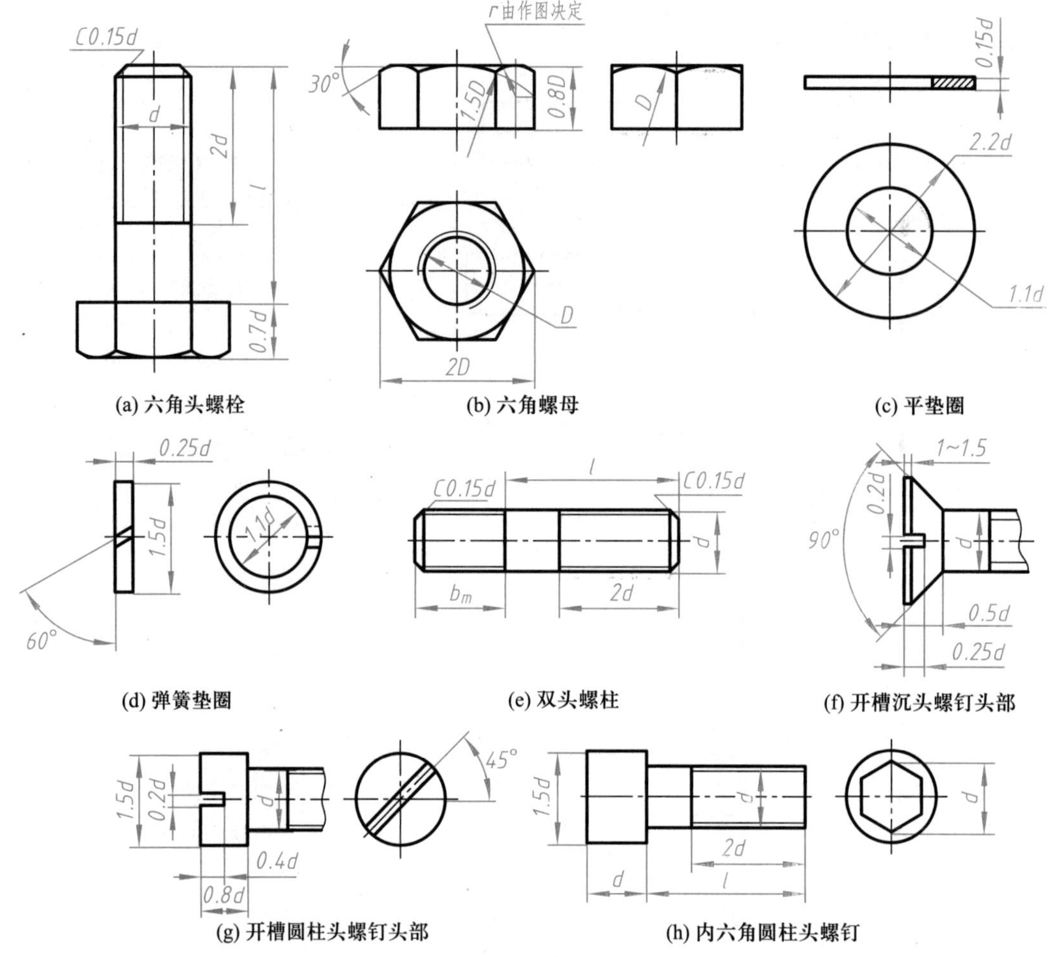

(a) 六角头螺栓　(b) 六角螺母　(c) 平垫圈

(d) 弹簧垫圈　(e) 双头螺柱　(f) 开槽沉头螺钉头部

(g) 开槽圆柱头螺钉头部　(h) 内六角圆柱头螺钉

图 8-20　螺纹紧固件的比例画法

8.2.2　螺纹紧固件的装配图画法

工程上常见的螺纹紧固件连接形式有螺栓连接、双头螺柱连接和螺钉连接三种，如图 8-21 所示。

绘制紧固件连接装配图时，应遵守下列规定：

(1) 两零件的接触表面只画一条线，不接触表面应画两条线。

(2) 在剖视图中，相邻两零件的剖面线方向应相反，或者方向一致但间隔不等；同一零件在不同剖视图中剖面线的方向、间隔应相同。

(3) 剖切平面通过标准件或实心杆件的轴线时，这些零件均按不剖绘制。

1. 螺栓连接

螺栓连接由螺栓、螺母、垫圈等组成，用于两个或两个以上不太厚并能钻成通孔的零件之间的连接，如图 8-21a 所示。先在被紧固零件上钻直径为 1.1d 的通孔，然后用螺栓穿过零件的通孔，加上垫圈，最后用螺母紧固。

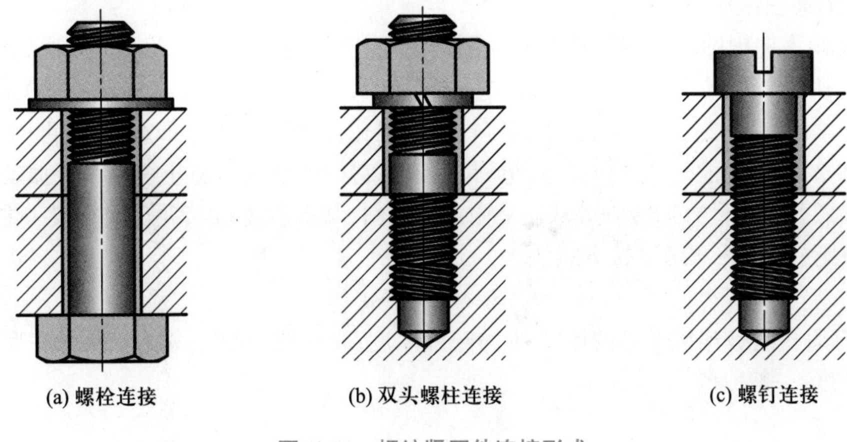

(a) 螺栓连接　(b) 双头螺柱连接　(c) 螺钉连接

图 8-21 螺纹紧固件连接形式

螺栓的长度应通过计算后查表选定，先按下式估算：

$$l=\delta_1+\delta_2+h+m+a$$

式中：δ_1、δ_2 为被紧固零件厚度；h 为垫圈厚度；m 为螺母厚度；a 为螺栓伸出螺母外的长度，一般取 $(0.2\sim0.3)d$。

计算出 l 后，从螺栓的标准长度系列中选取一个 $\geqslant l$ 的标准值。

螺栓连接装配图的画法如图 8-22 所示。

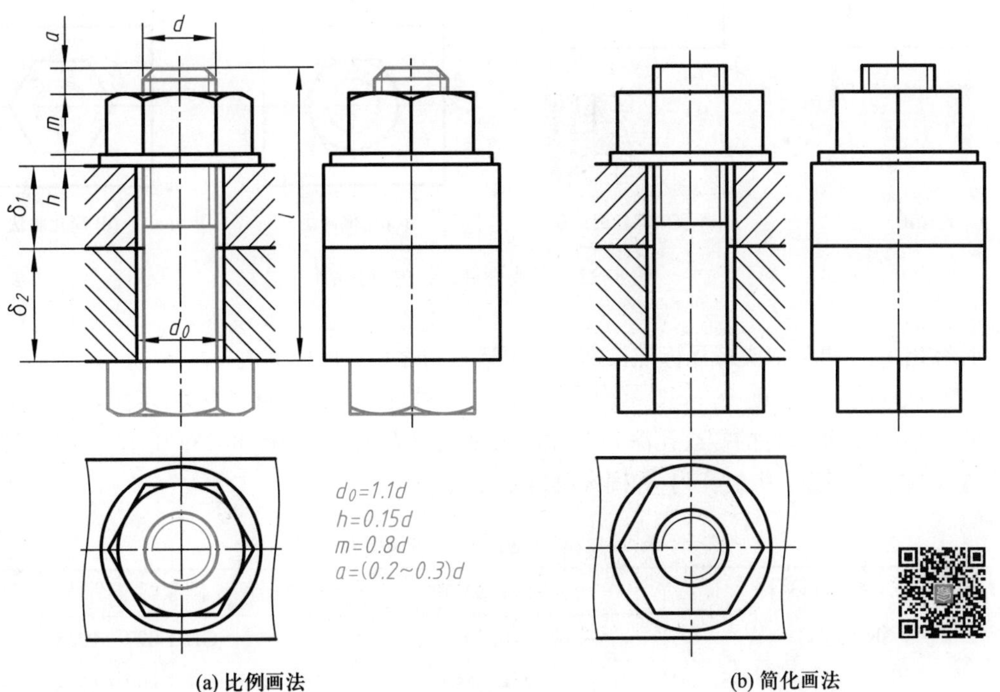

(a) 比例画法　(b) 简化画法

图 8-22 螺栓连接装配图的画法

2. 双头螺柱连接

两被连接零件中的一个零件较厚而不便钻成通孔时，可在其上加工出不穿通螺纹孔，采用双头螺柱连接。公称直径为 d 的双头螺柱一端叫旋入端，它旋入较厚被连接零件的螺纹孔中；另一端称为紧固端，它穿过较薄的被连接零件上的通孔，孔径为 1.1 d，加上垫圈，再用螺母拧紧，画法如图 8–23 所示。图中垫圈为弹簧垫圈，可依靠它的弹性变形防止螺母因受振动而自动松脱。弹簧垫圈开口槽的方向应画成从左上向右下倾斜，与水平成 60°，并且仅在某一主要视图中表示。双头螺柱的公称长度 l 按下式估算：

$$l=\delta+h+m+a$$

式中：δ 为有通孔的被连接零件的厚度；h 为垫圈厚度；m 为螺母厚度；a 为双头螺柱紧固端伸出螺母外的长度，一般取值 $(0.2\sim0.3)d$。

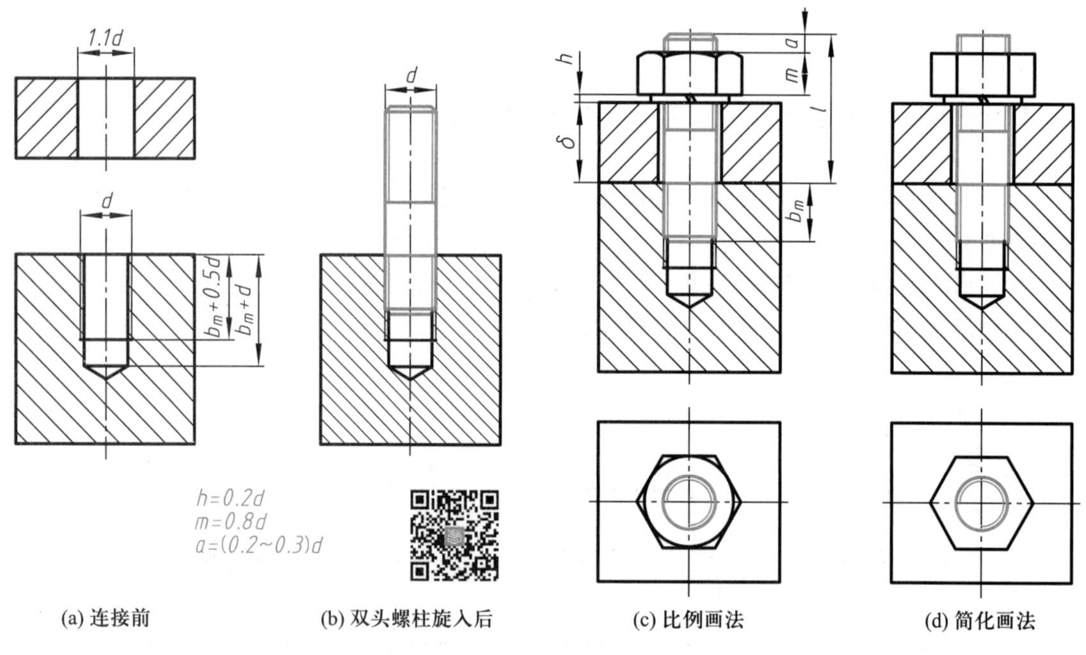

(a) 连接前 (b) 双头螺柱旋入后 (c) 比例画法 (d) 简化画法

图 8–23 双头螺柱连接的画法

计算出 l 后，再从双头螺柱标准长度系列中选取与之相近的标准值。

双头螺柱旋入端长度 b_m 与双头螺柱公称直径 d、被旋入零件的材料有关，可按表 8–4 选取。画图时，较厚被连接零件的螺纹孔深 $l_1=b_m+0.5d$，钻孔深 $l_2=b_m+d$，如图 8–23a 所示。双头螺柱的旋入端应画成全部旋入螺纹孔内，如图 8–23b 所示。

表 8–4 双头螺柱旋入端长度 b_m

被旋入零件的材料	旋入端长度	国家标准编号
钢、青铜	$b_m=d$	GB/T 897—1988
铸铁	$b_m=1.25d$ $b_m=1.5d$	GB/T 898—1988 GB/T 898—1988
铝合金	$b_m=2d$	GB/T 900—1988

3. 螺钉连接

螺钉按用途分为紧定螺钉和连接螺钉。

连接螺钉用于受力不大的连接场合，与双头螺柱连接不同的是不用螺母而是依靠螺钉头部压紧来实现两个被连接零件的连接。连接时，在较厚的被连接零件上加工出螺纹孔，而在另一个零件上加工出通孔，孔的直径为 1.1d，将螺钉穿过通孔零件而旋入带有螺纹孔的零件实现连接。螺钉连接装配图的画法如图 8–24 所示。

(1) 确定螺钉公称长度 l

由式 $l=\delta+b_m$ 估算螺钉长度。其中 δ 为较薄的被连接零件的厚度；b_m 为螺钉旋入螺纹孔的深度，因被旋入零件材料的不同而不同，可参照确定双头螺柱旋入端长度 b_m 的方法选取。估算出螺钉长度后，再按国家标准中螺钉公称长度系列选择与之相近的标准值。

(2) 螺钉头部槽口(起子槽)，在投影为圆的视图上，槽口应绘制成与中心线倾斜成 45°。当槽口宽度 <2mm 时，可涂黑表示。

(3) 为了连接可靠，螺钉上的螺纹不能全部旋入螺纹孔内，即螺钉上螺纹终止线应在螺纹孔口以上，如图 8–24c 所示。

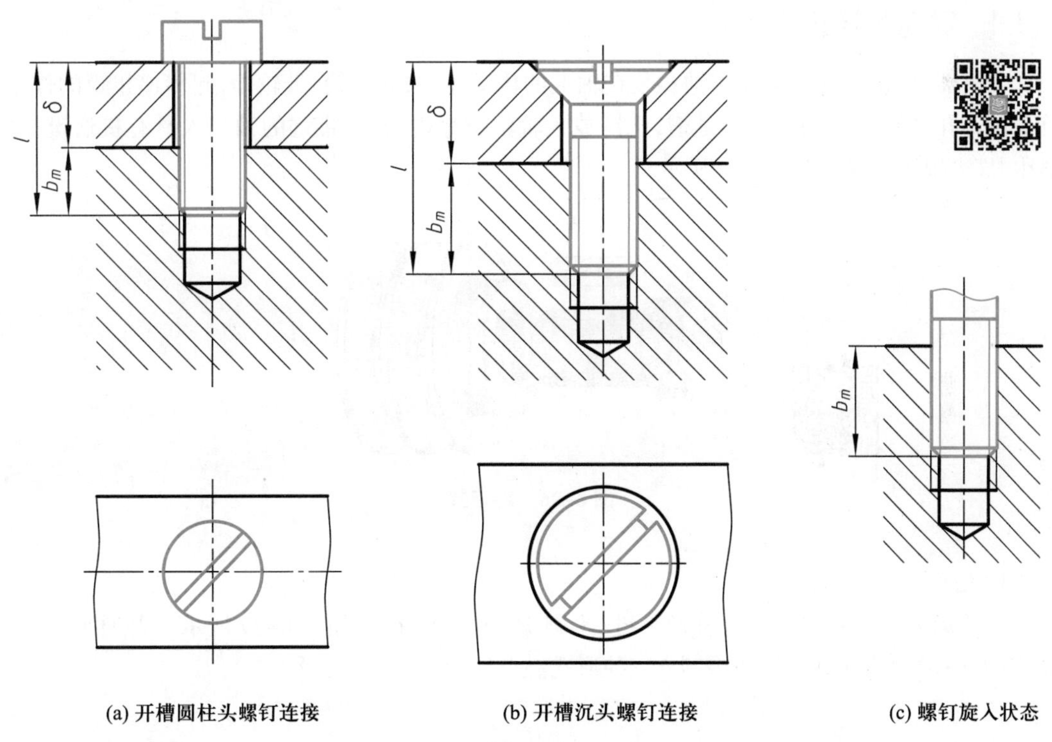

(a) 开槽圆柱头螺钉连接　　(b) 开槽沉头螺钉连接　　(c) 螺钉旋入状态

图 8–24　螺钉连接的画法

紧定螺钉用来固定零件间的相对位置，使它们不产生相对运动。如图 8–25 中的轴与齿轮的轴向定位，采用开槽锥端紧定螺钉旋入轮毂的螺纹孔内，使螺钉端部的 90° 锥面与轴上的 90° 锥坑压紧，从而达到固定轴和齿轮相对位置的目的。

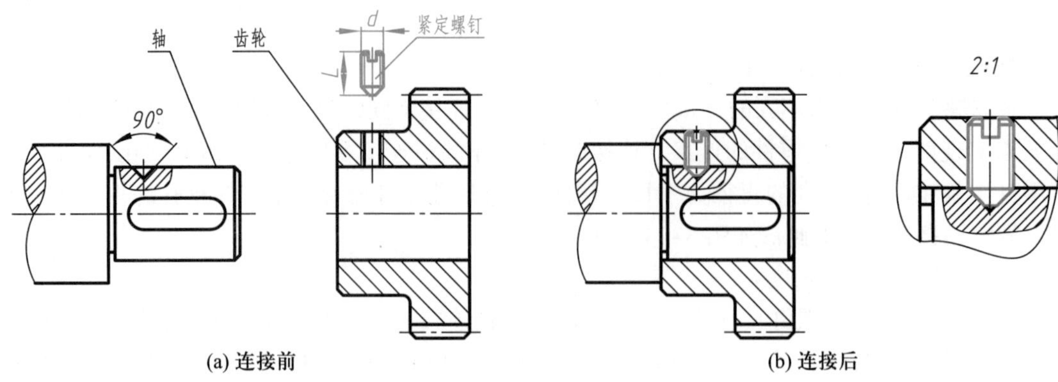

(a) 连接前 (b) 连接后

图 8-25 紧定螺钉连接的画法

8.3 键连接和销连接

8.3.1 键及其连接

在机器中，键通常用来连接轴和装在轴上的传动零件，如齿轮、带轮等，起传递扭矩的作用。通常在轮孔和轴上分别加工出键槽，把键放入轴的键槽内，再将带键的轴装入具有贯通键槽的轮孔中，实现键连接，如图 8-26 所示。

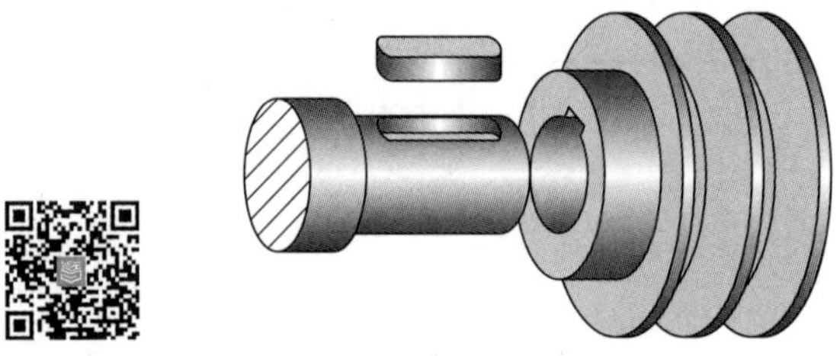

图 8-26 键连接

1. 键的种类和标记

键是标准件，种类很多，有普通平键、半圆键、钩头楔键等，如图 8-27 所示。普通平键有 A 型（圆头）、B 型（方头）、C 型（单圆头）三种形式。

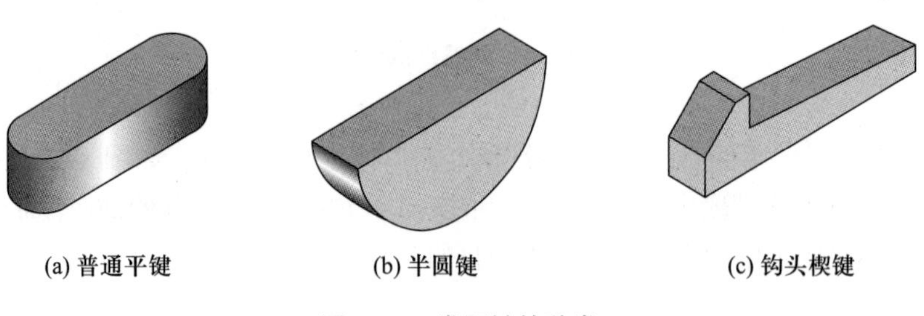

(a) 普通平键 (b) 半圆键 (c) 钩头楔键

图 8-27 常用键的种类

常用键的形式和规定标记见表 8–5。

表 8–5　常用键的形式和规定标记

名称及国家标准编号	图例	标记示例
普通型 平键 (GB/T 1096—2003)	h　b　L	普通 A 型平键，b=18 mm、h=11 mm、L=100 mm，标记为： GB/T 1096 键 18 × 11 × 100
半圆键 (GB/T 1098—2003)	L　b　h　d	半圆键，b=6 mm、h=10 mm、d=25 mm、L=24.5 mm，标记为： GB/T 1099 键 6 × 10 × 24.5
钩头锲键 (GB/T 1565—2003)	45°　1:100　h　b　L	钩头锲键，b=18 mm、h=11 mm、L=100 mm，标记为： GB/T 1565 键 18 × 11 × 100

2. 键槽与键连接的画法

轴上和轮毂孔中键槽的加工方法如图 8–28 所示，轮毂孔（图 8–28a）中的键槽通常是贯通的。

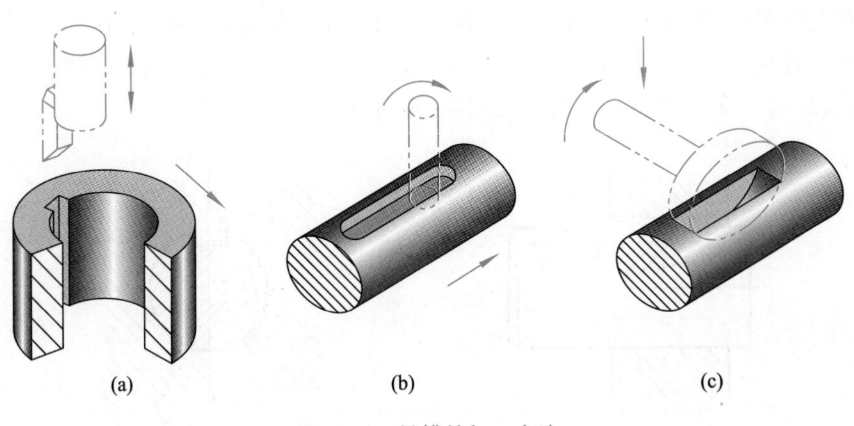

(a)　(b)　(c)

图 8–28　键槽的加工方法

绘制键槽时，键槽尺寸应依据轴（或轮毂孔）直径从键的相应国家标准中查取（见附录）。图 8-29a 为轮毂中键槽的画法，轴上的圆头普通平键键槽的画法如图 8-29b、c 所示。

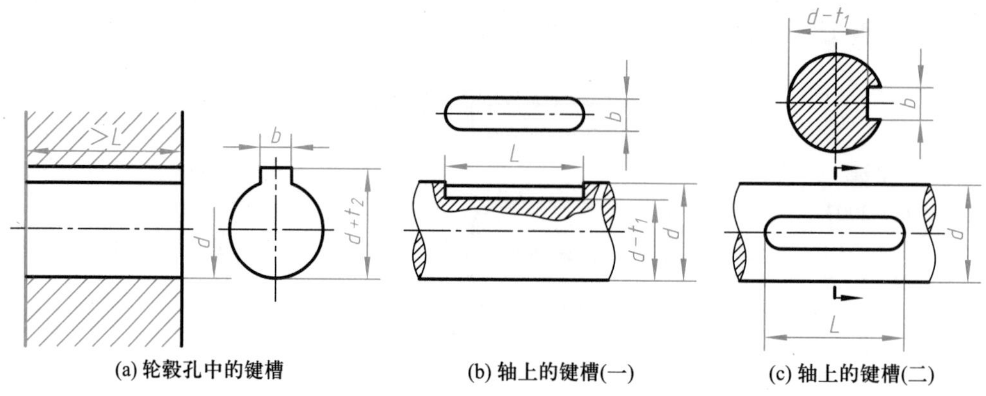

图 8-29　键槽画法及尺寸标注

键连接中，键的种类、键的长度 L、轴的直径 d 在设计中确定后，根据轴的直径 d 查阅键的国家标准以确定键的公称尺寸 b 和 h、轴和轮毂孔的键槽尺寸后，方可画键连接图。

普通平键连接和半圆键连接一样：键的两侧面为工作面，所以键的侧面与轴和轮毂孔中的键槽侧面接触；键的底面与轴上键槽的底面也应接触，没有间隙；如图 8-30 所示，键的顶面和轮毂键槽的底面是非工作面且没有接触，应画两条线，间隙值为 $d+t_2-(d-t_1+h)$。

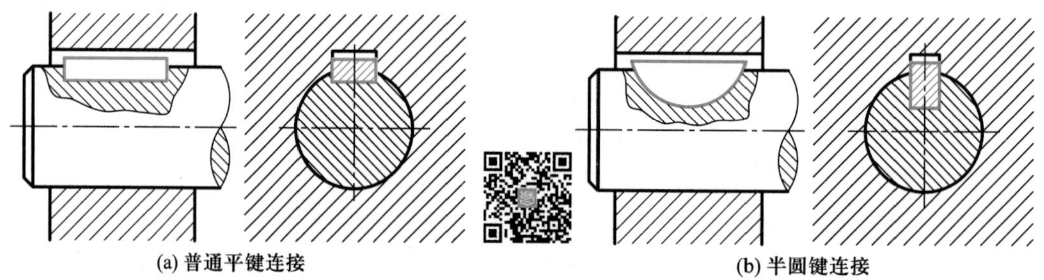

图 8-30　平键与半圆键连接的画法

键连接装配图中，按规定反映轴线的主视图（剖视）中键轮廓内不画剖面线。

钩头楔键连接的画法如图 8-31 所示。钩头楔键顶面有 1 : 100 的斜度，装配后其顶面与底面为接触面，画成一条线，侧面应留有一定间隙，画两条线。

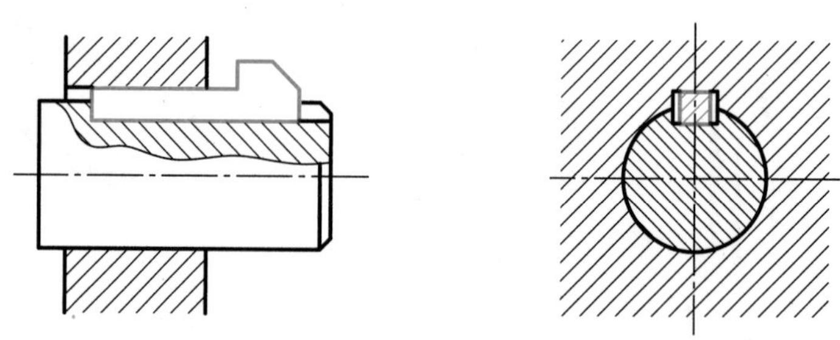

图 8-31　钩头楔键连接的画法

8.3.2 销及其连接

常用的销有圆柱销、圆锥销和开口销等，如图 8–32 所示，通常用于零件间的连接和定位。开口销与开槽螺母配合使用时，销穿过螺母上的槽和螺杆上的孔，可用来防止螺母松脱。

(a) 圆柱销　(b) 圆锥销　(c) 开口销

图 8–32　销的种类

常用的圆柱销分为不淬硬钢圆柱销和淬硬钢圆柱销两种。不淬硬钢圆柱销直径公差有 m6 和 h8 两种，淬硬钢圆柱销直径公差只有 m6 一种。淬硬钢圆柱销因淬火方式不同分为 A 型（普通淬火）和 B 型（表面淬火）两种；圆锥销分为 A 型（磨削）和 B 型（切削或冷镦）两种，公称直径指小端的直径。开口销的公称规格尺寸是指与开口销相配的销孔直径，而开口销的实际直径小于其公称规格尺寸。销的标记格式同样有完整标记和简化标记之分。

例如，公称直径 d=8 mm，公差为 m6，公称长度 l=30 mm，材料为钢，A 型（普通淬火），表面氧化处理的淬硬钢圆柱销，

完整标记：销 GB/T 119.2—2000 8m6 × 30 A–O；

简化标记：销 GB/T 119.2 8 × 30

销的形式、标记示例及其连接画法见表 8–6，有关尺寸可在销的国家标准中查取（见附录）。

表 8–6　销的形式、标记示例及其连接画法

名称及国家标准编号	图例	标记示例	连接画法示例
圆柱销 不淬硬钢和奥氏体不锈钢（GB/T 119.1—2000） 圆柱销 淬硬钢和马氏体不锈钢（GB/T 119.2—2000）		公称直径 d=8 mm、公差为 m6、l=30 mm、材料为不经表面处理的不淬硬钢的圆柱销： 销 GB/T 119.1 8m6×30	
圆锥销（GB/T117—2000）		公称直径 d=8 mm、l=30 mm、材料为 35 钢、表面氧化、不淬硬的 A 型圆锥销： 销 GB/T 117 8 × 30	

续表

名称及国家标准编号	图例	标记示例	连接画法示例
开口销 （GB/T 91—2000）		公称直径 d=12 mm、l=50 mm、材料为低碳钢、不经热处理的开口销： 销 GB/T 91 12 × 50	

用销连接和定位的两个零件上的销孔，应在装配时一起加工，并且在零件图上注明“装配时作”或“与 × × 件配作”等字样，如图 8-33 所示。

图 8-33 销孔及尺寸标注

8.4 滚动轴承

在机器中，轴承用来支承转动轴。轴承分为滚动轴承和滑动轴承，滚动轴承具有摩擦系数小、结构紧凑等优点，是被广泛使用在机器或部件中的标准件。

8.4.1 滚动轴承的结构及其分类

1. 滚动轴承的结构

滚动轴承的种类很多，但其结构大致相同，一般由外圈、内圈、滚动体和保持架组成，如图 8-34 所示。

外圈（下圈）装在轴承座孔内，一般固定不动。内圈（上圈）装在轴上，随轴一起转动。滚动体排列在内、外圈之间，其形状有滚珠、圆柱滚子、圆锥滚子、滚针等。保持架用来将滚动体均匀隔开。

2. 滚动轴承分类

滚动轴承按所能承受力的方向可分为向心轴承、推力轴承和向心推力轴承三种。

向心轴承：主要承受径向力，如图 8-34a 所示的深沟球轴承以及圆柱滚子轴承等。

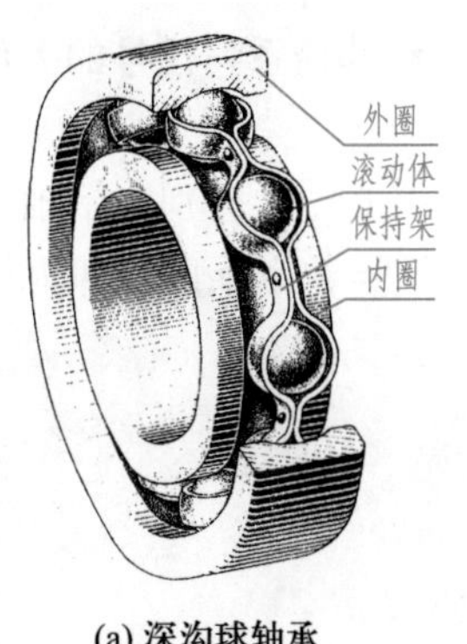

(a) 深沟球轴承

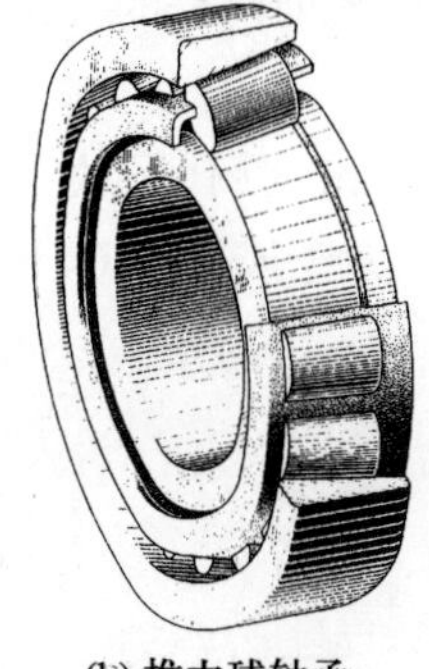

(b) 推力球轴承

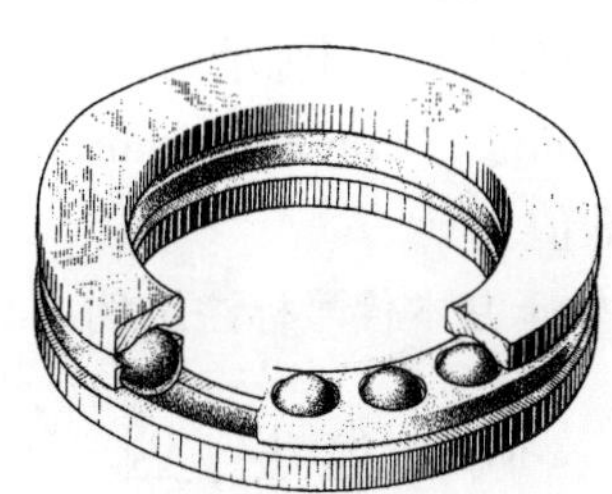

(c) 圆锥滚子轴承

图 8-34 滚动轴承的结构与形式

推力轴承：只承受轴向力，如图 8-34b 所示的推力球轴承。

向心推力轴承：能同时承受径向力和轴向力，如图 8-34c 所示的圆锥滚子轴承。

8.4.2 滚动轴承的代号和规定标记

1. 滚动轴承基本代号

根据国家标准 GB/T 272—2017 规定，滚动轴承代号由前置代号、基本代号、后置代号组成，三者的组合形式见表 8-7。

表 8-7 轴承代号的组合

<table>
<tr><td rowspan="3">前置代号</td><td colspan="4">基本代号</td><td rowspan="3">后置代号</td></tr>
<tr><td rowspan="2">类型代号</td><td colspan="2">尺寸系列代号</td><td rowspan="2">内径代号</td></tr>
<tr><td>宽(高)度系列代号</td><td>直径系列代号</td></tr>
</table>

轴承代号中，前置和后置代号是轴承代号的补充，无特殊要求时可省略。

滚动轴承基本代号包括：轴承类型代号、尺寸系列代号、内径代号。一般由 5 位数字组成，由右向左各位数字的含义：第一、二位数为轴承内径代号（非特殊时）；第三、四位数为尺寸系列代号；第五位数或字母表示轴承类型代号。

(1) 轴承类型代号。轴承类型代号用数字或字母表示，部分轴承名称与类型代号见表 8-8。

表 8-8 部分轴承名称与类型代号

轴承名称	类型代号	部分尺寸代号	轴承名称	类型代号	部分尺寸代号
双列角接触球轴承	0	32、33	推力球轴承	5	11、12、13
调心球轴承	1	(0)2、(0)3	深沟球轴承	6	(0)0、(1)0
调心滚子轴承	2	13、22、23	角接触球轴承	7	(0)2、(0)
圆锥滚子轴承	3	02、22、23	推力圆柱滚子轴承	8	11、12
双列深沟球轴承	4	(2)2、(2)3	圆柱滚子轴承	N	10、(0)2

注：在注写基本代号时，尺寸系列代号中括号内的数字可省略。

（2）尺寸系列代号。由轴承的宽（高）度系列代号的一位数字和外径系列代号的一位数字左右排列组成，见表 8-8。

（3）内径代号。当轴承内径为 10~480 mm 时，代号数字 00、01、02、03 分别表示轴承内径为 10 mm、12 mm、15 mm 和 17 mm，代号数字大于或等于 04 时，则代号数字乘以 5 即为轴承内径 d 的毫米数值。

滚动轴承基本代号标注示例：

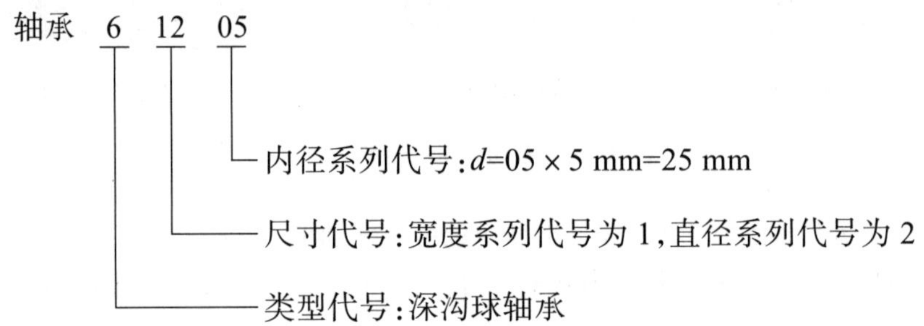

2. 滚动轴承的规定标记

滚动轴承的规定标记为：

滚动轴承 基本代号 标准编号

例如：滚动轴承 6204 GB/T 276—2013、滚动轴承 51306 GB/T 301—2015。

8.4.3 滚动轴承的画法

在装配图中，滚动轴承依据给出的轴承代号，由轴承标准中查出外径 D、内径 d、和宽度 $B(T)$ 等尺寸，可按特征画法或规定画法画出。常用滚动轴承的画法见表 8-9。

表 8-9　常用滚动轴承的画法

滚动轴承名称、类型及国家标准编号	规定画法	特征画法	主要参数
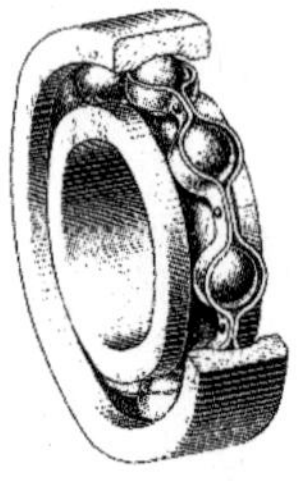 深沟球轴承 60000 型（GB/T 276—2013）	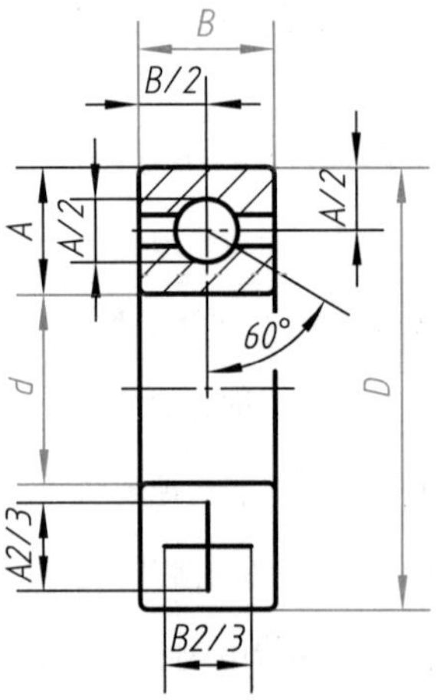 B, B/2, A, A/2, A/2, 60°, d, D, A2/3, B2/3	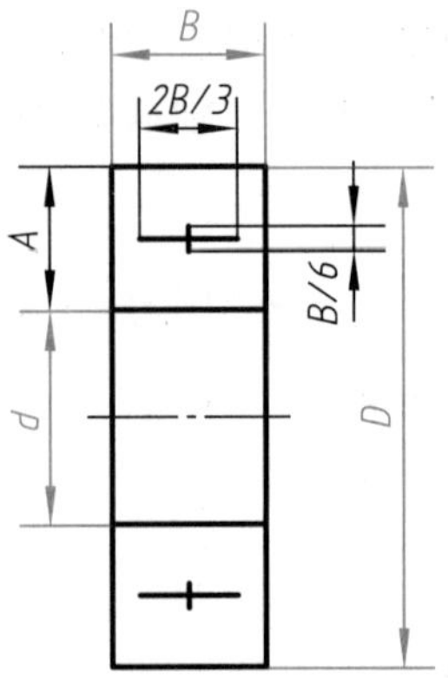 B, 2B/3, A, B/6, d, D	d、D、B 由附表 18 查出

续表

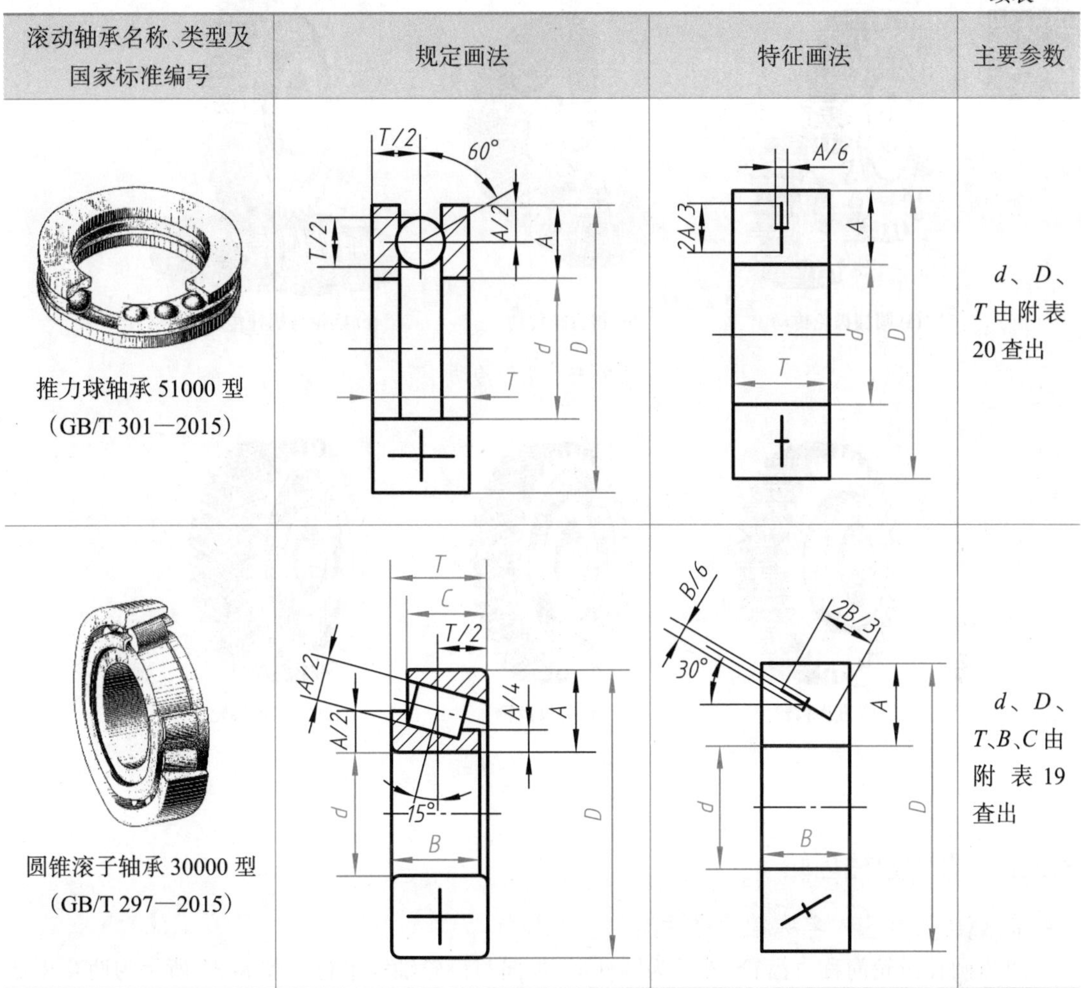

滚动轴承名称、类型及国家标准编号	规定画法	特征画法	主要参数
推力球轴承 51000 型（GB/T 301—2015）			*d*、*D*、*T* 由附表 20 查出
圆锥滚子轴承 30000 型（GB/T 297—2015）			*d*、*D*、*T*、*B*、*C* 由附表 19 查出

滚动轴承常用规定画法，只需简单表达时，可采用特征画法。在剖视图中，滚动轴承内、外圈剖面符号可相同，滚动体按不剖处理。同一图样中滚动轴承应采用同种画法。

8.5 齿轮

8.5.1 齿轮的作用及分类

齿轮是机器中的传动零件，齿轮传动是机械中最常见的一种传动形式，具有传动平稳、工作可靠、传动比大、效率高等特点。它不仅能传递动力，而且可以改变转速和回转方向。齿轮部分结构参数已标准化，称为常用件。

如图 8-35 所示，常见齿轮传动的形式有三种：圆柱齿轮传动、锥齿轮传动、蜗轮与蜗杆传动。齿轮轮齿的齿廓曲线可制成渐开线、摆线、圆弧曲线，按轮齿方向，圆柱齿轮又有直齿、斜齿、人字齿，如图 8-36 所示。齿轮有标准齿轮和非标准齿轮之分，本节主要讲述齿廓曲线为渐开线的标准直齿圆柱齿轮的有关基本知识。

(a) 圆柱齿轮传动

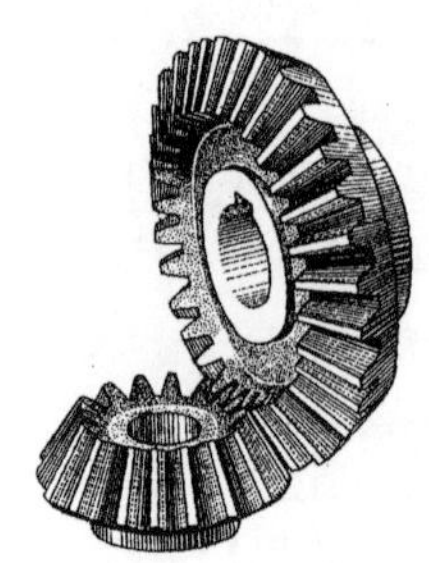

(b) 锥齿轮传动

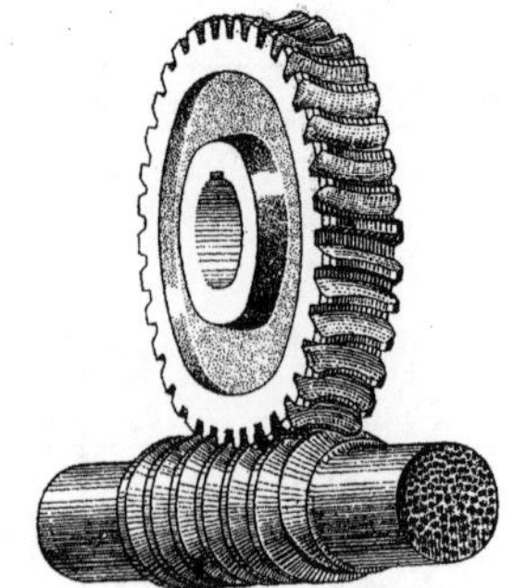

(c) 蜗轮与蜗杆传动

图 8–35 齿轮传动

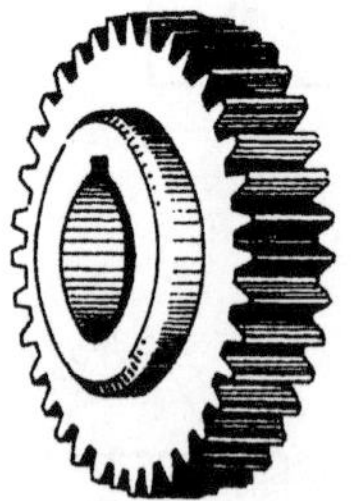

(a) 直齿齿轮

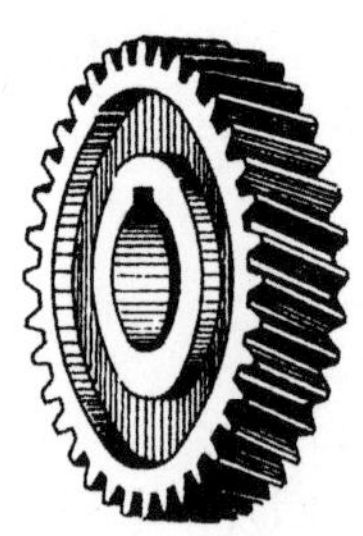

(b) 斜齿齿轮

(c) 人字齿齿轮

图 8–36 圆柱齿轮

8.5.2 直齿圆柱齿轮

1. 直齿圆柱齿轮名称和尺寸关系

直齿圆柱齿轮简称直齿轮，外形为圆柱形，齿向与齿轮轴线平行。图 8–37 所示为两互相啮合的直齿轮，各部分名称和代号如下：

(1) 齿顶圆直径 d_a 轮齿顶部的圆周直径。

(2) 齿根圆直径 d_f 齿槽根部的圆周直径。

(3) 分度圆直径 d 在齿顶圆和齿根圆之间，齿厚 s 和齿间 e 的弧长相等处的圆周直径。两啮合齿轮齿廓与齿轮中心连线 O_1O_2 的交点 P，称为节点(啮合点)。以 O_1P、O_2P 为半径画出两个圆，当齿轮传动时，可假想是这两圆在作无滑动的滚动，该两圆称为节圆，其直径代号为 d' 。

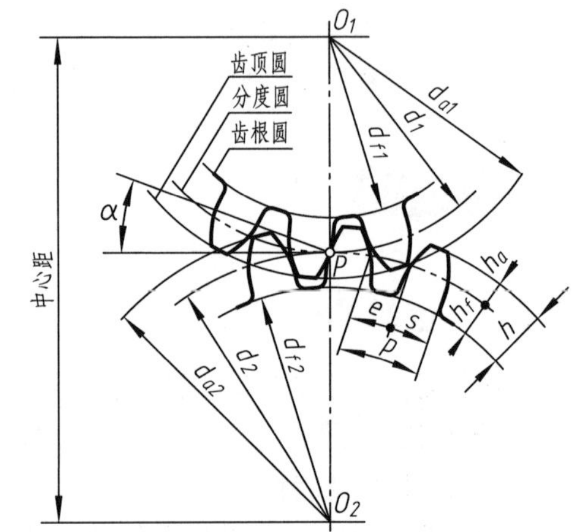

图 8–37 直齿圆柱齿轮各部分名称及代号

(4) 齿高 h 齿顶圆与齿根圆间的径向距离。齿顶圆与分度圆间的径向距离称为齿顶高，其代号为 h_a；齿根圆与分度圆间的径向距离称为齿根高，其代号为 h_f。显然，齿高等于齿顶高和齿根高之和，即 $h=h_a+h_f$。

(5) 齿距 p 分度圆上相邻两齿对应点之间的弧长称为齿距；每个轮齿齿廓在分度圆上的

弧长称为齿厚 s；在分度圆上相邻两齿之间的弧长称为齿间 e。对于标准齿轮，齿厚 s 和齿间 e 相等，为齿距 p 的一半，即 $s=e=p/2$。

(6) 模数 m　齿轮上有多少齿，在分度圆上就有多少齿距，即齿轮分度圆周长 $\pi d=pz$，则 $d=zp/\pi$，为了计算方便，令 $m=p/\pi$，就是将齿距 p 与圆周率 π 的比值称为齿轮的模数，用符号 m 表示，单位为 mm。模数愈大，齿轮承载能力愈大，反之愈小。为了便于设计、制造齿轮，圆柱齿轮模数已标准化，见表 8-10。

表 8-10　圆柱齿轮标准模数(GB/T 1357—2008)

第Ⅰ系列	1	1.25	1.5	2	2.5	3	4	5	6	8	10
	12	16	20	25	32	40	50				
第Ⅱ系列	1.125	1.375	1.75	2.25	2.75	3.5	4.5	5.5	(6.5)	7	9
	11	14	18	22	28	35	45				

注：优先选用第Ⅰ系列，其次是第Ⅱ系列，括号内的数值尽可能不用。

(7) 齿形角(压力角) α　在节点 K 处，两齿廓曲线的公法线与两节圆的公切线所夹的锐角称为压力角。而加工齿轮用的基本齿条的法向压力角，称为齿形角。标准直齿圆柱齿轮压力角和齿形角均以 α 表示。国家标准规定，标准齿形角 $\alpha=20°$。

互相啮合的两齿轮，它们的模数 m 和齿形角 α 应相等。

(8) 中心距 a　两啮合齿轮轴线之间的距离。对标准齿轮来说，中心距为两齿轮的分度圆半径之和：

$$a=(d_1+d_2)/2=m(z_1+z_2)/2$$

在设计齿轮时要先确定模数和齿数，轮齿其他各部分尺寸都可以由模数和齿数计算出来，标准直齿圆柱齿轮的计算公式见表 8-11。

表 8-11　标准直齿圆柱齿轮尺寸计算公式

各部分名称	代号	计算公式
分度圆直径	d	$d=mz$
齿顶高	h_a	$h_a=m$
齿根高	h_f	$h_f=1.25m$
齿高	h	$h=h_a+h_f=2.25m$
齿顶圆直径	d_a	$d_a=d+2h_a=m(z+2)$
齿根圆直径	d_f	$d_f=d-2h_f=m(z-2.5)$
中心距	a	$a=(d_1+d_2)/2=m(z_1+z_2)/2$

2. 单个圆柱齿轮的规定画法

为了简化表达齿轮轮齿部分，国家标准 GB/T 4459.2—2003 规定了齿轮的画法。

(1) 如图 8-38 所示，齿顶圆和齿顶线用粗实线绘制，分度圆和分度线用细点画线绘制，齿根圆和齿根线用细实线绘制，也可省略不画。

(2) 在剖切平面通过齿轮轴线所得的剖视图中，轮齿按不剖处理，齿根线用粗实线绘制。

(3) 在斜齿、人字齿齿轮非圆视图未剖处，画出三条平行的细实线表示轮齿方向，如图 8-39 所示。

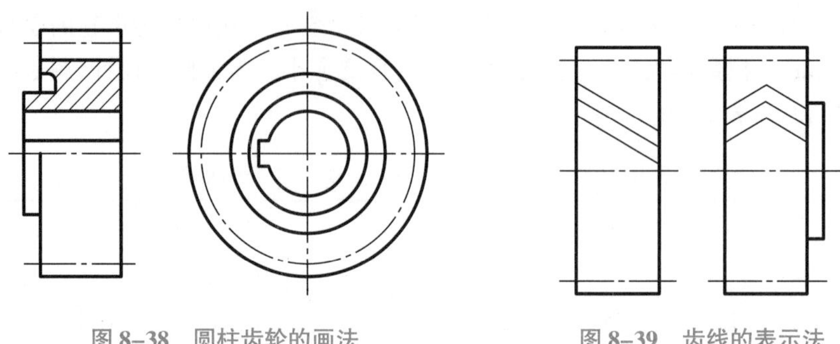

图 8-38 圆柱齿轮的画法　　图 8-39 齿线的表示法

(4) 当轮齿有倒角时，在圆视图中倒角不画。

齿轮其余结构，按投影画出。

3. 两啮合圆柱齿轮的画法

(1) 在投影为非圆的剖视图中，啮合区域内有五条线：齿根线为粗实线；两轮齿节线(分度线)重合，为细点画线；一个齿轮(通常指主动齿轮)的轮齿用粗线绘制，另一个齿轮轮齿被遮挡部分用细虚线绘制，也可以省略不画。一个齿轮的齿顶线和另一个齿轮的齿根线之间有 0.25m 的间隙，画两条线，如图 8-40a 所示。

(2) 在投影为非圆的外形视图中，啮合区域内齿顶线、齿根线不画，节线重合用粗实线绘制；其他处的节线用细点画线绘制，齿顶线用粗实线绘制。若啮合齿轮为斜齿或人字齿齿轮，应在两齿轮外形处画出方向相反的与各齿向相同的三条细实线，如图 8-40c 所示。

(3) 在投影为圆的视图中，两分度圆相切；两齿根圆用细实线绘制，也可省略不画；两齿顶圆用粗实线绘制，啮合区内齿顶圆可省略，如图 8-40b 所示。齿轮其余结构按投影绘制。

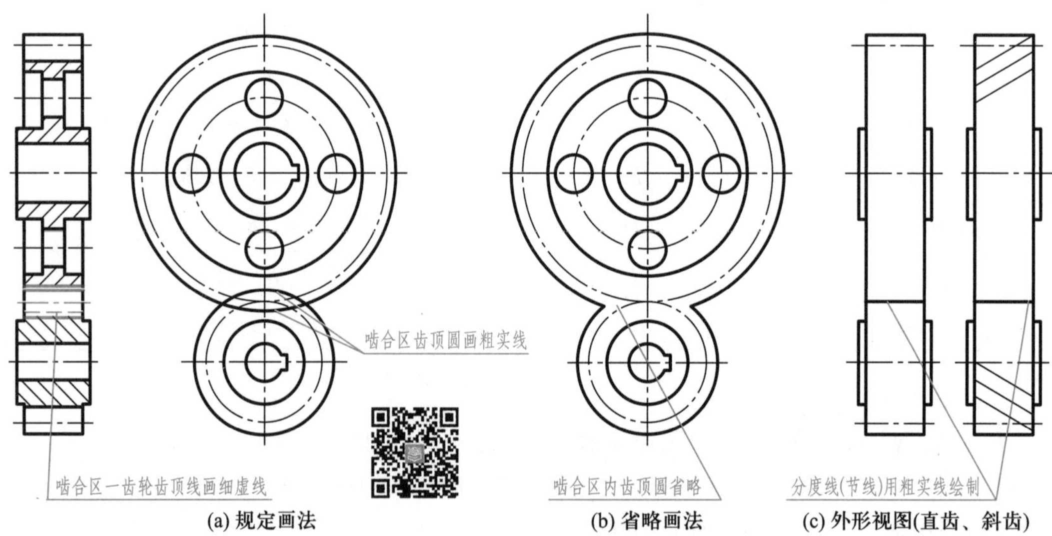

图 8-40 圆柱齿轮啮合画法

4. 齿轮齿条啮合的画法

当齿轮的直径无限增大时,齿轮的齿顶圆、分度圆、齿根圆和轮齿的齿廓曲线的曲率半径也无限增大而成为直线,齿轮变形为齿条。齿轮齿条啮合时,齿轮作旋转运动,齿条作直线运动。啮合的齿轮、齿条,其模数和压力角都相同。齿轮与齿条的啮合画法如图 8-41 所示。

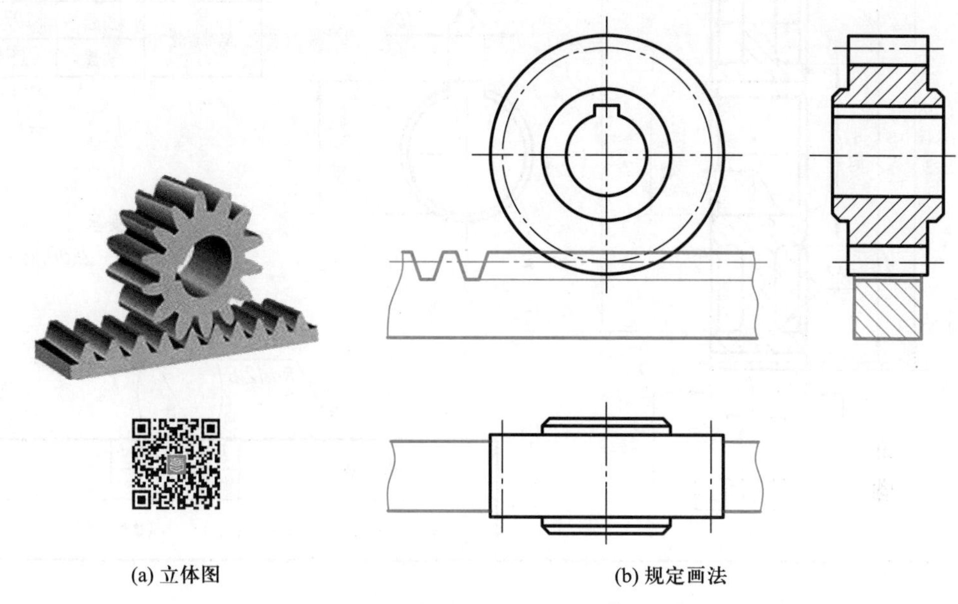

(a) 立体图　(b) 规定画法

图 8-41　齿轮齿条啮合的画法

5. 圆柱齿轮零件图示例

图 8-42 所示为一圆柱齿轮的零件图。其上不仅要表示出齿轮的形状、尺寸和技术要求,而且要列出制造齿轮所需要的基本参数,参数项目可根据需要增减。图中的参数表一般放在图样的右上角。

8.5.3 直齿锥齿轮

直齿锥齿轮通常用于垂直相交两轴间的传动。锥齿轮的轮齿分布于圆锥面上,这就形成轮齿两端大小不一,其模数、齿高也都不相同,尺寸沿轮齿宽度方向逐渐变化。

1. 直齿锥齿轮各部分名称代号及尺寸计算

直齿锥齿轮的尺寸计算,规定以大端的模数 m 为标准模数来确定其他各部分的尺寸,锥齿轮的齿顶圆直径 d_a、齿根圆直径 d_f、齿高 h 等皆指大端而言,大端背锥素线与分度圆锥素线相垂直,圆锥轴线与分度圆锥素线之间的夹角 δ 称为分度圆锥角,直齿锥齿轮各部分名称如图 8-43 所示。标准直齿锥齿轮各部分名称代号及计算公式见表 8-12。

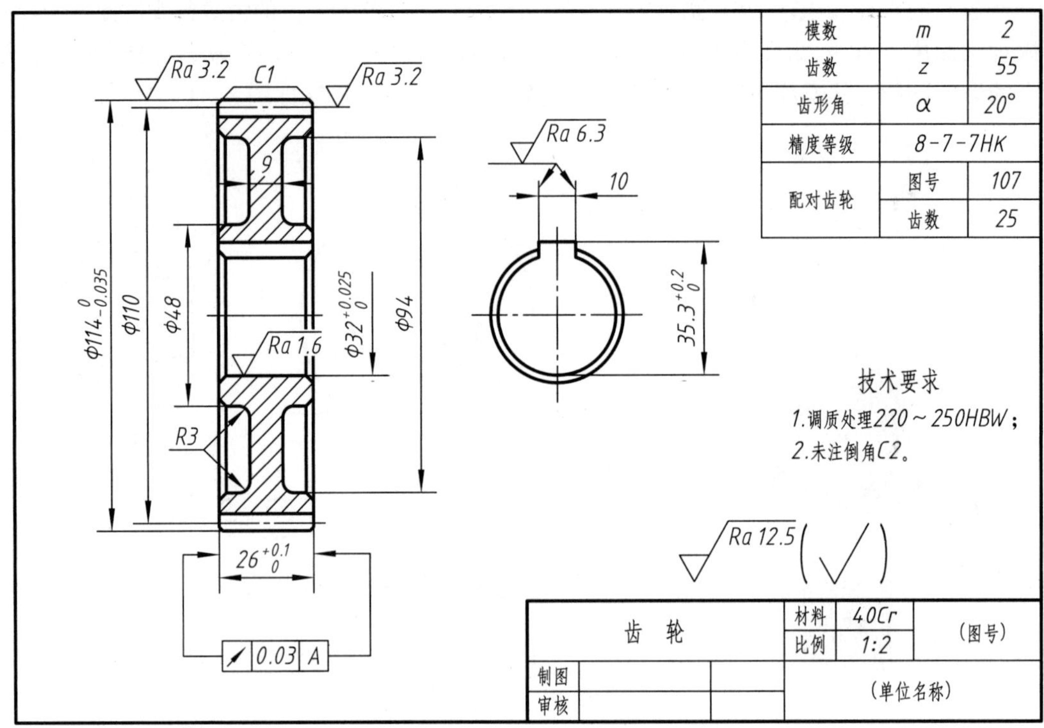

图 8–42 圆柱齿轮零件图

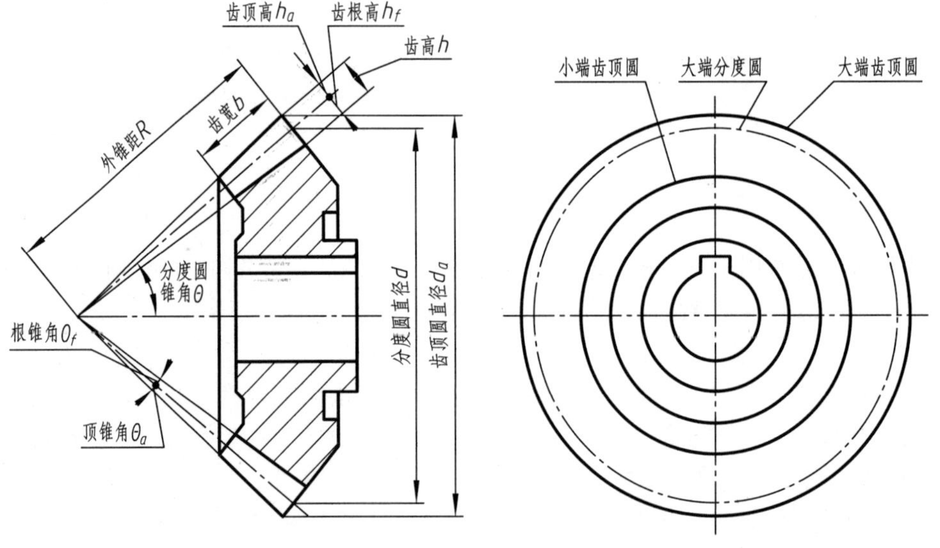

图 8–43 直齿锥齿轮各部分名称

表 8-12　直齿锥齿轮各部分名称代号及计算公式

基本参数：模数 m；齿数 z；分度圆锥角 δ			
名称及代号	计算公式	名称及代号	计算公式
齿顶高 h_a	$h_a=m$	齿顶角 θ_a	$\tan\theta_a=2\sin\delta/z$
齿根高 h_f	$h_f=1.2m$	齿根角 θ_f	$\tan\theta_f=2.4\sin\delta/z$
齿高 h	$h=2.2m$	分度圆锥角 δ	若 $\delta_1+\delta_2=90°$，则 $\tan\delta_1=z_1/z_2$
分度圆直径 d	$d=mz$	顶锥角 δ_a	$\delta_a=\delta+\theta_a$
齿顶圆直径 d_a	$d_a=m(z+2\cos\delta)$	根锥角 δ_f	$\delta_f=\delta-\theta_f$
齿根圆直径 d_f	$d_f=m(z-2.4\cos\delta)$	齿宽 b	$b\leqslant R/3$
外锥距 R	$R=mz/2\sin\delta$	齿顶高投影 n	$n=m\sin\delta$

2. 单个锥齿轮的画法

锥齿轮的非圆视图（主视图）常画成全剖视图，与直齿圆柱齿轮的画法大致相同。在左视图中，用粗实线画出轮齿大端和小端的齿顶圆；用细点画线画出轮齿大端的分度圆；齿根圆省略不画。其余结构按投影画出，如图 8-44 所示。

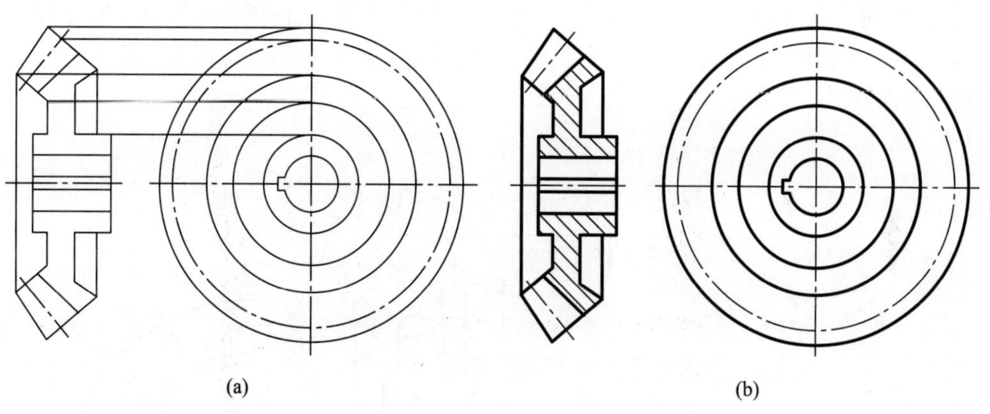

图 8-44　直齿锥齿轮画图步骤

3. 两啮合锥齿轮的画法

锥齿轮啮合图的画法如图 8-45 所示。主视图取全剖视，轮齿部分和啮合区的画法与圆柱齿轮的啮合画法相同。两齿轮的锥顶交于一点，节锥线用细点画线画出。在左视图中，一个齿轮的节圆与另一个齿轮的节锥线相切，用细点画线绘制；齿顶圆和顶锥线用粗实线绘制。

图 8-45 锥齿轮啮合图的画法

8.5.4 蜗杆与蜗轮

蜗杆、蜗轮用于两垂直交叉轴间的传动，如图 8-35c 所示。这种传动具有传动比大、机构紧凑、传动平稳的优点，其缺点是效率低。普通蜗杆外形与梯形螺纹类似，蜗杆的齿数(又称为头数)相当于螺纹的线数，单线蜗杆旋转一周，蜗轮转一个齿。蜗轮相当于一个斜齿轮，为了增加接触面积，确保蜗轮与蜗杆的啮合传动，蜗轮齿顶加工成凹入的环面。在工作时，蜗杆是主动件。蜗杆和蜗轮的画法如图 8-46 所示。d、d_a、d_f 分别为分度圆、齿顶圆、齿根圆直径，h_a、h_f 分别为齿顶高、齿根高，a 为啮合中心距，θ 为齿宽角。蜗杆和蜗轮啮合画法见图 8-47，参数尺寸关系和画法可查有关手册。

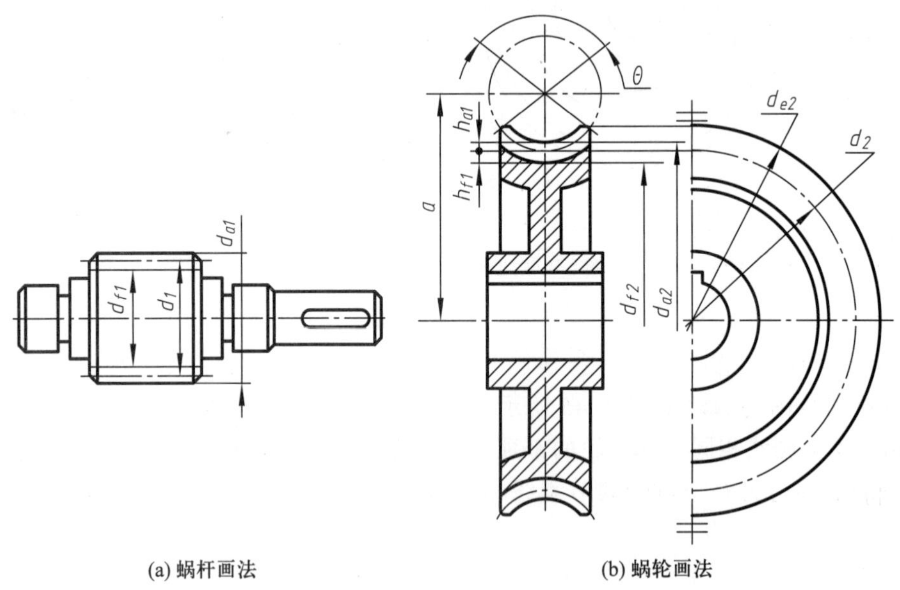

(a) 蜗杆画法 (b) 蜗轮画法

图 8-46 蜗杆和蜗轮的画法

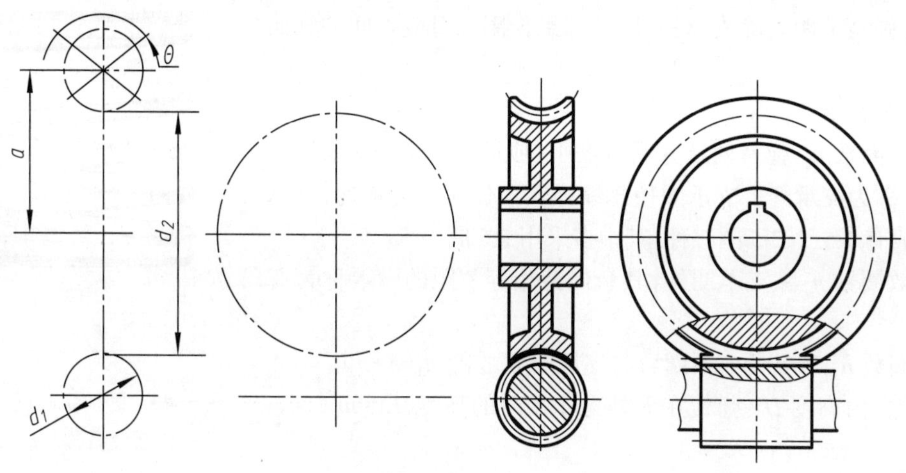

图 8-47　蜗杆和蜗轮啮合画法

8.6 弹簧

弹簧在机器、仪表和电器等产品中起减振、夹紧、测力和储存能量等作用。弹簧的特点是在一定载荷下通过弹簧的变形来实现各种功能，在去除外力后，能立即恢复原状。

弹簧的种类很多，根据外形的不同，常见的有螺旋弹簧、涡卷弹簧、板弹簧等，图 8-48 所示为圆柱螺旋弹簧。根据受力或功能的不同，又分为：压缩弹簧、拉伸弹簧和扭力弹簧。本节主要介绍圆柱螺旋压缩弹簧的规定画法和标记，其他种类的弹簧可查阅国家标准有关规定。

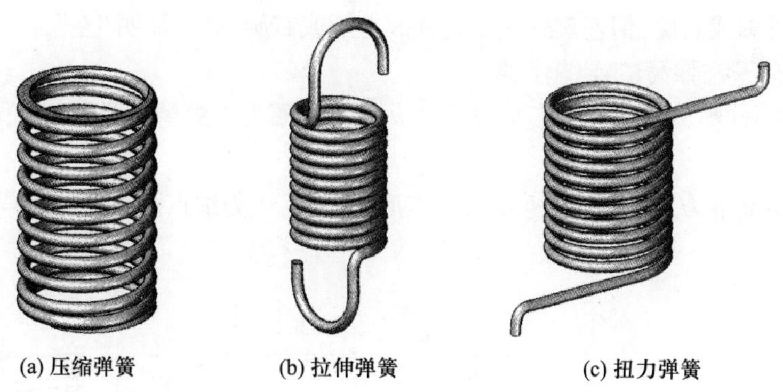

(a) 压缩弹簧　(b) 拉伸弹簧　(c) 扭力弹簧

图 8-48　螺旋弹簧的种类

8.6.1 圆柱螺旋压缩弹簧参数和尺寸关系

圆柱螺旋压缩弹簧参数如图 8-49 所示。

(1) 材料直径 d：制造弹簧的钢丝直径。

(2) 弹簧直径。

弹簧中径 D：弹簧内径和外径的平均值。

弹簧内径 D_1：弹簧的内圈直径 $D_1=D-d$。

弹簧外径 D_2：弹簧的外圈直径 $D_2=D+d$。

（3）弹簧节距 t：除支承圈外，相邻工作圈上对应点间的轴向距离。

（4）弹簧圈数。

支承圈数 n_2：弹簧两端并紧且磨平（或锻平）、仅起支承作用的各圈，称为支承圈。支承圈使压缩弹簧工作时受力均匀，支承圈数一般有 1.5、2、2.5 圈三种，其中多采用 2.5 圈。

有效圈数 n：除支承圈外，其余保持相等节距的圈数称为有效圈数。

总圈数 n_1：弹簧的有效圈数与支承圈数之和，$n_1=n+n_2$。

（5）自由高度 H_0：弹簧在无外力作用时的高度，$H_0=nt+(n_2-0.5)d$。

（6）展开长度 L：绕制弹簧时所需材料的长度$L=\sqrt{(\pi D)^2+t^2}$。

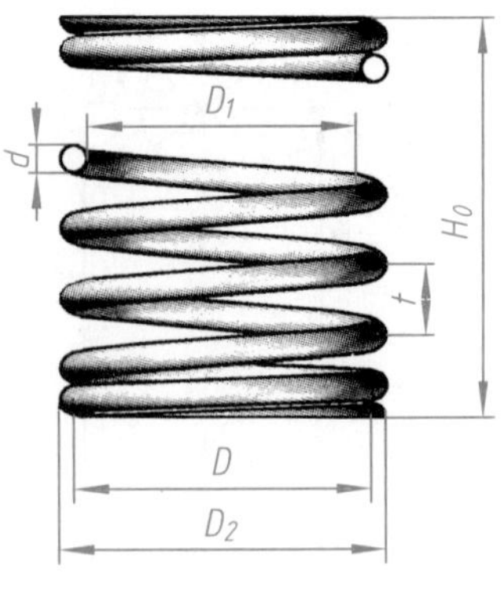

图 8-49　圆柱螺旋压缩弹簧各部分名称及尺寸

8.6.2　圆柱螺旋压缩弹簧的画法

圆柱螺旋压缩弹簧的真实投影比较复杂，为了画图简便，国家标准中对其画法做了相应规定。

1. 单个圆柱螺旋压缩弹簧的规定画法

（1）在平行于弹簧轴线的投影面上的视图中，弹簧各圈的轮廓线画成直线。

（2）有效圈数在 4 圈以上的圆柱螺旋压缩弹簧，两端可只画出 1~2 圈（支承圈不含在内），中间各圈可省略，只需用通过簧丝断面中心的两条细点画线连起来。当中间各圈省略后，图形长度可适当缩短。不论支承圈是多少，均可按其为 2.5 圈时的画法绘制。

（3）弹簧均可画成右旋，但左旋弹簧不论画成左旋或右旋，必须注明“左”。

2. 圆柱螺旋压缩弹簧的绘图步骤

根据给定的圆柱螺旋压缩弹簧参数（H_0、D、d、t，支承圈为 2.5）画一弹簧剖视图，其绘图步骤如图 8-50 所示。

（1）根据自由高度 H_o 和弹簧中径 D 画一矩形，三铅垂线为细点画线，如图 8-50a 所示。

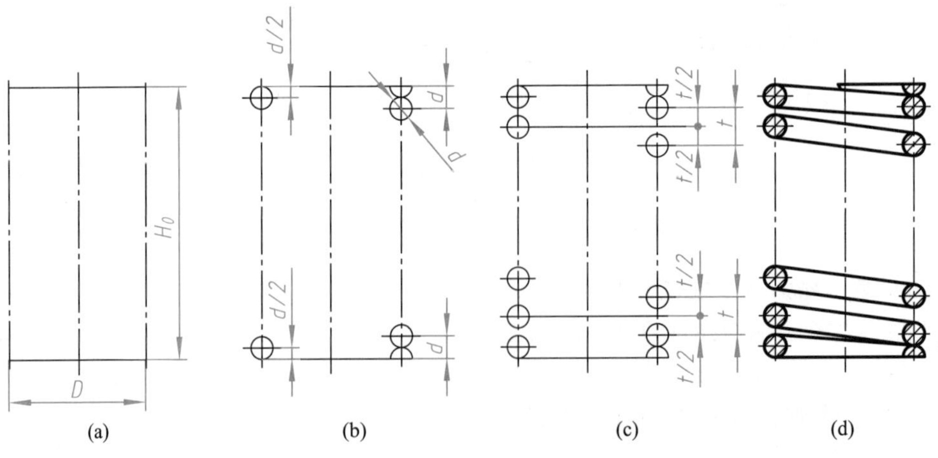

图 8-50　圆柱螺旋压缩弹簧的绘图步骤

(2) 画出两端支承圈部分，d 为材料直径，如图 8-50b 所示。

(3) 根据 d、t、$t/2$，画出部分有效圈，如图 8-50c 所示。

(4) 按右旋方向作簧丝断面圆的公切线；校核、加深，画断面区域剖面线，完成作图，如图 8-50d 所示。

3. 装配图中弹簧的画法

在装配图中，弹簧被沿其轴线剖切后，弹簧后面被挡住的零件轮廓不必画出，可见轮廓线画至弹簧的外轮廓线或中心线为止，如图 8-51a 所示。弹簧被剖切时，当材料直径在图形上等于或小于 2 mm 时，簧丝断面区域可涂黑，如图 8-51b 所示；或采用示意画法，如图 8-51c 所示。

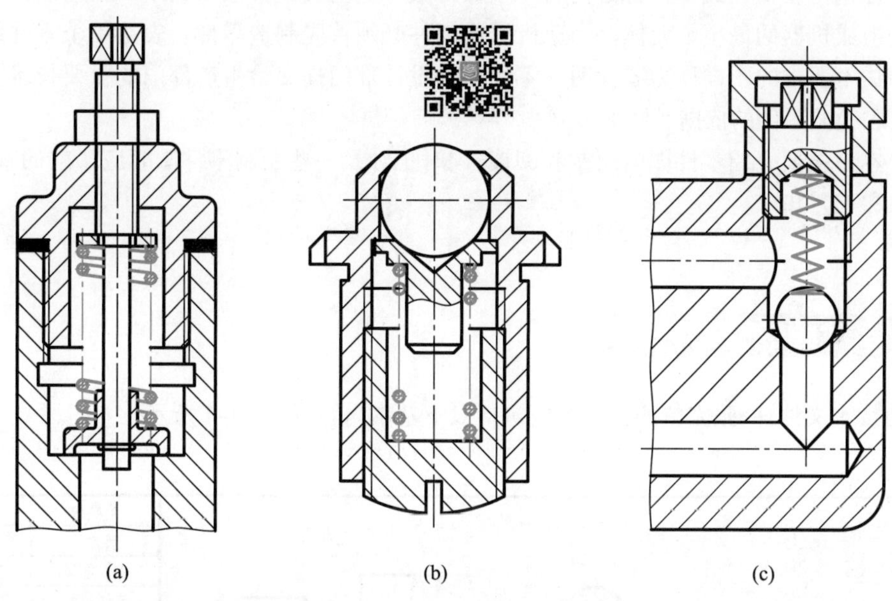

图 8-51　弹簧在装配图中的画法

8.6.3　圆柱螺旋压缩弹簧的标记

圆柱螺旋压缩弹簧标记的组成和格式，规定如下：

[类型代号]-$d \times D \times H_0$ [精度代号] [旋向代号]　GB/T 2089

国家标准规定：两端圈并紧磨平的冷卷压缩弹簧用"YA"表示，两端圈并紧制扁的热卷压缩弹簧用"YB"表示；弹簧规格用材料直径 × 弹簧中径 × 自由高度(即 $d \times D \times H_0$)表示；制造精度分为 2 级和 3 级，2 级精度制造不表示，3 级精度制造应注明"3"；旋向代号左旋应注明为"左"，右旋不表示。

标记示例一：YA 型弹簧，材料直径为 1.2 mm，弹簧中径为 8 mm，自由高度为 40 mm，精度等级为 2 级，左旋的两端并紧磨平的冷卷压缩弹簧，其标记为"YA-1.2 × 8 × 40 左 GB/T 2089"。

标记示例二：YB 型弹簧，材料直径为 30 mm，弹簧中径为 160 mm，自由高度为 200 mm，精度等级为 3 级，右旋的并紧制扁的热卷压缩弹簧，其标记为"YB-30 × 160 × 200 3 GB/T 2089"。

第9章

零 件 图

任何一台机器或部件都是由若干个零件按一定的装配关系及技术要求组装而成的，零件是组成机器的最小单元体。制造机器或部件必须首先制造零件。表达单个零件结构、大小和技术要求的图样称为零件图。零件图是设计部门提交给生产部门的重要技术文件，是制造和检验零件的依据。

本章主要介绍零件图的绘制和阅读，同时也涉及一些绘制零件图时应了解的基本设计知识和工艺知识。

9.1 零件图的基本内容

作为技术文件，一张完整的零件图应包括以下基本内容，如图 9-1 所示。

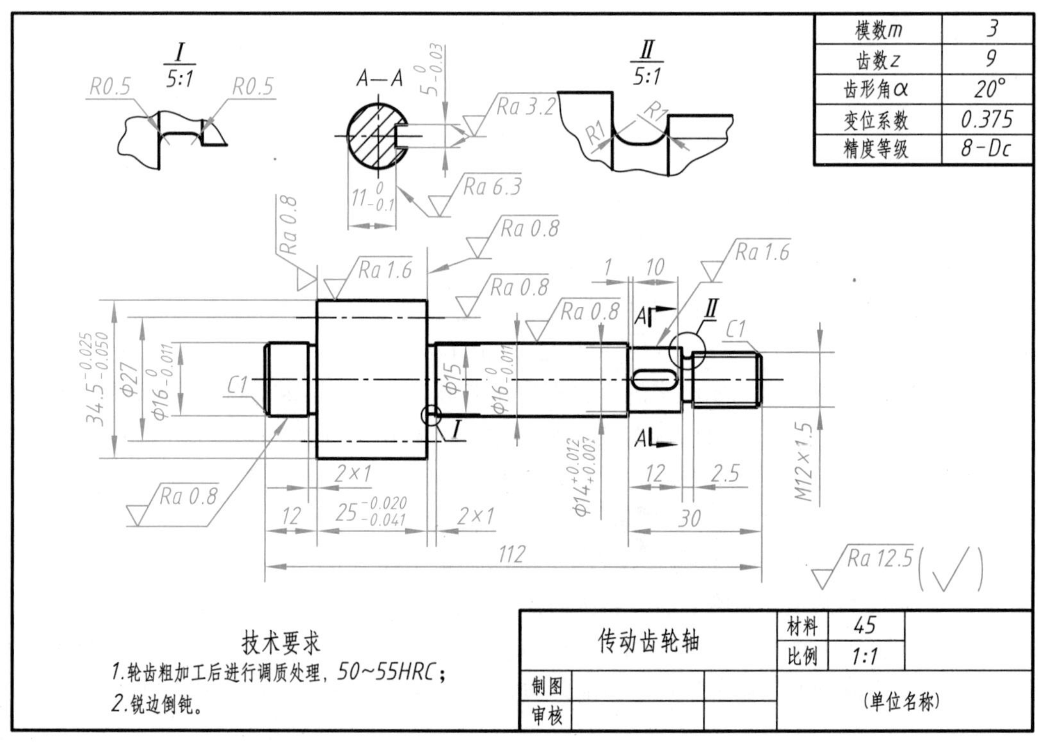

图 9-1 齿轮油泵中的传动齿轮轴零件图

(1) 一组图形　采用视图、剖视图、断面图及其他表达方法，正确、完整、清晰地表达零件各部分的结构形状。

(2) 零件尺寸　正确、完整、清晰、合理地标注出零件各部分的大小和相对位置尺寸。

(3) 技术要求　用规定的符号或文字、数字表示出零件制造、检验时必须达到的要求和技术指标，如表面结构要求、尺寸公差、几何公差、材料热处理等方面的要求。

(4) 标题栏　标题栏位于图样的右下角，标题栏中应填写零件的名称、材料、数量、比例、图样编号、设计与审核人员的姓名和日期等内容。

9.2 零件的结构分析

零件的结构形状，主要是由它在机器中的功能、加工工艺及使用要求决定的。在具体零件的结构设计过程中，设计者在全面考虑相关因素的同时，更应协调其主次关系，从而确定零件的合理形状。由于零件在机器中都有相应的位置和作用，每个零件上可能具有包容、支承、连接、传动、定位、密封等一项或多项功能结构，而这些功能结构又要通过相应的加工方法来实现。因此零件的结构分析就是从设计要求和工艺要求出发，对零件的结构形状进行分析。

9.2.1 设计要求决定零件的主体结构

零件在机器或部件中的功能，是决定零件主体结构的依据。

图 9-2 所示的齿轮油泵，在泵体中装有一对回转齿轮，一个主动，一个从动，依靠两齿轮的

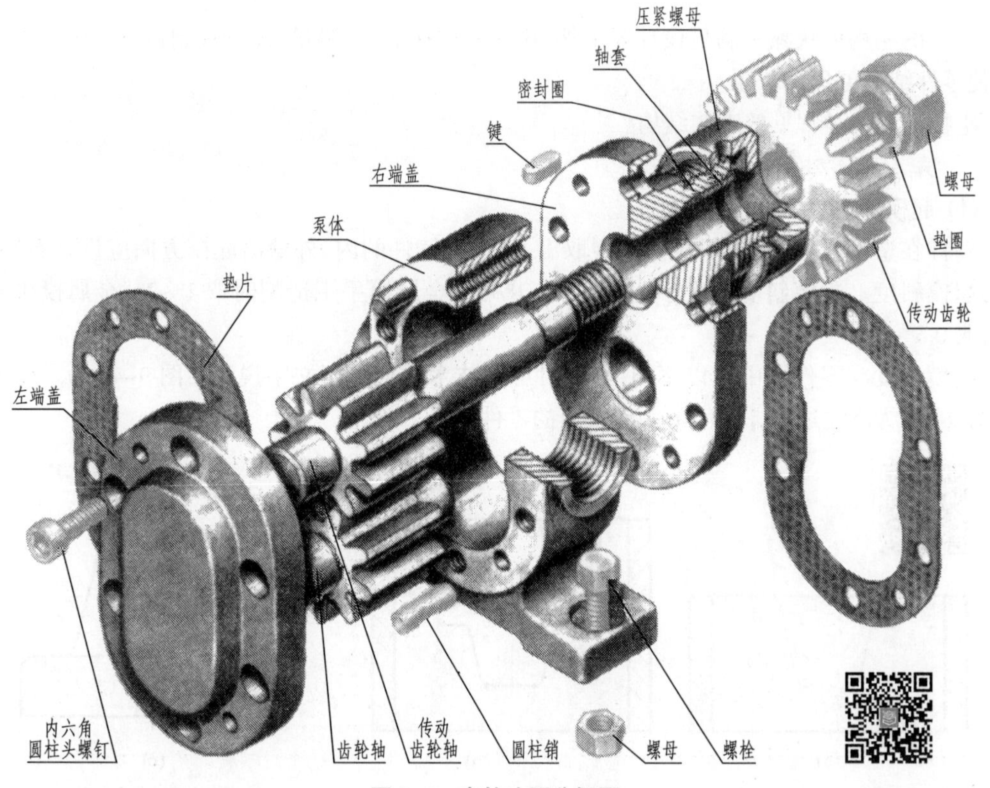

图 9-2　齿轮油泵分解图

相互啮合，把泵内的整个工作腔分为吸入腔和排出腔两个独立的部分。齿轮油泵在运转时传动齿轮轴（主动齿轮）带动齿轮轴（从动齿轮）旋转，当齿轮从啮合到脱开时在吸入腔就形成局部真空，液体被吸入。被吸入的液体充满齿轮的各个齿间而带到排出腔，齿轮进入啮合时液体被挤出，形成高压液体并经泵体排出口排出泵外。齿轮油泵主要零件有泵体、左端盖、右端盖、传动齿轮轴、齿轮轴、垫片等。

齿轮油泵各零件的功能如下：泵体——包容传动齿轮轴和齿轮轴，安装左、右端盖；左端盖和右端盖——支承传动齿轮轴和齿轮轴；齿轮——传动齿轮轴和齿轮轴啮合传递运动和动力；垫片——密封；圆柱销——确定左、右端盖相对泵体的位置，起定位作用；螺钉、键及螺母——内六角圆柱头螺钉用于左、右端盖和泵体之间的连接紧固，键和螺母用于传动齿轮与传动齿轮轴的连接固定。

下面对传动齿轮轴的主要功能和结构进行详细分析。

主要功能：在左、右端盖的支承下，由泵体外的传动齿轮通过键将扭矩传递给该轴，轴上齿轮与齿轮轴上的齿轮在泵体内啮合实现旋转运动。

主体结构：如图 9-3 所示，传动齿轮轴中间部分是一个齿轮，为了使左、右端盖支承传动齿轮轴，在齿轮两端各做一段光轴，在传动齿轮的轴向位置增加一轴肩，并在稍细的轴段上加工一处键槽，以便与传动齿轮连接；为了防止传动齿轮的轴向松脱，在传动齿轮轴最右端加工有螺纹，用螺母将传动齿轮轴向固定。

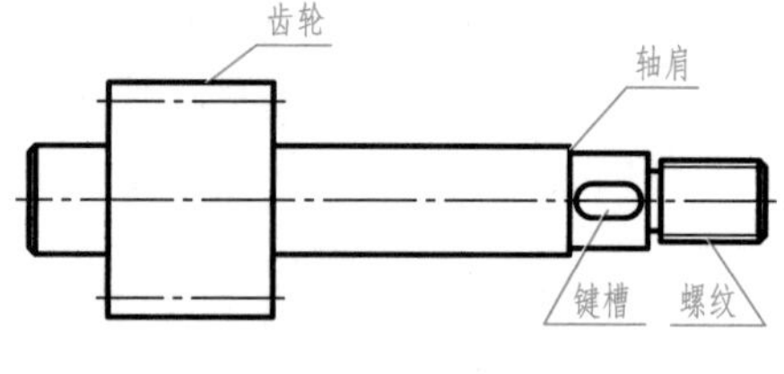

图 9-3 传动齿轮轴

9.2.2 加工工艺要求补充零件的局部结构

零件的结构形状除了满足设计要求外，还应考虑在加工、测量、装配等制造过程中的工艺要求，使零件结构更具合理性。

下面介绍几种常见的工艺结构。

1. 铸造工艺对零件结构的要求

(1) 起模斜度

铸件在造型时，为了便于从砂型中取出木模，在铸件的内、外壁沿起模方向应设计有斜度，称为起模斜度。起模斜度的大小，木模常取 1°~3°，金属模手工造型时取 1°~2°，金属模机械造型时取 0.5°~1°。

起模斜度在零件图中可以不画，必要时可在技术要求中用文字说明。图 9-4a 为木模及砂型，图 9-4b 为浇注过程，图 9-4c 为铸造出的零件。

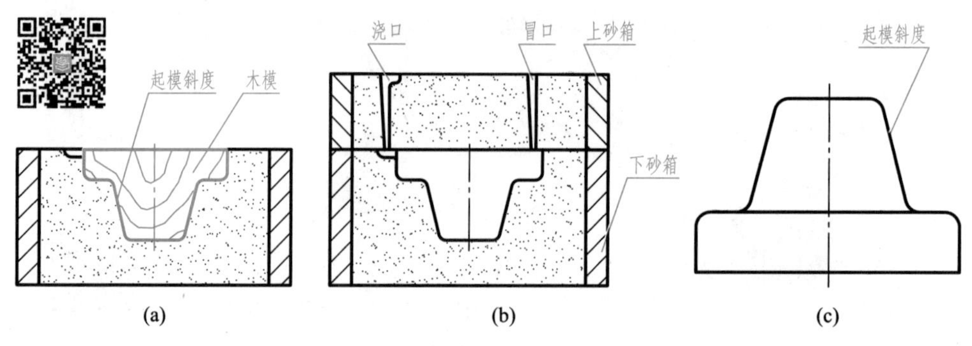

图 9-4 起模斜度及铸造圆角

(2) 铸造圆角

通常，为了防止砂型在尖角处落砂以及铸件冷却时产生缩孔和裂纹，在铸件各表面相交处应做成圆角，如图 9-4c 所示。铸造圆角的半径一般为 $R3 \sim R5$，在图上可不予标注，一般在技术要求中统一注明。

由于铸造圆角的存在，铸件表面的交线就不十分明显了，为了看图和区分不同的表面仍然要用细实线画出交线，这种线称为过渡线。过渡线的画法与相贯线画法相同，按没有圆角情况下求出相贯线的投影，画到理论的交点为止。因此，过渡线在图中不与铸造圆角的轮廓线相交。但在表示上应注意：当两曲面相交时.过渡线不应与圆角轮廓接触，如图 9-5a 所示。平面与平面相交或平面与曲面相交时，应在转角处断开，并加画过渡圆弧，如图 9-5b 所示。

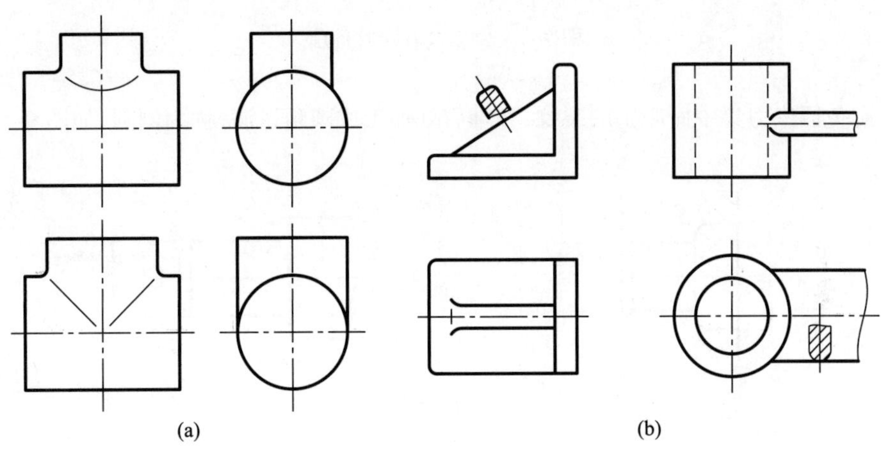

图 9-5 过渡线的画法

(3) 铸件壁厚

为保证铸件的质量，应尽量使铸件壁厚均匀。对于有不同壁厚的要求时，要逐渐过渡，以防止因壁厚不均匀导致金属冷却速度不同而产生的厚壁处有缩孔、薄壁处有裂缝的现象，如图 9-6 所示。

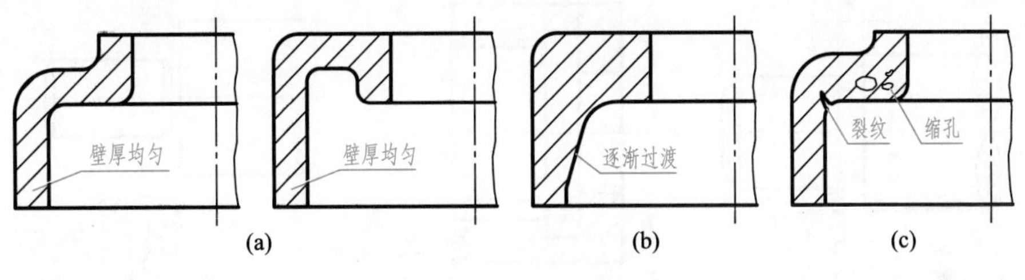

图 9-6 铸件壁厚

2. 机械加工工艺对零件结构的要求

(1) 倒角和倒圆

为了便于装配和操作安全，在轴、孔的端部一般都加工成锥面，这种结构称为倒角。倒角一般取 45°，45°倒角用“C”表示，如图 9-7a 所示；特殊情况下倒角可取 30°或 60°，要分开标注，如图 9-7b 所示。

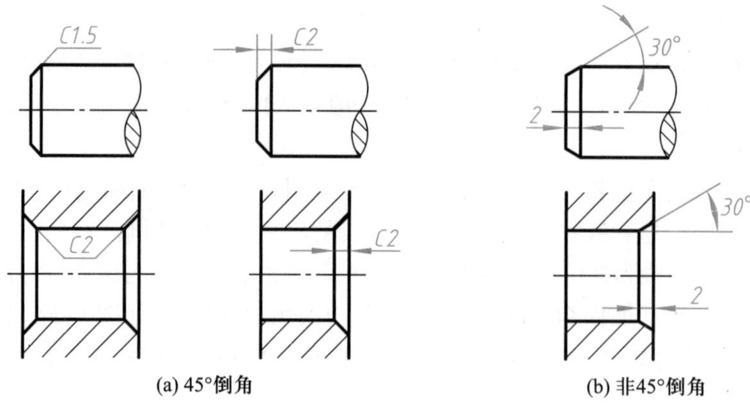

(a) 45°倒角 (b) 非45°倒角

图 9-7 倒角及其尺寸标注

为了避免因应力集中而产生的裂纹，在轴肩处加工成圆角过渡，称为倒圆，如图 9-8 所示。

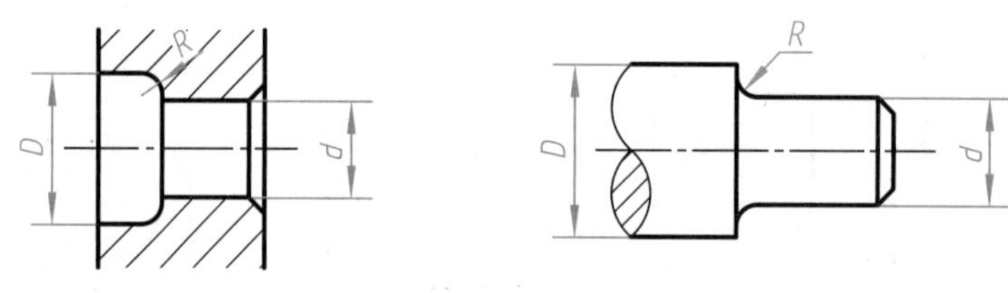

图 9-8 倒圆

(2) 退刀槽和砂轮越程槽

在车削或磨削加工时，为了方便刀具进入、退出，或使砂轮能稍微越过加工面，并保证装配时相邻两零件的端面能够靠紧。常在被加工面的末端先车出一个环形沟槽，称为螺纹退刀槽或砂轮越程槽，如图 9-9 所示。

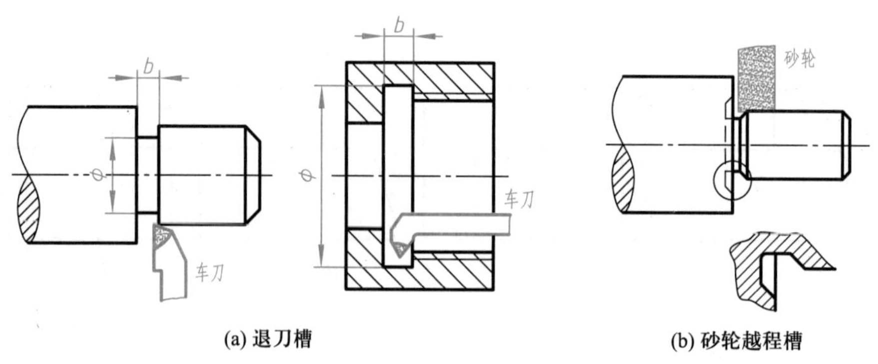

(a) 退刀槽 (b) 砂轮越程槽

图 9-9 退刀槽和砂轮越程槽

倒角、倒圆、退刀槽和砂轮越程槽均属于标准结构，具体尺寸可查阅相关设计手册。

(3) 钻孔结构

在零件上钻孔时，用钻头钻出的盲孔，在底部会产生一个接近 120° 的锥角，绘图时按 120°

画出，如图 9-10a 所示。在阶梯形钻孔的过渡处，也存在锥角为 120°的圆台，其画法如图 9-10b 所示。

钻孔时，开钻表面和钻透表面应与钻头轴线垂直，以保证钻孔准确定位，避免钻头折断，如图 9-11 所示。若钻头钻透处为单侧受力，也易造成钻头折断。

120°　120°
(a)　(b)

图 9-10　钻孔锥角

(4) 凸台和凹坑

零件间相互接触的表面都需要进行切削加工。为了减少加工面积，并保证零件表面之间的良好接触，常在零件上设计出凸台、凹坑等结构，如图 9-12 所示。

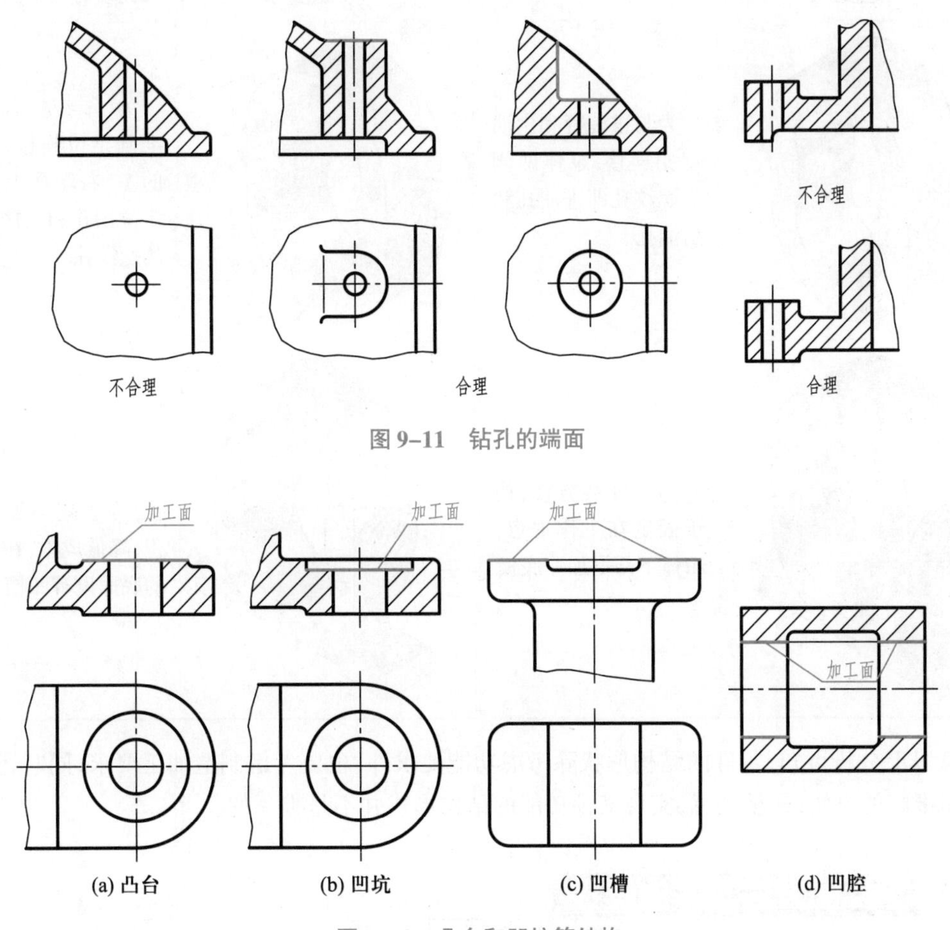

图 9-11　钻孔的端面

图 9-12　凸台和凹坑等结构

9.2.3　零件结构分析举例

泵体是齿轮油泵中的一个重要零件，泵体的主要功能：与左、右端盖及垫片一起形成一个密封的包容空腔，容纳齿轮，同时与外部的进油管和出油管相连，通过齿轮啮合实现吸油和压油的过程，另外通过泵体可安装齿轮油泵部件。表 9-1 所示为泵体的结构分析。

表 9-1 泵体的结构分析

结构	功能	结构	功能
	为了容纳一对相啮合的齿轮,泵体内腔形状为"8"字形。为保证铸件壁厚均匀,故由内腔形状确定了泵体的主体结构——长圆形箱体	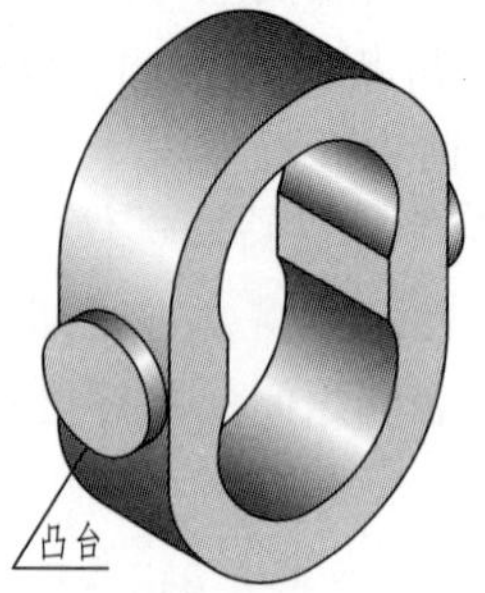 凸台	泵体两侧需加工进油孔和出油孔,考虑到钻孔要求开钻表面和钻透表面应与钻头垂直,故内腔两侧面为平面。同时,为降低加工成本,在外部两侧设有圆形凸台
	为与进油管和出油管相连接,泵体两侧为螺纹孔即进油孔和出油孔	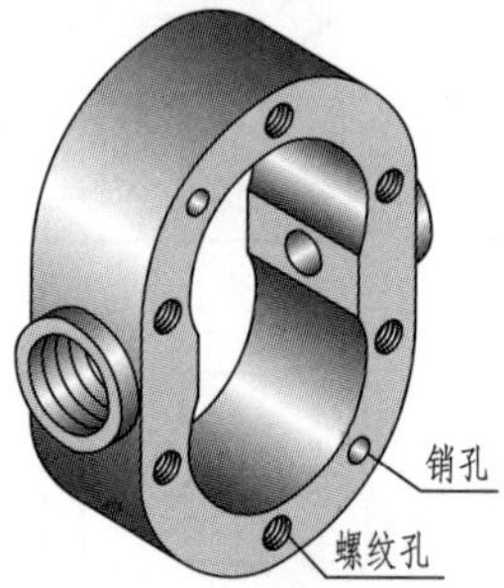 销孔 螺纹孔	为了与左、右端盖准确定位连接,泵体的左、右端面上设有定位销孔和连接螺钉的螺纹孔
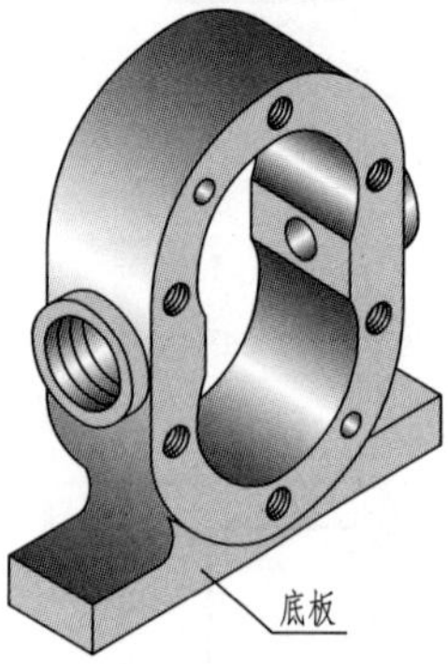 底板	为了安装方便,便于固定在工作地点,箱体下部增加一底板	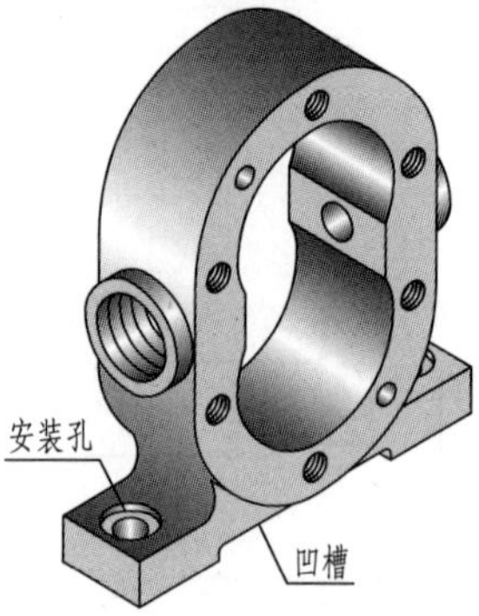 安装孔 凹槽	底板上需有安装孔,为了减小加工面积、降低成本,在底板的底面设有凹槽

从以上分析可知,零件的结构形状除考虑功能要求外,也要考虑制造加工要求,同时还要考虑使用维修的方便;还须注意,实现某种功能的结构形式并不是唯一的。

9.3 零件图表达方案的选择

零件的表达方案选择,就是要求选用适当的视图、剖视图、断面图等表达方法,将零件各部分结构形状和相对位置关系完整、清晰地表达出来,在便于读图的前提下,力求画图简便。所以,选择零件图的表达方案实质上是选择视图、确定表达方法。

9.3.1 零件图的视图选择

1. 主视图的选择

主视图是零件图中一组图形的核心,主视图选得是否合理,直接关系到读图和画图的方便。

因此，画零件图时，必须选好主视图。而主视图的选择具体包括确定零件的摆放位置和选择主视图的投射方向，之后选择表达方法。

(1) 零件的摆放位置的选择原则

零件的摆放位置主要考虑工作位置原则和加工位置原则。

工作位置原则是指主视图应尽量反映零件在机器或部件中工作所处的位置。主视图与工作位置一致，便于将零件和机器或部件联系起来，了解零件的结构形状特征，有利于画图和读图。

加工位置原则是指主视图应尽量反映零件加工时的位置。主视图与加工位置一致，可以图、物对照，便于加工和测量。如图 9–13 所示，是轴在车床上的加工位置。

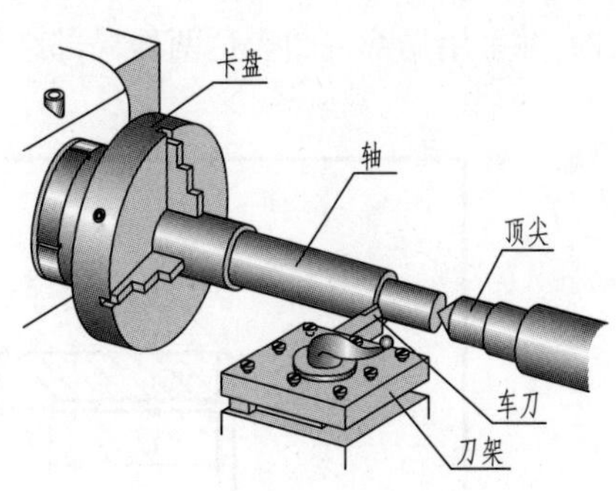

图 9–13 轴在车床上的加工位置

当零件的加工位置和工作位置不一致时，应根据零件的具体情况而定。

(2) 主视图的投射方向的选择原则

选择主视图的投射方向应遵循形状特征原则，即主视图的投射方向应能反映零件各组成部分的形状和相对位置。

2. 其他视图的选择

对于多数零件，主视图不能完全表达其结构形状，必须选择其他视图，其他视图的确定可从以下几个方面来考虑：

(1) 优先采用基本视图，并考虑是否采用相应的剖视图。对尚未表达清楚的局部结构或细节可选用必要的局部（剖）视图、斜视图、局部放大图及断面图等，并尽量按投影关系配置在相关视图附近。

(2) 所选的视图应各自具有表达的重点内容，同时又能够相互补充，在能够完整、正确、清晰地表达零件的内、外结构形状的前提下，应尽量减少视图的数量，避免重复表达。

(3) 尽量不用细虚线表示零件的轮廓线，但当用少量细虚线可节省视图的数量，而且又不需要在细虚线上标注尺寸时，可适当采用细虚线。

在满足上述原则的前提下，同一零件可考虑多种表达方案，经过对比从中选择出较佳的方案。

9.3.2 典型零件的表达分析

根据零件的形状和结构特征，通常将零件分为轴套类、盘盖类、叉架类、箱体类、薄板类、注塑类和镶嵌类等。下面主要介绍四大类典型零件的表达分析。

1. 轴套类零件

这类零件包括轴、衬套、套筒、丝杠等，主要用来支承传动件、传递动力和起轴向定位作用。

(1) 结构特点

轴套类零件的主体结构是由若干段直径不等的同轴回转体组成，轴向尺寸远大于径向尺寸。轴一般是实心的结构，主要功能是支承传动件（如齿轮、带轮等），传递运动和动力。轴上常有一些局部结构如键槽、螺纹、销孔等，此外还有一些工艺结构如倒角、退刀槽、砂轮越程槽和中心孔等。

(2) 视图选择

如图 9-1 所示的传动齿轮轴零件，主视图按加工位置原则轴线水平放置，垂直于轴线的方向作为主视图的投射方向。这样不仅表达了轴的结构特点，并且符合车削、磨削加工位置，便于加工时看图。常采用断面图、局部剖视图、局部视图和局部放大图等图样画法表示键槽、退刀槽和其他孔、槽等结构。

套类零件与轴类零件类似，主要结构仍由回转体组成，与轴类零件不同之处在于套类零件是空心的。如图 9-14 所示的衬套，主视图按加工位置轴线水平放置，采用全剖视图表达内部结构，并采用局部视图表达两处局部结构。

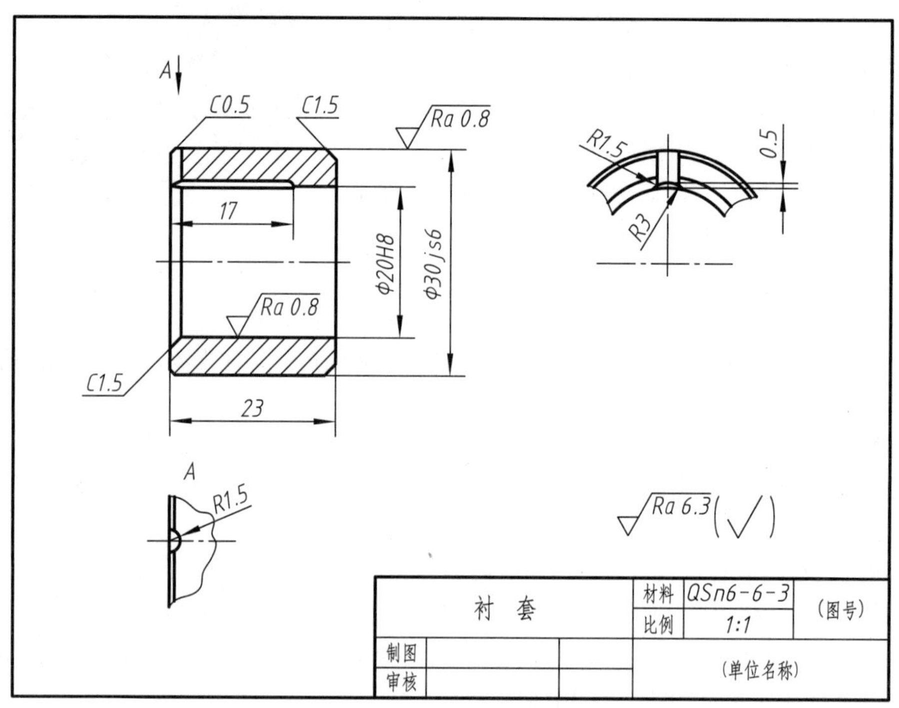

图 9-14 衬套零件图

2. 盘盖类零件

这类零件包括带轮、手轮、齿轮、端盖、法兰等。轮一般用来传递动力和扭矩，盘盖主要起支承、定位和密封作用。

(1) 结构特点

盘盖类零件为扁平的盘状结构，一般由回转体构成，盘盖类零件的径向尺寸大于轴向尺寸。这类零件上常具有退刀槽、凸台、凹坑、键槽、倒角、轮辐、轮齿、肋板和作为定位或连接用的小孔等结构。

(2) 视图选择

由于盘盖类零件的多数表面是在卧式车床上加工，主视图按加工位置轴线水平摆放，选择垂直于回转轴线的方向作为主视图投射方向。为了表达内部结构形状，主视图常采用适当的剖视图。此外，一般还需要增加一个左视图或右视图，用来表达连接孔、轮辐、肋板等的数目和分布情况。对尚未表示清楚的局部结构，常采用局部视图、局部剖视图、断面图和局部放大图等补充表达。

图 9-15 所示为机床上的一个手轮，选用主视图和左视图两个基本视图，并用两个移出断面补充表达轮辐的截断面形状。图 9-16 所示为端盖零件图，主视图按加工位置轴线水平放置，采用全剖视图主要表达内部结构，左视图主要表达沉孔的位置和数量。

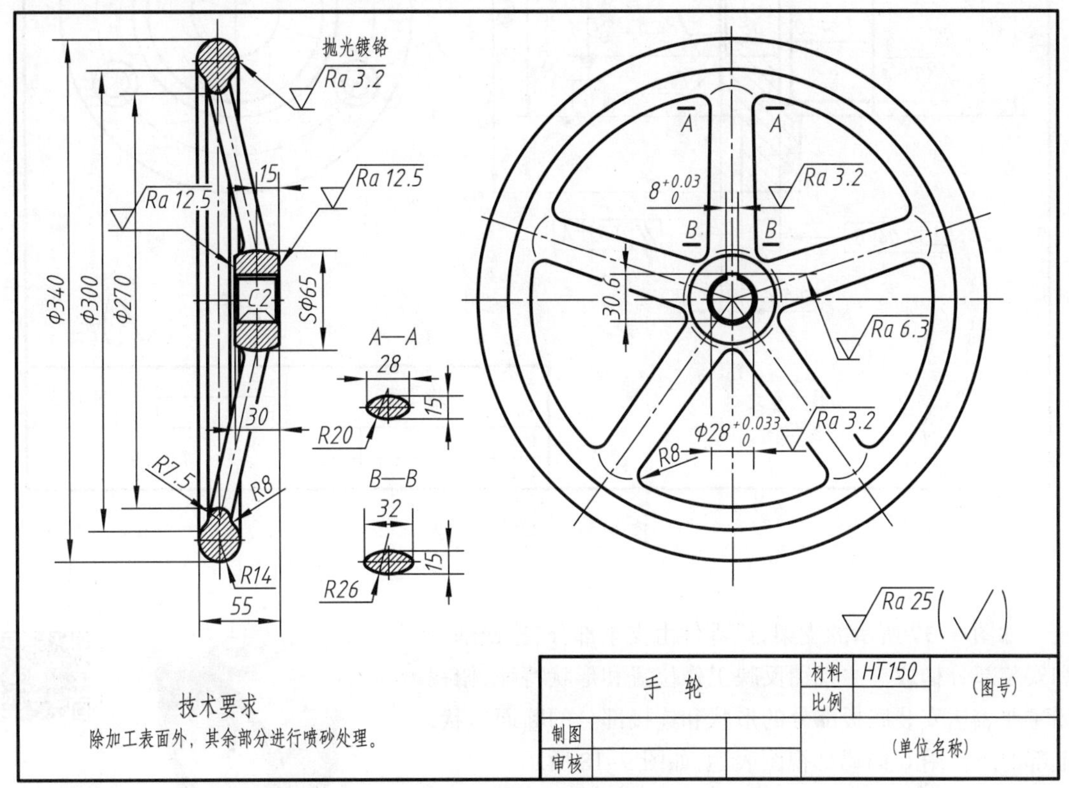

图 9-15 手轮零件图

3. 叉架类零件

这类零件包括支架、支座、连杆、摇杆、拨叉等，拨叉主要起操纵调速的作用，支架主要起支承和连接的作用。

(1) 结构特点

叉架类零件的形状比较复杂，主要结构常由工作部分、安装部分和连接部分构成。另外，这类零件上还常有凸台、凹坑等结构。

(2) 视图选择

叉架类零件多由铸造或锻压成形，获得毛坯后再进行切削加工，且加工位置变化较大。其工作位置多样，因而主视图主要是根据它们的形状特征选择，并常以工作位置或习惯位置配置视图。由于叉架类零件形状一般不规则，倾斜结构较多，除必要的基本视图外，常常采用斜视图、局部视图、断面图等表达方法表达零件的局部结构。

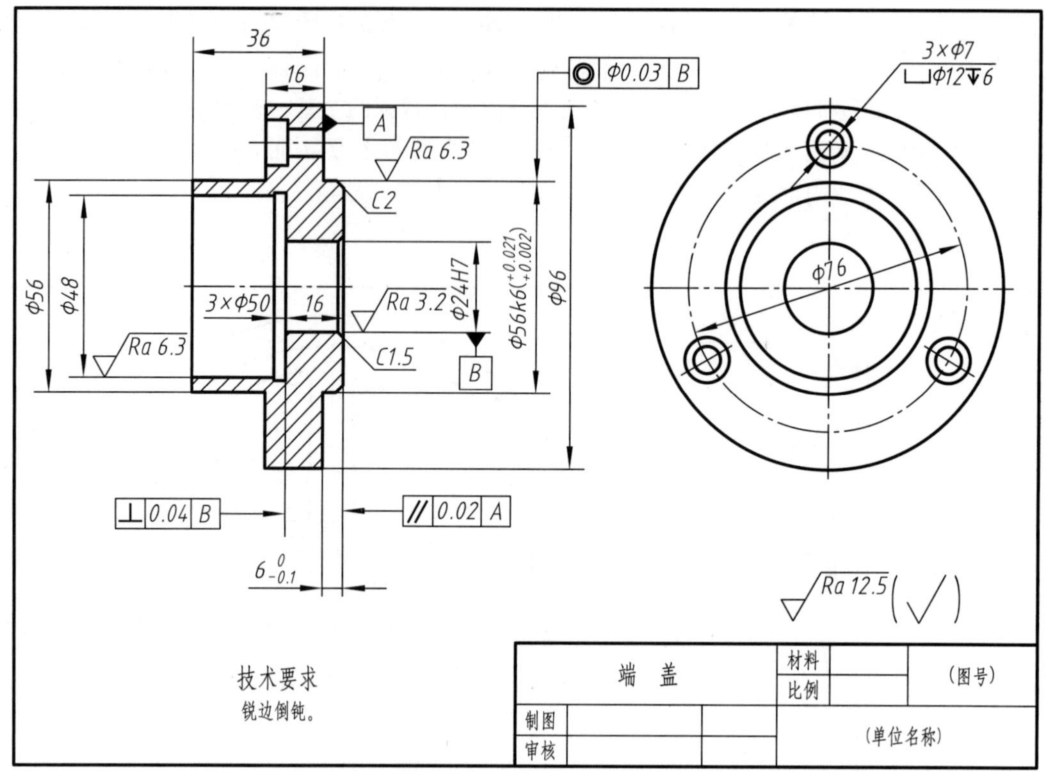

图 9-16 端盖零件图

如图 9-17 所示的支架，该零件由支承部分、连接部分和安装部分构成。主视图反映工作位置和形状特征，俯视图主要表达安装底板部分的形状和连接部分的断面形状，上部的凸台用 *C* 向局部视图表达，如图 9-18 所示。

图 9-17 支架的结构

4. 箱体类零件

箱体类零件包括箱体、外壳、座体等，一般用来支承、包容、安装和固定其他零件。

(1) 结构特点

箱体类零件是机器或部件上的主体零件，箱体内需装配各种零件，因而结构形状比较复杂。这类零件的共同特点是中空呈箱状，是机器或部件中用来支承、包容和保护运动件或其他零件的。内部、外部在形状和结构上均有变化。如图 9-19 所示的蜗轮减速箱体由以下几个部分组成：容纳运动零件和储存润滑液体的内腔，由厚薄均匀的壁部围成；支承、安装运动零件的孔及其安装端盖的凸台或凹坑、螺纹孔；将箱体固定在机器上的安装底板、安装孔；加强肋、润滑油孔、油槽、放油螺纹孔等。

(2) 视图选择

箱体类零件的主视图主要是根据形状特征原则和工作位置原则来确定。当箱体工作位置

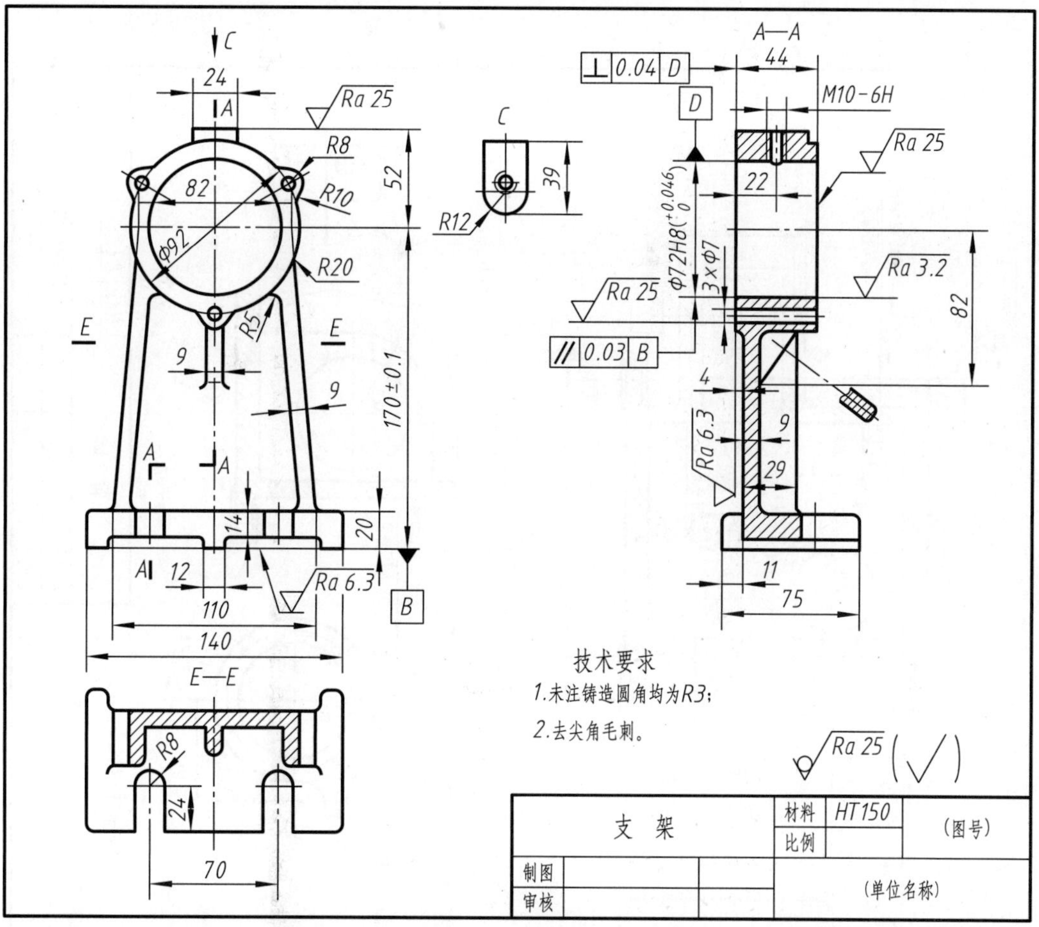

技术要求

1.未注铸造圆角均为R3；

2.去尖角毛刺。

支 架			材料	HT150	（图号）
			比例		
制图			（单位名称）		
审核					

图 9-18 支架零件图

倾斜时，按稳定的位置来布置视图。一般都需要用三个以上的基本视图。常采用各种剖视图表达其内部结构形状，同时还应注意发挥右、后、仰等视图的作用。对于个别部位的细致结构，仍采用局部视图、局部剖视图和局部放大图等补充表达，尽量做到在表达完整、清晰的情况下视图数量较少。

图 9-20 为蜗轮减速箱体的表达方法。沿蜗轮轴线方向作为主视图的投射方向。主视图和左视图分别采用几个平行剖切平面的局部剖视图和单一剖切平面的全剖视来表达三个轴孔的相对位置。主视图上为了表示用来安装油标、螺塞的螺纹孔，也用局部剖视图画出，对顶部端面与箱盖连接的螺纹孔及四个安装孔虽然没有被剖切到，可通过标注尺寸辅助表达。俯视图主要表达顶部和底板的结构形状以

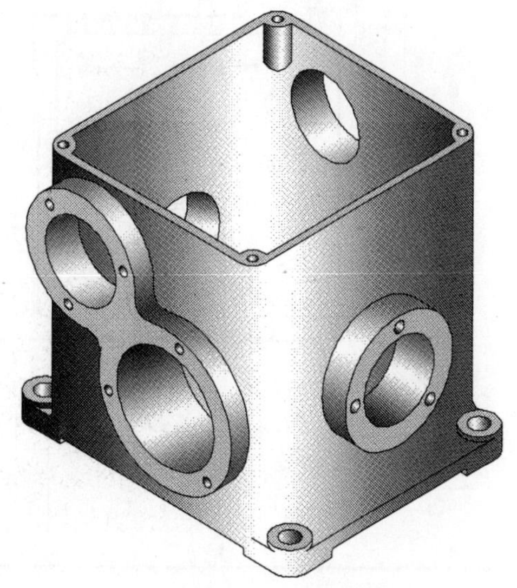

图 9-19 箱体的结构

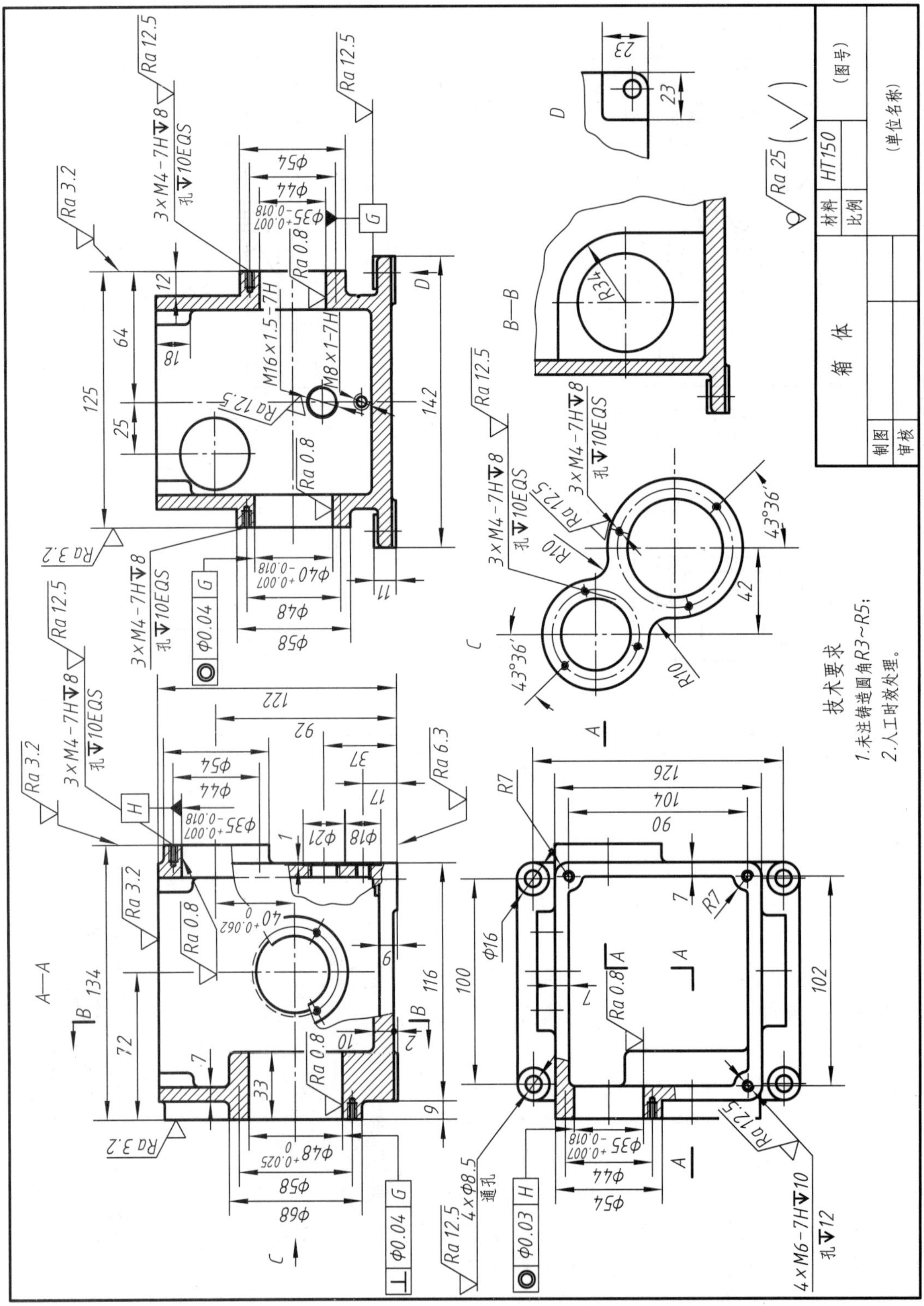

A—A
B—B
C
D
技术要求
1.未注铸造圆角R3~R5;
2.人工时效处理。
箱 体
材料 HT150
比例
(图号)
(单位名称)
制图
审核
Ra 25
4×M6-7H▼10
孔▼12
4×Φ8.5
通孔
3×M4-7H▼8
孔▼10EQS
M16×1.5-7H
M8×1-7H
43°36'
R34
R10
R7
Φ0.04 G
Φ0.03 H

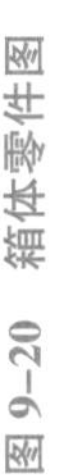

图 9-20 箱体零件图

及蜗杆轴的孔。*B—B* 局部剖视表达锥齿轮轴轴孔的内部凸台圆弧部分的形状。*C* 向视图表达左端面箱壁凸台的形状和螺纹孔位置。*D* 向局部视图表示底板底部凸台的形状。

9.4　零件图的尺寸标注

零件图上的尺寸是加工和检验零件的重要依据，因此在零件图上标注尺寸除了正确、完整、清晰外，还应做到合理。所谓合理标注尺寸，就是所标注的尺寸一方面要满足零件在机器中使用的设计要求，以保证其工作性能，另一方面又符合便于加工、测量和检验等制造方面的工艺要求。要真正做到这一点，需要具备有关的专业知识和较多的生产实践经验。本节仅介绍合理标注尺寸的一些基本原则和常见结构的尺寸注法，进一步的问题有待通过今后专业课的学习和生产实践经验的积累来解决。

9.4.1　尺寸基准的选择

要做到合理标注尺寸，首先必须选择好尺寸基准。尺寸基准是图样中确定尺寸位置的一些面、线或点，是标注尺寸的起点。尺寸基准分成设计基准和工艺基准两大类。

(1) 设计基准　根据零件在机器中的位置和作用，在设计中为保证零件性能要求而确定的基准。如图 9-21 所示，齿轮轴的右端面和回转面的轴线都是设计基准。

(2) 工艺基准　根据零件的加工要求和测量要求而确定的基准。如图 9-22 所示，为装夹基准和测量基准。

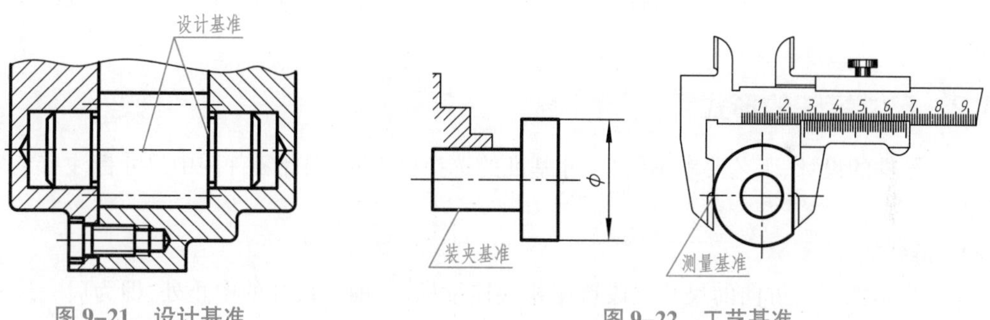

图 9-21　设计基准　　图 9-22　工艺基准

在标注尺寸时，设计基准与工艺基准应尽量重合，以保证设计和加工工艺要求。当基准不重合时，通过减少加工误差来保证设计要求。常用的尺寸基准要素有：基准面——底板的安装面、重要的端面、装配接合面、零件的对称面等；基准线——回转体的轴线等。

每个零件都有长、宽、高三个方向，因此每个方向至少有一个尺寸基准。决定零件主要尺寸的基准称为主要基准。根据设计、加工测量上的要求，一般还要附加一些基准，把附加的基准称为辅助基准。但辅助基准必须与主要基准保持直接的尺寸联系。

图 9-23 所示的轴承座，从设计的角度看，由于一般是由两个轴承来支承，为使轴线水平，两个轴承的支承孔距离底面必须等高。因此，在标注高度方向的尺寸时，应以轴承座的底面为主要基准，也是设计基准；再以顶面作为高度方向辅助基准，也是工艺基准，由此出发标注顶面上螺纹孔的深度尺寸。为了保证底板两个螺栓孔之间的距离及其对于轴孔的对称关系，在标注长

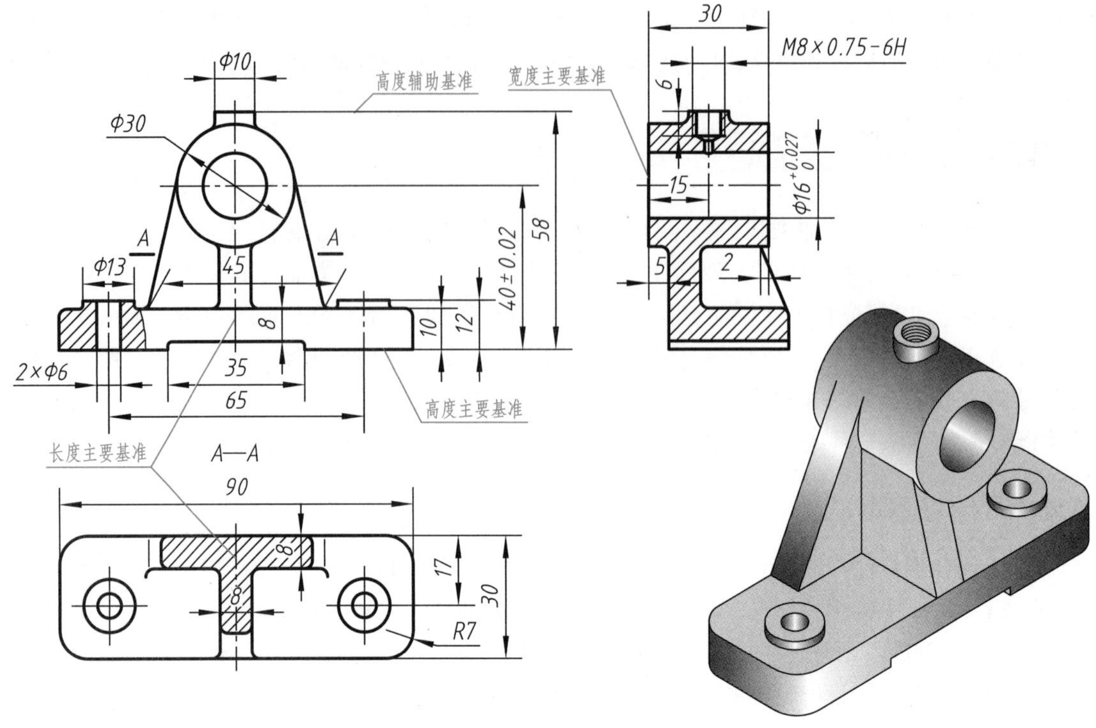

图 9-23 轴承座的尺寸基准的选择

度方向的尺寸时,应以轴承座的对称平面作为主要基准。宽度方向选择轴承座的后端面作为主要基准。

9.4.2 尺寸标注的形式

由于零件的设计、工艺要求不同,尺寸基准的选择也不同,因此零件图中尺寸标注有下列三种形式。

(1) 链状式

链状式是把同一方向的尺寸逐段首尾相接连续标注,前一尺寸的中止处,即为后一尺寸的基准。这种尺寸标注形式的优点是每段尺寸的加工误差只影响其本身,而不受其他段尺寸的影响。缺点是总长尺寸的误差是各段尺寸误差的总和。链状式常用于标注中心线之间的距离,如图 9-24 所示的挺杆导管体的各导管孔中心距的尺寸;也用于阶梯状零件中尺寸要求精确的各段以及用组合刀具加工的零件。

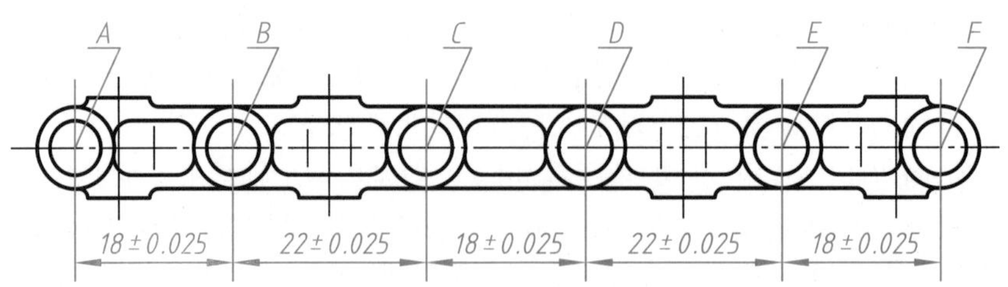

图 9-24 链状式尺寸标注

(2) 坐标式

坐标式是把同一方向的尺寸均从同一基准标注。这种尺寸标注形式的优点是各段尺寸的加工误差互不影响,也没有累积误差。因而,当要从一个基准定出一组精确的尺寸时,常采用这种形式。如图 9-25 所示,各轴段的轴向尺寸均从轴的左端为尺寸基准标注。但对于从同一基准注出的两个尺寸之差的那段尺寸,其误差等于两尺寸加工误差之和。因此,当要求保证相邻两个几何要素间的尺寸精度时,不宜采用坐标式标注尺寸。

(3) 综合式

综合式的尺寸标注形式是链状式与坐标式的综合,它兼有两种标注形式的优点,实际中应用得最多。如图 9-26 所示,传动齿轮轴的主要轴向尺寸标注就是采用的这种方式。

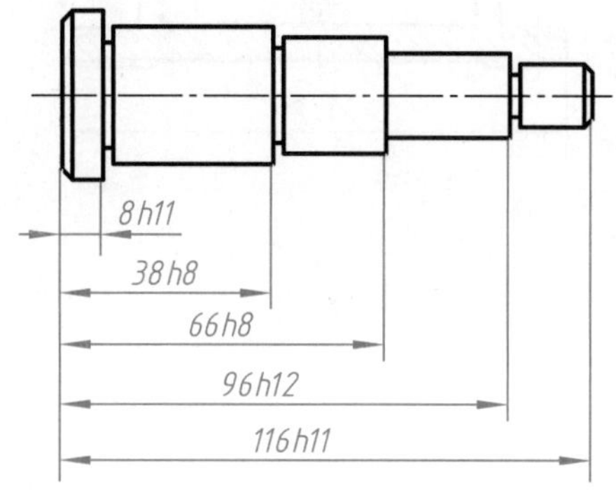

图 9-25　坐标式尺寸标注

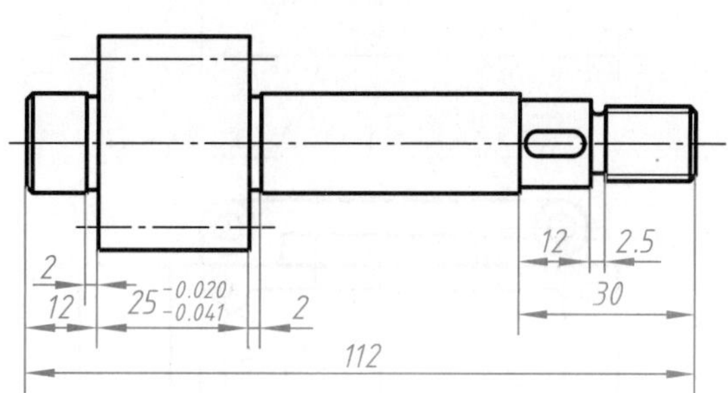

图 9-26　综合式尺寸标注

9.4.3　合理标注尺寸的要点

1. 主要尺寸应直接标注

为保证零件的设计要求,零件图中的重要尺寸,如零件之间的配合尺寸、零件之间的连接尺寸及重要的相对位置尺寸、安装尺寸等必须从设计基准直接标注,如图 9-27 所示箱体主要尺寸的标注。

2. 避免出现封闭尺寸链

零件某方向上的尺寸首尾相连,形成链条式的封闭状态,这种尺寸标注形式称为封闭尺寸链。每个尺寸是尺寸链中的一环,如图 9-28a 所示。在实际加工中,由于每个尺寸的加工误差不同,各段尺寸将相互影响,使最后加工得到的那个尺寸产生累积误差。因此,在标注尺寸时,一般应标注出精度要求较高的各段尺寸,而将精度要求不高的一段尺寸空出不标注,空出不注尺寸的一段称为开口环,如图 9-28b 所示。这样加工误差全部累积在开口环上,既保证了零件的设计要求,又便于加工。

3. 相关零件有联系的尺寸应协调一致

部件中各零件之间有配合、连接、传动等联系。标注零件间有联系的尺寸,应尽可能做到尺寸基准、标注形式及内容等协调一致。如图 9-29 所示的泵体和泵盖的端面就是相关联表面,R_1 与 R_2、L_1 与 L_2、α_1 与 α_2 等联系尺寸均应一致。

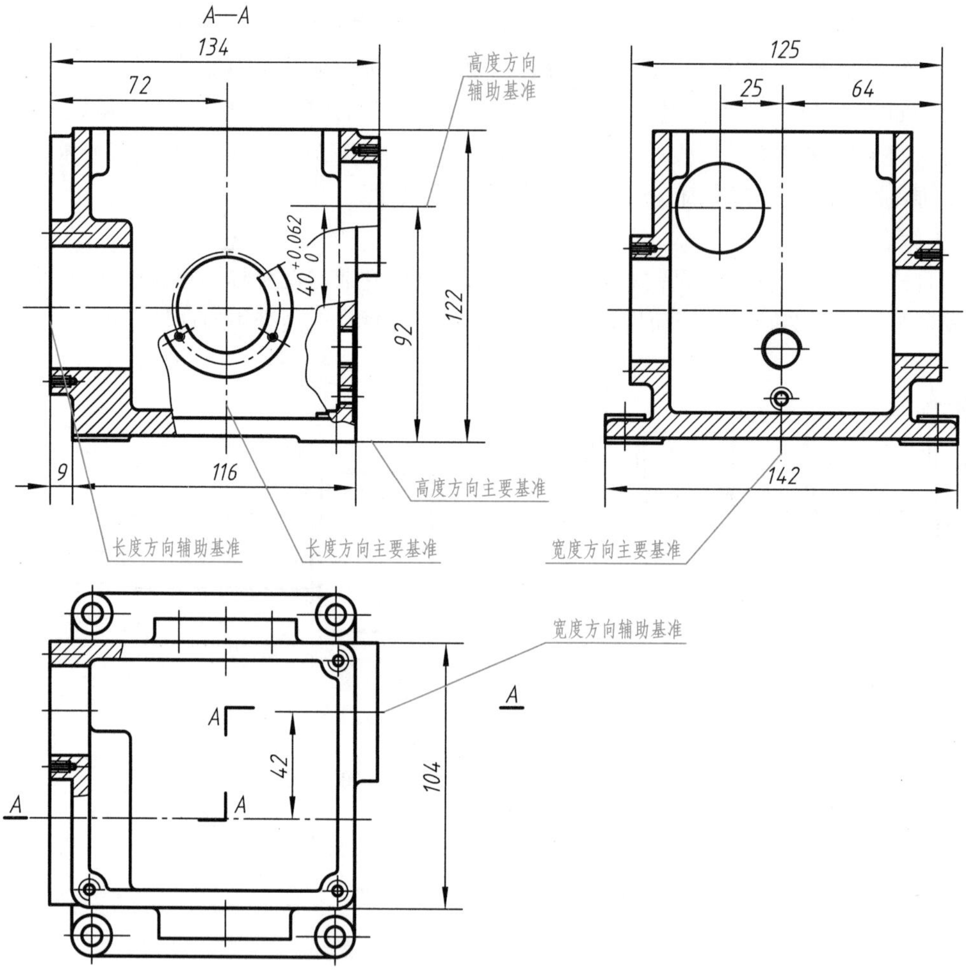

图 9-27 箱体主要尺寸的标注

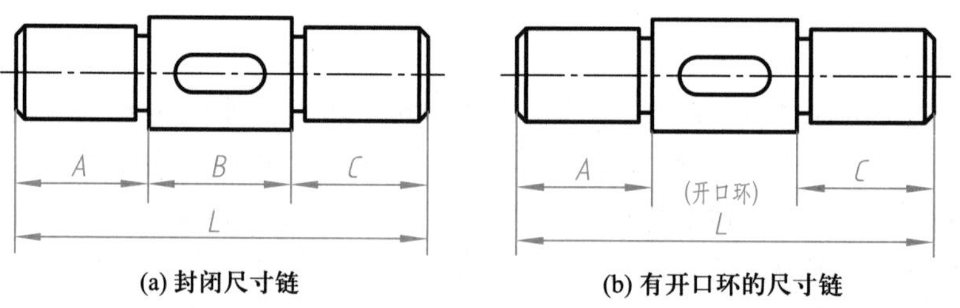

(a) 封闭尺寸链　(b) 有开口环的尺寸链

图 9-28 避免出现封闭尺寸链

4. 标注尺寸要便于测量

标注尺寸应考虑测量的方便，尽量做到使用普通量具就能测量。图 9-30a 所示的图例，尺寸不便测量，需采用专用量具测量。因此，这类尺寸应按图 9-30b 所示进行标注。

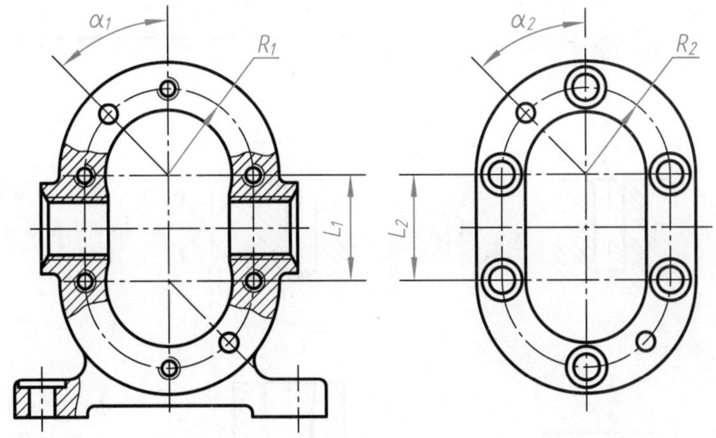

图 9-29 泵体与泵盖关联尺寸协调一致

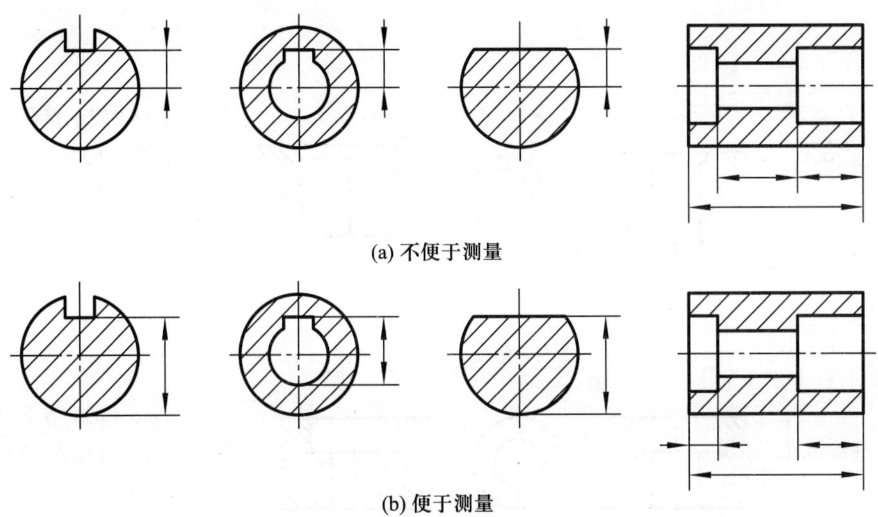

(a) 不便于测量

(b) 便于测量

图 9-30 标注尺寸要便于测量

9.4.4 常见结构要素的尺寸注法

零件上的光孔、螺纹孔、沉孔、退刀槽等常见结构要素的尺寸注法见表 9-2。

表 9-2 常见结构要素的尺寸注法

零件结构类型		标注方法	说明
光孔	一般孔	4×φ4▽10　4×φ4▽10　4×φ4　10	$4\times\phi4$ 表示直径为 4 mm,有规律分布的四个光孔。孔深可与孔径连注,也可分开标注

续表

零件结构类型		标注方法	说明
光孔	加工孔	4×Φ4H7↧10 孔↧12；4×Φ4H7↧10 孔↧12；4×Φ4H7 10 12	光孔深为 12 mm，钻孔后需精加工至 ϕ4H7，深度为 10 mm
	锥销孔	锥销孔Φ5 配作；锥销孔Φ5 配作；锥销孔Φ5 配作	ϕ5 为与圆锥孔相配的圆锥销小端直径，锥销孔通常是相邻两零件装配后一起加工的
沉孔	锥形沉孔	6×Φ6.5 ⌵Φ10×90°；6×Φ6.5 ⌵Φ10×90°；90° Φ10 6×Φ6.5	6×ϕ6.5 表示直径为 6.5 mm，有规律分布的六个孔。锥形部分尺寸可以旁注，也可直接注出
	柱形沉孔	8×Φ6.4 ⌴Φ12↧4.5；8×Φ6.4 ⌴Φ12↧4.5；Φ12 4.5 8×Φ6.4	8×ϕ6.4 的意义同上。圆柱形沉孔的直径为 12 mm，深度为 4.5 mm，均需注出
	锪平面	4×Φ7⌴Φ16；4×Φ7⌴Φ16；Φ16⌴ 4×Φ7	ϕ16 的深度不需要注出，一般锪平到不出现毛坯面为止
螺纹孔	通孔	3×M6-7H 2×C1；3×M6-7H；3×M6-7H 2×C1	3×M6 表示公称直径为 6 mm，有规律分布的三个螺纹孔，可以旁注，也可以直接注出。倒角 *C*1 两处

续表

零件结构类型		标注方法	说明
螺纹孔	不通孔	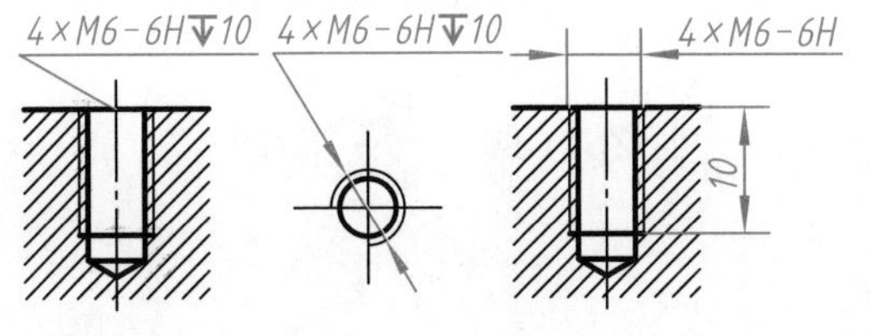 4×M6-6H↧10　4×M6-6H↧10　4×M6-6H　10	螺纹孔深度可以与螺纹孔直径连注，也可以分开标注
		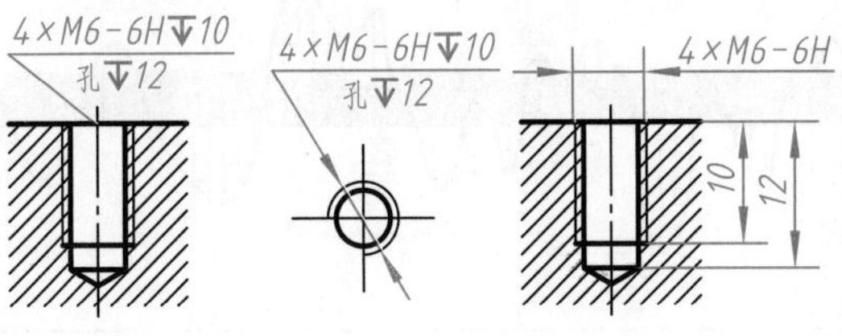 4×M6-6H↧10 孔↧12　4×M6-6H↧10 孔↧12　4×M6-6H　10　12	需要注出光孔深度时，应明确标注孔深尺寸
退刀槽		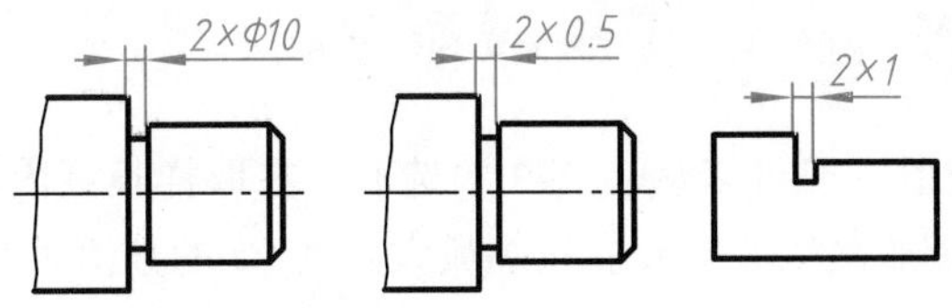 2×Φ10　2×0.5　2×1	退刀槽可按“槽宽 × 直径”或“槽宽 × 槽深”的形式标注

9.5 零件图中的技术要求

在零件图上除了用一组视图表示零件的结构形状，用尺寸表示零件的大小外，还必须注有制造和检验时在技术指标上应达到的要求，即零件的技术要求。零件的技术要求主要包括：零件表面结构、极限与配合、几何公差、材料及热处理和表面处理等，通常采用规定的符号、标记、文字说明等注写在零件图上。

9.5.1 零件的表面结构

1. 表面结构的概念

不论采用何种加工方法所获得的零件表面，都不是绝对平整和光滑的，其表面均会存在微小的凸凹不平的痕迹。零件表面这种微观不平滑的情况，一般是受刀具和工件之间的运动与摩擦、机床的振动及切削时表面金属的塑性变形、机床或工件的挠曲或导轨误差等各种因素的影响而形成的。

表面结构是指上述因素引起的表面形貌，是表面粗糙度、表面波纹度、表面缺陷和表面几何形状的总称。

2. 表面结构参数

零件表面经过加工处理后得到的轮廓可分为三种，即粗糙度轮廓、波纹度轮廓和原始轮廓。评价零件表面质量最常用的是粗糙度轮廓，它对零件的配合、耐磨性、耐蚀性、密封性、疲劳强度和外观等都有影响。零件表面上具有的较小间距和峰谷所组成的微观几何形状特征，称为表面粗糙度。评定表面粗糙度的主要参数有轮廓算术平均偏差 Ra 和轮廓最大高度 Rz 等，优先选用

Ra 参数。

轮廓算术平均偏差 *Ra* 是指在一个取样长度 *lr* 内，被测轮廓偏距（在测量方向轮廓线上的点与基准线之间的距离）绝对值的算术平均值，如图 9-31 所示。其计算式为

$$Ra = \frac{1}{lr}\int_0^{lr}|Z(X)|\mathrm{d}X \approx \frac{1}{n}\sum_{i=1}^{n}|Z(i)|$$

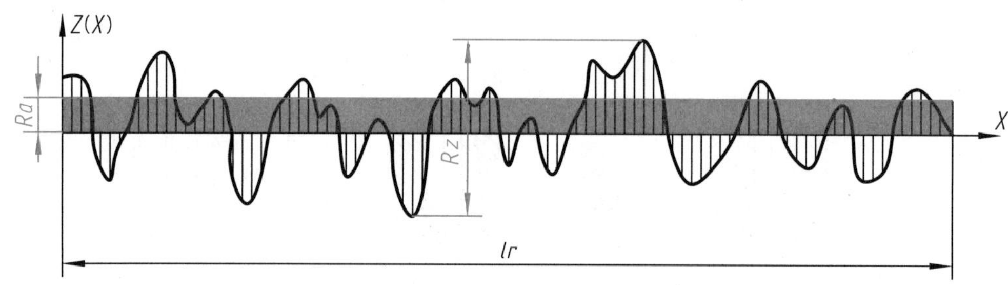

图 9-31 轮廓算术平均偏差 *Ra*

轮廓算术平均偏差 *Ra* 数值一般可以从表 9-3 中选取。在取样长度内，最大轮廓峰高与最低轮廓谷深之间的距离称为轮廓最大高度 *Rz*。轮廓最大高度 *Rz* 的数值表与轮廓算术平均偏差 *Ra* 数值表比较，去掉了数值 0.012 μm，增加了数值 200 μm、400 μm、800 μm 和 1 600 μm。

表 9-3 轮廓算术平均偏差 *Ra* 数值

μm

Ra	0.012	0.2	3.2	50
	0.025	0.4	6.3	100
	0.05	0.8	12.5	—
	0.1	1.6	25	—

3. 表面结构的符号和代号

(1) 表面结构的图形符号

在图样中，对表面结构的要求可以使用几种不同的图形符号以及表面结构的补充要求表示。表 9-4 中列出了表面结构的基本图形符号和完整图形符号。

表 9-4 表面结构符号

符号	意义及说明
	基本图形符号，未指定工艺方法的表面，仅用于简化代号标注，没有补充说明时不能单独使用
	扩展图形符号，用去除材料方法获得的表面。仅当其含义是“被加工表面”时可单独使用
	扩展图形符号，用不去除材料方法获得的表面，也可用于保持上道工序形成的表面，不管这种状况是通过去除材料或不去除材料形成的

续表

符号	意义及说明
	完整图形符号，在上述三个符号的长边上加一横线，以便注写对表面结构的各种要求
	当在图样某个视图上构成封闭轮廓的各表面有相同表面结构要求时，应在完整符号上加一个圆圈

在图样某个视图上构成封闭轮廓的各表面有相同表面结构要求时，图形符号标注在图样中工件的封闭轮廓线上。如图 9–32 所示，图中除前、后表面外，其他封闭轮廓的六个表面有共同要求。当该标注引起歧义时，各表面应分别标注。

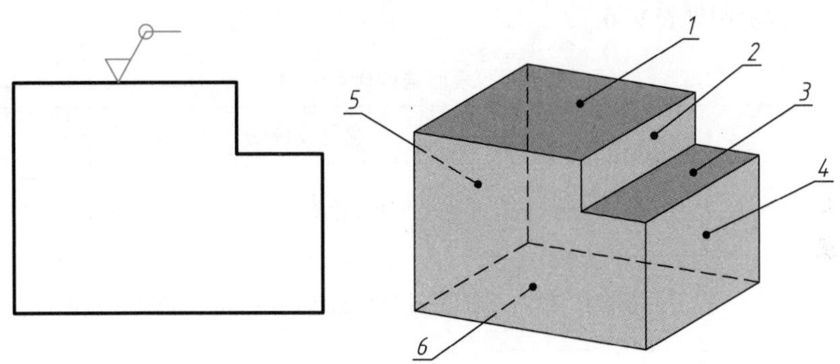

图 9–32　封闭轮廓表面结构标注

(2) 图形符号的画法

表面结构图形符号的画法如图 9–33 所示，图中的尺寸关系见表 9–5。

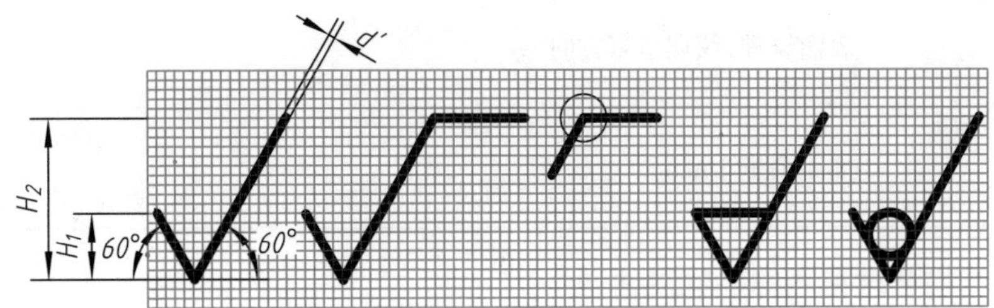

图 9–33　表面结构图形符号的画法

表 9–5　表面结构符号的尺寸　mm

数字和字母高度 h	2.5	3.5	5	7	10	14	20
符号线宽 d' 字母线宽 d	0.25	0.35	0.5	0.7	1	1.4	2
高度 H_1	3.5	5	7	10	14	20	28
高度 H_2(最小值)	7.5	10.5	15	21	30	42	60

(3) 表面结构代号

表面结构符号上若注有表面结构要求,则称为表面结构代号。在代号上还可以标注相应的补充注释。各项规定在符号中的注写位置如图 9–34 所示。图中字母所指的位置应注写的内容为:

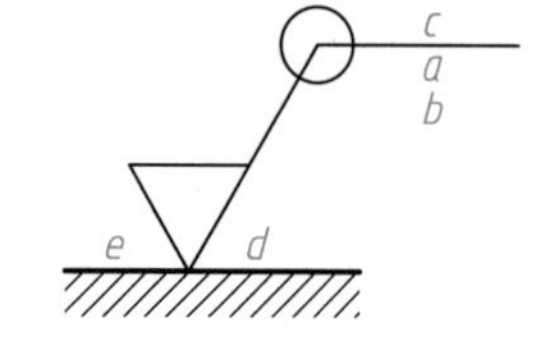

图 9–34 各项规定的注写位置

① 位置 a 注写表面结构的单一要求;当有两个或两个以上表面结构要求时,注写第一个表面结构要求。

② 位置 b 注写两个或多个表面结构要求中的第二个要求。

③ 位置 c 注写加工方法、表面处理、涂层或其他加工工艺要求等。

④ 位置 d 注写表面纹理和纹理的方向。

⑤ 位置 e 注写所要求的加工余量,以 mm 为单位给出数值。

表面结构代号示例见表 9–6。

表 9–6 表面结构代号示例

符号	意义及说明
Ra 0.8	表示不允许去除材料,单向上限值,轮廓算术平均偏差为 0.8 μm
Rz max 3.2	表示去除材料,单向上限值,轮廓的最大高度的最大值为 3.2 μm
U Ra max 3.2 L Ra 0.8	表示不允许去除材料,双向极限值,上限值:轮廓算术平均偏差为 3.2 μm,下限值:轮廓算术平均偏差为 0.8 μm
铣	加工方法:铣削
M	表面纹理:纹理呈多方向
3	加工余量 3 mm

4. 表面结构要求在图样中的注法

(1) 表面结构要求对每一表面一般只注一次,并尽可能注在相应尺寸及其公差的同一视图上。除非另有说明,所标注的表面结构要求是对完工零件表面的要求。

(2) 表面结构的注写和读取方向与尺寸注写和读取方向一致,如图 9–35 所示。

(3) 表面结构要求可注写在轮廓线上,其符号应从材料外部指向零件表面。必要时,表面结构符号也可用带箭头或黑点的指引线引出标注,如图 9–36、图 9–37 所示。

(4) 在不致引起误解的时候,表面结构要求可以标注在给定的尺寸线上或几何公差框格的上方,如图 9–38 所示。

(5) 圆柱和棱柱表面结构要求只标注一次,如图 9–39 所示,如果每个棱柱表面有不同的表面结构要求,则应分别单独标注。

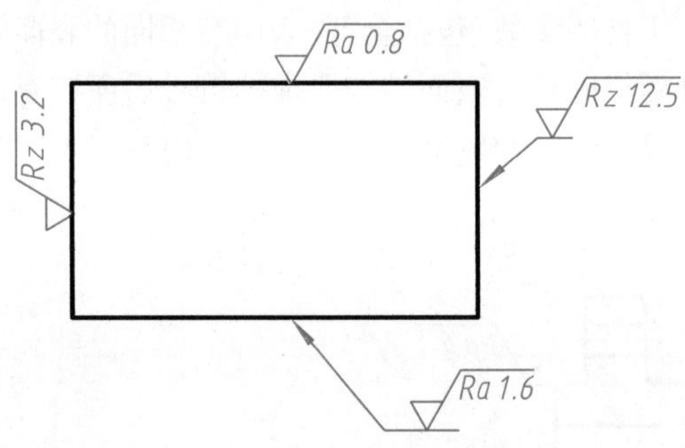

图 9-35　表面结构要求的书写方向

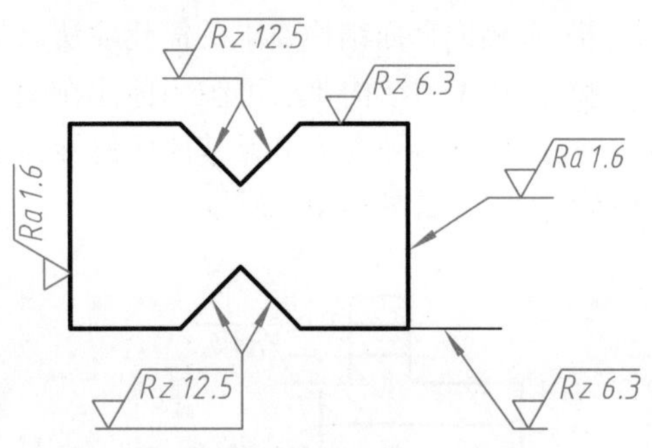

图 9-36　表面结构要求在轮廓线上的标注

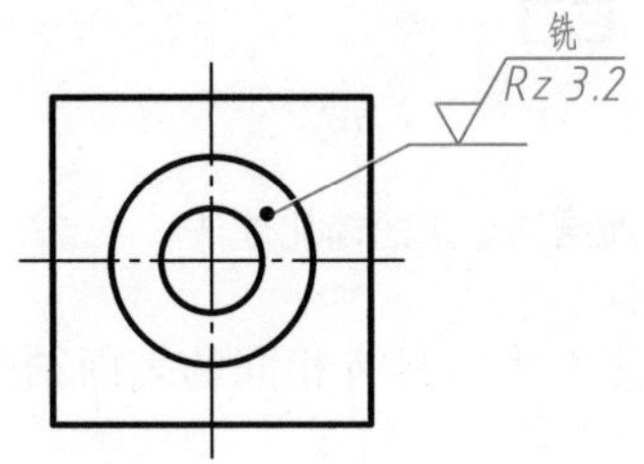

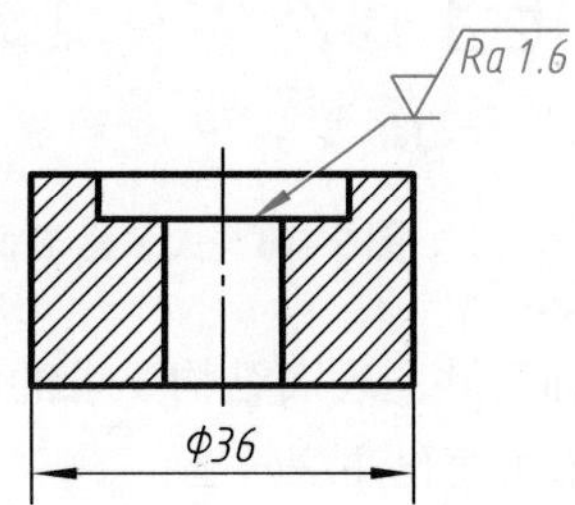

图 9-37　用指引线标注表面结构要求

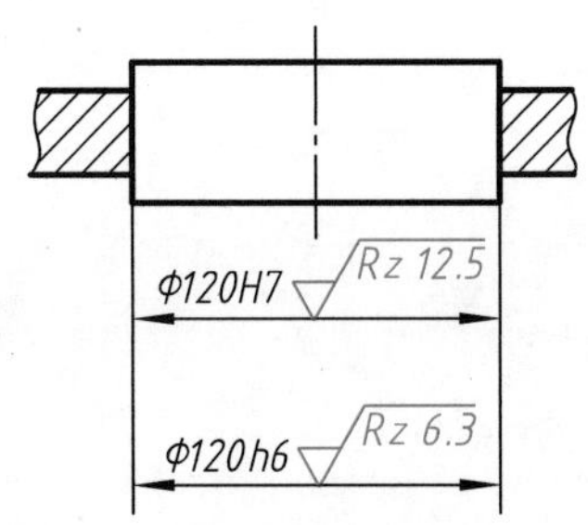

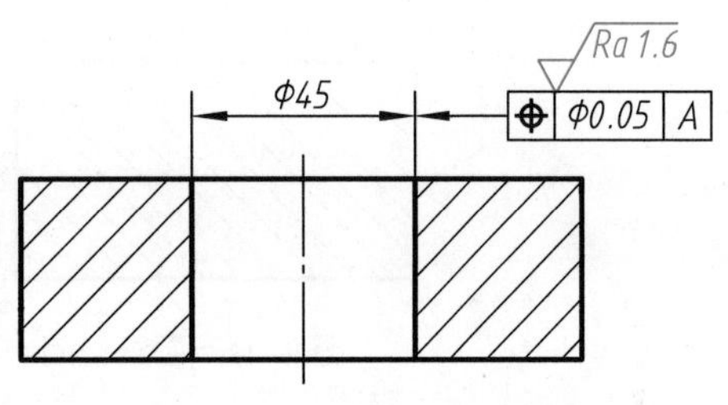

图 9-38　表面结构要求标注在给定的尺寸线上或几何公差框格的上方

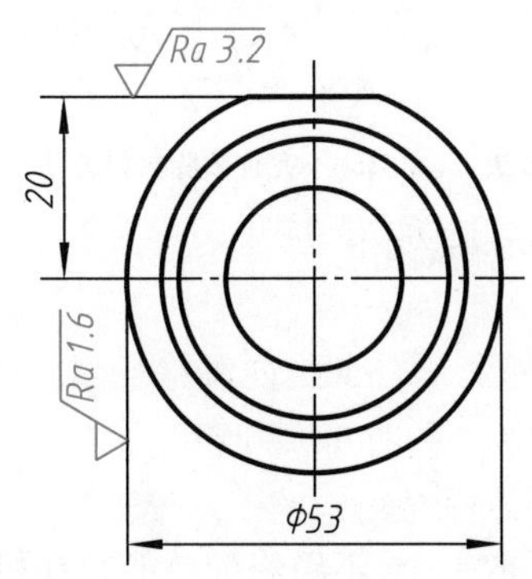

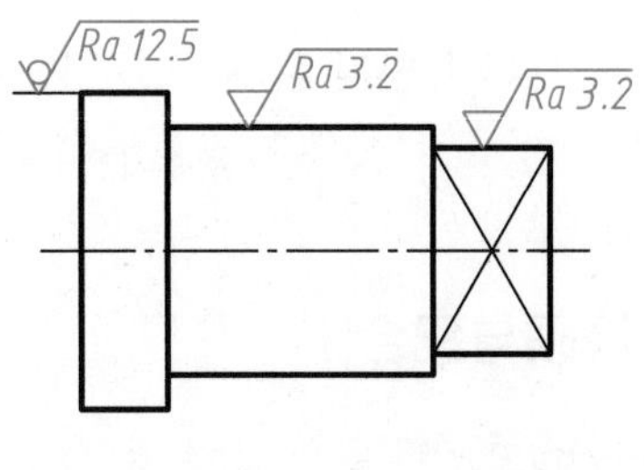

图 9-39　圆柱和棱柱表面结构要求的标注

(6) 有相同表面结构要求的简化注法。如果在工件的多数(包括全部)表面有相同的表面结构要求,则其表面结构要求可统一标注在图样的标题栏附近。表面结构要求的符号后面应有以下两种情况:在括号内给出无其他任何标注的基本符号,如图 9-40a 所示;在括号内给出不同的表面结构要求,如图 9-40b 所示。

Ra 6.3
Ra 1.6
Ra 3.2
(a)
Ra 6.3
Ra 1.6
Ra 3.2
Ra 1.6
Ra 6.3
(b)

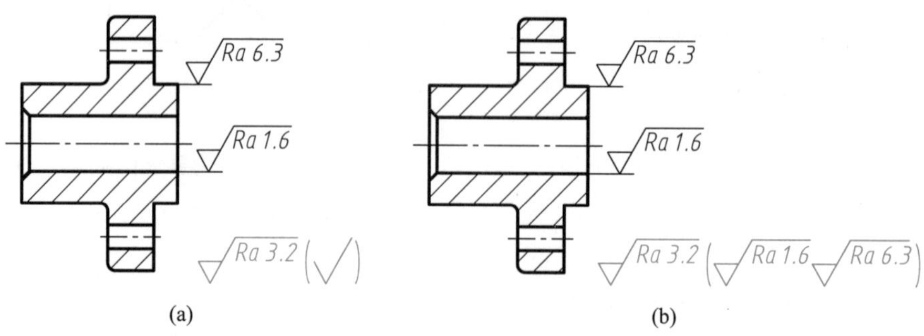

图 9-40 大多数表面有相同表面结构要求的简化注法

(7) 多个表面有共同表面结构要求的注法。当多个表面具有相同的表面结构要求或图纸空间有限时,可以采用简化注法。

可以用带字母的完整符号,以等式的形式在图形或标题栏附近,对有相同表面结构要求的表面进行简化标注,如图 9-41 所示。

Z
Y
Z = Ra 1.6
Y = Ra 6.3

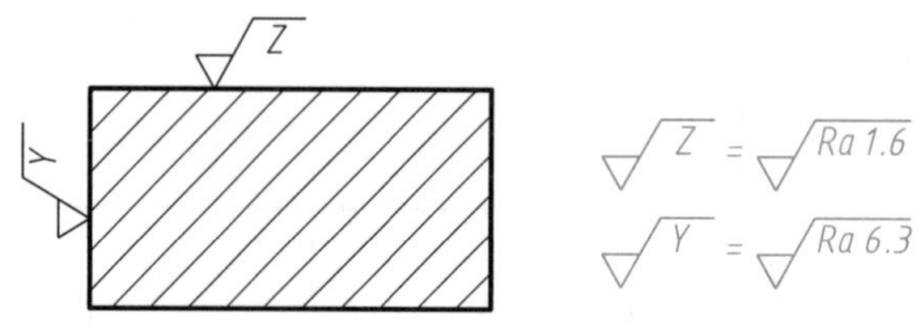

图 9-41 图纸空间有限时的简化注法

也可以用表面结构的基本符号和扩展符号,以等式的形式给出多个表面共同的表面结构要求,如图 9-42 所示。

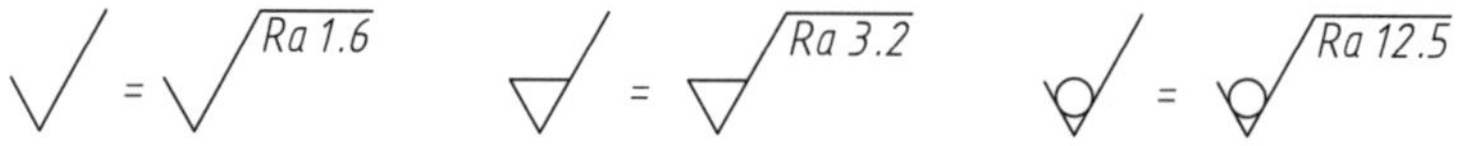

= Ra 1.6
= Ra 3.2
= Ra 12.5

(a) 未指定工艺方法 (b) 要求去除材料方法 (c) 不允许去除材料方法

图 9-42 只用表面结构符号的简化注法

9.5.2 极限与配合

1. 零件的互换性

在相同规格的一批零件或部件中,不经选择地任取一个,不经修配就能装在机器上,达到规定的性能要求,零件的这种性质称为互换性。为了满足互换性的要求,就必须控制零件的功能尺寸精度,而极限与配合制度是实现互换性的一个基本条件,是现代化机械工业的基础。

2. 公差的基本术语

以图 9-43 所示的 $\phi50^{+0.013}_{-0.006}$孔为例,介绍公差的有关名词术语。

(1) 公称尺寸　由图样规范确定的理想形状要素的尺寸。

(2) 实际尺寸　零件加工后通过实际测量所得的尺寸。

(3) 极限尺寸　尺寸要素允许的两个极限值。尺寸要素允许的最大尺寸称为上极限尺寸,尺寸要素允许的最小尺寸称为下极限尺寸。

(4) 偏差　极限尺寸减去公称尺寸所得的代数差称为尺寸偏差,简称偏差。

上极限偏差 = 上极限尺寸 - 公称尺寸

下极限偏差 = 下极限尺寸 - 公称尺寸

上、下极限偏差统称为极限偏差,极限偏差可以是正值、负值或零。孔的上、下极限偏差分别用大写字母 ES 和 EI 表示,轴的上、下极限偏差分别用小写字母 es 和 ei 表示。

(5) 尺寸公差　允许尺寸的变动量称为尺寸公差,简称公差。

尺寸公差 = 上极限尺寸 - 下极限尺寸 = 上极限偏差 - 下极限偏差

因为上极限尺寸总是大于下极限尺寸,上极限偏差总是大于下极限偏差,所以公差是一个没有符号的绝对值,且不能为零。

孔 $\phi50^{+0.013}_{-0.006}$中公称尺寸为 $\phi50$,上极限尺寸为 $\phi50.013$,下极限尺寸为 $\phi49.994$。上极限偏差 ES=+0.013,下极限偏差 EI=-0.006;公差 =50.013-49.994=0.013-(-0.006)=0.019。

(6) 公差带和公差带图　在尺寸公差分析中,常将图 9-43 所示的公称尺寸、偏差和公差之间的关系简化成图 9-44 所示的公差带图。图中,由代表上、下极限偏差的两条直线所限定的一个区域称为公差带,确定偏差的一条基准线称为零偏差线,简称零线。一般情况下,零线代表公称尺寸,零线之上为正偏差,零线之下为负偏差。

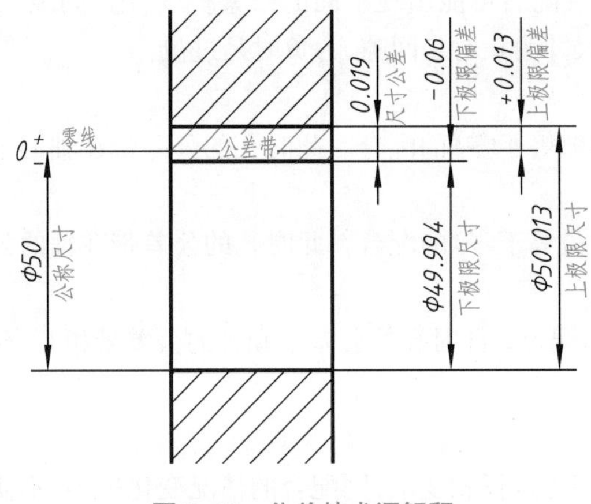

图 9-43　公差的术语解释

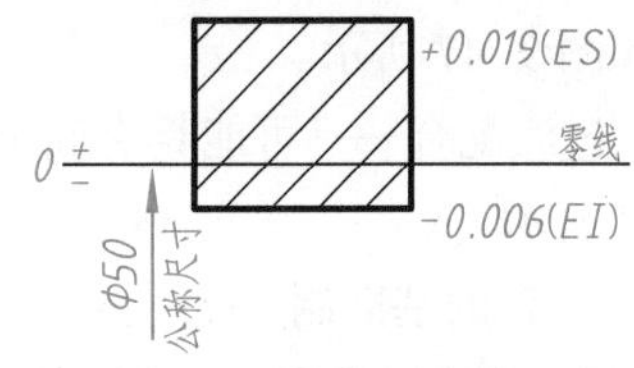

图 9-44　公差带图

公差带包括了“公差带大小”与“公差带位置”,国家标准规定,公差带的大小和位置分别由标准公差和基本偏差来确定。

3. 标准公差与基本偏差

为了满足零件互换性要求,国家标准对尺寸公差和偏差进行了标准化,制定了相应的制度,这种制度称为极限制。国家标准《极限与配合》规定,公差带由标准公差和基本偏差两个要素组成,公差带的大小由标准公差确定,而公差带的位置由基本偏差确定。

（1）标准公差

由国家标准所列的，用以确定公差带大小的公差称为标准公差。标准公差用符号“IT”表示，共分 20 个等级，即 IT01、IT0、IT1、…、IT18。公差数值依次增大，尺寸的精确程度依次降低。标准公差取决于公称尺寸的大小和标准公差等级，其值可由表 9-7 查取。

（2）基本偏差

基本偏差是国家标准规定的用以确定公差带相对于零线位置的上极限偏差或下极限偏差，一般为靠近零线的那个偏差。

国家标准规定的基本偏差系列其代号用拉丁字母表示，大写字母表示孔，小写字母表示轴，各有 28 个，如图 9-45 所示，由图可见，孔的基本偏差 A~H 为下极限偏差，J~ZC 为上极限偏差；而轴的基本偏差则相反，a~h 为上极限偏差，j~zc 为下极限偏差。图中 h 和 H 的基本偏差为零，分别代表基准轴和基准孔，JS 和 js 对称于零线，其上、下极限偏差分别是 +IT/2 和 -IT/2。基本偏差系列只给出了公差带靠近零线的一端，而另一端取决于所选标准公差的大小，可根据基本偏差和标准公差算出。

（3）公差带代号

孔、轴的公差带代号用基本偏差代号的字母和标准公差等级代号中的数字表示。

例如：ϕ50H8 表示公称尺寸为 ϕ50，基本偏差代号为 H，标准公差等级为 8 级的孔的公差带代号。ϕ50f7 表示公称尺寸为 ϕ50，基本偏差代号为 f，标准公差等级为 7 级的轴的公差带代号。

4. 配合与配合制

（1）配合及其种类

公称尺寸相同且相互接合的孔和轴公差带之间的关系称为配合。其中公称尺寸相同、孔和轴的接合是配合的条件，而孔、轴公差带之间的关系反映了配合精度和配合的松紧程度。因为孔和轴的实际尺寸不同，相接合的两个零件装配后可能出现不同的松紧程度，用“间隙”或“过盈”来表示。当孔的尺寸减去相配合的轴的尺寸为正时是间隙，为负时是过盈。

国家标准将配合分为三类：

1）间隙配合——具有间隙（包括最小间隙等于零）的配合。此时孔的公差带在轴的公差带之上，如图 9-46 所示。

2）过盈配合——具有过盈（包括最小过盈等于零）的配合。此时孔的公差带在轴的公差带之下，如图 9-47 所示。

3）过渡配合——可能具有间隙或过盈的配合。此时孔的公差带和轴的公差带相互交叠，如图 9-48 所示。

（2）配合的基准制

在制造配合的零件时，如果孔和轴两者都可以任意变动，则配合的情况变化极多，不便于零件的设计和制造。为此，国家标准规定了两种配合制度。

1）基孔制配合

基本偏差为一定的孔的公差带与不同基本偏差的轴的公差带形成各种配合的一种制度，如图 9-49a 所示。基孔制配合中的孔称为基准孔，基本偏差代号为 H，其下极限偏差 EI=0。

2）基轴制配合

基本偏差为一定的轴的公差带与不同基本偏差的孔的公差带形成各种配合的一种制度，如图 9-49b 所示。基轴制的轴为基准轴，基本偏差代号为 h，其上极限偏差 es=0。

表 9-7 标准公差数值(摘自 GB/T 1800.2—2009)

公称尺寸 / mm		公差等级																	
		IT1	IT2	IT3	IT4	IT5	IT6	IT7	IT8	IT9	IT10	IT11	IT12	IT13	IT14	IT15	IT16	IT17	IT18
大于	至	μm											mm						
—	3	0.8	1.2	2	3	4	6	10	14	25	40	60	0.10	0.14	0.25	0.40	0.60	1.0	1.4
3	6	1	1.5	2.5	4	5	8	12	18	30	48	75	0.12	0.18	0.30	0.48	0.75	1.2	1.8
6	10	1	1.5	2.5	4	6	9	15	22	36	58	90	0.15	0.22	0.36	0.58	0.90	1.5	2.2
10	18	1.2	2	3	5	8	11	18	27	43	70	110	0.18	0.27	0.43	0.70	1.10	1.8	2.7
18	30	1.5	2.5	4	6	9	13	21	33	52	84	130	0.21	0.33	0.52	0.84	1.30	2.1	3.3
30	50	1.5	2.5	4	7	11	16	25	39	62	100	160	0.25	0.39	0.62	1.00	1.60	2.5	3.9
50	80	2	3	5	8	13	19	30	46	74	120	190	0.30	0.46	0.74	1.20	1.90	3.0	4.6
80	120	2.5	4	6	10	15	22	35	54	87	140	220	0.35	0.54	0.87	1.40	2.20	3.5	5.4
120	180	3.5	5	8	12	18	25	40	63	100	160	250	0.40	0.63	1.00	1.60	2.50	4.0	6.3
180	250	4.5	7	10	14	20	29	46	72	115	185	290	0.46	0.72	1.15	1.85	2.90	4.6	7.2
250	315	6	8	12	16	23	32	52	81	130	210	320	0.52	0.81	1.30	2.10	3.20	5.2	8.1
315	400	7	9	13	18	25	36	57	89	140	230	360	0.57	0.89	1.40	2.30	3.60	5.7	8.9
400	500	8	10	15	20	27	40	63	97	155	250	400	0.63	0.97	1.55	2.50	4.00	6.3	9.7

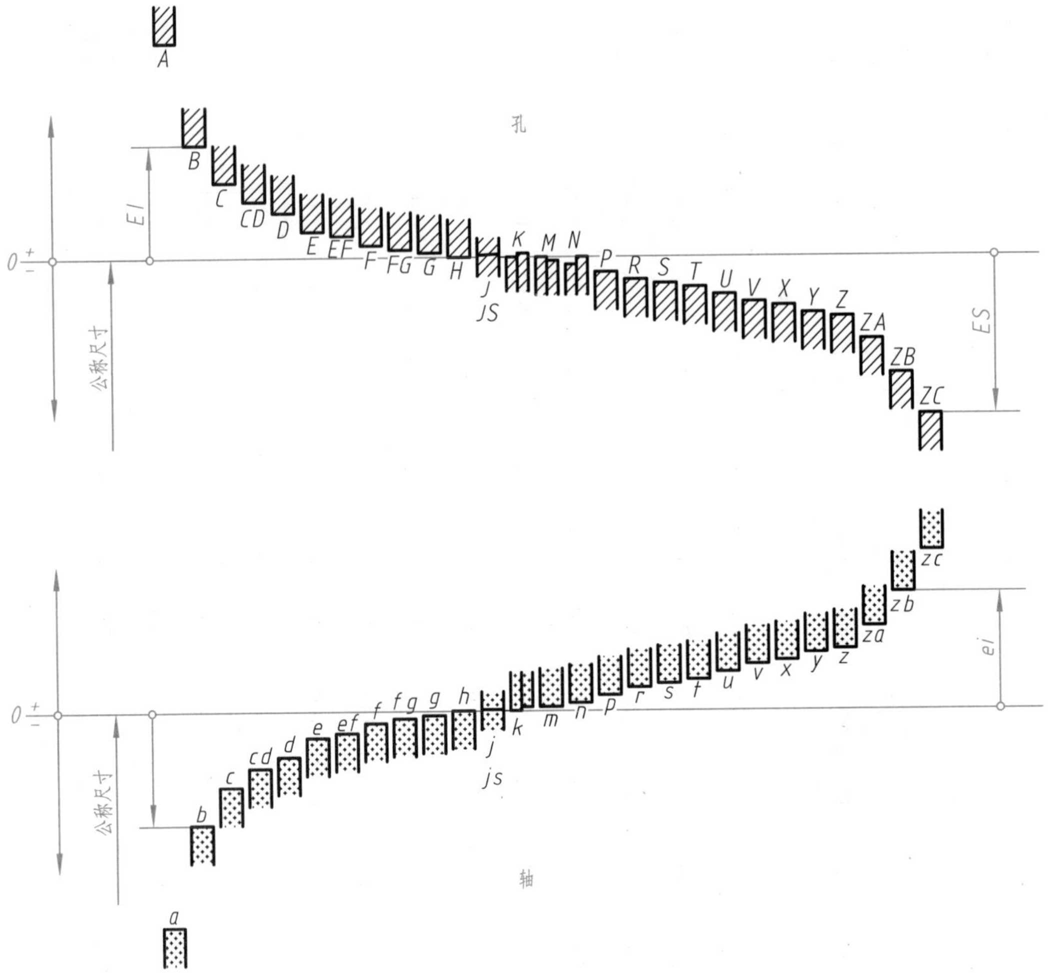

孔

A B C CD D E EF F FG G H J JS K M N P R S T U V X Y Z ZA ZB ZC

EI ES 0 + − 公称尺寸

a b c cd d e ef f fg g h j js k m n p r s t u v x y z za zb zc

ei 0 + − 公称尺寸

轴

图 9-45 基本偏差系列

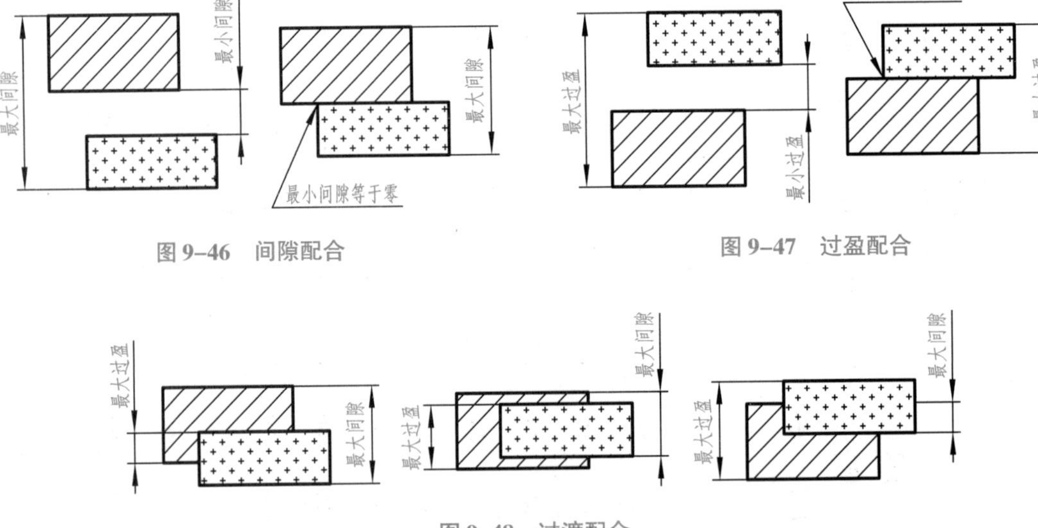

图 9-46 间隙配合

图 9-47 过盈配合

图 9-48 过渡配合

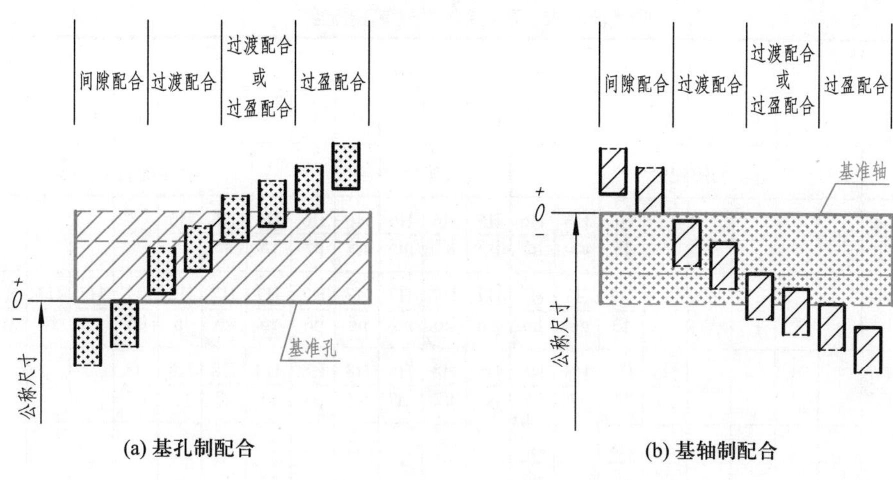

图 9-49　基孔制与基轴制配合

由于孔加工一般采用定值(定尺寸)刀具,而轴加工则采用通用刀具,因此国家标准规定一般情况应优先采用基孔制配合。孔的基本偏差为一定,可大大减少加工孔时定值刀具的品种规格,便于组织生产、管理和降低成本。

(3) 配合代号

在公称尺寸后面标注配合代号,配合代号由两个互相配合的孔和轴的公差带代号组成,用分数形式表示。分子为孔的公差带代号,分母为轴的公差带代号,通用的表示形式为

$$\text{公称尺寸}\,\frac{\text{孔的公差带代号}}{\text{轴的公差带代号}}$$

必要时为

公称尺寸 孔的公差带代号 / 轴的公差带代号

例如 $\phi50\,\frac{\mathrm{H8}}{\mathrm{f7}}$或 ϕ50H8/f7,其中 ϕ50 表示孔、轴的公称尺寸,H8 表示孔的公差带代号,f7 表示轴的公差带代号,H8/f7 表示配合代号,为基孔制间隙配合。

(4) 优先和常用配合

标准公差有 20 个等级,基本偏差有 28 种,可组成大量配合。过多的配合,既不能发挥标准的作用,也不利于生产。因此,国家标准将孔、轴公差带分为优先、常用和一般用途公差带,并由孔、轴的优先和常用公差带分别组成基孔制和基轴制的优先配合和常用配合,以便选用,见表 9-8 和表 9-9。

5. 公差与配合在图样中的标注及查表

(1) 在装配图中的标注

在装配图上,一般只标注相互配合的孔与轴的配合代号,如图 9-50 所示。

标注标准件、外购件与零件(轴或孔)的配合代号时,可以只标注与标准件、外购件相配合的轴或孔的公差带代号,如图 9-51 所示。

孔和轴主要是指圆柱形的内、外表面,同时也包括平面形内、外表面中由单一尺寸决定的部分,此时在装配图中配合的标注方法如图 9-52 所示。

表 9-8 基孔制优先、常用配合

基准孔	轴																				
	a	b	c	d	e	f	g	h	js	k	m	n	p	r	s	t	u	v	x	y	z
	间隙配合								过渡配合			过盈配合									
H6						H6/f5	H6/g5	H6/h5	H6/js5	H6/k5	H6/m5	H6/n5	H6/p5	H6/r5	H6/s5	H6/t5					
H7						H7/f6	H7/g6	H7/h6	H7/js6	H7/k6	H7/m6	H7/n6	H7/p6	H7/r6	H7/s6	H7/t6	H7/u6	H7/v6	H7/x6	H7/y6	H7/z6
H8					H8/e7	H8/f7	H8/g7	H8/h7	H8/js7	H8/k7	H8/m7	H8/n7	H8/p7	H8/r7	H8/s7	H8/t7	H8/u7				
				H8/d8	H8/e8	H8/f8		H8/h8													
H9			H9/c9	H9/d9	H9/e9	H9/f9		H9/h9													
H10			H10/c10	H10/d10				H10/h10													
H11	H11/a11	H11/b11	H11/c11	H11/d11				H11/h11													
H12		H12/b12						H12/h12													

① H6/n5、H7/p6在公称尺寸小于或等于3 mm和H8/r7在小于或等于100 mm时，为过渡配合；

② 标注蓝色三角的配合为优先配合

表 9-9 基轴制优先、常用配合

基准轴	孔																				
	A	B	C	D	E	F	G	H	JS	K	M	N	P	R	S	T	U	V	X	Y	Z
	间隙配合								过渡配合			过盈配合									
h5						F6/h5	G6/h5	H6/h5	JS6/h5	K6/h5	M6/h5	N6/h5	P6/h5	R6/h5	S6/h5	T6/h5					
h6						F7/h6	G7/h6	H7/h6	JS7/h6	K7/h6	M7/h6	N7/h6	P7/h6	R7/h6	S7/h6	T7/h6	U7/h6				
h7					E8/h7	F8/h7		H8/h7	JS8/h7	K8/h7	M8/h7	N8/h7									
h8				D8/h8	E8/h8	F8/h8		H8/h8													
h9				D9/h9	E9/h9	F9/h9		H9/h9													
h10				D10/h10				H10/h10													
h11	A11/h11	B11/h11	C11/h11	D11/h11				H11/h11													
h12		B12/h12						H12/h12													

标注蓝色三角的配合为优先配合

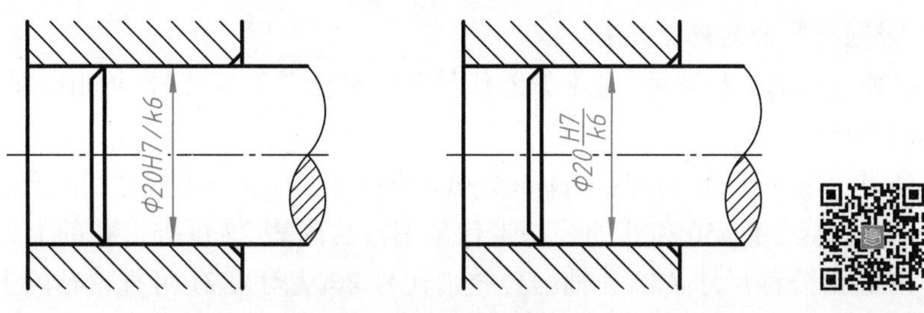

图 9–50 装配图中配合尺寸的标注

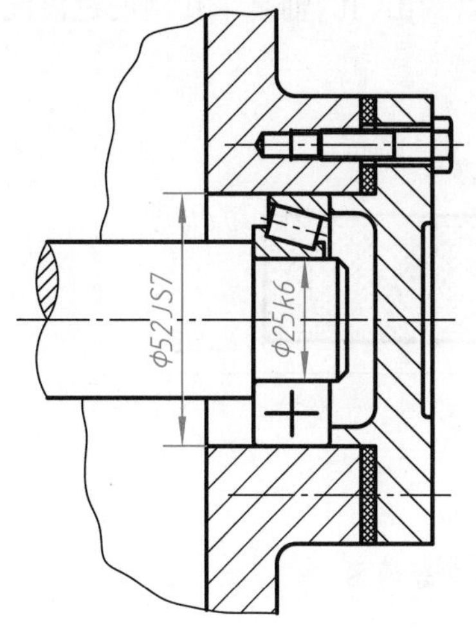

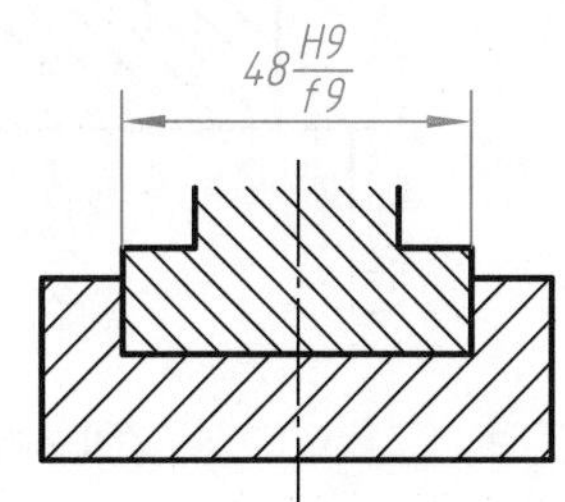

图 9–51 滚动轴承与孔、轴配合的标注

图 9–52 内、外表面配合代号的标注

(2) 在零件图中的标注

在零件图上尺寸公差可按下面三种形式之一标注：①只标注公差带代号，如图 9–53a 所示；②只标注极限偏差的数值，如图 9–53b 所示；③同时标注公差带代号和极限偏差数值，但极限偏差数值应加上圆括号，如图 9–53c 所示。

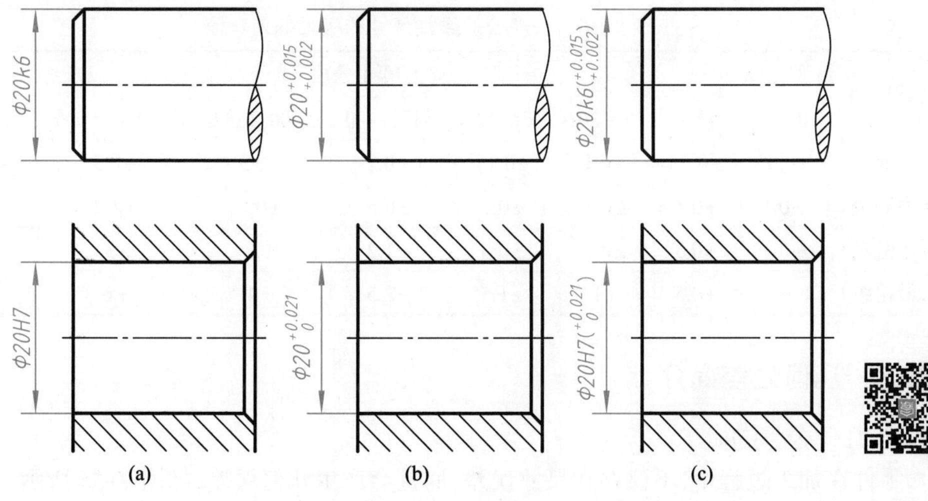

图 9–53 零件图中的公差标注

(3) 极限与配合的查表方法

根据轴或孔的公称尺寸、基本偏差代号和标准公差等级代号，可由附录中查得轴或孔优先配合的极限偏差值。

例 9-1 已知孔、轴的配合为 ϕ50H7/k6，确定孔、轴的极限偏差及配合性质。

解：由公称尺寸 ϕ50 和孔的公差带代号 H7，从附表 22 可查得孔的上、下极限偏差分别为 +0.025 和 0，由公称尺寸 ϕ50 和轴的公差带代号 k6 从附表 21 可查得轴的上、下极限偏差分别为 +0.018 和 +0.002。即 ϕ50H7 的极限偏差是 $\phi 50^{+0.025}_{0}$，ϕ50k6 的极限偏差是 $\phi 50^{+0.018}_{+0.002}$。

$\phi 50\dfrac{H7}{k6}$的公差带图如图 9-54 所示，从图上可以看出，孔、轴是基孔制的过渡配合，最大过盈为 0.018，最大间隙为 0.023。

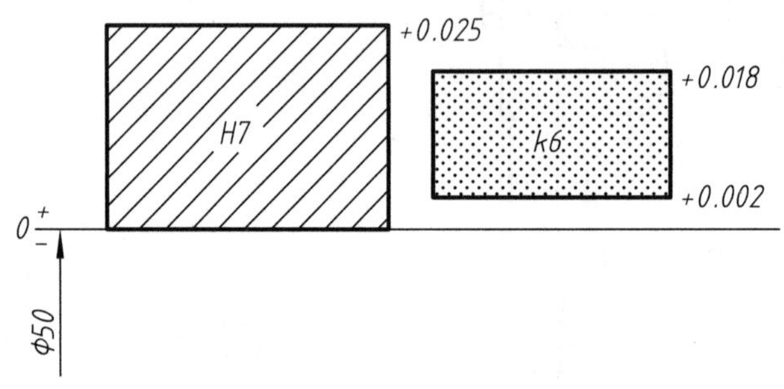

图 9-54 ϕ50H7/k6 公差带图

6. 一般公差（GB/T 1804—2000）

一般公差是指在通常的加工条件下即可保证的公差，分为精密 f、中等 m、粗糙 c 和最粗 v 四个公差等级，常用于无特殊要求的尺寸，而且不需要注出其极限偏差数值。需要标注时，可根据一般设备的加工精度选取相应的公差等级，并在图样标题栏附近或技术要求中注出标准号及公差等级代号，如选取中等级 m 时，则标注为“GB/T 1804—m”。一般公差线性尺寸的极限偏差数值可查阅表 9-10。

表 9-10 一般公差线性尺寸的极限偏差数值 mm

公差等级	尺寸分段							
	0.5~3	>3~6	>6~30	>30~120	>120~400	>400~1 000	>1 000~2 000	>2 000~4 000
f(精密级)	±0.05	±0.05	±0.1	±0.15	±0.2	±0.3	±0.5	—
m(中等级)	±0.1	±0.1	±0.3	±0.3	±0.5	±0.8	±1.2	±2.
c(粗糙级)	±0.2	±0.3	±0.5	±0.8	±1.2	±2.	±3.	±4
v(最粗级)	—	±0.5	±1	±1.5	±2.5	±4	±6	±8

9.5.3 几何公差简介

1. 几何公差的概念

零件在加工过程中，不仅存在尺寸误差，而且会产生几何误差，如图 9-55 所示。零件存在严重的几何误差会造成装配困难，影响机器设备的质量。因此，对于精度要求较高的零件，除了

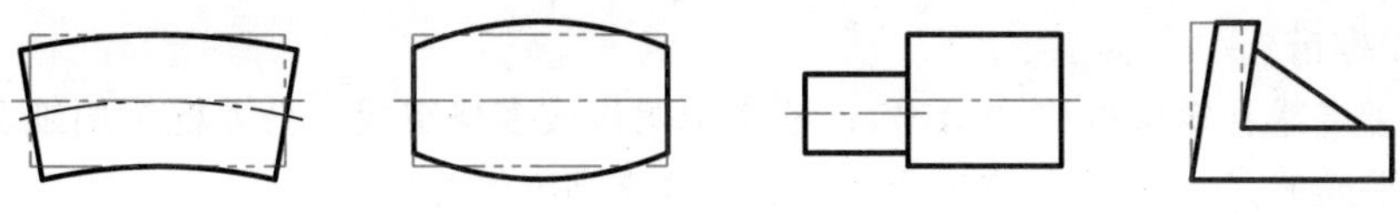

图 9-55　几何误差

给出尺寸公差外，还应该根据设计要求，合理地确定几何误差的最大允许量即几何公差。几何公差包括形状、方向、位置和跳动公差。《产品几何技术规范（GPS）几何公差形状、方向、位置和跳动公差标注》（GB/T 1182—2018）规定了几何公差标注的基本要求及方法。

2. 几何公差的特征符号

几何公差的类型和规定的特征符号见表 9-11。

表 9-11　几何特征符号

公差类型	几何特征	符号	有无基准	公差类型	几何特征	符号	有无基准
形状公差	直线度	⏤	无	位置公差	位置度	⌖	有或无
	平面度	⏥	无		同心度（用于中心点）	◎	有
	圆度	○	无				
	圆柱度	⌭	无		同轴度（用于轴线）	◎	有
	线轮廓度	⌒	无				
	面轮廓度	⌓	无				
方向公差	平行度	//	有		对称度	⌯	有
	垂直度	⊥	有		线轮廓度	⌒	有
	倾斜度	∠	有		面轮廓度	⌓	有
	线轮廓度	⌒	有	跳动公差	圆跳动	↗	有
	面轮廓度	⌓	有		全跳动	⌰	有

3. 几何公差的标注

图样中几何公差采用代号的形式标注。代号由几何公差框格、带箭头的指引线组成，如图 9-56 所示。

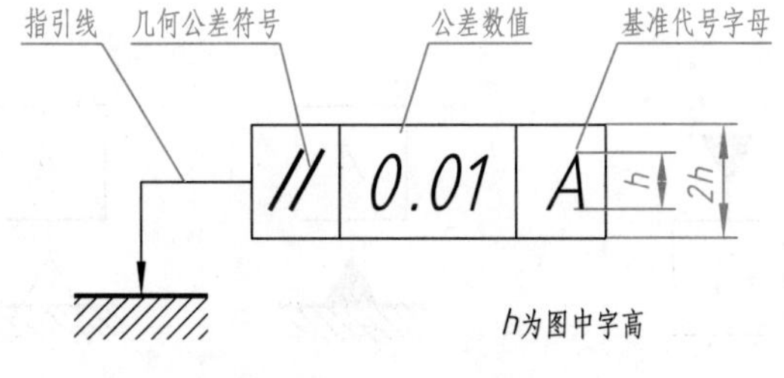

图 9-56　公差框格

(1) 公差框格

几何公差要求在矩形框格中给出,该框格由两格或多格组成。公差框格用细实线绘制,框格可画成水平或垂直的,框格的高度为图中尺寸数字高度的两倍。

公差框格水平放置时,框格中的内容从左到右按以下次序填写:第一格填写几何公差的特征符号;第二格填写几何公差数值和有关符号,公差带是圆形或圆柱形的在公差数值前加注"ϕ",球形的则加注"$S\phi$";如果需要,第三格及以后各格填写一个或多个字母,表示基准要素或基准体系。

(2) 被测要素

用带箭头的指引线将框格与被测要素相连接,按以下方式标注:

当公差涉及轮廓线或轮廓面时,箭头指向该要素的轮廓线或其延长线(应与尺寸线明显错开),如图 9-57a、b 所示。箭头也可以指向引出线的水平线,引出线引自被测面,如图 9-57c 所示。

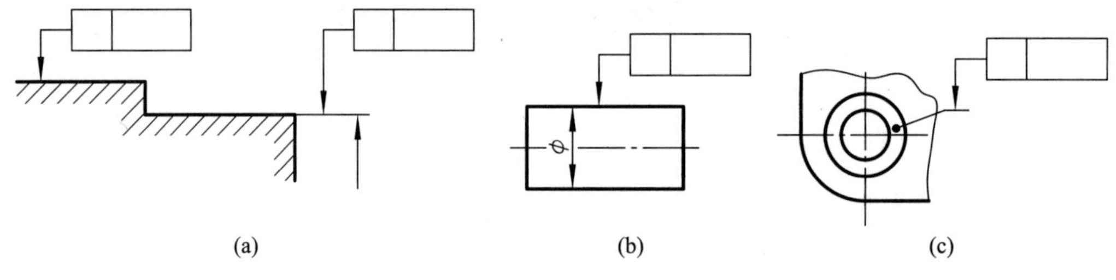

图 9-57 被测要素标注方法(一)

当公差涉及要素的中心线、中心平面或中心点时,箭头应位于相应尺寸线的延长线上,如图 9-58 所示。

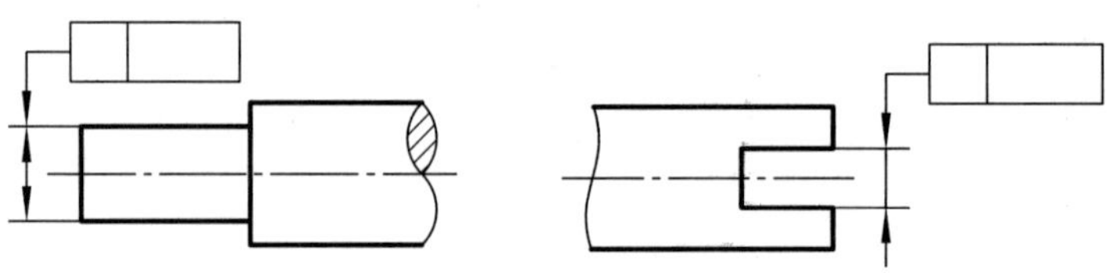

图 9-58 被测要素标注方法(二)

(3) 基准

基准用一个大写字母表示。字母标注在基准方格内,与一个涂黑或空白的三角形相连以表示基准,如图 9-59 所示。

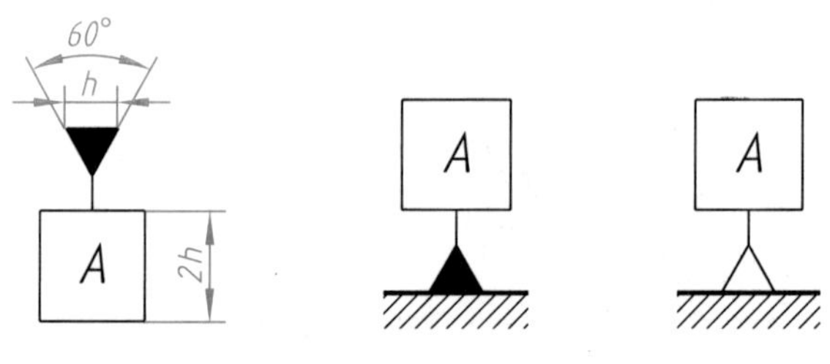

图 9-59 基准符号

当基准要素是轮廓线或轮廓面时，基准三角形放置在要素的轮廓线或延长线上，并与尺寸线明显错开，如图 9-60a 所示。

当基准是尺寸要素确定的轴线、中心平面或中心点时，基准三角形应放置在该尺寸线的延长线上，如果没有足够的位置标注基准要素尺寸的两个尺寸箭头，则其中一个箭头可用基准三角形代替，如图 9-60b 所示。

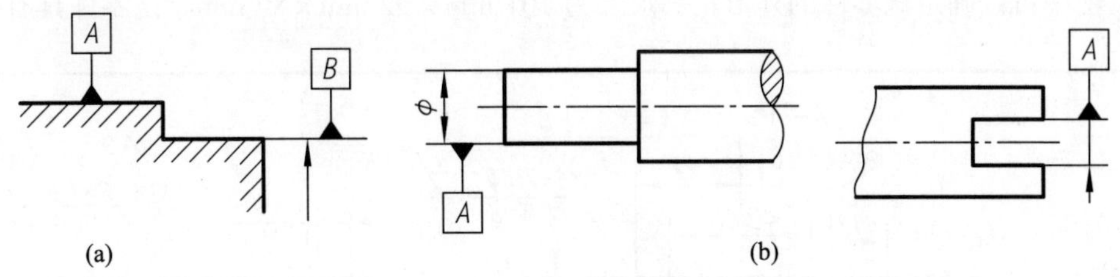

图 9-60 基准要素的标注

(4) 几何公差标注示例

图 9-61 所示为气门阀杆零件图几何公差标注的实例，可供标注时参考。

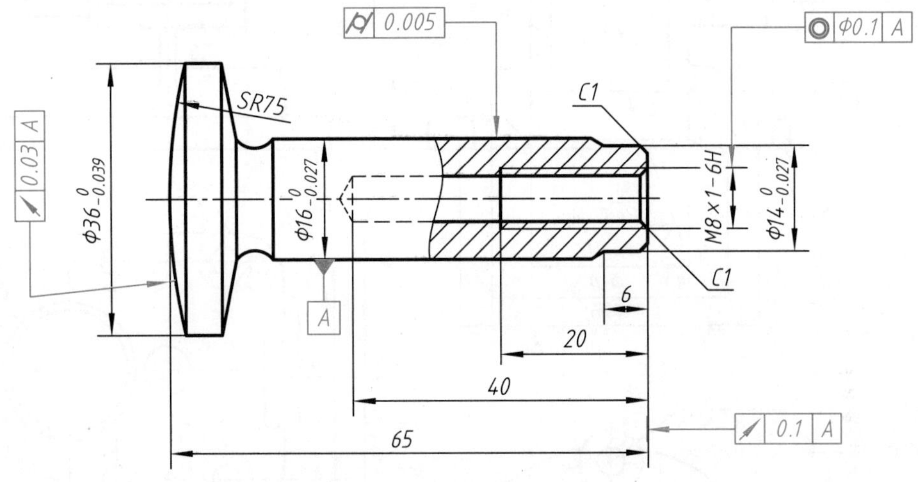

图 9-61 气门阀杆几何公差的标注

从图上标注的几何公差可知：

1) *SR*75 球面相对 ϕ16 轴线的圆跳动公差为 0.03 mm。

2) ϕ16 杆身圆柱度公差为 0.005 mm。

3) M8 × 1-6H 的螺纹孔轴线相对 ϕ16 轴线的同轴度公差为 ϕ0.1 mm。

4) 右端面相对 ϕ16 轴线的圆跳动公差为 0.1 mm。

9.6 读零件图

在设计、生产和学习过程中，读零件图是一项很重要的工作。读零件图就是根据零件图的各视图，分析和想象该零件的结构形状，弄清全部尺寸及各项技术要求等，根据零件的作用及相关工艺知识，对零件进行结构分析。

下面以图 9-62 所示的壳体为例说明读零件图的一般方法和步骤。

1. 概括了解

主要从标题栏入手，了解零件的名称、材料、比例等，必要时还需要结合装配图或其他设计资料（使用说明书、设计任务书和设计说明书等），弄清楚该零件是用在什么机器上。从图 9-62 标题栏可知，该零件材料为铸造铝合金 ZL102，这个零件是铸件，属箱体类零件，绘图比例为 1∶2；从图中可以确定该零件的外形轮廓尺寸为 101 mm × 92 mm × 80 mm。该零件具有一般箱

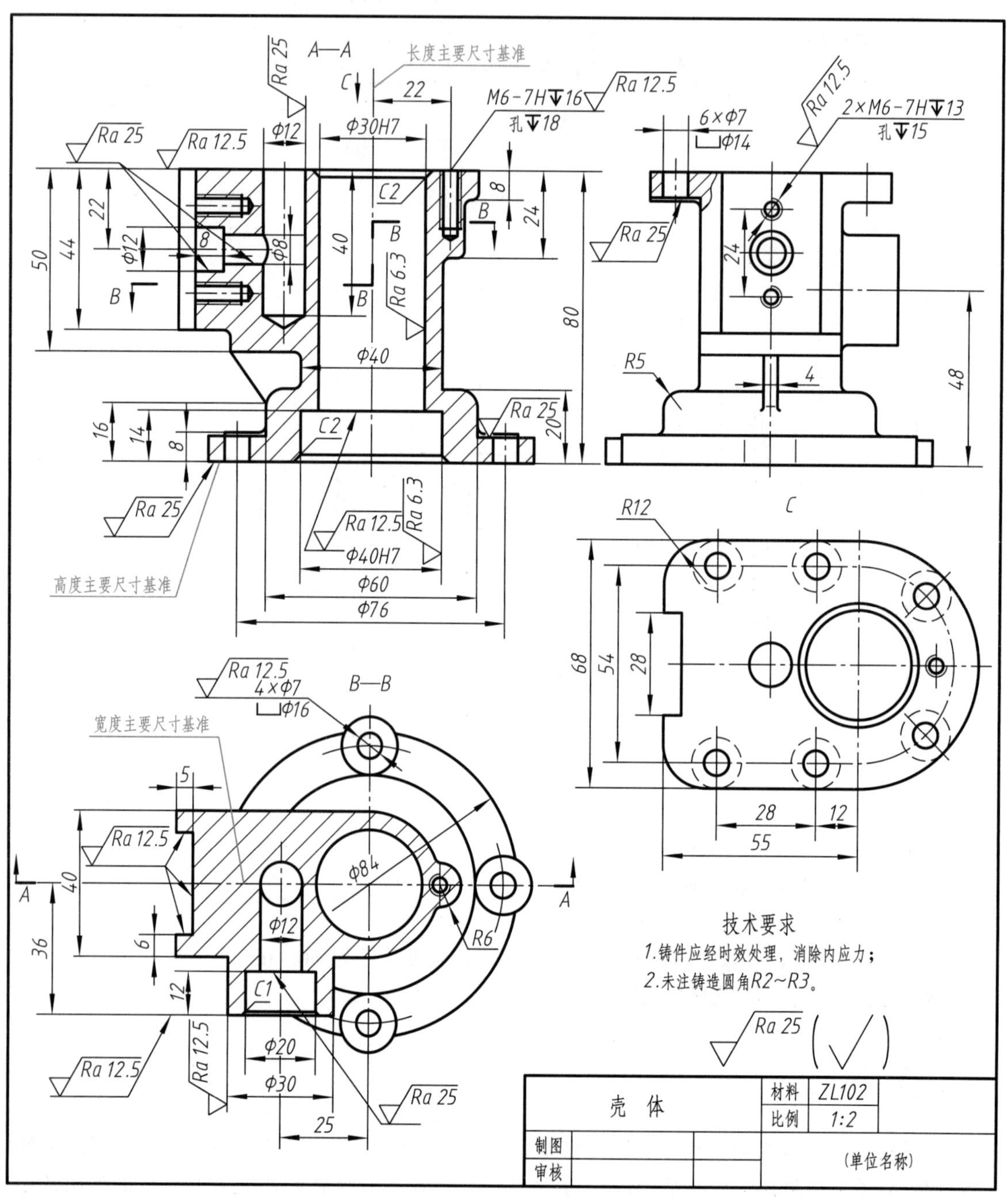

图 9-62 壳体零件图

体零件的容纳作用,其用途可从有关资料中了解。

2. 分析视图,想象结构形状

(1) 分析视图

看懂零件的内、外结构和形状,是看图的重点。先找出主视图,确定各视图间的关系,并找出剖视图或断面图的剖切位置、投射方向等,然后分析各视图的表达重点。从基本视图看零件大体的内、外形状,结合局部视图、斜视图以及断面图等表达方法,看清零件的局部或斜面的形状。从零件的加工要求,了解零件的一些工艺结构。

该壳体共采用四个图形表达,其中三个基本视图及一个辅助视图。主视图为 *A—A* 全剖视,主要表达内部结构形状;俯视图采用两个平行剖切平面剖切的 *B—B* 全剖视图,同时表达内部和底板的形状;左视图表达外形,其上有一小处局部剖视图表达孔的结构;*C* 向局部视图,主要表达顶面形状。

(2) 想象结构形状

从图 9-62 的主、俯视图中看出,该零件的工作部分为内腔,其中包括主体内腔(ϕ30H7 和 ϕ40H7 构成的直立阶梯孔)和其余内腔(主体内腔左侧的三个垂直通孔),依据由内定外的构型原则,可看出该箱体零件的基本外形。

从主、左视图及 *C* 向视图可看出顶面连接部分,从主、左及俯视图可看出左侧连接部分,从俯、左视图中看出前面连接部分。

壳体的安装部分为下部的安装底板,主要在主、俯视图中表达。另外,从主、左视图中看出该零件有一加强肋。

工作部分的形体不复杂,其难点在于看懂左边三个孔的位置关系,从主、俯视图中看出顶面孔 ϕ12 深 40,左侧阶梯孔 ϕ12、ϕ8 和前面凸缘上的 ϕ20、ϕ12 阶梯孔,三个孔相通并相互垂直。

连接部分共三处,顶面连接板厚度 8,形状见 *C* 向视图,其上有下端面锪平的 6×ϕ7 孔和 M6 螺纹孔深度 16,由主视图及 *C* 向视图可知这些孔的相对位置。侧面连接为凹槽,槽内有 2 个 M6 螺纹孔深 13。前面连接是靠 ϕ20 的孔,其外部结构为 ϕ30 的圆柱形凸缘。

安装底板为圆盘形,其上有 4×ϕ16 锪平孔和安装孔 4×ϕ7。注意锪平面在左视图中的投影。另外,还有反映肋断面形状的重合断面与肋板过渡线形状的关系。

至此,可想象出壳体零件的完整结构形状,图 9-63 可供参考。

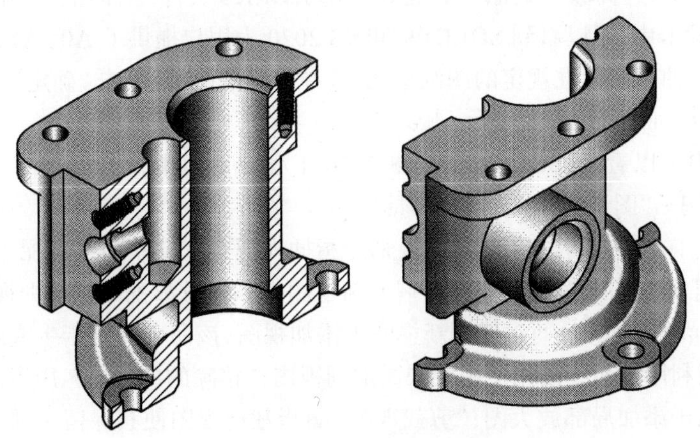

图 9-63 壳体零件的结构

3. 分析尺寸和技术要求

分析尺寸应先分析长、宽、高三个方向的主要尺寸基准，了解各部分的定位尺寸和定形尺寸，分清楚哪些是主要尺寸。

如图 9-62 所示，长度方向的主要尺寸基准是通过主体内腔轴线的侧平面；宽度方向的主要尺寸基准是通过主体内腔轴线的正平面；高度方向的主要尺寸基准是底板的底面。从这三个主要基准出发，结合零件的功用，进一步分析主要尺寸和各部分的定形尺寸、定位尺寸，以至完全确定这个箱体的各部分大小。

了解零件图中表面结构、尺寸公差、几何公差及热处理等技术要求。

从图 9-62 标注的表面粗糙度可以看出，除主体内腔孔 ϕ30H7 和 ϕ40H7 的 *Ra* 值为 6.3 μm 以外，其他加工表面大部分 *Ra* 值为 25 μm，少数是 12.5 μm，其余为铸造表面。说明该零件对表面粗糙度要求不高。

全图只有两个尺寸具有公差要求，即 ϕ30H7 和 ϕ40H7，也正是工作内腔，说明它是该零件的核心部分。

壳体材料为铸铝，为保证壳体加工后不致变形而影响工作，因此铸件应进行时效处理。零件上未注铸造圆角为 *R*2~*R*3。

4. 综合归纳

经过以上分析，对壳体零件的结构形状、尺寸标注和技术要求等全貌有了比较全面的了解，是一个中等复杂的箱体类零件，由毛坯铸件经机械加工而成。

9.7 SOLIDWORKS 工程图生成

9.7.1 SOLIDWORKS 工程图概述

利用 SOLIDWORKS 建立三维模型后，可以自动生成工程图，包括视图、剖视图、局部放大图、尺寸标注等。

新建工程图文件的操作方法为：单击“新建”按钮，在弹出的“新建 SOLIDWORKS 文件”对话框中，单击左下角的“高级”按钮，“新建 SOLIDWORKS 文件”对话框变为图 9-64 所示的形式，在“模板”选项卡中，可以看到 SOLIDWORKS 2020 为用户提供了 A0、A1、A2、A3、A4（横向）、A4（纵向）六种国家标准规定的图纸格式，选择需要的图纸，单击“确定”按钮，即可新建一个空白的工程图，界面如图 9-65 所示。

从图 9-65 中可以看出，SOLIDWORKS 2020 工程图界面中，主要包含“工程图”“视图布局”“注解”“草图”“图纸格式”这几个工具栏。

在“工程图”工具栏中，“模型视图”命令指插入现有三维模型或装配体的正交或命名视图；“投影视图”命令指通过从现有视图展开新视图来添加投影视图；“辅助视图”命令指从线性实体（边线、草图实体等）通过展开新视图来添加视图，该命令可用于生成向视图或斜视图；“剖面视图”指利用剖面线使用父视图来添加剖视图；“移除的剖面”用于添加移出断面图；“局部视图”用于添加局部放大图；“剪裁视图”指裁剪视图使其保留一部分，可用于生成局部视图；“断开的剖视图”命令指将现有视图的一部分断开以生成剖视图的命令，可用于生成局部剖、半剖等视图。

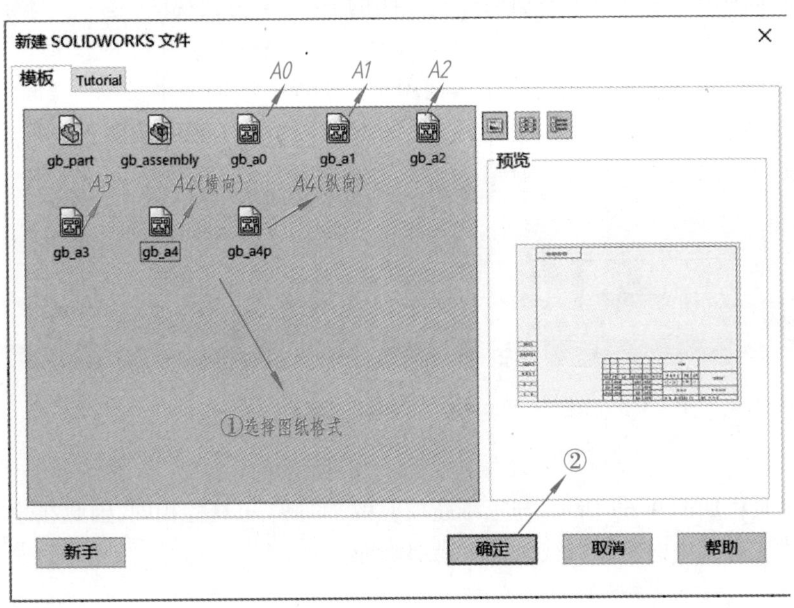

图 9–64 “新建 SOLIDWORKS 文件”对话框

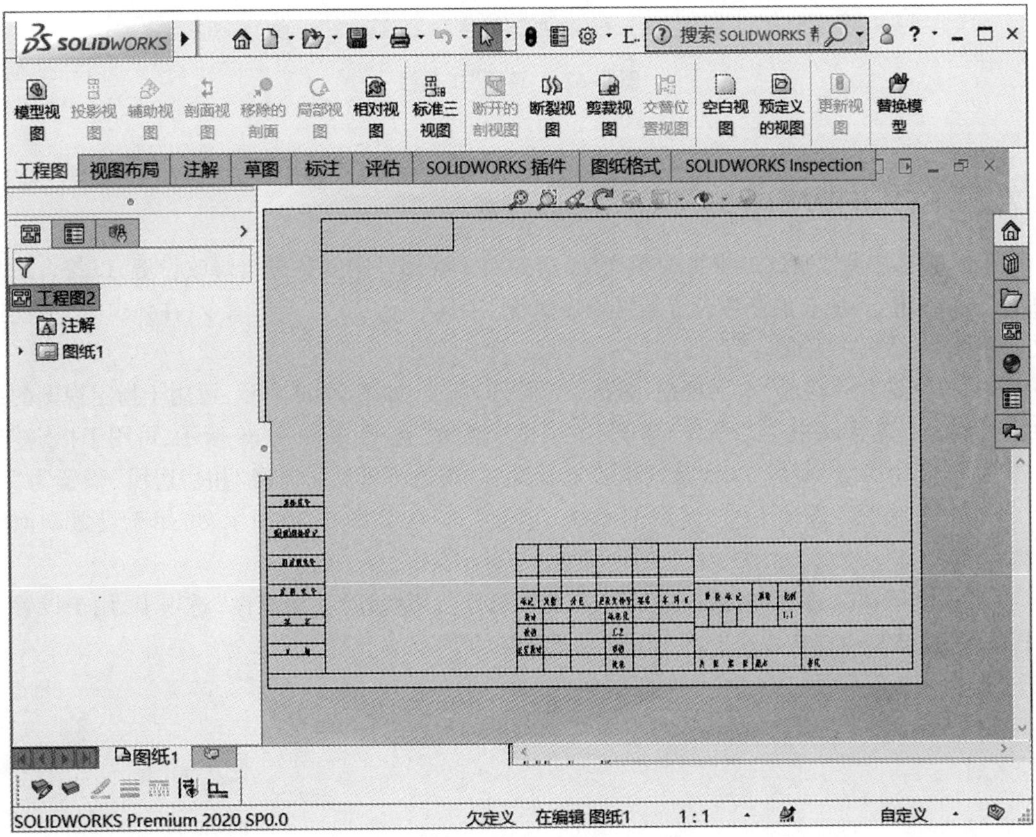

图 9–65 SOLIDWORKS 工程图界面

注意:“局部视图”是用于添加局部放大图的命令,“剪裁视图”才是添加局部视图需要用到的命令。

“注解”工具栏如图 9–66 所示,该工具栏用于为工程图添加尺寸、公差、表面粗糙度、基准、中心线、剖面线等标注。其中,“模型项目”命令可用于为工程图按照其三维建模时标注的尺寸自动生成工程图尺寸。

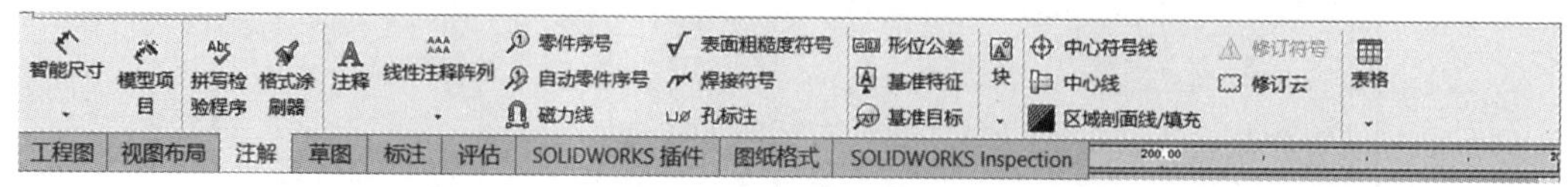

图 9–66 “注解”工具栏

“草图”工具栏如图 9–67 所示,与三维建模时的“草图”工具栏相同,因此在绘制工程图时,可利用“草图”工具栏中的功能对视图进行局部修饰。

图 9–67 “草图”工具栏

9.7.2 SOLIDWORKS 工程图参数设置

在根据三维模型生成二维工程图之前,需要对工程图基本参数进行修改设置,以符合最新的国家标准规定。所有的参数设置均可通过执行“工具”→“选项”菜单命令,在弹出的“系统选项 – 普通”对话框中完成。

在“系统选项 – 普通”对话框中,单击“工程图”选项,如图 9–68 所示,可用于指定视图的各种显示和更新选项;单击“工程图”选项下的“显示类型”选项,如图 9–69 所示,可用于指定“显示样式”“相切边线”等样式,注意这里若未设置过“切边不可见”,需将“相切边线”设置为“移除”;单击“工程图”选项下的“区域剖面线 / 填充”选项,如图 9–70 所示,可用于设置剖面线样式。

在“系统选项 – 普通”对话框中,单击“文档属性”,切换到“文档属性”选项卡,用于设置工程图的尺寸、线型等样式。这里将常用的设置总结如下。

系统选项(S) 文档属性(D) 搜索选项

普通
MBD
工程图
显示类型
区域剖面线/填充
性能
颜色
草图
几何关系/捕捉
显示
选择
性能
装配体
外部参考
默认模板
文件位置
FeatureManager
选值框增量值
视图
备份/恢复
触摸
异型孔向导/Toolbox
文件探索器
搜索
协作
信息/错误/警告
导入
导出

☑在插入时消除复制模型尺寸(E)
☑在插入时消除重复模型注释(E)
☑默认标注所有零件/装配体尺寸以输入到工程图中(M)
☑自动缩放新工程视图比例(A)
☑添加新修订时激活符号(E)
☐显示新的局部视图图标为圆(D)
☐选取隐藏的实体(N)
☐禁用注释/尺寸推理
☑在拖动时禁用注释合并
☑打印不同步水印(O)
☐在工程图中显示参考几何体名称(G)
☐生成视图时自动隐藏零部件(H)
☐显示草图圆弧中心点(P)
☐显示草图实体点(S)
☐在几何体后面显示草图剖面线
☐在图纸上几何体后面显示草图图片
☑在断裂视图中打印折断线(B)
☑折断线与投影视图的父视图对齐
☑自动以视图增殖视图调色板(I)
☐在添加新图纸时显示图纸格式对话(F)
☑在尺寸被删除或编辑(添加或更改公差、文本等...)时减少间距
☐重新使用所删除的辅助、局部、及剖面视图中的视图字母
☑启用段落自动编号
☐不允许创建镜向视图
☐在材料明细表中覆盖数量列名称
要使用的名称:
局部视图比例: 2 X
用作修订版的自定义属性: 修订
键盘移动增量: 10.00mm

重设(R)...

图 9–68 “工程图”选项设置

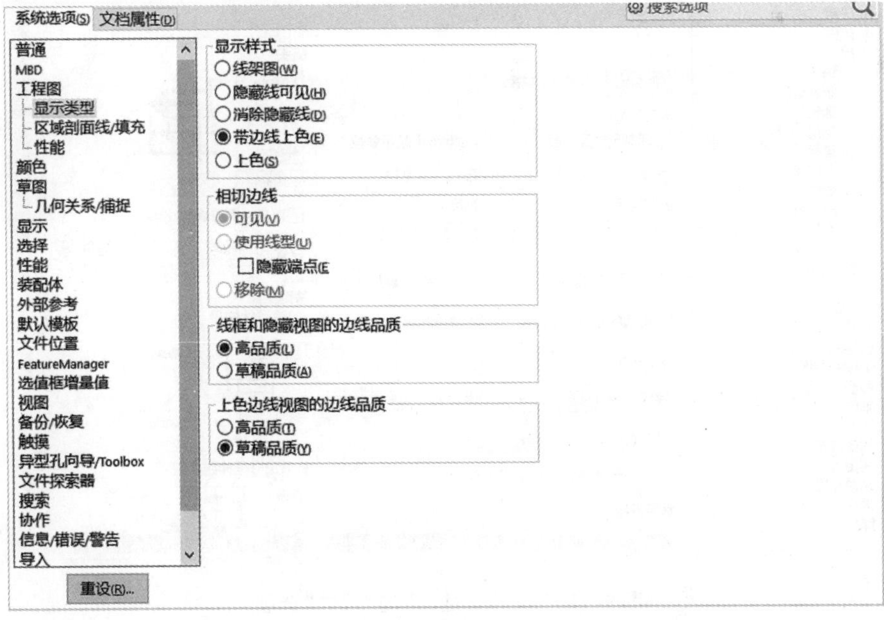

图 9–69 “显示类型”选项

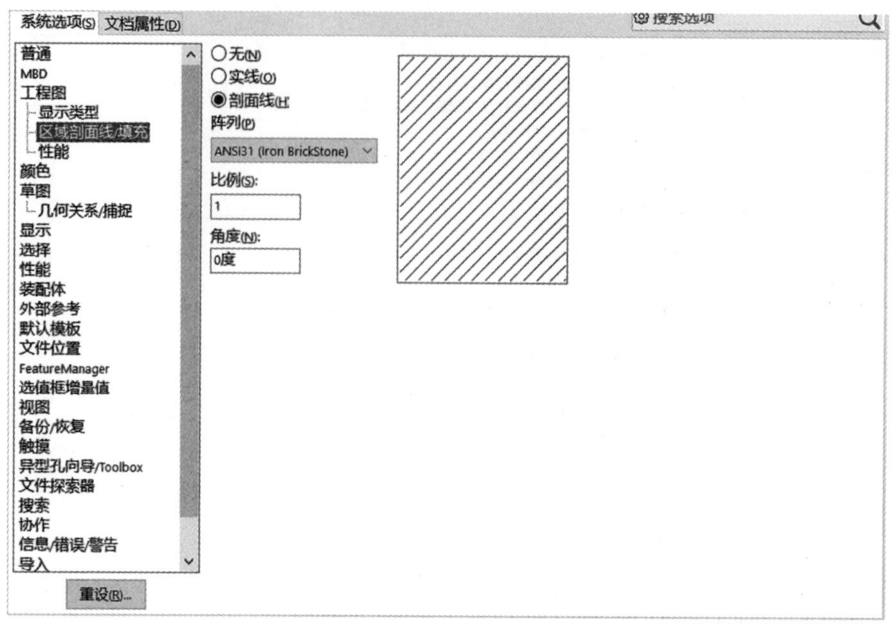

图 9–70 “区域剖面线 / 填充”选项

单击“尺寸”选项，如图 9–71 所示，可以对“文本”“箭头”等大小和样式进行修改。另外，单击该“尺寸”选项下的“角度”“直径”“线性”“半径”等选项，即可分别对不同尺寸标注的样式分别修改。单击“线型”选项，这里对不同边线类型的线型、线宽进行设置，如图 9–72 所示。

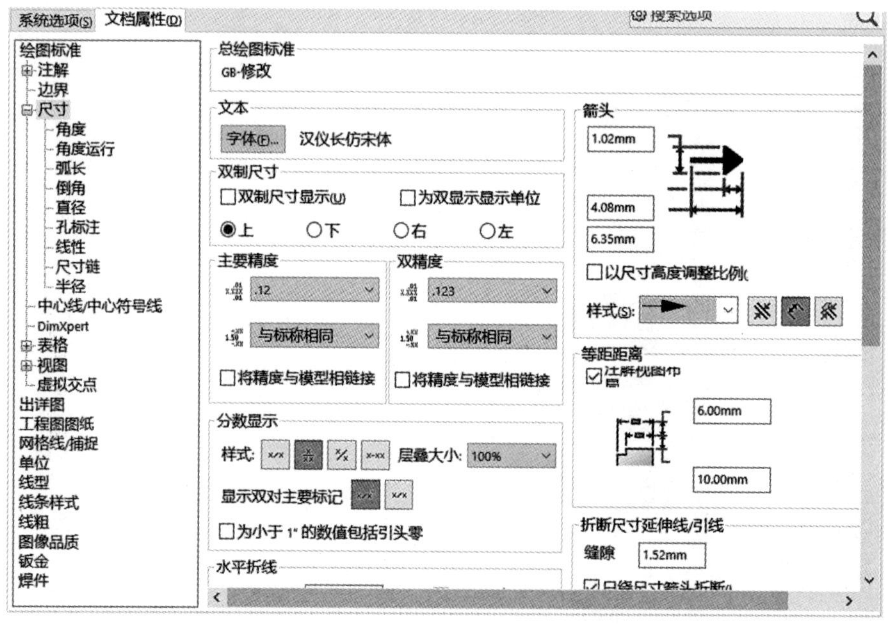

图 9–71 “文档属性”中的“尺寸”选项

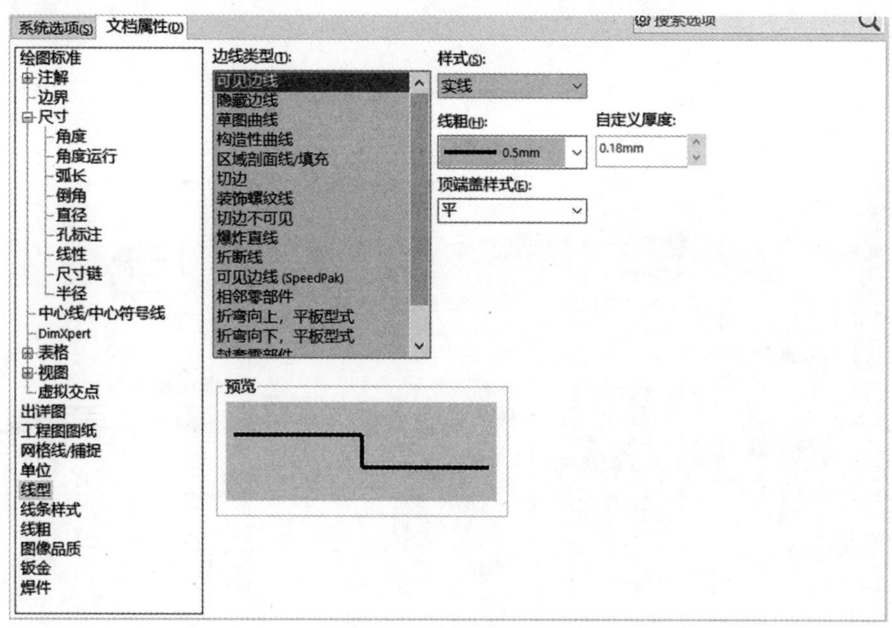

图 9-72 “文档属性”中的“线型”选项

9.7.3 SOLIDWORKS 工程图生成实例

下面以 5.4.4 节中建立的三维实体模型的工程图生成过程为例，说明 SOLIDWORKS 2020 生成工程图操作流程。

(1) 新建工程图。单击“新建”按钮，在弹出的对话框中，单击“高级”选项，选择“gb_a4”，即横向放置的 A4 图纸，单击“确定”按钮。

(2) 设置尺寸样式。执行“工具”→“选项”菜单命令，在弹出的对话框中，选择“文档属性”选项卡，如图 9-73 所示，单击“字体”按钮，在弹出的对话框中选择字体为“汉仪长仿宋体”，字体样式选择“倾斜”，字体高度输入 3.5 mm，单击“确定”按钮，完成尺寸字体样式设置；在箭头参数中，输入箭头宽度为 0.6 mm，箭头长度为 3.5 mm，保证字体高度与箭头长度相等，单击“确定”按钮，完成尺寸样式设置。

(3) 设置线型。单击“文档属性”选项卡中的“线型”选项，将“可见边线”设置成粗实线宽度，本例中设为 0.35 mm，如图 9-74 所示。

(4) 添加三视图。单击“工程图”工具栏中的“模型视图”按钮，在弹出的对话框中单击“浏览”按钮，选择 5.4.4 节建立的 SOLIDWORKS 三维模型文件，如图 9-75 所示，在“模型视图”属性管理器中，在标准视图中选择“前视”，在显示样式中选择“消除隐藏线”，在尺寸类型中选择“真实”，在图纸上适当位置单击，放置三视图和轴测图。

(5) 将主视图修改为半剖视图。该模型左右对称，且内部结构较多，因此可以将主视图改为采用半剖视图表示。为此，先切换到“草图”工具栏，单击“矩形”按钮，绘制一个如图 9-76 所示包围主视图右半侧的矩形草图，单击“确定”按钮；然后单击“工程图”工具栏中的“断开的剖视图”按钮，如图 9-77 所示，在属性管理器中，输入剖切深度即 27.5 mm，完成主视半剖视图的绘制。

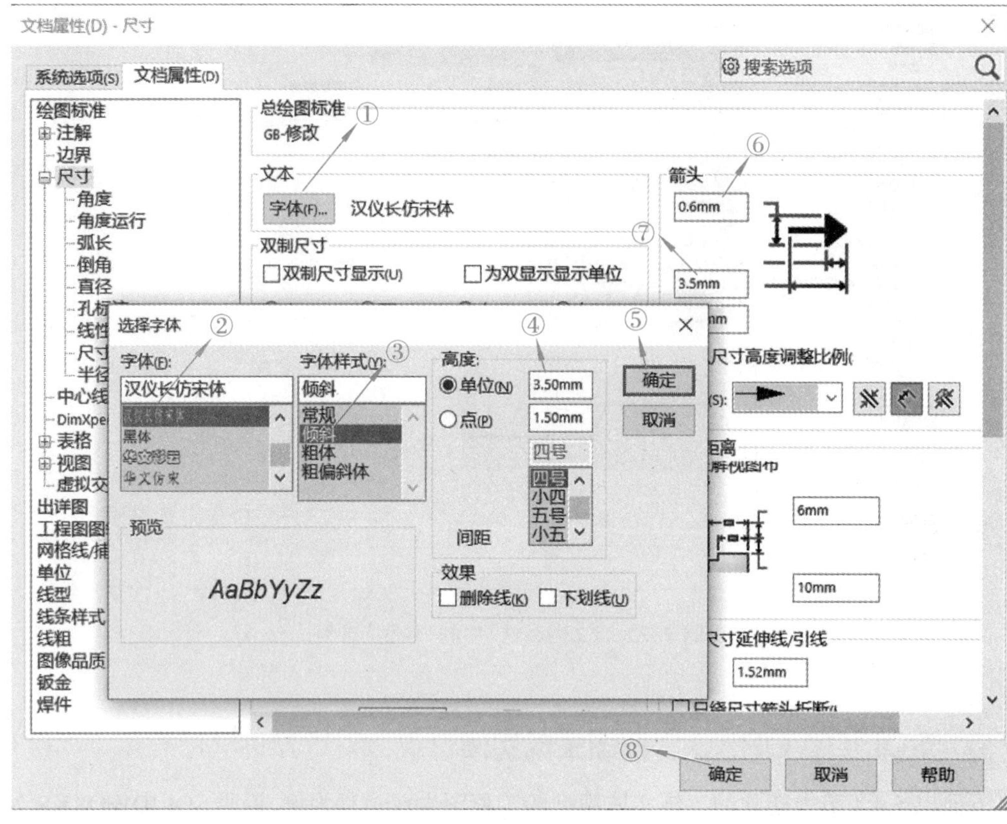

图 9–73 工程图尺寸字体设置

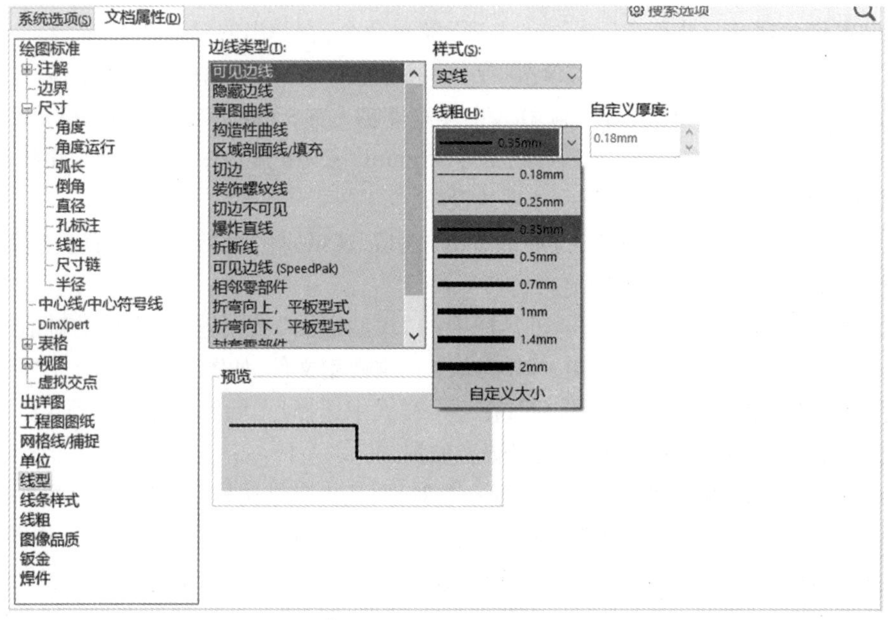

图 9–74 线宽设置

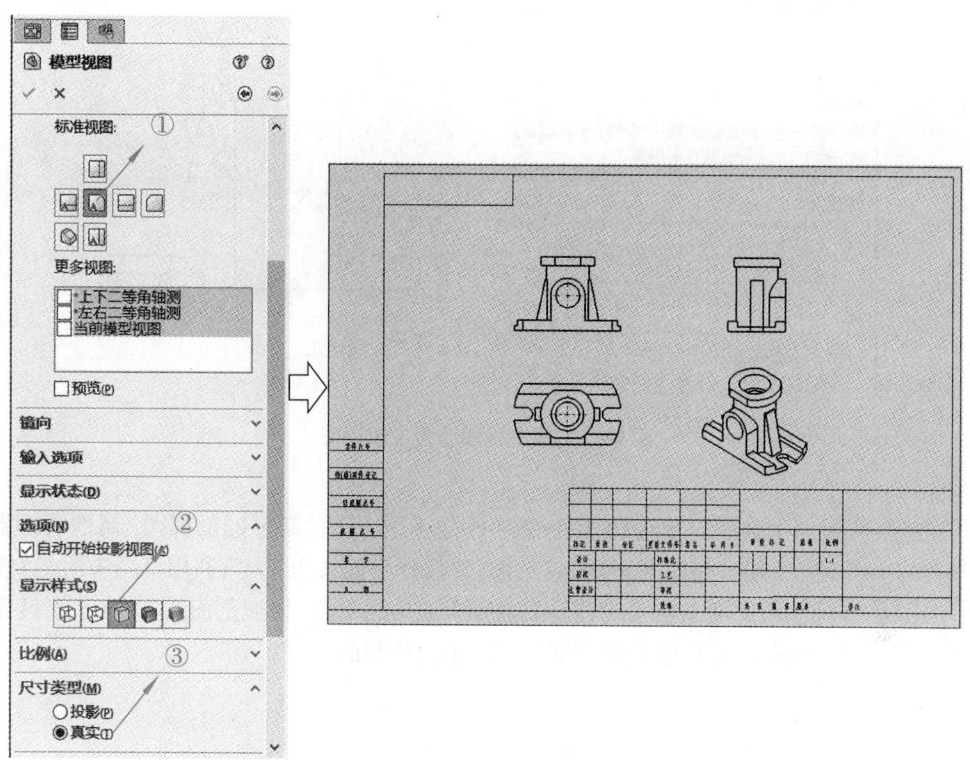

图 9–75 添加三视图

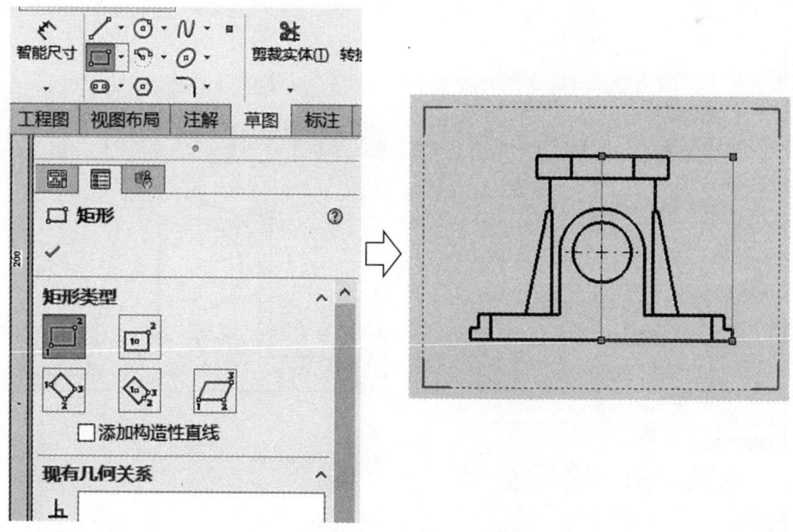

图 9–76 用于绘制半剖视图的矩形草图

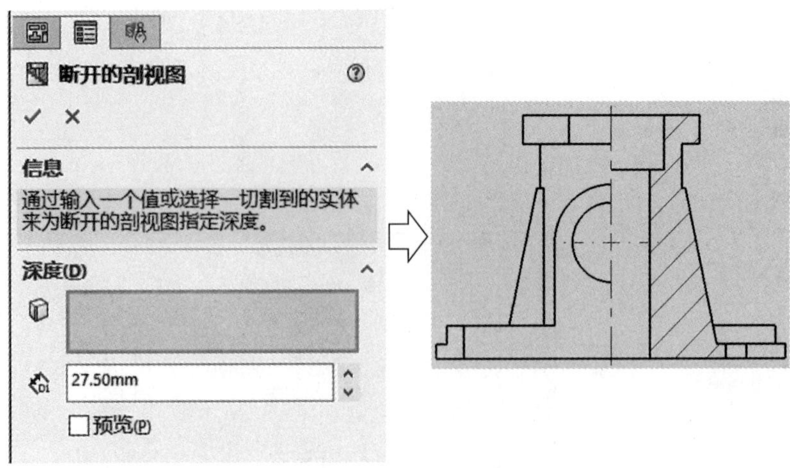

图 9-77 将主视图改为半剖视图

(6) 修改肋板处剖面线。单击肋板处的剖面线,在弹出的“断开的剖视图”属性管理器中,如图 9-78 所示,解除勾选“材质剖面线”复选框,并选择剖面线为“无”;利用草图中的“直线”工具⁄,按图 9-78 所示添加两条粗实线,利用“注解”工具栏中的“区域剖面线 / 填充”工具▩,按图 9-79 所示填充剖面线,完成肋板纵向剖切时按不剖绘制的修改。

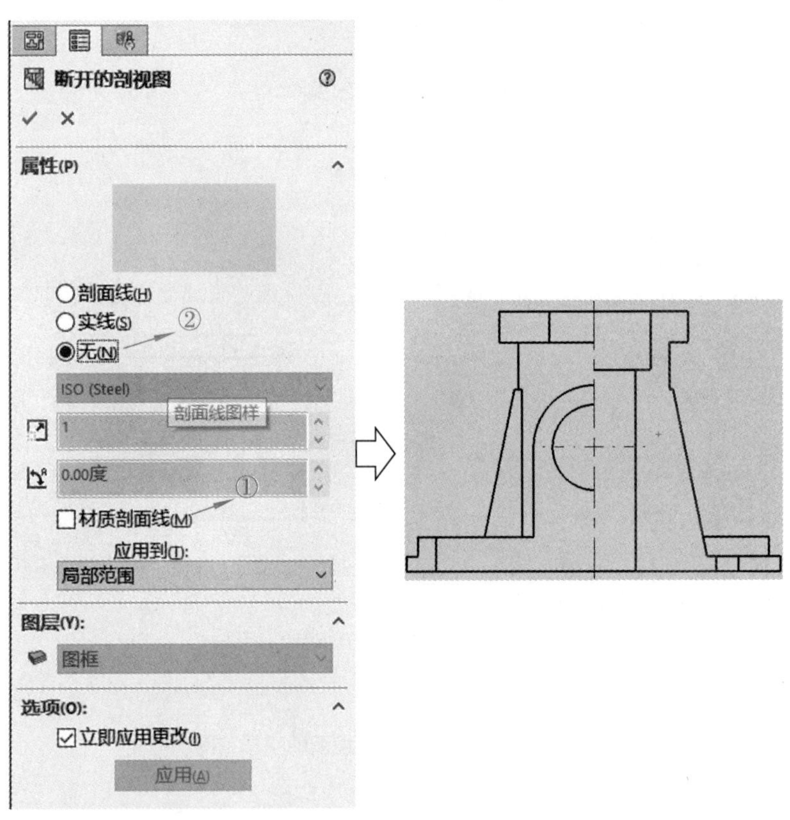

图 9-78 去除肋板剖面线

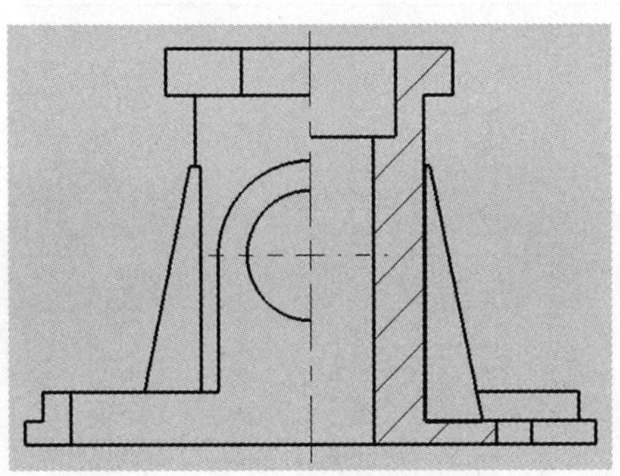

图 9-79 肋板纵向剖切剖面线修改效果

(7) 将俯视图修改为半剖视图。为修改俯视图为半剖视图，首先需利用草图中的“直线”命令在主视图中绘制剖切位置符号，如图 9-80 所示，其次再利用草图中的“矩形”命令在俯视图中绘制包围拟剖开右半视图的矩形轮廓，最后单击工程图工具栏中的“断开的剖视图”按钮，输入剖切深度为 35 mm，将俯视图修改为半剖视图，效果如图 9-81 所示。

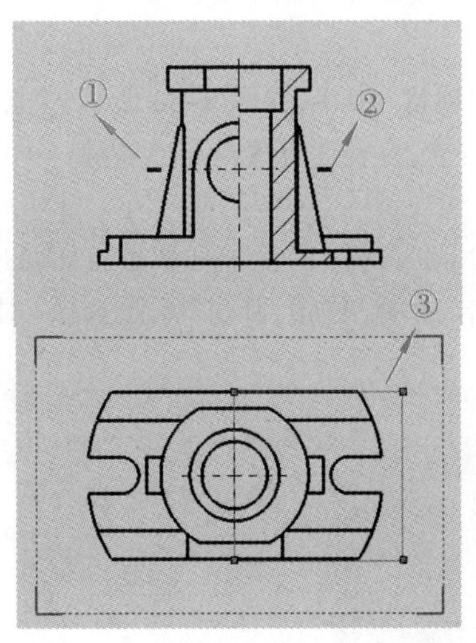

图 9-80 俯视图半剖草图绘制

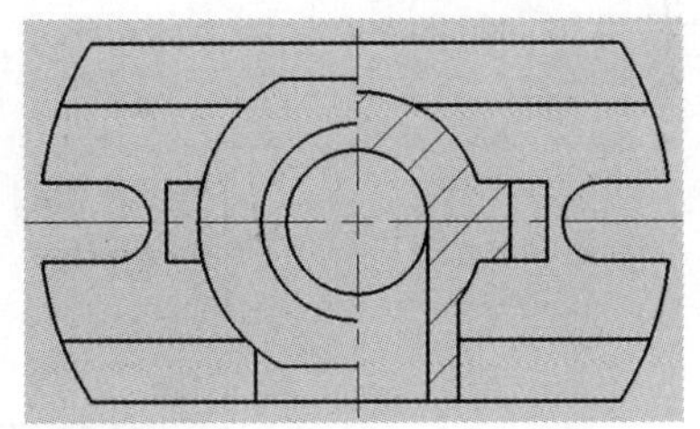

图 9-81 将俯视图修改为半剖视图

(8) 将左视图修改为全剖视图。鉴于该三维模型的外表面可以通过主视图和俯视图完全表达，将左视图修改为全剖视图。具体方法与前述过程基本相同，单击“断开的剖视图”按钮，绘制一个包围整个左视图的样条曲线，输入剖切深度为 50 mm，绘制结果如图 9-82 所示。

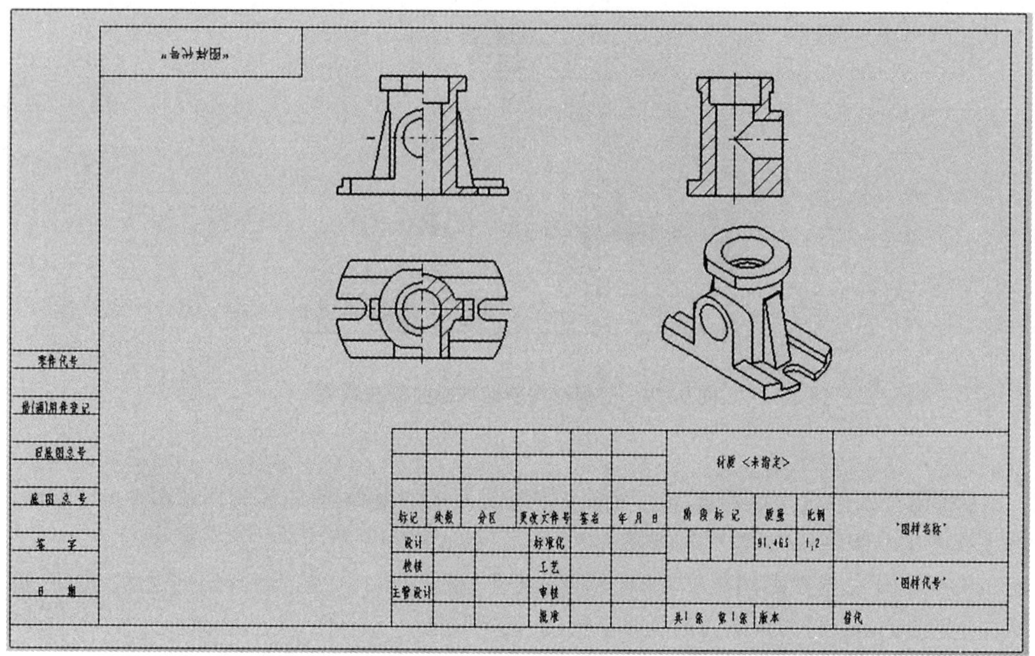

图 9-82　将左视图修改为全剖视图后整体工程图效果

(9) 尺寸标注。单击“注解”工具栏中的“模型项目”按钮,如图 9-83 所示,来源选择“整个模型”,单击“确定”按钮,为模型添加尺寸并手动调整,将表达有误的尺寸删除,并利用“智能尺寸”命令自行添加,修改后的效果如图 9-84 所示。

(10) 打印输出。将绘制完毕的工程图另存为 pdf 文件,以便于高质量打印输出,执行“文件”→“另存为”菜单命令,在弹出的对话框中单击“选项”按钮,弹出“系统选项”对话框,按图 9-85 所示进行设置,输出效果如图 9-86 所示。

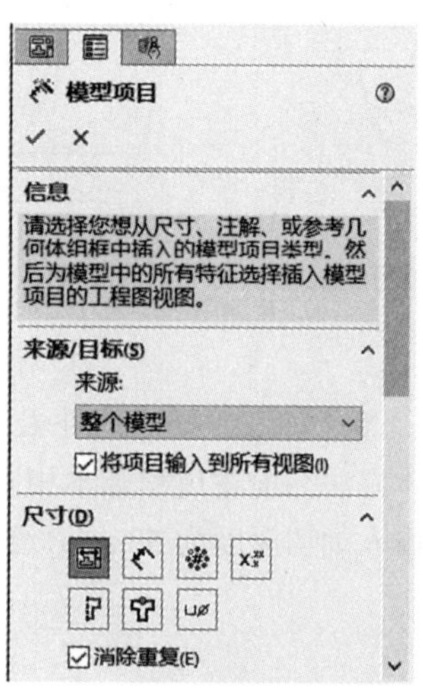

图 9-83　“模型项目”属性管理器

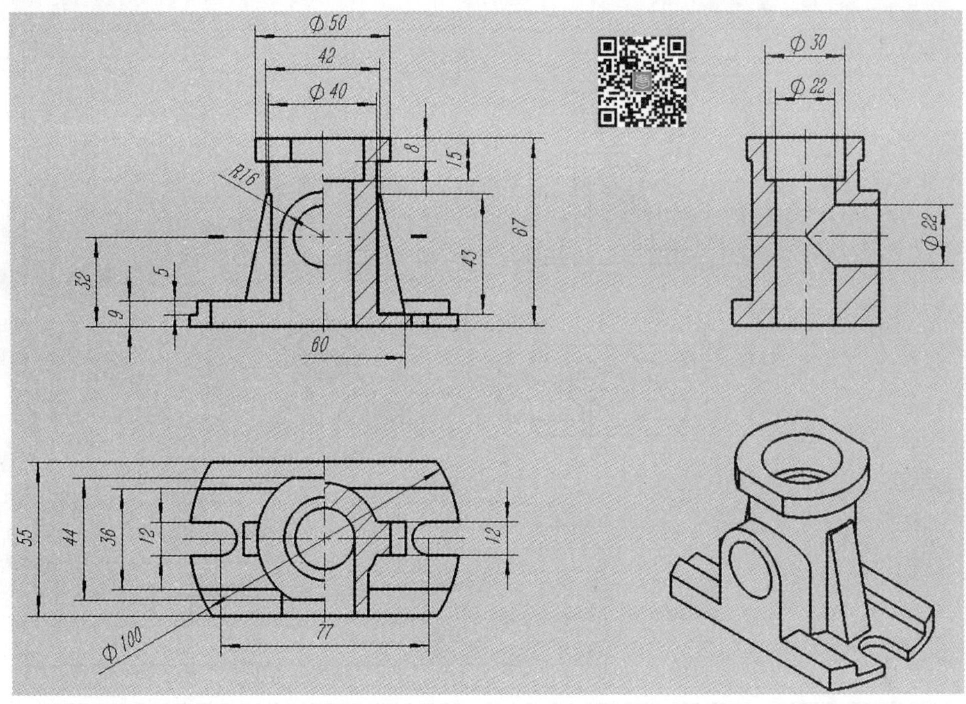

图 9–84 尺寸标注效果图

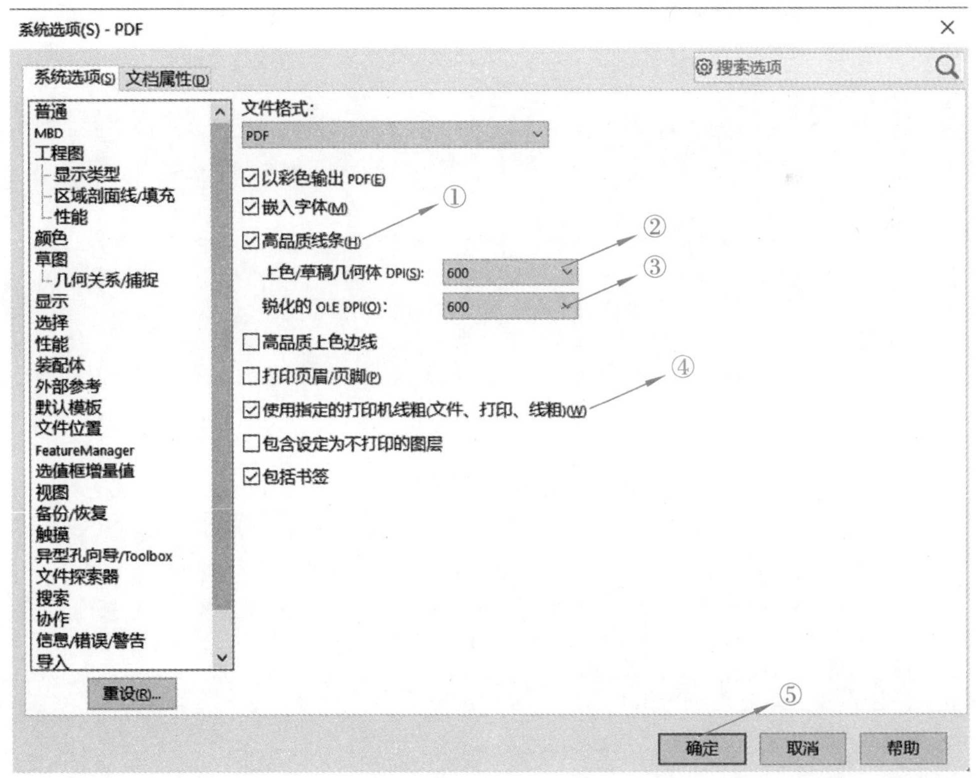

图 9–85 输出 pdf 文件参数设置

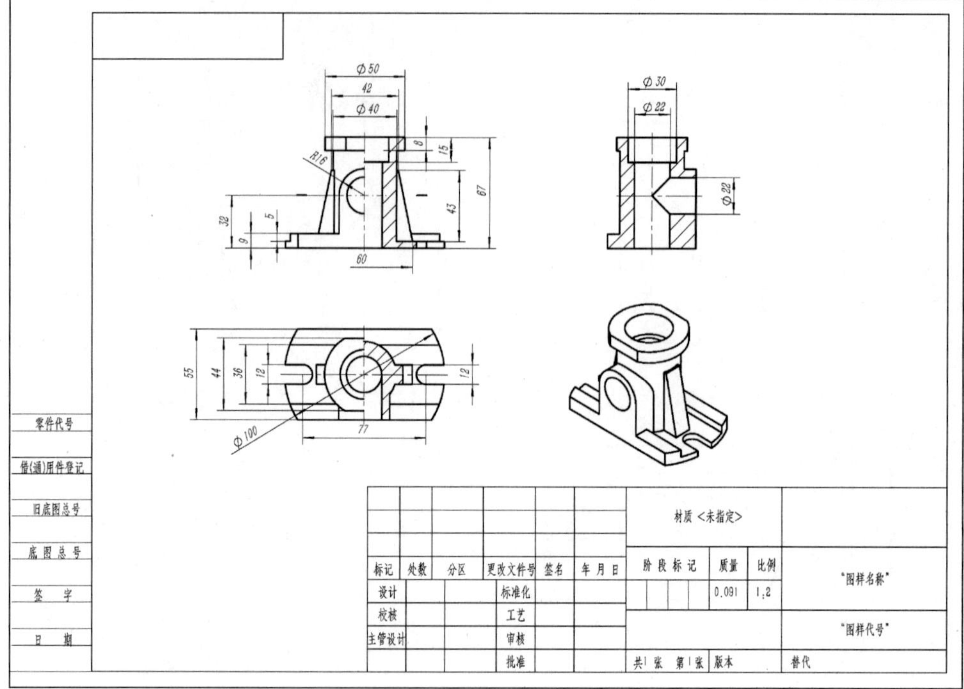

图 9-86 输出工程图效果

第 10 章

装 配 图

装配图是表达机器或部件的结构、工作原理、各零件之间连接和装配关系的图样。其中表示整台机器的组成及各组成部分之间的相对位置、连接关系的图样称为总装配图；表达部件中零件的构成及零件间的相对位置和连接关系的图样称为部件装配图。

10.1 装配图的作用与内容

10.1.1 装配图的作用

设计机器或部件时，首先要经过分析计算并绘制装配图，然后根据装配图进行零件设计并绘制零件图，再按零件图加工制造零件，最后根据装配图中的装配关系和技术要求把零件装配成机器或部件。因此，装配图是设计意图的反映，是了解机器结构、分析机器工作原理和功能的技术文件，同时也是指导机器装配、检验、安装、维修及制定装配工艺的技术文件。

图 10-1 所示的齿轮油泵是机器中用以输送油的一个部件，是利用一对齿轮的啮合来实现吸油和压油的。图 10-2 所示为齿轮油泵的装配图。

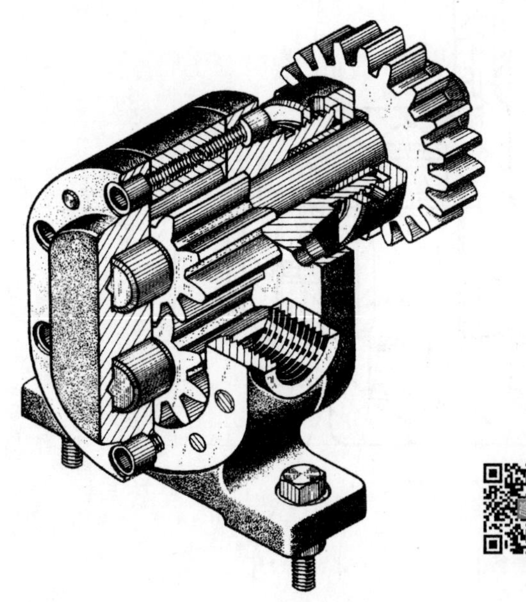

图 10-1 齿轮油泵轴测图

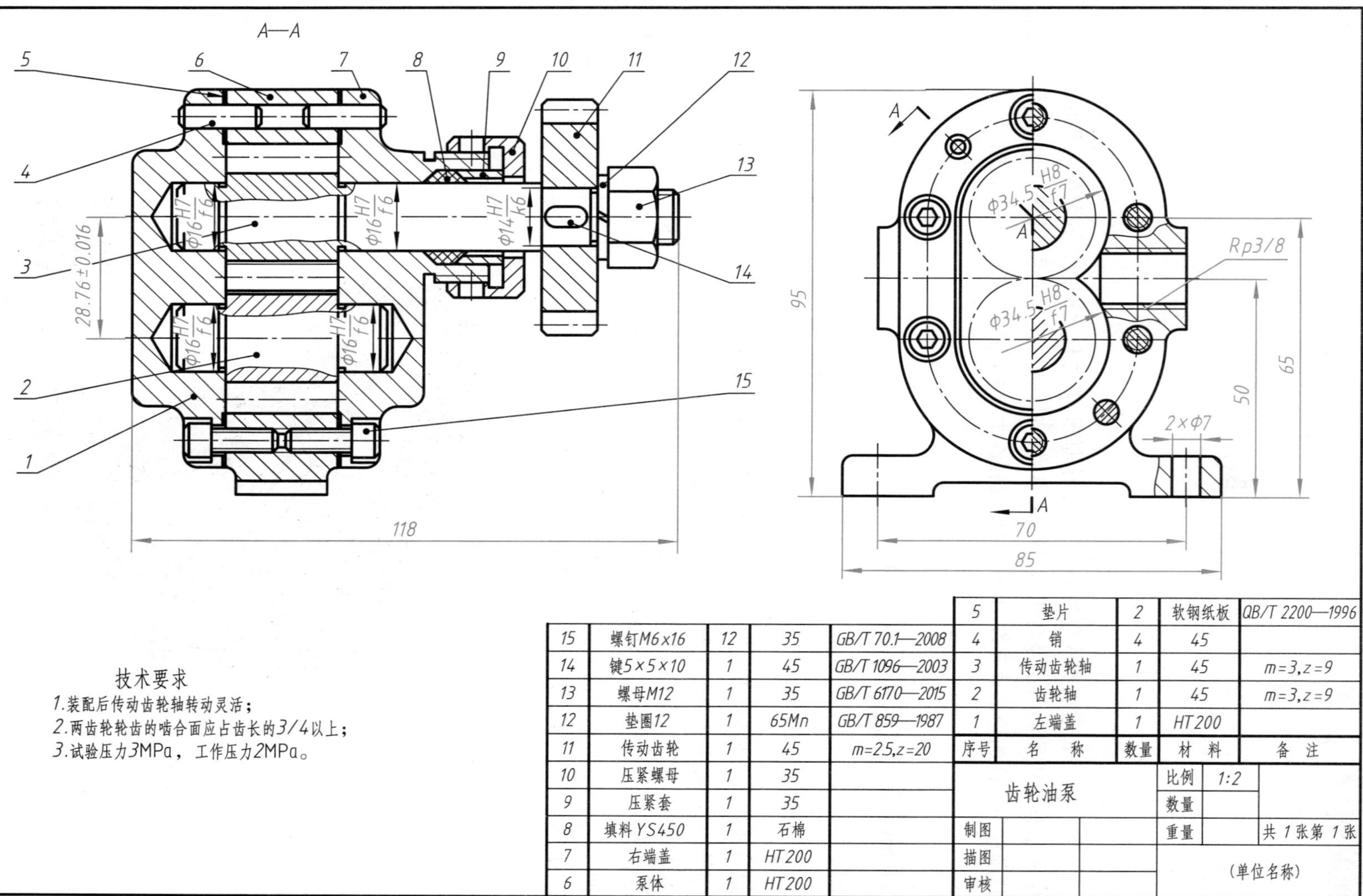

序号	名称	数量	材料	备注
15	螺钉M6x16	12	35	GB/T 70.1—2008
14	键5×5×10	1	45	GB/T 1096—2003
13	螺母M12	1	35	GB/T 6170—2015
12	垫圈12	1	65Mn	GB/T 859—1987
11	传动齿轮	1	45	m=2.5,z=20
10	压紧螺母	1	35	
9	压紧套	1	35	
8	填料 YS450	1	石棉	
7	右端盖	1	HT200	
6	泵体	1	HT200	
5	垫片	2	软钢纸板	QB/T 2200—1996
4	销	4	45	
3	传动齿轮轴	1	45	m=3,z=9
2	齿轮轴	1	45	m=3,z=9
1	左端盖	1	HT200	

图 10-2 齿轮油泵装配图

10.1.2 装配图的内容

一张完整的装配图应包含以下内容：

1. 一组视图

用来表达机器或部件的工作原理，各组成零件间的相对位置、连接方式和装配关系及主要零件的结构形状。

2. 必要的尺寸

标注出机器或部件的性能、规格、装配、安装以及运输等方面所需要的尺寸。

3. 技术要求

用文字或符号说明机器或部件在装配、检验、安装和使用时应达到的技术指标。

4. 零件的序号、明细栏和标题栏

为了便于看图和生产管理，对机器或部件中的每种零件都要编写序号，并在明细栏中依次填写零件的序号、名称、数量、材料和标准代号等内容。在标题栏中填写机器或部件的名称、比例、图号及设计、制图、审核人员的姓名等。

10.2 装配图的表达方法

装配图的表达方法与零件图的表达方法有共同之处，因此前面介绍的图样的各种表达方法、视图的选择原则在画装配图时仍然适用。

但是，零件图所表达的是单个零件，而装配图要表达的是若干零件所组成的部件或机器，所以在《机械制图》国家标准中规定了一些有关装配图的规定画法和特殊表达方法。

10.2.1 规定画法

(1) 相邻两零件的接触面或配合面，只画一条轮廓线。而相邻两个零件的非接触面或非配合面，即使间隙很小，也必须画两条线，如图 10–3 所示。

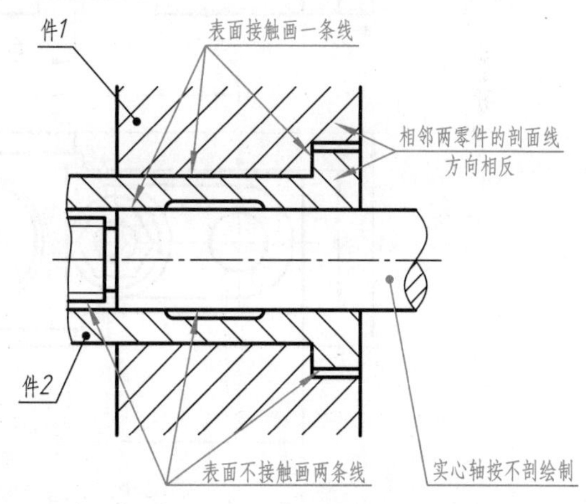

图 10–3 装配图中的规定画法

(2) 剖视图中相邻两零件的剖面线倾斜方向应相反或方向一致、间隔不等，以便区分不同的零件。但同一零件在各视图中剖面线的倾斜方向和间隔必须一致，如图 10–3 所示。

(3) 在装配图中，对于实心零件（如轴、杆、手柄等）和标准件（如螺钉、螺母、垫圈、键、销等），若剖切平面通过其轴线或对称平面，则这些零件均按不剖绘制，如图 10–3 所示的实心轴。如需表达这些零件中的某些结构，如凹槽、键槽、销孔等，则可采用局部剖视图，如图 10–2 中的齿轮轴 2 在主视图中所采取的局部剖视。若剖切平面垂直于其轴线，则应画出剖面线，如图 10–2 左视图中的齿轮轴、螺钉及销等。

10.2.2 特殊表达方法

1. 拆卸画法

在装配图的某个视图上，当某些可拆零件遮住了必须表达的结构或装配关系时，可假想将这些零件拆卸后再绘图，这种画法称为拆卸画法。如图 10–22 所示的球阀装配图中，左视图即是拆去扳手 13 后画出的。

2. 沿接合面剖切

为了表达部件的内部结构或被某些零件遮挡住的部分结构，可假想沿着两个零件的接合面进行剖切。此时，零件接合面不画剖面线，其他被剖到的零件则要画剖面线。如图 10–2 所示的齿轮油泵装配图中，左视图的半剖视图就是沿着泵体 6 和左端盖 1 的接合面处剖切的；图 10–4 所示滑动轴承装配图中的俯视图，也是沿着零件的接合面剖开的。

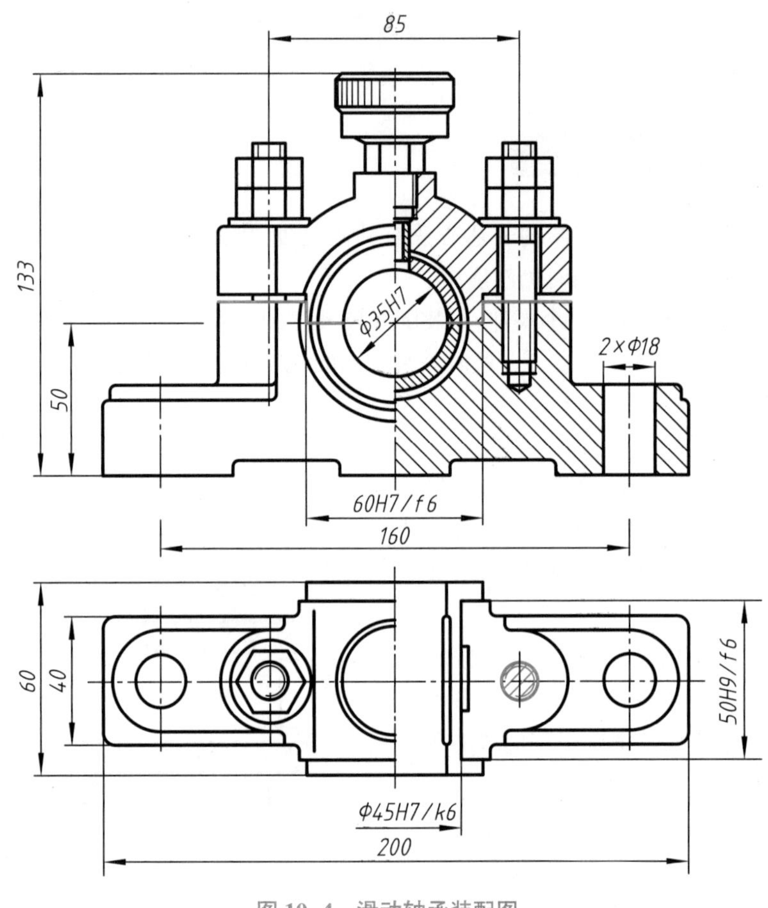

图 10–4 滑动轴承装配图

3. 假想画法

(1) 为表示运动零(部)件的运动范围和极限位置，可将运动件画在一个极限位置上，而另一个极限位置，则用细双点画线画出该零件的外轮廓。如图 10–22 所示球阀的俯视图中，即用细双点画线画出了扳手 13 的一个极限位置。

(2) 当需要表示与本部件有装配或安装关系但又不属于本部件的相邻其他零(部)件时,可用细双点画线画出该相邻零(部)件的部分外形轮廓。如图 10-5 所示的三星齿轮传动机构的相邻部件床头箱。

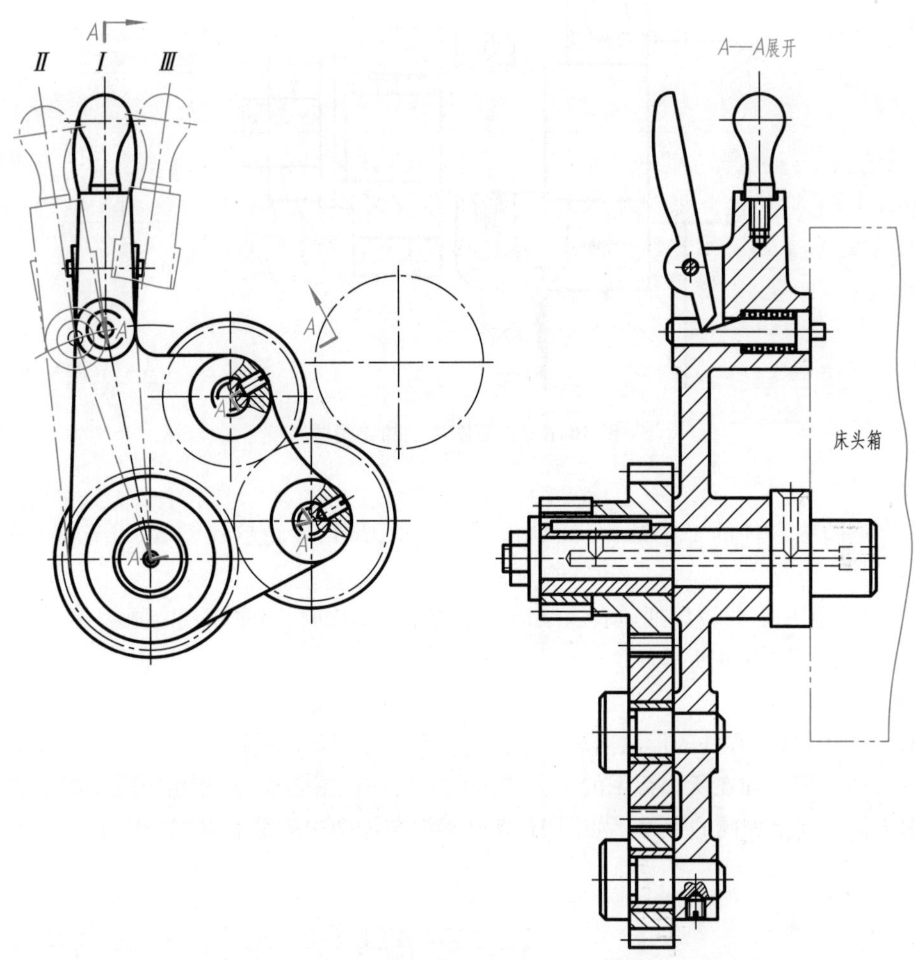

图 10-5 三星齿轮传动机构装配图画法

4. 夸大画法

在装配图中,对于薄片零件、细丝弹簧、微小间隙及较小的锥度、斜度等,按实际尺寸无法画出或虽能如实画出但不明显时,可以把薄片的厚度、弹簧丝的直径、间隙及锥度和斜度大小等,用适当放大的尺寸画出,如图 10-2 中垫片 5 的画法。

5. 展开画法

为了表达传动机构各零件的装配关系和传动路线,可按传动顺序沿着各轴线剖切,然后依次展开在一个平面上画出,并在剖视图上方注写"×—× 展开"字样,如图 10-5 中的"*A—A* 展开"。

6. 简化画法

(1) 对于装配图中若干相同的零件组,如螺钉连接等,可详细地画出一处或几处,其余的则以细点画线表示其中心位置,如图 10-6 所示。

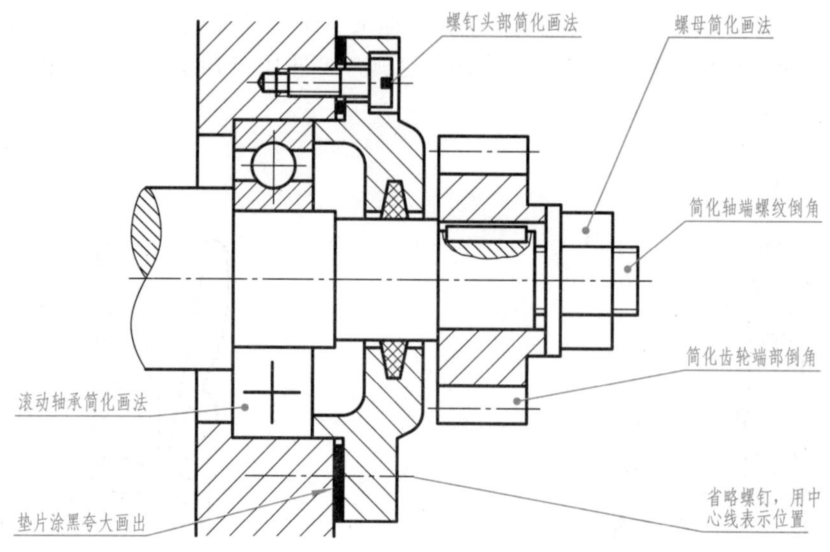

图 10-6 装配图中的简化画法

(2) 装配图中零件的工艺结构，如倒角、倒圆、退刀槽、砂轮越程槽等，可省略不画，如图 10-6 所示。

(3) 当装配图中需要较详细地表示滚动轴承的主要结构时，可采用规定画法，否则只需采用特征画法即可，如图 10-6 所示。

7. 单独表示零件

在装配图中，某个零件的形状未表达清楚，但又对理解装配关系有影响时，可单独画出该零件的某一视图。但必须在所画视图的上方注出该零件的视图名称，并在相应视图的附近用箭头指明投射方向且注上相同的字母。如图 10-7 转子泵装配图中的泵盖 *B* 向视图。

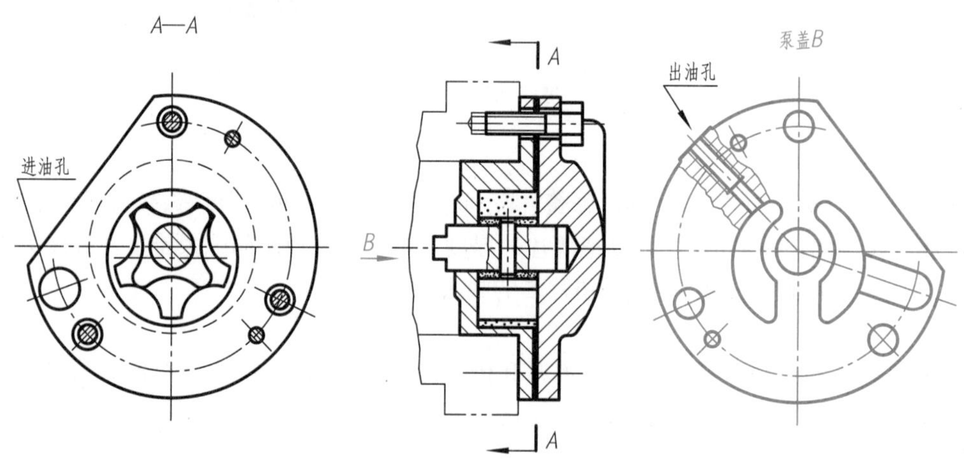

图 10-7 转子泵装配图

10.3 装配图的尺寸标注及技术要求

10.3.1 装配图的尺寸标注

装配图不是制造零件的直接依据。因此,装配图中不需注出零件的全部尺寸,只需标注出必要的尺寸。装配图中的尺寸可分为下面几类:

1. 性能(规格)尺寸

表示机器或部件的性能或规格的尺寸。它是设计和选用机器和部件的重要依据。如图10-2齿轮油泵中进、出油孔的尺寸Rp3/8,它与油泵单位时间的流量有关;图10-4滑动轴承中的尺寸ϕ35H7,决定了该滑动轴承所支承轴的直径。

2. 装配尺寸

表示机器上有关零件间装配关系的尺寸。一般有下列两种:

(1) 配合尺寸

表示两零件之间配合性质的尺寸,如图10-2中的ϕ16H7/f6、ϕ34.5H8/f7,图10-4中的ϕ45H7/k6等。

(2) 有关零件间的相对位置尺寸

机器装配时需要保证的某些零件间相对位置的尺寸等,是装配、调整机器所需要的尺寸。如图10-2中齿轮轴2和传动齿轮轴3之间的距离28.76±0.016、图10-4中的中心高尺寸50等。

3. 安装尺寸

表示机器或部件安装到机座或其他部件上时所需要的尺寸,如图10-2中安装孔的尺寸2×ϕ7和孔的中心距70等。

4. 外形尺寸

表示机器或部件外形的总长、总宽和总高尺寸,是机器或部件在包装、运输和安装过程中确定其所占空间大小的依据。如图10-2中齿轮油泵的总长118、总宽85和总高95。

5. 其他重要尺寸

除上述必须标注的四类尺寸外,有时还需注出其他重要尺寸,如运动零件的极限尺寸、主要零件的重要结构尺寸等。如图10-2所示齿轮油泵装配图中的尺寸65。

以上五类尺寸之间并不是孤立的,同一尺寸可能有几种含义,例如图10-22球阀装配图中的尺寸115±1.100,它既是外形尺寸,又与安装有关。有时,一张装配图并不完全具备上述五类尺寸。因此,对装配图中的尺寸需要具体分析、合理标注。

10.3.2 装配图中的技术要求

在装配图中,有些技术上的要求和说明需用文字及符号表达,这些要求一般包括以下几个方面:

1. 装配要求

装配时必须达到的精度、装配过程中的要求、指定的装配方法等。

2. 检验要求

包括检验、试验的方法和条件及应达到的指标。

3. 使用要求

包括包装、运输、维护保养及使用操作的注意事项等。

10.4 装配图中的零、部件序号和明细栏

为了便于看装配图、管理图样和组织生产，装配图需编写全部零、部件的序号和编制相应的明细栏。

10.4.1 零、部件序号

(1) 所有的零、部件均应编写序号，但相同的零、部件只编一个序号，并在明细栏中填写该零、部件的名称、数量、材料、规格等。

(2) 装配图中的零件序号一般由指引线、圆点、横线（或圆圈）和数字四个部分组成。指引线应自零件的可见轮廓线内引出，并在末端画一圆点，在另一端横线上（或圆内、非零件端附近）填写零件的序号，序号数字比图中尺寸数字大一号或两号，如图 10-8a 所示。

若指引线所指部分(很薄的零件或涂黑的剖面)内不便画原点，则可在指引线末端画出箭头，并指向该部分的轮廓，如图 10-8b 所示。指引线应尽可能均匀分布，不得相交，且不能与剖面线平行。必要时，指引线可画成折线，但只能折一次，如图 10-8c 所示。

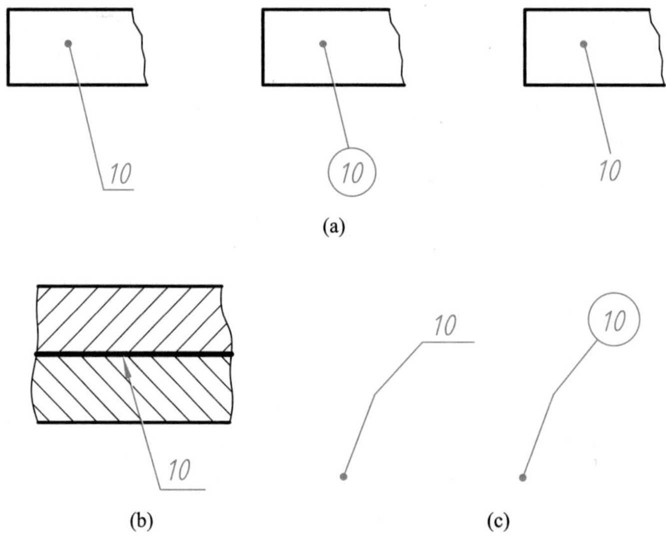

图 10-8 零件序号的编写形式

(3) 一组紧固件及装配关系清楚的零件组，可以采用公共指引线，如图 10-9 所示。

(4) 序号编排时应按水平或竖直方向排列整齐，且按顺时针或逆时针方向顺次排列，如图 10-2 所示。

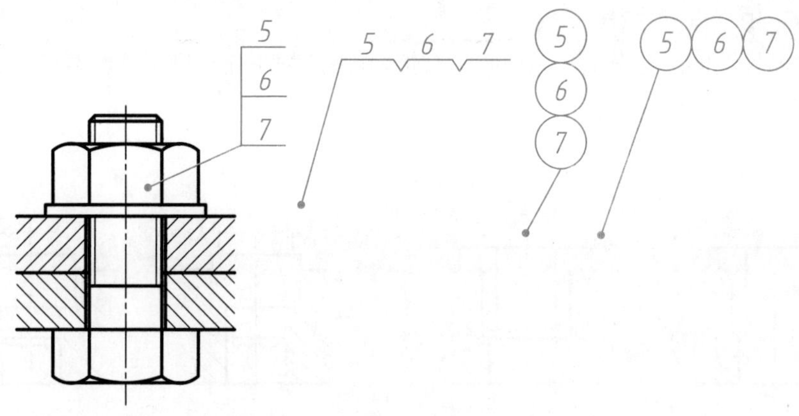

图 10-9 零件组序号的编写形式

10.4.2 明细栏

明细栏是装配图中全部零、部件的详细目录。一般有序号、代号、名称、数量、材料、质量、备注等项目。明细栏中的序号应与图中相应零、部件的序号一致。

明细栏一般画在标题栏的上方,序号按由下而上的顺序填写。当上方位置不够时,可紧靠在标题栏的左边自下而上延续。当装配图中不能在标题栏的上方配置明细栏时,明细栏可作为装配图的续页按 A4 幅面单独给出,其顺序应是自上而下延伸。还可连续加页,但应在明细栏的下方配置标题栏。

国家标准 GB/T 10609.1—2008 和 GB/T 10609.2—2009 中分别规定了标题栏和明细栏的统一格式。制图作业推荐采用图 10-10 所示的明细栏格式。

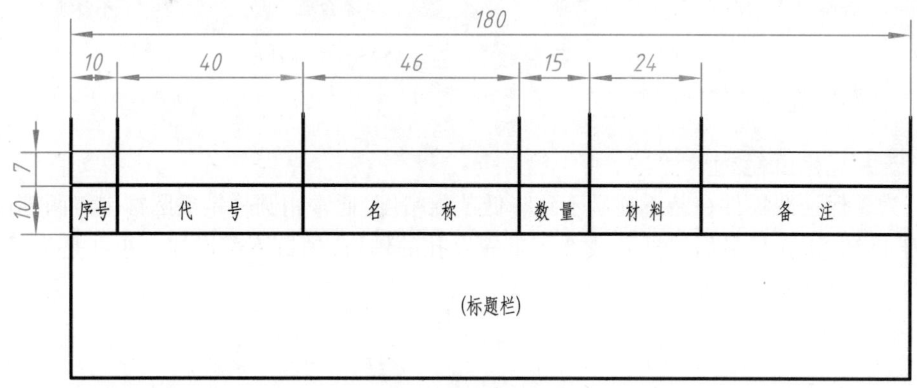

图 10-10 推荐用明细栏格式

10.5 装配工艺结构

为满足机器或部件的性能要求,保证装配质量,并给零件的加工和装拆带来方便,设计时应考虑装配结构的合理性。下面介绍几种常见的装配工艺结构。

1. 接触面和配合面结构

(1) 两个零件在同一方向上只允许有一对接触面,这样不仅可满足装配要求,而且制造也较方便,如图 10-11 所示。

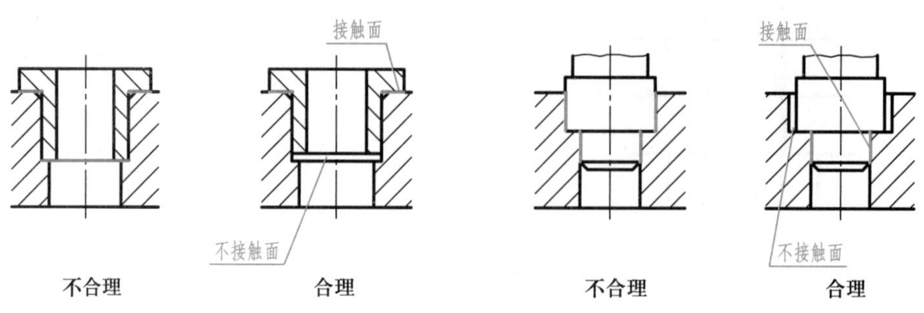

图 10-11 接触面与配合面的结构

(2) 当轴和孔配合且端面相互接触时,孔应倒角或在轴肩根部切槽,以保证端面良好接触,如图 10-12 所示。

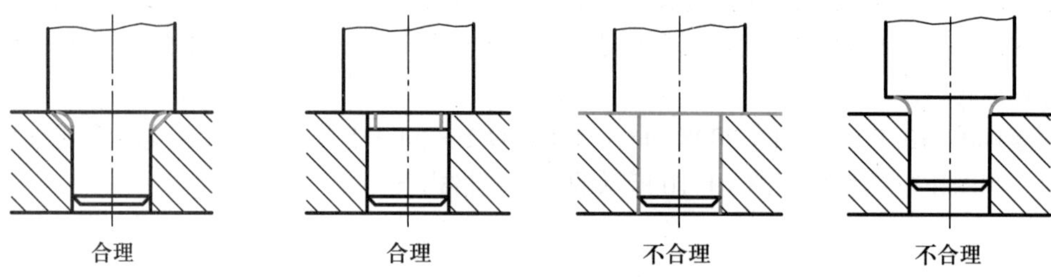

图 10-12 轴肩与孔端面接触时的正确结构

2. 安装与拆卸结构

(1) 为了保证两零件在装拆前后不致降低装配精度,通常用圆柱销或圆锥销将两零件定位。为了便于拆卸,销孔尽量做成通孔或选用带螺纹孔的销钉,销钉下部增加一小孔是为了排除被压缩的空气,如图 10-13 所示。

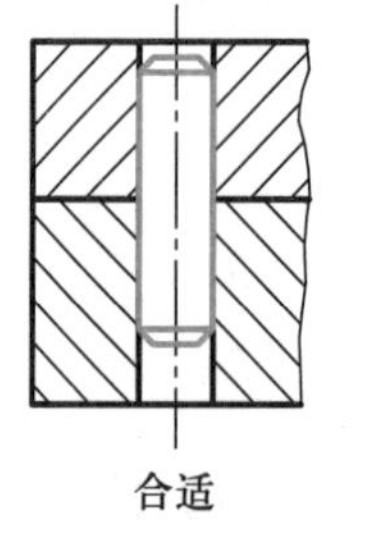

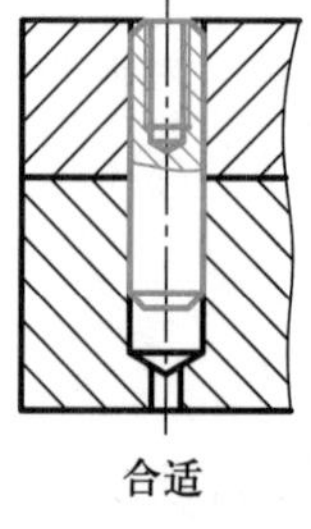

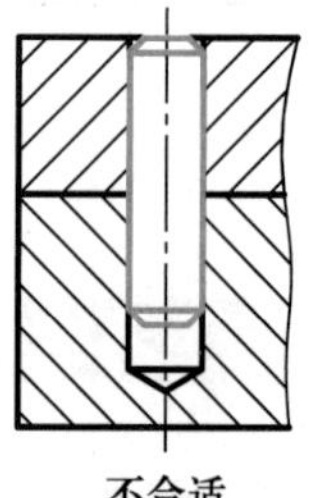

图 10-13 销钉连接装配结构

(2) 为了装拆的方便与可能，必须留出扳手的活动空间（图 10–14）和螺钉装拆活动空间（图 10–15）。

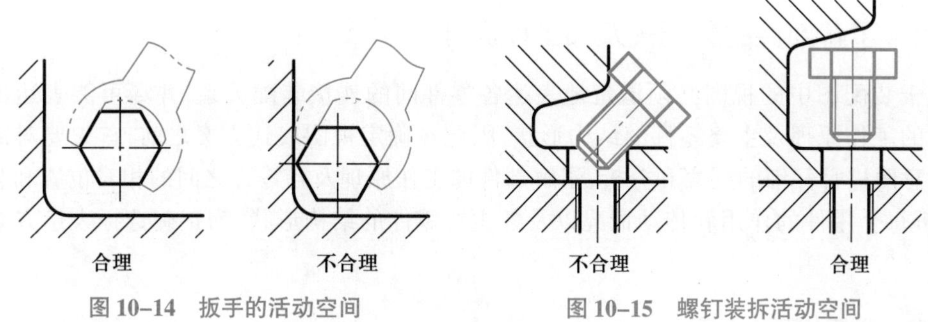

图 10–14 扳手的活动空间　　图 10–15 螺钉装拆活动空间

(3) 在滚动轴承装配结构中，与外圈接合零件的孔肩直径及与内圈接合的轴肩直径应取合适的尺寸，以便于拆卸，如图 10–16 所示。

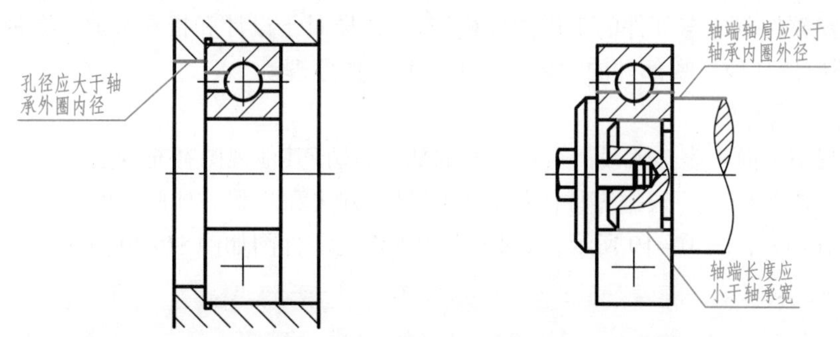

图 10–16 滚动轴承内、外圈的轴向固定

3. 密封结构

机器或部件上的旋转轴或滑动杆的伸出处应有密封装置，用以防止内部液体外漏和外面的灰尘杂质侵入。图 10–17 所示为两种密封结构的例子。

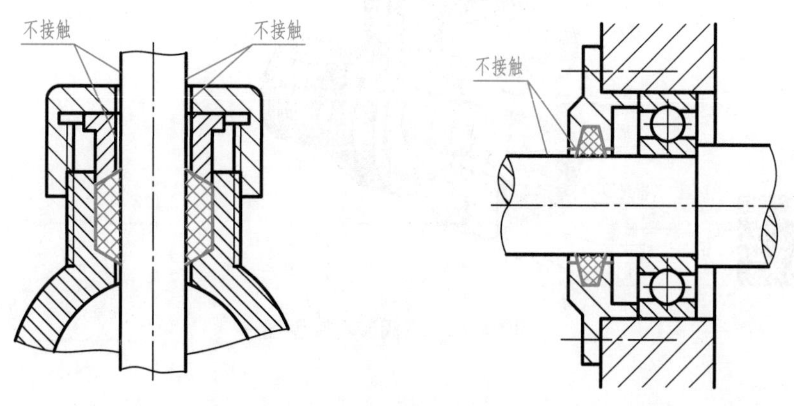

图 10–17 滚动轴承的密封

10.6 装配图的画法

10.6.1 了解部件的装配关系和工作原理

由于装配图中的视图必须清楚地表达各零件间的连接装配关系，并尽可能表达出机器或部件的工作原理及主要零件的结构形状，因此在确定视图表达方案之前，首先要对部件及装配示意图进行仔细的观察和分析，了解部件的工作原理及各零件之间的相对位置和装配关系，分析每个零件的作用和传动情况以及各主要零件的结构形状，为正确选择表达方案做好准备。

10.6.2 确定表达方案

画装配图与画零件图一样，应先确定表达方案，即视图选择：先选定部件的摆放位置和确定主视图方向，然后再选择其他视图。

1. 主视图选择

部件的安放位置应与部件的工作位置相符合，这样对于设计和指导装配都会带来方便。同时，主视图还应清楚地反映部件的主要装配关系和工作原理。

2. 其他视图选择

针对主视图中尚未表达或没有表达清楚的部分，选择其他视图补充表达。

下面以球阀为例介绍根据零件图拼画装配图的方法和步骤。球阀装配轴测图和装配示意图分别如图 10-18 和图 10-19 所示，球阀各主要零件的零件图如图 10-20 所示。

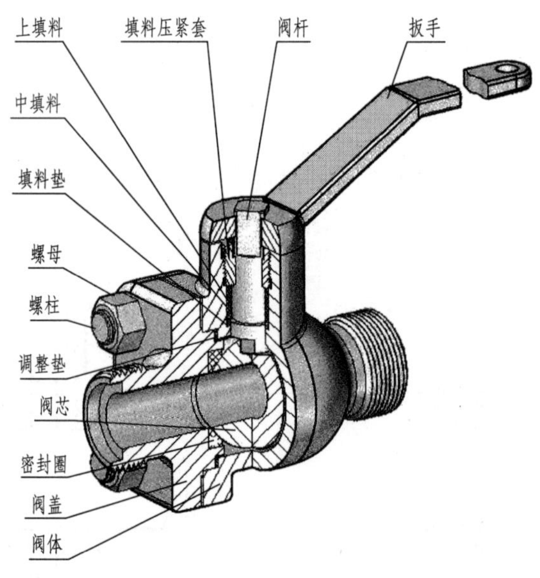

图 10-18 球阀装配轴测图

图 10-19 球阀装配示意图

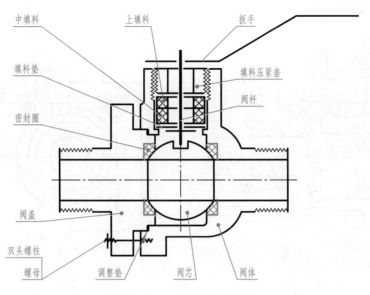

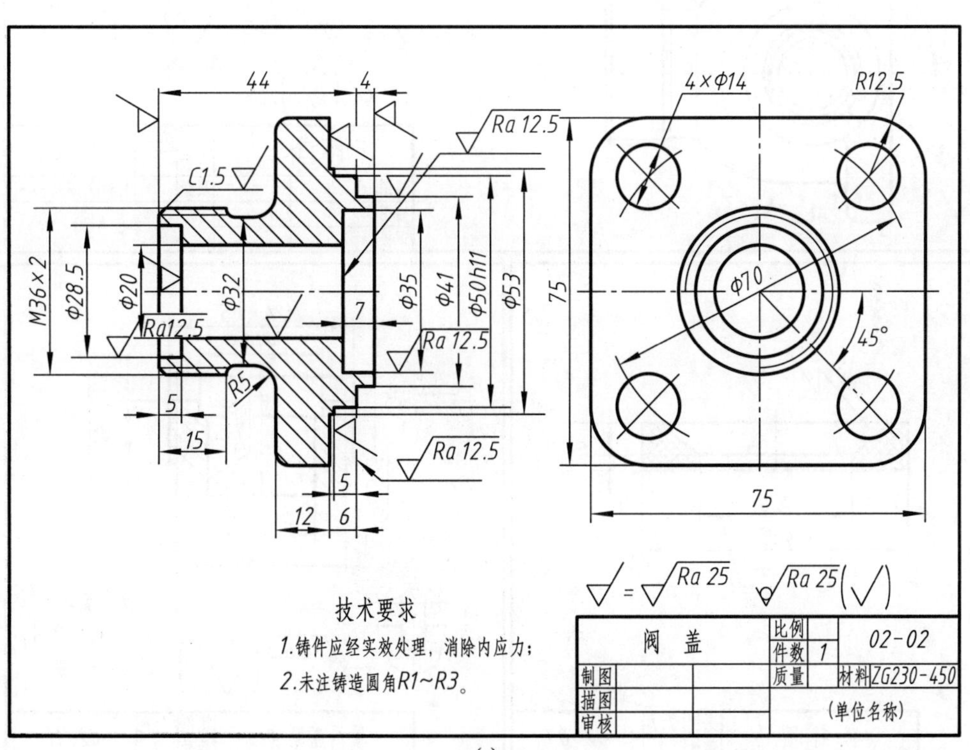

(a)

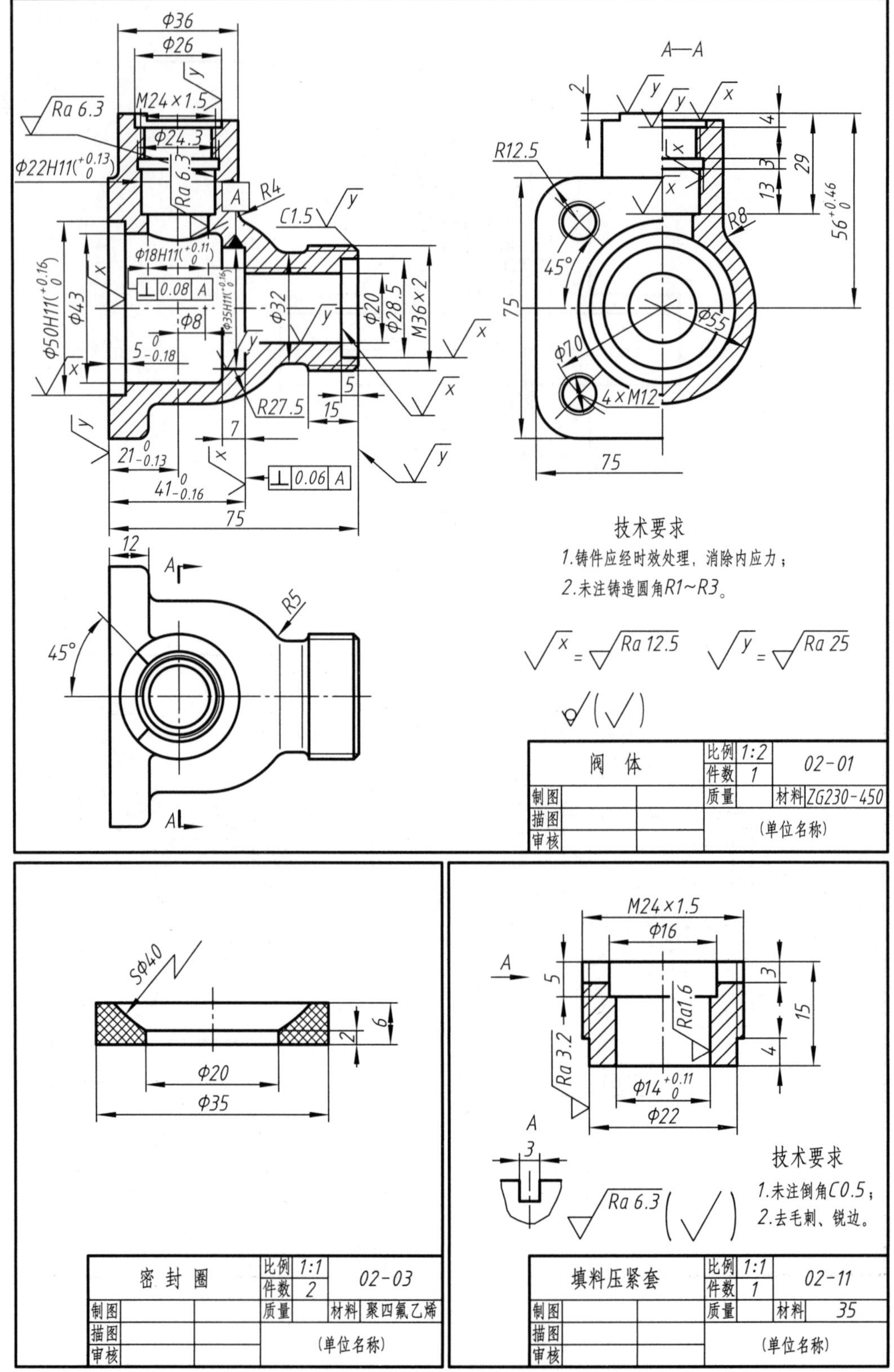
Φ36
Φ26
Ra 6.3
M24×1.5
Φ24.3
Φ22H11(+0.13 0)
Ra 6.3
A
R4
C1.5
Φ18H11(+0.11 0)
⊥ 0.08 A
Φ35H11(+0.16 0)
Φ50H11(+0.16 0)
Φ43
Φ8
Φ32
Φ20
Φ28.5
M36×2
5 0 -0.18
R27.5
15
5
7
21 0 -0.13
41 0 -0.16
⊥ 0.06 A
75
12
A
R5
45°
A
A—A
2
4
3
13
29
56 +0.46 0
R12.5
R8
45°
75
Φ55
Φ70
4×M12
75
技术要求
1.铸件应经时效处理，消除内应力；
2.未注铸造圆角R1~R3。
x = Ra 12.5
y = Ra 25
阀 体
比例 1:2
件数 1
02-01
制图
描图
审核
质量
材料 ZG230-450
(单位名称)
SΦ40
6
2
Φ20
Φ35
密 封 圈
比例 1:1
件数 2
02-03
制图
描图
审核
质量
材料 聚四氟乙烯
(单位名称)
M24×1.5
Φ16
A
5
3
15
Ra1.6
Ra 3.2
4
Φ14 +0.11 0
Φ22
A
3
Ra 6.3
技术要求
1.未注倒角C0.5；
2.去毛刺、锐边。
填料压紧套
比例 1:1
件数 1
02-11
制图
描图
审核
质量
材料 35
(单位名称)

(b)

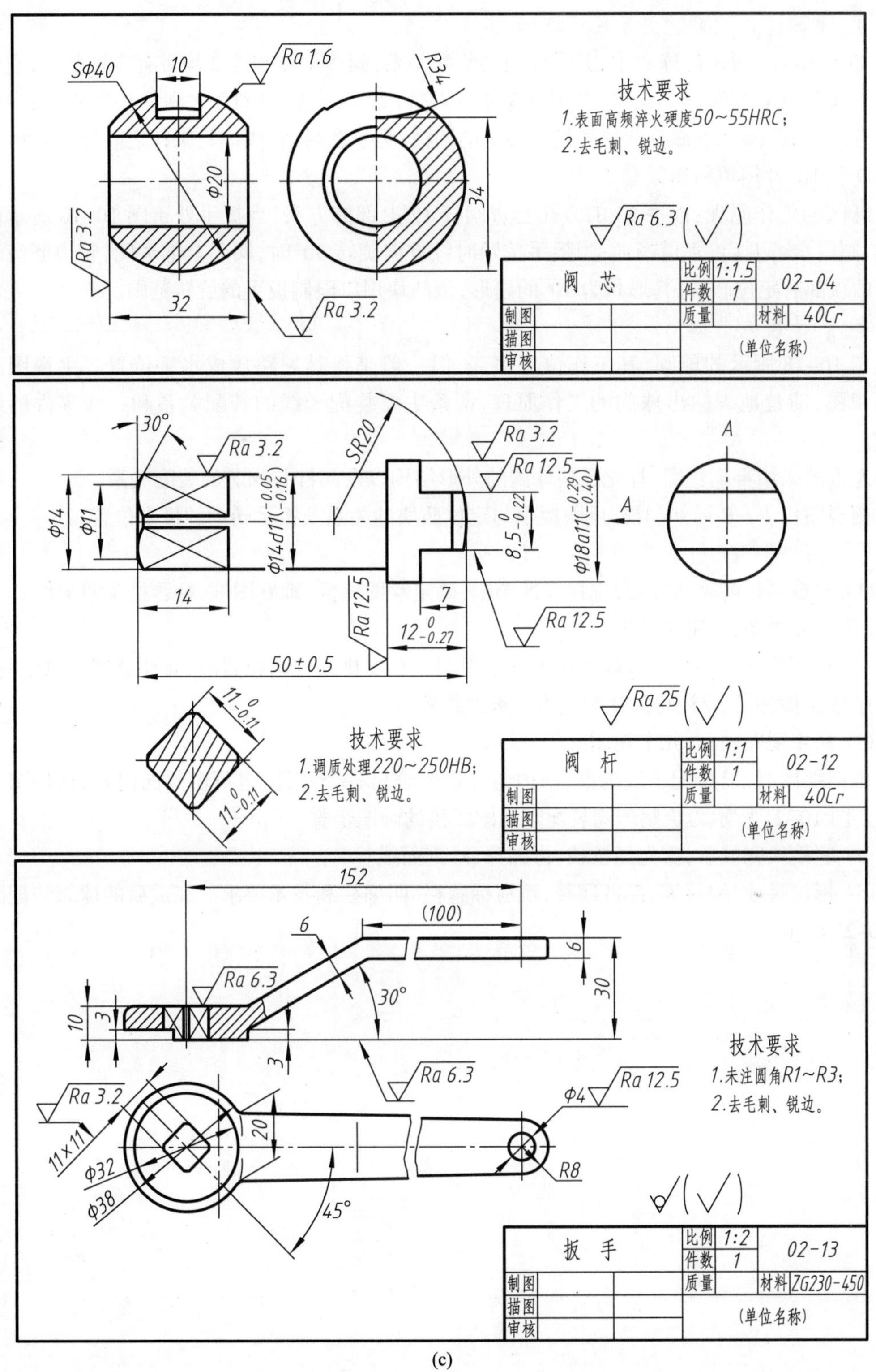

(c)

图 10-20 球阀各主要零件的零件图

3. 了解球阀的装配关系和工作原理

如图 10-18 所示的球阀中，其零件间的装配关系：阀体 1 和阀盖 2 均带有方形凸缘，它们用四个双头螺柱 6 和螺母 7 连接，并用调整垫 5 调节阀芯 4 与密封圈 3 之间的松紧程度；在阀体上部有阀杆 12，阀杆下部有凸块榫接阀芯上的凹槽；为了密封，在阀体与阀杆之间加入填料垫 8、填料 9 和 10，并用填料压紧套 11 压紧。

球阀的工作原理：扳手 13 的方孔套进阀杆 12 上部的方头，当扳手处于图 10-18 所示的位置时，阀门全部开启，管道畅通；当扳手按顺时针方向旋转 90°时，阀门全部关闭，管道断流。阀体 1 的顶部有定位凸块，其形状为 90°的扇形，该凸块用以限制扳手的旋转范围。

4. 确定表达方案

图 10-18 所示的球阀，其工作位置多变，但一般是将其通路放成水平位置。主视图采用全剖视图，清楚地表达出球阀的工作原理、两条主要装配干线的装配关系和一些零件的结构形状。

左视图采用半剖视图，补充反映球阀的外形结构以及阀杆与阀芯的装配关系。

俯视图作 *B—B* 局部剖视，反映扳手与定位凸块的关系及扳手转动的极限位置。

5. 画球阀装配图

(1) 根据拟订的表达方案，选择标准图幅，确定绘图比例，画好图框、标题栏及明细栏。

(2) 布置视图，画定位基准。

根据视图数量和大小，合理地布置各个视图。在安排各视图位置时，要注意留有供编写零、部件序号，明细栏以及注写尺寸和技术要求的位置。

(3) 从主视图画起，几个视图配合进行。

画剖视图时，以装配干线为准，由内向外逐个画出各个零件，也可由外向内画，视作图方便而定。图 10-21 所示为绘制球阀装配图视图底稿的画图步骤。

(4) 底稿线完成后，需先经校核，再加深、画剖面线。

(5) 标注尺寸，编写零、部件序号，填写标题栏、明细栏和技术要求。完成后的球阀装配图如图 10-22 所示。

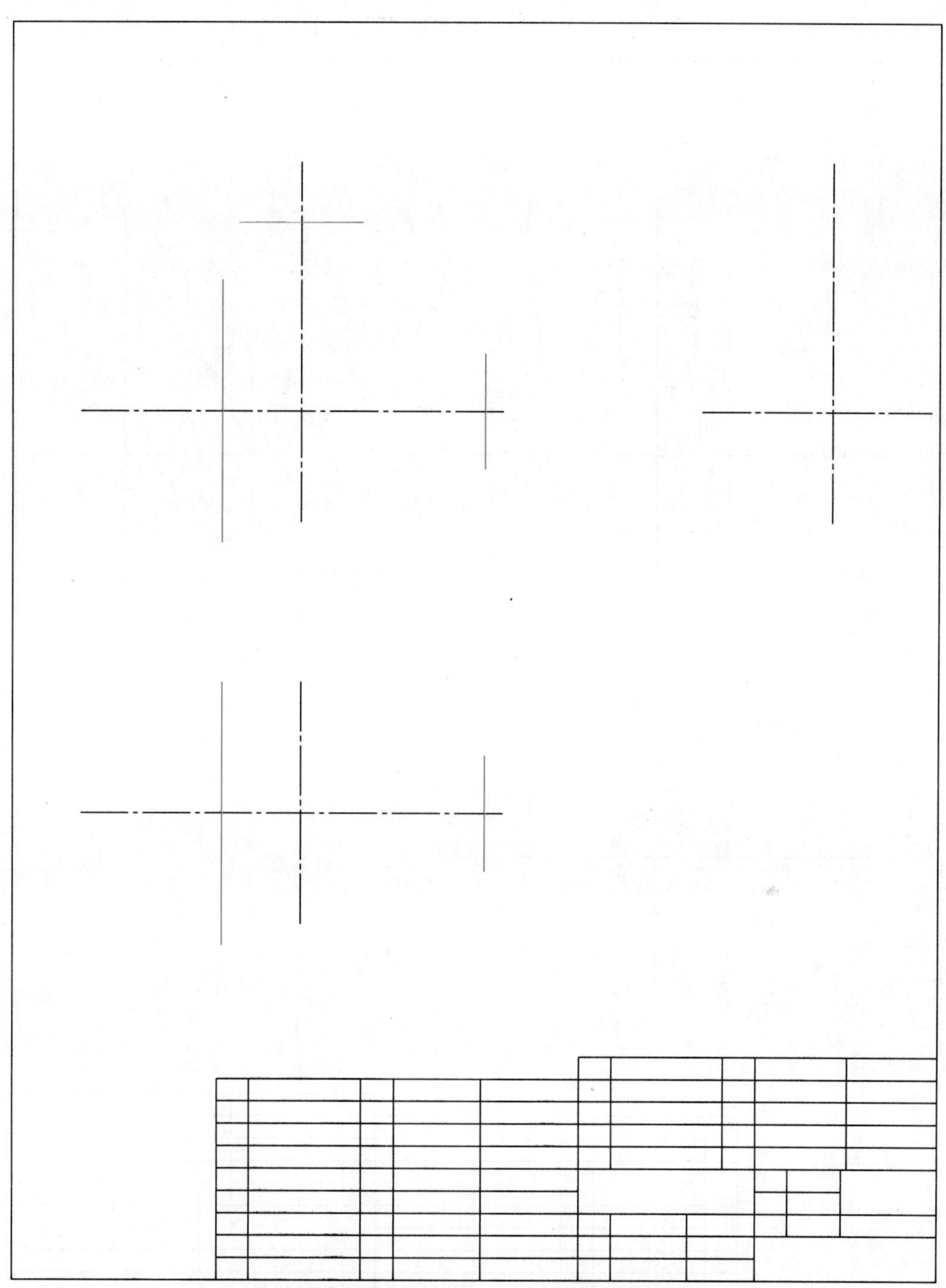

(a) 画出各视图的主要轴线、对称中心线及作图基线

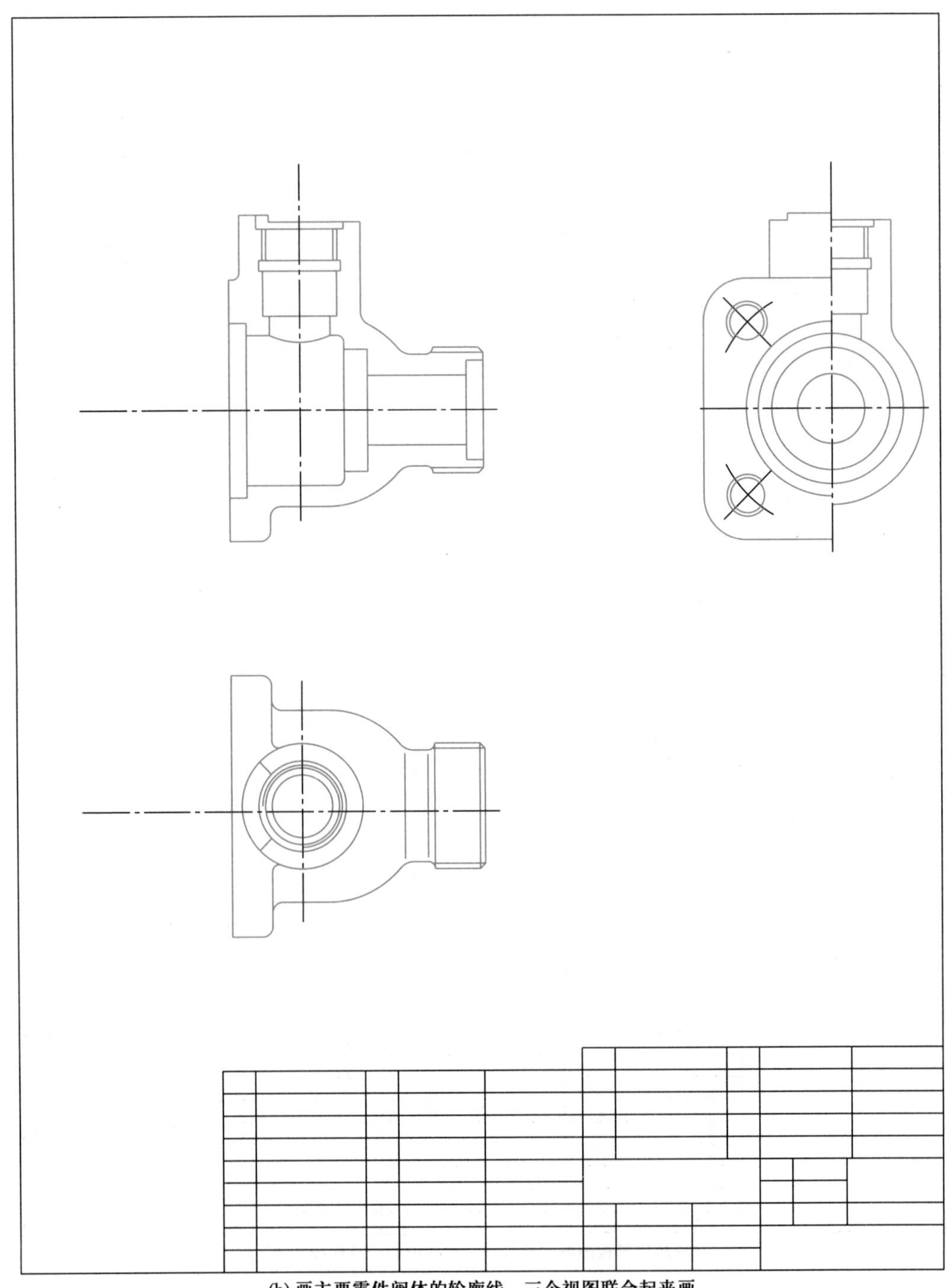

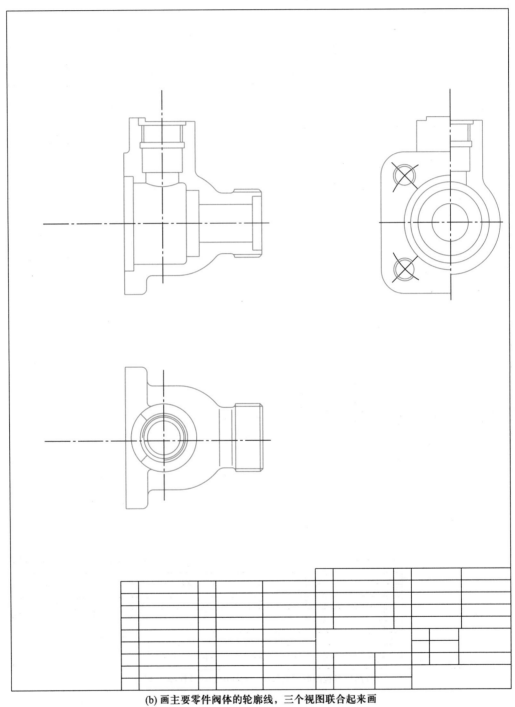

(b) 画主要零件阀体的轮廓线，三个视图联合起来画

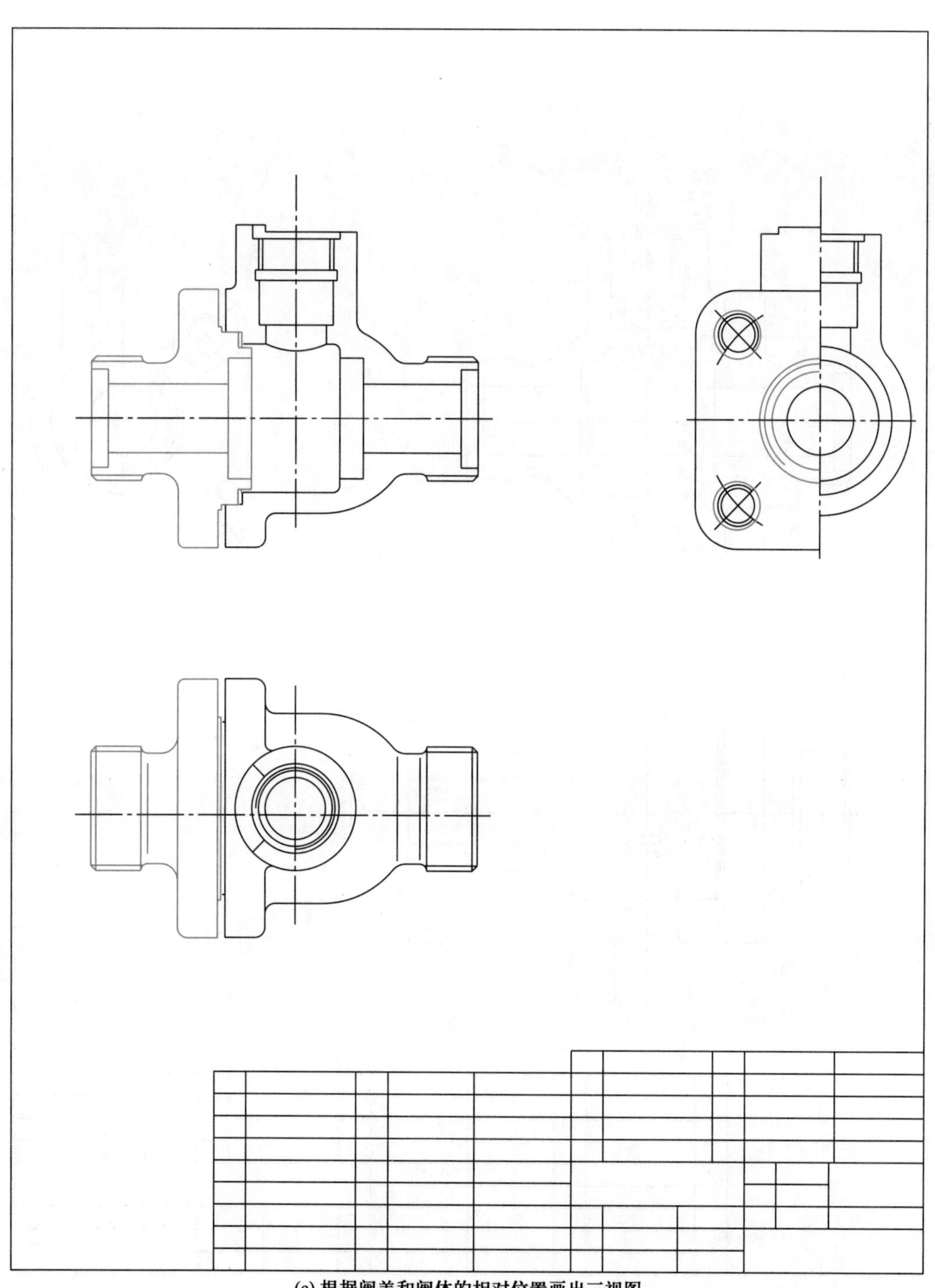

(c) 根据阀盖和阀体的相对位置画出三视图

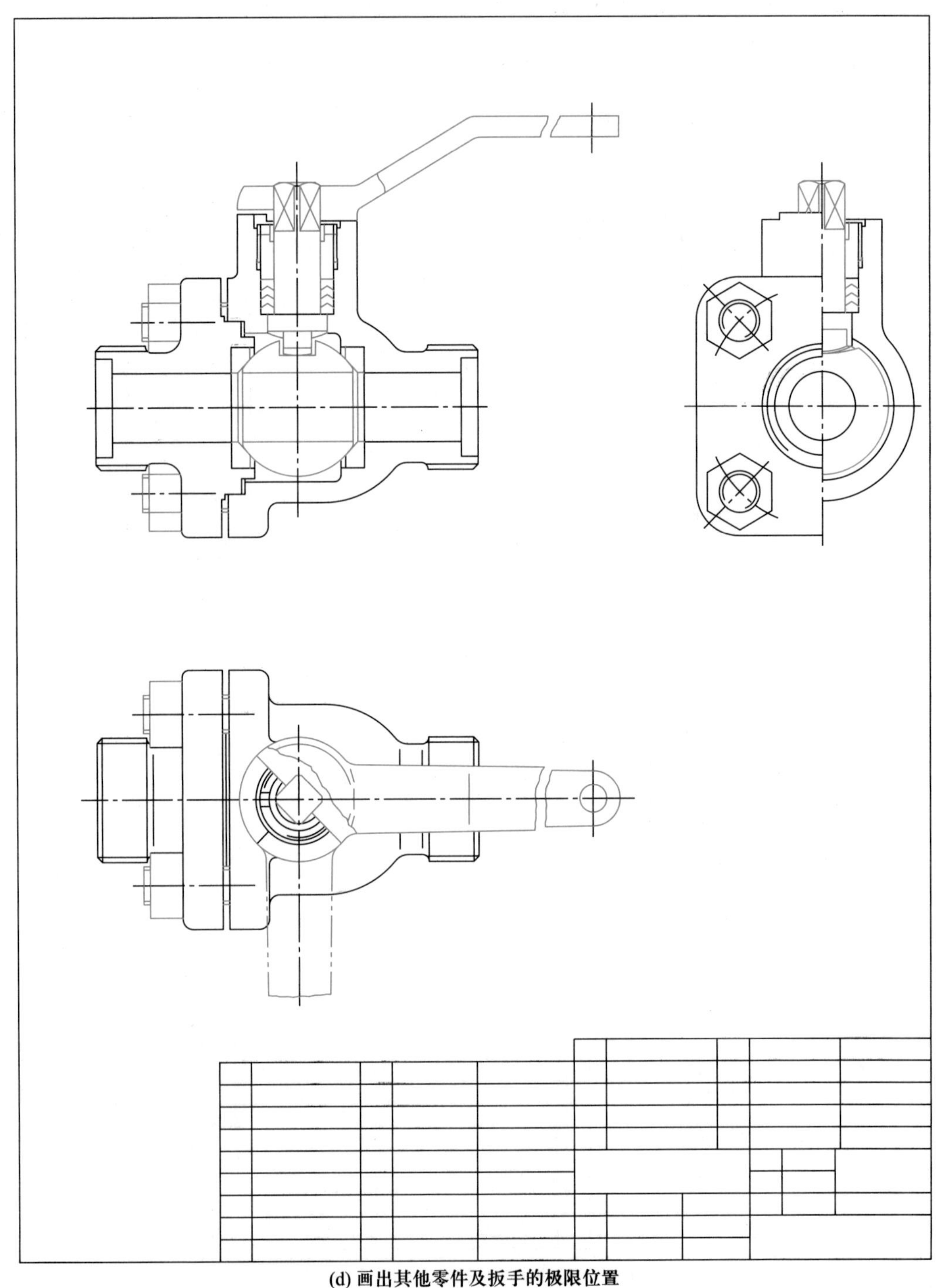

(d) 画出其他零件及扳手的极限位置

图 10-21　画装配图视图底稿的步骤

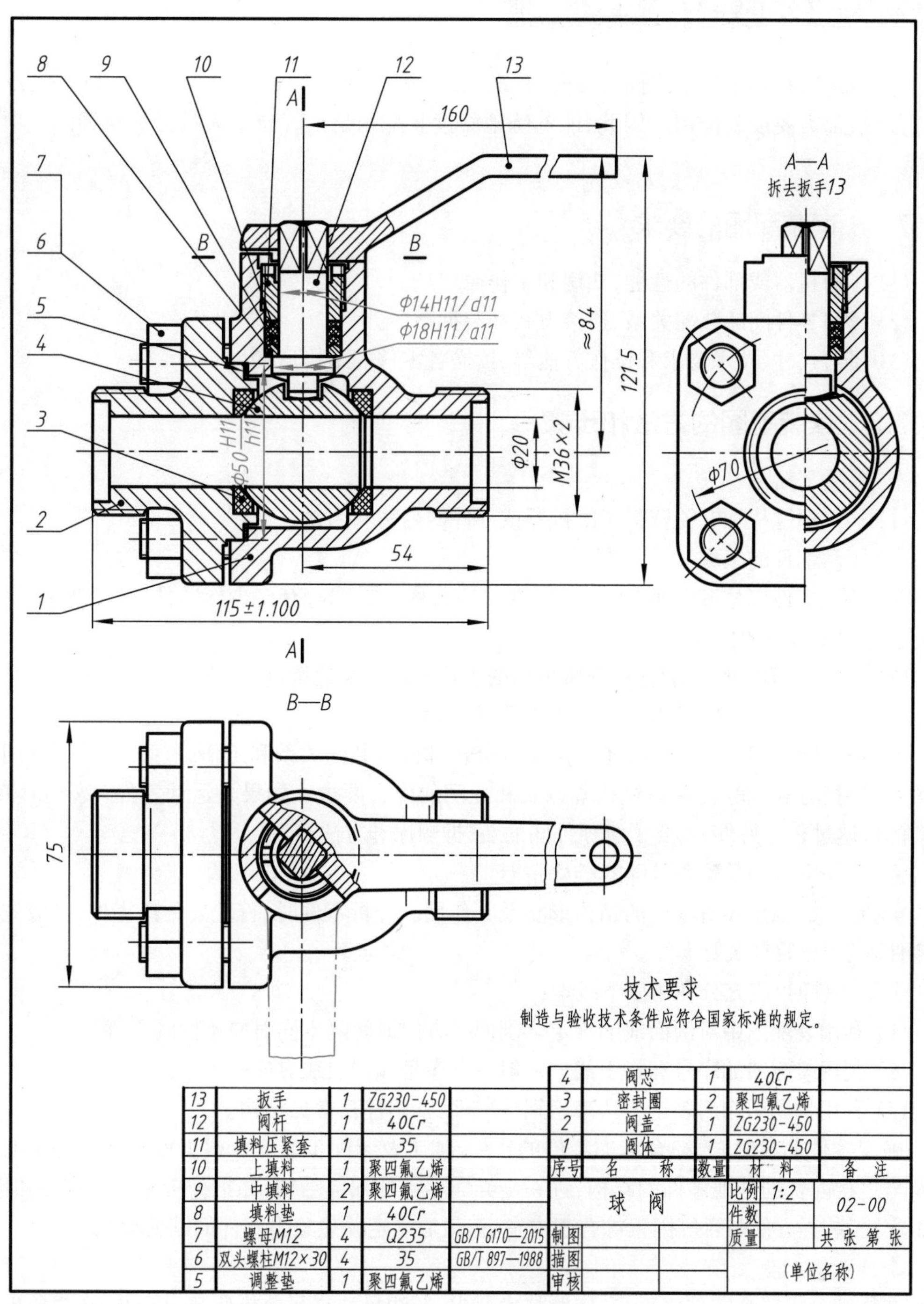
8 9 10 11 12 13
A
160
A—A
拆去扳手13
7
6
B B
Φ14H11/d11
Φ18H11/a11
≈84
121.5
5
4
3
Φ50 H11/h11
Φ20
M36×2
Φ70
2
54
1
115±1.100
A
B—B
75
技术要求
制造与验收技术条件应符合国家标准的规定。
13 扳手 1 ZG230-450
12 阀杆 1 40Cr
11 填料压紧套 1 35
10 上填料 1 聚四氟乙烯
9 中填料 2 聚四氟乙烯
8 填料垫 1 40Cr
7 螺母M12 4 Q235 GB/T 6170—2015
6 双头螺柱M12×30 4 35 GB/T 897—1988
5 调整垫 1 聚四氟乙烯
4 阀芯 1 40Cr
3 密封圈 2 聚四氟乙烯
2 阀盖 1 ZG230-450
1 阀体 1 ZG230-450
序号 名称 数量 材料 备注
球阀
比例 1:2
件数
质量
02-00
共 张 第 张
制图
描图
审核
(单位名称)

图 10-22 球阀装配图

10.7 读装配图及拆画零件图

在机器或部件的设计、制造、装配、检验、使用和维修工作中，或在进行技术革新、技术交流过程中，都需要读装配图。因此，能熟练地阅读装配图是工程技术人员必须掌握的一项基本技能。

10.7.1 读装配图的要求

(1) 了解机器或部件的性能、功用和工作原理。

(2) 读懂零件间的装配关系、连接方式和装拆顺序。

(3) 了解尺寸、技术要求和操作方法等，读懂各零件的结构形状。

10.7.2 读装配图的方法和步骤

1. 概括了解

(1) 通过标题栏和有关资料了解机器或部件的名称和用途。

(2) 了解部件的组成

通过零、部件序号和明细栏了解零、部件的名称、数量等，有多少标准件、多少非标准件，找到它们在图上对应的位置。

(3) 了解视图数量，弄清各视图所采用的表达方法及表达重点。

2. 分析视图，了解部件的装配关系和工作原理

在概括了解的基础上，按各条装配干线分析部件的装配关系和工作原理。弄清零件间的定位关系，连接方式，润滑、密封结构等以及相互间的配合要求。如果是运动零件，要了解零件间运动的传递过程。另外，还要了解零件间的装、拆顺序和方法等。

3. 分析零件，读懂各零件的结构形状

分析零件，就是弄清零件的结构形状及其作用。分析零件时，首先要分离零件，一般先从主要零件入手，然后是次要零件。

分离零件时，应充分利用以下线索：

(1) 利用装配图中对剖面线的规定。剖面线方向或间隔不同对应不同的零件。

(2) 利用装配图的序号和指引线。一般一个序号和指引线对应一种零件。

(3) 利用常见结构的表达方法来识别标准件、常用件及常见结构。

确定零件形状时，要综合考虑零件的作用、加工及装配工艺等。根据零件在部件中的作用以及与之相配合的其他零件的结构，进一步弄懂零件的细部结构，并把分析零件的投影和作用、加工方法、装拆方便与否等因素综合起来考虑，最后确定并想象出零件的完整形状。

4. 归纳总结

在详细分析单个零件之后，还应对技术要求、所注尺寸进行分析研究，从而综合想象出装配体的整体结构和装配关系，弄懂装配体的工作原理，从而全面了解装配体。

10.7.3 由装配图拆画零件图

设计的一般过程是先画出装配图，然后根据装配图画出零件图。这一由装配图拆画零件图

的过程简称为拆图。下面介绍拆画零件图的一般方法和步骤。

1. 分离零件,确定零件的结构形状

(1) 读懂装配图,利用剖面线的方向、间距以及投影关系、零件序号等信息,从视图中分离出属于该零件的轮廓。分离出的轮廓图形仍按视图中的投影关系配置。

(2) 分析零件的结构形状,补齐零件被遮挡的图线。

(3) 分析零件的作用,补画出零件在装配图中省略的工艺结构,如倒角、退刀槽等。

2. 重新确定零件的表达方案

装配图中零件的表达方法不一定适合单个零件的表达,有时需要重新确定。对零件的视图选择应按零件本身的结构特点而定。

3. 确定零件的尺寸

零件的尺寸可以从以下几方面获得:

(1) 抄注

装配图中已标出的零件尺寸,可直接标注到零件图上。

(2) 查表

标准结构的尺寸,有些需要查表确定(如键槽、退刀槽等)。

(3) 计算

有些尺寸需要计算确定(如齿轮的分度圆、齿顶圆直径等)。

(4) 量取

其他尺寸按比例从装配图中直接量取并圆整。

4. 标注技术要求,填写标题栏

在装配图上已标出的属于零件的公差,可直接标注到零件图上。表面结构要求可根据零件毛坯的类型、工作表面及其重要性等来确定,可查表或参照类似产品。标题栏中填写的零件名称、材料、数量等要与装配图明细栏中的内容一致。

10.7.4 读装配图举例

1. 读镜头架装配图(图 10-23)

(1) 概括了解

通过了解及查阅有关资料可知,镜头架是电影放映机上用来安置放映镜头及调整镜头焦距使图像清晰的一个部件。

对照零件序号及明细栏可以看出,该镜头架由 10 种零件组成,其中 4 种为标准件,其余 6 种为非标准零件。

镜头架装配图有两个视图。主视图采用两个平行剖切平面剖切形成的 $A—A$ 全剖视图,反映了镜头架的工作原理和装配关系;左视图采用 $B—B$ 局部剖视图,既反映了镜头架的外部轮廓形状,又表示了调节齿轮 6 与内衬圈 2 上的齿条相啮合的情况。

(2) 分析、了解镜头架的装配关系和工作原理

主视图完整地表达了镜头架的装配关系。从图中可以看出,所有零件都装在主要零件架体 1 上,并由两个螺钉 9 和两个圆柱销 8 将其安装和定位在放映机上。架体 1 上部的 $\phi70$ 大孔内装有可伸缩的内衬圈 2,下部的 $\phi22$ 小圆柱孔部分则是反映镜头架工作原理的主要装配部分。

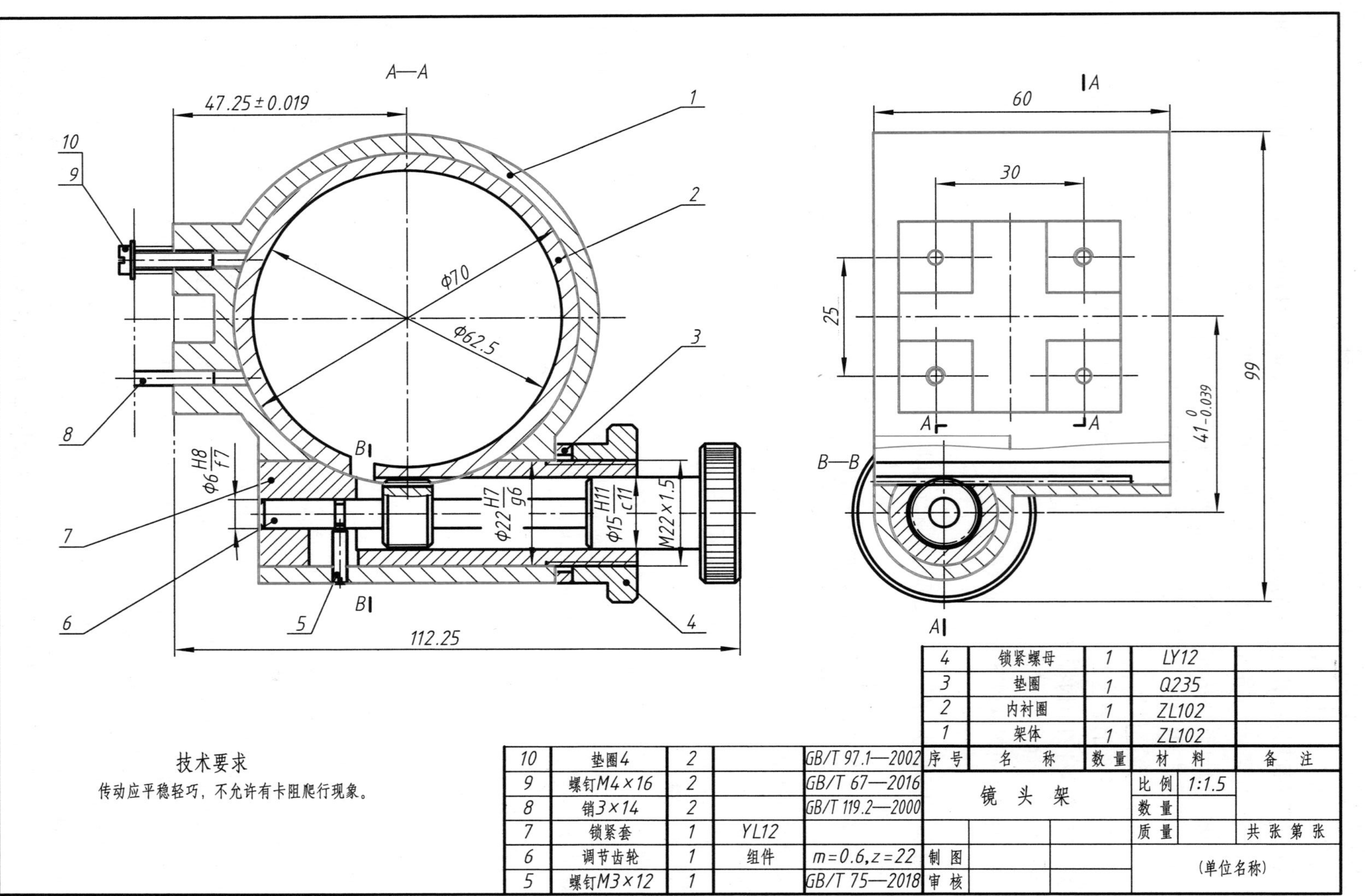
A—A
47.25±0.019
φ70
φ62.5
φ6 H8/f7
φ22 H7/g6
φ15 H11/c11
M22×1.5
112.25
1
2
3
4
5
6
7
8
9
10
B—B
60
30
25
$41_{-0.039}^{\ 0}$
99
技术要求
传动应平稳轻巧，不允许有卡阻爬行现象。
4 锁紧螺母 1 LY12
3 垫圈 1 Q235
2 内衬圈 1 ZL102
1 架体 1 ZL102
10 垫圈4 2 GB/T 97.1—2002
9 螺钉M4×16 2 GB/T 67—2016
8 销3×14 2 GB/T 119.2—2000
7 锁紧套 1 YL12
6 调节齿轮 1 组件 m=0.6, z=22
5 螺钉M3×12 1 GB/T 75—2018
序号 名称 数量 材料 备注
镜头架
比例 1:1.5
数量
质量
共张第张
制图
审核
(单位名称)

图 10-23 镜头架装配图

其孔内装有锁紧套 7，它们是 $\phi 22\frac{H7}{g6}$ 的间隙配合；调节齿轮 6 支承在锁紧套内的阶梯孔中，其配合分别是 $\phi 15\frac{H11}{c11}$ 和 $\phi 6\frac{H8}{f7}$。在锁紧套的伸出端上装有垫圈 3 和锁紧螺母 4。圆柱端紧定螺钉 5 可旋入调节齿轮轴上的凹槽内，使调节齿轮轴向定位。

松开锁紧螺母 4，旋转调节齿轮 6，通过与内衬圈 2 上的齿条啮合，带动内衬圈伸缩，从而达到调整镜头焦距的目的。当旋紧锁紧螺母 4 时，锁紧套 7 向右微移，该零件上的圆弧面迫使内衬圈 2 收缩变形，从而锁紧镜头。

(3) 零件结构分析

分析内衬圈 2、锁紧套 7 和架体 1 的结构形状，并拆画架体 1 的零件图。

1) 内衬圈 2　内衬圈 2 是一个套筒状零件，它的外表面上铣有齿条。齿条的一端没有铣到头，这是调节镜头焦距时齿条移动的极限位置。为了在收紧锁紧套时便于内衬圈变形，在内衬圈上沿齿条的一侧开一个槽。内衬圈 2 的结构如图 10–24 所示。

2) 锁紧套 7　根据配合尺寸 $\phi 22\frac{H7}{g6}$ 及剖面线方向，可以想象出这是一个圆柱形零件，它的内部是两个直径不等的阶梯孔。锁紧套上面有圆弧面与内衬圈的外圆相配合，当锁紧套轴向移动时，圆弧面迫使内衬圈产生弹性变形。锁紧套尾部有螺纹，与锁紧螺母旋合，可使锁紧套产生轴向位移。为了避免锁紧套轴向位移时与圆柱端紧定螺钉相碰，在锁紧套的左下部开了一个长圆柱孔。通过以上分析，想象出锁紧套的结构形状，如图 10–25 所示。

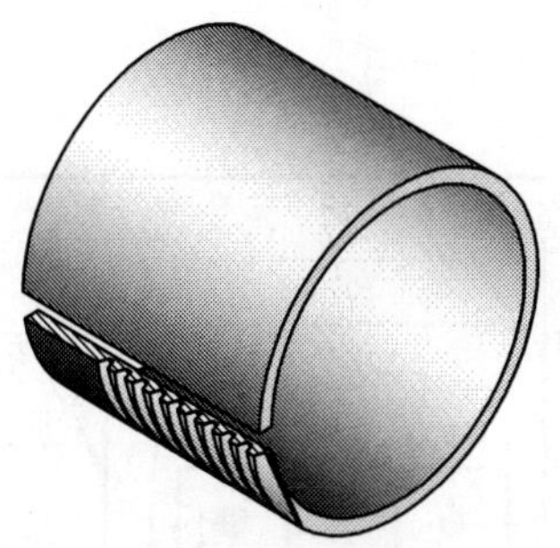

图 10–24　内衬圈轴测图

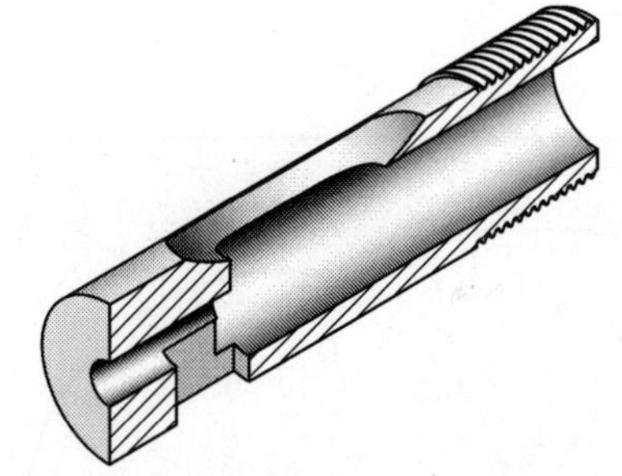

图 10–25　锁紧套轴测图

3) 架体 1　架体 1 是镜头架上的主体零件，它包容和支持其他零件。对照主、左视图可以分析出，架体的基本形状是由两个直径不等且轴线垂直偏交的空心圆柱组成，大空心圆柱内装有内衬圈，小空心圆柱内装有锁紧套和调节齿轮。架体上部大空心圆柱的外部有方形凸台，上面分别加工有螺纹孔和销孔，可使镜头架定位安装在放映机上。在小空心圆柱的下面有一个螺纹孔，与螺钉 5 旋合，使调节齿轮 6 定位。

拆画架体 1 零件图，先从装配图的主、左视图中分离出架体的视图轮廓，它是一幅不完整的图形，如图 10–26a 所示；结合上述的分析，补画图中所缺的图线，如图 10–26b 所示。

图 10–26b 基本上表达清楚了架体的结构形状，且满足该零件的图样表达要求，因此不需要重新确定表达方案。按零件图的要求，标注出零件的全部尺寸和技术要求。零件图中的公差带代号（或公差数值），必须与装配图中已注的配合代号中的相应公差带代号相同。架体 1 零件图如图 10–27 所示。

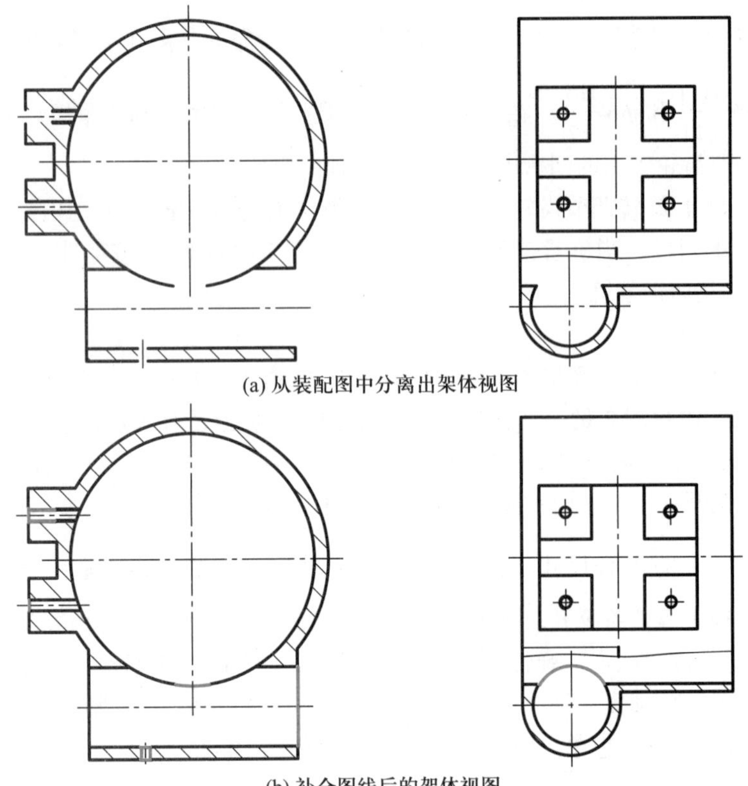

(a) 从装配图中分离出架体视图

(b) 补全图线后的架体视图

图 10-26 由镜头架装配图拆画架体零件图

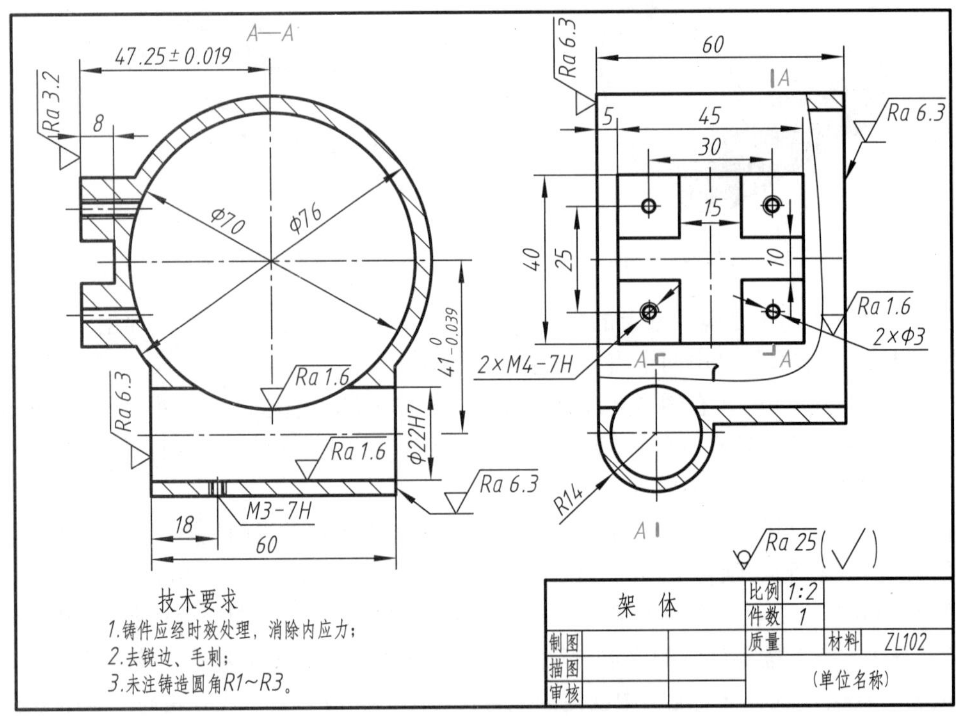

图 10-27 镜头架架体零件图

2. 读溢流阀装配图(图 10-28),并拆画阀体零件图

(1) 概括了解

溢流阀是液压系统中控制液体压力的一种安全装置。其主要作用是在溢流过程中使液体压力与弹簧压力保持平衡,得到基本稳定的油压。

对照零件序号及明细栏可以看出,溢流阀由 13 种零件组成,其中 2 种标准件、1 种常用件(弹簧)。

(2) 视图分析

溢流阀装配图共有五个视图。

全剖的主视图,清楚地表达了装配体的内部结构、装配关系和工作原理。

俯视图表达了阀体 1 和阀盖 8 的外形,同时也表示了阀体中进、出油孔的相对位置。

右视图和 *B—B* 局部剖视图主要表示了内六角螺钉 13 与阀体、阀盖 8 的连接方式。

A—A 剖视图表示进油孔与滑阀 4 的相互关系。

(3) 装配关系及工作原理分析

主视图基本反映了溢流阀的主要装配关系。阀体 1 是主体零件,其内部的阶梯孔左右贯通。滑阀 4 装在孔中,与孔的配合为 $\phi16\dfrac{\mathrm{H7}}{\mathrm{f6}}$;阀体左端与后螺盖 2 旋合,并通过 O 形密封圈 3 加以密封。右端用四个螺钉 13 与阀盖 8 连接,其连接处也用 O 形密封圈 3 和 O 形密封圈 6 进行密封。滑阀 4 的右端装有弹簧 5,调节螺母 10 通过调节杆 11 压缩弹簧,使弹簧产生向左的力。调节杆 11 与阀盖 8 间的配合为 $\phi12\dfrac{\mathrm{H8}}{\mathrm{g7}}$。

在正常情况下,滑阀 4 处于左端,把进、出油口隔断(图 10-28 主视图)。当油路油压超过规定的最高压力时,滑阀左端的油推动滑阀向右移动,进、出油口连通,多余的油从出油口流出回到油箱,油压恢复正常。弹簧又将滑阀推向左端,溢流阀关闭。压力的调整是依靠转动调节螺母 10,从而推动调节杆 11 压缩弹簧 5 来实现的。

(4) 分析零件,拆画零件图

以阀体 1 为例,说明拆画零件图的方法:

阀体是溢流阀的主要零件之一,它有包容和支承作用。

在主视图中,根据指引线起端找到阀体的位置,然后通过剖面线的方向及间距确定其大致轮廓范围。

利用投影关系,对照其他视图可知,阀体基本体为一方形零件,其内部为左右贯通的阶梯孔,滑阀 4 装在孔中。阀体自下而上各有一个 $\phi12$ 的进、出油口与内腔相通,其位置如俯视图中的细虚线所示,左侧为进油孔。阀体上部右侧有一小圆柱孔与出油口连通,右端面有四个螺纹孔用于安装阀盖。另外,阀体上有三个 $\phi9$ 圆柱沉孔上下贯通,用于把溢流阀安装在基座上。

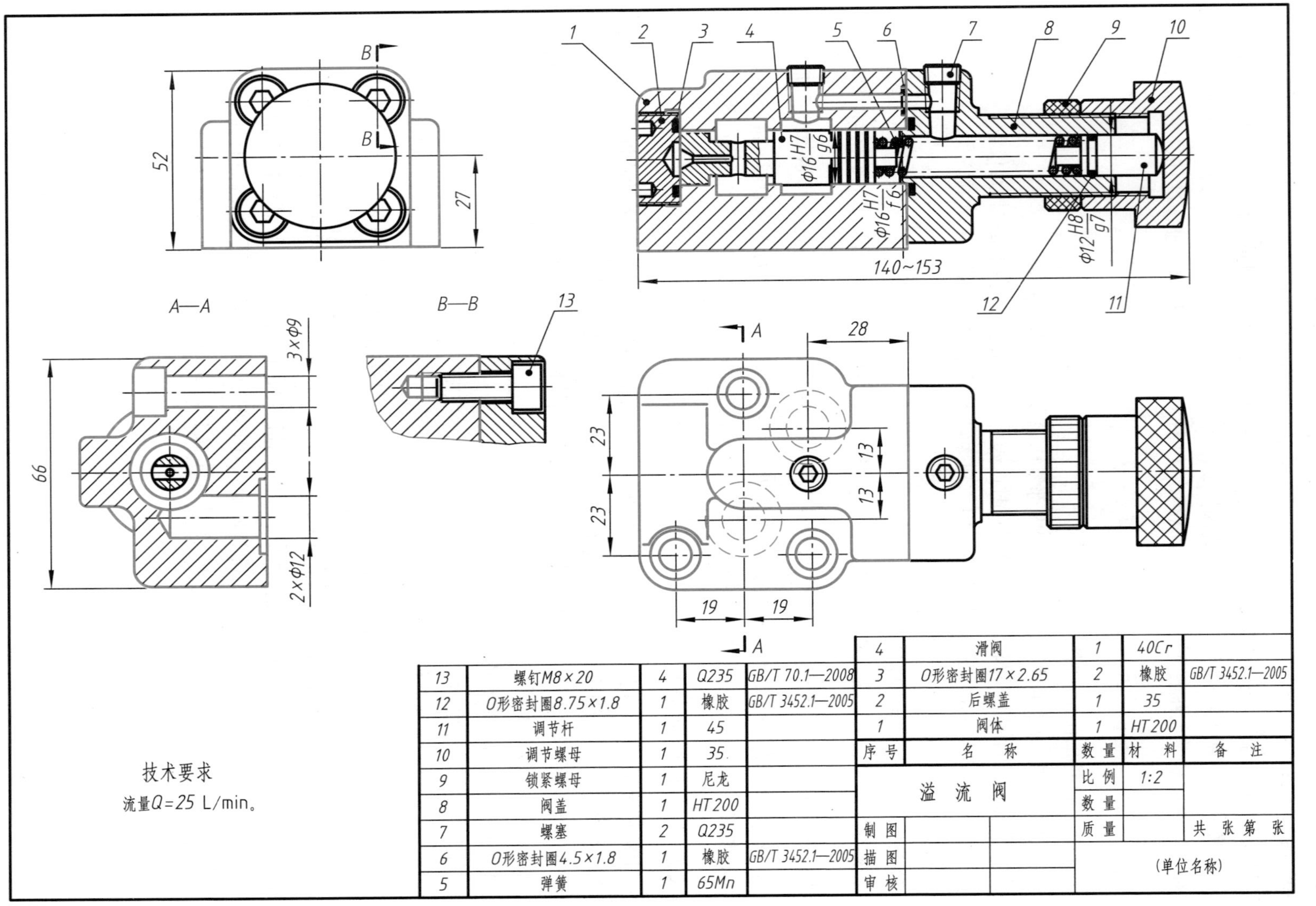

序号	名称	数量	材料	备注
13	螺钉M8×20	4	Q235	GB/T 70.1—2008
12	O形密封圈8.75×1.8	1	橡胶	GB/T 3452.1—2005
11	调节杆	1	45	
10	调节螺母	1	35	
9	锁紧螺母	1	尼龙	
8	阀盖	1	HT200	
7	螺塞	2	Q235	
6	O形密封圈4.5×1.8	1	橡胶	GB/T 3452.1—2005
5	弹簧	1	65Mn	
4	滑阀	1	40Cr	
3	O形密封圈17×2.65	2	橡胶	GB/T 3452.1—2005
2	后螺盖	1	35	
1	阀体	1	HT200	

图 10-28 溢流阀装配图

拆画零件图时，先从装配图的五个视图中分离出阀体的视图轮廓，再根据上述分析，补全视图中所缺的图线，如图 10-29 所示。这一组视图适合阀体零件的表达，只需添加必要的工艺结构，即可作为零件图的表达方案。

按照零件图的要求，标注出全部尺寸和技术要求。完成后的阀体零件图如图 10-30 所示。

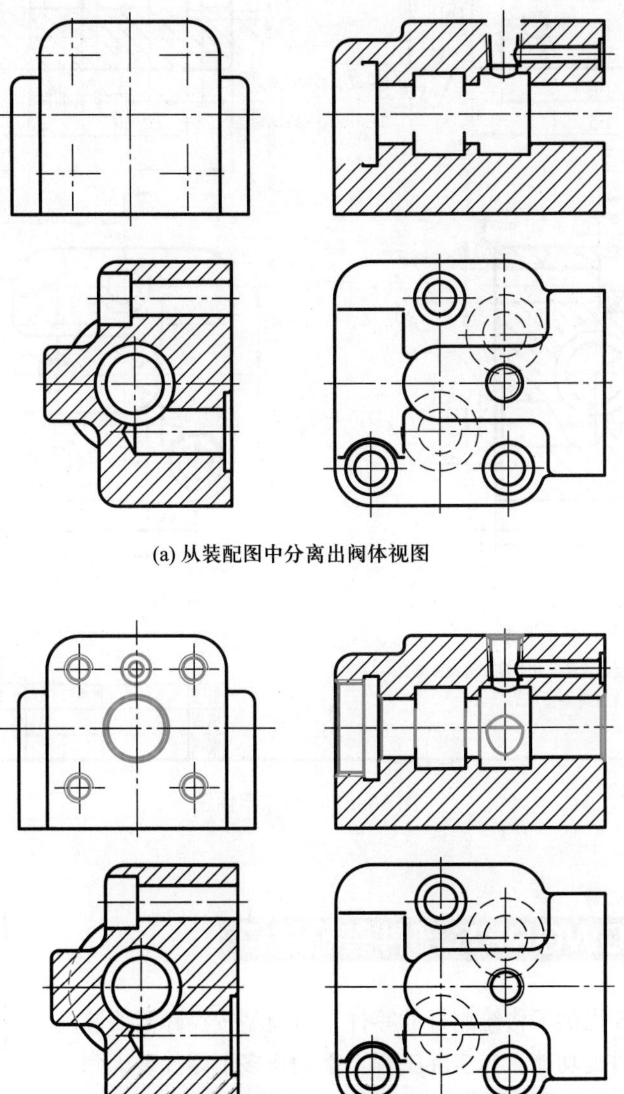

(a) 从装配图中分离出阀体视图

(b) 补全图线后的阀体视图

图 10-29　由溢流阀装配图拆画阀体零件图

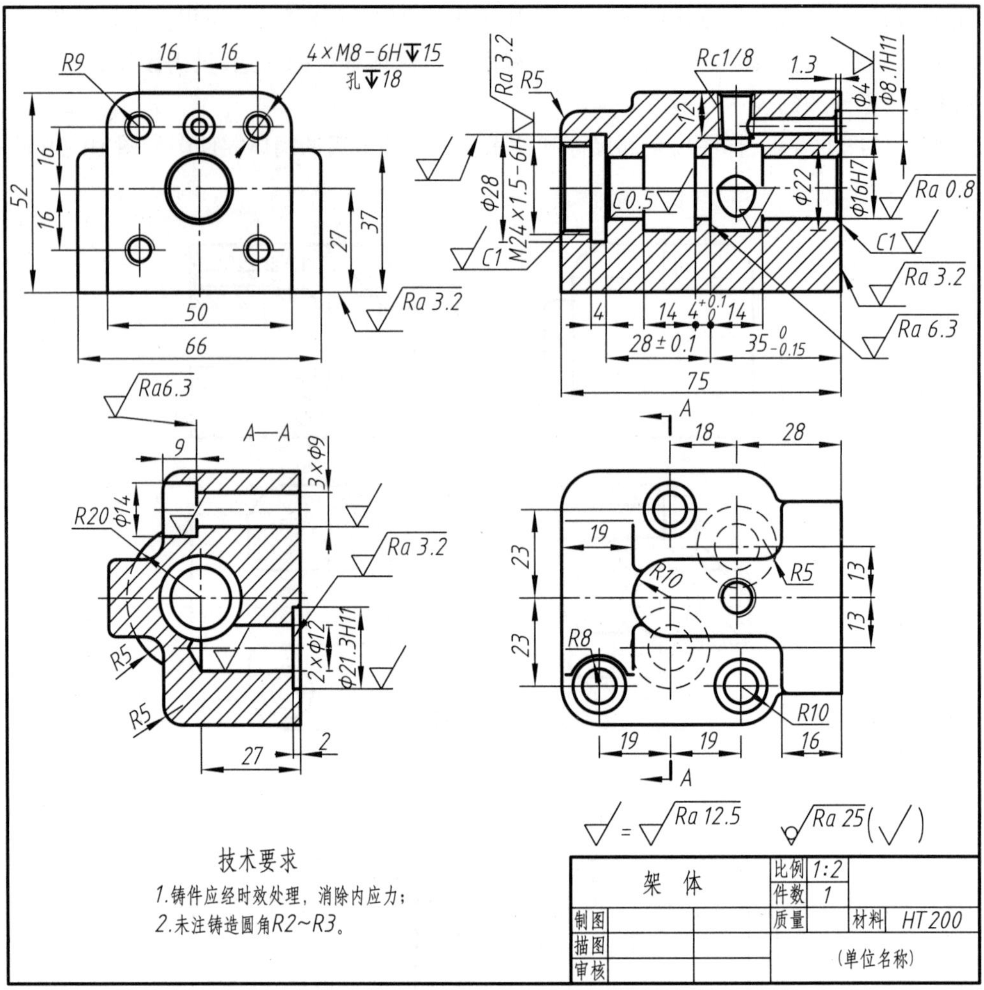

技术要求
1.铸件应经时效处理，消除内应力；
2.未注铸造圆角R2~R3。
架 体
比例 1:2
件数 1
质量
材料 HT200
制图
描图
审核
(单位名称)
A—A

图 10–30 阀体零件图

10.8 SOLIDWORKS 部件装配建模

SOLIDWORKS 提供了将绘制好的零件三维模型按实际需要装配成一个整体机械部件的功能。与实际工程上手动将多个零件装配到一起的操作步骤类似，首先需要指定 / 放置一个零件作为基体，其次在基体零件上以合适的配合方式安装其他零件。SOLIDWORKS 装配体建模流程如图 10–31 所示。

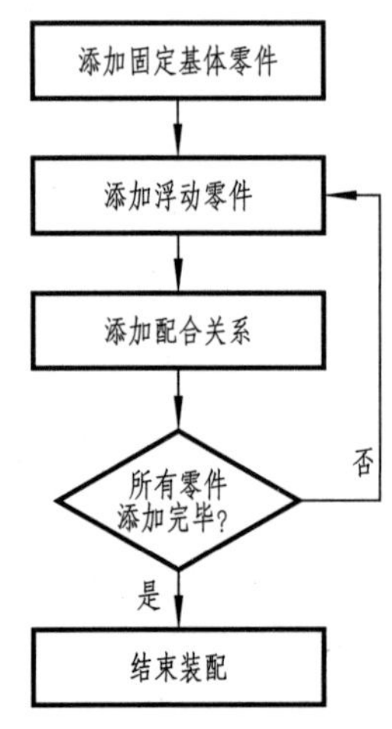

为了将零件装配到一起，必须先创建一个装配体文件，执行“文件”→“新建”菜单命令，在弹出的对话框中选择第二项“装配体”，单击“确定”按钮，即可创建一个装配体文件，其界面如图 10–32 所示。

在“装配体”工具栏中，“插入零部件”命令用于将绘制好的三维零件模型添加到装配体中；此外，该命令下拉菜单中的“新零件”

添加固定基体零件
添加浮动零件
添加配合关系
所有零件添加完毕?
否
是
结束装配

图 10–31 装配建模流程

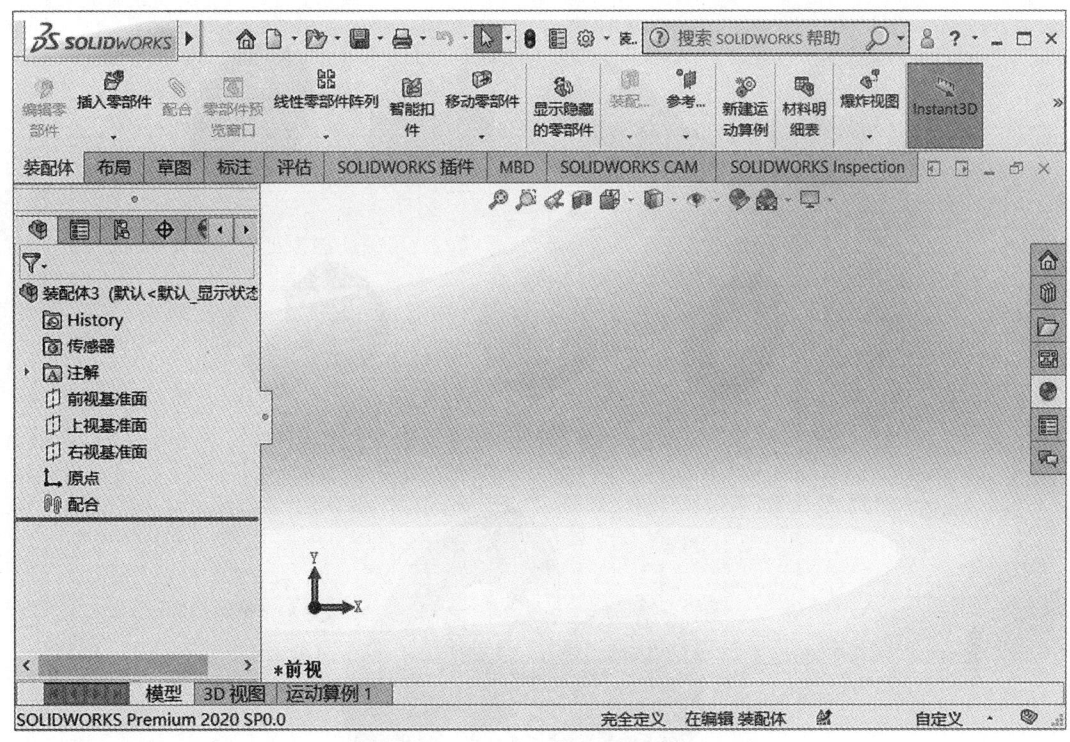

图 10-32 SOLIDWORKS 2020 装配体建模界面

命令可以在装配体环境中直接创建一个新的单一三维零件。“编辑零部件”命令可以在装配体环境中对所选择的某一零件的特征进行编辑操作。“配合”命令用于为所添加零件施加配合约束关系，这些关系包括：标准配合（重合、平行、垂直、相切、同轴心、锁定、距离、角度），高级配合（轮廓中心、对称、宽度、路径配合、线性 / 线性耦合、限制距离、限制角度）以及机械配合（凸轮、槽口、铰链、齿轮、齿条小齿轮、螺旋、万向节）。下面以一个齿轮传动机构的装配作为实例，来说明 SOLIDWORKS 2020 的装配体建模操作过程。

（1）准备待装配零件。本例中的齿轮传动机构装配体需准备 7 个零件，各零件及相对位置关系如图 10–33 所示。

（2）新建装配体文件。执行“文件”→“新建”菜单命令，在弹出的对话框中，选择第二项“装配体”，单击“确定”按钮。

（3）添加基体零件。单击“插入零部件”按钮，插入第一个零件——基座，作为装配体的基体。

（4）添加大齿轮阶梯轴。单击“插入零部件”按钮，插入第二个零件——大齿轮阶梯轴，单击“配合”按钮，如图 10–34 所示，为大齿轮阶梯轴与基体轴座孔添加“同轴心”配合关系，为大齿轮轴端面与基体轴座端面添加“重合”配合关系。

(a) 准备零件

(b) 相对位置关系

图 10-33 准备零件及其相对位置关系

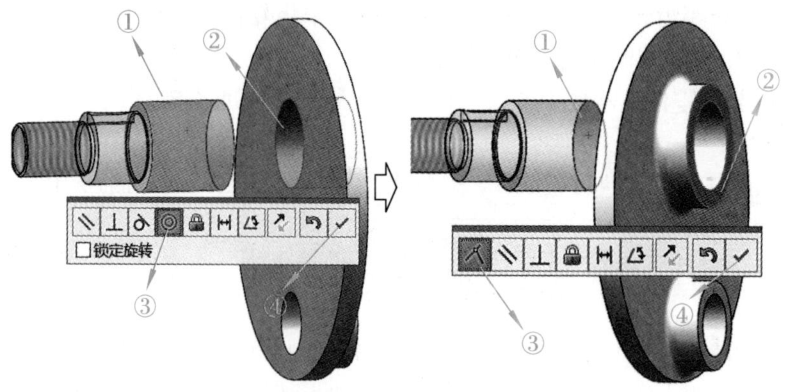

图 10-34 大齿轮阶梯轴装配

(5) 添加平键。单击“插入零部件”按钮,插入第三个零件——平键,单击“配合”按钮,如图10-35 所示,将平键安装到大齿轮阶梯轴的键槽中。

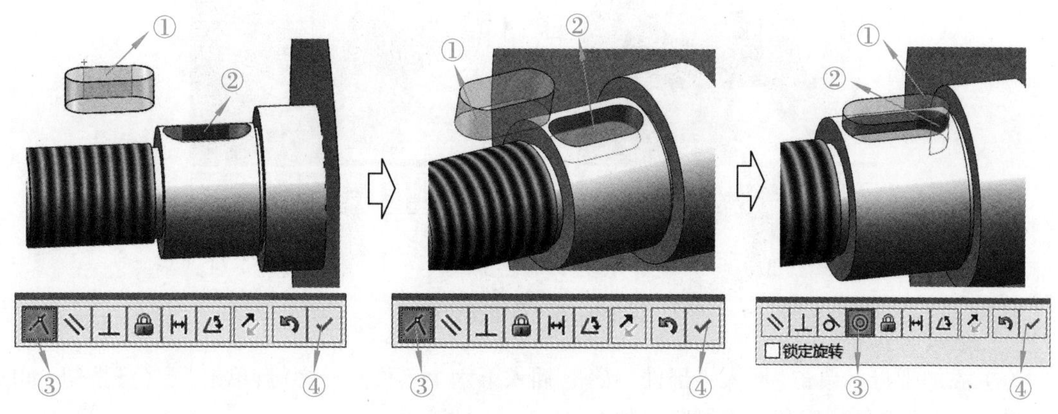

图 10-35 平键装配

(6) 添加大齿轮。单击“插入零部件”按钮,插入第四个零件——大齿轮,单击“配合”按钮,如图 10-36 所示,将大齿轮安装到大齿轮阶梯轴上。

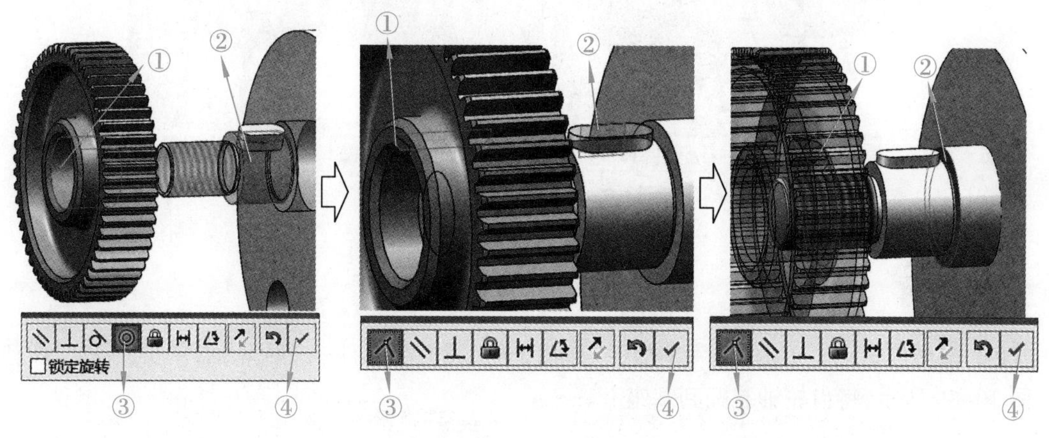

图 10-36 大齿轮装配

(7) 添加平垫圈。单击“插入零部件”按钮,插入第五个零件——平垫圈,单击“配合”按钮,如图 10-37 所示,将平垫圈安装到大齿轮阶梯轴上。

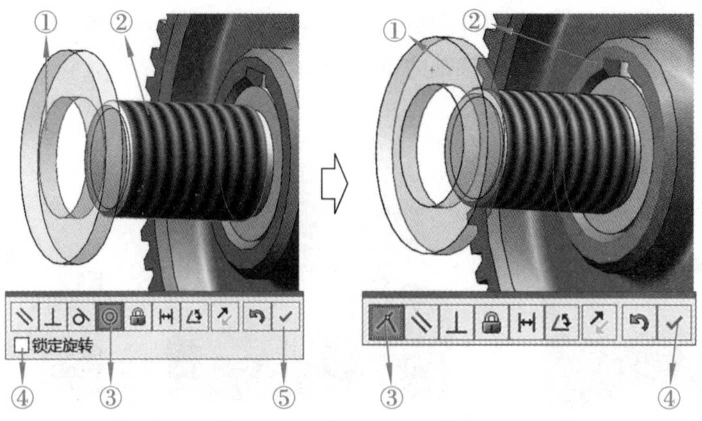

图 10-37 平垫圈装配

(8) 添加螺母。单击“插入零部件”按钮，插入第六个零件——螺母，单击“配合”按钮，如图10-38所示，将螺母装配到大齿轮阶梯轴上。

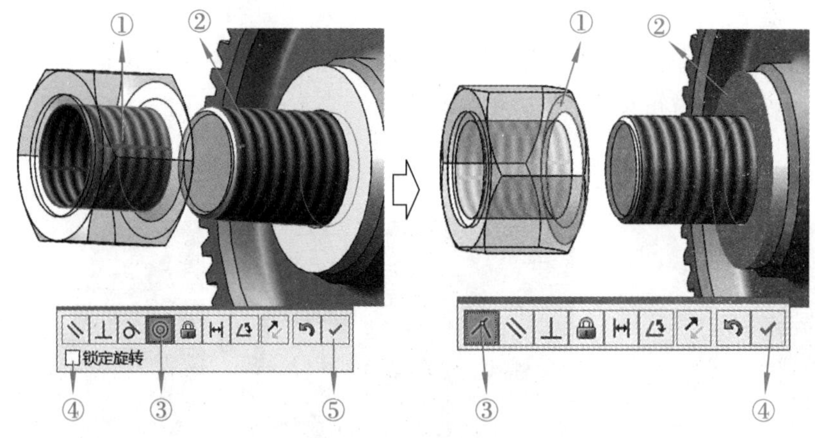

图 10-38 螺母装配

(9) 添加齿轮轴。单击“插入零部件”按钮，插入第七个零件——齿轮轴，单击“配合”按钮，如图10-39所示，将齿轮轴装配到基座上。

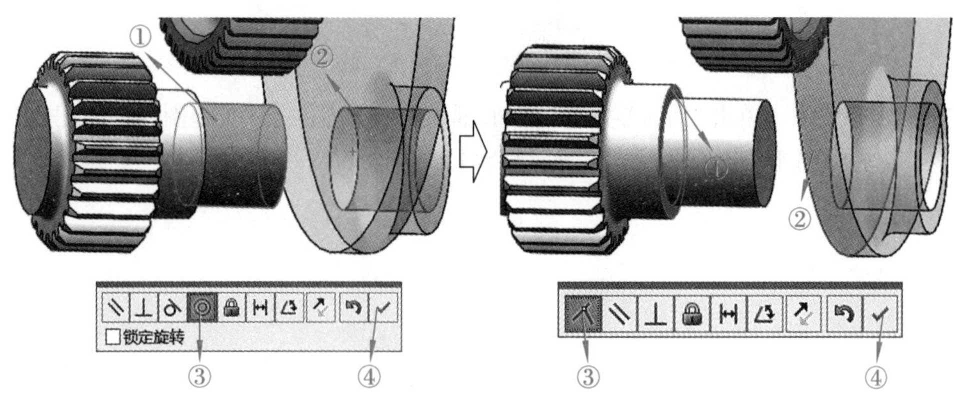

图 10-39 齿轮轴装配

(10) 添加齿轮传动配合。单击“配合”按钮,如图 10-40 所示,单击“机械配合”中的“齿轮”配合按钮,分别拾取大齿轮阶梯轴和齿轮轴的轴面,并将“比率”修改成两个齿轮的分度圆直径,本例中两个齿轮模数均为 2 mm,齿数分别为 55 和 25,因此在比率中输入 110 和 50,完成齿轮传动配合关系添加。

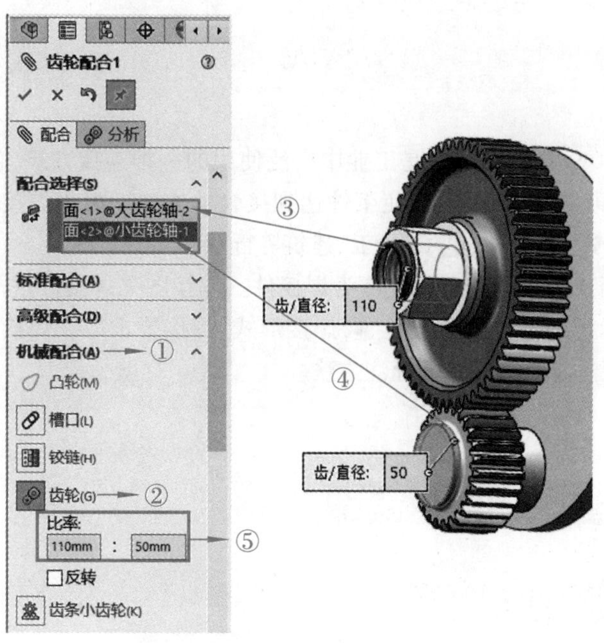

图 10-40　齿轮传动配合关系

至此,完成齿轮传动机构的装配建模,效果如图 10-41 所示,利用鼠标拖拽任一齿轮使其转动,即可查看齿轮传动效果。

图 10-41　齿轮传动机构装配体效果

第11章

焊接图

焊接是一种不可拆的连接，是工业中广泛使用的一种连接方式，它是通过加热或加压，或两者并用，也可能用填充材料，使工件达到接合的方法。由于焊接工艺简单、连接可靠，因此广泛应用于造船、机械、电子、化工、建筑等行业。

通过焊接而成的零件和部件统称为焊接件。焊接图是焊接件进行加工时所用的图样。应能清晰地表示出各工件的相互位置，焊接形式、焊接要求以及焊接尺寸等。本章将主要介绍焊接图的画法及焊缝符号的标注方法。

11.1 焊缝的图示法和焊缝符号

11.1.1 焊缝的规定画法

常见的焊缝接头形式有对接接头、T 形接头、角接接头、搭接接头等，如图 11–1 所示。

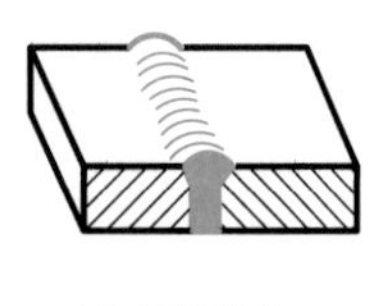

(a) 对接接头

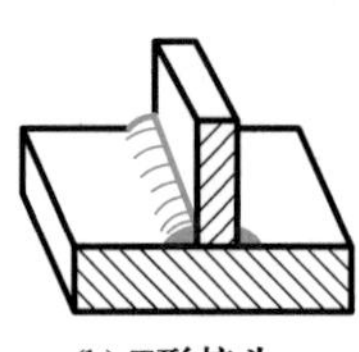

(b) T形接头

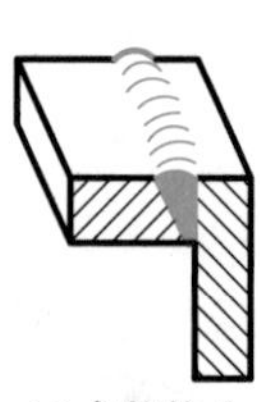

(c) 角接接头

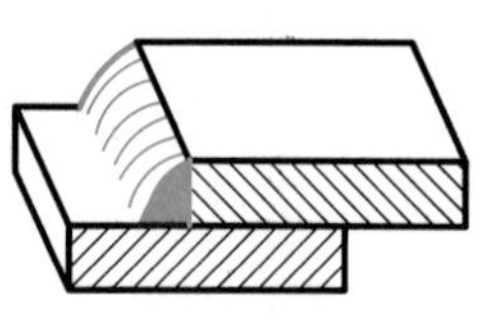

(d) 搭接接头

图 11–1 焊缝接头形式

工件被焊接后所形成的接缝称为焊缝。

(1) 在垂直于焊缝的剖视图或断面图中，一般应画出焊缝的形式并涂黑。

(2) 在视图中，可用一组细实线（允许徒手画）表示可见焊缝，如图 11–2b、c、d 所示；也可用加粗线（$2b$~$3b$）表示可见焊缝，如图 11–2e、f 所示。但同一图样中，只允许采用一种画法。

(3) 一般只用粗实线表示可见焊缝。

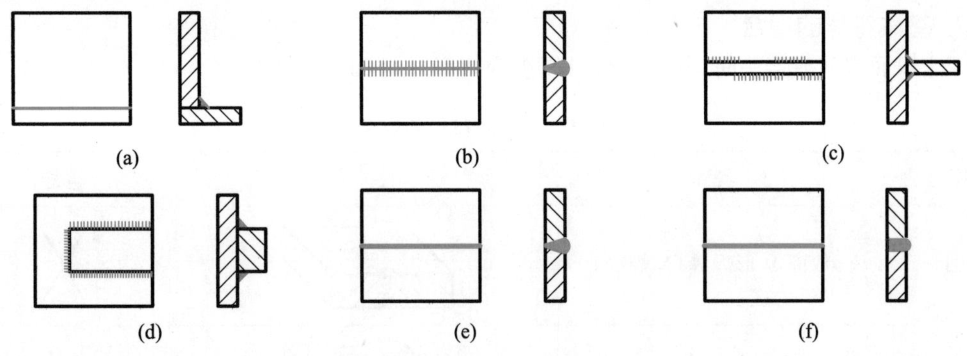

图 11-2 焊缝的规定画法

11.1.2 焊缝符号

在视图中，焊缝一般用符号和数字代号来表示，并用指引线指到图样上的有关焊缝处。

如图 11-3a 所示的对接接头焊缝，可用图 11-3b 所示的方法进行标注。其中“111”表示用手工电弧焊，“V”表示开 V 形坡口，坡口角度为 α，根部间隙为 b，有 n 段焊缝，焊缝长度为 l。

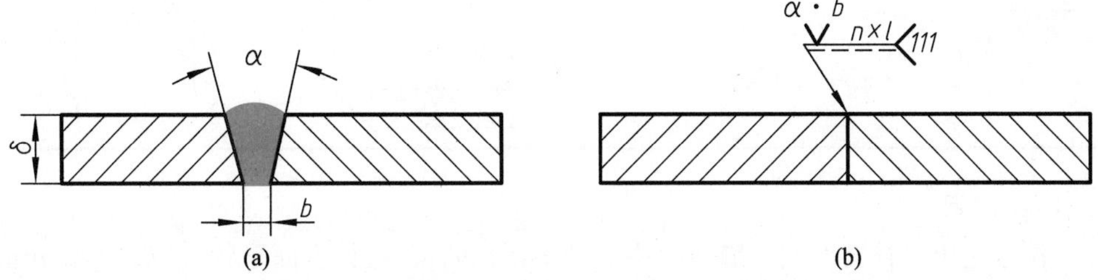

图 11-3 对接接头焊缝的表示

焊接符号一般由基本符号与指引线组成，必要时还可以加上补充符号和焊缝尺寸符号。

1. 基本符号

基本符号表示焊缝横截面的基本形式和特征。常见的焊缝基本符号见表 11-1。

表 11-1 常见焊缝基本符号（摘自 GB/T 324—2008）

序号	名称	示意图	符号
1	I 形焊缝		||
2	V 形焊缝		V
3	单边 V 形焊缝		
4	角焊缝		
5	点焊缝		○

2. 基本符号的组合

标注双面焊缝或接头时，基本符号可以组合使用，见表 11–2。

表 11–2 基本符号的组合

序号	名称	示意图	符号
1	双面 V 形焊缝（X 焊缝）		
2	双面单 V 形焊缝（K 焊缝）	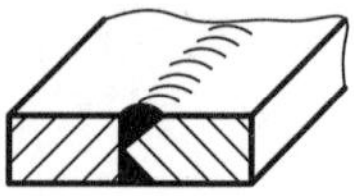	
3	带钝边的双面 V 形焊缝	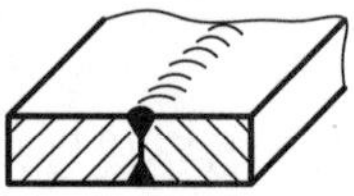	
4	带钝边的双面单 V 形焊缝	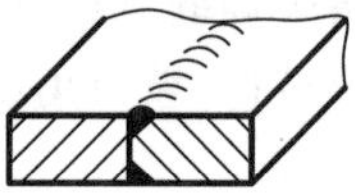	
5	双面 U 形焊缝	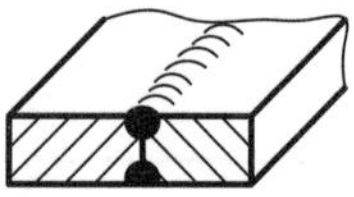	

3. 补充符号

补充符号是用以补充说明焊缝或接头的某些特征的符号，如表面形状、衬垫、焊缝分布和施焊地点等，见表 11–3。

表 11–3 补 充 符 号

名称	符号	形式及标注示例	说明
平面			V 形焊缝表面平齐（一般通过加工）
凹面		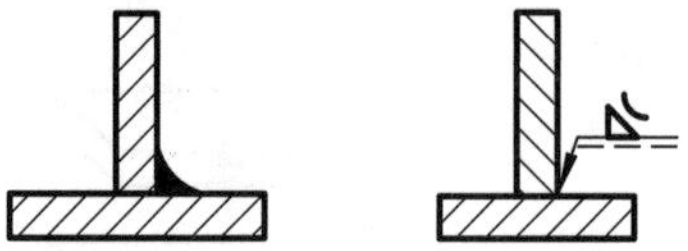	角焊缝表面凹陷
凸面			V 形焊缝表面凸起
永久衬垫	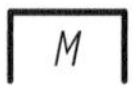 M	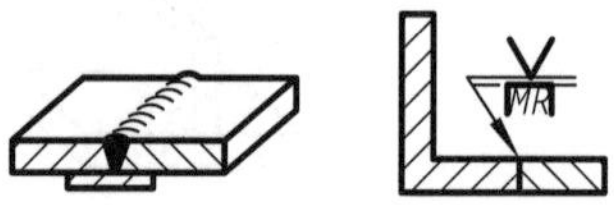 MR	V 形焊缝的背面底部有临时衬垫，焊接完成后拆除
临时衬垫	 MR		

续表

名称	符号	形式及标注示例	说明
三面焊缝			工件三面施焊，符号开口方向与实际施焊方向一致
周围焊缝			在现场沿工件周边施焊的角焊缝
现场			
尾部			用焊条电弧焊，有4条相同的角焊缝

4. 指引线

指引线采用实线绘制，一般由带箭头的指引线（称为箭头线）和两条基准线（其中一条为实线，另一条为细虚线，基准线一般与图样标题栏的长边平行）组成，必要时可以加上尾部，如图11-4所示。

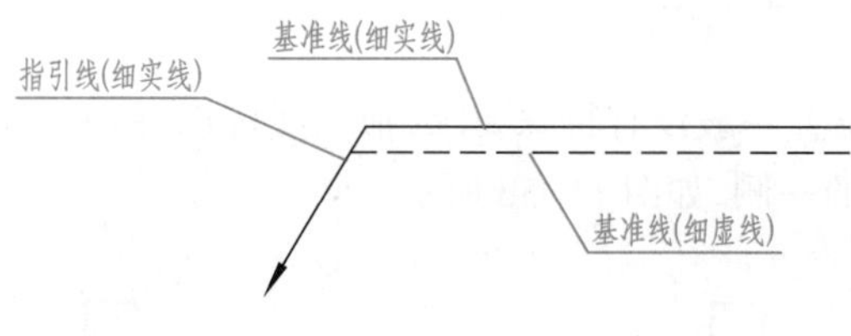

图11-4 指引线画法

5. 焊缝尺寸符号

焊缝尺寸一般不标注，只有在设计、生产需要时才标注。焊缝的常见尺寸符号见表11-4。

表11-4 焊缝的常见尺寸符号

名称	符号	名称	符号
工件厚度	δ	焊缝间距	e
坡口角度	α	焊脚尺寸	K
坡口面角度	β	熔核直径	d
根部间隙	b	焊缝宽度	c
钝边高度	p	根部半径	R
焊缝长度	l	焊缝有效直径	s
焊缝段数	n	余高	h
相同焊缝数量符号	N	坡口深度	H

6. 焊接方法的表示

焊接的方法很多,常用的有电阻焊、电弧焊、电渣焊、钎焊、接触焊、点焊等。焊接方法可用文字在技术要求中注明,也可以用数字代号直接注写在引线的尾部。常用的焊接方法及数字代号见表 11-5。

表 11-5 常用的焊接方法及数字代号

焊接方法	数字代号	焊接方法	数字代号
手工电弧焊	111	埋弧焊	12
电渣焊	72	激光焊	751
硬钎焊	91	点焊	21
软钎焊	94	电阻焊	2
等离子焊	15	氧乙炔焊	311
搭接缝焊	221	压焊	4
气焊	3	锻焊	43

11.2 焊缝的标注方法

11.2.1 指引线与焊缝位置的关系

指引线相对焊缝的位置一般没有特殊要求,箭头线可以标在有焊缝的一侧,如图 11-5a 所示;也可以标在没有焊缝的一侧,如图 11-5b 所示。

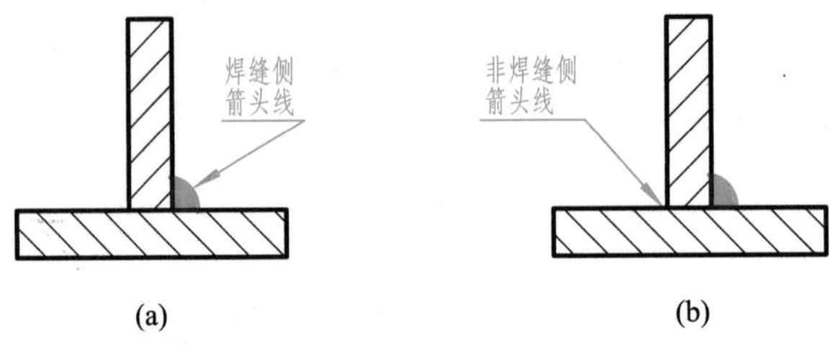

图 11-5 指引线的位置

11.2.2 基本符号和基准线的相对位置

为了在图样上能确切地表示焊缝位置,国家标准规定了基本符号相对基准线的位置,如图 11-6 所示。

(1) 如果焊接接头在箭头侧,则将基本符号标注在基准线的细实线一侧,如图 11-6a 所示。

(2) 如果焊接接头不在箭头侧,则将基本符号标注在基准线的细虚线一侧,如图 11-6b 所示。

(3) 标注对称焊缝和双面焊缝时,可不画细虚线 ,如图 11-6c 所示。

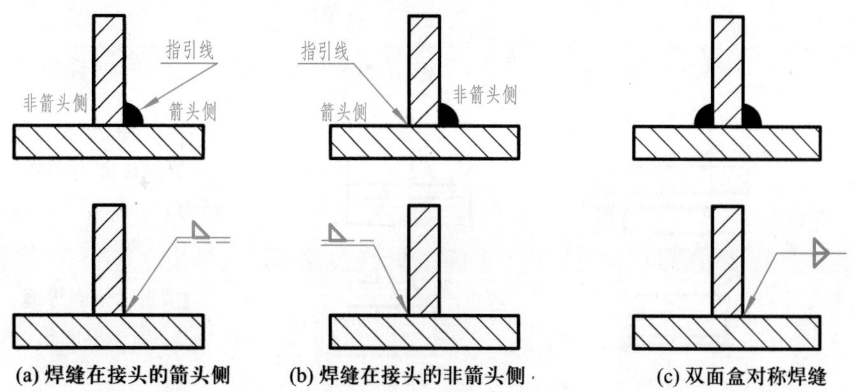

(a) 焊缝在接头的箭头侧　(b) 焊缝在接头的非箭头侧　(c) 双面盒对称焊缝

图 11-6　基本符号相对基准线的位置

11.2.3　焊缝尺寸符号及数据的标注

焊缝尺寸符号及数据的标注原则如图 11-7 所示。

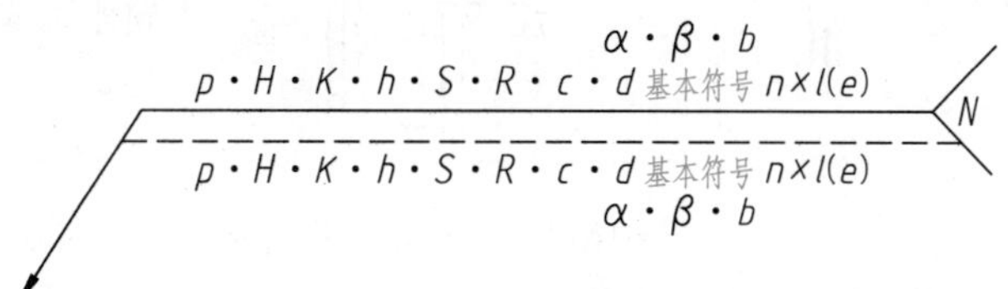

图 11-7　焊缝尺寸的标注原则

(1) 横向尺寸标注在基本符号的左侧；

(2) 纵向尺寸标注在基本符号的右侧；

(3) 坡口角度、坡口面角度和根部间隙标注在基本符号的上侧和下侧；

(4) 相同焊缝数量标注在尾部；

(5) 当尺寸较多不易分辨时，可在尺寸数据前标注相应的尺寸符号。

11.2.4　常见焊缝的标注示例

常见焊缝的标注示例见表 11-6。

表 11-6　常见焊缝的标注示例

接头形式	焊缝形式	标注示例	说明
对接接头	α δ b	α · b n×l 111	“111”表示手工电弧焊，V 形坡口，坡口角度为 α，根部间隙为 b，有 n 段焊缝，焊接长度为 l
T 形接头	K	K	“▶”表示在现场装配时进行焊接； “▷”表示艰难面角焊缝，焊脚尺寸为 K

续表

接头形式	焊缝形式	标注示例	说明
T形接头	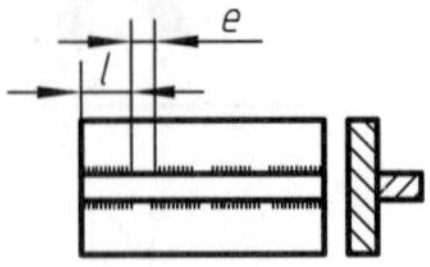	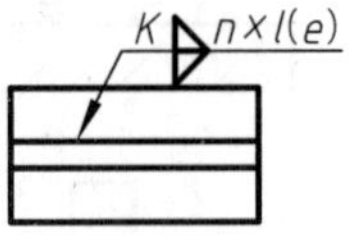	有 n 段断续焊缝的双面角焊缝，焊缝长度为 l，断续焊缝的间距为 e
角接接头	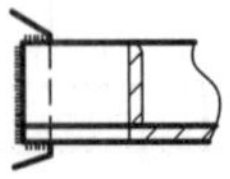		"[" 表示三面焊缝； "◣" 表示单面角焊缝
	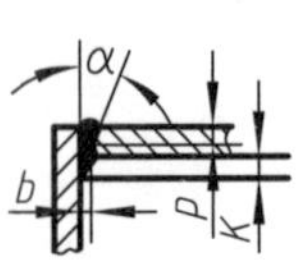	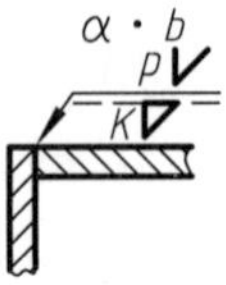	双面焊缝，上面为单边V形焊缝，下面为角焊缝
搭接接头	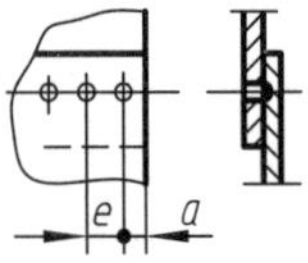	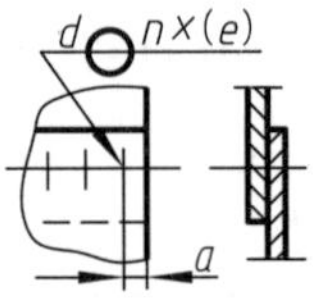	点焊缝，焊点直径为 d，焊点间距为 e，焊点至板边的距离为 a

确定焊缝位置的尺寸不在焊缝符号中给出，而是标注在图样上。在基本符号的右侧无任何标注及其他说明时，意味着焊缝在工件的整个长度上是连续的；在基本符号的左侧无任何标注及其他说明时，表示对接焊缝要完全焊透。

11.3 读焊接图

在焊接图样中，一般只用焊缝符号标注在视图的轮廓线上，而不一定采用图示法。但如需要，也可在图样上采用图示法画出焊缝，并同时标注焊缝符号。

图11-8所示为挂架焊接图。该焊接图用三个视图表达了由四个零件焊接而成的挂架结构。主视图是挂架的正面投影，上面用焊缝符号表示了立板与圆筒、肋板与圆筒之间的焊接关系。左视图上用焊接符号表示了立板与横板、肋板与横板、肋板与圆筒之间的焊接关系。另外用序号、明细栏表示了组成零件的名称、数量、材料等。明细栏的上方有技术要求，注明了焊接方法及对焊缝的其他要求。

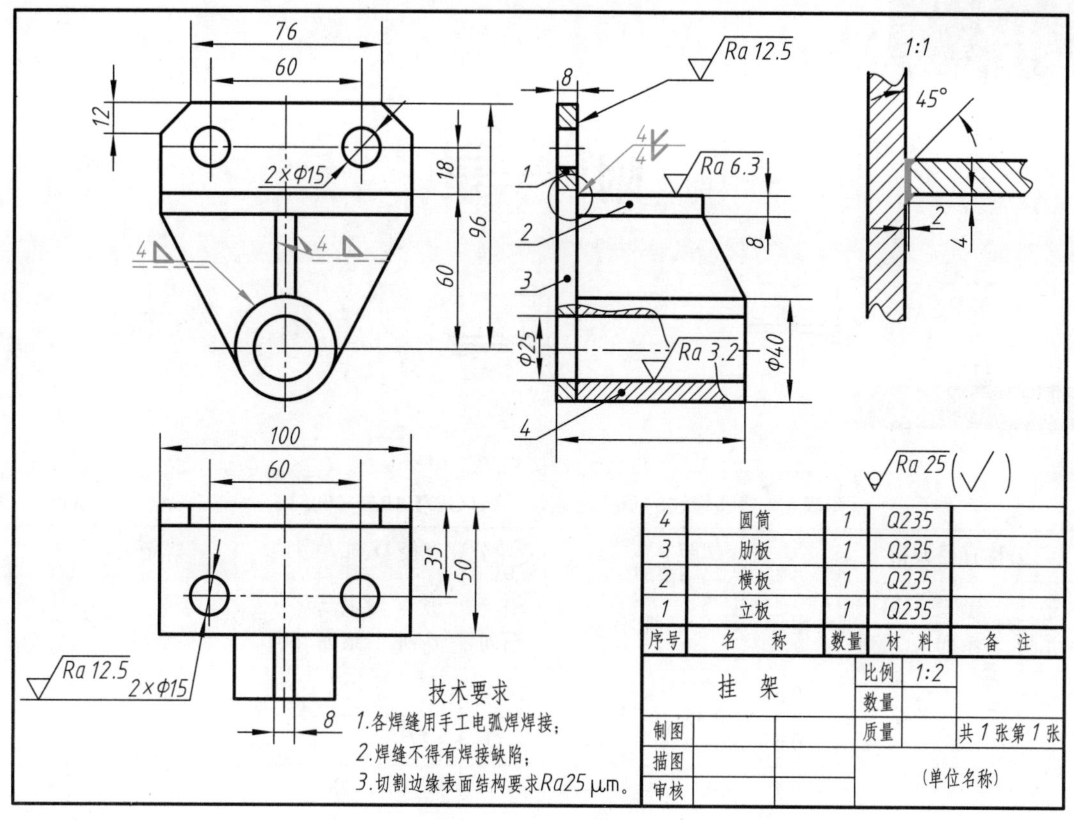

4	圆筒	1	Q235	
3	肋板	1	Q235	
2	横板	1	Q235	
1	立板	1	Q235	
序号	名称	数量	材料	备注

挂架			比例	1:2	
			数量		
制图			质量		共1张第1张
描图			(单位名称)		
审核					

图 11-8　挂架焊接图

附录 1 螺纹

附表 1 普通螺纹的直径与螺距系列（GB/T 193—2003） mm

公称直径 D、d			螺距 P	
第一系列	第二系列	第三系列	粗牙	细牙
3			0.5	0.35
	3.5		0.6	
4			0.7	0.5
		4.5	(0.75)	
5			0.8	
		5.5		
6		7	1	0.75
8			1.25	1,0.75
		9	1.25	
10			1.5	1.25,1,0.75
		11	1.5	1.5,1,0.75
12			1.75	1.25,1
	14		2	1.5,1.25[a],1
		15		1.5,1
16			2	
		17		
20	18		2.5	2,1.5,1
	22			
24			3	
		25		

公称直径 D、d			螺距 P	
第一系列	第二系列	第三系列	粗牙	细牙
		26		1.5
	27		3	2,1.5,1
		28		
30			3.5	(3),2,1.5,1
		32		2,1.5
	33		3.5	(3),2,1.5
		35[b]		1.5
36			4	3,2,1.5
		38		1.5
	39		4	3,2,1.5
		40		
42	45		4.5	4,3,2,1.5
48			5	
		50		3,2,1.5
	52		5	4,3,2,1.5
		55		
56			5.5	
		58		
	60		5.5	
		62		

续表

公称直径 D、d			螺距 P		公称直径 D、d			螺距 P	
第一系列	第二系列	第三系列	粗牙	细牙	第一系列	第二系列	第三系列	粗牙	细牙
64			6		180				8,6,4,3
		65					185		6,4,3
	68		6			190			8,6,4,3
		70		6,4,3,2,1.5			195		6,4,3
72				6,4,3,2,1.5	200				8,6,4,3
		75		4,3,2,1.5			205		6,4,3
	76			6,4,3,2,1.5		210			8,6,4,3
		78		2			215		6,4,3
80				6,4,3,2,1.5	220				8,6,4,3
		82		2			225		6,4,3
90	85						230		8,6,4,3
100	95						235		6,4,3
110	105			6,4,3,2		240			8,6,4,3
	115						245		6,4,3
	120				250				8,6,4,3
125	130			8,6,4,3,2			255		6,4
		135		6,4,3,2		260			8,6,4
140				8,6,4,3,2			265		6,4
		145		6,4,3,2			270		8,6,4
	150			8,6,4,3,2			275		6,4
		155		6,4,3	280		290		8,6,4
160	170			8,6,4,3			285		6,4
		165		6,4,3			295		
		175				300			8,6,4

注：1. 直径优先选用第一系列，其次选择第二系列，最后选择第三系列。

2. 括号内的螺距尽可能不用。

3. a 仅用于发动机的火花塞；b 仅用于轴承的锁紧螺母。

附表 2 普通螺纹的基本尺寸（GB/T 196—2003）

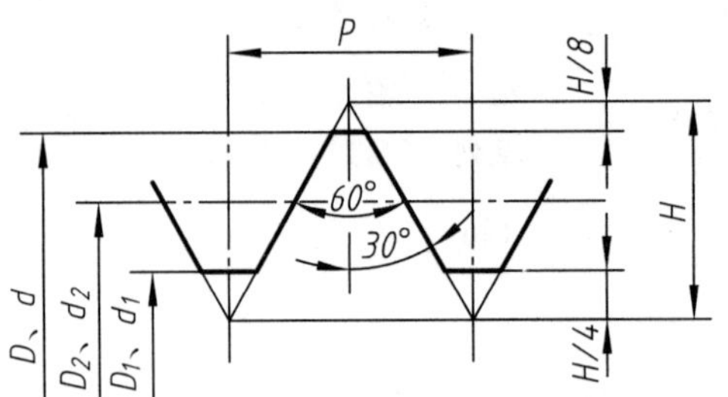

$d_1=d-2\times 5/8H$

$D_1=D-2\times 5/8H$

$d_2=d-2\times 3/8H$

$D_2=D-2\times 3/8H$

$H=\dfrac{\sqrt{3}}{2}P\approx 0.866P$

mm

公称直径 D、d			螺距 P	中径 D_2、d_2	小径 D_1、d_1
第一系列	第二系列	第三系列			
3			**0.5**	2.675	2.459
			0.35	2.773	2.621
	3.5		**0.6**	3.110	2.850
			0.35	3.273	3.121
4			**0.7**	3.545	3.242
			0.5	3.675	3.459
	4.5		**0.75**	4.013	3.688
			0.5	4.175	3.959
5			**0.8**	4.480	4.134
			0.5	4.675	4.459
		5.5	0.5	5.175	4.959
6			**1**	5.350	4.917
			0.75	5.513	5.188
	7		**1**	6.350	5.917
			0.75	6.513	0.188
8			**1.25**	7.188	6.647
			1	7.350	6.917
			0.75	7.513	7.188
		9	**1.25**	8.188	7.647
			1	7.350	6.917
			0.75	8.513	8.188
10			**1.5**	9.026	8.376
			1.25	9.188	8.647
			1	9.350	8.917
			0.75	9.513	9.188
		11	**1.5**	10.026	9.376
			1	10.350	9.917
			0.75	10.513	10.188
			1.5	10.675	10.459
12			**1.75**	10.863	10.106
			1.5	11.026	10.376
			1.25	11.188	10.647
			1	11.350	10.917
	14		**2**	12.701	11.835
			1.5	13.026	12.376
			1.25[a]	13.026	12.376
			1	13.350	12.917
		15	1.5	14.026	13.376
			1	14.350	13.917
16			**2**	14.701	13.835
			1.5	15.026	14.376
			1	15.350	14.917
		17	1.5	16.026	15.376
			1	16.350	15.947
	18		**2.5**	16.376	15.294
			2	16.701	15.835
			1.5	17.026	16.376
			1	17.350	16.917
20			**2.5**	18.376	17.294
			2	18.701	17.835

续表

公称直径 D、d			螺距 P	中径 D_2、d_2	小径 D_1、d_1	公称直径 D、d			螺距 P	中径 D_2、d_2	小径 D_1、d_1
第一系列	第二系列	第三系列				第一系列	第二系列	第三系列			
20			1.5	19.026	18.376		27		**3**	25.051	23.752
			1	19.350	18.917				2	25.701	24.835
	22		**2.5**	20.376	19.294				1.5	26.026	25.376
			2	20.701	19.835				1	26.350	25.917
			1.5	21.026	20.376			28	2	26.701	25.835
			1	21.350	20.917				1.5	27.026	26.376
24			**3**	22.051	20.752				1	27.350	26.917
			2	22.701	21.835	30			**3.5**	27.727	26.211
			1.5	23.026	22.376				(3)	28.051	26.752
			1	23.350	22.917				2	28.701	27.835
		25	2	23.701	22.835				1.5	29.026	28.376
			1.5	24.026	23.376				1	29.350	28.917
			1	24.350	23.917			32	2	30.701	29.835
		26	1.5	25.026	24.376				1.5	31.026	30.376

注：1. 直径优先选用第一系列，其次选择第二系列，最后选择第三系列。

2. 括号内的螺距尽可能不用。

3. 用黑体表示的螺距为粗牙。

4. a 仅用于发动机的火花塞。

附表 3　梯形螺纹的直径与螺距系列、基本尺寸（GB/T 5796.2—2005、GB/T 5796.3—2005）

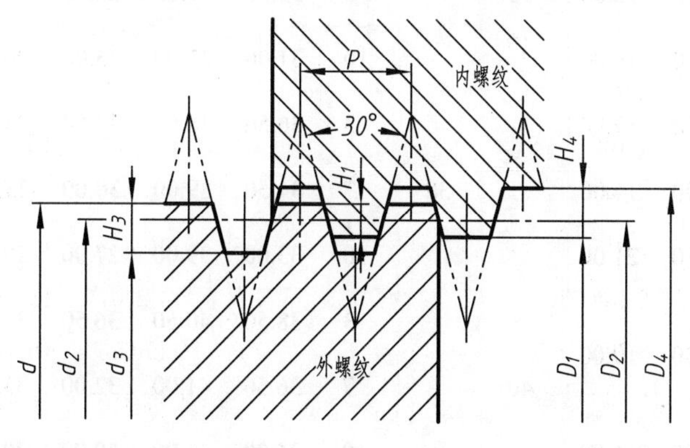

标记示例

公称直径为 40 mm，导程为 14 mm，螺距为 7 mm，中径公差带代号为 7H，旋合长度为 N，双线左旋梯形内螺纹：

Tr40 × 14（P7）LH-7H

续表

公称直径 d		螺距 P	中径 $d_2=D_2$	大径 D_4	小径	
第一系列	第二系列				d_3	D_1
8		1.5	7.25	8.30	6.20	6.50
	9	1.5	8.25	9.30	7.20	7.50
		2	8.00	9.50	6.50	7.00
10		1.5	9.25	10.30	8.20	8.50
		2	9.00	10.50	7.50	8.00
	11	2	10.00	11.50	8.50	9.00
		3	9.50	11.50	7.50	8.00
12		2	11.00	12.50	9.50	10.00
		3	10.50	12.50	8.50	9.00
	14	2	13.00	14.50	11.50	12.00
		3	12.50	14.50	10.50	11.00
16		2	15.00	16.50	13.50	14.00
		4	14.00	16.50	11.50	12.00
	18	2	17.00	18.50	15.50	16.00
		4	16.00	18.50	13.50	14.00
20		2	19.00	20.50	17.50	18.00
		4	18.00	20.50	15.50	16.00
	22	3	20.50	22.50	18.50	19.00
		5	19.50	22.50	16.50	17.00
		8	18.00	23.00	13.00	14.00
24		3	22.50	24.50	20.50	21.00
		5	21.50	24.50	18.50	19.00
		8	20.00	25.00	15.00	16.00
	26	3	24.50	26.50	22.50	23.00
		5	23.50	26.50	20.50	21.00
		8	22.00	27.00	17.00	18.00
28		3	26.50	28.50	24.50	25.00
		5	25.50	28.50	22.50	23.00
		8	24.00	29.00	19.00	20.00
	30	3	28.50	30.50	26.50	27.00
		6	27.00	31.00	23.00	24.00
		10	25.00	31.00	19.00	20.00
32		3	30.50	32.50	28.50	29.00
		6	29.00	33.00	25.00	26.00
		10	27.00	33.00	21.00	22.00
	34	3	32.50	34.50	30.50	31.00
		6	31.00	35.00	27.00	28.00
		10	29.00	35.00	23.00	24.00
36		3	34.50	36.50	32.50	33.00
		6	33.00	37.00	29.00	30.00
		10	31.00	37.00	25.00	26.00
	38	3	36.50	38.50	34.50	35.00
		7	34.50	39.00	30.00	31.00
		10	33.00	39.00	27.00	28.00
40		3	38.50	40.50	36.50	37.00
		7	36.50	41.00	32.00	33.00
		10	35.00	41.00	29.00	30.00

附表 4　55°非密封管螺纹（GB/T 7307—2001）

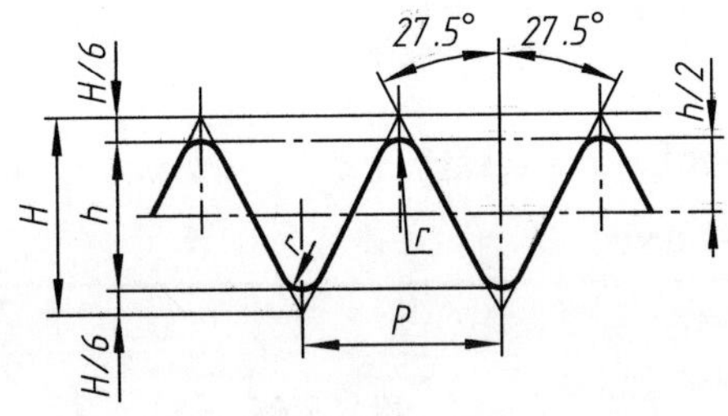

标记示例

尺寸代号为 1/2，内螺纹：G1/2

尺寸代号为 1/2，A 级外螺纹：G1/2 A

尺寸代号为 1/2，B 级外螺纹，左旋：G1/2 B–LH

mm

尺寸代号	每 25.4 mm 内的牙数 n	螺距 P	牙高 h	圆弧半径 $r\approx$	基本直径		
					大径 $d=D$	中径 $d_2=D_2$	小径 $d_1=D_1$
1/16	28	0.907	0.581	0.125	7.723	7.142	6.561
1/8	28	0.907	0.581	0.125	9.728	9.147	8.566
1/4	19	1.337	0.856	0.184	13.157	12.301	11.445
3/8	19	1.337	0.856	0.184	16.662	15.806	14.950
1/2	14	1.814	1.162	0.249	20.955	19.795	18.631
5/8	14	1.814	1.162	0.249	22.911	21.749	20.587
3/4	14	1.814	1.162	0.249	26.441	25.279	24.117
7/8	14	1.814	1.162	0.249	30.201	29.039	27.877
1	11	2.309	1.479	0.317	33.249	31.770	30.291
1 1/8	11	2.309	1.479	0.317	37.897	36.418	34.939
1 1/4	11	2.309	1.479	0.317	41.910	40.431	38.952
1 1/2	11	2.309	1.479	0.317	47.803	46.324	44.845
1 3/4	11	2.309	1.479	0.317	53.746	52.267	50.788
2	11	2.309	1.479	0.317	59.614	58.135	56.656
2 1/4	11	2.309	1.479	0.317	65.710	64.231	62.752
2 1/2	11	2.309	1.479	0.317	75.184	73.705	72.226
2 3/4	11	2.309	1.479	0.317	81.534	80.055	78.576
3	11	2.309	1.479	0.317	87.884	86.405	84.926
3 1/2	11	2.309	1.479	0.317	100.330	98.851	97.372
4	11	2.309	1.479	0.317	113.030	111.551	110.072
4 1/2	11	2.309	1.479	0.317	125.730	124.251	122.772
5	11	2.309	1.479	0.317	138.430	136.951	135.472
5 1/2	11	2.309	1.479	0.317	151.130	149.651	148.172
6	11	2.309	1.479	0.317	163.830	162.351	160.872

附录 2 常用标准件

附表 5 六角头螺栓—A 级和 B 级(GB/T 5782—2016),六角头螺栓 全螺纹—A 级和 B 级(GB/T 5783—2016)

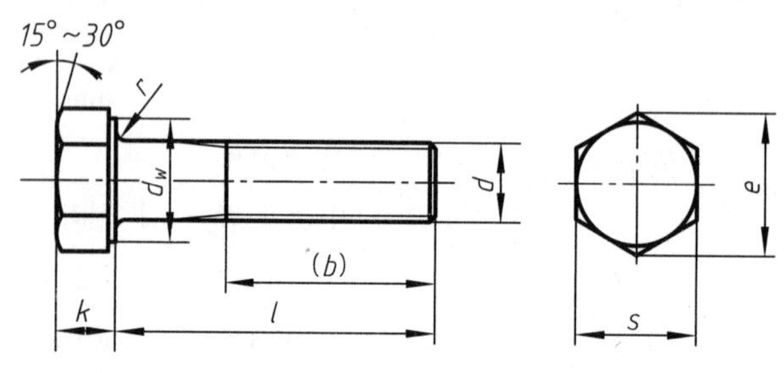

标记示例

螺纹规格为 M12,公称长度 l=80 mm,性能等级为 8.8 级,表面氧化,产品等级为 A 级的六角头螺栓:

螺栓 GB/T 5782 M12×80

mm

螺纹规格 d			M3	M4	M5	M6	M8	M10	M12	M16	M20	M24	M30	M36
e_{min}	产品等级	A	6.01	7.66	8.79	11.05	14.38	17.77	20.03	26.75	33.53	39.98	—	—
		B	—	—	8.63	10.89	14.20	17.59	19.85	26.17	32.93	39.55	50.85	60.79
s_{max}=公称			5.5	7	8	10	13	16	18	24	30	36	46	55
$k_{公称}$			2	2.8	3.5	4	5.3	6.4	7.5	10	12.5	15	18.7	22.5
d_w min	产品等级	A	4.57	5.88	6.88	8.88	11.63	14.63	16.63	22.49	28.19	33.61	—	—
		B	4.45	5.74	6.74	8.74	11.47	14.47	16.47	22	27.7	33.25	42.71	51.11
GB/T 5782—2016	b 参考	l≤125	12	14	16	18	22	26	30	38	46	54	66	—
		125<l≤200	18	20	22	24	28	32	36	44	52	60	72	84
		l>200	31	33	35	37	41	45	49	57	65	73	85	97
		$l_{公称}$	20~30	25~40	25~50	30~60	35~80	40~100	50~120	65~160	80~200	90~240	110~300	140~360
GB/T 5783—2016	$l_{公称}$		6~30	8~40	10~50	12~60	16~80	20~100	25~100	30~200	40~200	50~200	60~200	70~200
l 系列			6,8,10,12,16,20,25,30,35,40,45,50,(55),60,(65),70,80,90,100,110,120,130,140,150,160,180,200,220,240,260,280,300,320,340,360											

注:1. A 级用于 d≤24 mm 和 l≤10d 或 l≤150 mm 的螺栓;B 级用于 d>24 mm 和 l>10d 或 l>150 mm 的螺栓(按较小值)。

2. 不带括号的为优先系列。

附表6 双头螺柱 $b_m=d$（GB/T 897—1988）、$b_m=1.25d$（GB/T 898—1988）$b_m=1.5d$（GB/T 899—1988）、$b_m=2d$（GB/T 900—1988）

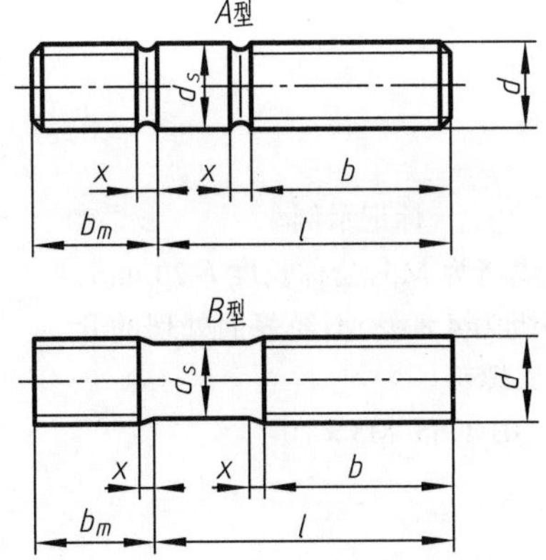

标记示例

两端均为粗牙普通螺纹，d=10 mm，l=50 mm，性能等级为4.8级，不经表面处理，B型，$b_m=d$的双头螺柱：

螺柱 GB/T 897 M10×50

旋入机体一端为粗牙普通螺纹，旋螺母一端为螺距P=1 mm的细牙普通螺纹，d=10 mm，l=50 mm，性能等级为4.8级，不经表面处理，A型，$b_m=d$的双头螺柱：

螺柱 GB/T 897 AM10-M10×1×50

旋入机体一端为过渡配合螺纹的第一种配合，旋螺母一端为粗牙普通螺纹，d=10 mm，l=50 mm，性能等级为8.8级，镀锌钝化，B型，$b_m=d$的双头螺柱：

螺柱 GB/T 897 GM10-M10×50—8.8-Zn·D

mm

螺纹规格 d	b_m				l/b
	GB/T 897—1988	GB/T 898—1988	GB/T 899—1988	GB/T 900—1988	
M2			3	4	(12~16)/6，(18~25)/10
M2.5			3.5	5	(14~18)/8，(20~30)/11
M3			4.5	6	(16~20)/6，(22~40)/12
M4			6	8	(16~22)/8，(25~40)/14
M5	5	6	8	10	(16~22)/10，(25~50)/16
M6	6	8	10	12	(20~22)/10，(25~30)/14，(32~75)/18
M8	8	10	12	16	(20~22)/12，(25~30)/16，(32~90)/22
M10	10	12	15	20	(25~28)/14，(30~38)/16，(40~120)/30，130/32
M12	12	15	18	24	(25~30)/16，(32~40)/20，(45~120)/30，(130~180)/36
(M14)	14	18	21	28	(30~35)/18，(38~45)/25，(50~120)/34，(130~180)/40
M16	16	20	24	32	(30~38)/20，(40~55)/30，(60~120)/38，(130~200)/44
(M18)	18	22	27	36	(35~40)/22，(45~60)/35，(65~120)/42，(130~200)/48
M20	20	25	30	40	(35~40)/25，(45~65)/35，(70~120)/46，(130~200)/52
(M22)	22	28	33	44	(40~45)/30，(50~70)/40，(75~120)/50，(130~200)/56
M24	24	30	36	48	(45~50)/30，(55~75)/45，(80~120)/54，(130~200)/60
(M27)	27	35	40	54	(50~60)/35，(65~85)/50，(90~120)/60，(130~200)/66
M30	30	38	45	60	(60~65)/40，(70~90)/50，(95~120)/66，(130~200)/72，(210~250)/85
M36	36	45	54	72	(65~75)/45，(80~110)/60，120/78，(130~200)/84，(210~300)/97
M42	42	52	63	84	(70~80)/50，(85~110)/70，120/90，(130~200)/96，(210~300)/109
M48	48	60	72	96	(80~90)/60，(95~110)/80，120/102，(130~200)/108，(210~300)/121
l系列	12，(14)，16，(18)，20，(22)，25，(28)，30，(32)，35，(38)，40，45，50，(55)，60，(65)，70，(75)，80，(85)，90，(95)，100，110，120，130，140，150，160，170，180，190，200，210，220，230，240，250，260，280，300				

注：1. $b_m=d$一般用于旋入机体为钢的场合；$b_m=(1.25\sim1.5)d$一般用于旋入机体为铸铁的场合；$b_m=2d$一般用于旋入机体为铝的场合。

2. 不带括号的为优先选择系列，仅GB/T 898—1988有优先系列。

附表 7 开槽圆柱头螺钉（GB/T 65—2016），开槽沉头螺钉（GB/T 68—2016）

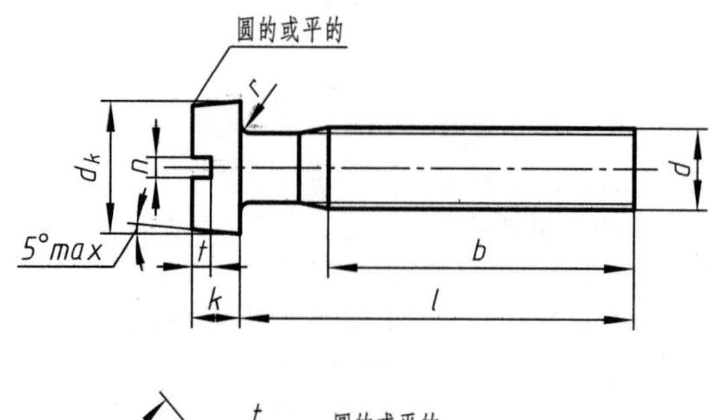

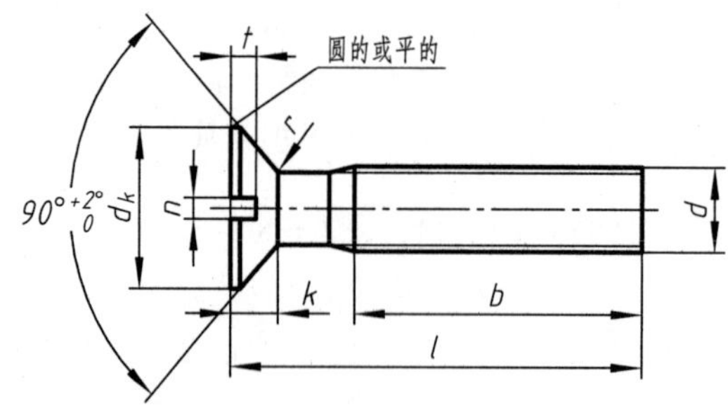

标记示例

螺纹规格为 M5，公称长度 l=20 mm，性能等级为 4.8 级，不经表面处理的开槽圆柱头螺钉：

螺钉 GB/T 65 M5×20

mm

螺纹规格 d			M1.6	M2	M2.5	M3	M4	M5	M6	M8	M10
GB/T 65—2016	d_k	公称 =max	3	3.8	4.5	5.5	7	8.5	10	13	16
	k	公称 =max	1.1	1.4	1.8	2	2.6	3.3	3.9	5	6
	t	min	0.45	0.6	0.7	0.85	1.1	1.3	1.6	2	2.4
	r	min	0.1	0.1	0.1	0.1	0.2	0.2	0.25	0.4	0.4
	l	公称	2~16	3~20	3~25	4~30	5~40	6~50	8~60	10~80	12~80
	l 系列		2，3，4，5，6，8，10，12，(14)，16，20，25，30，35，40，45，50，(55)，60，(65)，70，(75)，80								
GB/T 68—2016	d_k	公称 =max	3	3.8	4.7	5.5	8.4	9.3	11.3	15.8	18.3
	k	公称 =max	1	1.2	1.5	1.65	2.7	2.7	3.3	4.65	5
	t	min	0.32	0.4	0.5	0.6	1	1.1	1.2	1.8	2
	r	min	0.4	0.5	0.6	0.8	1	1.3	1.5	2	2.5
	l	公称	2.5~16	3~20	4~25	5~30	6~40	8~50	8~60	10~80	12~80
	l 系列		2.5，3，4，5，6，8，10，12，(14)，16，20，25，30，35，40，45，50，(55)，60，(65)，70，(75)，80								
n	nom		0.4	0.5	0.6	0.8	1.2	1.2	1.6	2	2.5
b	min		25				38				

附表 8　内六角圆柱头螺钉（GB/T 70.1—2008）

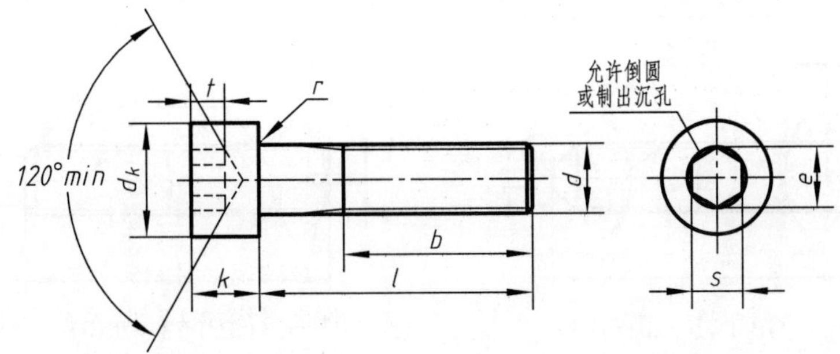

标记示例

螺纹规格为 M5，公称长度 l=20 mm，性能等级为 8.8 级，表面氧化的内六角圆柱头螺钉：螺栓 GB/T 70.1 M5 × 20

mm

螺纹规格 d	M1.6	M2	M2.5	M3	M4	M5	M6	M8	M10	M12	(M14)	M16	M20	M24	M30	M36
d_{kmax}	3.00	3.80	4.50	5.50	7.00	8.50	10.00	13.00	16.00	18.00	21.00	24.00	30.00	36.00	45.00	54.00
k_{max}	1.60	2.00	2.50	3.00	4.00	5.00	6.00	8.00	10.00	12.00	14.00	16.00	20.00	24.00	30.00	36.00
t_{min}	0.7	1	1.1	1.3	2	2.5	3	4	5	6	7	8	10	12	15.5	19
r_{min}	0.1	0.1	0.1	0.1	0.2	0.2	0.25	0.4	0.4	0.6	0.6	0.6	0.8	0.8	1	1
s（公称）	1.5	1.5	2	2.5	3	4	5	6	8	10	12	14	17	19	22	27
e_{min}	1.73	1.73	2.3	2.87	3.44	4.58	5.72	6.68	9.15	11.43	13.72	16	19.44	21.73	25.15	30.85
b（参考）	15	16	17	18	20	22	24	28	32	36	40	44	52	60	72	84
l	2.5~16	3~20	4~25	5~30	6~40	8~50	10~60	12~80	16~100	20~120	25~140	25~160	30~200	40~200	45~200	55~200
全螺纹时最大长度	16	16	20	20	25	25	30	35	40	45	55	55	65	80	90	110
l 系列	2.5，3，4，6，8，10，12，16，20，25，30，35，40，45，50，55，60，65，70，80，90，100，110，120，130，140，150，160，180，200															

注：1. 尽可能不采用括号内的规格。

2. b 不包括螺尾。

附表 9 开槽锥端紧定螺钉(GB/T 71—2018),开槽平端紧定螺钉(GB/T 73—2017)
开槽凹端紧定螺钉(GB/T 74—2018),开槽圆柱端紧定螺钉(GB/T 75—2018)

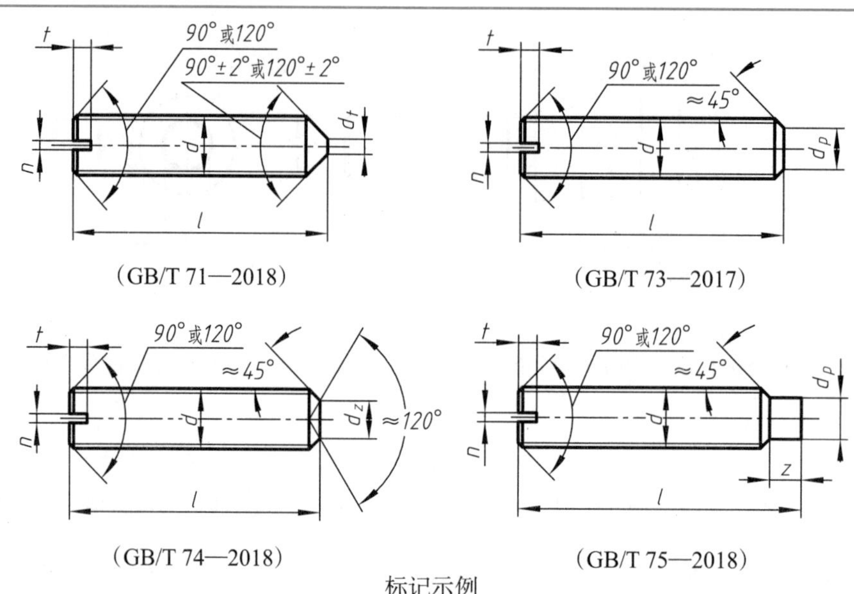

(GB/T 71—2018) (GB/T 73—2017)

(GB/T 74—2018) (GB/T 75—2018)

标记示例

螺纹规格为 M5,公称长度 l=12 mm,性能等级为 14H 级,表面氧化的开槽锥端紧定螺钉:螺钉 GB/T 71—2018 M5 × 12

mm

螺纹规格 d		M1.2	M1.6	M2	M2.5	M3	M4	M5	M6	M8	M10	M12
n	公称	0.2	0.25	0.25	0.4	0.4	0.6	0.8	1	1.2	1.6	2
t	min	0.4	0.56	0.64	0.72	0.8	1.12	1.28	1.6	2	2.4	2.8
	max	0.52	0.74	0.84	0.95	1.05	1.42	1.63	2	2.5	3	3.6
d_z	max		0.8	1	1.2	1.4	2	2.5	3	5	6	8
d_t	max	0.12	0.16	0.2	0.25	0.3	0.4	0.5	1.5	2	2.5	3
d_p	max	0.6	0.8	1	1.5	2	2.5	3.5	4	5.5	7	8.5
z			1.05	1.25	1.5	1.75	2.25	2.75	3.25	4.3	5.3	6.3
公称长度 l	GB/T 71	2~6	2~8	3~10	3~12	4~16	6~20	8~25	8~30	10~40	12~50	14~60
	GB/T 73	2~6	2~8	2~10	2.5~12	3~16	4~20	5~25	6~30	8~40	10~50	12~60
	GB/T 74		2~8	2.5~10	3~12	3~16	4~20	5~25	6~30	8~40	10~50	12~60
	GB/T 75		2.5~8	3~10	4~12	5~16	6~20	8~25	8~30	10~40	12~50	14~60
公称长度 l≤右表内值时,GB/T 71 两端制成 120°,其他为开槽端制成 120°;公称长度 l>右表内值时,GB/T 71 两端制成 90°,其他为开槽端制成 90°	GB/T 71	2	2.5	2.5	3	3	4	5	6	8	10	12
	GB/T 73		2	2.5	3	3	4	5	6	6	8	10
	GB/T 74		2	2.5	3	4	5	5	6	8	10	12
	GB/T 75		2.5	3	4	5	6	8	10	14	16	20
l 系列		2,2.5,3,4,5,6,8,10,12,(14),16,20,25,30,35,40,45,50,(55),60										

附表 10　1 型六角螺母—A 级和 B 级（GB/T 6170—2015）

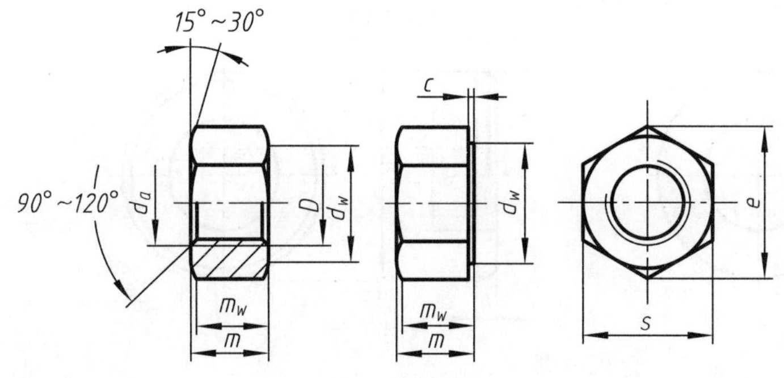

允许制造的形式

标记示例

螺纹规格为 M12，性能等级为 10 级，不经表面处理，A 级的 1 型六角螺母：

螺母 GB/T 6170 M12

mm

螺纹规格 *D*		M1.6	M2	M2.5	M3	M4	M5	M6	M8	M10	M12
c	max	0.2	0.2	0.3	0.4	0.4	0.5	0.5	0.6	0.6	0.6
d_a	max	1.84	2.3	2.9	3.45	4.6	5.75	6.75	8.75	10.8	13
	min	1.6	2	2.5	3	4	5	6	8	10	12
d_w	min	2.4	3.1	4.1	4.6	5.9	6.9	8.9	11.6	14.6	16.6
e	min	3.41	4.32	5.45	6.01	7.66	8.79	11.05	14.38	17.77	20.03
m	max	1.3	1.6	2	2.4	3.2	4.7	5.2	6.8	8.4	10.8
	min	1.05	1.35	1.75	2.15	2.9	4.4	4.9	6.44	8.04	10.37
m_w	min	0.8	1.1	1.4	1.7	2.3	3.5	3.9	5.2	5.4	8.3
s	max	3.2	4	5	5.5	7	8	10	13	16	18
	min	3.02	3.82	4.82	5.32	6.78	7.78	9.78	12.73	15.73	17.73

螺纹规格 *D*		M16	M20	M24	M30	M36	M42	M48	M56	M64
c	max	0.8	0.8	0.8	0.8	0.8	1	1	1	1
d_a	max	17.3	21.6	25.9	32.4	38.9	45.4	51.8	60.5	69.1
	min	16	20	24	30	36	42	48	56	64
d_w	min	22.5	27.7	33.3	42.8	51.1	60	69.5	78.7	88.2
e	min	26.75	32.95	39.55	50.85	60.79	71.3	82.6	93.56	104.86
m	max	14.8	18	21.5	25.6	31	34	38	45	51
	min	14.1	16.9	20.2	24.3	29.4	32.4	36.4	43.4	49.1
m_w	min	11.3	13.5	16.2	19.4	23.5	25.9	29.1	34.7	39.3
s	max	24	30	36	46	55	65	75	85	95
	min	23.67	29.16	35	45	53.8	63.1	73.1	82.8	92.8

注：1. A 级用于 $D \leqslant 16$ mm 的螺母；B 级用于 $D>16$ mm 的螺母。本表仅按商品规格和通用规格列出。

2. 螺纹规格为 M8~M64，细牙，A 级和 B 级的 1 型六角螺母，请查阅 GB/T 6171—2016。

3. 产品等级由产品质量和公差大小确定，A 级最精确，C 级最不精确。

附表 11 平垫圈(GB/T 97.1—2002),平垫圈—倒角型(GB/T 97.2—2002)

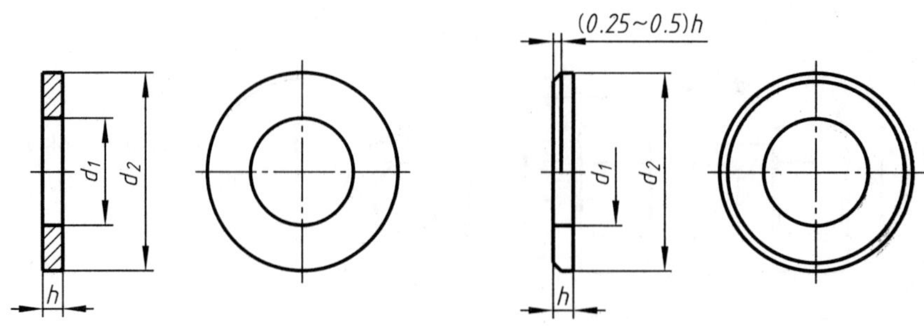

标记示例

标准系列,公称尺寸 d=8 mm,性能等级为 140 HV 级,不经表面处理的平垫圈:垫圈 GB/T 97.1 8—140HV

mm

公称尺寸(螺纹规格)d			1.6	2	2.5	3	4	5	6	8	10	12	16	20	24	30	36	42
d_1 内径	max	GB/T 97.1—2002	1.84	2.34	2.84	3.38	4.48	5.48	6.62	8.62	10.77	13.27	17.27	21.33	25.33	31.39	37.62	45.62
		GB/T 97.2—2002	—	—	—	—	—											
	公称(min)	GB/T 97.1—2002	1.7	2.2	2.7	3.2	4.3	5.3	6.4	8.4	10.5	13	17	21	25	31	37	45
		GB/T 97.2—2002	—	—	—	—	—											
d_2 外径	公称(max)	GB/T 97.1—2002	4	5	6	7	9	10	12	16	20	24	30	37	44	56	66	78
		GB/T 97.2—2002	—	—	—	—	—											
	min	GB/T 97.1—2002	3.7	4.7	5.7	6.64	8.64	9.64	11.57	15.57	19.48	23.48	29.48	36.38	43.38	55.26	64.8	76.8
		GB/T 97.2—2002	—	—	—	—	—											
h 厚度	公称	GB/T 97.1—2002	0.3	0.3	0.5	0.5	0.8	1	1.6	1.6	2	2.5	3	3	4	4	5	8
		GB/T 97.2—2002	—	—	—	—	—											
	max	GB/T 97.1—2002	0.35	0.35	0.55	0.55	0.9	1.1	1.8	1.8	2.2	2.7	3.3	3.3	4.3	4.3	5.6	9
		GB/T 97.2—2002	—	—	—	—	—											
	min	GB/T 97.1—2002	0.25	0.25	0.45	0.45	0.7	0.9	1.4	1.4	1.8	2.3	2.7	2.7	3.7	3.7	4.4	7
		GB/T 97.2—2002	—	—	—	—	—											

附表 12　标准型弹簧垫圈（GB/T 93—1987），轻型弹簧垫圈（GB/T 859—1987）

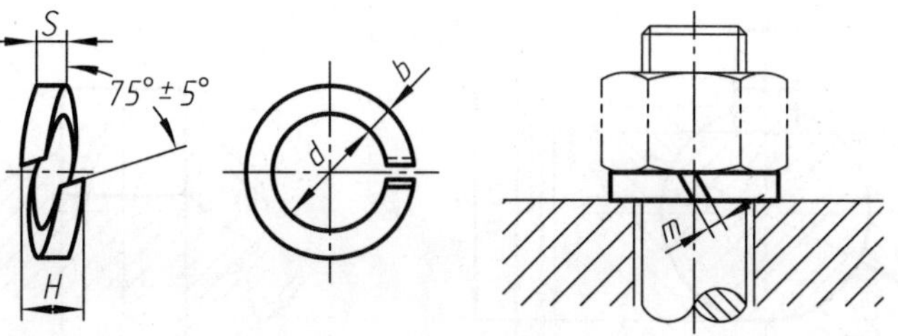

标记示例

规格为 16 mm，材料为 65 Mn，表面氧化的标准型弹簧垫圈：

垫圈 GB/T 93—1987

mm

规格（螺纹大径）	d min	GB/T 93—1987		GB/T 859—1987		
		S=b	0<m≤	S	b	0<m≤
2	2.1	0.5	0.25	—	—	—
2.5	2.5	0.65	0.33	—	—	—
3	3.1	0.8	0.4	0.6	1	0.3
4	4.1	1.1	0.55	0.8	1.2	0.4
5	5.1	1.3	0.65	1.1	1.5	0.55
6	6.1	1.6	0.8	1.3	2	0.65
8	8.1	2.1	1.05	1.6	2.5	0.8
10	10.2	2.6	1.3	2	3	1
12	12.2	3.1	1.55	2.5	3.5	1.25
(14)	14.2	3.6	1.8	3	4	1.5
16	16.2	4.1	2.05	3.2	4.5	1.6
(18)	18.2	4.5	2.25	3.6	5	1.8
20	20.2	5	2.5	4	5.5	2
(22)	22.5	5.5	2.75	4.5	6	2.25
24	24.5	6	3	5	7	2.5
(27)	27.5	6.8	3.4	5.5	8	2.75
30	30.5	7.5	3.75	6	9	3
36	36.5	9	4.5	—	—	—
42	42.5	10.5	5.25	—	—	—
48	48.5	12	6	—	—	—

附表 13 平键和键槽的断面尺寸（GB/T 1095—2003）

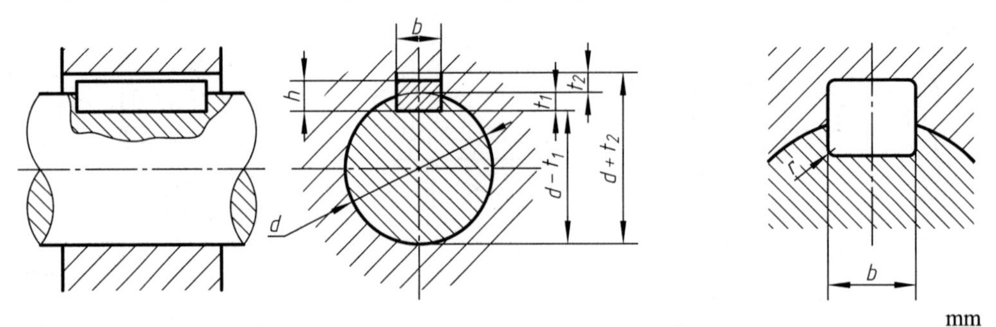

mm

<table>
<tr><th>轴</th><th colspan="2">键</th><th colspan="12">键槽</th></tr>
<tr><th rowspan="4">轴径 d</th><th rowspan="4">键尺寸
$b\times h$</th><th rowspan="4">长度
L</th><th colspan="6">宽度 b</th><th colspan="4">深度</th><th rowspan="3" colspan="2">半径 r</th></tr>
<tr><th rowspan="3">基本尺寸
b</th><th colspan="5">极限偏差</th><th colspan="2" rowspan="2">轴 t_1</th><th colspan="2" rowspan="2">毂 t_2</th></tr>
<tr><th colspan="2">松连接</th><th colspan="2">正常连接</th><th>紧密连接</th></tr>
<tr><th>轴
H9</th><th>毂
D10</th><th>轴
N9</th><th>毂
JS9</th><th>轴和
毂 P9</th><th>基本尺寸</th><th>极限偏差</th><th>基本尺寸</th><th>极限偏差</th><th>min</th><th>max</th></tr>
<tr><td>6~8</td><td>2×2</td><td>6~20</td><td>2</td><td rowspan="2">+0.025
0</td><td rowspan="2">+0.060
+0.020</td><td rowspan="2">−0.004
−0.029</td><td rowspan="2">±0.012 5</td><td rowspan="2">−0.006
−0.031</td><td>1.2</td><td rowspan="5">+0.1
0</td><td>1</td><td rowspan="5">+0.1
0</td><td rowspan="5">0.08</td><td rowspan="5">0.16</td></tr>
<tr><td>>8~10</td><td>3×3</td><td>6~36</td><td>3</td><td>1.8</td><td>1.4</td></tr>
<tr><td>>10~12</td><td>4×4</td><td>8~45</td><td>4</td><td rowspan="3">+0.030
0</td><td rowspan="3">+0.078
+0.030</td><td rowspan="3">0
−0.030</td><td rowspan="3">±0.015</td><td rowspan="3">−0.012
−0.042</td><td>2.5</td><td>1.8</td></tr>
<tr><td>>12~17</td><td>5×5</td><td>10~56</td><td>5</td><td>3.0</td><td>2.3</td></tr>
<tr><td>>17~22</td><td>6×6</td><td>14~70</td><td>6</td><td>3.5</td><td>2.8</td></tr>
<tr><td>>22~30</td><td>8×7</td><td>18~90</td><td>8</td><td rowspan="2">+0.036
0</td><td rowspan="2">+0.098
+0.040</td><td rowspan="2">0
−0.036</td><td rowspan="2">±0.018</td><td rowspan="2">−0.015
−0.051</td><td>4.0</td><td rowspan="11">+0.2
0</td><td>3.3</td><td rowspan="11">+0.2
0</td><td rowspan="3">0.16</td><td rowspan="3">0.25</td></tr>
<tr><td>>30~38</td><td>10×8</td><td>22~110</td><td>10</td><td>5.0</td><td>3.3</td></tr>
<tr><td>>38~44</td><td>12×8</td><td>28~140</td><td>12</td><td rowspan="4">+0.043
0</td><td rowspan="4">+0.120
+0.050</td><td rowspan="4">0
−0.043</td><td rowspan="4">±0.021 5</td><td rowspan="4">−0.018
−0.061</td><td>5.0</td><td>3.3</td></tr>
<tr><td>>44~50</td><td>14×9</td><td>36~160</td><td>14</td><td>5.5</td><td>3.8</td><td rowspan="4">0.25</td><td rowspan="4">0.40</td></tr>
<tr><td>>50~58</td><td>16×10</td><td>45~180</td><td>16</td><td>6.0</td><td>4.3</td></tr>
<tr><td>>58~65</td><td>18×11</td><td>50~200</td><td>18</td><td>7.0</td><td>4.4</td></tr>
<tr><td>>65~75</td><td>20×12</td><td>56~220</td><td>20</td><td rowspan="4">+0.052
0</td><td rowspan="4">+0.149
+0.065</td><td rowspan="4">0
−0.052</td><td rowspan="4">±0.026</td><td rowspan="4">−0.022
−0.074</td><td>7.5</td><td>4.9</td></tr>
<tr><td>>75~85</td><td>22×14</td><td>63~250</td><td>22</td><td>9.0</td><td>5.4</td><td rowspan="4">0.40</td><td rowspan="4">0.60</td></tr>
<tr><td>>85~95</td><td>25×14</td><td>70~280</td><td>25</td><td>9.0</td><td>5.4</td></tr>
<tr><td>>95~110</td><td>28×16</td><td>80~320</td><td>28</td><td>10.0</td><td>6.4</td></tr>
<tr><td>>110~130</td><td>32×18</td><td>90~360</td><td>32</td><td rowspan="4">+0.062
0</td><td rowspan="4">+0.180
+0.080</td><td rowspan="4">0
−0.062</td><td rowspan="4">±0.031</td><td rowspan="4">−0.026
−0.088</td><td>11.0</td><td>7.4</td></tr>
<tr><td>>130~150</td><td>36×20</td><td>100~400</td><td>36</td><td>12.0</td><td rowspan="3">+0.3
0</td><td>8.4</td><td rowspan="3">+0.3
0</td><td rowspan="3">0.70</td><td rowspan="3">1.0</td></tr>
<tr><td>>150~170</td><td>40×22</td><td>100~400</td><td>40</td><td>13.0</td><td>9.4</td></tr>
<tr><td>>170~200</td><td>45×25</td><td>110~450</td><td>45</td><td>15.0</td><td>10.4</td></tr>
</table>

注：$d-t_1$ 和 $d+t_2$ 两组组合尺寸的极限偏差按相应的 t_1 和 t_2 的极限偏差选取，但 $d-t_1$ 的极限偏差应取负号（−）。

附表 14　普通平键的型式尺寸（GB/T 1096—2003）

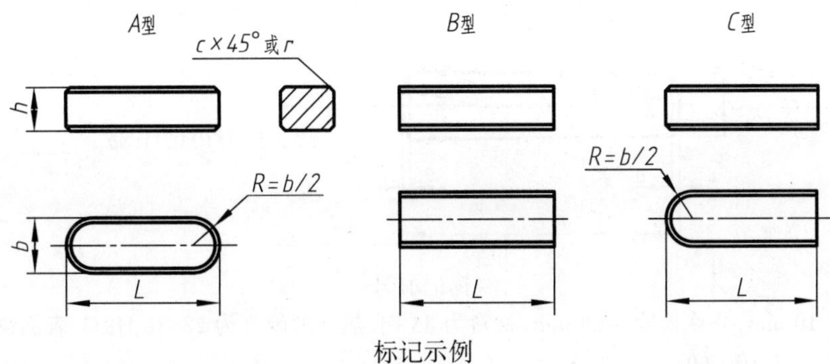

标记示例

圆头普通平键，A 型，b=16 mm，h=10 mm，L=100 mm：GB/T 1096 键 16×10×100

平头普通平键，B 型，b=16 mm，h=10 mm，L=100 mm：GB/T 1096 键 B 16×10×100

单圆头普通平键，C 型，b=16 mm，h=10 mm，L=100 mm：GB/T 1096 键 C 16×10×100

mm

b	2	3	4	5	6	8	10	12	14	16	18	20	22	25
h	2	3	4	5	6	7	8	8	9	10	11	12	14	14
c 或 *r*	0.16~0.25			0.25~0.40			0.40~0.60					0.60~0.80		
L	6~20	6~36	8~45	10~56	14~70	18~90	22~110	28~140	36~160	45~180	50~200	56~220	63~250	70~280
L 系列	6，8，10，12，14，16，18，20，22，25，28，32，36，40，45，50，56，63，70，80，90，100，110，125，140，160，180，200，220，250，280。													

附表 15　圆柱销　不淬硬钢和奥氏体不锈钢（GB/T 119.1—2000）

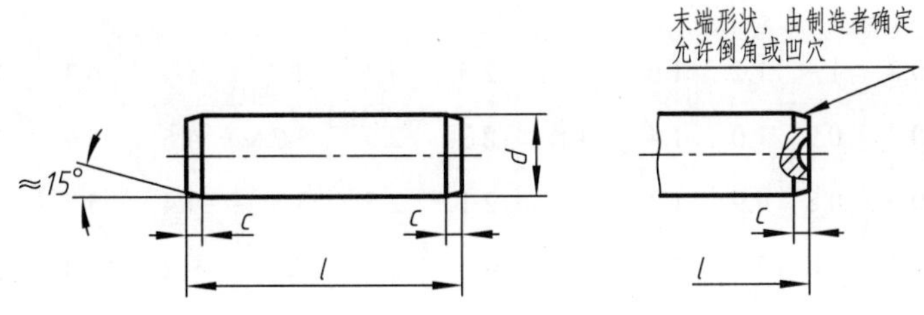

标记示例

公称直径 d=8 mm，长度 l=30 mm，材料为钢，不经淬火，不经表面处理的圆柱销：销 GB/T 119.1 8×30

mm

d（公称直径）	3	4	5	6	8	10	12	16	20	25	30
c≈	0.50	0.63	0.80	1.2	1.6	2.0	2.5	3.0	3.5	4.0	5.0
l	8~30	8~40	10~50	12~60	14~80	18~95	22~140	26~180	35~200	50~200	60~200
l 系列	6，8，10，12，14，16，18，20，22，24，26，28，30，32，35，40，45，50，55，60，65，70，75，80，85，90，95，100，120，140，160，180，200										

附表 16　圆锥销(GB/T 117—2000)

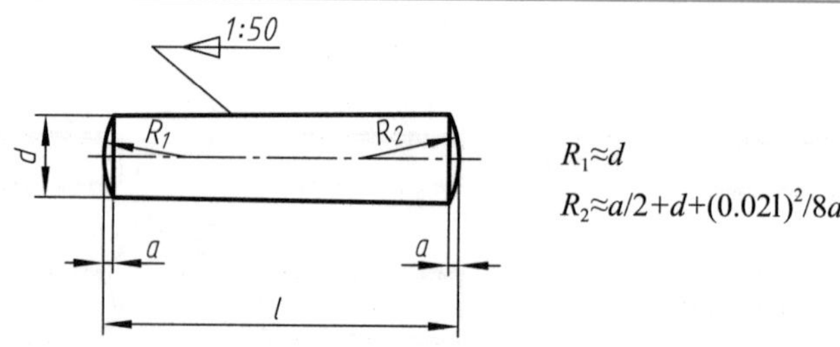

标记示例

公称直径 d=10 mm，公称长度 l=60 mm，材料为 35 钢，热处理硬度为 28~38 HRC，表面氧化处理的 A 型圆锥销 GB/T 117　10 × 60

mm

d(公称直径)	3	4	5	6	8	10	12	16	20	25	30
$a\approx$	0.40	0.50	0.63	0.80	1.0	1.2	1.6	2.0	2.5	3.0	4.0
l	12~45	14~55	18~60	22~90	22~120	26~160	32~180	40~200	45~200	50~200	55~200
l 系列	10,12,14,16,18,20,22,24,26,28,30,32,35,40,45,50,55,60,65,70,75,80,85,90,95,100,120,140,160,180,200										

附表 17　开口销(GB/T 91—2000)

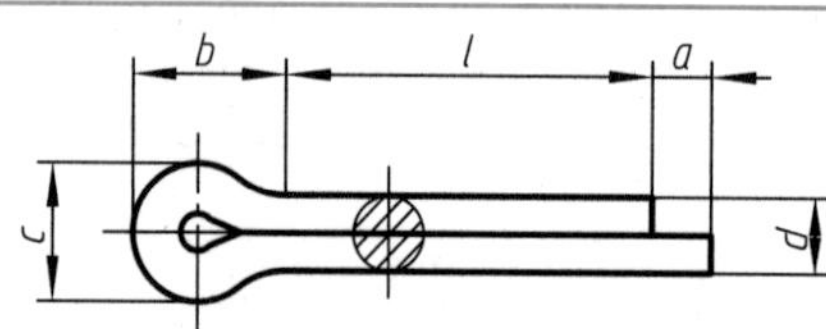

标记示例

公称规格 d=5 mm，长度 l=50 mm，材料为 Q215 或 Q235，不经表面处理的开口销：销 GB/T 91　5 × 50

mm

公称规格		0.6	0.8	1	1.2	1.6	2	2.5	3.2	4	5	6.3	8	10	13
d	max	0.5	0.7	0.9	1.0	1.4	1.8	2.3	2.9	3.7	4.6	5.9	7.5	9.5	12.4
	min	0.4	0.6	0.8	0.9	1.3	1.7	2.1	2.7	3.5	4.4	5.7	7.3	9.3	12.1
c	max	1	1.4	1.8	2	2.8	3.6	4.6	5.8	7.4	9.2	11.8	15	19	24.8
	min	0.9	1.2	1.6	1.7	2.4	3.2	4	5.1	6.5	8	10.3	13.1	16.6	21.7
$b\approx$		2	2.4	3	3	3.2	4	5	6.4	8	10	12.6	16	20	26
a	max	1.6	1.6	1.6	2.5	2.5	2.5	2.5	3.2	4	4	4	4	6.3	6.3
	min	0.8	0.8	0.8	1.25	1.25	1.25	1.25	1.6	2	2	2	2	3.15	3.15
l		4~12	5~16	6~20	8~25	8~32	10~40	12~50	14~63	18~80	22~100	32~125	40~160	45~200	71~250
l 系列		4,5,6,8,10,12,14,16,18,20,22,25,28,32,36,40,45,50,56,63,71,80,90,100,112,125,140,160,180,200,224,250,280													

注：公称规格等于销孔直径。

附表 18 深沟球轴承(GB/T 276—2013)

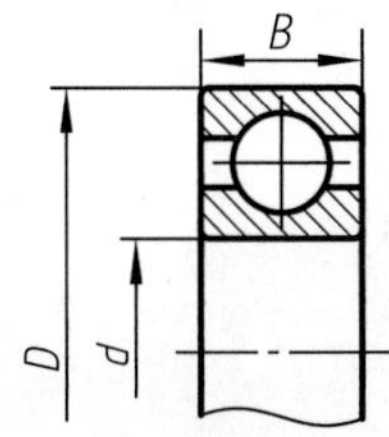

标注示例

内径 d=20 mm 的 60000 型深沟球轴承，尺寸系列为(0)2，组合代号为 62：
滚动轴承 6204 GB/T 276—2013

mm

轴承型号		外形尺寸			轴承型号		外形尺寸		
		d	D	B			d	D	B
(0)1系列	6000	10	26	8	(0)3系列	6300	10	35	11
	6001	12	28	8		6301	12	37	12
	6002	15	32	9		6302	15	42	13
	6003	17	35	10		6303	17	47	14
	6004	20	42	12		6304	20	52	15
	6005	25	47	12		6305	25	62	17
	6006	30	55	13		6306	30	72	19
	6007	35	62	14		6307	35	80	21
	6008	40	68	15		6308	40	90	23
	6009	45	75	16		6309	45	100	25
	6010	50	80	16		6310	50	110	27
	6011	55	90	18		6311	55	120	29
	6012	60	95	18		6312	60	130	31
	6013	65	100	18		6313	65	140	33
	6014	70	110	20		6314	70	150	35
	6015	75	115	20		6315	75	160	37
	6016	80	125	22		6316	80	170	39
	6017	85	130	22		6317	85	180	41
	6018	90	140	24		6318	90	190	43
	6019	95	145	24		6319	95	200	45
	6020	100	150	24		6320	100	215	47
(0)2系列	6200	10	30	9		6321	105	225	49
	6201	12	32	10		6322	110	240	50
	6202	15	35	11		6324	120	260	55
	6203	17	40	12	(0)4系列	6403	17	62	17
	6204	20	47	14		6404	20	72	19
	6205	25	52	15		6405	25	80	21
	6206	30	62	16		6406	30	90	23
	6207	35	72	17		6407	35	100	25
	6208	40	80	18		6408	40	110	27
	6209	45	85	19		6409	45	120	29
	6210	50	90	20		6410	50	130	31
	6211	55	100	21		6411	55	140	33
	6212	60	110	22		6412	60	150	35
	6213	65	120	23		6413	65	160	37
	6214	70	125	24		6414	70	180	42
	6215	75	130	25		6415	75	190	45
	6216	80	140	26		6416	80	200	48
	6217	85	150	28		6417	85	210	52
	6218	90	160	30		6418	90	225	54
	6219	95	170	32		6419	95	240	55
	6220	100	180	34		6420	100	250	58

附表 19　圆锥滚子轴承（GB/T 297—2015）

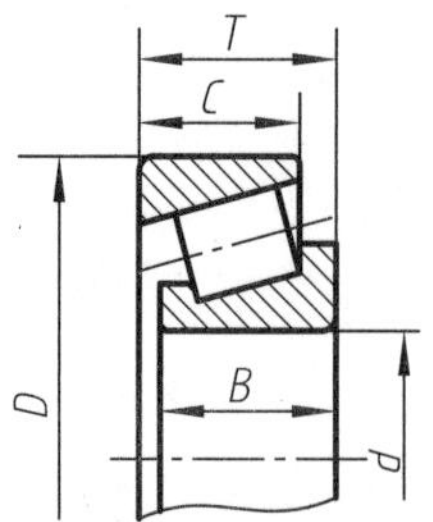

标注示例

内径 d=25 mm 的 30000 型圆锥滚子轴承，尺寸系列为 02：

滚动轴承 30205 GB/T 297—2015

mm

轴承型号		外形尺寸					轴承型号		外形尺寸				
		d	*D*	*T*	*B*	*C*			*d*	*D*	*T*	*B*	*C*
02系列	30204	20	47	15.25	14	12	22系列	32204	20	47	19.25	18	15
	30205	25	52	16.25	15	13		32205	25	52	19.25	18	16
	30206	30	62	17.25	16	14		32206	30	62	21.25	20	17
	30207	35	72	18.25	17	15		32207	35	72	24.25	23	19
	30208	40	80	19.75	18	16		32208	40	80	24.75	23	19
	30209	45	85	20.75	19	16		32209	45	85	24.75	23	19
	30210	50	90	21.75	20	17		32210	50	90	24.75	23	19
	30211	55	100	22.75	21	18		32211	55	100	26.75	25	21
	30212	60	110	23.75	22	19		32212	60	110	29.75	28	24
	30213	65	120	24.75	23	20		32213	65	120	32.75	31	27
	30214	70	125	26.25	24	21		32214	70	125	33.25	31	27
	30215	75	130	27.25	25	22		32215	75	130	33.25	31	27
	30216	80	140	28.25	26	22		32216	80	140	35.25	33	28
	30217	85	150	30.50	28	24		32217	85	150	38.50	36	30
	30218	90	160	32.50	30	26		32218	90	160	42.50	40	34
	30219	95	170	34.50	32	27		32219	95	170	45.50	43	37
	30220	100	180	37	34	29		32220	100	180	49	46	39
03系列	30304	20	52	16.25	15	13	23系列	32304	20	52	22.25	21	18
	30305	25	62	18.25	17	15		32305	25	62	25.25	24	20
	30306	30	72	20.75	19	16		32306	30	72	28.75	27	23
	30307	35	80	22.75	21	18		32307	35	80	32.75	31	25
	30308	40	90	25.25	23	20		32308	40	90	35.25	33	27
	30309	45	100	27.25	25	22		32309	45	100	38.25	36	30
	30310	50	110	29.25	27	23		32310	50	110	42.25	40	33
	30311	55	120	31.50	29	25		32311	55	120	45.50	43	35
	30312	60	130	33.50	31	26		32312	60	130	48.50	46	37
	30313	65	140	36	33	28		32313	65	140	51	48	39
	30314	70	150	38	35	30		32314	70	150	54	51	42
	30315	75	160	40	37	31		32315	75	160	58	55	45
	30316	80	170	42.50	39	33		32316	80	170	61.50	58	48
	30317	85	180	44.50	41	34		32317	85	180	63.50	60	49
	30318	90	190	46.50	43	36		32318	90	190	67.50	64	53
	30319	95	200	49.50	45	38		32319	95	200	71.50	67	55
	30320	100	215	51.50	47	39		32320	100	215	77.50	73	60

附表 20 推力球轴承(GB/T 301—2015)

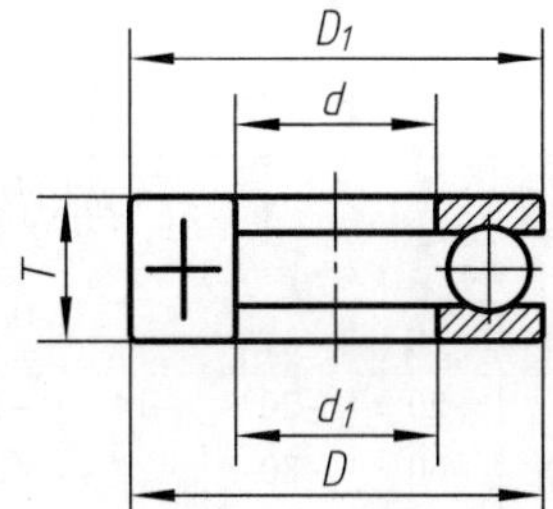

标注示例

内径 d=20 mm,51000 型推力球轴承,12 尺寸系列:

滚动轴承 51205 GB/T 301—2015

mm

轴承型号		外形尺寸					轴承型号		外形尺寸				
		d	D	T	d_1	D_1			d	D	T	d_1	D_1
11 系列	51104	20	35	10	21	35	13 系列	51304	20	47	18	22	47
	51105	25	42	11	26	42		51305	25	52	18	27	52
	51106	30	47	11	32	47		51306	30	60	21	32	60
	51107	35	52	12	37	52		51307	35	68	24	37	68
	51108	40	60	13	42	60		51308	40	78	26	42	78
	51109	45	65	14	47	65		51309	45	85	28	47	85
	51110	50	70	14	52	70		51310	50	95	31	52	95
	51111	55	78	16	57	78		51311	55	105	35	57	105
	51112	60	85	17	62	85		51312	60	110	35	62	110
	51113	65	90	18	67	90		51313	65	115	36	67	115
	51114	70	95	18	72	95		51314	70	125	40	72	125
	51115	75	100	19	77	100		51315	75	135	44	77	135
	51116	80	105	19	82	105		51316	80	140	44	82	140
	51117	85	110	19	87	110		51317	85	150	49	88	150
	51118	90	120	22	92	120		51318	90	155	50	93	155
	51120	100	135	25	102	135		51320	100	170	55	103	170
12 系列	51204	20	40	14	22	40	14 系列	51405	25	60	24	27	60
	51205	25	47	15	27	47		51406	30	70	28	32	70
	51206	30	52	16	32	52		51407	35	80	32	37	80
	51207	35	62	18	37	62		51408	40	90	36	42	90
	51208	40	68	19	42	68		51409	45	100	39	47	100
	51209	45	73	20	47	73		51410	50	110	43	52	110
	51210	50	78	22	52	78		51411	55	120	48	57	120
	51211	55	90	25	57	90		51412	60	130	51	62	130
	51212	60	95	26	62	95		51413	65	140	56	68	140
	51213	65	100	27	67	100		51414	70	150	60	73	150
	51214	70	105	27	72	105		51415	75	160	65	78	160
	51215	75	110	27	77	110		51416	80	170	68	83	170
	51216	80	115	28	82	115		51417	85	180	72	88	177
	51217	85	125	31	88	125		51418	90	190	77	93	187
	51218	90	135	35	93	135		51420	100	210	85	103	205
	51220	100	150	38	103	150		51422	110	230	95	113	225

附录 3 极限偏差、公差带及常用标准结构

附表 21 公称尺寸至 500 mm

公称尺寸 / mm		常用及优先公差带												
		a	b		c			d				e		
大于	至	11	11	12	9	10	11	8	⑨	10	11	7	8	9
—	3	−270 −330	−140 −200	−140 −240	−60 −85	−60 −100	−60 −120	−20 −34	−20 −45	−20 −60	−20 −80	−14 −24	−14 −28	−14 −39
3	6	−270 −345	−140 −215	−140 −260	−70 −100	−70 −118	−70 −145	−30 −48	−30 −60	−30 −78	−30 −105	−20 −32	−20 −38	−20 −50
6	10	−280 −370	−150 −240	−150 −300	−80 −116	−80 −138	−80 −170	−40 −62	−40 −76	−40 −98	−40 −130	−25 −40	−25 −47	−25 −61
10	14	−290 −400	−150 −260	−150 −330	−95 −138	−95 −165	−95 −205	−50 −77	−50 −93	−50 −120	−50 −160	−32 −50	−32 −59	−32 −75
14	18													
18	24	−300 −430	−160 −290	−160 −370	−110 −162	−110 −194	−110 −240	−65 −98	−65 −117	−65 −149	−65 −195	−40 −61	−40 −73	−40 −92
24	30													
30	40	−310 −470	−170 −330	−170 −420	−120 −182	−120 −220	−120 −280	−80 −119	−80 −142	−80 −180	−80 −240	−50 −75	−50 −89	−50 −112
40	50	−320 −480	−180 −340	−180 −430	−130 −192	−130 −230	−130 −290							
50	65	−340 −530	−190 −380	−190 −490	−140 −214	−140 −260	−140 −330	−100 −146	−100 −174	−100 −220	−100 −290	−60 −90	−60 −106	−60 −134
65	80	−360 −550	−200 −390	−200 −500	−150 −224	−150 −270	−150 −340							
80	100	−380 −600	−220 −440	−220 −570	−170 −257	−170 −310	−170 −390	−120 −174	−120 −207	−120 −260	−120 −340	−72 −107	−72 −126	−72 −159
100	120	−410 −630	−240 −460	−240 −590	−180 −267	−180 −320	−180 −400							
120	140	−460 −710	−260 −510	−260 −660	−200 −300	−200 −360	−200 −450	−145 −208	−145 −245	−145 −305	−145 −395	−85 −125	−85 −148	−85 −185
140	160	−520 −770	−280 −530	−280 −680	−210 −310	−210 −370	−210 −460							
160	180	−580 −830	−310 −560	−310 −710	−230 −330	−230 −390	−230 −480							
180	200	−660 −950	−340 −630	−340 −800	−240 −355	−240 −425	−240 −530	−170 −242	−170 −285	−170 −355	−170 −460	−100 −146	−100 −172	−100 −215
200	225	−740 −1 030	−380 −670	−380 −840	−260 −375	−260 −445	−260 −550							
225	250	−820 −1 110	−420 −710	−420 −880	−280 −395	−280 −465	−280 −570							
250	280	−920 −1 240	−480 −800	−480 −1 000	−300 −430	−300 −510	−300 −620	−190 −271	−190 −320	−190 −400	−190 −510	−110 −162	−110 −191	−110 −240
280	315	−1 050 −1 370	−540 −860	−540 −1 060	−330 −460	−330 −540	−330 −650							
315	355	−1 200 −1 560	−600 −960	−600 −1 170	−360 −500	−360 −590	−360 −720	−210 −299	−210 −350	−210 −440	−210 −570	−125 −182	−125 −214	−125 −265
355	400	−1 350 −1 710	−680 −1 040	−680 −1 250	−400 −540	−400 −630	−400 −760							
400	450	−1 500 −1 900	−760 −1 160	−760 −1 390	−440 −595	−440 −690	−440 −840	−230 −327	−230 −385	−230 −480	−230 −630	−135 −198	−135 −232	−135 −290
450	500	−1 650 −2 050	−840 −1 240	−840 −1 470	−480 −635	−480 −730	−480 −880							

优先常用配合轴的极限偏差　μm

(带圈者为优先公差带)

f					g			h							
5	6	⑦	8	9	5	⑥	7	5	⑥	⑦	8	⑨	10	11	12
-6 -10	-6 -12	-6 -16	-6 -20	-6 -31	-2 -6	-2 -8	-2 -12	0 -4	0 -6	0 -10	0 -14	0 -25	0 -40	0 -60	0 -100
-10 -15	-10 -18	-10 -22	-10 -28	-10 -40	-4 -9	-4 -12	-4 -16	0 -5	0 -8	0 -12	0 -18	0 -30	0 -48	0 -75	0 -120
-13 -19	-13 -22	-13 -28	-13 -35	-13 -49	-5 -11	-5 -14	-5 -20	0 -6	0 -9	0 -15	0 -22	0 -36	0 -58	0 -90	0 -150
-16 -24	-16 -27	-16 -34	-16 -43	-16 -59	-6 -14	-6 -17	-6 -24	0 -8	0 -11	0 -18	0 -27	0 -43	0 -70	0 -110	0 -180
-20 -29	-20 -33	-20 -41	-20 -53	-20 -72	-7 -16	-7 -20	-7 -28	0 -9	0 -13	0 -21	0 -33	0 -52	0 -84	0 -130	0 -210
-25 -36	-25 -41	-25 -50	-25 -64	-25 -87	-9 -20	-9 -25	-9 -34	0 -11	0 -16	0 -25	0 -39	0 -62	0 -100	0 -160	0 -250
-30 -43	-30 -49	-30 -60	-30 -76	-30 -104	-10 -23	-10 -29	-10 -40	0 -13	0 -19	0 -30	0 -46	0 -74	0 -120	0 -190	0 -300
-36 -51	-36 -58	-36 -71	-36 -90	-36 -123	-12 -27	-12 -34	-12 -47	0 -15	0 -22	0 -35	0 -54	0 -87	0 -140	0 -220	0 -350
-43 -61	-43 -68	-43 -83	-43 -106	-43 -143	-14 -32	-14 -39	-14 -54	0 -18	0 -25	0 -40	0 -63	0 -100	0 -160	0 -250	0 -400
-50 -70	-50 -79	-50 -96	-50 -122	-50 -165	-15 -35	-15 -44	-15 -61	0 -20	0 -29	0 -46	0 -72	0 -115	0 -185	0 -290	0 -460
-56 -79	-56 -88	-56 -108	-56 -137	-56 -186	-17 -40	-17 -49	-17 -69	0 -23	0 -32	0 -52	0 -81	0 -130	0 -210	0 -320	0 -520
-62 -87	-62 -98	-62 -119	-62 -151	-62 -202	-18 -43	-18 -54	-18 -75	0 -25	0 -36	0 -57	0 -89	0 -140	0 -230	0 -360	0 -570
-68 -95	-68 -108	-68 -131	-68 -165	-68 -223	-20 -47	-20 -60	-20 -83	0 -27	0 -40	0 -63	0 -97	0 -155	0 -250	0 -400	0 -630

公称尺寸 / mm		常用及优先公差带														
		js			k			m			n			p		
大于	至	5	6	7	5	⑥	7	5	6	7	5	⑥	7	5	⑥	7
—	3	±2	±3	±5	+4 0	+6 0	+10 0	+6 +2	+8 +2	+12 +2	+8 +4	+10 +4	+14 +4	+10 +6	+12 +6	+16 +6
3	6	±2.5	±4	±6	+6 +1	+9 +1	+13 +1	+9 +4	+12 +4	+16 +4	+13 +8	+16 +8	+20 +8	+17 +12	+20 +12	+24 +12
6	10	±3	±4.5	±7.5	+7 +1	+10 +1	+16 +1	12 +6	+15 +6	+21 +6	+16 +10	+19 +10	+25 +10	+21 +15	+24 +15	+30 +15
10	14	±4	±5.5	±9	+9 +1	+12 +1	+19 +1	+15 +7	+18 +7	+25 +7	+20 +12	+23 +12	+30 +12	+26 +18	+29 +18	+36 +18
14	18															
18	24	±4.5	±6.5	±10.5	+11 +2	+15 +2	+23 +2	+17 +8	+21 +8	+29 +8	+24 +15	+28 +15	+36 +15	+31 +22	+35 +22	+43 +22
24	30															
30	40	±5.5	±8	±12.5	+13 +2	+18 +2	+27 +2	+20 +9	+25 +9	+34 +9	+28 +17	+33 +17	+42 +17	+37 +26	+42 +26	+51 +26
40	50															
50	65	±6.5	±9.5	±15	+15 +2	+21 +2	+32 +2	+24 +11	+30 +11	+41 +11	+33 +20	+39 +20	+50 +20	+45 +32	+51 +32	+62 +32
65	80															
80	100	±7.5	±11	±17.5	+18 +3	+25 +3	+38 +3	+28 +13	+35 +13	+48 +13	+38 +23	+45 +23	+58 +23	+52 +37	+59 +37	+72 +37
100	120															
120	140	±9	±12.5	±20	+21 +3	+28 +3	+43 +3	+33 +15	+40 +15	+55 +15	+45 +27	+52 +27	+67 +27	+61 +43	+68 +43	+83 +43
140	160															
160	180															
180	200	±10	±14.5	±23	+24 +4	+33 +4	+50 +4	+37 +17	+46 +17	+63 +17	+51 +31	+60 +31	+77 +31	+70 +50	+79 +50	+96 +50
200	225															
225	250															
250	280	±11.5	±16	±26	+27 +4	+36 +4	+56 +4	+43 +20	+52 +20	+72 +20	+57 +34	+66 +34	+86 +34	+79 +56	+88 +56	+108 +56
280	315															
315	355	±12.5	±18	±28.5	+29 +4	+40 +4	+61 +4	+46 +21	+57 +21	+78 +21	+62 +37	+73 +37	+94 +37	+87 +62	+98 +62	+119 +62
355	400															
400	450	±13.5	±20	±31.5	+32 +5	+45 +5	+68 +5	+50 +23	+63 +23	+86 +23	+67 +40	+80 +40	+103 +40	+95 +68	+108 +68	+131 +68
450	500															

续表

（带圈者为优先公差带）

r			s			t			u		v	x	y	z
5	6	7	5	⑥	7	5	6	7	⑥	7	6	6	6	6
+14 +10	+16 +10	+20 +10	+18 +14	+20 +14	+24 +14	—	—	—	+24 +18	+28 +18	—	+26 +20	—	+32 +26
+20 +15	+23 +15	+27 +15	+24 +19	+27 +19	+31 +19	—	—	—	+31 +23	+35 +23	—	+36 +28	—	+43 +35
+25 +19	+28 +19	+34 +19	+29 +23	+32 +23	+38 +23	—	—	—	+37 +28	+43 +28	—	+43 +34	—	+51 +42
+31 +23	+34 +23	+41 +23	+36 +28	+39 +28	+46 +28	—	—	—	+44 +33	+51 +33	—	+51 +40	—	+61 +50
						—	—	—			+50 +39	+56 +45	—	+71 +60
+37 +28	+41 +28	+49 +28	+44 +35	+48 +35	+56 +35	—	—	—	+54 +41	+62 +41	+60 +47	+67 +54	+76 +63	+86 +73
						+50 +41	+54 +41	+62 +41	+61 +48	+69 +48	+68 +55	+77 +64	+88 +75	+101 +88
+45 +34	+50 +34	+59 +34	+54 +43	+59 +43	+68 +43	+59 +48	+64 +48	+73 +48	+76 +60	+85 +60	+84 +68	+96 +80	+110 +94	+128 +112
						+65 +54	+70 +54	+79 +54	+86 +70	+95 +70	+97 +81	+113 +97	+130 +114	+152 +136
+54 +41	+60 +41	+71 +41	+66 +53	+72 +53	+83 +53	+79 +66	+85 +66	+96 +66	+106 +87	+117 +87	+121 +102	+141 +122	+163 +144	+191 +172
+56 +43	+62 +43	+73 +43	+72 +59	+78 +59	+89 +59	+88 +75	+94 +75	+105 +75	+121 +102	+132 +102	+139 +120	+165 +146	+193 +174	+229 +210
+66 +51	+73 +51	+86 +51	+86 +71	+93 +71	+106 +71	+106 +91	+113 +91	+126 +91	+146 +124	+159 +124	+168 +146	+200 +178	+236 +214	+280 +258
+69 +54	+76 +54	+89 +54	+94 +79	+101 +79	+114 +79	+119 +104	+126 +104	+139 +104	+166 +144	+179 +144	+194 +172	+232 +210	+276 +254	+332 +310
+81 +63	+88 +63	+103 +63	+110 +92	+117 +92	+132 +92	+140 +122	+147 +122	+162 +122	+195 +170	+210 +170	+227 +202	+273 +248	+325 +300	+390 +365
+83 +65	+90 +65	+105 +65	+118 +100	+125 +100	+140 +100	+152 +134	+159 +134	+174 +134	+215 +190	+230 +190	+253 +228	+305 +280	+365 +340	+440 +415
+86 +68	+93 +68	+108 +68	+126 +108	+133 +108	+148 +108	+164 +146	+171 +146	+186 +146	+235 +210	+250 +210	+277 +252	+335 +310	+405 +380	+490 +465
+97 +77	+106 +77	+123 +77	142 +122	+151 +122	+168 +122	+186 +166	+195 +166	+212 +166	+265 +236	+282 +236	+313 +284	+379 +350	+454 +425	+549 +520
+100 +80	+109 +80	+126 +80	+150 +130	+159 +130	+176 +130	+200 +180	+209 +180	+226 +180	+287 +258	+304 +258	+339 +310	+414 +385	+499 +470	+604 +575
+104 +84	+113 +84	+130 84	+160 +140	+169 +140	+186 +140	+216 +196	+225 +196	+242 +196	+313 +284	+330 +284	+369 +340	+454 +425	+549 +520	+669 +640
+117 +94	+126 +94	+146 +94	+181 +158	+190 +158	+210 +158	+241 +218	+250 +218	+270 +218	+347 +315	+367 +315	+417 +385	+507 +475	+612 +580	+742 +710
+121 +98	+130 +98	+150 +98	+193 +170	+202 +170	+222 +170	+263 +240	+272 +240	+292 +240	+382 +350	+402 +350	+457 +425	+557 +525	+682 +650	+822 +790
+133 +108	+144 +108	+165 +108	+215 +190	+226 +190	+247 +190	+293 +268	+304 +268	+325 +268	+426 +390	+447 +390	+511 +475	+626 +590	+766 +730	+936 +900
+139 +114	+150 +114	+171 +114	+233 +208	+244 +208	+265 +208	+319 +294	+330 +294	+351 +294	+471 +435	+492 +435	+566 +530	+696 +660	+856 +820	+1 036 +1 000
+153 +126	+166 +126	+189 +126	+259 +232	+272 +232	+295 +232	+357 +330	+370 +330	+393 +330	+530 +490	+553 +490	+635 +595	+780 +740	+960 +920	+1 140 +1 100
+159 +132	+172 +132	+195 +132	+279 +252	+292 +252	+315 +252	+387 +360	+400 +360	+423 +360	+580 +540	+603 +540	+700 +660	+860 +820	+1 040 +1 000	+1 290 +1 250

附表 22　公称尺寸至 500 mm 优先常用配合孔的极限偏差　μm

公称尺寸 / mm		常用及优先公差带（带圈者为优先公差带）														
		A	B		C	D				E		F				G
大于	至	11	11	12	11	8	⑨	10	11	8	9	6	7	⑧	9	6
—	3	+330 +270	+200 +140	+240 +140	+120 +60	+34 +20	+45 +20	+60 +20	+80 +20	+28 +14	+39 +14	+12 +6	+16 +6	+20 +6	+31 +6	+8 +2
3	6	+345 +270	+215 +140	+260 +140	+145 +70	+48 +30	+60 +30	+78 +30	+105 +30	+38 +20	+50 +20	+18 +10	+22 +10	+28 +10	+40 +10	+12 +4
6	10	+370 +280	+240 +150	+300 +150	+170 +80	+62 +40	+76 +40	+98 +40	+130 +40	+47 +25	+61 +25	+22 +13	+28 +13	+35 +13	+49 +13	+14 +5
10 14	14 18	+400 +290	+260 +150	+330 +150	+205 +95	+77 +50	+93 +50	+120 +50	+160 +50	+59 +32	+75 +32	+27 +16	+34 +16	+43 +16	+59 +16	+17 +6
18 24	24 30	+430 +300	+290 +160	+370 +160	+240 +110	+98 +65	+117 +65	+149 +65	+195 +65	+73 +40	+92 +40	+33 +20	+41 +20	+53 +20	+72 +20	+20 +7
30	40	+470 +310	+330 +170	+420 +170	+280 +120	+119 +80	+142 +80	+180 +80	+240 +80	+89 +50	+112 +50	+41 +25	+50 +25	+64 +25	+87 +25	+25 +9
40	50	+480 +320	+340 +180	+430 +180	+290 +130											
50	65	+530 +340	+380 +190	+490 +190	+330 +140	+146 +100	+174 +100	+220 +100	+290 +100	+106 +60	+134 +60	+49 +30	+60 +30	+76 +30	+104 +30	+29 +10
65	80	+550 +360	+390 +200	+500 +200	+340 +150											
80	100	+600 +380	+440 +220	+570 +220	+390 +170	+174 +120	+207 +120	+260 +120	+340 +120	+126 +72	+159 +72	+58 +36	+71 +36	+90 +36	+123 +36	+34 +12
100	120	+630 +410	+460 +240	+590 +240	+400 +180											
120	140	+710 +460	+510 +260	+660 +260	+450 +200	+208 +145	+245 +145	+305 +145	+395 +145	+148 +85	+185 +85	+68 +43	+83 +43	+106 +43	+143 +43	+39 +14
140	160	+770 +520	+530 +280	+680 +280	+460 +210											
160	180	+830 +580	+560 +310	+710 +310	+480 +230											
180	200	+950 +660	+630 +340	+800 +340	+530 +240	+242 +170	+285 +170	+355 +170	+460 +170	+172 +100	+215 +100	+79 +50	+96 +50	+122 +50	+165 +50	+44 +15
200	225	+1 030 +740	+670 +380	+840 +380	+550 +260											
225	250	+1 110 +820	+710 +420	+880 +420	+570 +280											
250	280	+1 240 +920	+800 +480	+1 000 +480	+620 +300	+271 +190	+320 +190	+400 +190	+510 +190	+191 +110	+240 +110	+88 +56	+108 +56	+137 +56	+186 +56	+49 +17
280	315	+1 370 +1 050	+860 +540	+1 060 +540	+650 +330											
315	355	+1 560 +1 200	+960 +600	+1 170 +600	+720 +360	+299 +210	+350 +210	+440 +210	+570 +210	+214 +125	+265 +125	+98 +62	+119 +62	+151 +62	+202 +62	+54 +18
355	400	+1 710 +1 350	+1 040 +680	+1 250 +680	+760 +400											
400	450	+1 900 +1 500	+1 160 +760	+1 390 +760	+840 +440	+327 +230	+385 +230	+480 +230	+630 +230	+232 +135	+290 +135	+108 +68	+131 +68	+165 +68	+223 +68	+60 +20
450	500	+2 050 +1 650	+1 240 +840	+1 470 +840	+880 +480											

续表

公称尺寸 / mm		常用及优先公差带（带圈者为优先公差带）																
		G	H							JS			K			M		
大于	至	⑦	6	⑦	⑧	⑨	10	11	12	6	7	8	6	⑦	8	6	7	8
—	3	+12 +2	+6 0	+10 0	+14 0	+25 0	+40 0	+60 0	+100 0	±3	±5	±7	0 −6	0 −10	0 −14	−2 −8	−2 −12	−2 −16
3	6	+16 +4	+8 0	+12 0	+18 0	+30 0	+48 0	+75 0	+120 0	±4	±6	±9	+2 −6	+3 −9	+5 −13	−1 −9	0 −12	+2 −16
6	10	+20 +5	+9 0	+15 0	+22 0	+36 0	+58 0	+90 0	+150 0	±4.5	±7.5	±11	+2 −7	+5 −10	+6 −16	−3 −12	0 −15	+1 −21
10 14	14 18	+24 +6	+11 0	+18 0	+27 0	+43 0	+70 0	+110 0	+180 0	±5.5	±9	±13.5	+2 −9	+6 −12	+8 −19	−4 −15	0 −18	+2 −25
18 24	24 30	+28 +7	+13 0	+21 0	+33 0	+52 0	+84 0	+130 0	+210 0	±6.5	±10.5	±16.5	+2 −11	+6 −15	+10 −23	−4 −17	0 −21	+4 −29
30 40	40 50	+34 +9	+16 0	+25 0	+39 0	+62 0	+100 0	+160 0	+250 0	±8	±12.5	±19	+3 −13	+7 −18	+12 −27	−4 −20	0 −25	+5 −34
50 65	65 80	+40 +10	+19 0	+30 0	+46 0	+74 0	+120 0	+190 0	+300 0	±9.5	±15	±23	+4 −15	+9 −21	+14 −32	−5 −14	0 −30	+5 −41
80 100	100 120	+47 +12	+22 0	+35 0	+54 0	+87 0	+140 0	+220 0	+350 0	±11	±17.5	±27	+4 −18	+10 −25	+16 −38	−6 −28	0 −35	+6 −48
120 140 160	140 160 180	+54 +14	+25 0	+40 0	+63 0	+100 0	+160 0	+250 0	+400 0	±12.5	±20	±31.5	+4 −21	+12 −28	+20 −43	−8 −33	0 −40	+8 −55
180 200 225	200 225 250	+61 +15	+29 0	+46 0	+72 0	+115 0	+185 0	+290 0	+460 0	±14.5	±23	±36	+5 −24	+13 −33	+22 −50	−8 −37	0 −46	+9 −63
250 280	280 315	+69 +17	+32 0	+52 0	+81 0	+130 0	+210 0	+320 0	+520 0	±16	±26	±40.5	+5 −27	+16 −36	+25 −56	−9 −41	0 −52	+9 −72
315 355	355 400	+75 +18	+36 0	+57 0	+89 0	+140 0	+230 0	+360 0	+570 0	±18	±28.5	±44.5	+7 −29	+17 −40	+28 −61	−10 −46	0 −57	+11 −78
400 450	450 500	+83 +20	+40 0	+63 0	+97 0	+155 0	+250 0	+400 0	+630 0	±20	±31.5	±48.5	+8 −32	+18 −45	+29 −68	−10 −50	0 −63	+11 −86

续表

公称尺寸/mm		常用及优先公差带(带圈者为优先公差带)											
		N			P		R		S		T		U
大于	至	6	⑦	8	6	⑦	6	7	6	⑦	6	7	⑦
—	3	-4 -10	-4 -14	-4 -18	-6 -12	-6 -16	-10 -16	-10 -20	-14 -20	-14 -24	—	—	-18 -28
3	6	-5 -13	-4 -16	-2 -20	-9 -17	-8 -20	-12 -20	-11 -23	-16 -24	-15 -27	—	—	-19 -31
6	10	-7 -16	-4 -19	-3 -25	-12 -21	-9 -24	-16 -25	-13 -28	-20 -29	-17 -32	—	—	-22 -37
10 14	14 18	-9 -20	-5 -23	-3 -36	-15 -26	-11 -29	-20 -31	-16 -34	-25 -36	-21 -39	—	—	-26 -44
18	24	-11 -24	-7 -28	-3 -36	-18 -31	-14 -35	-24 -37	-20 -41	-31 -44	-27 -48	—	—	-33 -54
24	30										-37 -50	-33 -54	-40 -61
30	40	-12 -28	-8 -33	-3 -42	-21 -37	-17 -42	-29 -45	-25 -50	-38 -54	-34 -59	-43 -59	-39 -64	-51 -76
40	50										-49 -65	-45 -70	-61 -86
50	65	-14 -33	-9 -39	-4 -50	-26 -45	-21 -51	-35 -54	-30 -60	-47 -66	-42 -72	-60 -79	-55 -85	-76 -106
65	80						-37 -56	-32 -62	-53 -72	-48 -78	-69 -88	-64 -94	-91 -121
80	100	-16 -38	-10 -45	-4 -58	-30 -52	-24 -59	-44 -66	-38 -73	-64 -86	-58 -93	-84 -106	-78 -113	-111 -146
100	120						-47 -69	-41 -76	-72 -94	-66 -101	-97 -119	-91 -126	-131 -166
120	140	-20 -45	-12 -52	-4 -67	-36 -61	-28 -68	-56 -81	-48 -88	-85 -110	-77 -117	-115 -140	-107 -147	-155 -195
140	160						-58 -83	-50 -90	-93 -118	-85 -125	-127 -152	-119 -159	-175 -215
160	180						-61 -86	-53 -93	-101 -126	-93 -133	-139 -164	-131 -171	-195 -235
180	200	-22 -51	-14 -60	-5 -77	-41 -70	-33 -79	-68 -97	-60 -106	-113 -142	-105 -151	-157 -186	-149 -195	-219 -265
200	225						-71 -100	-63 -109	-121 -150	-113 -159	-171 -200	-163 -209	-241 -287
225	250						-75 -104	-67 -113	-131 -160	-123 -169	-187 -216	-179 -225	-267 -313
250	280	-25 -57	-14 -66	-5 -86	-47 -79	-36 -88	-85 -117	-74 -126	-149 -181	-138 -190	-209 -241	-198 -250	-295 -347
280	315						-89 -121	-78 -130	-161 -193	-150 -202	-231 -263	-220 -272	-330 -382
315	355	-26 -62	-16 -73	-5 -94	-51 -87	-41 -98	-97 -133	-87 -144	-179 -215	-169 -226	-257 -293	-247 -304	-369 -426
355	400						-103 -139	-93 -150	-197 -233	-187 -244	-283 -319	-273 -330	-414 -471
400	450	-27 -67	-17 -80	-6 -103	-55 -95	-45 -108	-113 -153	-103 -166	-219 -259	-209 -272	-317 -357	-307 -370	-467 -530
450	500						-119 -159	-109 -172	-239 -279	-229 -292	-347 -387	-337 -400	-517 -580

附表 23 紧固件通孔及沉孔尺寸（GB/T 5277—1985、GB/T 152.2—2014、GB/T 152.3~152.4—1988）

mm

螺栓或螺钉直径 d		3	3.5	4	5	6	8	10	12	14	16	20	24	30	36	42	48
通孔直径 d_h（GB/T 5277—1985）	精装配	3.2	3.7	4.3	5.3	6.4	8.4	10.5	13	15	17	21	25	31	37	43	50
	中等装配	3.4	3.9	4.5	5.5	6.6	9	11	13.5	15.5	17.5	22	26	33	39	45	52
	粗装配	3.6	4.2	4.8	5.8	7	10	12	14.5	16.5	18.5	24	28	35	42	48	56
六角头螺栓和六角螺母用沉孔（GB/T 152.4—1988）	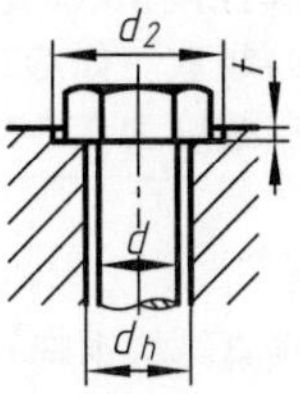 d_2	9	—	10	11	13	18	22	26	30	33	40	48	61	71	82	98
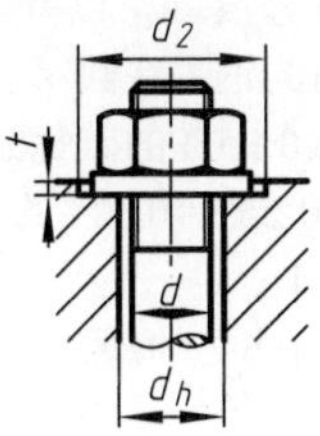	t	只要制出与通孔轴线垂直的圆平面即可															
沉头螺钉用沉孔（GB/T 152.2—2014）	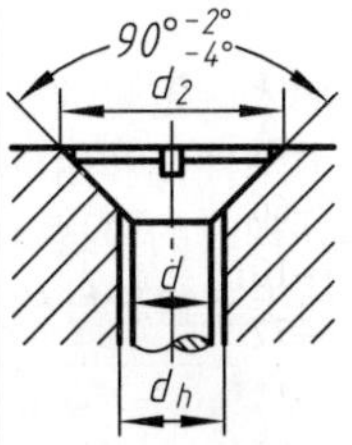 d_2 min	6.3	8.2	9.4	10.4	12.6	17.3	20	—	—	—	—	—	—	—	—	—
开槽圆柱头用的圆柱头沉孔（GB/T 152.3—1988）	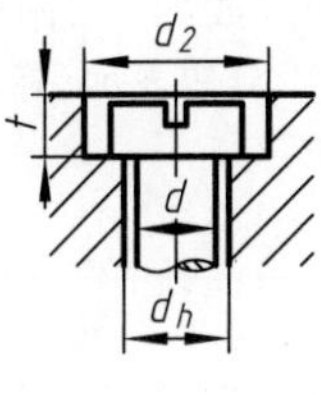 d_2	—	—	8	10	11	15	18	20	24	26	33	—	—	—	—	—
	t	—	—	3.2	4	4.7	6	7	8	9	10.5	12.5	—	—	—	—	—
内六角圆柱头用的圆柱头沉孔（GB/T 152.3—1988）	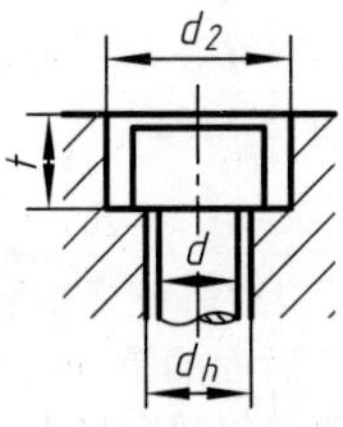 d_2	6	—	8	10	11	15	18	20	24	26	33	40	48	57	—	—
	t	3.4	—	4.6	5.7	6.8	9	11	13	15	17.5	21.5	25.5	32	38	—	—

附录 4　常用金属材料与热处理

附表 24　常用金属材料

名称	牌号	应用举例	说明
碳素结构钢	Q235A	金属结构件，心部强度要求不高的渗碳或氢化零件，如吊钩、拉杆、套圈、气缸、齿轮、螺栓、螺母、连杆、轮轴、楔、盖及焊接件	其牌号由代表屈服强度的字母(Q)、屈服强度值、质量等级符号(A、B、C、D)组成。如 Q235 表示碳素结构钢屈服强度为 235 MPa
优质碳素结构钢	15	为常用低碳渗碳钢，用作小轴、小模数齿轮、仿形样板、滚子、销、摩擦片、套筒、螺钉、螺柱、垫圈、起重钩、焊接容器等	优质碳素结构钢牌号数字表示平均碳质量分数(w_C，以万分之几计)，含锰量较高的钢需在数字后标“Mn”。 $w_C \leqslant 0.25\%$ 的碳钢是低碳钢； w_C=0.25%~0.6% 的碳钢是中碳钢(调质钢)； $w_C \geqslant 0.6\%$ 的碳钢是高碳钢
	45	用于制造齿轮、齿条、连杆、蜗杆、销、汽轮机叶轮、压缩机和泵的活塞等，可代替渗碳钢制造齿轮、曲轴、活塞销等，但需表面淬火处理	
	65Mn	适于制造弹簧、弹簧垫圈、弹簧环，也可用于制造机床主轴、弹簧卡头、机床丝杠、铁道钢轨等	
铬钢	40Cr	较重要的调质零件，如齿轮、进气阀、轴等	钢中加入一定量的合金元素，提高了钢的力学性能和耐磨性，也提高了钢在热处理时的淬透性，保证金属在较大截面上获得较好的力学性能
铬锰钛钢	18CrMnTi	汽车上重要渗碳件，如齿轮等	
碳素工具钢	T7	能承受振动和冲击的工具，硬度适中时有较大的韧性。用于制造凿子、冲击钻及打眼机钻头、大锤等	用“碳”或“T”后附以平均碳质量分数的千分数表示，有 T7~T13
	T8	有足够的韧性和较高的硬度，用于制造能承受振动的工具，如钻中等硬度岩石的钻头、简单模子、冲头等	
灰铸铁	HT150	用于制造端盖、齿轮泵体、轴承座、刀架、手轮、一般机床底座、床身、滑座、工作台等	“HT”为“灰铁”二字汉语拼音的首字母，数字表示抗拉强度。 如 HT150 表示灰铸铁的抗拉强度 ≥120~175 MPa
	HT200	用于制造气缸、齿轮、底架、飞轮、齿条、一般机床铸有导轨的床身及中等压力(8 MPa 以下)油缸、液压泵和阀的壳体等	
一般工程用铸钢	ZG270-500	用途广泛，可用作轧钢机机架、轴承座、箱体、曲拐等	“ZG”为“铸钢”二字汉语拼音的首字母，后面的第一组数字代表屈服强度，第二组数字代表抗拉强度
5-5-5 锡青铜	ZCuSn5Pb5Zn5	在较高负荷、中等滑动速度下工作的耐磨、耐蚀零件，如轴瓦、活塞、离合器、泵体压盖和蜗轮等	“Z”为“铸”字汉语拼音的首字母，各化学元素后面的数字表示该元素质量分数的百分数

附表 25 常用热处理及硬度

名称	代号	说明	应用
退火	511	将钢件加热到临界温度(一般是 710~715 ℃,个别合金钢 800~900 ℃)以上 30~50 ℃,保温一段时间,然后缓慢冷却(一般在炉中冷却)	用来消除铸、锻、焊件的内应力,降低硬度,便于切削加工,细化金属晶粒,改善组织,增加韧性
正火	512	将钢件加热到临界温度以上,保温一段时间,然后用空气冷却,冷却速度比退火快	用来处理低碳、中碳结构钢及渗碳零件,使其组织细化,增加强度和韧性,减小内应力,改善切削性能
淬火	513	将钢件加热到临界温度以上,保温一段时间,然后在水、盐水或油中(个别材料在空气中)急速冷却,使其得到高硬度	用来提高钢的硬度和强度极限。但淬火会引起内应力使钢变脆,所以淬火后必须回火
淬火和回火	514	回火是将淬硬的钢件加热到临界温度以下,保温一段时间,然后在空气中或油中冷却下来	用来消除淬火后的脆性和内应力,提高钢的塑性和冲击韧性
调质	515	淬火后在 450~650 ℃进行高温回火,称为调质	用来使钢获得高的韧性和足够的强度。重要的齿轮、轴及丝杠等零件需要经过调质处理
表面淬火和回火	521	用火焰或高频电流将零件表面迅速加热到临界温度以上,急速冷却	使零件表面获得高硬度,而心部保持一定的韧性,使零件既耐磨又能承受冲击。表面淬火常用来处理齿轮等
渗碳	531	在渗碳剂中将钢件加热到 900~950 ℃,停留一段时间,将碳渗入钢表面,深度为 0.5~2 mm,再淬火后回火	增加钢件的耐磨性能、表面硬度、疲劳极限和抗拉强度。适用于中小型低碳、中碳(w_C<0.4%)结构钢零件
时效	时效处理	低温回火后,精加工之前,加热到 100~160 ℃,保持 10~40 h。对铸件也可用天然时效(放在露天环境中一年以上)	消除工件的内应力,稳定工件的组织和尺寸,用于量具、精密丝杠、床身导轨、床身等
发蓝发黑	发蓝或发黑	将金属零件放在很浓的碱和氧化剂溶液中加热氧化,使金属表面形成一层氧化铁所组成的保护性薄膜	防腐蚀、美观。用于一般连接的标准件和其他电子类零件
布氏硬度	HB	材料抵抗硬的物体压入其表面的能力称为硬度。根据测定的方法不同,可分为布氏硬度、洛氏硬度和维氏硬度。硬度的测定是检验材料经热处理后的力学性能	用于退火、正火、调质的零件及铸件的硬度检验
洛氏硬度	HRC		用于经淬火、回火及表面渗碳等处理的零件硬度检验
维氏硬度	HV		用于薄层硬化零件的硬度检验

注:热处理代号尚可细分,如真空加热去应力退火代号为 511-02St,空冷淬火代号为 513-A 等。本附录不再罗列,详情请查阅 GB/T 12603—2005。

参考文献

[1] 全国技术产品文件标准化委员会 . 技术产品文件标准汇编:机械制图卷 . 北京:中国标准出版社,2012.

[2] 王槐德 . 机械制图新旧标准代换教程 . 3 版 . 北京:中国标准出版社,2017.

[3] 杨振宽 . 技术制图与机械制图标准应用手册 . 北京:中国质检出版社,2013.

[4] 丁一,王健 . 工程图学基础 . 3 版 . 北京:高等教育出版社,2018.

[5] 何铭新,钱可强,徐祖茂 . 机械制图 . 7 版 . 北京:高等教育出版社,2016.

[6] 王丹虹,宋洪侠,陈霞 . 现代工程制图 . 2 版 . 北京:高等教育出版社,2018.

[7] 杨裕根,诸世敏 . 现代工程图学 . 4 版 . 北京:北京邮电大学出版社,2017.

[8] 何建英,阮春红,池建斌,等 . 画法几何及机械制图 . 7 版 . 北京:高等教育出版社,2016.

[9] 侯洪生,闫冠 . 机械工程图学 . 4 版 . 北京:科学出版社,2017.

[10] 李丽,陈雪菱 . 现代工程制图 . 3 版 . 北京:高等教育出版社,2017.

[11] 邱龙辉,叶琳 . 工程图学基础教程 . 北京:机械工业出版社,2018.

[12] 远方 . 工程制图:空间想象训练 . 北京:高等教育出版社,2018.